U0300417

《膜分离技术基础》第三版
编著人员名单

王　湛　王　志　高学理

王　铎　贾玉香　赵　颂　袁学玲　宋　芃　班　昃　王璐莹

王乃鑫　安全福　张卫东　彭跃莲　张永刚　徐　源　王　群

王　剑　王小娟　张文海　张景隆　朱中亚　赵　爽　侯　磊

李　平　刘松柏　晋彩兰　李　倩

2008年北京高等教育精品教材

膜分离技术基础

第三版

王湛 王志 高学理 等编著

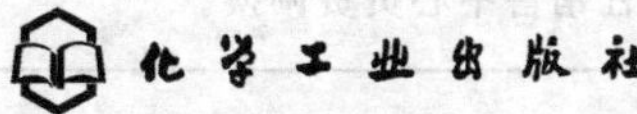

·北京·

《膜分离技术基础》第三版详细阐述了膜分离技术的基本理论、膜的制备及其应用，包括微滤、超滤、纳滤、反渗透、正渗透、渗透汽化、气体分离膜、电渗析与离子交换膜、膜蒸馏、膜基耦合分离过程及液膜技术、膜反应器。本书（第三版）与第二版（2006年8月）相比，增加了正渗透、膜蒸馏和膜基耦合分离过程及液膜技术，并在每章增加了课后习题，删除了陈旧及重复的内容，添加了膜技术发展的最新成果，使得本书更为全面系统，能够反映当前膜领域基础知识体系和最新技术成果，是一部针对性和实用性极强的教科书。本书的出版，不但能为初学者提供必备的基本内容，而且对膜研究工作者也有一定的借鉴与参考作用。

本书可供高等院校化学工程、分离技术等专业师生使用，也可供膜分离技术研究人员及工程技术人员参考。

图书在版编目（CIP）数据

膜分离技术基础/王湛等编著. —3版. —北京：化学工业出版社，2018.10（2022.1重印）

ISBN 978-7-122-32807-6

Ⅰ.①膜… Ⅱ.①王… Ⅲ.①膜-分离-化工过程-研究 Ⅳ.①TQ028.8

中国版本图书馆CIP数据核字（2018）第180738号

责任编辑：袁海燕 陈 丽　　文字编辑：汲永臻

责任校对：王素芹　　装帧设计：关 飞

出版发行：化学工业出版社（北京市东城区青年湖南街13号 邮政编码100011）

印　　装：北京盛通商印快线网络科技有限公司

787mm×1092mm 1/16 印张24 字数638千字 2022年1月北京第3版第4次印刷

购书咨询：010-64518888　售后服务：010-64518899

网　　址：http://www.cip.com.cn

凡购买本书，如有缺损质量问题，本社销售中心负责调换。

定　　价：98.00元

前言

膜分离过程作为一项分离、浓缩、纯化高新技术，广泛应用于海水淡化、废水处理、食品加工等领域。膜应用年增长率达到14%～30%，有力地促进了经济社会及科技的发展。进入21世纪，世界各国都将膜技术列入优先发展的高新技术课题，设立专项，投入巨资，开展研发，使膜技术进入全面发展时期。因此，顺应市场需要及技术发展，大力普及推广膜技术具有重要的经济价值与现实意义。

《膜分离技术基础》自2000年首次出版以来，受到了广大读者的欢迎和肯定。本书第1版被348个图书馆收藏，累计引用达1480次，被118部科技书籍引用。2008年第2版出版后，又被328个图书馆收藏，引用达393次，被80部科技书籍引用。本书作为膜技术教材，在普及膜知识、传播膜技术方面发挥了积极的推动作用，产生了良好的社会效益。2008年，本书被评为“北京高等教育精品教材”。

本书的第3版是在2006年第2版的基础上，经修订、增补而成。同第2版相比，新增正渗透、膜蒸馏和膜基耦合分离过程及液膜技术3章内容。全书共13章，包括绪论、膜材料及其制备、反渗透、正渗透、纳滤、超滤、微滤、气体分离膜、电渗析与离子交换膜、渗透汽化、膜蒸馏、膜基耦合分离过程及液膜技术、膜反应器等内容，宗旨是全面系统地介绍常见膜过程的原理、特性、操作特点及其应用，是广大膜工作者了解、学习膜技术知识的基础教材。本书简明实用，可供高等院校相关专业本科生、研究生及工程技术人员参考使用。

本书第3版修订及编著分工如下：北京工业大学的王湛、李平、刘松柏修订第1章（绪论），北京工业大学的王湛、北京赛诺膜技术有限公司的张景隆、北京理工大学的赵爽修订第2章（膜的定义、分类、材料、制备及其应用），北京工业大学的王湛、北京碧水源科技股份有限公司的朱中亚、启迪桑德环境资源股份有限公司的侯磊修订第3章（微滤），天津大学的王志、赵颂修订第4章（超滤），北京林业大学的王璐莹修订第5章（纳滤），中国海洋大学的高学理、徐源、王群、王剑、王小娟修订第6章（反渗透），中国海洋大学的王铎编著第7章（正渗透），北京工业大学的王乃鑫、李倩修订第8章（渗透汽化），北京工业大学的安全福、张文海修订第9章（气体分离），中国海洋大学的贾玉香重新编著第10章（电渗析与离子交换），北京惠源三达水处理有限公司的张永刚、北京工业大学的彭跃莲、北京颖泰嘉和生物科技股份有限公司的晋彩兰编著第11章（膜蒸馏），北京化工大学的袁学玲、张卫东编著第12章（膜基耦合分离过程及液膜技术），北京工业大学的宋芃、班旻修订第13章（膜反应器）。全书最后由王湛、王志和高学理老师统编定稿。

全书在修改和补充过程中，参考了本领域前贤、同行的有关研究论文、专门书籍，在此向这些为膜技术发展做出贡献的前辈、同行及编著者表示衷心的感谢。本书在编写过程中，正值国家自然科学基金及北京市自然科学基金资助项目的研究时期，这些项目研究资料及资金支持也为完成本书的编著提供了必要的条件。

限于编者水平，书中疏漏及不妥之处在所难免，恳请广大读者和同行指正。

编著者于平乐园

2018年4月28日

第一版前言

膜分离过程作为一门新型的高分离、浓缩、提纯及净化技术，在近30年来发展迅速，已在各工业领域和科学研究中得到广泛的应用。1994年，世界膜和膜组件的销售总值为35亿美元，并且每年以14%～30%的速度继续上升，到2004年预计将达100亿美元。膜分离过程是解决当代能源、资源和环境污染问题的重要高新技术，是可持续发展技术的基础。美国、日本等西方发达国家都将膜技术列入21世纪优先发展的高新技术之一。

在中国，随着膜技术的引进和国家各部委科研攻关研究的深入，膜技术已在海水、苦咸水淡化、工业废水处理、环境污染治理等领域获得成功的应用，显示出其强大的生命力。因此，适应市场需求，迅速普及和推广膜知识，是目前的迫切任务。

膜技术是一门涉及多学科的高新技术边缘学科，尽管国内陆续有这方面的译著、专著出版，但其读者对象都是针对具有一定膜分离基础知识的专家、学者、研究人员，而缺乏适用于大众的系统教材。有鉴于此，本书分绪论和膜的定义、反渗透、纳滤、超滤、微滤5章，比较全面系统地介绍了压力驱动膜过程的原理、特性、操作特点及其应用，是初学者学习膜技术知识的理想学习用书，同时也可供研究生、教师及工程人员参考。

全书由北京工业大学王树森教授审校。在编写过程中还引用了高从堦院士、M. T. Брык、E. A. Цапюк教授、刘茉娥教授等人的专著，北京工业大学高以烜研究员、姚士仲、刘淑秀、纪树兰副教授、孟声、佘远斌教授，北京海淀区汇文图书发行部谭隆全经理给予了大力帮助，在此谨向他们表示衷心的感谢。

限于编者水平，书中疏漏及不妥之处，恳请广大读者和同行赐教。

北京工业大学　王　湛　博士

2000年3月于平乐园

第二版前言

膜分离过程作为一项高分离、浓缩、提纯及净化技术广泛应用于各工业领域，年增长率达到14%～30%，有力地促进了社会、经济及科技的发展。膜技术是21世纪优先发展的高新技术之一，已进入全面发展时期。西方发达国家都将膜技术列入21世纪优先发展的高新技术，投入巨资进行开发研究。在中国，膜分离同样得到了国家相关部门的高度重视，将之列为“六五”“七五”“八五”“九五”“十五”以及863、973计划的重点研究课题，给予专项资金支持，取得了重大进展，其成果已在海水淡化、工业废水处理、食品加工等领域得到广泛应用，显示出其强大的生命力，因此，顺应市场需要，大力普及推广膜技术具有重要的现实意义。

本书是在化学工业出版社2000年出版的《膜分离技术基础》一书的基础上经修改、增补而成的第二版，同第一版相比，本书增加了气体分离、电渗析、渗透汽化和膜反应器等内容以及相应的复习和思考题。全书共分十章，包括绪论、膜材料及其制备、反渗透、纳滤、超滤、微滤、气体分离、电渗析、渗透汽化和膜反应器等内容，力图全面系统地介绍常见膜过程的原理、特性、操作特点及其应用，是了解、学习膜技术知识的理想学习用书，同时还可供高等院校相关专业的本科生、研究生、教师及工程人员参考。

王湛、周翀修订书中的第1章～第6章，张阳编写第7章，江定国编写第8章，周翀编写第9章，刘美编写第10章。孙本惠教授审核第1章，高从堦院士审核第2章与第3章，姚士仲副教授审核第4章与第7章，刘忠洲研究员审核第5章与第6章，莫剑雄研究员与孟洪博士审核第8章，郭红霞博士审核第9章与第10章。全书最后由王湛、周翀统编。

全书在修改和补充过程中，参阅了大量相关论文与著述，特在此向各位作者及审核者表示衷心的感谢。本书在编写过程中正值国家自然基金及北京市自然基金的研究时期，这些项目的研究资料及资金支持也是完成本书的必要条件，在此一并致谢。

限于编者水平，书中疏漏及不妥之处在所难免，恳请广大读者和同行赐教、斧正。

编者

2006年4月

目录

第4章 超滤 ········· 65

第5章 纳滤 ········· 104

第6章 反渗透 ········· 132

第 8 章　渗透汽化 …… 239

第 9 章　气体分离膜 …… 258

第 10 章　电渗析与离子交换膜 …… 287

第 11 章　膜蒸馏 ………… 306

第 12 章　膜基耦合分离过程及液膜技术 ………… 330

第 13 章　膜反应器 ………… 355

第1章 绪 论

本章内容

本章要求

1. 了解膜、膜过程和膜工业的发展历史。
2. 了解膜将来的发展路径和今后优先研究的方向。
3. 掌握膜过程的分类及分离特点。

1.1 膜及膜过程

膜在自然界中，特别是在生物体内是广泛而恒久地存在着的，它与生命起源和生命活动密切相关，是一切生命活动的基础。膜过程在许多自然现象中发挥了重大的作用，在现代经济发展和人民的日常生活中也扮演着重要的角色。

在早期的生活和生产实践中，人类就已不自觉地接触膜和应用了膜过程。2000多年以前，我国古人就在酿造、烹饪、炼丹和制药的实践中利用了天然生物膜的分离特性，如“莞蒲厚洒”“弊箪淡卤”及“海井”淡化海水等。但在其后漫长的历史进程中，膜技术在我国没有得到应有的发展[1]。在250多年之前，国外研究者Nollet就注意到水能自发地扩散穿过猪膀胱进入到酒精溶液这一现象，直到1864年Traube才成功研制出人类历史上第一张人造膜——亚铁氰化铜膜。然而，膜及膜过程的研究并没有获得突破性的进展甚至曾一度被迫停顿。20世纪中叶后，随着物理化学、聚合物化学、生物学、医学和生理学等学科的深入发展并趋于完整和系列化，现代分析技术的发展和各种新型膜材料及制膜技术的不断开拓，现代工业对节能、资源再生、环境污染消除的需求加强，各种膜分离技术才开始在水的脱盐和纯化、石油化工、轻工、纺织、食品、生物技术、医药、环境保护等领域得到应用。20世纪50年代以后，人们终于在大规模生产高通量、无缺陷的膜和紧凑的、高面积/体积比的膜分离器上取得突破，从而掀起了研制各种分离膜，发展不同膜过程的高潮。每10年就有一种新的膜技术进入工业应用[2]。膜分离技术开始作为一门新型的高分离、浓缩、提纯及净化技术在各个工业过程得到广泛应用[3]。膜科学发展史和膜工业发展史见表1-1和表1-2。

膜技术主要应用在四大方面：分离（微滤、超滤、反渗透、电渗析、气体分离、渗透汽化、渗析）、控制释放（治疗装置、药物释放装置、农药持续释放、化肥的控制释放）、膜反应器（膜生物反应器、催化膜反应器）和能量转换（电池隔膜、燃料电池隔膜、电解器隔膜、固体聚电解质）等。

表 1-1　膜科学发展史[2]

年份	科学家	主要内容
1748	Abbe Nollet	水能自发地穿过猪膀胱进入酒精溶液，发现渗透现象
1827	Dutrochet	名词：渗透(osmosis)的引入
1831	J. V. Mitchell	气体透过橡胶膜的研究
1855	Fick	发现了扩散定律，至今用于通过膜的扩散。制备了早期的人工半渗透膜
1861～1966	Graham	发现气体通过橡皮有不同的渗透率，发现渗析(dialysis)现象
1867	Moritz Taube	制成了第一张合成膜
1860～1977	Van't Hoff、Tranbe、Preffer	渗透压定律
1906	Kahlenberg	观察到烃/乙醇溶液选择透过橡胶薄膜
1917	Kober	引入渗透汽化(pervaporation)名词
1911	Donnan	Donnan 分布定律。研究了分子带电荷体的形成、电荷分布、Donnan 电渗析和伴生传递的平衡现象
1922	Zsigmondy Bachman、Fofirol 等	微孔膜用于分离极细粒子，初期的超滤和反渗透(膜材料为赛璐酚和再生纤维素)
1920	Mangold、Michaels、Mobain 等	用赛璐珞和硝化纤维素膜观察了电解质和非电解质的反渗透现象
1930	Teorell、Meyer、Sievers	进行了膜电势的研究，是电渗析和膜电极的基础
1944	William Kolff	初次成功使用了人工肾
1950	Juda、Mcrae	合成膜的研究，发明了电渗析、微孔过滤和血液透析等分离过程。
1960	Loeb-Sourirajan	用相转化法制备了非对称反渗透膜
1968	N. N. Li	发明了液膜
1980	Cadotte 和 Peterson	用界面聚合法共同研制出具有高脱盐率的反渗透超薄复合膜(RO-TFC 膜)
1986	罗马膜蒸馏专题讨论会	对膜蒸馏过程的命名及相关的专业术语进行了讨论
1989	Kazuo Yamamoto	浸没式膜生物反应器

表 1-2　膜工业发展史[2]

分离过程	年份	厂商	目前主要厂商
微滤	1925	Sartorius	Millipore Corp.、Pall corp.、Asahi Chemical
电渗析	1960	Ionics Inc.	Ionics Inc.、Tokuyama Soda、Asahi Glass
反渗透	1965	Haxens Industry General Atomics	Film Tech. /DOW、Hydronautics/Nitto、Torray、Koch、GE
渗析	1965	Enka(AKZO)	Enka/AKZO、Gambro、Asahi Chemical
超滤	1970	Amicon Corp.	Amicon Corp.、Koch Eng. Inc.、Nittl Denko
控制释放	1975	Alza Corp.	Alza Corp. 、Ciba. SA
气体分离	1980	Permea(DOW)	Permea/Air Prod.、Ube Ind.、Hoechst/Celanese
渗透气化	1990	GFT GmbH	
膜生物反应器	2002～2005	Kubota	Kubota、Zenon

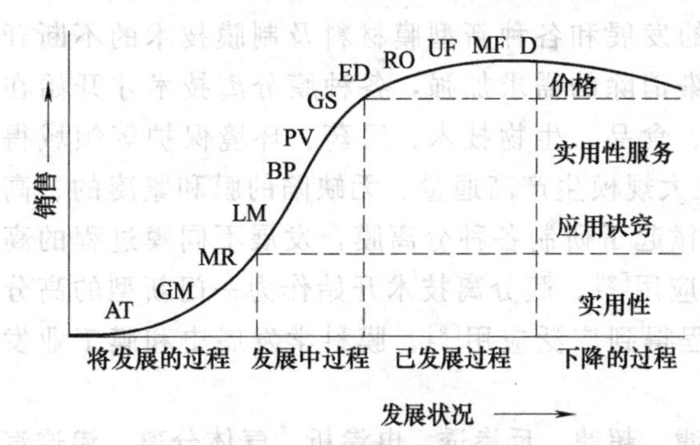

图 1-1　膜技术发展状况和销售趋势[4]

D—渗析；MF—微滤；UF—超滤；RO—反渗透；ED—电渗析；GS—气体分离；PV—渗透汽化；BP—双极膜；LM—液膜；MR—膜反应器；GM—闸膜；AT—活化传递

膜过程是以不同结构与性能的膜为决定因素的分离过程。然而，膜在使用中常常遇到污染与劣化问题。膜材料、膜的形成机理、膜结构的控制、料液的预处理、组件流体力学条件的优化和膜清洗等构成了膜领域中的重要内容。

膜科学目前的主要发展方向包括：膜集成过程、膜杂化过程、水的电渗离解、细胞培养的免疫隔离、膜反应器、催化膜和手征膜。

膜市场中各个膜过程的销售和发展状况、增长趋势和未来的市场潜力见图 1-1 和表 1-3。

表 1-3 各种膜过程应用的附加值[4]

应用	膜	组件	系统	产品
水脱盐	低	中等	高	高
水净化	很低	中等	中等	高
人工肾	很低	很低	高	很高
天然气处理	中等	中等	中等	低
N_2覆盖	中等	中等	低	低
空气富氧	中等	中等	低	低
生化分离	中等	高	低	高
传感器	很低	—	—	很高
治疗与系统	很低	—	很高	很高
氯碱电解	高	—	低	低

在当今世界能源短缺、水荒和环境污染日益严重的情况下，膜技术的开发与利用得到世界各国的普遍重视。全世界膜和膜组件的年均增长率达14%～30%。膜技术成为20世纪末到21世纪中期最有发展前途的高技术之一。更严的环保法规、更高的能源和原材料价格将进一步刺激膜市场的发展。膜技术已成为解决当前能源、资源和环境污染问题的重要高新技术及可持续发展技术的基础[2]。

1.2 膜分离过程的特点

不同膜过程具有不同的机理，适用于不同的对象和要求。过程简单、设备体积小、经济性较好、分离系数较大、一般无相变、可在常温下连续操作、可实现集成或杂化、可直接放大、节能、高效、无二次污染、膜性能具有可调性、可专一配膜等是膜过程的共同优点。例如，与传统分离方法相比，用反渗透法淡化海水能源消耗要低得多（表1-4）。

表 1-4 几种方法淡化海水的能源消耗比较[5]

分离方法	动力消耗/(kW·h/m³)	热量消耗/(kJ/m³)
理论值	0.72	2577
反渗透(回收率40%)	3	16911
冷冻	9.3	33472
溶剂萃取	25.6	92048
多级闪蒸	62.8	225936

当常规分离方法不能经济高效地实现物质的分离时，膜分离作为一种新型的分离技术或与常规的分离单元结合起来作为一个单元来运用就特别适用了。例如，膜渗透汽化过程可用于蒸馏塔加料前破坏恒沸点混合物。膜过程在食品加工、医药、生化技术领域有其独特的适用性，产品可保留原有的风味及营养。膜技术特别适用的场合为：①化学性质或物理性质相似的化合物的混合物；②结构的或取代基位置的异构物混合物；③含有受热不稳定组分的混合物。但膜使用过程中的浓差极化、膜的污染及劣化等都会使膜技术不能充分发挥其效能而影响膜的寿命。表1-5为反渗透与蒸发两种方法对西莲果汁成分的影响。

表 1-5 反渗透与蒸发两种方法对西莲果汁成分的影响[5]

组分		乙酸乙酯	丁酸乙酯	已酸乙酯	维生素C
蒸发	过程损失(质量分数)/%	20.6	94.5	99.4	100
反渗透		0	0	13.8	9.9

1.3 膜分离过程的分类

目前已工业化的膜过程主要有：微滤、超滤、反渗透、纳滤、渗析、电渗析、气体分离和渗透汽化(表1-6)。其中，反渗透、纳滤、超滤、微滤、气体分离等膜过程都属于以压力为驱

表 1-6　已工业化的膜过程的分类及其基本特征[6]

过程	分离目的	透过组分	截留组分	透过组分在料液中含量	推动力	传递机理	膜类型	进料和透过物的物态	简图
微滤 MF	溶液脱粒子 气体脱粒子	溶液、气体	0.02～10μm 粒子	大量溶剂及少量小分子溶质和大分子溶质	压力差（约100kPa）	筛分	多孔膜	液体或气体	进料；滤液(水)
超滤 UF	溶液脱大分子、大分子溶液脱小分子、大分子物质的分级	小分子溶液	1～20nm 大分子溶质	大量溶剂、少量小分子溶质	压力差(100～1000kPa)	筛分	非对称膜	液体	进料；浓缩液；滤液
纳滤 NF	溶剂脱有机组分、脱高价离子、软化、脱色、浓缩、分离	溶剂、低价小分子溶质	1nm 以上溶质	大量溶剂、低价小分子溶质	压力差(500～1500kPa)	溶解扩散 Donna 效应	非对称膜或复合膜	液体	进料；高价离子溶质(盐)；低价离子溶剂(水)
反渗透 RO	溶剂脱溶质、含小分子溶质的溶液浓缩	溶剂、可被电渗析截流组分	0.1～1nm 小分子溶质	大量溶剂	压力差(1000～10000kPa)	优先吸附、细管流动、溶解-扩散	非对称膜或复合膜	液体	进料；溶质(盐)；溶剂(水)
渗析 D	大分子溶质的溶液脱小分子、小分子溶质的溶液脱大分子	小分子溶质或较小的溶质	>0.02μm 截留、血液透析中>0.005μm 截留	较小组分或溶剂	浓度差	筛分、微孔膜内的受阻扩散	非对称膜或离子交换膜	液体	进料；净化液；扩散液；接收液
电渗析 ED	溶液脱小离子、小离子溶质的浓缩、小离子的分级	小离子组分	同名离子、大离子和水	少量离子组分、少量水	电化学势电渗透	反离子经离子交换膜的迁移	离子交换膜	液体	浓电解质；产品(溶剂)；正极；负极；阴离子交换膜；进料；阳离子交换膜
气体分离 GS	气体混合物分离、富集或特殊组分脱除	气体、较小组分或膜中易溶组分	较大组分(除非膜中溶解度高)	二者都有	压力差(1000～10000kPa)、浓度差(分压差)	溶解-扩散、分子筛分、努森扩散	均质膜、复合膜、非对称膜、多孔膜	气体	进料；溶质或溶剂；溶剂或溶质
渗透汽化 PVAP	挥发性液体混合物分离	膜内易溶解组分或易挥发组分	不易溶解组分或较大、较难挥发物	少量组分	分压差、浓度差	溶解-扩散	均质膜、复合膜、非对称膜	料液为液体、透过物为气态	进气；渗余气；渗透气
乳化液膜(促进传递) ELM (ET)	液体混合物或气体混合物分离、富集、特殊组分脱除	在液膜相中有高溶解度的组分或能反应组分	在液膜中难溶解组分	少量组分在有机混合物中，也可是大量的组分	浓度差、pH 值	促进传递和溶解扩散传递	液膜	通常为液体，也可为气体	内相；膜相；外相

动力的膜分离过程（压力驱动膜过程）。图 1-2 是压力驱动膜工艺的分类及其对应的被分离微粒或分子的大小。膜过程仍处在不断发展与完善之中，其所需的研究改进及发展趋势见表 1-7。

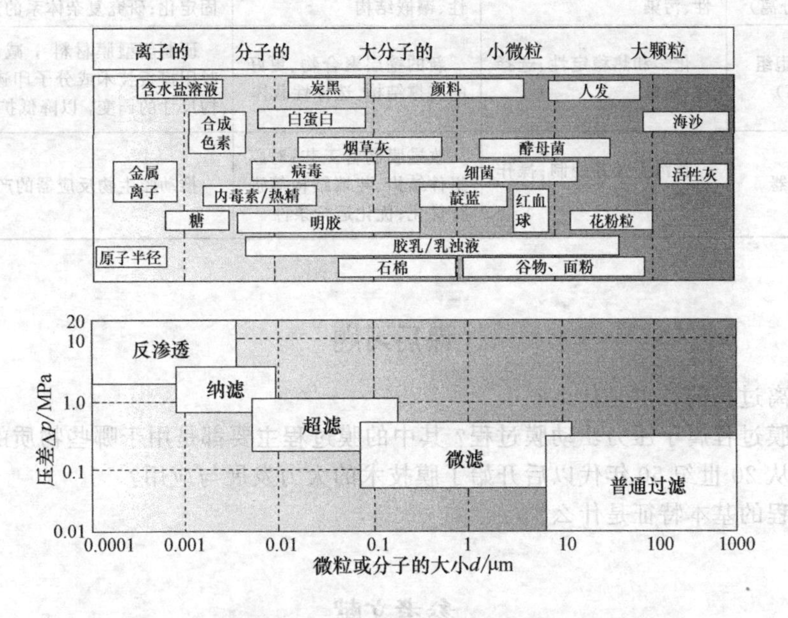

图 1-2　压力驱动膜工艺的分类及其对应的被分离微粒或分子的大小

表 1-7　各膜过程所需的研究改进及发展趋势[7~11]

过程	问题	解决方法	发展趋势
电渗析	化学和热稳定性、选择渗透性、水迁移和污染	新聚合物、高电荷密度、交联、组器设计	开发高化学和热稳定性、高选择渗透性、抗污染强的离子交换膜；以双极膜为基础的水解离技术
渗析	热稳定性、污染、生物相容性	聚合物共混、表面改性、镶嵌结构	开发高性能的膜材料
气体分离	化学和热稳定性、选择性和通量	新的壁层聚合物、更好的支撑体、选择性载体	开发高性能的膜材料；优化工艺流程
渗透汽化	化学和热稳定性、选择性和通量	新的壁层聚合物、更好的支撑体、选择性载体	制备高性能化的混合基质膜
膜蒸馏	传质、传热机理的研究；通量较小；膜污染；能耗高	减小浓度极化和温度极化；料液中加盐；选择合适的操作条件	化学物质的浓缩与回收和液体食品的浓缩加工；大型膜组件结构设计和制备以及工艺流程和操作条件的优化
反渗透	化学和热稳定性、低通量、污染、水/有机物分离	新的壁层聚合物、更好的支撑体、更好的组器设计	研究开发具有低能耗、抗污染、耐高温、耐高压和特种分离等性能的反渗透膜组件
纳滤	膜污染；纳滤浓水和清洗水的处理；不够彻底的分离效果	选择合理的预处理工艺，选择合适的纳滤膜种类，膜组件构型设计及操作方式优化	孔隙尺寸的控制；开发具有可控制或者智能膜面化学性质、膜面电荷的膜材料
微滤、超滤	化学和热稳定性、孔径分布、膜污染	对已有膜材料进行改性；利用新材料和新结构发展新型大孔膜；更好的组器设计	高通量、抗污染；孔径均一化，提升分离性能；孔径精密调变，以适应不同的应用过程
人工器官（肝、肾、胰）	化学和热稳定性、选择渗透性、水迁移和污染	新聚合物、高电荷密度、交联	开发新的膜体系和对现有膜体系进行改性，力求接近或达到生物膜的性能

续表

过程	问题	解决方法	发展趋势
亲和膜(渗析、血净化、生化分离)	热稳定性、生物相容性、污染	聚合物共混、表面改性、镶嵌结构	理想基膜的研制；特异性配基筛选和固定化；研究复杂体系的亲和纯化模型
膜反应器(细胞组织免疫隔离)	化学和热稳定性、选择性、能量	新的壁层聚合物、更好的支撑结构、选择性载体	研制新型膜材料，减轻膜的污染；同时用模板技术或分子印迹技术进行膜结构尺寸的调变，以降低扩散阻力
膜生物反应器	膜污染及其控制；操作条件不稳定	改进膜制备工艺；对膜组件结构、装填结构等进行优化；优化运行条件	推动膜生物反应器的产业化进程

课后习题

1. 膜分离过程的特点是什么？
2. 哪些膜过程属于压力驱动膜过程？其中的膜过程主要都是用于哪些物质的分离？
3. 为何从 20 世纪 50 年代以后开始了膜技术的大力发展与应用？
4. 膜过程的基本特征是什么？

参考文献

[1] 陈益棠. 膜的释义、界限及其他 [J]. 水处理技术，1993 (1)：15-17.

[2] 时钧，袁权，高从堦. 膜技术手册 [M]. 北京：化学工业出版社，2001，826：2-3.

[3] 徐南平，高从堦，金万勤. 中国膜科学技术的创新进展 [J]. 中国工程科学，2014 (16)：4-9.

[4] 高从堦. 膜科学——可持续发展技术的基础 [J]. 水处理技术，1998 (1)：14-19.

[5] 郑领英，王学松. 膜技术 [M]. 北京：化学工业出版社，2000，194：5.

[6] 刘茉娥，等. 膜分离技术 [M]. 北京：化学工业出版社，1998.

[7] 邢卫红，汪勇，陈日志，金万勤. 膜与膜反应器：现状、挑战与机遇 [J]. 中国科学：化学，2014 (44)：1469-1480.

[8] 邢卫红，金万勤，范益群. 我国膜材料研究进展 [J]. 见：第四届中国膜科学与技术报告会论文集，2010 (10)：46-50.

[9] 李昆，王健行，魏源送. 纳滤在水处理与回用中的应用现状与展望 [J]. 环境科学学报，2016 (36)：2714-2727.

[10] 吴庸烈. 膜蒸馏技术及其应用进展 [J]. 膜科学与技术，2003 (23)：67-75.

[11] 陈龙祥，由涛，张庆文，洪厚胜. 膜生物反应器研究与工程应用进展 [J]. 水处理技术，2009 (35)：16-20.

第 2 章
膜的定义、分类、材料、制备及其应用

本章内容

本章要求

1. 了解膜材料及其分类。
2. 了解膜结构和膜使用时应注意的问题。
3. 理解膜的定义和膜缺陷的含义。
4. 掌握膜的制备方法和膜性能的表征。

2.1 膜的定义

分离膜是膜过程的核心元件。但膜至今还没有一个精确、完整的定义。一种最通用的广义定义是“膜”为两相之间的一个不连续区间，因而膜可为气相、液相和固相，或是它们的组合。定义中“区间”用以区别通常的相界面。简单地说，膜是分隔开两种流体的一个薄的阻挡层，这个阻挡层阻止了这两种流体间的水力学流动，因此，它们通过膜的传递是借助于吸附作用及扩散作用来进行的。

总之，广义的“膜”是指分隔两相界面的一个具有选择透过性的屏障，它以特定的形式限制和传递各种化学物质。它可以是均相的或非均相的，对称型的或非对称型的，固体的或液体的，中性的或荷电性的。一般膜很薄，其厚度可以从几微米（甚至到 0.1μm）到几毫米，而其长度和宽度要以米来计量。

2.2 膜的分类

膜的分类比较通用的有以下四种[1]。

2.2.1 按膜的材料分类

（1）天然膜 生物膜（生命膜）与天然物质改性或再生而制成的膜。

（2）合成膜 无机膜与高分子聚合物膜。

2.2.2 按膜的构型分类

（1）中空纤维膜 外形像纤维状，内部为中空结构，具有自支撑作用的膜丝［图2-1（a）］。

（2）平板膜　通常由聚合物多孔膜和无纺布支撑体构成［图 2-1（b）］。

（3）管式膜　这类膜内径为 5～8mm，外径为 6～12mm，进水水质要求低，可以处理固含量较高的废水。

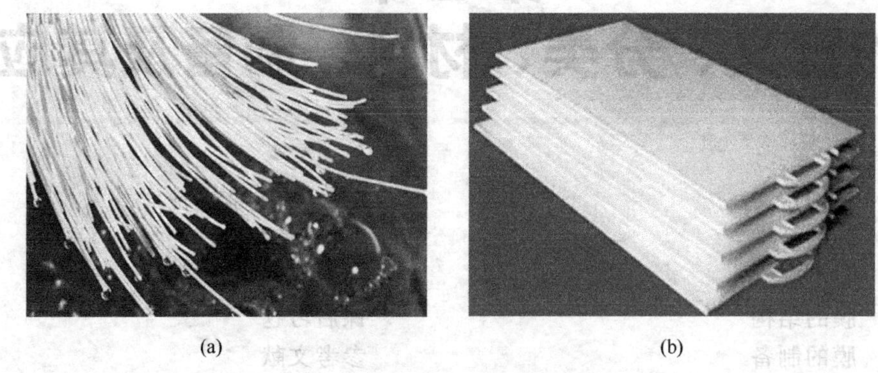

(a)　　(b)

图 2-1　中空纤维膜（a）和平板膜（b）

2.2.3　按膜的用途分类

（1）气相系统用膜　伴有表面流动的分子流动，气体扩散，聚合物膜中溶解扩散流动，在溶剂化的聚合物膜中的溶解扩散流动。

（2）气-液系统用膜

① 大孔结构。用于移去气流中的雾沫夹带或将气体引入液相。

② 微孔结构。制成超细孔的过滤器。

③ 聚合物结构。气体扩散进入液体或从液体中移去某种气体，如血液氧化器中氧和二氧化碳的移动。

（3）液-液系统用膜　气体从一种液相进入另一液相，溶质或溶剂渗透从一种液相进入另一种液相液膜。

（4）气-固系统用膜　过滤器中用膜以除去气体中的微粒。

（5）液-固系统用膜　用大孔介质过滤污染，生物废料的处理，破乳。

（6）固-固系统用膜　基于颗粒大小的固体筛分。

2.2.4　按膜的作用机理分类

（1）吸附性膜

① 多孔膜。多孔石英玻璃、活性炭、硅胶和压缩粉末等。

② 反应膜。膜内含有能与渗透过来的组分起反应的物质。

（2）扩散性膜

① 聚合物膜。扩散性的溶解流动。

② 金属膜。原子状态的扩散。

③ 玻璃膜。分子状态的扩散。

（3）离子交换膜

① 阳离子交换树脂膜。

② 阴离子交换树脂膜。

（4）选择渗透膜　渗透膜，反渗透膜，电渗析膜。

（5）非选择性膜　加热处理的微孔玻璃，过渡型的微孔膜。

2.3 膜材料

分离膜可由聚合物、金属和陶瓷等材料制造，其中以聚合物居多。分离膜按其物态又可分为固膜、液膜与气膜三类。气膜分离尚处于实验研究中，液膜已有中试规模的工业应用，主要用于废水处理中，目前大规模工业应用的多为固膜。固膜分高分子合成膜和无机膜两大类，以高分子合成膜为主[2~4]。

2.3.1 高分子分离膜材料

2.3.1.1 纤维素衍生物类

纤维素衍生物类膜材料是开展应用研究最早，也是目前应用最多的膜材料，主要包括以下几种。

(1) 再生纤维素（RCE） 铜氨纤维素和黄原酸纤维，分子量约在几万到几十万，是较好的透析膜用材料。抗蛋白质污染的系列再生纤维素微滤膜和超滤膜也已获得广泛应用。

(2) 硝酸纤维素（CN） 制膜用硝酸纤维素是纤维素经硝化制得的，其含氮量在11.2%～12.2%。它广泛用于透析用膜和微滤膜，也可与醋酸纤维素混合使用以增加其强度。

(3) 二醋酸纤维素（CA）和三醋酸纤维素（CTA） 一般CA含有乙酸51.8%，CTA含有乙酸61.85%。制膜用CA应含乙酸55%～58%，是制备反渗透膜的基本材料，它也用于制备卷式超滤组件以及纳滤和微滤膜。

(4) 乙基纤维素（EC） EC可通过碱纤维素与乙基卤化物反应制取。EC由于具有较高的气体透过速率和较高的气体透过系数，故常用于氮氧分离。

(5) 其他纤维素衍生物 制膜时较常用的还有含乙酸38%～42%、丁酸18%～22%的纤维素乙酸、丁酸混合酯（CAB）等。

2.3.1.2 聚砜类

(1) 双酚A型聚砜（PSF） 聚砜是一种优良的工程塑料，具有高模量、高强度、高硬度、低蠕变、耐热、耐寒、耐老化等特点。聚砜的玻璃化温度（T_g）为190℃，多孔膜可在80℃下长期使用，聚砜通常用于制备超滤和气体分离膜，较少用于微滤。聚砜类材料经磺化或经氯甲基化和季铵化可制得荷电超滤和纳滤膜。

(2) 聚芳醚砜（PES） 由于这类材料含有大量的苯环，在使用过程中具有优良的热性能和机械性能。主要制作可耐蒸气杀菌的微滤、超滤膜材料，其玻璃化温度为235℃，可在140℃下长期使用。

(3) 酚酞型聚醚砜（PES-C） PES-C的玻璃化温度为260℃，主要用于制备超滤膜。PES-C经磺化后可用来制备均相离子交换膜、荷电超滤膜和纳滤膜。

(4) 聚醚酮

① 酚酞型聚醚酮（PEK-C），用于超滤和气体分离用膜的制备。

② 聚醚醚酮（PEEK），PEEK为无定形聚合物，常用于荷电超滤膜和离子交换膜的制备。

2.3.1.3 聚酰胺类

(1) 脂肪族聚酰胺 脂肪族聚酰胺是含有酰胺基团（—CO—NH—）的一类聚合物膜材料。最为常见的是尼龙6和尼龙66，具有很好的化学稳定性和机械稳定性，可制备微滤和超滤膜。

(2) 聚砜酰胺 常用于微滤和超滤膜材料。

（3）芳香族聚酰胺　第二代反渗透膜材料，用于中空纤维膜的制备。

（4）交联芳香聚酰胺　由于其具有良好的选择渗透性，特别适用于制备反渗透和纳滤膜，但具有不耐氯的缺点。

2.3.1.4　聚酰亚胺类

（1）脂肪族二酸聚酰亚胺　用于非水溶液超滤膜的制备。

（2）全芳香聚酰亚胺　它是最早商品化的聚酰亚胺膜。

（3）含氟聚酰亚胺　处于开发阶段的具有实用前景的气体膜材料。聚酰亚胺是耐高温、耐溶剂、耐化学品的高强度和高性能材料。

2.3.1.5　聚酯类

（1）涤纶（PET）　用作制备气体分离、渗透汽化、超滤和微滤等一切卷式膜组件、平板膜组件和管式膜组件的支撑底材。

（2）聚对苯二甲酸丁二醇酯（PBT）　在膜工业中应用类似 PET。

（3）聚碳酸酯（PC）　微滤核孔用膜及富氧膜的制备。聚酯类树脂强度高，尺寸稳定增长性好，耐热、耐溶剂和化学品的性能好，故广泛被用作制备分离膜的支撑增强材料。

2.3.1.6　聚烯烃类

（1）聚乙烯

① 低密度聚乙烯，可用于拉伸法或热致相法制备超滤膜，也可用作超滤膜的低档支撑材料。

② 高密度聚乙烯，将粉末状颗粒直接压制而成的多孔管材或板材可用作分离膜的支撑材料，在接近熔点温度烧结可制得微滤滤板和滤芯。

（2）聚丙烯　用作卷式反渗透和气体分离膜组件间的隔层材料，也可用于制备微滤膜或复合气体分离膜的底膜。

（3）聚-4-甲基-1-戊烯（PMP）　由于它的气体透过速率仅次于硅橡胶而选择性又远高于硅橡胶，故主要用于制备氮氧气体分离膜。

2.3.1.7　乙烯类聚合物

（1）聚丙烯腈（PAN）　由丙烯腈单体聚合而成，结构单元为—CH_2CHCN—，为白色或略带黄色的粉末状固体；其密度约为 1.12g/L，玻璃化温度（T_g）约为 90℃。PAN 溶于二甲基甲酰胺、二甲基亚砜、二甲基乙酰胺、磷酸三乙酯等极性有机溶剂。PAN 是仅次于醋酸纤维素和聚砜的微滤和超滤膜材料，也用作渗透汽化复合膜的底膜。

（2）聚乙烯醇（PVA）　PVA 是一种水溶性聚合物，故被用以制备反渗透复合膜（PEC-100，FT-30）的保护层。经过交联处理的 PVA 则用于制备渗透汽化膜。

（3）聚氯乙烯（PVC）　PVC 用于制备超滤和微滤膜。

（4）聚偏氯乙烯（PVDC）　主要用于制作阻透气材料或复合膜材料。

2.3.1.8　含硅聚合物

（1）聚二甲基硅氧烷（PDMS）　分为高温固化硅橡胶（HTV）、低温固化硅橡胶（LTV）和室温固化硅橡胶（RTV）。用于分离膜的 PDMS 一般用 LTV 型。硅橡胶用于聚砜气体分离膜的皮层堵孔处理和渗透汽化膜的制备。

（2）聚三甲基硅氧烷（PTMSP）　用于渗透汽化膜的制备，其透气速度比 PDMS 还高一个数量级。

2.3.1.9　含氟聚合物

（1）聚四氟乙烯（PTFE）　PTFE 的表面张力极低，憎水性很强，常用拉伸致孔法来制取 PTFE 微孔膜。

（2）聚偏氟乙烯（PVDF）　PVDF 是一种半结晶高聚物，由偏氟乙烯均聚或偏氟乙烯与六氟丙烯共聚而成。PVDF 分子中由于 C—F 键具有很高的键能，因此具有优异的机械强度、耐腐蚀性、抗氧化性以及化学性质稳定性以及成膜性，常用于制备微滤膜。

2.3.1.10　**甲壳素类**

甲壳素也称壳聚糖、几丁质，其化学结构为乙酰氨基葡聚糖，甲壳素溶于稀酸即可浇铸成膜。甲壳素常用于制备离子交换膜或螯合膜。

2.3.2　无机膜材料

常用的无机膜有陶瓷膜、玻璃膜、沸石膜、金属膜、合金膜、分子筛炭膜等。目前无机膜的应用主要集中在微滤和超滤领域，还可用于纳滤、反渗透、气体分离、渗透汽化和催化反应等过程。

目前，已开发的用于无机膜制备的材料有 TiO_2、Al_2O_3、ZrO_2、SiO_2、Pd 及 Pd 合金、Ni、Pt、Ag、硅酸盐及沸石等。其中 Al_2O_3 是研究最多应用最广泛的无机膜材料。近年来，无机陶瓷膜材料发展迅猛并进入工业应用，尤其是在微滤、超滤及膜催化反应及高温气体分离中的应用，充分展示了其具有聚合物分离膜所无法比拟的优点：①化学稳定性好、耐酸、耐碱、耐有机溶剂；②机械强度大，担载无机膜可承受几十个大气压的外压，并可反向冲洗；③抗微生物能力强，不与微生物发生作用；④耐高温，一般均可以在 400℃下操作，最高可达 800℃以上；⑤孔径分布窄，分离效率高。无机膜的不足之处在于造价较高，陶瓷膜不耐强碱，并且无机材料脆性大，弹性小，给膜的成型加工及组件装配带来一定的困难。

2.3.2.1　**致密材料**

致密材料包括致密金属材料和氧化物电解质材料，它们是致密的。物质通过致密材料是按照溶解-扩散或离子传递机理进行的，例如钯（钯银）、银、钛、镍等金属能选择透过某种气体，所以对某种气体具有高的选择性是致密材料的突出特点，但渗透率低是致密材料的缺点之一。

（1）金属及其合金

① Pd 及 Pd 合金。Pd 最大特点是在常温下能溶解大量的氢，按体积计约相当于自身体积的 700 倍，而在真空中加热至 100℃时，它又能把溶解的氢释放出来。如果在 Pd 膜两侧存在氢的分压差，则氢就从压力较高的一侧向较低的一侧渗透。这类膜材料包括 Pd、Pd 与ⅥB 至ⅧB 族金属制成的合金膜、V、Nb、Ta 等ⅤB 族金属元素。

② Ag。氧分布在 Ag 表面不同部位以发生解离吸附，溶解的氧以原子形式扩散通过 Ag 膜。金属与合金膜主要利用其对氢或氧的溶解机理而透氢或透氧，用于加氢或脱氢膜反应、超纯氢的制备及氧化反应。

（2）固体氧化物电解质　当两侧存在氧的浓度差时，Y_2O_3 稳定的 ZrO_2（YSZ）材料是一种只能使氧选择性透过的氧离子电导体，可视为氧泵体系，钙钛矿型超导材料致密无机膜也为氧泵体系。这类膜是利用离子电子传导的原理而选择性透氧，其可能的应用领域为氧化反应的膜反应器用膜、传感器的制造等，其特点是选择性极高，渗透性很低。

2.3.2.2　**多孔材料**

据 IUPAC 制定的标准，多孔无机膜按孔径范围可分为三大类：孔径大于 50nm 的称为粗孔膜，孔径介于 2～50nm 的称为过渡孔膜，孔径小于 2nm 的称为微孔膜。目前已经工业化的无机膜均为粗孔膜和过渡孔膜，处于微滤和超滤之内，而微孔膜尚在实验室研究阶段。

（1）多孔金属　由多孔金属材料制成的多孔金属膜，包括 Ag 膜、Ni 膜、Ti 膜及不锈钢膜等，目前已有商品出售，其孔径范围一般为 200～500nm，厚度 50～70nm，孔隙率可达 60%。由于具有催化和分离双重性能而受到重视，但其成本较高。

（2）多孔陶瓷膜　常用的有Al_2O_3、SiO_2、ZrO_2和TiO_2膜等，它们耐高温（除玻璃膜外，大多可在1300℃下使用）、耐腐蚀（比一般金属膜更耐酸腐蚀及生物腐蚀）。目前，孔径为4～5000nm的多孔Al_2O_3膜、ZrO_2膜及玻璃膜均已商品化。由于这类膜材料是常用的催化剂载体，甚至自身就对某些反应具有催化作用，故在膜催化反应领域也有广泛的应用前景。

（3）分子筛　分子筛膜指表观孔径小于1nm的膜。由于具有与分子大小相当且均匀一致的孔径，可进行离子交换，具有高温稳定性、优良的选择性催化性能、易被改性以及有多种不同的类型与不同的结构可供选择等优点。分子筛膜是理想的膜分离和膜催化材料。主要类型有X型分子筛、Y型分子筛膜、ZSM-5、SAPO-34膜和硅分子筛膜等。

2.3.3　新型膜材料

近年来，聚合膜的性能由于受到"TRADE-OFF"效应的限制，已经达到了通量和选择性的极限。因此，越来越多的研究者致力于开发金属有机骨架（MOF）、新型二维材料（GO和MXene）、水通道蛋白（AQP）和碳纳米管（CNT）等新材料来进一步提高膜性能。

2.3.3.1　金属有机骨架（MOF）

金属有机骨架材料也被称为配位聚合物，是以金属离子或者金属簇作为节点，通过与有机配体形成配位键而连接形成的具有规则的孔道或空穴的一类新型的多孔材料[5]（图2-2）。作为分离材料，MOF具有结构的可设计性、高孔隙率和高比表面积。MOF具有优异的选择透过性，在气体分离、渗透汽化、废水分离、吸附等领域都显示出独特的优势。

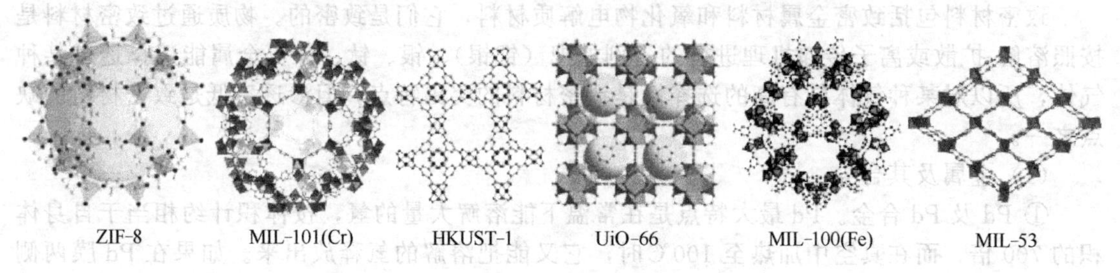

图2-2　常见的MOF材料[6]

2.3.3.2　新型二维材料

氧化石墨烯（GO）具有和石墨烯类似的二维平面结构，主要由碳原子和极性含氧官能团构成（图2-3）。MXene是一种新型的二维过渡金属碳化物或碳氮化物，其化学通式是$M_{n+1}X_nT_z$，$n=1, 2, 3$。这些二维材料具有优异的物理化学性质：高比表面积、良好的导热性、良好的导电性以及优异的亲水性等，促使其在膜分离、生物医药、电化学、催化等领域都具有潜在的应用价值[7,8]。二维材料层状薄膜的分离机理的主流观点认为其主要是靠纳米级的层间距和边缘缺陷来进行选择性分离的。

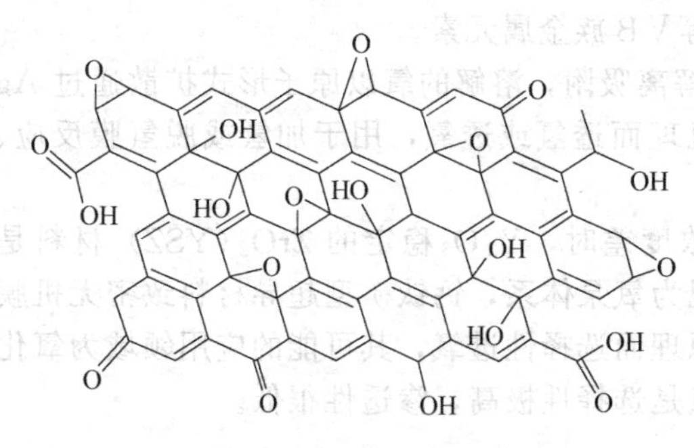

图2-3　GO结构示意图[9,10]

2.3.3.3　水通道蛋白（AQP）

水通道蛋白（Aquaporin，AQP），又称为水孔蛋白，是广泛存在于自然界的动物、植物和微生物中的一种小分子疏水性跨膜蛋白，对水分子具有高选择性和渗透性。AQP 对水具有专一的选择透过性，而对其他阴、阳离子和水合离子却没有透过性，且 AQP 在不同环境中具有优异的稳定性。因此，AQP 仿生膜特别适用于水的纯化及回收蛋白等领域。

2.3.3.4 **碳纳米管**（CNT）

碳纳米管层与层之间保持固定的距离，约 0.34nm，直径一般为 2～20nm。碳纳米管可以看作是氧化石墨烯卷曲而成的管状结构，分为：单壁碳纳米管（SWCNT）和多壁碳纳米管（MWCNT）。

2.4 膜的结构

由于制膜方法与材料不同，所制备的膜具有不同的形态结构：包括对称和非对称、多孔型和致密型以及层状结构。

高分子膜根据膜中高分子的排布状态及膜的结构紧密疏松的程度又可分为多孔膜与致密膜。多孔膜是指结构较疏松的膜，膜中的高分子绝大多数是以聚集的胶束存在和排布的，超滤、微滤膜均属于多孔膜。致密膜一般指结构紧密的膜，其孔径在 1.5nm 以下，膜中的高分子以分子状态排列，如反渗透膜中的聚酰胺分离层。

对称膜是指各向均质的致密或多孔膜。在观测膜的横断面时，若整个断面的形态结构是均一的，则为对称膜，又称均质膜，如核孔膜。物质在膜中各处的渗透率是相同的，但均质膜很少使用。以气体分离膜为例，气体在高分子材料中的渗透率一般在 7.5×10^{-13}～7.5×10^{-15} mL/(cm·s·Pa) 之间，而膜的厚度至少要几十微米才有足够的强度，即透过通量为 7.5×10^{-10}～7.5×10^{-12} mL/(cm^2·s·Pa)，相当于每平方米膜在 0.1MPa 压差下每小时仅能透过 0.01～1L 气体，难以实用。所以致密的均质膜主要用在研究阶段膜性能的表征上，见表 2-1。均质的高分子膜多用于气体分离或渗透汽化，均质的硅橡胶膜和金属膜等可用于气体的分离和纯化。

表 2-1 均质膜的性质、制备和应用

膜形式	膜材料	制备方法	应用
均质膜	高分子(SR)金属膜	压挤、溶液浇铸压挤	气体分离 气体分离
离子交换膜	高分子离子交换树脂	溶液浇铸	电渗析
镶嵌膜	高分子离子交换树脂	溶液浇铸	电渗析
均质膜	高分子(PE、PTFE)	延展挤压成型	人造血液槽
	高分子(PC)	径迹-刻蚀	微滤

注：SR 为硅橡胶；PE 为聚乙烯；PTFE 为聚四氟乙烯；PC 为聚碳酸酯。

非对称膜是指膜的断面呈现不同的层次结构。目前，工业上分离过程中实用的膜均为非对称结构，它由很薄的较致密的起分离作用的活性层（0.1～1μm）和起机械支撑作用的多孔支撑层（100～200μm）组成（图 2-4）。因此，这种膜具有物质分离最基本的两种性质：高传质速率和良好的机械强度。活性层的孔径和表皮的性质决定分离特性，而厚度主要决定传递速度。多孔支撑层只起支撑作用，对分离特性和传递速度影响很小，甚至几乎没有。由于非对称结构膜的通量比最薄的均质膜增大 1～2 数量级，因此，非对称结构膜的制备是制膜技术发展过程中的里程碑。

非对称膜又可分为一般非对称膜（膜的表层与底层为同一种材料）和复合膜（膜的表层与底层为不同材料）两大类型。

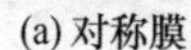

(a) 对称膜

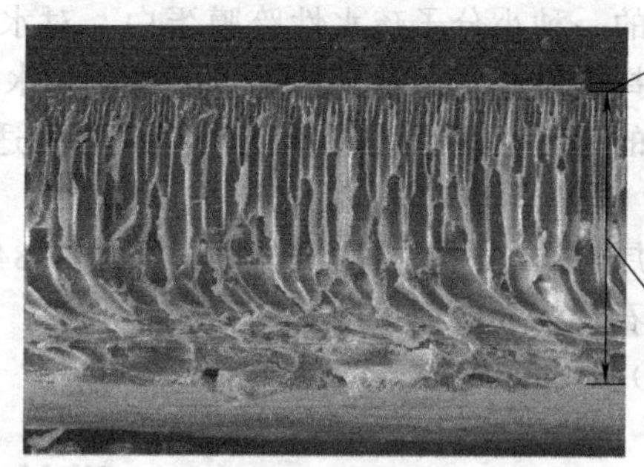

(b) 非对称膜

图 2-4　对称膜和非对称膜的断面扫描电镜照片

复合膜（又称薄膜复合膜）的膜一般是指在多孔的支撑膜上复合一层很薄的有效厚度小于1μm（一般为0.2～1μm）的致密的、有特种功能的另一种材料的膜层。它最早用于反渗透过程，现已用于气体分离、渗透汽化等膜分离过程。现常采用溶液浇铸、等离子体聚合、界面聚合等方法沉积于具有微孔的底膜（支撑层）表面上制作这种复合结构的选择性膜层（活性膜层）。此外，新型二维材料在水平方向相互堆积形成层状的膜结构（图 2-5）[11]。相互贯通的纳米孔道的大小可以作为截留分子或离子的标尺，制备具有层状结构的分离膜，其常用的方法包括：真空过滤法、浸涂法、旋涂法和层层自组装法等。

(a) 从铜箔上剥离的约1μm厚度的GO膜

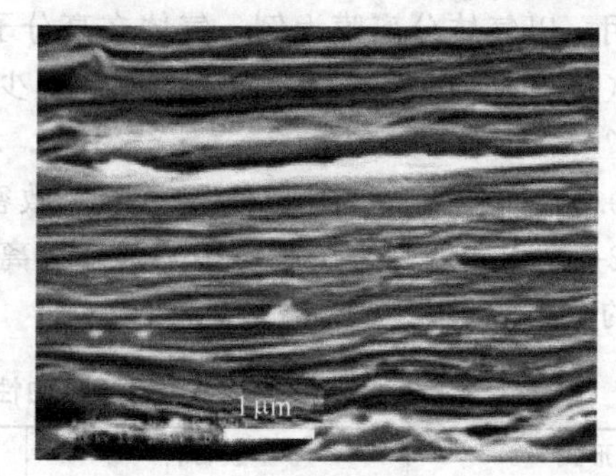

(b) GO层叠膜

图 2-5　层状膜结构

2.5　膜的制备

膜分离技术的核心是分离膜。衡量一种分离膜有无实用价值，要看是否具备以下条件：高选择性；优异的抗物理、化学和微生物侵蚀的性能；足够的柔韧性和机械强度；使用寿命长，适用 pH 范围广和成本合理，制备方便，便于工业化生产。

2.5.1　高分子膜的制备

许多有机高分子都可以做成薄膜，但若要成为具有高性能且有实用价值的分离膜，除了选择合适的膜材料外，同样重要的是必须找到一种使其具有合适结构的制造工艺技术。有机高分子分离膜从形态结构上可分为对称膜（或称均质膜）和非对称膜两大类[4]。

2.5.1.1　均质膜

（1）致密均质膜　致密均质膜由于太厚，渗透通量太小，一般较少实际应用于工业生产。

有机高分子的致密均质膜在实验室研究工作中广泛用于表征膜材料的性质。其制备方法如下：

① 溶液浇铸。将膜材料用适当的溶剂溶解，制成均匀的铸膜液，将铸膜液倾倒在玻璃板上（一般为经过严格选择的平整玻璃板），用特制的刮刀使之铺展开，成为具有一定厚度的均匀薄层，然后移置到特定环境中让溶剂完全挥发，最后形成均匀薄膜。

② 熔融挤压。一些有机高分子找不到合适的溶剂制成铸膜液，则要采用熔融挤压法来成膜，将高分子材料放在两片加热了的夹板之间，并施以高压（10～40MPa），保持0.5～5min后，即可得到所需的膜。

③ 不同聚合物之间形成的致密膜。在聚合反应过程中，由于反应热的产生会出现聚合自动加速现象，由此引发交联并生成高分子量聚合物，它是由于各种链转移和偶联反应的交联作用。这类致密均质膜必须在聚合期间就形成。属于这一范畴最主要的膜类型是均质离子交换膜。

（2）微孔均质膜

① 径迹刻蚀法。径迹刻蚀法主要分两个步骤：首先用荷电粒子照射高分子膜，使高分子膜化学键断裂，留下敏感径迹，再将膜浸入适当的化学刻蚀试剂中，高分子的敏感径迹被溶解而形成垂直于膜表面、规整的圆柱形孔。目前，用于制备核径迹膜的材料主要是聚酯和聚碳酸酯，制得膜的孔径范围为0.01～12μm，孔密度可达2×10^8个/cm^2（图2-6）。

(a) 圆柱形孔

(b) 针形状

图2-6 聚碳酸酯NTM断面SEM照片[12]

② 拉伸法。一般要经过两步。首先将温度已达其熔点附近的高分子经过挤压，并在迅速冷却的条件下制成高度定向的结晶膜，然后将该膜沿机械力方向再拉伸几倍，这次拉伸破坏了它的结晶结构，并产生裂缝状的孔隙，这种方法一般称为Celgrad法。Celgrad法选用商品聚丙烯为膜材料，在拉出速率远高于挤出速率的情况下，聚丙烯分子本身变为一种与机械力成一致方向的微纤维形式，它会在机械力垂直方向上形成的折叠链排薄片的微晶中起核心作用。然后，在低于高分子的熔融温度、高于起始的退火温度下进行拉伸，使薄片之间的非晶区变形为微丝，结果形成了一种顺着机械力方向的具有狭缝隙的多孔互联网络，孔的尺寸取决于拉伸后的微丝。表2-2说明Celgrad薄膜具有优良的机械物理性质。Core-Tex是另一种采用拉伸成孔的微孔分离膜。

表2-2 Celgrad薄膜的典型机械物理性质

性质	数值	试验方法	性质	数值	试验方法
拉伸强度，MD①	137.9MPa	ASTM D882	撕裂起始，MD	0.4536lb(1lb=0.4536kg)	ASTM D1004
TD②	13.8MPa		MIT耐折叠性	10^5	ASTM D643
拉伸模量，MD	1379.0MPa	ASTM D882	Mullen爆破度	20点	ASTM D774
伸长，MD	40%	ASTM D882			

① MD=机械力方向。

② TD=横切于机械力方向。

③ 溶出法。在难溶的高分子材料中掺入某些可溶性的组分，制成均质膜后，再用溶剂将可溶性组分浸提出来，形成微孔膜。这种方法仅用于制备难溶性聚合物分离膜。

④ 烧结法。使一个微小颗粒或者一群均匀组成的微粒在高温条件下聚集，没有任何形状的改变。烧结不是一个简单的致密化作用，对高分子物质进行烧结作用，微粒表面必须足够软化，以使大分子链段相互扩散而进入邻近的微粒中去。制备高分子膜的烧结过程，主要限于具有柔性结构的高分子。用烧结法制备的膜一般孔径分布均较宽，但是它们具有相当高的强度和抗压实性，以及这些高分子的化学惰性等，使它们在某些特殊分离中仍得到应用。

(3) 离子交换膜　用于电渗析膜过程的有机高分子荷电均质膜。根据膜中活性基团分布的均一程度，离子交换膜大体上可分为异相膜、均相膜和半均相膜三类。若根据在膜本体上的不同电性能，离子交换膜可分为阳离子交换膜和阴离子交换膜两大类。阳离子交换膜的活性基团则为胺、叔胺和仲胺等。最常用的离子交换膜材料有：聚乙烯、聚丙烯和聚氯乙烯等的苯乙烯接枝高分子。

① 异相离子交换膜。形成膜的整个材料不是呈一相存在的膜叫异相膜，例如离子交换树脂粉加上黏合剂和增塑剂后热压所成的膜即为异相膜。热压成型法是制备异相离子交换膜最常用的方法。

② 均相离子交换膜。制备方法有五种：a. 将能反应的混合物（即酚、苯磺酸、甲醛）进行缩聚。混合物中至少有一种能在它的某一部分形成阴离子或阳离子。b. 将能反应的混合物（即苯乙烯、乙烯基吡啶和二乙基苯）进行聚合。混合物中至少有一种含有阴离子或阳离子，或者有可以成为阴离子或阳离子的部位。c. 将阴离子或阳离子基团引入高分子或高分子膜。例如将苯乙烯浸入聚乙烯薄膜内，使浸入膜内的单体聚合，形成聚苯乙烯，然后将聚苯乙烯进行磺化。与此类似，也可通过接枝聚合将离子基团接到高分子薄膜的分子链上。d. 将含有阴离子或阳离子的一部分引到一个高分子上（例如聚砜），然后将此高分子溶解并浇铸成膜。e. 通过把离子交换树脂高度分散于一高分子中形成高分子合金或共聚体。无论用以上哪一种方法制备，所制膜都需用织物增强，以改善其强度及形态稳定性。均相离子交换膜的性能远优于异相膜，所以目前使用的离子交换膜多为均相膜。

③ 半均相离子交换膜。从宏观上看，是一种均匀一致的整体结构，成膜的高分子化合物与具有离子交换特性的高分子化合物十分紧密地结合为一体，但都不是化学键结合。从微观上看，应属于异相膜范畴，习惯上也可将此膜看作是均相离子交换膜。其制备方法和异相和均相离子交换膜类同。

2.5.1.2 非对称膜

非对称膜一般比均质膜的渗透通量要高得多，由薄的致密皮层（起分离作用）和多孔支撑层（起支撑皮层作用）构成，包括相转化膜和复合膜。

(1) 相转化膜　将均相的高分子铸膜液通过各种途径使高分子从均相溶液中沉析出来，使之分为两相：一相为高分子富相，最后形成高分子膜；另一相为高分子贫相，最后成为膜中之孔。相转化法制备的高分子非对称膜具有以下特点：皮层与支撑层为同一种材料；皮层与支撑层是同时制备形成的。相转化法制膜的方法包括有：

① 溶剂蒸发法（干法）[13,14]。高分子材料溶于一双组分溶剂混合物，此混合物由易挥发的良溶剂（如氯甲烷）和相对不易挥发的非溶剂（如水和乙醇）组成。将此铸膜液在玻璃板上均匀涂覆成具有一定厚度的薄层，随着易挥发良溶剂的不断蒸发逸出，非溶剂的比例愈来愈大，高分子沉淀析出，形成薄膜，这一方法也称为干法。这是相转化制膜工艺中最早的方法，1920～1930 年就被 Bechhold 等使用［图 2-7 (a)］。

② 水蒸气吸入法[15]。高分子铸膜液在一平板上铺展成一薄层后，在溶剂蒸发的同时，吸入潮湿环境中的水蒸气使高分子从铸膜液中析出进行相分离，这一过程的相图见图

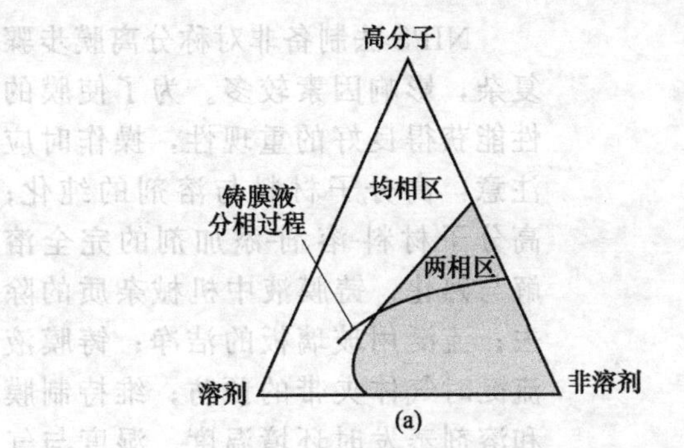

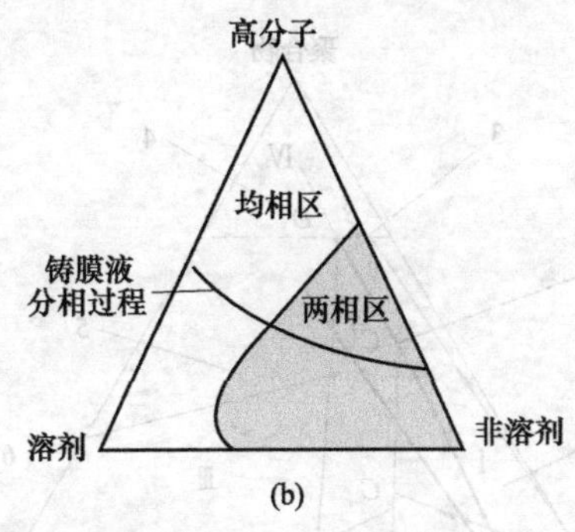

图 2-7 溶剂蒸发法制备多孔膜的铸膜液组成变化相图（a）和水蒸气吸入法制备多孔膜的铸膜液组成变化相图（b）

2-7（b）。此法是商品相转化分离膜的常用生产方法。典型的铸膜液组成为：膜材料（醋酸纤维素与硝酸纤维素）、溶剂（丙酮、水、乙醇、乙二醇）。

③ 热致相分离法[16]。又称 TIPS 法，是 Castro 发明的。它使用稀释剂（高温时对高分子膜材料是溶剂，低温时是非溶剂），将聚合物与稀释剂在高温下溶解成均匀铸膜液，将铸膜液涂覆成一定形状的膜，然后降低温度冷却使其固化。具体步骤如下：a. 在高温下将高分子膜材料与低分子稀释剂熔融混合成一均匀的溶液；b. 将溶液制成所需的形状（平板或中空）；c. 将溶液冷却使之发生相分离；d. 将稀释剂从膜中去除（溶剂抽提）。TIPS 法主要适用于结晶和半结晶性高聚合物，如聚烯烃、聚丙烯、聚偏氟乙烯等。TIPS 法制膜过程的温度-组成相图见图 2-8，图中，ϕ_m 为偏晶点，T_c 为结晶点。该方法可用于制备平板膜和中空纤维膜。

④ 非溶剂致相分离法（NIPS 法）。由 Loeb 和 Sourirajan 在 1960 年发明。在相同截留率情况下，NIPS 法制备的非对称醋酸纤维素反渗透膜的通量为均质膜的 10 倍左右，这成了分离膜发展的里程碑。电子显微镜观察发现，这种膜具有薄、非常致密的皮层以及海绵状疏松的多孔支撑层。后人将这种方法称为 L-S 相转化法，并将它推广用于其他高分子非对称膜的制备。图 2-9 是 L-S 法制备非对称膜的流程。

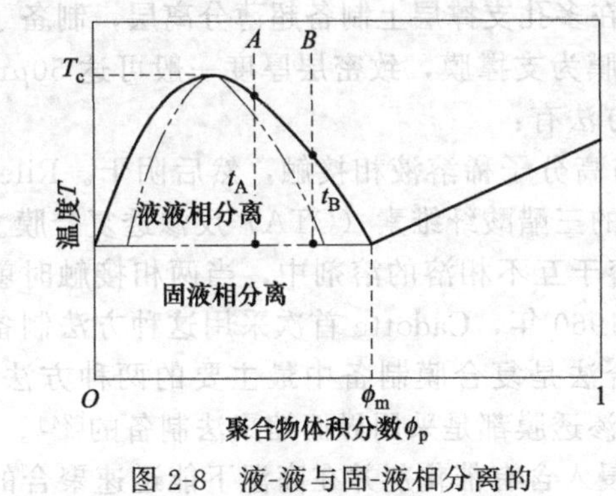

图 2-8 液-液与固-液相分离的温度-组成相图[17]

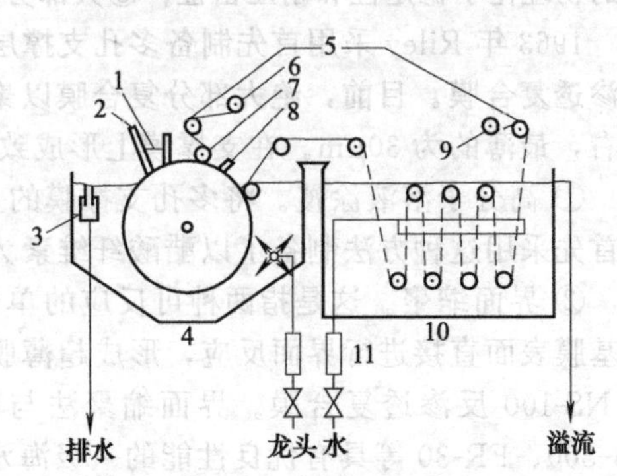

图 2-9 L-S 法制膜流程示意图

1—料液槽；2—刮刀；3—水位调节器；4—凝胶槽；5—牵引滚；6—织物卷；7—涂覆卷；8—擦胶刀；9—缠绕液；10—洗涤槽；11—流量计

三元体系完整的相图如图 2-10 所示，细分为四个区域：Ⅰ是单相溶液区，由聚合物-溶剂轴和浊点线或称双节线构成。Ⅱ是液-液两相区；在两相区，旋节线又划出亚稳区和非稳区，浊点线与旋节线之间是亚稳区，旋节线右边是非稳区。Ⅲ是固-液二相区。Ⅳ是单相玻璃态区。连接线表示聚合物富相与贫相相对应的平衡浓度，玻璃化转变线以上区域是固态单相区，铸膜液进入该区则形成固态。

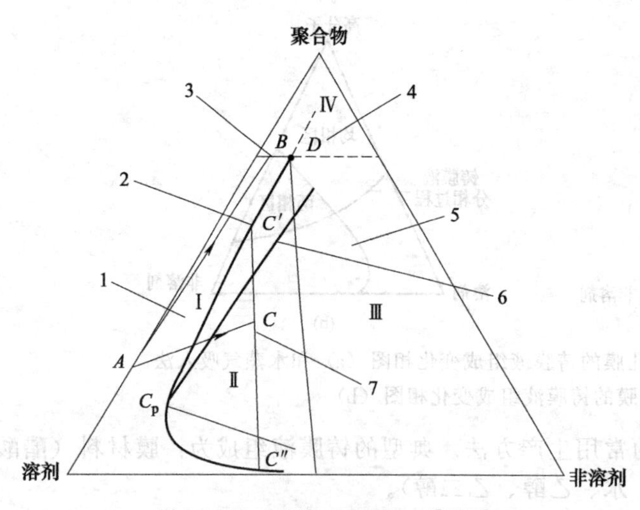

图 2-10 三元体系典型相图[18,19]

1—溶液单相区；2—双结线（浊点线）；3—玻璃化转变线；4—玻璃单相区；5—液-液两相区；6—旋节线；7—连接线；

Ⅰ—均相区；Ⅱ—亚稳区；Ⅲ—不稳区

NIPS 法制备非对称分离膜步骤复杂，影响因素较多。为了使膜的性能获得良好的重现性，操作时应注意：高分子材料与溶剂的纯化；高分子材料-溶剂-添加剂的完全溶解与熟化；铸膜液中机械杂质的除去；流涎用玻璃板的洁净；铸膜液流涎时气体夹带的预防；维持制膜和溶剂蒸发时环境温度、湿度与气氛的恒定等。

（2）复合膜[20~23] 分离膜的透水速度与其致密皮层的厚度大致成反比，所以降低相转化法制备的高分子非对称分离层的厚度是提高膜渗透通量的有效途径。J. E. Anderson 等根据高分子溶液的松弛理论，计算出 CA/丙酮体系非对称反渗透膜的皮层厚度为 100μm，再变薄就困难了。另外，高分子膜在压力下被压密可使膜的渗透通量下降。相转化法制备的非对称反渗透膜的压密主要发生在介于表面致密层和下部多孔支撑层之间的过渡层。假如采用其他制膜工艺，分别制备致密皮层和多孔支撑层，则既可减少致密皮层的厚度，又可消除易引起压密的过渡层，从而提高膜的渗透通量和抗压密性，这是当年制作复合膜工艺的基本思路。复合膜具有以下特点：①可分别优选不同的膜材料制备致密皮层（也称超薄脱盐层）和多孔支撑层，使它们的功能分别达到最佳化；②可用不同方法制备高交联度和带离子性基团的致密皮层，从而使膜对无机物，特别是对有机低分子具有良好的分离率，以及良好的物理化学稳定性和耐压密性；③大部分复合膜可制成干膜，有利于膜的运输和保存。

1963 年 Riley 采用首先制备多孔支撑层，然后在多孔支撑层上制备超薄分离层，制备了反渗透复合膜。目前，绝大部分复合膜以聚砜多孔膜为支撑膜，致密层厚度一般可达 50μm 左右，最薄的为 30μm。在支撑膜上形成致密层的方法有：

① 高分子溶液涂覆。将多孔支撑膜的上表面与高分子稀溶液相接触，然后阴干。Riley 等首先采用这种方法制备了以醋酸纤维素为支撑膜的三醋酸纤维素（CTA）反渗透复合膜。

② 界面缩聚。这是指两种可反应的单体分别溶于互不相溶的溶剂中，当两相接触时就在基膜表面直接进行界面反应，形成超薄脱盐层。1960 年，Cadotte 首次采用这种方法制备了 NS-100 反渗透复合膜。界面缩聚法与就地聚合法是复合膜制备中最主要的两种方法，PA-300、FR-30 等具有优良性能的一级海水淡化反渗透膜都是采用界面缩聚法制备的[24]。

③ 原位聚合（单体催化聚合）。它是将支撑膜浸入含有催化剂并在高温下能迅速聚合的单体稀溶液中，取出支撑膜并排去过量的单体稀溶液，然后在高温下进行催化聚合。美国 Borth Star 研究所采用该法成功研制了 NS-200 反渗透膜复合膜。

④ 等离子体聚合。将某些在辉光放电下能进行等离子体聚合反应的有机小分子直接沉积在多孔支撑膜上，反应后得到以等离子体聚合的高分子为超薄脱盐层的复合膜。等离子体聚合反应通常采用具有内部电极联系的钟罩式反应器和无电极的管式反应器。几乎所有的有机物都能进行等离子体聚合，但不一定都能形成具有选择透过性的薄膜。许多含氮、含烯烃双键的有机化合物（例如含有═NH、—NH_2，—CH ═CH—等基团的有机物），特别是芳香胺类能形成具有优良反渗透特性的高分子沉积薄层；含氧、含氯的有机物（例如含有

—CO—、—COO—、—O—、—OH 等官能团）以及脂肪烃和环烷烃，由于在辉光放电时易分解，不宜作等离子聚合物的单体。日本住友化学公司研制的 Slolcon 膜是唯一的商品化等离子复合膜。

⑤ 动态自组装膜。经加压闭合循环流动的方式，使胶体粒子或微粒附着沉积在多孔支撑体表面以形成薄层底膜，然后再用高分子聚电解质稀溶液同样以加压闭合循环流动的方式，将它附着沉积在底膜上，构成具有溶质分离性能、有双层材料的反渗透复合膜，这种复合膜称为动态自组装膜（动态膜)。几乎所有的无机与有机聚电解质都可以作为动态自组装的制膜材料。在无机电解质中有 Al^{3+}、Fe^{3+}、Si^{4+}、Zr^{4+}、Th^{4+}、V^{4+}、U^{4+}等的水合氧化物或氢氧化物，其中 Zr^{4+} 的性能最好；在有机聚电解质中有聚丙烯酸、聚乙烯磺酸、聚马来酸、聚乙烯胺、聚苯乙烯磺酸、聚乙烯基吡啶、聚谷氨酸等；某些中性的非聚电解质（如甲基纤维素、聚氧化乙烯、聚丙烯酰胺）以及某些天然物（如黏土、腐殖酸、乳清、纸浆废液等）也能作为动态膜材料。动态自组装膜的多孔支撑体可用陶瓷、烧结金属、烧结玻璃、碳等无机材料以及醋酸纤维素、聚氯乙烯、聚酰胺、聚四氟乙烯树脂等有机烧结材料。多孔支撑体孔径范围通常要求为 0.01～1μm，与材质有关。最适宜范围为0.025～0.5μm，厚度没有特别限制，根据使用要求，只需保证足够的机械强度。动态自组装膜也可制成单层结构的超滤膜。

⑥ 水面展开法。将高分子溶液铺展在水面上，铺展成超薄膜，将其覆盖在多孔支撑膜上就形成复合膜。它可以是间歇式操作，也可以是连续式操作，为了避免超薄层上的缺陷，还可采用反复多层制备超薄层的方法。

一般来说，反渗透膜复合膜在具有高脱盐率的同时，比相转化法非对称膜的渗透通量也高出许多。复合膜的出现使反渗透海水淡化成本大幅度下降，而且促进了其他膜分离过程的开发。

2.5.2 无机膜的制备方法

无机膜的制备技术[25,26]主要有：采用固态粒子烧结法制备载体及过渡膜，采用溶胶-凝胶法制备超滤、微滤膜，采用分相法制备玻璃膜，以及采用专门技术（如化学气相沉积、无电镀等）制备微孔膜或致密膜。

致密的金属膜主要指的是钯膜。以压延法制造的致密金属膜，厚度约为 25μm。更薄的膜是在多孔体上以喷溅、电化学沉积、化学气相沉积等技术制造的。钯膜只在小型系统中应用。由于气体透过量和膜厚成反比，金属用量和膜厚成正比，超薄金属膜具有更好的性能。

陶瓷膜的制造方法主要有：①烧结法，即将胶体（或粉体）形成的薄层烧结而得，孔径较大，约 10～100μm；②沥浸法，即将混相的玻璃箔或毛细管于酸中溶去一相；③溶胶-凝胶法，此法先制备溶胶，一种称 Particulate 法，以相应的醇盐水解、解胶及陈化而得；另一种称 Polymeric 法，在大量含醇盐的醇溶液中引进水，使醇盐在分子水平上水解并聚合。

相转移法制造的多孔玻璃孔径均匀、孔隙率大，是优良的过滤膜及基膜。

将聚合物的中空纤维在惰性气体中或真空中加热而分解成为碳分子筛膜，孔径约 0.2～0.5nm。沥浸法亦可制得孔径小于 1nm 的分子筛膜玻璃纤维。

(1) 金属致密膜的制备

① 电镀法。控制直流电压和温度，将金属或金属合金沉积在阴极的支撑体上而形成薄膜。金属钯比较容易在平板和管式支撑体上镀膜。钯膜的厚度主要通过电镀时间和电流强度加以控制。膜的厚度可控制在几微米到几毫米范围内。然而对于合金膜，由于各种金属离子沉积速率的差异，制备面积较大的膜时会出现组分分布不均的问题。

② 无电镀法。控制自催化分解或降解亚稳态金属盐，在支撑体上形成薄膜。对钯膜，常使用的金属盐有 $Pa(NO_3)_4(NO_2)_2$、$Pa(NH_3)_4Cl_2$，常用的降解（催化）剂为肼或次磷

酸钠。通常，支撑体还需预处理以带有钯核，从而降低液相中的自催化反应。该法可在复杂表面形成厚度均匀、强度较高的膜，钯及其合金膜均可采用该方法制备。但控制膜的厚度尚有一定的困难，而且难于避免液相主体中的分解反应，导致不必要的损失；另外还难于确保膜的纯度，常含有1.5%左右的磷化物杂质。

③ 化学气相沉积法。控制温度等条件，气态的金属化合物在支撑体表面发生化学反应，经成核、生长而形成薄膜。

④ 铸造与压延法。该法既可以用来大规模制备金属薄板和薄膜，也可小规模使用，其过程包括高温熔融、铸炼、高温均质化、热压和冷压，再经多次重复冷压延和退火处理等步骤，直到预期的厚度。若熔融体的冷却速率足够快（$10^5\sim10^9$K/s），则可以得到金属玻璃的无定形材料。这种材料具有优良的性质，如高的机械强度、电导性质、催化活性、氢可逆储存能力、耐腐蚀性能等。制备过程中，随着金属箔厚度的减小，杂质污染问题突出，碳、硫、硅、氯、氧等可导致其机械强度显著下降，因此也对原料的纯度提出了更高的要求。冷压延时，通常会导致晶格的错位，理论和实践表明在错位的应力场中可积存过量的氢，因此，可提高钯及其合金溶解氢的能力，这种效应将在提高膜操作温度的退火过程中逐渐消失。目前使用高纯度金属钯已可制备厚度在1μm以下的膜。

⑤ 物理气相沉积法。固体金属在高真空（<1.3mPa）下蒸发、冷凝沉积在低温支撑体表面并形成薄膜。此法在制备金属及其合金膜中是一种非常实用的方法，物理气相沉积法可分为真空沉积、溅射沉积和粒子束沉积三种。金属在坩埚中被加热至（或高于）熔点，蒸气分压足以产生较高的沉积速率。钯在1550℃时很容易蒸发，并具有良好的沉积性能。Ilias等采用热蒸发法在多孔支撑体上制备出钯、银和铜膜，然而由于各组分的蒸气分压和蒸发速率差异，沉积金属合金尚有一定的困难。合金膜通常采用交替沉积或使用多个蒸发源的方法制备。溅射过程并不需要对金属进行加热，溅射靶上的金属原子被高速的氩等离子轰击出，并在支撑体上沉积。该法的优势在于原子间的蒸发速率相近，适于制备合金膜；蒸发速率较低，可制备超薄膜，另外低温也是其优点。使用物理气相沉积方法，膜层与支撑体的结合强度往往不高，因此必须对支撑体进行适当的预处理。采用上述方法也可在无机多孔膜上制备金属复合膜，这可大大提高金属膜的机械强度。Gryaznov等以及Mishchenko等采用溅射的方法制备出Pa-Ru合金膜。

(2) 氧化物致密膜的制备　氧化物致密膜以对称结构为主，常采用挤出和等静压法成型，其制备过程包括粉料制备、成型和干燥烧结三个基本步骤。在致密化过程中膜伴随着明显的收缩，控制不当会导致膜出现裂纹缺陷，Itoh等用显微镜观察测定了烧结温度条件对膜高度和宽度的变化，随着烧结温度的提高，膜的高度和宽度均变小，表明膜趋于致密；但也不难发现高度与宽度的变化并不一致。这主要是由重力的影响所导致的。此外，烧结参数的确定还须考虑到材料的化学稳定性和结构稳定性。

(3) 多孔膜的制备　工业用无机多孔分离膜主要由多孔载体，过渡层和活性分离层三层结构构成。①多孔载体的作用是保证膜的机械强度，对其要求是有较大的孔径和孔隙率，以增加渗透性，减少流体阻力。多孔载体的孔径一般在10～15μm左右，其形式有平板，管式以及多通道蜂窝状，后二者较为常见。多孔载体一般由三氧化二铝、二氧化锆、碳、金属、陶瓷以及碳化硅材料制成。②过渡层是介于多孔载体和活性分离层中间的结构，其作用是防止活性分离层制备过程中颗粒向多孔载体渗透。由于有过渡层的存在，多孔载体的孔径可以制备得较大，因而膜的阻力小，膜渗透通量大。根据需要，过渡层可以是一层，也可以是多层，其孔径逐渐减小，以与活性分离层匹配。一般而言，过渡层的孔径在0.2～5μm之间，每层厚度不大于40μm。③活性分离层是真正起分离作用的膜，它是通过各种方法负载于多孔载体或过渡层上，分离过程主要是在这层薄膜上发生的。分离膜层的厚度一般为0.5～

10μm。现在正在向超薄膜发展，现已可以在实验室制备出几十纳米厚的超薄分离层。工业应用的分离膜孔径在4nm～5μm之间，并且正在向微孔膜领域发展。

无机膜按形状可分为管式（包括单通道和多通道）、平板式、多沟槽式、中空纤维式。商品化的多孔陶瓷膜的外形主要有平板、管式和多通道三种，一般多为支撑体、过渡层和分离层构成的多层非对称结构。

(1) 多孔陶瓷支撑体的制备　支撑体的功能主要是为非对称膜如微滤膜、超滤膜和纳滤膜提供足够的机械强度，因此其厚度一般在1～2mm。支撑体的制备主要采用挤出法、流涎法、注浆法以及压制法成型，对于不同构型的膜采用不同的方法成型。表2-3列出成型方法和相应的构型。

表2-3　支撑体的成型方法与构型

成型方法	挤出法	流涎法	注浆法	压制法
膜的构型	管式、多通道	平板	管式	片状、管式

① 挤出成型法。在水或塑化剂中加入粉料和添加剂，经混合后，炼制成塑性泥料，然后利用各种成型机械进行挤出成型。该法为机械化作业方式，坯体的外形由挤出头的内部形状决定，坯体长度可根据需要截取，物料的性质和陈化过程、挤出机挤出头与花心的设计等是主要影响因素。

② 流涎成型方法。用来制备厚度在几毫米的平板多孔陶瓷支撑体或对称膜，其过程包括浆料制备、流涎成型和干燥烧结三个步骤。粉料分散在液体中，加入分散剂、黏结剂和增塑剂，搅拌得到均匀的浆料，经过加料嘴不断地向转动的基带上流出，逐渐延展开来，干燥后得到一层薄膜。

(2) 多孔膜的制备

① 固态粒子烧结法。将无机粉料微小颗粒或粒度为0.1～10μm的超细颗粒与适当的介质混合分散形成稳定的悬浮液，成型后制成生坯，再经干燥，在1000～1600℃高温下进行烧结处理。此法一般用于制备微孔陶瓷膜或陶瓷膜载体，也可用于制备微孔膜。膜的质量受粉体的制备及分级、成型方法及干燥和烧结条件等因素影响。

② 溶胶-凝胶法。该法以醇盐$Al(OC_3H_7)_3$、$Al(OC_4H_9)_3$、$Ti(i\text{-}OC_3H_7)_4$、$Zr(i\text{-}OC_3H_7)_4$、$Si(OC_2H_5)_4$、$Si(OCH_3)_4$或金属无机盐如$AlCl_3$为原始原料，通过水解，形成稳定的溶胶。然后在多孔支撑体上浸涂溶胶，在毛细吸力的作用下或经干燥，溶胶层转变为凝胶膜，热处理后得到多孔无机膜。溶胶-凝胶法制无机膜的流程见图2-11。

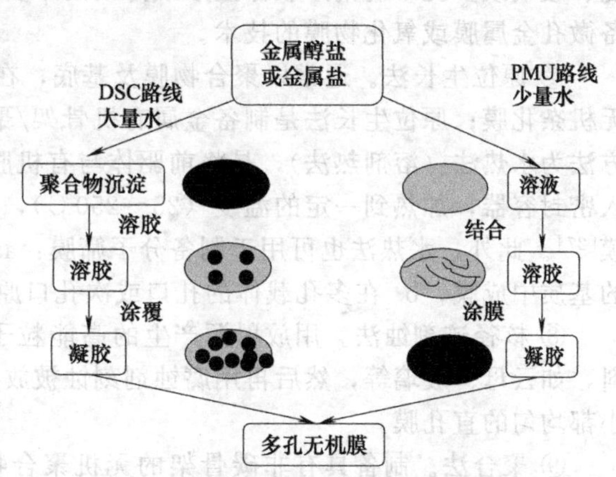

图2-11　溶胶-凝胶法制无机膜的流程

该法制膜过程中的关键在于控制膜的完整性，即避免针孔和裂纹等缺陷的产生。研究表明，膜的完整性、膜的孔径都取决于溶胶、支撑体的性质以及凝胶膜的干燥和热处理条件。溶胶-凝胶技术可以制备出纳米级的超细粒子，商品化$\gamma\text{-}Al_2O_3$、TiO_2和ZrO_2超滤膜正是采用这一方法制备的。

③ 阳极氧化法。将高纯度金属箔（如铝箔）置于酸性电解质溶液（如H_2SO_4、H_3PO_4）中进行电解阳极氧化。氧化过程中，金属箔片的一侧形成多孔的氧化层，另一侧金属被酸溶

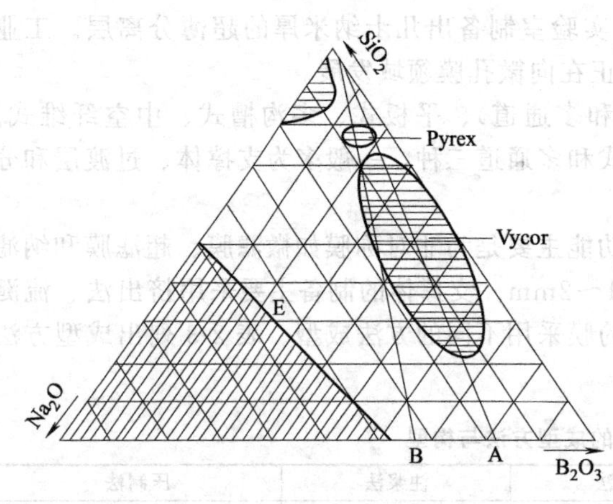

图 2-12　Na_2O-B_2O_3-SiO_2 体系相图

解，再经适当的热处理即可得稳定的多孔结构氧化物膜。阳极氧化法制出的膜具有近似直孔的结构，控制好电解氧化过程，可以得到孔径均匀的对称和非对称两种结构的氧化铝膜。非对称氧化铝膜在气体、液体分离，尤其是生化产品的精制等方面有着一定的应用潜力。但是目前这一技术仅限于制备氧化铝膜，而且由于缺少支撑体，膜的强度较低，所以仅用于制备小面积平板膜，用于实验室研发及中试过程。

④ 分相法。利用硼硅酸玻璃的分相原理（图 2-12），将位于 Na_2O-B_2O_3-SiO_2 三元不混溶区内的硼硅酸玻璃在 1500℃以下熔融，然后在 500～800℃进行热处理，使之分为不混溶的 Na_2O-B_2O_3 相和 SiO_2 相，再用 5%左右的盐酸、硫酸或硝酸浸提，得到连续又互相连通的网络状 SiO_2 多孔玻璃。

分相法得到的膜孔径分布窄，比表面积可高达 500m^2/g，还可调节膜表面的 Zeta 电位以及与水的润湿性。因此，可用于气体分离和膜反应过程。另外高温下的玻璃熔融体容易成型，可以制备出纤维或管状膜。

⑤ 有机聚合物热分解。在惰性气体保护或真空条件下，将热固性聚合物高温热分解碳化。也可以将有机膜制成多孔无机膜，如用纤维素、酚醛树脂、聚丙烯腈（PAN）等有机物可以制备碳分子筛膜，用硅橡胶可以得到硅基质多孔无机膜。由于有机膜在热分解过程中的收缩率很大，如硅橡胶膜分解时收缩率在 10%以上，从而导致膜出现缺陷，因此采用有机聚合物热分解法制备非对称膜较为困难。

⑥ 薄膜沉积法。是用溅射、离子镀、金属镀及气相沉积等方法，将膜材料沉积在载体上制造薄膜的方法。它分为膜材料（膜料）的气化和膜材料的蒸气依附于其他材料（多孔陶瓷、玻璃或多孔不锈钢）载体上形成薄膜两个步骤。它是借鉴了传统的物理镀膜方法，是制备微孔金属膜或氧化物膜的技术。

⑦ 原位生长法。通常以聚合物膜及基底，在其上原位生长一层致密分离层，构成有机-无机杂化膜；原位生长法是制备金属有机骨架/聚合物杂化膜的常用方法之一。最为常用的方法为水热法（溶剂热法），是将前驱体与有机胺、去离子水、乙醇和甲醇等溶剂混合后放入密封容器，加热到一定的温度（25～250℃），在一定压力（1×10^3 kPa）下反应，晶化成膜[27]。此外，水热法也可用于制备分子筛膜：a. 将事先合成好的分子筛埋在相对非渗透性的基质中成膜；b. 在多孔载体的孔口或次孔口原位水热合成分子筛膜。

⑧ 核径迹刻蚀法。用放射源产生的高能粒子（中子、α 粒子）轰击绝缘的无机薄膜材料，如云母、玻璃等，然后再用腐蚀剂刻蚀被放射粒子轰击过的材料，即可得形状与孔径大小都均匀的直孔膜。

⑨ 聚合法。制备具有非碳骨架的无机聚合物膜，即具有氮磷骨架的合成无机聚合膜，它在 100～350℃稳定，并且孔径可在一定范围内调节。

(3) 无机多孔膜的修饰（改性）　采用浸渍或吸附的方法可将液相中改性组分沉积在膜的表面和膜孔内，也可用薄膜沉积技术（包括物理气相沉积、化学气相沉积和超临界流体沉积技术）对膜进行表面改性。膜经改性后，不仅可进一步减小其孔径（表 2-4）；还可改变膜孔表面的化学性质，从而改善膜的分离性能。

膜改性的目的包括：①减小孔径，满足微滤、超滤或气体分离的要求；或通过修饰将孔封闭，使微孔膜成为致密膜。②通过引入某些元素或化合物，调节微孔表面性质，从而达到改变膜的传递与分离机制。③引入某些具有催化性能的活性组分，使膜既具有分离性能又具有催化活性。

表 2-4 膜改性结果

膜材料	改性材料	改性结构	尺寸/nm	负载量(质量分数)/%
γ-Al_2O_3	Fe 或 V 氧化物	单层	约 0.3	5～10
γ-Al_2O_3	$MgO/Mg(OH)_2$	颗粒		2～20
γ-Al_2O_3	$Al_2O_3/Al(OH)_3$	颗粒		5～20
γ-Al_2O_3	Ag	颗粒	5～20	5～65
γ-Al_2O_3	CuCl/KCl	多层		
γ-Al_2O_3	ZrO_2	表面层	<1	2～25
γ-Al_2O_3	SiO_2(无定形)	20nm 层-孔堵塞	<1.5	5～100
α-$TiO_2$①	V_2O_5	单层	约 0.3	2～10
Al_2O_3/ TiO_2	V_2O_5或 Ag			
θ/α-Al_2O_3	ZrO_2/Y_2O_3	多层-孔堵塞	几纳米/孔径	1～100

① α-TiO_2：金红石氧化钛。

2.6 膜性能表征

膜的性能通常包括膜的分离性、选择透过性、物理化学稳定性及经济性，这是商品分离膜所应共同具备的四个最基本的条件。膜的物理化学稳定性主要取决于膜材料的物理化学性质。对高分子材料而言，由于膜的多孔结构和水溶胀性使膜的物化稳定性低于纯高分子材料的物理化学稳定性，包括膜的抗氧化性、抗水解性、耐热性和机械强度等。

2.6.1 膜的分离性能

膜的分离性能包括：膜必须对被分离的混合物具有选择透过能力和膜的分离能力要适度。对于任何一种膜分离过程，总希望分离效率高，渗透通量大，实际上这两者之间往往存在矛盾。渗透通量大的膜，其分离效率低，而分离率高的膜渗透通量小。故常需在两者之间寻找最佳的折中方案。膜的分离能力主要取决于膜材料的化学特性和分离膜的形态结构，还与膜分离过程的一些操作条件有关。不同膜分离过程中膜的分离性能表示方法有所不同，见表 2-5。

表 2-5 膜的分离性能的表示方法

膜分离过程	膜分离性能的表示方法	膜分离过程	膜分离性能的表示方法
反渗透	脱盐率	电渗析	选择透过率、交换容量等
超滤	切割分子量	气体分离	分离系数
微滤	膜的最大孔径、平均孔径或孔分布曲线		

2.6.2 膜的透过性能

分离膜的选择透过性能是它处理能力的主要标志，同时是评价膜性能的首要条件。一般而言，希望在达到所需要的分离效率的同时，分离膜的透过性能愈大愈好。膜的透过性能首先取决于膜材料的化学特性和分离膜的形态结构，操作因素也有较大影响。操作因素对膜透过性能的影响比对分离性能的影响要大得多。

不同混合物体系，膜的渗透通量的表示方法有所不同。表 2-6 是水溶液体系中膜的透过性能的表示方法。

表 2-6 水溶液体系中膜的透过性能的表示方法

膜分离过程	膜透过性能的表示方法	膜分离过程	膜透过性能的表示方法
反渗透	透水率	电渗析	反离子迁移数和膜的透过率
超滤	透水速度	气体分离	渗透系数、扩散系数
微滤	过滤速度		

2.6.3 膜的物理化学稳定性

分离膜的物理化学稳定性主要是由膜材料的化学特性决定的，它包括耐热性、耐酸碱性能、抗氧化性、抗微生物分解性、表面性质（荷电性或表面吸附性等）、亲水性、疏水性、电性能、毒性、机械强度等。在具体的膜分离过程中，对膜的更换周期要求是不同的。一般都是愈长愈好，但适宜的更换周期由具体操作条件下进行的经济核算来决定。

2.6.4 膜的经济性

分离膜的价格必须适宜，否则工业上就无法采用。分离膜的价格取决于膜材料和制造工艺两个方面。除此之外，任何一种膜，不论它是多孔的还是致密的，活性分离皮层内部缺陷的存在将大大降低分离膜的分离性能。因此，适度的分离率、较高的渗透通量、较好的物理化学稳定性、无缺陷和便宜的价格是一张具有工业实用价值分离膜的需具备最基本条件。

2.7 膜缺陷

2.7.1 膜的微观结构

可采用多种方法来揭示膜的微观精细的形态结构（层结构和孔结构）。一般可用千分尺、电子显微镜或透射显微镜精确测定膜的皮层厚度，而孔结构的测定方法较多。图 2-13 列出了用来表征多孔膜孔结构的主要表征技术[1]。

图 2-13 多孔膜孔结构的主要表征技术

2.7.2 膜缺陷

膜分离是在分子级水平上进行的分离纯化。制备完美无缺的理想膜很关键。实际上，影响膜大规模工业使用更重要的因素是数量很少、按面积只占百分之零点几或更少的膜表皮或深层的孔穴。膜缺陷即孔穴的存在给膜的整体性能带来极为不良的影响，这将不能实现分子级水平上的有效分离和纯化并使膜的使用寿命降低。膜孔穴按照大小和形状分为三个层次、四种类型[28]（表 2-7）。

四种类型分别为：①双眼皮型是穴口长型，穴边缘一侧较厚、光滑，另一侧较薄，中间围成一条沟，如人的双眼皮见图 2-14（a）；②鼠洞型为开口向上，穴口较圆，洞弯曲藏于膜表皮下，与纤维相连见图 2-14（b）；③筒状型为开口向上，穴口圆形，如圆筒由表皮直达纤维见图 2-14（c）；④云状型如小云团布于膜表面，构成一簇见图 2-14（d）。

表 2-7 膜孔穴的三个层次

层次	“肉眼可见”	“灯光可见”	“仪器可见”
观察容易程度	清楚地暴露于膜表面，严重影响膜的外观和使用	比较隐蔽，但在灯光下可观察到	很隐蔽，必须借助仪器和其他方法才能观察到
尺寸大小	孔穴比较大，一般在 100～1000μm	孔穴一般较小，一般在 40～100μm	一般在 10～40μm

双眼皮型属于肉眼或灯光可见的第一或第二层次。其余三种属于第三层次。由于它肉眼或灯光下不可见，剪裁时不易避开，因而对膜性能有着更大影响。

实践证明，膜材料和配方不同时，在同一无纺布上制膜，其孔穴生成的大小、形状也有区别。如聚砜膜其孔穴一般为“筒状型”；聚砜酰胺其孔穴一般为“鼠洞型”。显然，这与高分子、溶剂、添加剂等和无纺布之间的作用力有关。

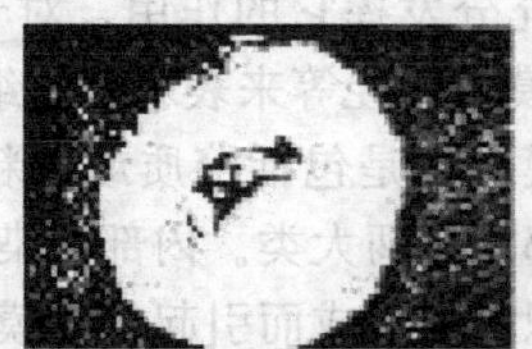

(a) 双眼皮型穴　(b) 鼠洞型穴

(c) 筒状型穴　(d) 云状型穴

图 2-14　膜孔穴类型

对于相转移法制得的膜而言，表面致密层仅有 0.1～1μm，故缺陷在所难免。膜表层缺陷孔洞的生成有多种原因（气泡、尘埃、支撑纤维的缺陷等原因），比如对于一般的相转化制膜法（由刮膜或流涎、蒸发、冷浸、热处理等步骤组成）而言，其中蒸发步骤对非对称膜表层的形成及复合膜超薄层的形成尤其重要[29]。有学者认为：当铸膜液蒸发时，其气液界面不可避免地要受到某种随机扰动。若系统是稳定的，扰动会自动消除，气液界面仍保持平整；若系统是不稳定的，扰动将不断长大，在气液界面引起可观察到的凹凸不平或者孔洞类的结构。当铸膜液固化成膜时，上述结构也将固化在膜表面上，成为超薄致密层的表面缺陷。

对于膜厚大于 10μm 的非对称膜（铸膜液初始厚度约在 50μm 以上），Ray 等认为溶剂的蒸发使气液界面形成很大的浓度梯度并产生界面处的过量分子作用势梯度，它是造成铸膜液气液界面对扰动不稳定的原因[30]。依据该机理对因不稳定而形成的膜表面结构特征进行的预测计算取得了满意的结果。而对于 10μm 以下厚度的超薄膜，特别是膜层很薄时，上面的 Ray 等的理论失效，因为此时膜层厚度与分子间作用力的有效范围处于同一数量级（0～100nm），此时支撑铸膜液的固体与铸膜液的分子间作用力将强烈地影响液膜的行为，出现缺陷孔洞的机会反而增多。当给液膜表面以小的扰动时，如果固液相间分子的作用力比液相自身分子的作用力大[即铸膜液能良好地湿润固体支撑物（例如无纺布）]，这一扰动就将使系统的自由焓增加，根据热力学原理，扰动将可能自发消失；此时铸膜液越薄，越稳定。反之，固液相间分子的作用力小于液相自身分子的作用力 [即铸膜液不能良好地湿润固体支撑物（例如无纺布）]，那么扰动将使系统的自由焓减少，这种扰动就会不断长大，这时铸膜液系统就是不稳定的；铸膜液越薄，失稳的可能性反而增大。王志等根据实验结果确定的最佳膜厚范围为 81～200nm。当超薄膜厚度处于这一范围内时，在具有高的透水率的同时还将具有高的截留率[29]。

对水溶液分离用的反渗透、超滤膜来说，这类缺陷影响相对较小。但对气体分离膜，气体以黏性流直接透过这些缺陷，将极大地降低分离性能。1976 年 Browall 提出的解决办法是在膜表面再涂覆一层较易透过的材料，这层材料大大地减少了通过缺陷处的非扩散气流，而对无缺陷处的扩散气流则影响甚小[31]。基于此原理，Henis 以 L-S 法制成的聚砜膜，表面涂覆硅橡胶，成功地用于氢气分离[32]。

2.8 膜的应用

2.8.1 膜的污染和劣化[33]

在膜的应用过程中，膜的污染和劣化将导致膜技术在化工、生化过程和食品加工等极有应用价值的领域内不能充分发挥它的作用。对于液体分离膜过程而言，人们通常把用膜的渗透通量、切割分子量及膜的孔径等来表示的膜组件性能发生变化的现象称为膜的污染或劣化。但两者有本质的区别：膜污染是包括溶质或微粒在膜内吸附和膜面堵塞及沉积的一种综合现象，分为内部污染和外部污染两大类。内部污染是由微粒在膜孔内的沉积和吸附引起的，而外部污染是由膜表面上沉积层的形成而引起的。膜污染的成因又可细分为：浓差极化、溶质或微粒的吸附、孔收缩和孔堵塞、溶质或微粒在膜表面的沉积和上述因素的综合。这可根据其具体成因采用相应的清洗方法使膜性能得以恢复。膜的劣化是指由于化学、物理及生物等三个方面的原因导致膜自身发生了不可逆转的变化而引起的膜性能的变化。

由图 2-15 可见，化学性劣化是指由于处理料液 pH 值超出膜的允许范围而导致膜材料的水解或氧化反应等化学因素造成的劣化；物理性劣化则是指膜结构在很高的压力下导致密化或在干燥状态下发生不可逆转性变形等物理因素造成的劣化；生物性劣化则通常是由于处理料液中的微生物的存在导致膜发生生物降解反应等生物因素造成的劣化（表 2-8）。

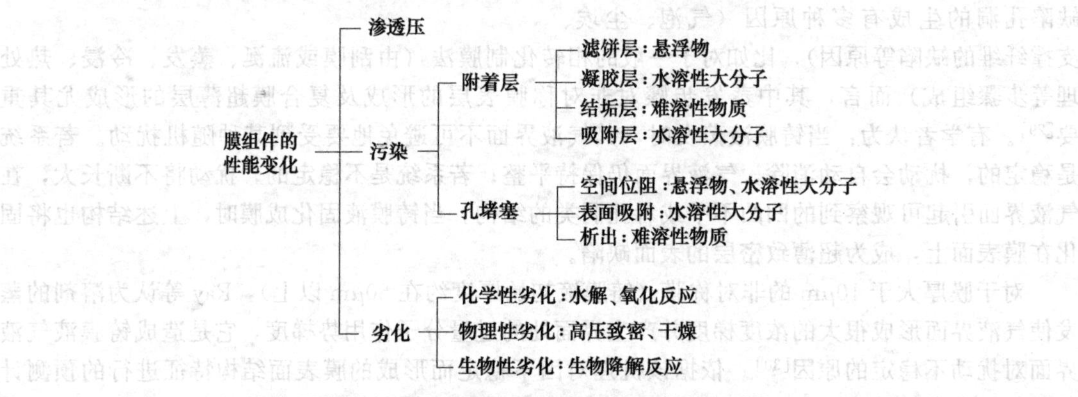

图 2-15　膜的污染和劣化的分类及其产生原因

表 2-8　膜的劣化引起的膜性能的变化

劣化	原因	膜渗透通量	截留率（切割分子量）	存在问题的膜
化学性劣化	水解反应	增加	减少	醋酸纤维素膜
	氧化反应	增加	减少	各种高分子膜
物理性劣化	致密化	减少	增加	反渗透膜、纳滤膜
	干燥	减少	增加	反渗透膜、超滤膜
生物性劣化	降解	增加	减少	醋酸纤维素膜

通常情况下，膜都有对料液酸碱性、压力、温度和回收率等的允许范围限制。因此任何膜在使用时必须严格在所规定的允许范围内操作，才能使其分离性能和寿命得到保证。

当发生物理性劣化时，膜的渗透通量减少，但截留率反而增加。膜因受到高压引起的致密化有初期的迅速可逆的致密化和后期的缓慢不可逆致密化等两种类型。长期连续运行的海水淡化反渗透装置主要存在后者类型的致密化问题，而一般超滤过程，由于每次运行时间较短，主要存在前者类型的致密化问题。对反渗透膜来说，由于操作过程中料液的渗透压对膜透过流速影响很大，故在考虑膜性能发生的原因时，除了膜的劣化和污染之外，还必须讨论料液渗透压的影响。值得注意的是，渗透压不会导致膜的截留率发生变化，只能导致膜的渗透通量减少。此外，在实际应用过程中，不同膜过程面临的实际问题是不同的。对反渗透膜而言，实际应用所面临的问题不是膜孔堵塞而是附着层的影响；超滤膜实际应用中所面临的最大问题是任何原因引起的膜孔堵塞都将使膜的渗透通量减少；微滤膜主要利用膜孔堵塞实现分离操作，因而由膜孔堵塞引起的性能变化在这里不构成问题。

2.8.2 膜的劣化和污染的防止方法[34,35]

（1）预处理法　常通过调整料液 pH 值或加入抗氧剂等防止膜的化学性劣化，通过预先除去或杀死料液中的微生物等防止膜的生物性劣化。不同的膜过程所用的预处理方法不尽相同。例如反渗透海水淡化过程采用絮凝沉降、砂滤等预处理方法预先除去料液中的悬浮物质或溶解性高分子。超滤过程是针对膜面的结垢性质向料液中预先添加不同类型的阻垢剂。

（2）操作方式的优化　膜污染的防止及渗透通量的强化可通过操作方式的优化来实现：①控制初始渗透通量（低压操作，恒定通量操作模式和在临界通量以下）；②反向操作模式；③高分子溶液的流变性；④其他如脉动流、鼓泡、振动膜组件、超声波照射等。

（3）膜组件结构的改善　膜组件内流体力学条件的优化，即预先选择料液操作流速和膜渗透通量，并考虑到所需动力，是确定最佳操作条件的关键。此外，还可通过设计不同形状的组件结构来改善流体的流动，强化膜面附近的物质传递条件，但会造成较大的压力损失及附加动力费用，与单提高流速方法相比并非显得特别优越。

（4）膜组件的清洗　分物理清洗和化学清洗两大类。最为普通的物理清洗方法是使海绵球通过管状膜进行直接清洗（仅适用于管状膜），该法清洗效果非常好，可连续或间歇操作，特别是当料液中含有能够形成附着层的组分浓度较高时更为有效。另外可以采用处理料液间歇地瞬间突然灌冲膜组件内部，借用此时产生的剪切力清洗膜表面的附着层。化学清洗方法有许多实际经验和技巧，通常因为膜表面所形成的附着层性质的不同，所采用的方法也千差万别。

（5）抗劣化及污染膜的制备　膜生产厂家和膜用户所期待的防止膜性能变化的最佳方法是在不增加总操作费用条件下不需预处理的抗污染、不易劣化的膜及其组件的开发。这要针对具体的处理体系，有的放矢地进行。现已开发出具有良好的抗药性、耐酸碱性及耐热性的超滤膜和反渗透膜。为防止膜的致密化，还可在耐压性能良好的多孔膜支撑体上，涂覆具有分离效果的极薄活性层来制备复合膜。此外，还可寻求某些膜材质保证其表面难于形成附着层，如使用膜表面改性法引入亲水基团，或通过过滤法将这种特殊材料沉积在多孔膜支撑体上，在膜表面复合一层亲水性分离层等都可增加膜的抗污染性。

课后习题

1. 膜是如何定义的？
2. 膜是如何分类的？
3. 对称膜、非对称膜与复合膜有什么区别？
4. 对称膜包括哪几类？
5. 无机膜制备技术有哪些？
6. 复合膜制备技术有哪些？
7. 膜缺陷是什么？有哪些类型和特点？
8. 膜污染和劣化之间有什么本质区别？如何防治？

参考文献

[1] 时钧，袁权，高从堦. 膜技术手册 [M]. 北京：化学工业出版社，2001.
[2] 刘茉娥，等. 膜分离技术 [M]. 北京：化学工业出版社，1999.
[3] 黄仲涛，曾昭槐，等. 无机膜技术及其应用 [M]. 北京：中国石化出版社，1999.
[4] 袁权，郑领英. 膜与膜分离 [J]. 化工进展，1992 (6)：1-10.
[5] Eddaoudi M, Moler D B, Li H L, et al. Modular chemistry: Secondary building units as a basic for the design of high-

ly porous and robust metal-organic carboxylate frameworks [J]. Accounts Chem Res，2001，34：319-330.

[6] Jia Z，Wu G. Metal-organic frameworks based mixed matrix membranes for pervaporation [J]. Micropor Mesopor Mat，2016，235：151-159.

[7] Dreyer D R，Parks S J，Bielawski C W，et al. The chemistry of graphene oxide [J]. Chem Soc Rev，2010 ，39：228-240.

[8] Zhu Y，Murali S，Cai W，Li X，Suk J W，Potts J R，et al. Graphene and Graphene Oxide：Synthesis，Properties，and Applications [J]. Adv Mater，2010，22：3906-3924.

[9] Zhao J，Wang Z，White J C，Xing B. Graphene in the Aquatic Environment：Adsorption，Dispersion，Toxicity and Transformation [J]. Environ Sci Technol 2014，48：9995-10009.

[10] 张建峰，曹惠杨，王红兵. 新型二维材料 MXene 的研究进展 [J]. 无机材料学报，2017 (32)：561-570.

[11] Abraham J，Vasul K S，Williams C D，et. al. Tuneable sieving of ions using graphene oxide membranes [J]. Nature Nanotechnology，2017 ，12 (6)：546.

[12] 段敬来，等. 核径迹膜断面 SEM 样品制备 [J]. 原子能科学技术，2008 (42)：286-289.

[13] Altun V，Remigy J-C，Vankelecom Ivo F J. UV-cured polysulfone-based membranes：Effect of co-solvent addition and evaporation process on membrane morphology and SRNF performance [J]. J Membr Sci，2017，524：729-737.

[14] Tsay C S，McHugh A J. Mass transfer dynamics of the evaporation step in membrane formation by phase inversion [J]. J Membrane Sci，1991，64，81-92.

[15] Zhao Q，Xie R，Luo F，Faraj Y，Liu Z，Ju X J，Wang W，Chu L Y. Preparation of high strength poly (vinylidene fluoride) porous membranes with cellular structure via vapor-induced phase separation [J]. J Membr Sci，2018，549：151-164.

[16] Zhao J，Shi L，Loh C H，Wang R. Preparation of PVDF/PTFE hollow fiber membranes for direct contact membrane distillation via thermally induced phase separation method [J]. Desalination，2018，430：86-97.

[17] 周钱华. 热致相分离法制备聚偏氟乙烯中空纤维膜 [D]. 北京：北京工业大学，2015.

[18] 时钧，袁权，高从堦. 膜技术手册 [M]. 北京：化学工业出版社，2001.

[19] Hołda A K，Aernouts B，Saeys W，Vankelecom I F J. Study of polymer concentration and evaporation time as phase inversion parameters for polysulfone-based SRNF membranes [J]. J Membr Sci，2013；442：196-205.

[20] Harold K L. The evolution of ultrathin synthetic membranes [J]，J Membr Sci，1987，33：121-136.

[21] Riley R J，Lonsdale H K，Lyons C R. Preparation ultrathin reverse osmosis membranes theoretical salt rejection [J]，J Appl Pollym. Sci，1967，11：2143-2158.

[22] Karan S，Jiang Z，Livingston A G. Sub-10nm polyamide nanofilms with ultrafast solvent transport for molecular separation [J]. Science，2015，348：1347-1351.

[23] Joseph N，Ahmadiannamini P，Hoogenboom R，Vankelecom Ivo F J. Layer-by-layer preparation of polyelectrolyte multilayer membranes for separation [J]. Polym Chem，2014，5：1817-1831.

[24] Jimenez-Solomon M F，Gorgojo P，Munoz-Ibanez M，Livingston A G. Beneath thesurface：Influence of supports on thin film composite membranes by interfacial polymerization for organic solvent nanofiltration [J] J Membr Sci，2013 ，448 (50)：102-113.

[25] 陈翠仙，余立新，戴猷元. 新膜及膜过程的研究现状及发展方向 [C]. 见：第二届全国膜和膜过程学术报告会论文集. 1996：16-18.

[26] 袁权，郑领英. 膜与膜分离 [J]. 化工进展，1992 (6)：1 -10.

[27] Cacho-Bailo F，Seoane B，Téllez C，Coronas J. ZIF-8 continuous membrane on porous polysulfone for hydrogen separation. J Membr Sci，2014，464：119-126.

[28] 邵海玲，费敏玲，范光辉. 膜缺陷及其应用 [J]. 水处理技术，1995，(5)：263-265.

[29] 王志，王世昌. 制膜过程中铸膜液流体力学不稳定性与超薄膜的适宜厚度 [J]. 化工学报，1994 (1)：1-9.

[30] Ray R J，Krantz W B，Sani R L. Linear stability theory model for finger formation in asymmetric membranes. J Membr Sci.，1985，23：155-182.

[31] Browall W R. Method for sealing breaches in multi-layer ultrathin membrane composites [J]. US 3980456，1976-09-14.

[32] Henis J M，Tripodi M. A novel approach to gas separations using composite hollow fiber membranes [J]. Sep Sci and Technol，1980，15：1059-1068.

[33] Meng F，Zhang S，Oh Y，Zhou Z，Shin H S. Fouling in membrane bioreactors：An updated review [J]. Water Research ，2017 ，114 ：151.

[34] 王志，甄寒菲，王世昌. 膜过程中防治膜污染强化渗透通量技术进展 [J]. 膜科学与技术，1999 (1)：1-11.

[35] Aslam M，Charfi A，Lesage G，Heran M，Kim J. Membrane bioreactors for wastewater treatment：A review of mechanical cleaning by scouring agents to control membrane fouling [J]. Chemical Engineering Journal，2016，307：897-913.

第3章 微 滤

本章内容

本章要求

1. 了解微滤技术的发展历史及今后发展的方向。
2. 掌握微滤分离机理和常用的操作模式。
3. 掌握孔模型、滤饼过滤模型、浓差极化类模型和力平衡类模型基本内容。
4. 了解典型的微滤膜材料，掌握微滤膜的制作方法和膜性能的评价方法。
5. 了解常用的微滤膜分离装置及特点。
6. 掌握微滤膜技术典型的工业应用实例。

3.1 概 述

微滤是以微孔膜为过滤介质，以压力为驱动力，利用多孔膜的选择透过性实现直径在 0.1μm 和 10μm 之间的颗粒物、大分子及细菌等溶质与溶剂分离的过程。微滤是世界上开发应用最早和应用范围较广的膜技术。以天然或人工合成的高分子聚合物制成的微滤膜的现代过滤技术始于 19 世纪中叶，1845 年瑞典化学家 Christian Friedrich Schönbein 合成出了硝化纤维材料，为微滤膜的合成奠定了材料基础。但对微滤的系统研究始于 20 世纪，1906 年 Bechhold 制备出了具有不同孔径的硝化纤维膜，1907 年他发表了第一篇系统研究微孔滤膜性质的报道。1918 年 Zsigmondy 等最早提出规模生产硝化纤维素滤膜的方法，并于 1921 年获得专利。1925 年在德国 Gottingen 成立了世界上第一个微滤膜公司——Sartorius GmbH，专门用于生产和经销滤膜。1926 年，Membranfilter GmbH 成立了，开始商业化地生产胶棉微滤膜，当时的市场很小。第二次世界大战后，美、英等国得到德国微滤膜公司的资料，于 1947 年相继成立了工业生产机构，开始生产硝化纤维素滤膜，用于水质和化学武器的检验。1952 年，马萨诸塞州水城的 Lovell 化工公司，被授予了商业化生产微滤的资质。1954 年，Lovell 化学公司出售其膜制造设备到新组建的美国 Millipore 公司。然后在美国和英国的其他公司也开始利用德国技术基础制造膜过滤器。1960 年 Sourirajan 和 Loeb 公布了著名的 L-S 膜制备工艺。从 20 世纪 60 年代开始，随着聚合物材料的开发，成膜机理的研究和制膜技术的进步，微滤膜的发展进入一个飞跃发展的阶段[1]。膜品种扩大到醋酸纤维素、硝化纤维素及其混合物、聚酰胺、聚偏氟乙烯、聚丙烯腈、聚碳酸酯或磷脂酰胆碱、聚醚砜、聚苯乙烯、聚丙烯、聚乙烯或磷脂酰乙醇胺和聚四氟乙烯、聚酯和无机膜陶瓷材料（氧化锆和氧化铝），此外，还可利用玻璃、铝、不锈钢和增强的碳纤维等作为膜材料。制膜工艺从完全挥发相转化扩大到凝胶相转化、控制拉伸致孔、核辐射刻蚀致孔等；孔径范围从0.1～75μm系列化；组器形式从单一的膜片滤器到褶筒式、板式、中空纤维式和卷式等。应用范围从实验室的微生物检测急剧发展到制药、医疗、饮料、生物工程、超纯水、饮用水、石化、环保、废水处理和分析检测等广阔的领域。

微滤技术在中国的研究开发较晚，20世纪50～60年代，我国一些科研部门对微孔滤膜进行了小规模的试制和应用，但基本上没有形成工业规模的生产能力。真正的起步应算是20世纪70年代末期和80年代初期，上海医药工业研究院等单位对微孔滤膜进行了较系统的研究。目前，国内已有了混合纤维素等商品化的微滤膜[2]。由于国产微滤产品性能稳定，价格低廉，占据着国内大部分市场份额。与国外相比，我国相转化法生产的微滤膜的性能和国外同类产品性能基本一致，褶筒式滤芯已在许多场合下替代了进口产品，得到了广泛应用；控制拉伸生产的聚乙烯、聚丙烯等微滤膜，以其价廉、耐溶剂等优点在不断拓宽市场。目前，我国生产的微滤膜不仅在常规下广泛使用，而且在酸、碱、高温等要求苛刻的场合也得到了一定的应用，微滤技术已在我国的饮料、食品、电子、石油化工、医药、分析检测和环保等领域获得广泛应用，取得了很好的经济、社会和环境效益。

今后微滤技术发展的重要方向是研制特殊性能的膜，开发更加便宜、不易污染及低能耗的膜过程。微滤技术应用方向的详细说明见表3-1[3]，今后微滤技术优先研究的课题见表3-2[4]。

表3-1　微滤技术应用方向的详细说明

领　域	内　容
医药工业的过滤除菌	组件以无流动和管式居多，膜价格为200元/m²左右。一般用于气体除菌，可使用几个月，而液体除菌的仅为几小时
食品工业的应用	
明胶的澄清	在许多食品厂已代替硅藻土过滤。组件以卷式和平板式为主。主要问题是黏度高
葡萄糖的澄清	在许多玉米精炼厂已代替硅藻土过滤。以卷式和平板式为主。主要问题是黏度高
果汁的澄清	在法国已广泛用于苹果汁的澄清，效果与超滤相同
白酒的澄清	在酒厂已推广应用，以卷式和平板式为主。主要问题是膜污染，酒的得率及口味
回收啤酒渣	在酒厂已推广应用。以卷式和平板式为主。主要问题是啤酒泡沫稳定性及其风味
白啤除菌	在啤酒厂推广应用，可代替传统的巴氏灭菌
牛奶脱脂	可代替离心过程回收黄油
屠宰场	在使用超滤回收屠宰动物血液中的蛋白质之前去除菌体和碎片
高纯水的制备	小型的无流动微滤器被广泛用于高纯水分水系统。目前微滤应用的第二大市场
城市污水处理	微滤主要应用方向，目前应用已经很成熟，市场很大。费用低于传统方法，产水水质好，能除去细菌和悬浮物
饮用水的生产	其经济性优于砂滤，已经得到大规模应用，可取代氯气消毒法。组件改造可改变水厂的经济性
涂漆行业	用于从颜料中分离溶剂
工业废水处理	
含油废水的处理	可去除含油废水中难处理的颗粒，但膜污染严重
硝化棉生产废水的处理	尚未广泛推广
含重金属废水的处理	可去除金属电镀等工业废水中有毒的重金属如镉、汞、铬等
用作燃料的烃类化合物的分离	用于去除蜡和沥青质。由于大多数燃料应用都是在高温和极端恶劣的物理环境下，因此冒险性大。最有可能采用无机膜或陶瓷膜。经济性是最大障碍
生物技术工业应用	浓缩并分离发酵液中的生物产品。前景较好

表3-2　今后微滤技术优先研究的课题

研究课题	预期效果	重要性	说　明
廉价膜组件	非常好	10	潜在市场需要远低于现在价格的日用品微滤装置
连续完整性试验	好	8	用于必须证明能连续服从生物完整性的地方，特别是遥控和自动操作之处

续表

研究课题	预期效果	重要性	说　明
不污染、易清洗、长寿命膜	好	7	适用于屠宰场、乳制品、酿造和制酒。必须能适应工业杀菌的条件
廉价、抗污染组件的设计	一般	5	目前组件极易污染，特别在高颗粒含量的进料液情况下很需要更佳组件的设计
耐高温、抗溶剂的膜及组件	好	9	陶瓷和无机膜更有可能。潜在的应用包括从煤和油的液体中除去颗粒以及取代流动气体处理中的袋滤器

注：以 10 为满分。

3.2 微滤原理及其操作模式

3.2.1 微滤过程

微滤（MF）是以静压差为推动力，利用膜的“筛分”作用进行分离的压力驱动型膜过程，微滤膜具有比较整齐、均匀的多孔结构，在静压差的作用下，小于膜孔的粒子通过滤膜，大于膜孔的粒子则被膜截留，使大小不同的组分得以分离，其作用相当于“过滤”。由于每平方厘米滤膜中约包含 1000 万至 1 亿个小孔，孔隙率占总体积的 70%～80%，故阻力很小，过滤速度较快。

微滤主要用来从气相和液相物质中截留微米及亚微米级的细小悬浮物、微生物、微粒、细菌、酵母、红细胞、污染物等以达到净化、分离和浓缩的目的。其操作压差为 0.01～0.2MPa，被分离粒子直径的范围为 0.08～10μm。

微滤过滤时，介质不会脱落，没有杂质溶出，无毒，使用和更换方便，使用寿命较长。同时，滤孔分布均匀，可将大于孔径的微粒、细菌、污染物截留，滤液质量高。因此，它已成为现代大工业，尤其是尖端技术工业中确保产品质量的必要手段。

3.2.2 微滤分离机理

一般认为微滤的分离机理为筛分机理，膜的物理结构起决定性作用。此外，吸附和静电作用等因素对截留也有一定的影响。叶凌碧等[5]通过电镜观察认为，微滤膜的截留机理因其结构上的差异大体可分为如图 3-1 所示的两大类：

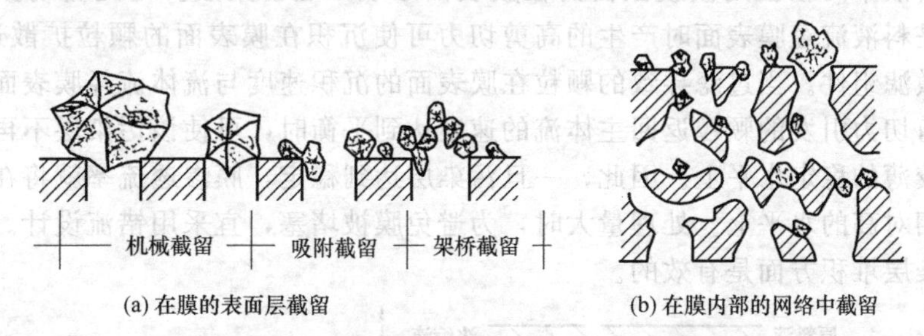

(a) 在膜的表面层截留　　(b) 在膜内部的网络中截留

图 3-1　微滤膜各种截留作用的示意图

（1）膜表面层截留

① 机械截留作用。膜可截留比它孔径大或与孔径相当的微粒等杂质，此为筛分作用。

② 物理作用或吸附截留作用。如果过分强调筛分作用就会得出不符合实际的结论。普什（Pusch）等提出除孔径因素之外，还要考虑吸附和静电作用的影响。

③ 架桥作用。在孔的入口处，微粒因为架桥作用也同样可被截留。

（2）膜内部截留　膜的网络内部截留作用，是指将微粒截留在膜内部而不是在膜的表面。对于表面层截留（表面型）而言，其过程接近于绝对过滤，易清洗，但杂质捕捉量相对于深度型较少；而对于膜内部截留（深度型）而言，其（深度型）过程接近于公称值过滤，杂质捕捉量较多，但不易清洗，多属于用毕弃型。表面型或深度型过滤的压降、流速与使用时间关系见图 3-2。

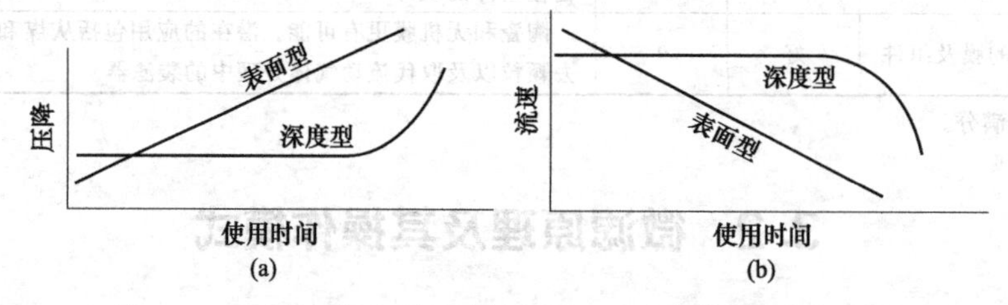

图 3-2　表面型与深度型过滤的压降、流速与使用时间的关系

3.2.3 微滤操作模式

（1）无流动操作（静态过滤或死端过滤、并流过滤）　原料液置于膜的上游，在压差推动下，溶剂和小于膜孔的颗粒透过膜，大于膜孔的颗粒则被膜截留，该压差还可通过在料液侧加压或在透过液侧抽吸真空来产生（图 3-3）。在这种无流动操作中，被截留颗粒将在膜表面形成污染层，过滤阻力不断增加，污染层不断增厚和压实。在操作压力不变的情况下，膜渗透流率将下降。若维持恒定的膜通量，则会引起膜两侧压力降升高。因此无流动操作只能是间歇的，必须周期性地停下来清除膜表面的污染层或更换膜。无流动操作简便易行，常用于实验室等小规模场合。对于固含量低于 0.1% 的料液通常采用这种形式；固含量在 0.1%～0.5% 的料液则需进行预处理。

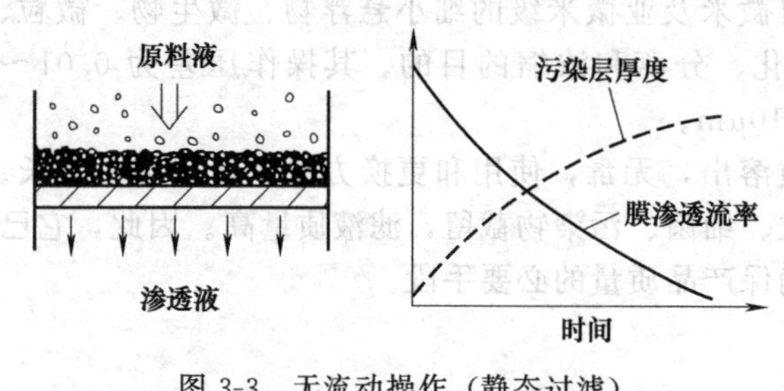

图 3-3　无流动操作（静态过滤）

（2）错流操作（动态过滤）　对固含量高于 0.5% 的料液常采用错流操作（图 3-4）。原料液以切线方向流过膜表面，在压力作用下透过膜，料液中的颗粒则被膜截留而在膜表面形成一层污染层。与无流动操作（静态过滤）不同的是料液流经膜表面时产生的高剪切力可使沉积在膜表面的颗粒扩散返回主体流，从而被带出微滤组件。当过滤导致的颗粒在膜表面的沉积速度与流体流经膜表面时由于速度梯度产生的剪切力引发的颗粒返回主体流的速度达到平衡时，可使该污染层不再无限增厚而保持在一个较薄的稳定水平上。因此，一旦污染层达到稳定，膜渗透流率就将在较长一段时间内保持在相对高的水平上。处理量大时，为避免膜被堵塞，宜采用错流设计。它在控制浓差极化和污染层堆积方面是有效的。

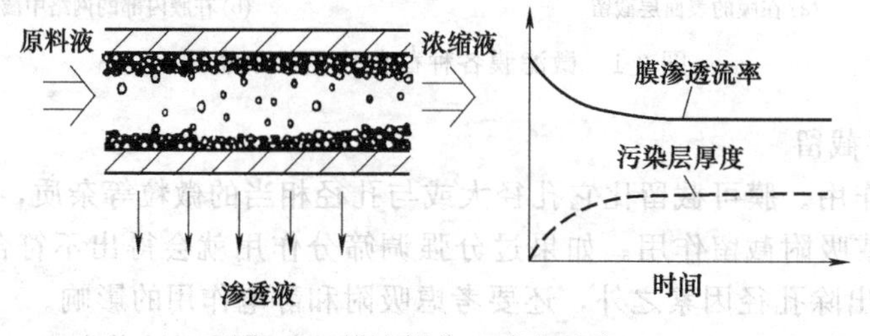

图 3-4　错流操作（动态过滤）

3.3 微滤过程的数学描述

随着微滤过滤过程的进行，由于孔堵塞、吸附、浓度极化或凝胶层的形成等原因，膜的通量将随之下降[6]。此时，若能增强被截留组分离开膜向溶液本体的反向扩散，必将提高膜的通量。一般认为所需的反向传递是建立在两个基础之上的：首先是扩散效应，由于膜上截留组分浓度的升高；其次是流体动力学效应，它由于膜上流动流体的速度梯度而造成的剪应力。原则上讲，两种效应都起作用，但影响程度不同，而且与粒子或分子的大小密切相关。当微粒尺寸 d 大于 $0.1\mu m$ 时，即在微滤范围内，主要受流体动力学效应支配，渗透通量将随着分子尺寸的增加而增大。但由于影响过滤过程因素的复杂性和物料体系的多样性，因此，要想准确描述微滤过程的通量变化规律性有一定的难度。

3.3.1 基于膜表面吸附量或沉积量的通量模型

(1) 孔模型　理想情况下，即膜均匀地分布着大小均匀的孔，没有膜污染，浓差极化可忽略时，一般认为在微滤过程中描述流体通过膜流动的最好模型是 Hagen-Poiseuille 定律，即：

$$J_V=\frac{A_K r^2}{8\tau\mu L}\Delta p \tag{3-1}$$

式中，A_K为孔隙率；r 为毛细管的孔半径；L 为膜厚或毛细管的长度；μ 为液体的黏度；Δp 为过滤过程的推动力；τ 为扩散曲折率，实际上为膜孔道的实际长度与膜厚的比值，τ 值在 2～2.5 之间。膜的渗透率（J_V）与压力（Δp）成直线关系。但对实际的微滤过程而言，只有在低压、低料液浓度、高流速下才存在这一情况。

(2) 经典孔堵塞过滤模型[7,8]　对于微滤膜过滤过程来说，其传输机制主要为筛分机理，即粒径大于膜孔径的物质被截留，粒径小于膜孔径的物质会造成膜孔的堵塞被截留。Hermans 和 Bredee[9,10]提出了最早的孔堵塞过滤模型，后被 Grace 等发展成为包含完全孔堵塞、中间孔堵塞、标准孔堵塞和滤饼过滤的经典污染模型[4]（图 3-5）。牛顿型流体恒压过滤的具体表达式见表 3-3。

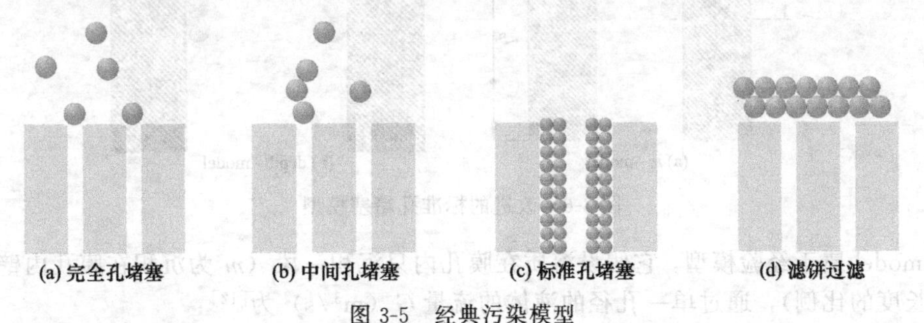

图 3-5　经典污染模型

对于牛顿型流体恒压过滤服从以下关系：

$$\frac{d^2 t}{dv^2}=k\left(\frac{dt}{dv}\right)^n \tag{3-2}$$

式中，t 是过滤时间；v 是过滤累积体积；n 是堵塞指数；k 为常数。当 $n=2$ 时，过滤机理为完全孔堵塞，每个微粒都到达膜面上并堵塞膜孔，微粒之间不相互叠加，堵塞表面积和过滤体积成正比；当 $n=1.5$ 时，过滤机理为标准孔堵塞，微粒能进入大部分膜孔并沉积

表 3-3　牛顿型流体恒压过滤的具体表达式

函数形式	完全孔堵塞	标准孔堵塞	中间孔堵塞	滤饼过滤
$\frac{d^2t}{dv^2}=k\left(\frac{dt}{dv}\right)^n$	$n=2.0$	$n=1.5$	$n=1.0$	$n=0$
$v=f(t)$	$v=\frac{J_0}{K_b}[1-\exp(-K_bt)]$	$\frac{t}{v}=\frac{K_s}{2}t+\frac{1}{J_0}$	$K_iv=\ln(1+K_iJ_0t)$	$\frac{t}{v}=\frac{K_c}{2}v+\frac{1}{J_0}$
$J=f(t)$	$J=J_0\exp(-K_bt)$	$J=\frac{J_0}{\left(\frac{K_sJ_0}{2}t+1\right)^2}$	$K_it=\frac{1}{J}-\frac{1}{J_0}$	$J=\frac{J_0}{(1+2K_cJ_0^2t)^{1/2}}$
$J=f(v)$	$K_bv=J_0-J$	$J=J_0\left(1-\frac{K_s}{2}v\right)^2$	$J=J_0\exp(-K_iv)$	$K_cv=\frac{1}{J}-\frac{1}{J_0}$

表中，t 为过滤时间；v 为过滤累积体积；n 为堵塞指数；K_b 为完全孔堵塞常数，s^{-1}；K_s 为标准孔堵塞常数，m^{-1}；K_i 为中间孔堵塞常数，m^{-1}；K_c 为滤饼过滤常数，s/m^2；J_0 为初始通量，m/s。

在孔壁上，减少了膜孔的有效体积，膜孔的有效体积的减小和过滤体积成正比；当 $n=1$ 时，过滤机理为不完全（中间）堵塞，被堵塞孔的数目或表面积和过滤体积成正比，微粒之间可能发生相互叠加；而当 $n=0$ 时，则为滤饼过滤，比膜孔径大的微粒沉积在膜面上形成滤饼层。

（3）改进的孔堵塞过滤模型　人们在经典模型的基础上，经过不断完善，建立了更加准确的污染数学模型：

① 完全孔堵塞模型。Polyakov 等基于经典模型，得到包含膜孔径分布的恒压完全孔堵塞模型[11]：

$$J(t)=\zeta\int_{r_p^{\min}}^{r_p^{\max}}n(r_p,0)\exp\left(-\zeta r_p^4t\int_{r_p}^{r_p^{\max}}cr_s\mathrm{d}r_s\right)r_p^4\,\mathrm{d}r_p \tag{3-3}$$

式中，ζ 为 $\frac{\pi\Delta p}{8\mu l_p}$；$r_p^{\min}$ 为最小膜孔径；$r_p^{\max}$ 为最大膜孔径；r_p 为孔径；r_s 为溶质粒径。

② 标准孔堵塞模型。Polyakov 等在经典模型的基础上，得到了考虑污染物在膜孔内的累积的改进的恒压标准孔堵塞模型（图 3-6）。

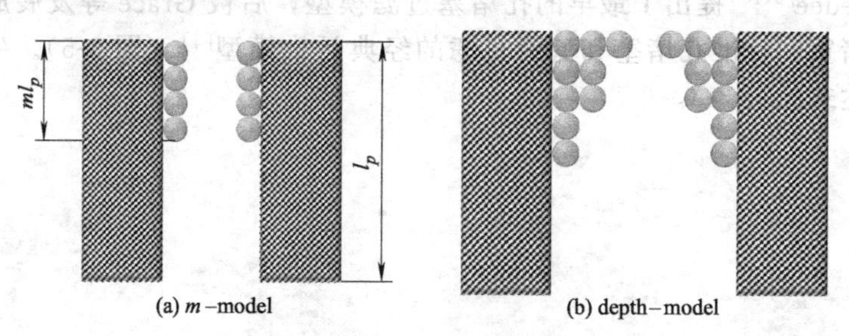

图 3-6　改进的标准孔堵塞模型

m-model 属于经验模型，它假设溶质在膜孔内只沉积一段（m 为沉积在膜孔内壁的长度占膜孔长度的比例），通过单一孔径的液体的流量 G（m^3/s）为[12]：

$$G=\frac{\pi\Delta p}{8\mu l_p[(m/r_p^4)+(1-m/r_0^4)]} \tag{3-4}$$

为准确解释主体液在孔道垂直方向浓度减少的现象，提出了基于深层过滤的模型[13]：

$$G=\pi\Delta p\left[8\mu\int_0^{l_p}\frac{\mathrm{d}z_1}{(r_p\sigma)^4}\right]^{-1} \tag{3-5}$$

式中，z 为纵轴；比沉积率 σ 由膜孔道上形成的颗粒层决定：

$$\frac{\partial(\varepsilon C_s)}{\partial t}+\frac{\partial}{\partial z}(C_s J)=-\frac{\partial\sigma}{\partial t} \tag{3-6}$$

式中，ε 为膜孔隙率；C_s为悬浮固体的体积分数。

③ 中间孔堵塞模型。中间孔堵塞一般伴随着滤饼的形成。如果假设膜总阻力不断增加并达到一个趋近值，则有恒压中间孔堵塞模型[14]：

$$\frac{R-R_0}{R_\infty-R_0}=\frac{1-\exp(-\eta w)}{1+\lambda\exp(-\eta w)} \tag{3-7}$$

式中，R_0为初始膜阻力；R_∞为终点时的膜阻力；η 为堵塞常数，m^2/kg；λ 为引入的参数；w 为单位膜面积上饼层中湿固体成分的含量，kg/m^2。

如果部分膜孔在过滤之后仍然没有堵塞，则有恒压中间孔堵塞模型[15]：

$$\frac{1-\dfrac{R_0}{R}}{1-\dfrac{R_0}{R_\infty}}=1-\exp(-\eta w) \tag{3-8}$$

（4）滤饼过滤模型　不论是错流微滤或是静态微滤，都将在膜表面形成滤饼，因此，常借用传统的Darcy定律来粗略估计微滤膜的通量随时间的降低。为准确预测通量，后来许多学者对其进行了不断地扩充和修正，从而产生了不同的数学模型：

① Song模型[16]。Song等认为仅需对Darcy定律中的压力项进行修正，其模型的表达式为：

$$J=(\Delta p-\Delta p_c)/[\mu(R_m+R_c)] \tag{3-9}$$

式中，Δp 为操作压力；Δp_c为浓差极化层的压力降；R_c 为滤饼层阻力；R_m 为膜阻力。

本模型思路简单，准确性有所提高，但模型值与实验值之间有一定差距，需进一步改善。

② 覆盖层模型[17]。早期的覆盖层模型是纯经验地将覆盖层阻力看作剪应力、传质系数、料液浓度和与力有关的函数。覆盖层模型的进一步发展，是以同时考虑趋向膜的正向对流传递和离开膜的反向流体动力学传递两个参数项为出发点的，以此来确定覆盖层的厚度，并采用Carman-Kozeny公式来估算比覆盖层阻力。

③ 阻力叠加模型[18,19]。Kawakatsu等则将过滤总阻力分为膜阻力、浓差极化阻力、沉积阻力，并用下面的阻力叠加模型来计算膜通量：

$$J=\Delta p/[\mu(R_m+R_c+R_b)] \tag{3-10}$$

Visvathan等则将总阻力细分为膜阻力、外部污染阻力（由浓差极化和吸附引起）、内部污染阻力、膜面上粒子沉积阻力，并用类同于上式的模型来计算膜通量。将总阻力分为多项分别来计算后，虽可以提高模型的准确性，但同时存在阻力确定困难、模型复杂等缺点 。

实际过程中的表面孔堵塞及滤饼形成过程复杂，滤饼可压缩性及其结构、几何形状与外界流体力学条件（流速、压力等）及进料液性质密切相关，因此现有模型的普适性较差。

④ 滤饼剥蚀模型。滤饼过滤模型由传统的普通过滤过程演变而来。最初的表现形式是Ruth方程[20,21]，人们在Ruth方程的基础上，考虑到滤饼的压缩性出现了不同的新模型[22,23]。王湛等基于质量守恒建立了死端搅拌条件下的滤饼过滤模型：

$$J(t)=\frac{\Delta p}{\sqrt{\dfrac{2r_0\Phi_b\eta\Delta p^{1+s}}{[\Phi_c(K+1)-\Phi_b]}t+\eta^2R_m^2}} \tag{3-11}$$

式中，Δp 是跨膜压差；r_0是与颗粒的尺寸和形状有关的常数；η 是液体黏度；s 是滤饼压缩因子；Φ_b、Φ_c 分别是悬浮液和滤饼中的固体体积分数；K 是剥蚀系数，用来定量描述由于搅拌作用使膜表面颗粒反向传输到主体悬浮液中的量；R_m 是膜的固有阻力。

本模型可适用于搅拌和不搅拌两种情况下的死端微滤膜通量的预测。当剥蚀系数 K 等于 0 时（不搅拌），并且当滤饼被视为不可压缩时，该预测模型与王湛等[24,25]的模型一致。

⑤ 滤饼性质随空间时间演变模型。朱中亚等[26]将普通过滤理论应用到微滤膜过程，基于质量守恒定律以及 Darcy 定律并借用 Tiller 和 Lue 等[27]提出的用于描述滤饼的局部性质与滤饼内部压缩压力的关系的幂方程后，得到了描述微滤膜过程中膜表面滤饼的性质随时间和位置演变规律性的模型：

$$R_x=-\rho_s\varepsilon_s^0\alpha^0(1-\delta)\frac{L}{C}\{[C(1-x/L)+1]^{\frac{1}{1-\delta}}-(1+C)^{\frac{1}{1-\delta}}\} \tag{3-12}$$

式中，R_x 为某一时刻滤饼内从膜表面到某一位置之间的滤饼阻力，1/m；ρ_s 为悬浮液中固体颗粒的密度，kg/m³；ε_s^0 和 α^0 分别为压缩压力为 0 时，滤饼的固含量及比阻；δ 为压缩压力对滤饼渗透率的压缩效应；L 为滤饼的厚度，m；x 为滤饼内的某一位置与膜表面之间的距离，m；$C=(1+\Delta p_c/p_a)^{1-\delta}-1$，$\Delta p_c$ 为某一时刻滤饼两侧的压降，p_a 为滤饼内部固体的压缩压力 p_s 的标准化参数，Pa。

对于高剪切微滤系统，假设在过滤过程中对于膜上物质反向传输至进料液的现象属于非扩散型传质并基于质量守恒，Silva 建立了一个半经验模型[28]：

$$J(t)\frac{\Delta p}{\left[\sqrt{\dfrac{\Delta p^{1+s}\phi_b\eta_0\eta\alpha_0\rho_s\phi_c}{k_1\tau_w}\left[1-e^{\frac{-2k_1\tau_w t}{\eta(\phi_c-\phi_b)}}\right]}\right]+\eta_0(R_m+R_f)} \tag{3-13}$$

式中，s 为滤饼的压缩系数；ϕ_b 为悬浮液中固体体积分数；η_0 为纯液体黏度，kg/(m·s)；η 为动力黏度，kg/(m·s)；α_0 为与颗粒大小和形状相关的常数；ρ_s 为滤饼中固体的质量密度；ϕ_c 为滤饼中固体体积分数；k_1 为常数；τ_w 为膜壁上切应力；kg/(m·s²)；R_m 为膜本身阻力，m^{-1}；R_f 为污染阻力，m^{-1}。

⑥ 板框式膜组件模型。针对板框式膜组件，错流工况下的稳态膜通量预测的数学模型为[29]：

$$J(t)=\frac{\Delta p}{\mu(R_m+r_c\delta_c)} \tag{3-14}$$

$$\frac{d\delta(x)}{dx}=A[J(x)-K\zeta\delta(x)] \tag{3-15}$$

$$p(x)=p_0$$

$$\left\{1-\frac{\rho u_0^2}{2p_0}\times\frac{x}{h}\left\{C_f\left\{1-2\frac{J(x)}{u_0}\times\frac{x}{h}+\frac{4}{3}\left[\frac{J(x)}{u_0}\right]^2\times\left(\frac{x}{h}\right)^2\right\}-4\frac{J(x)}{u_0}\left[1+\frac{J(x)}{u_0}\times\frac{x}{h}\right]\right\}\right\} \tag{3-16}$$

式中，r_c 为滤饼的比阻；δ_c 为滤饼的厚度；A 和 K 为模型参数；ζ 为剪应力；u_0 为膜组件入口处的流体速度；h 为膜通道的高度；x 为距入口处的距离；C_f 为有效阻力系数。

针对错流微滤模式下亚稳态通量在不同操作条件下的变化情况，Chang 等研究了基于质量守恒建立了关联亚稳态通量与壁面剪切率的变化关系的模型[30]：

$$U_{ps}=\frac{7.21d_p\gamma_w}{6\Psi}+\frac{2.6\gamma_w^2d_p^3\rho}{576\mu}+\frac{0.816\varepsilon_e\varepsilon_0\xi^2\left(1+\dfrac{d_p}{2x_a}\right)\exp\left(\dfrac{-D}{x_a}\right)}{\Psi\mu x_a\left[1-\exp\left(\dfrac{-D}{x_a}\right)\right]} \tag{3-17}$$

式中，d_p 为颗粒直径，m；γ_w 为壁面剪切率，s^{-1}；Ψ 为斯托克斯定律的矫正系数；ρ 为水的密度，kg/m³；ε_e 为水的电容率；ε_0 为真空电容率，C²/(J·m)；ξ 为电动电势，V；x_a 为德拜长度，m；D 为粒子表面之间的距离；μ 为悬浮液的黏度，kg/(m·s)。

⑦ 中空纤维膜组件模型。针对中空纤维膜组件，错流工况下的稳态膜通量预测的数学模型为[31]：

$$J(t)=\frac{\Delta p}{\mu(R_m+r_c\delta_c)} \tag{3-18}$$

$$\frac{d\delta(x)}{dx}=AC_bJ(x)/J_0-K\zeta^n x\delta(x) \tag{3-19}$$

$$\zeta(t)=\frac{2\mu}{\rho R^2}Re=\frac{2\mu}{\rho R^2}\times\frac{2Ru(t)\rho}{\mu}=\frac{4}{R}u(t) \tag{3-20}$$

式中，r_c为滤饼的比阻，m/kg；δ_c为滤饼的厚度，m；A 和 K 为模型参数；ζ 为剪应力，Pa；u 为膜组件内的流体速度，m/s；R 为中空纤维的内半径，m；C_b 为进料液浓度，kg/m^3；ρ 为进料液密度，kg/m^3；μ 为液体黏度，Pa·s；Re 为雷诺数。

（5）组合模型　在实际的膜过滤过程中，通常任何单一的孔堵塞过滤模型并不能完全解释整个过滤过程。组合模型通常也可以分为恒压和恒流两大类[32]。

近年来，组合模型的发展较快，最具有代表性的有：

① Bolton 完全孔堵塞-滤饼恒压过滤模型。

$$V=\frac{J_0}{K_b}\left\{1-\exp\left[\frac{-K_b}{K_cJ_0^2}(\sqrt{1+2K_cJ_0^2t}-1)\right]\right\} \tag{3-21}$$

式中，K_b 为完全孔堵塞系数，s^{-1}；K_c 为滤饼过滤系数，s/m^2。

② Ho 和 Zydney 完全孔堵塞-滤饼恒压过滤模型[33]。Ho 和 Zydney 等在研究蛋白污染时，提出了污染过程先进行膜孔堵塞，然后再在堵塞的膜孔上形成滤饼的污染机理及模型：

$$R_p=(R_m+R_{p0})\sqrt{1+\frac{2f'R'\Delta pC_b}{\mu(R_m+R_{p0})^2}t}-R_m \tag{3-22}$$

式中，R_{p0}为最初蛋白质的沉淀阻力，m^{-1}；f'为构成滤饼的蛋白含量比例。

③ 扩展的完全孔堵塞-滤饼恒压过滤模型。侯磊等[34]在前人研究的基础上，建立了扩展的完全孔堵塞-滤饼过滤模型。此模型不仅能够对完全孔堵塞-滤饼过滤时膜的通量进行预测，而且对单一的完全孔堵塞或滤饼过滤也可以进行较准确的预测。

$$J=\frac{J_0\left\{(1-K)\exp\left\{\frac{-K_b}{K_cJ_0^2}[(1+2K_cJ_0^2t)^{1/2}-1]\right\}+K\right\}}{(1+2K_cJ_0^2t)^{1/2}} \tag{3-23}$$

式中，K 为稳态时膜的开口面积。

3.3.2　基于膜面上物理量变化的通量模型

（1）浓差极化类模型　其原始形式源于浓差极化现象。依据双膜理论，以形成可逆的覆盖层作为前提，基于过滤液的对流流动和微粒反向传递之间的动态平衡，将一维对流扩散方程在膜面浓差极化层内积分后可得：

$$J=\frac{D}{\delta}\ln\frac{C_w-C_p}{C_b-C_p}=k\ln\frac{C_w-C_p}{C_b-C_p} \tag{3-24}$$

式中，J 为膜的通量，$m^3/(m^2\cdot s)$；D 为溶质扩散系数，m^2/s；δ 为浓差极化边界层厚度，m；C_w 为膜面溶质浓度，g/L；C_p 为透过液中溶质浓度，g/L；C_b 为主体液中溶质浓度，g/L；k 为质量传质系数，可由 Chilton-Colburn 特征数经验公式求得。本公式可用于静态和动态工况，但动态工况时的误差较大，因而在实际中经常用其扩展形式。

① 扩展的浓差极化模型。其公式与传统浓差极化模型完全相同，认为流体动力学效应在微滤中起主要作用。扩散系数需用有效扩散系数来代替，它与壁面剪切应力和微粒的大小

的关联式为：

$$D_{\mathrm{eff}}=Bd^{2}\tau_{\mathrm{w}}f(C_{\mathrm{w}})/\eta \tag{3-25}$$

从本模型出发，可得到大多数实验数据与预测值的一致性，但该模型是纯经验模型，需由大量的实验数据拟合，一般只能内插，不能外推。

② 剪切诱导扩散模型。为从理论上寻找造成模型预测值与实验值之间差别的原因，人们开始研究膜上速度梯度造成的剪切应力，被截留物质的特性系数（如扩散系数、密度、黏度等）等物理量对通量的影响。Zydney 等首先在浓差极化模型基础上提出用 Eckstein 所测剪切诱导流体动力学扩散系数来代替布朗扩散系数并得到了在处理低浓度物料体系时模型适用性较好的模型公式；后来 Belfort 等[35] 进一步完善并扩大了该模型的适用范围。Davis 及其合作者[36~38] 在前人的研究基础上考虑浓度、黏度的影响后导出了著名的剪切诱导扩散模型：

$$\langle J\rangle=0.06\dot{\gamma}_{0}\left(\frac{a^{4}}{L}\right)^{1/3}=0.072\dot{\gamma}_{0}\left(\frac{\phi_{\mathrm{w}}a^{4}}{\phi_{\mathrm{b}}L}\right)^{1/3} \tag{3-26}$$

式中，$\langle J\rangle$为平均渗透通量，$\mathrm{m^3/(m^2 \cdot s)}$；$\dot{\gamma}_0$为膜面剪切率；$\phi_{\mathrm{w}}$为膜面处粒子体积分数；$\phi_{\mathrm{b}}$ 为主体悬浮液中粒子体积分数；L 为过滤膜通道长度，m；a 为微粒半径，m。

式（3-7）对平均粒径在 0.5～30μm 的中间大小的微粒体系的适用性较好。但当雷诺数对微粒尺寸变化十分敏感时，微粒与膜表面附近的流体间的相互作用将会变得十分重要，此时，本模型将不再适用。

浓差极化类模型的发展还有不足之处，尚需对微粒的黏着性、可压缩性、微粒分散度及微粒间相互作用等因素的影响方面作进一步研究。

（2）力平衡类模型

① 沉积模型。Schock[39] 以膜表面上微粒的受力平衡为出发点，根据单个微粒所受牵引力和附着力间的平衡导出可较好预测胶体悬浮液通量的微滤模型，并证实沉积时小微粒比大颗粒更为优先（在覆盖层形成过程中观察到分级效应）的沉积模型：

$$J=0.22f^{-1}Re^{1.26}\frac{\nu}{d_{\mathrm{h}}}\left(\frac{d_{\mathrm{p}}}{d_{\mathrm{h}}}\right)^{0.44} \tag{3-27}$$

式中，f 为摩擦系数；Re 为雷诺数；ν 为动力学黏度，$\mathrm{m^2/s}$；d_{p}为微粒直径，m；d_{h}为流动管道水力直径，m。

该模型的缺点是覆盖层阻力没有明确地包含在模型中，而是间接地包含在实验数据导出的参数中，并且数据求取较困难，模型较复杂。

② 惯性提升模型。Belfort 等[40~45] 将悬浮液微粒的横向迁移现象用于膜分离过程中，采用典型流体力学方法，以固体颗粒受到的惯性升力（引起横向迁移机理）来与渗透液作用在该颗粒上的曳力相平衡，建立了惯性提升模型：

$$J=\nu_{\mathrm{LO}}=\frac{b\rho_{0}\alpha^{3}\dot{\gamma}_{0}^{2}}{16\eta_{0}},\ \alpha^{2}Re\ll 1,\ \alpha=a/(2H_{0}),\ Re=2H_{0}U/\nu \tag{3-28}$$

式中，ν_{LO}为惯性提升速度，m/s；ρ_0为流体密度，$\mathrm{kg/m^3}$；H_0为膜通道高度，m；U为错流速度，m/s；η_0为进料黏度，Pa・s。

其缺点是求解时需作大量假设，尚未获得惯性提升机理的实验验证。但该机理在分析影响颗粒沉积、滤饼形成的主要因素中却已广为接受和应用。

③ 表面传递模型[46,47]。在滤饼形成时，并未观察到任何类型的反向扩散，而只有粒子沿膜表面的滚动。在解释这一现象时，假设在扩散或惯性提升机理作用下，沉积的微粒会离开膜表面进行反向传递，同时流动主体中的微粒在渗透流作用下被携带至膜表面并在切向流作用下沿膜表面发生旋转或滑动。假设单一微粒沉积具有选择性、滤饼表面不均匀、微粒和膜面间的接触角存在分布，在忽略其他的引力、提升力和黏合力时，通过剪切流动所引起的

切向牵引力和由渗透流动引起的牵引力之间粒子的轴向受力平衡和转矩平衡基础上可得表面传递模型：

$$J=2.4\dot{\gamma}_0(a^2R_c)^{2/5}\cot\theta \tag{3-29}$$

式中，$\cot\theta$ 受滤膜表面积和特性影响，其值为2.4。该模型显示长期通量将随剪切速率和微粒半径变化呈线性增加。当渗透通量降至某值后，大粒子被吹扫并沿膜表面滚动，小粒子则在滤饼层上富集并增厚滤饼。这一模型适用于计算，但阻力求取困难。

④ 摩擦力模型[48]。对于沉积在滤饼层上的粒子而言，粒子除受到切向力和垂直方向上的流体动力学力外，还受到范德华力和静电力的作用。Blake等根据前人的研究结果，建立了基于微粒在滤饼表面滑动运动的稳态力平衡模型——摩擦力模型：

$$J_s=K_1d_p\tau+K_0 \tag{3-30}$$

式中，K_0与K_1为常数。实验发现通量随剪应力线性变化，但大微粒的比小微粒的值要大两倍。今后需在更广泛的粒径范围中确定剪切力和渗透通量间的关系。

Holdich等建立了亚稳态下的力平衡模型。其表达形式与式（3-30）相同，不同在于，它描述的是亚稳态下的力平衡。当滤饼厚度依赖于剪应力，并且微粒的体积分数在13%～24%范围内变化时，预测值与实验值符合得较好。超出这一范围时，将无法测得系数K_0和K_1。

总之，力平衡类模型多是基于二力或多力平衡或力矩平衡，可建立稳态和非稳态情况下的通量预测模型。一般说来，总体思路简单但公式的形式复杂、变量多且难以求取。

（3）集成模型　基于膜表面上多种效应的协同作用来建立的集成模型是重要发展方向之一，其特点是考虑的因素比较多，模型的复杂性也随之大大增加，尽管预测的准确度较高，但由于机理繁多，许多参数需根据实验确定，模型参数的求取具有一定困难，应用起来不太方便。

3.4　典型的微滤膜材料

商品化的有机微滤膜材料主要有硝化纤维素（CN）、醋酸纤维素（CA）、CN与CA的混合物、聚氯乙烯（PVC）、聚酰胺（Nylon）、聚丙烯（PP）、聚四氟乙烯（PTFE）和聚碳酸酯（PC）等。除有机材料外，无机陶瓷材料（氧化铝、氧化锆）、玻璃、铝、不锈钢也可以用来制备微滤膜。

3.4.1　纤维素酯类

纤维素酯类是最典型的微滤膜材料。纤维素醋酸酯，又称醋酸纤维或乙酰纤维素，其原料是纤维素。棉花是自然界中最纯的纤维素，它含纤维素92%～95%，因此常用精制的棉花作醋酸纤维素的原料。纤维素酯类易溶于非质子有机溶剂中（如丙酮或二甲基甲酰胺）。

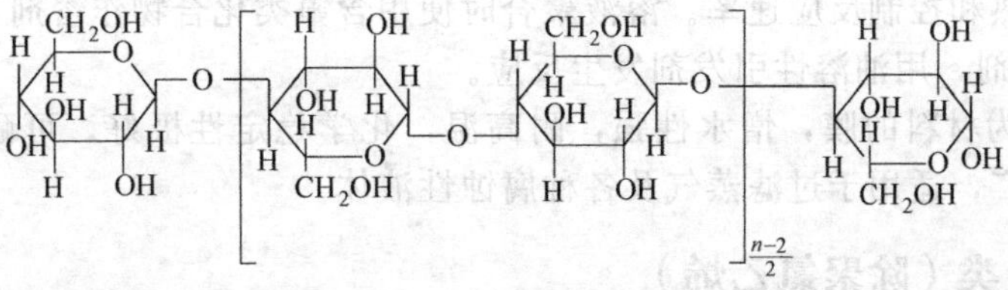

纤维素酯类包括二醋酸纤维素（CA）、三醋酸纤维素（CTA）、硝酸纤维素（CN）、混合纤维素（CN-CA）和乙基纤维素（EC）等。由混合纤维素可制成标准的常用滤膜。由于

其成孔性能良好，亲水性好，材料易得和成本较低，因此，该膜的孔径规格分级最多，从 0.05～8μm，约有近十个孔径型号，使用温度范围广，可耐稀酸，但不适用于酮类、酯类、弱酸和碱等。除此之外，醋酸纤维素易被许多微生物侵蚀而分解。当微生物的种类及取代度和取代的化学基团不同时，膜性能被破坏的程度也不相同。因此，醋酸纤维素本身的结构及其物化特性会对醋酸纤维素膜的制作、膜性能及应用条件产生重要影响，这些影响主要取决于醋酸纤维素的取代度和取代的化学基团的种类。

3.4.2 聚酰胺类

聚酰胺俗称尼龙（nylon），是主链上含有酰胺基团 $-NH-\overset{O}{\overset{\|}{C}}-$ 的聚合物，可由二元酸和二元胺缩聚而得，也可由内酰胺自聚制得，尼龙首先是作为最重要的合成纤维原料而后发展为工程塑料，是开发最早的工程塑料[49,50]。

聚酰胺类材料具有高强度、高熔点、对化学试剂（除强酸外）稳定的特点。同时具有溶解性、吸水及染色性差的特点。它本身无臭、无味、无毒、不会霉烂，可溶于浓 H_2SO_4、甲酸和酚类中[51]。聚酰胺类材料对氯极端敏感，最高允许浓度为 0.1mg/L，因此在膜应用中要注意对氯的预处理。聚酰胺类材料亲水、耐碱、不耐酸，在酮、酚、醚及高分子量的醇中，不易被侵蚀。孔径型号也较多。此类材料做成的膜可用于酮、酯、醚及高分子量醇类的过滤。

3.4.3 氟化合物类

氟树脂是含有单体的均聚物或共聚物，主要包括聚四氟乙烯（PTFE）、聚偏氟乙烯（PVDF）、聚三氟乙烯（PCTFE，F3）和聚氟乙烯（PVF），其中比较重要的是聚四氟乙烯（PTFE）、聚偏氟乙烯（PVDF，PVF_2）[52]。

聚四氟乙烯[53]（PTFE）的密度为 $2.1\times10^3\sim2.3\times10^3$ kg/m^3，平均密度为 2.2×10^3 kg/m^3（固体），分粒状、粉状两种。PTFE 为蜡状物，外观似 PE（聚乙烯）但相对密度比 PE 高约一倍，是塑料中相对密度最大者。PTFE 最突出的特点是耐化学腐蚀性极强，除熔融金属钠和液氟外，能耐其他一切化学药品，在煮沸的王水和氢氟酸中也不起变化，其他诸如强酸、强碱、油脂、有机溶剂对它均无作用，因此被称为塑料王，耐气候性能优良。PTFE 耐热性好，可在 260℃高温下长期使用，－268℃低温下短期使用。加热至 415℃时，即缓缓分解，分解生成的气体对人有毒害。其分子结构式为：

$$*\!\left(\begin{array}{c}F\\|\\C\\|\\F\end{array}\!-\!\begin{array}{c}F\\|\\C\\|\\F\end{array}\right)_n\!*$$

PTFE 单体为四氟乙烯，其制法和性质可参见相关文献，可分为本体聚合和乳液聚合两种方法。采用本体聚合法制备聚四氟乙烯时，由于聚合热高达 84～105kJ/mol，所以在反应中应注意加强散热和控制反应速率。溶液聚合时使用含氟类化合物作溶剂，也可用 CH_3OH 或 CCl_3F 作为溶剂，用油溶性引发剂发生反应。

用 PTFE 作为材料的膜，憎水性强，耐高温，化学稳定性极好，可耐强酸、强碱和各种溶剂，适用面广，适用于过滤蒸气及各种腐蚀性液体。

3.4.4 聚烯烃类（除聚氯乙烯）

聚烯烃类（除聚氯乙烯）主要包括聚乙烯、聚丙烯、聚苯乙烯和聚丁烯。其中比较重要的是聚乙烯和聚丙烯。产量最大的是聚乙烯，但在膜研究领域，应用得较多的还是聚丙烯。

聚丙烯（PP）为白色蜡状结晶聚合物，结晶度在70%以上，分子量一般为10万～20万。外观与聚乙烯相近，但密度比聚乙烯小，透明度大，软化点在165℃左右，脆点在-10～-20℃，具有优异的介电性能，溶解性能和聚乙烯相近。缺点是易老化、低温脆性大。力学强度与分子量和结晶结构有关，大的球晶使硬度提高而柔性下降。聚丙烯的分子结构[54]，根据其侧链甲基的空间排列有三种不同的形式，等规、无规、间规（图3-7）。

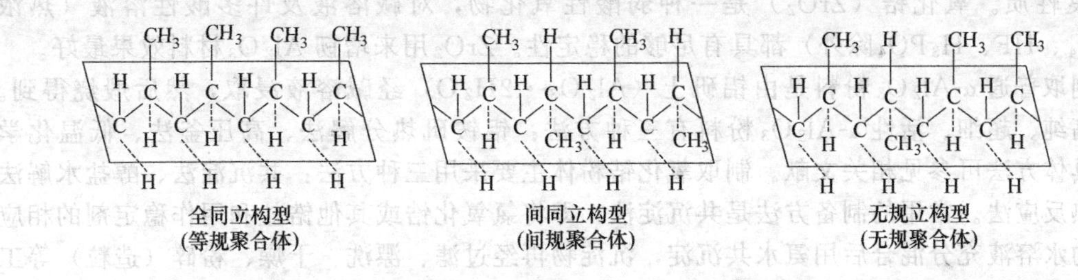

图3-7　聚丙烯的三种立体构型

聚丙烯的性质与立体规整性结构有很大的关系，因此了解等规体的比例是很重要的。

聚丙烯的生产均采用齐格勒-纳塔催化剂，生产工艺一般是以$Al(C_2H_5)_3+TiCl_4$体系在烷烃（汽油）中的浆状液为催化剂，在压力为1.3MPa、温度为100℃的条件下按离子聚合反应制得聚丙烯。聚丙烯的分子结构式为：

$$\left[CH_2-\underset{CH_3}{\underset{|}{CH}} \right]_n$$

由于软化温度较高，耐酸、碱和各种有机溶剂的化学稳定性好且力学性能优良，因此聚丙烯是拉伸法制膜的优先膜材料。聚丙烯商品膜多为拉伸式和中空纤维式，孔径从0.1～70μm，但孔径不太均匀。经亲水处理的膜也可用来过滤水溶液。这种膜对气体、蒸气有很高的渗透能力，经溶胀后对液体也有很好的渗透性。

3.4.5　聚碳酸酯[55～57]

聚碳酸酯（PC）是分子主链中含有 $-ORO-\overset{O}{\overset{\|}{C}}-$ 基团的线性聚合物，呈透明黄色，刚硬而脆，具有良好的尺寸稳定性、耐蠕变性、耐热性和电绝缘性。PC的玻璃化温度为145～150℃，脆化温度为-100℃，熔融温度为220～230℃，最高使用温度是135℃，热变形温度为115～127℃，平均分子量为10000左右的聚碳酸酯不能成膜，分子量18000以上具有好的机械强度、抗拉强度达61.0～70.0MPa，伸长率为80%～130%，弹性模数大于2×10^4MPa，抗剪强度为35.0MPa，弯曲强度为100～110.0MPa，无缺陷，抗冲击强度在热塑性塑料中较好。PC不耐碱、胺、酯及芳烃，溶于二氯甲烷、甲酚、二噁烷等溶剂中，耐臭氧，空气老化性能好，是紫外线的吸收剂。耐溶剂，高温易水解，耐磨性和耐疲劳性较低。PC对湿度含量较敏感。

根据R基种类的不同，聚碳酸酯可分为脂肪族、脂环族、芳香族及脂环族-芳香族聚碳酸酯等多种类型。聚碳酸酯的合成方法有光气法（非吡啶法）、吡啶法合成和酯交换法等。因此在制膜时要特别注意物系体系及环境的含水量。这类膜材料通常制成核径迹膜，孔径特别均匀，膜一般较厚，约为1～5μm，但孔隙率低，一般为百分之十几，但是膜的通量与其他材质的膜相当，该类材质制成的膜价格较高。

3.4.6　无机材料类

无机材料类主要包括陶瓷、氧化铝、氧化锆（ZrO_2）、氧化钛（TiO_2）、氧化硅等。还有玻璃、碳、金属（不锈钢、钯、钨、银）等，应用最多的是氧化铝和氧化锆。

Al_2O_3具有突出的物理性质，硬度是所有氧化物中最高的。熔点高达2050℃。最广泛使用的是刚玉六角结构的α-Al_2O_3，是1200℃以上唯一可用作结构材料的电子材料的稳定形式。γ-Al_2O_3一般只用于催化作用。

氧化锆（ZrO_2）具有熔点和沸点高、硬度大、常温下为绝缘体而高温下则具有导电性等优良性质。氧化锆（ZrO_2）是一种弱酸性氧化物，对碱溶液及许多酸性溶液（热浓H_2SO_4、HF、H_3PO_4除外）都具有足够的稳定性。ZrO_2用来增韧Al_2O_3材料效果最好。

制取普通α-Al_2O_3粉料是由铝矾土（$Al_2O_3 \cdot 2H_2O$）经碱溶液浸取，然后煅烧得到。制取高纯、超细、活性α-Al_2O_3粉料有三种方法：铝铵矾热分解法、高压釜法、低温化学法。具体方法可参见相关文献。制取氧化锆粉体主要采用三种方法：共沉淀法、醇盐水解法及水热反应法。常用的制备方法是共沉淀法，即将氯氧化锆或其他锆盐和用作稳定剂的相应盐类的水溶液充分混合后用氨水共沉淀，沉淀物再经过滤、漂洗、干燥、粉碎（造粒）等工艺后可制得粉体。α-Al_2O_3常用于制备陶瓷无机膜或气体分离膜的基膜。

3.5 微滤膜的制备

制备微滤膜的材料分有机高分子和无机材料两大类。材料本身制约了所能选用的制膜方法、所能得到的膜形态及所能适用的分离原理。根据材料的种类，制备微滤膜的方法主要有相转化法、辐射固化法、溶出法、拉伸法、烧结法、核径迹法和阳极氧化法等。各种膜制备方法及其适用的材料范围见表3-4。

表3-4 各种膜制备方法及其适用的材料范围

制膜方法	相转化	辐射固化	拉伸	核径迹	溶出	浸出(分相)/改性	烧结/流延浇铸	阳极氧化
有机材料	适宜			适宜(尤其适用PC材料)	适宜	不适	少数适宜	不适
无机材料	不适			适宜(云母、玻璃等)	适宜	适宜(尤其适于玻璃材料)	适宜	主要铝

根据膜材料和制备工艺的不同，微滤膜大体上可分为对称结构、不对称结构、核径迹蚀刻结构和复合结构（皮层和多孔亚层是两种材料）。微滤膜典型断面结构示意图见图3-8。图3-8（a）为直通孔结构，制备方法为核径迹法；图3-8（b）为曲通孔结构，制备方法为相转化法；图3-8（c）为海绵状曲通孔结构，制备方法为相转化法；图3-8（d）为细缝网络孔结构，制备方法为拉伸法；图3-8（e）为类指状孔结构，制备方法为相转化法；图3-8（f）为单皮层结构，制备方法为相转化法；图3-8（g）为双皮层结构，制备方法为相转化法；图3-8（h）为无机膜孔结构，制备方法为烧结法。其中图3-8（a）～（d）为对称微滤膜结构，图3-8（e）～（h）为不对称微滤膜结构。

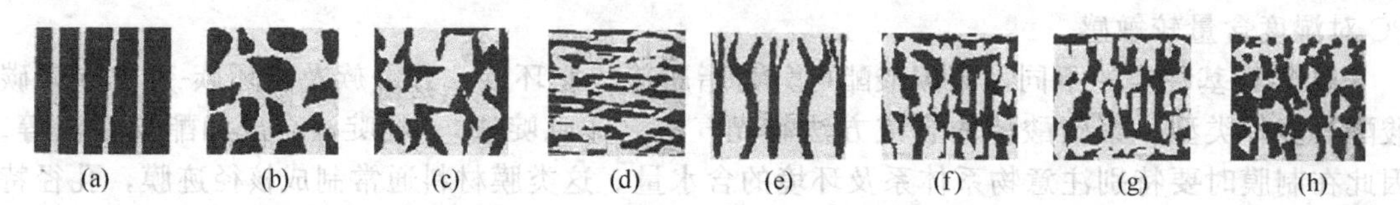

图3-8 微滤膜典型断面结构示意图

3.5.1 相转化法[58,59]

相转化法是制取微滤膜最常用的方法，该技术应用时间较长，适应的膜材料比较广泛，技术相对比较成熟，使用的膜材料主要限制在高分子聚合物类，包括共混物、均聚物、天然或人工合成的嵌段共聚合物。根据溶剂、添加剂和凝固浴的不同，可分为溶剂蒸发凝胶法、浸渍凝胶法、热致相分离法等。

(1) 溶剂蒸发凝胶法　首先将聚合物溶于某种溶剂，配成制膜液；然后将配好的制膜液浇铸并刮涂在适当的支撑物（平板玻璃、无纺聚酯、金属或聚合物如聚四氟乙烯）上，在一定的温度和气流速度下，在惰性环境中（如 N_2，不可含有溶剂的蒸气和水蒸气），随聚合物溶液内溶剂的蒸发，制膜液将发生相转化，即高分子制膜液开始由单相逐渐分离成两种极为均匀的分散相。无数极细的液滴散布到另一液相中，大部分高分子不断地聚集到小液滴的周围，而母液相中残留的高分子则越来越少。随着溶剂的继续蒸发，液滴相互接触。溶胶逐渐变成凝胶，最后形成一种分布均匀的致密膜（对称结构）(图 3-9)。

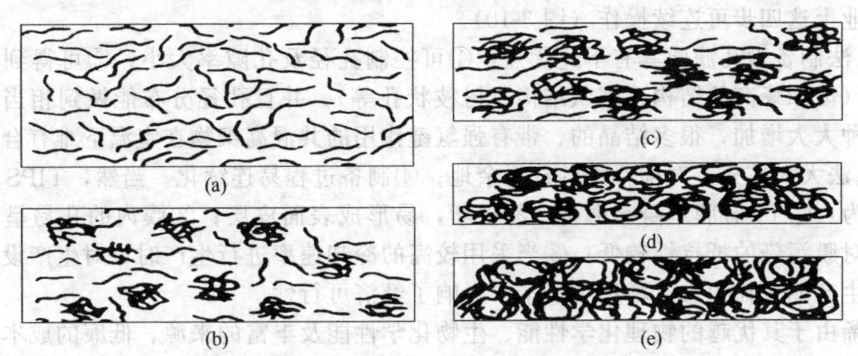

图 3-9　溶剂蒸发凝胶法制微滤膜示意图

【制膜示例 1】　CA-CTA 微滤膜的制备[60]

膜材料：CA、CTA；溶剂：二氯甲烷、丁醇；非溶剂：甘油、异丁醇。

制膜工艺：将 18g 二醋酸纤维素和 10g 三醋酸纤维素，在 360mL 二氯甲烷和 40mL 的丁醇混合溶液中溶解 2h，然后再加入 7mL 的甘油和 200mL 的异丁醇，混合搅拌均匀，流延成平板膜，在 20℃、湿度 60%的条件下使溶剂蒸发干燥。

(2) 浸渍凝胶法　先将聚合物溶于某种溶剂配成制膜液，将其刮涂在适当的支撑体（如无纺聚酯）上，最后浸入含有非溶剂（一般为水）的凝胶浴中，溶剂与非溶剂的扩散将导致凝胶。由传质和相分离两者共同决定膜的最终结构。由于铸膜液与凝胶液接触时表面最先转化为凝胶，故在膜表面形成致密的表层，在其下面则是疏松多孔结构。对于微滤膜而言，凝胶洗涤后就可直接使用。凝固浴介质一般为水，也可用有机溶剂，由于溶剂/非溶剂对的选择是影响膜结构的重要因素，所以不能随意选择非溶剂。影响制膜的因素还包括有聚合物的浓度、溶剂组成、添加剂组成、溶剂蒸发时间、环境温度和湿度、凝胶浴组成和凝胶浴温度等。

【制膜示例 2】　加强型聚砜微孔滤膜的研制[61]

膜材料：PS ($\mu=0.51$)；溶剂：DMF；添加剂：环乙醇、庚烷、乙醚和邻苯二甲酸二丁酯（DBP）；沉淀剂：DMF、水。

制膜工艺：在 PS-DMF 溶液中，加入由环乙醇、庚烷、乙醚和 DBP 组成的混合添加剂，搅拌均匀，过滤，静置脱泡。用无纺布浸渍，通过间隙为 0.1mm 的刀架，在空气中溶剂蒸发 60s 以后，放入沉淀浴中洗去溶剂，在 60℃下烘干，即得成品微滤膜。

(3) 热致相分离法　热致相分离（TIPS）法则是利用一种潜在的溶剂来成膜，它在高温时为膜材料的良溶剂，低温时为膜材料的非溶剂，即热致相法具有“高温相溶、低温分相”的特点。使用 TIPS 法制备微孔膜有四步：①首先要选择一种高沸点、低分子量、在室

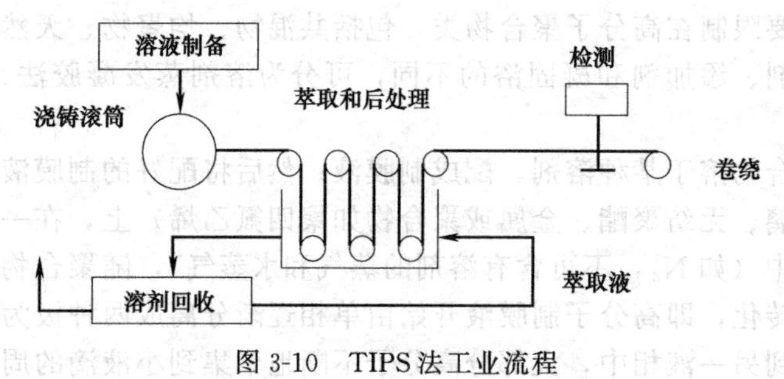

图 3-10 TIPS法工业流程

温下是固态或液态的与给定聚合物不相容的稀释剂，当升高温度时，稀释剂能与聚合物形成均相溶液；②将溶液预制成所需要薄膜、块状或中空纤维等构形；③在冷却或等温淬冷过程中实现体系的液-液相分离；④一般可用溶剂萃取、减压等方法脱除分相后的凝胶中的稀释剂，再经干燥后即得到微孔材料。微孔材料的孔隙率、孔径大小、孔结构形态、聚合物稀释剂的性质、聚合物的浓度，特别是冷却速率等因素密切相关。工业上这四步可连续操作（图 3-10）。

TIPS 法制备微孔滤膜具有下述优点：①可控制孔径及孔隙率大小；②可得到多样的孔结构形态（诸如蜂窝状结构、网状结构、树枝状孔等），并且孔径分布能做到相当窄；③膜材料的品种大大增加，很多结晶的、带有强氢键作用的共混高聚物在室温下难有合适的良溶剂，TIPS 法大大扩充了对稀释剂的选择余地；④制备过程易连续化。当然，TIPS 法的缺点和局限性为：①TIPS 膜本身难薄化，易折断，易形成表面皮层；②膜内的孔易呈封闭或半封闭式，对膜污染的抵抗性较低；③当采用较高的冷却速率进行生产时，对生产设备的要求比较高，生产能量耗损大，增加了成本，影响了经济可行性。

聚丙烯由于其优越的物理化学性能、生物化学性能及丰富的来源、低廉的成本、良好的疏水性，而受到研究者的关注。

【制膜示例 3】 聚丙烯微滤平板膜的制备[62]

膜材料：等规聚丙烯（iPP）（非极性的结晶高聚物）；稀释剂：邻苯二甲酸二丁酯（DBP）。

制膜工艺：取一定量扬子石化产 F401 iPP（熔体指数 MI 为 2.5g/10min），加入适量的稀释剂 DBP；原料混置于一锥形瓶内，瓶内充满了氮气（防止 iPP 氧化降解），密封；在 250～270℃酸浴内加热 20～26min，期间不断搅拌并连续充入氮气。体系制成均相溶液，静置脱泡至无气泡产生，将瓶快速从酸浴中移出，并将料液流涎到一定温度的不锈钢板上（不低于 75℃），然后迅速放入确定温度的水浴中淬火；取出样品，浸入萃取剂中萃取 5～6h；取出样品放入干燥箱中，40℃恒温烘 30min 后即可得成品。

表 3-5 是不同组分在 10℃±2℃水浴制成的膜的性能，图 3-11 是热致相分离法制得的 iPP 微滤膜的 SEM 图像。

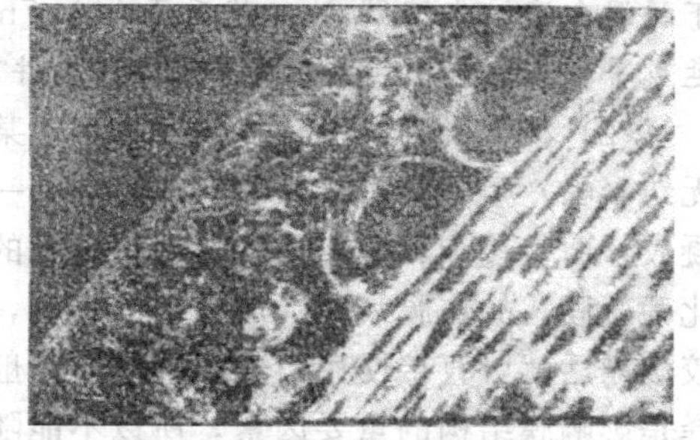
图 3-11 iPP 热致相分离法制得的微滤膜的 SEM 图像

表 3-5 不同组分在 10℃±2℃水浴制成的膜的性能

组分(质量分数)/%	膜厚/μm	气泡压力/MPa	水通量/[mL/(cm²·min)]	孔径/μm
20	140～190	0.02～0.03	19.5	1.0
30	140～190	0.03～0.05	11.0	0.8
50	130～180	0.05～0.08	3.5	0.5

（4）其他方法[63] 除了以上 3 种主要的相转化法以外，还有 2 种由于技术落后而不常用的方法。

① 蒸气相沉淀。早在 1918 年 Zsigmondy 就曾使用此法。将由聚合物和溶剂组成的刮涂薄膜

置于被溶剂饱和的非溶剂蒸气气氛中。由于蒸气相中溶剂浓度很高，防止了溶剂从膜中挥发出来，随着非溶剂扩散到刮涂的薄膜中，膜便逐渐形成。使用这种方法可以得到无皮层的多孔膜。

② 控制蒸发沉淀。早在20世纪初就曾被采用。它是将聚合物溶解在一个溶剂和非溶剂的混合物中（这种混合物作为聚合物的溶剂），由于溶剂比非溶剂更容易挥发，所以蒸发过程中非溶剂和聚合物的含量会越来越高，最终导致聚合物沉淀并形成带皮层的膜。

3.5.2 溶出法

溶出法是在制膜基材中混入某些可互溶的水溶性高分子材料或其他可溶的溶剂或与水溶性固体细粉混炼，成膜后用水或其他溶剂将水溶性物质溶出，从而形成多孔膜。例如常将食盐、碳酸钙等细粉混入聚合物中制膜，最后以水或酸将其溶出即得多孔膜。

【制膜示例4】 溶出法制备二醋酸纤维素微滤膜[64]

膜材料：二醋酸纤维素；增塑剂：聚乙二醇；溶剂：丙酮、二氯甲烷。

制膜工艺：将CA和PEG共溶于混合溶剂中，将配成的沉液在玻璃板上刮膜后，让沉剂蒸发，再用水将致孔的聚乙二醇溶出后，剩下空隙部分。

3.5.3 浸出法（分相法）[65]

浸出法是选择合适的溶剂将薄膜中的一种组分浸取出去，从而形成多孔膜，用于无机膜材料的玻璃微孔膜的制备。利用的是硼硅酸玻璃的分相原理（图3-12），将位于Na_2O-B_2O_3-SiO_2三元不混溶区内的硼硅酸玻璃在1500℃以上熔融，然后在500～800℃进行热处理，使之分为不混溶的Na_2O-B_2O_3相和SiO_2相，再用5%左右的盐酸、硫酸或硝酸浸提，得到连续又互相贯通的网络状SiO_2多孔玻璃膜[66]，常见的Vycor玻璃膜就是利用这一方法制备的，其孔径分布见图3-13，平均孔直径在4nm左右。

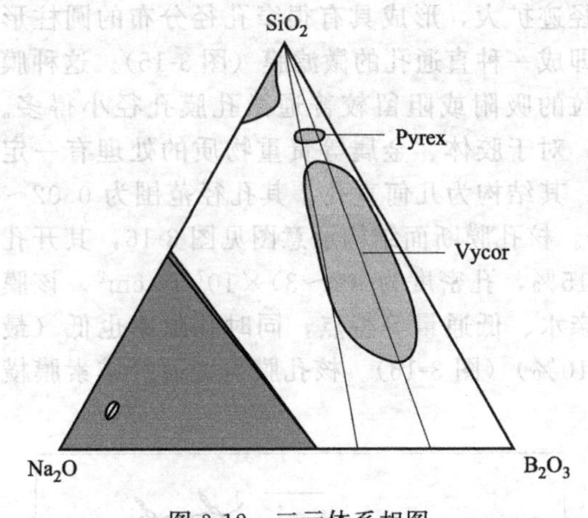

图3-12 三元体系相图

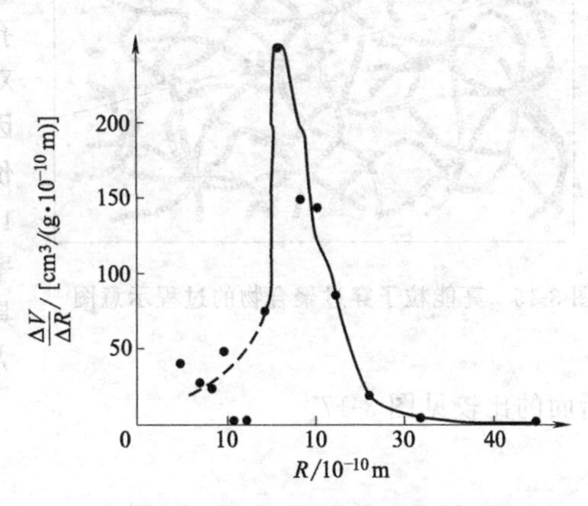

图3-13 玻璃膜孔径分布图

McMilan和Maddison[67]用$TiCl_4$浸渍多孔膜，热处理得到TiO_2改性多孔玻璃膜。Eguchi等用相似方法制备出ZrO_2改性管状玻璃膜，膜孔径在0.020～2μm之间（图3-14）[68]。浸出法可以通过控制配料组成、分相温度和酸抽提条件制备出孔径在20～2000nm的多孔玻璃膜。原料液中Na_2O/B_2O_3比例越大，分相温度越高，膜孔径越大；提高分相温度并延长分相时间，可使膜的孔径分布变宽。该法制得的膜孔径分布窄，比表面积高达500m^2/g，还可调节膜表面的zeta电位以及水的润湿性，常用于气体分离和膜反应过程。另外高温下的玻璃熔融体容易成型，可制备出纤维或管状膜。但受制备技术的限制，膜的薄化和复合比较困难。因此，对称结构的多孔玻璃膜因渗透阻力较大，在应用方面受到了很大限制。

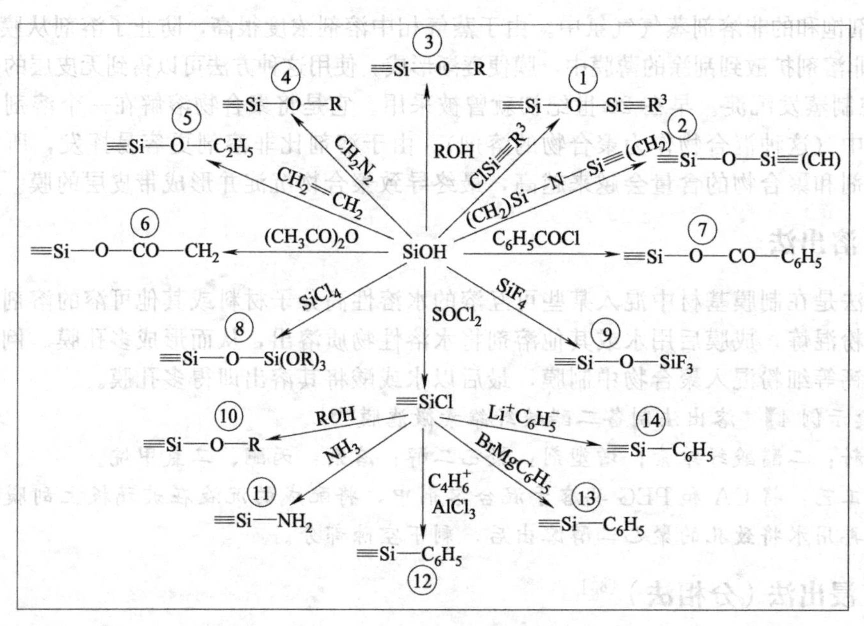

图 3-14 玻璃膜的表面改性

3.5.4 核径迹蚀刻法

核径迹蚀刻法是由放射性同位素裂变而产生高能粒子辐射（辐射强度一般为1MeV），垂直撞击膜材料薄片，使材料本体受到损害而形成径迹，然后用浸蚀剂腐蚀掉径迹处的本体材料，将此径迹扩大，形成具有很窄孔径分布的圆柱形孔，即成一种直通孔的微滤膜（图 3-15）。这种膜对微粒的吸附或阻留较普通微孔膜孔径小得多。因此，对于胶体、金属等贵重物质的处理有一定价值；其结构为几何直孔。其孔径范围为 0.02～10μm。核孔膜断面结构示意图见图 3-16，其开孔率约 15%，孔密度为 $(2\sim3)\times10^{7}$个/cm²。该膜具有亲水、低通量等特点，同时孔隙率也低（最大约 10%）（图 3-16）。核孔膜与普通纤维素膜横断面的比较见图 3-17。

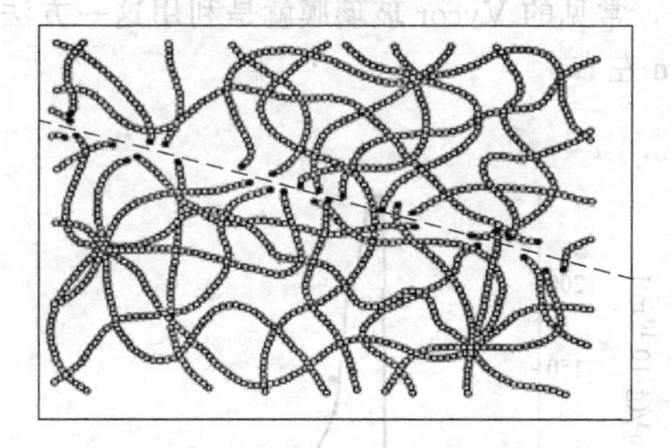

图 3-15 高能粒子穿过聚合物的过程示意图[69]

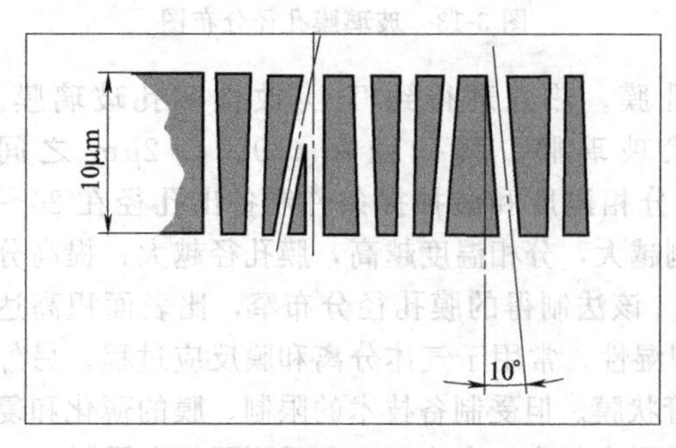

图 3-16 核孔膜断面结构示意图[70]

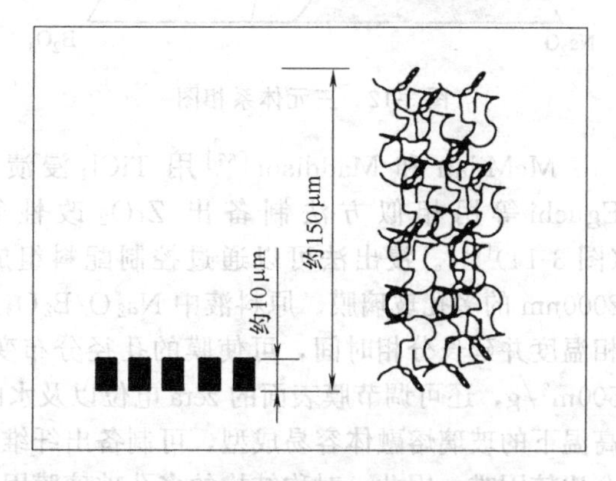

图 3-17 核孔膜与普通纤维素膜横断面的比较

【制膜示例 5】 聚碳酸酯核孔膜的制备

膜材料：聚碳酸酯（PC）薄膜[71]；腐蚀剂：氢氧化钠。

制膜工艺：重离子轰击PC薄膜，使薄膜里聚合物分子键断裂，形成小分子和自由原子团，这些受激产物在紫外线/过氧化剂的作用下，继续损伤并形成酸性化合物，酸性化合物在碱溶液作用下，生成可溶性盐。经冲洗，形成微孔。PC核孔膜的典型制备流程图如图3-18所示，PC核孔膜的表面放大SEM照片如图3-19所示。

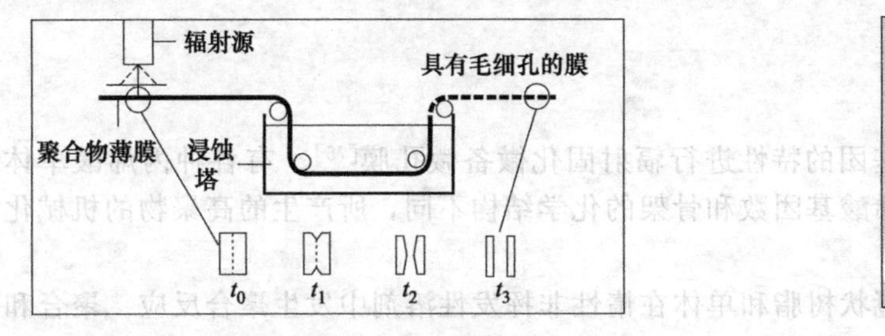

图 3-18 PC核孔膜的典型制备流程图

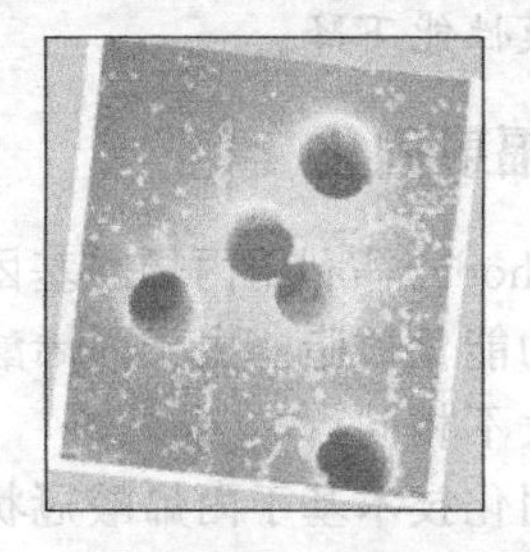

图 3-19 PC核孔膜的表面放大SEM照片

3.5.5 拉伸法

Calanese公司在20世纪70年代中期发展了一种新型的微孔膜制备方法，并推出了Celgard聚丙烯微滤商品膜。采用拉伸致孔，即先做成硬弹性膜，在单轴拉伸致孔后定形得到微滤膜。单轴拉伸的平膜横向力学性能极差，横向的拉伸强度仅为10MPa，易撕裂。

拉伸的基本方法是在相对低的熔融温度和高应力下挤出膜或纤维。聚丙烯分子则沿拉伸方向排列成微区、成核，形成垂直于拉伸方向的链折叠微晶片；之后在略低于熔点温度下热处理，链段可运动使结晶增长变硬，在结晶的表面上高分子链折叠而不融化在一起，最终形成所需的膜。只有半结晶的材料（如聚四氟乙烯、聚丙烯、聚乙烯等）才能用这种方法制膜。

商品化的Celgard® 聚丙烯拉伸微孔膜的孔呈细长形，长约0.1～0.5μm，宽约0.01～0.05μm。其孔结构为非真实性结构。制得膜的孔径范围为0.1～3μm，孔隙率可高达90%。商品化的膜还有聚四氟乙烯Goretex® 膜，可供特种行业使用，可过滤腐蚀性液体。拉伸法不需任何添加剂，无污染，适合于大规模工业化生产。拉伸法生产成本相对相转化法要低得多。PTFE拉伸膜的SEM照片和PP拉伸膜的SEM照片见图3-20、图3-21。

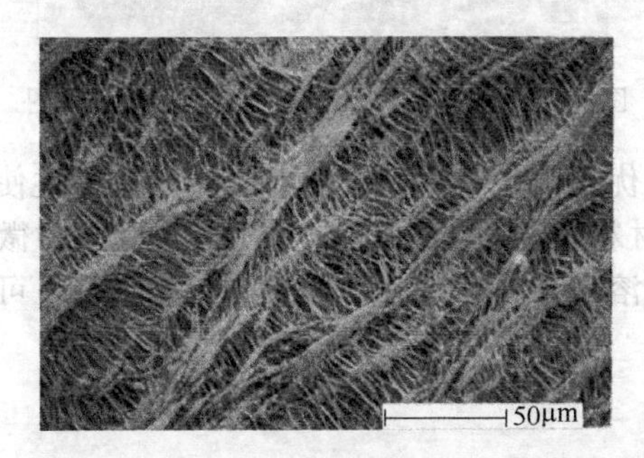

图 3-20 PTFE拉伸膜的SEM照片[72]

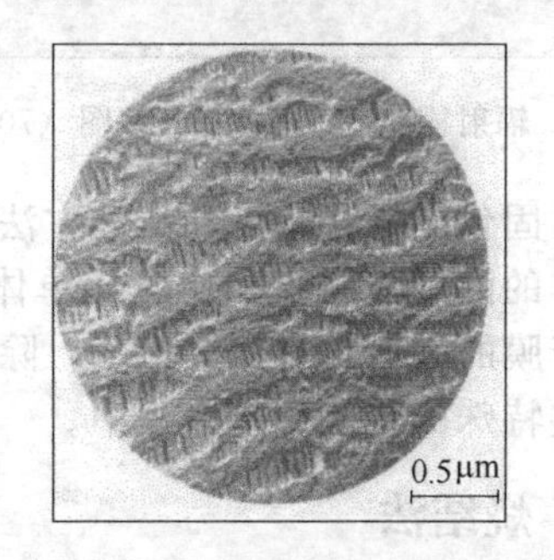

图 3-21 PP拉伸膜的SEM照片[73]

【制膜示例 6】 拉伸法制备PET纤维[74]

膜材料：PET；溶剂：三氟乙酸、二氯甲烷。

制膜工艺：①纺丝。将干燥后的超高分子量PET样品，在室温下，用三氟乙酸/二氯甲烷的混合溶剂（体积比为7∶3）溶解3天左右，将纺丝原液倒入已经配好的纺丝管中，以水为凝固剂，在室温下进行干湿法纺丝，喷丝头为单孔，孔径为0.2mm。②拉伸。首先对初生纤维在室温下进行冷拉伸，一道拉伸温度低，拉伸丝的取向度较高，结晶较低，这种结构对后续的二道拉伸有利。然后在230℃的温度下进行二道热拉伸。由于在一道拉伸过程中产生了结晶，因此要求二道拉伸的温度要高于PET的结晶熔融温度，用以熔融原有晶区，实现纤维结构的重排。③热处理。以乙二醇为热处理介质，处理时间为3min。适当的热处理，可以改善纤维的结构，提高纤维热学性能。热处理时间对其力学性能影响最大，随时间的延长，膜性能下降。

3.5.6 辐射固化

E. shchodri 等利用丙烯酸基团的特性进行辐射固化微备微孔膜[75]。有各种丙烯酸单体和丙烯酸功能化树脂。由于丙烯酸基团数和骨架的化学结构不同，所产生的高聚物的机械化学性能也大不相同。

辐射固化技术基于丙烯酸冠状树脂和单体在惰性非挥发性溶剂中发生聚合反应。聚合和相转化反应在极短的时间内同时发生。将溶液进行涂层，在中压水银灯或电子束下以10～100m/min的速度进行固化。由辐射隔室产生的涂层是一种无光泽膜，充满初始成孔的溶剂。在干清洁过程中，用具有惰性、安全、低蒸发热的特点的Freon溶剂萃取去除非挥发性溶剂。清洗机是一闭路装置。蒸气和溶剂在装置内连续不断地蒸馏，并返回进入系统，损失极少，所制备的微孔膜，白色而无光泽，具有均匀的孔隙率，孔径范围为0.05～0.5μm。膜的电子扫描图见图3-22。用紫外线或电子束高速交联单体和低聚物时，孔径结构清晰。当用紫外线固化时，涂层液中需要添加光诱发剂；而当用电子束固化时直接断裂各种化学键，不需要添加诱发剂。Freon是目前已知唯一适合于清洗的萃取剂。PTFE粉末烧结制出膜的SEM图见图3-23。

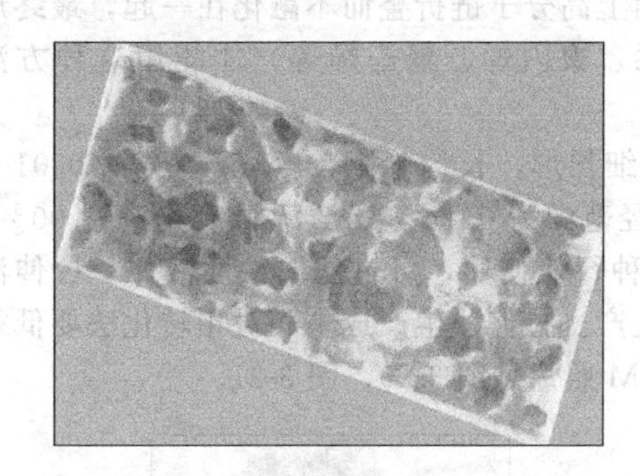

图3-22 辐射固化膜表面的SEM图（70000倍）

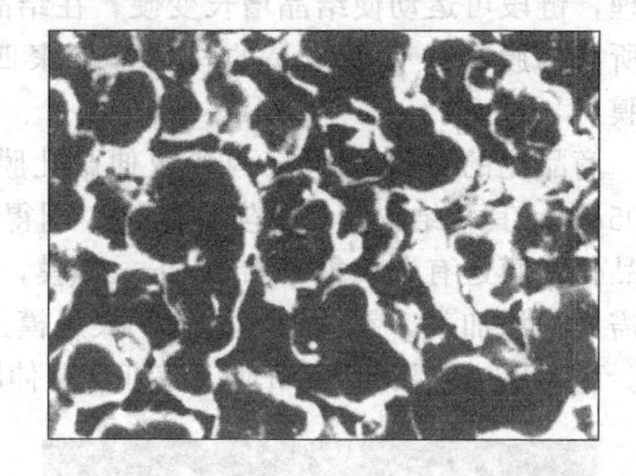

图3-23 PTFE粉末烧结制出膜的SEM图

辐射固化的固化速度和清洁方法使其在成本上优于其他技术。更重要的特点是通过使用多种多样的丙烯酸树脂和功能化单体作为固化的材料，便可获得具有多种化学性能的微孔膜。由于膜的表面具有侧全氟基，除二乙醚和氟化溶剂外，这种膜排斥所有有机溶剂，可应用在一些特殊的化工传递过程中。

3.5.7 烧结法

烧结法是一种简单的制备多孔膜的方法，特别是制备大孔基体，可以制有机膜也可以制无机膜。具体方法是将一定大小颗粒的粉末进行压缩，然后在高温下烧结。制得的孔径大约为0.1～10μm，孔隙率较低（10%～20%），异常耐热，结构为不对称管式，面积/体积比低，常为微滤膜，例如Carbosep（碳涂氧化锆）。聚合物粉末（聚乙烯、聚四氟乙烯、聚丙烯）、金属材料（不锈钢、钨）、陶瓷（氧化铝、氧化锆）、石墨（碳）和玻璃（氧化硅）等可采用此法制膜。ZrO_2 粉末烧结膜SEM图见图3-24。

【制膜示例7】 原位造粒法制备 γ-Al_2O_3 微孔陶瓷膜[76]

制膜工艺：按预定的聚合铝 $Al_{13}(OH)_{26}Cl_{13}(H_2O)_{24}$，把铝箔放入稀盐酸中，回流加热，直到铝箔全部溶解，所得到的溶液趁热抽滤，冷却后备用。将市售的陶瓷板切割成圆板作为基片，选它的一个圆面作为浸渍面，浸渍时间为4s，浸渍后轻轻振荡，使浸渍液均匀地分布于整个浸渍面。把浸渍后的陶瓷片放入干燥器内（干燥器内已放入一瓶浓氨水），氨熏48h。把处理后的陶瓷膜以1℃/min的升温速度焙烧，当温度升到600℃时恒温3h。然后自然冷却到室温，就得到了一次浸渍膜。将上述干燥-烧结过程重复一次就得到了二次浸渍膜。二次浸渍膜比一次浸渍膜性能稳定，缺陷少，完整性更好。

【制膜示例8】 粒子烧结法制备氧化锆制滤膜[77]

制膜工艺：

(1) 选择适当的支撑体 由于氧化锆的熔点高于氧化铝，制备氧化锆支撑体需要很高的烧结温度，而且氧化锆材料的成本远高于氧化铝。目前尚无商品氧化锆支撑体，因此选用 α-Al_2O_3 作为支撑体。支撑体的平均孔径为0.8μm。

(2) 制备悬浮液 采用处理后的商品氧化锆微粉，平均粒径0.44μm左右。通过实验筛选，选取加入一定添加剂的沉液悬浮氧化锆微粉，并控制pH值在合适的范围，制得稳定的制膜液。

(3) 涂膜 实验采用旋转涂膜法和浸浆法，控制一定的涂膜条件，使得成膜厚度在20μm左右。

(4) 烧结 在不同温度和时间下烧结成膜。详细情况可见文献。

膜性能：较佳情况下制成的膜的平均孔径如图3-25所示。

图3-24 ZrO_2 粉末烧结膜SEM图

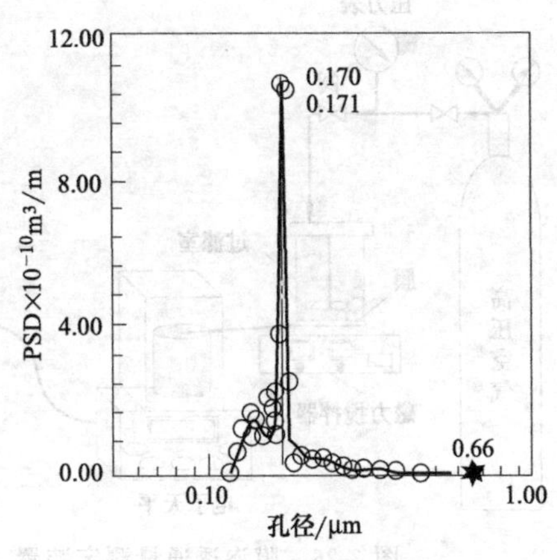

图3-25 膜的孔径分布图

3.5.8 阳极氧化法[78]

20世纪20年代研究者为提高铝制品表面耐磨、耐腐蚀以及着色等性能，开展了阳极氧化的方法，在金属铝表面生成一层多孔氧化铝功能薄膜。1959年Hoar和Mott将此方法用于氧化铝膜的制备，并深入研究了铝的阳极氧化过程与膜结构的关系。

阳极氧化法是将高纯度金属箔（如铝箔）置于酸性电解质溶液（如硫酸或磷酸）中进行电解阳极氧化。在氧化过程中，金属箔的一侧形成多孔的氧化层，另一侧金属被酸溶解，再经适当的热处理，即可得到稳定的多孔氧化铝膜。

阳极氧化法制出的膜具有近似直孔的结构，控制好电解氧化过程，可得到孔径均一的对称和非对称膜。1986 年英国的 Anotec Separation 公司采用阳极氧化法制出孔径 200nm 的对称膜和非对称膜，其孔隙率高达 65%以上。但是，目前这一技术仅能在实验室范围内用于制备氧化铝膜，而且机械强度较低。

总之，各种制膜方法都有其局限性。相转化法局限于在常温下能溶于溶剂的高分子材料。热致相转化法（拉伸法）则可将制备不对称膜的对象扩展到常温下不溶的结晶性高分子材料。利用光聚合分相的 Sumbeam Process 是生产率极高的制备微滤膜的工艺。目前的研究方向为核迹径法、辐射聚合、拉伸法等污染少的制膜工艺。

3.6 微滤膜储存和膜性能的评价方法

3.6.1 微滤膜的储存

膜在长时间存放中，能保持良好的性能才具有实用价值。膜在不同环境条件下存放对膜性能会产生很大影响。湿膜对存放条件要求比较苛刻，与之相比，干膜的储存就比较简便。大量实验表明：干膜在室温条件下储存，其性能不受季节影响，但需储存在干燥洁净的环境中，以防膜发霉变质。

3.6.2 微滤膜的一般性能

(1) 物理和机械性能　微孔滤膜膜厚一般为 90～170μm，根据需要和可能，有时也可制成更薄或更厚一些。厚度常用 0.001mm 的螺旋千分尺测量，以稍有接触为限度。需要注意的是，一定不能用力过度，不然会使膜表面变形使得结果不准确。较严格的方法是用薄膜测厚仪测定，其优点是可使样品统一承受一固定的压力，得到比较精确的结果。

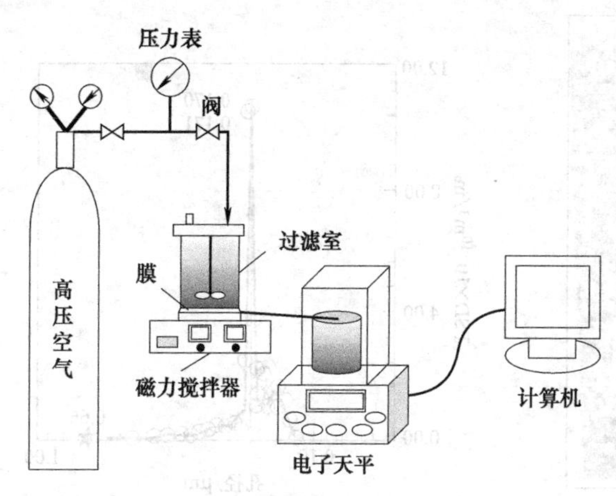

图 3-26　膜渗透通量测定装置

基本的机械性能是膜能否应用的重要标准。不能经受料液长期过滤和频繁清洗的膜的应用价值会因为经常更换膜组件（增加成本和清洗时间）和停止生产而大打折扣。

(2) 渗透通量　微孔膜的渗透通量指的是单位时间单位膜面积的滤液量大小，其测定装置见图 3-26。

$$J=\frac{dV}{A\,dt} \tag{3-31}$$

式中，J 为膜的渗透通量，$m^3/(m^2 \cdot s)$；V 为滤液累积体积，m^3；A 为膜的有效面积，m^2；t 为过滤时间，s。

(3) 化学相容性（化学稳定性）　由于膜处理的对象非常广泛，故对膜的化学相容性就有一定的要求，即膜不能被处理的物质所溶胀、溶解或发生化学反应等；膜也不应对被处理的物质产生不良的影响。

膜的化学稳定性的测试的具体方法是将膜的样品分别放入酸、碱、过氧化物（例如过氧化氢）中浸泡一段时间（例如24h、48h、72h或120天），然后和没浸泡过的对照样品分别测定纯水通量和截留率等性能，若下降不超过10%即可认为比较稳定。

(4) 细菌截留能力　其基本做法是拿试验用膜来过滤某种细菌，培养滤过液，若它不变浊（无菌）即可证明该膜对这种细菌是可截留的。

(5) 可萃取物和灰分　可萃取物的测定是将样品放在沸水中，煮沸一定的时间，观察膜前后的重量的变化来进行的。分析水中的成分，可知主要的可萃取物，并对膜上截留的物质进行化学分析。膜的灰分是一重要的量，以此作为本底，需从测定值中扣除这一部分。

(6) 毒性　一般做法是将一定面积的膜剪成碎片，浸入生理盐水中，在70℃下萃取一定时间后，将萃取液50mL/kg体重的量注入小白鼠中进行毒性实验。以无任何不良反应和明显症状作为合格的依据。

(7) 耐热性　这关系到膜是否可进行热压消毒，在食品工业和医药行业中这项指标比较重要。

(8) 孔隙率　微滤膜中微孔体积与微滤膜体积之比定义为孔隙率，其计算公式为：

$$A_k=\left(1-\frac{\rho_0}{\rho_t}\right)\times 100\% \tag{3-32}$$

式中，A_k为孔隙率；ρ_0为微滤膜的表观密度，g/cm^3；ρ_t为膜材料的密度，g/cm^3。

3.6.3 微滤膜的形貌及关键性能的表征

(1) 膜的形貌　膜的表面及断面形貌可以通过扫描电子显微镜（SEM）（图3-27）、透射电子显微镜（TEM）和原子力显微镜（AFM）来观测。

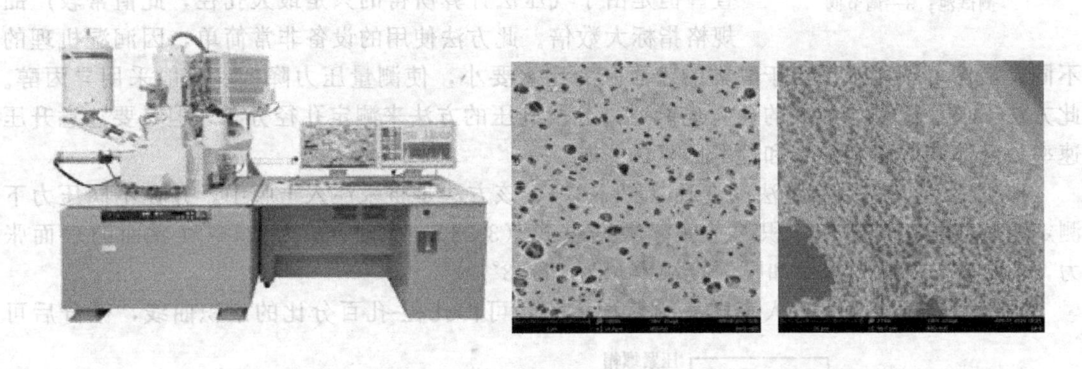

图3-27　扫描电子显微镜（SEM）及某膜的表面及断面形貌

(2) 平均孔径和孔径分布　微滤膜的孔径，对严格控制成膜条件和选择滤膜的最佳使用极为重要。通常，微滤膜的标定孔径范围为0.1μm、0.2μm、0.45μm、0.65μm、3.0μm和5.0μm；当用于冷消毒时则采用绝对孔径。

一般商品膜在标出孔径的同时，都告知孔径的测试方法。膜孔径的测试方法较多，归纳起来大体可分为直接法和间接法两种。

① 直接法。包括扫描电子显微镜（SEM）、透射电子显微镜（TEM）和原子力显微镜（AFM）观测和图像分析以测定微滤膜的孔径，其特点是直观、直接。前两者应用较多，使用时需要注意样品的制备，一定要保证膜结构的真实性。

原子力显微镜法是一种表征微滤膜和超滤膜的新方法[65,66]，当用直径小于1×10^{-8}m的非常尖的探针以恒定的力扫过被测表面时，探针顶部的原子会和样品发生London-cander

Waals 相互作用，通过检测这些力就可得到样品表面的扫描结构。运用微尺度的悬臂，可以实现在小于 1×10^{-9}N 的相互作用力下的检测，因此，使用这种方法可检测膜的表面。此方法的优点是膜表面可在空气中扫描而无需特别处理，得到的扫描曲线不但可表现可能存在的孔的位置和尺寸，而且可清晰地表征出表面粗糙程度及膜的三维图像。如果此种方法和 SEM 等其他方法结合起来，可以取得很好的效果。

② 间接法。是依据多孔体所呈现的某种物理性质并按照有关公式换算来计算孔径的，所以对同一微孔膜测试所得的孔径也不尽相同，但它们之间存在一定的关系。间接方法主要有：

a. 气压法（泡点法）。气压法是一种利用毛细管现象进行测量的方法。在 20 世纪初，Bechold 就曾使用过这种方法。其大体步骤如下：将大小合适的膜浸润后，装入测试池中；再在膜上注入一薄层液体（例如水），从下面通入氮气，使压力缓缓上升，压力升高到一定程度后，水面上出现第一个泡并连续不断出泡时，此刻的压力可用来计算最大孔径（图 3-28）。这是因为膜上覆盖的液体润湿了膜，当空气气泡半径与孔半径相等时，会穿过孔，此时接触角为 0°，气泡将在先通过最大的孔的地方产生。压力和孔半径可由 Laplace 方程确定。

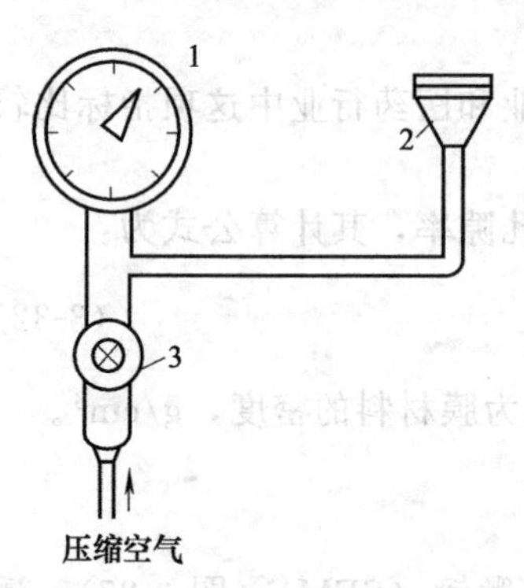

图 3-28　气压法实验装置图

1—精密压力表；2—滤膜测试池；3—调节阀

$$R=\frac{2\sigma\cos\theta}{p} \tag{3-33}$$

式中，R 为毛细管半径，m；σ 为液体/空气表面张力，N/m，θ 为液体与孔壁间接触角，(°)；p 为压力，N/m²。

气压法简单易行，广泛用于产品质量和控制和使用量的检查。但是由于气压法计算所得的只是最大孔径，此值常较产品规格指标大数倍。此方法使用的设备非常简单，因润湿机理的不同，液体可不用水。由于醇类的表面张力比水要小，使测量压力降低，一般采用异丙醇。此方法不仅可以测量最大的孔，也能通过分段升压的方法来测定孔径分布，但是要注意升压速率，液体和膜材料的亲和性等因素的影响。

b. 压汞法。它是泡点法的变种（图 3-29）。该方法是将汞注入干膜中，并在不同压力下测定汞的体积、压力和体积的关系。根据公式（3-33），此时，σ 为汞/空气界面的表面张力，0.48N/m，θ 为水银和膜的接触角，为 141.3°。

根据不同压力下汞进入膜样品的累积体积，可得孔径-孔百分比的累积曲线，微分后可

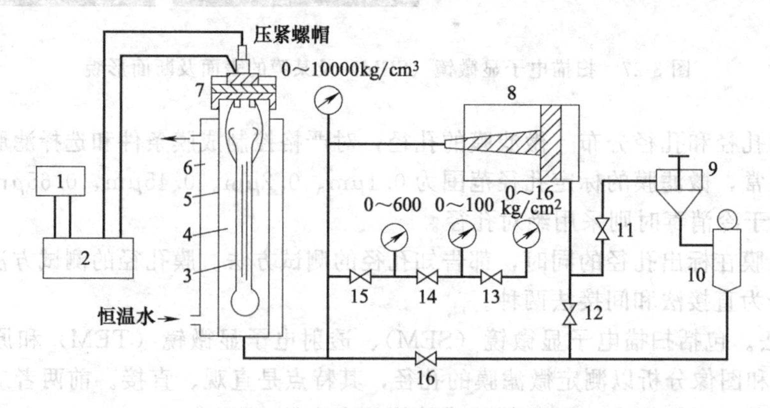

图 3-29　压汞法实验装置示意图

1—检流计；2—惠斯登电桥；3—膨胀计；4—测孔室；5—高压筒体；6—恒温度；7—密封盖；8—倍加器；9—油杯；10—泵；11—泄放阀；12—进油阀；13—微压阀；14—低压阀；15—中压阀；16—高压阀

得孔径分布曲线（图 3-30）。采用此法可测定平均孔径和孔径分布，但由于实际的膜有重金属水银，对人体有害且价格较高，需耐高压设备，水银同试样的实际接触角不可能总是 140°，实际细孔的形态不总是笔直圆筒形的孔等都可能给测量带来误差。总的来说，压汞法的缺点较多，因此实际应用较少，但不失为一种可行的测量方法。

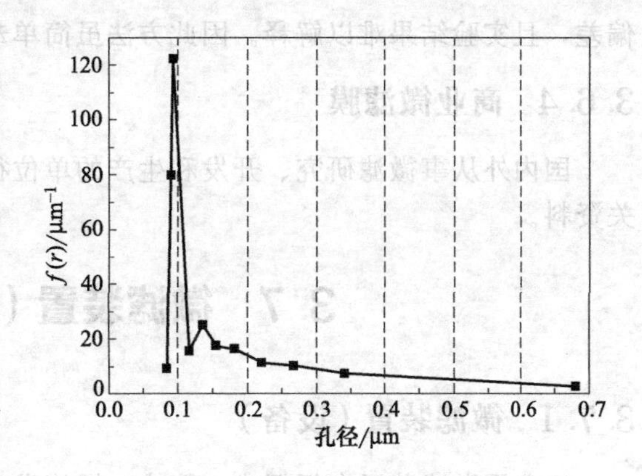

图 3-30　某样品的孔径分布曲线

c. 干湿膜空气滤速法。干湿膜空气滤速法的实验装置见图 3-31。当空气通过干膜时，渗透速率随压力增加呈线性关系，而通过湿膜时，在泡点压力处仅最大孔径处有气体通过，当压力再逐渐增加时，才能使越来越多的孔打开通道。流速-压力关系可见图 3-32；平均孔径所对应的压力，是指通过湿膜的渗透速率仅为干膜的一半所用的压力。将湿膜的曲线微分，可得孔径分布曲线。

d. 已知颗粒通过法。是根据对一些已知颗粒直径的物质进行过滤，检查它们是否通过膜孔而估算出孔径大小的方法。已知物质一般有固体微粒和微生物等，其中有代表性的是美国 Dow Chemical 公司出售的聚苯乙烯胶乳，它的平均直径有 0.48μm 和 0.81μm 两种，可用来进行测量。用聚苯乙烯胶乳检测有以下方法：这种胶乳的分散液用膜过滤，然后用扫描电镜对膜表面上的粒子和膜孔径进行观察、对比，从而估算孔径的方法。不用扫描电镜而用光散射法检验滤液中是否有胶乳通过；接下来过滤含有已知体径的微生物的液体，然后在一定条件下进行培养，并观察滤液是否浑浊，以此间接的推测膜孔径的范围。孔径与指示菌的关系见表 3-6。

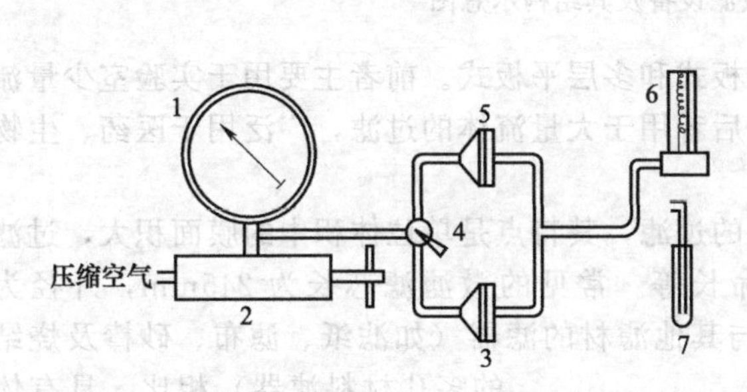

图 3-31　干湿膜空气滤速法测定孔径的装置示意图

1—精密压力表；2—湿膜夹；3—流量计；4—泡点监测器；5—换向阀；6—干膜夹；7—调节阀

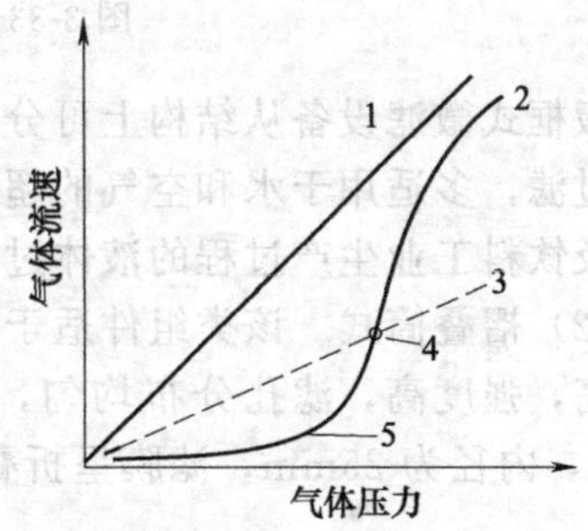

图 3-32　干湿法测平均孔径时流速-压力关系

1—干膜气体流量；2—湿膜气体流量；3—干膜气体半流量；4—平均孔径所对应的压力；5—泡点压力

表 3-6　微孔滤膜的孔径与指示菌的关系

指示菌名称	酵母菌	灵菌	绿脓菌	假单胞菌	痂菌
孔径/μm	0.65～0.80	0.45	0.30	0.20	0.10

此方法对于制药业中的无菌检验是一种高效而灵敏的手段。

e. 泡点法＋滤速法干湿膜空气滤速法。测定装置与泡压法相近。将膜装入测试池中，逐渐加压使水通过被测定的膜；在排除所有气泡后，使压力升到一定值，并收集一定时间内的流出量，从测定的各个值和查得的值就可计算出平均孔径。这种方法基于膜中的孔为圆球形或圆柱形，但由于实际的微滤膜绝大多数为曲孔（即不规则孔），故使用此种方法有较大偏差，且实验结果难以解释。因此方法虽简单却较少采用。

3.6.4 商业微滤膜

国内外从事微滤研究、开发和生产的单位很多，因而产品的种类也十分繁多。请查阅相关资料。

3.7 微滤装置（设备）及其应用

3.7.1 微滤装置（设备）

工业用微滤装置有板框式、管式、螺旋卷式、普通筒式、褶叠筒式、帘式及浸没式等多种结构。根据操作方式又可分为高位静压过滤、减压过滤和加压过滤。

(1) 板框式 工业上应用的微滤设备主要为板框式（图 3-33)，它们大多效仿普通过滤器概念而设计。

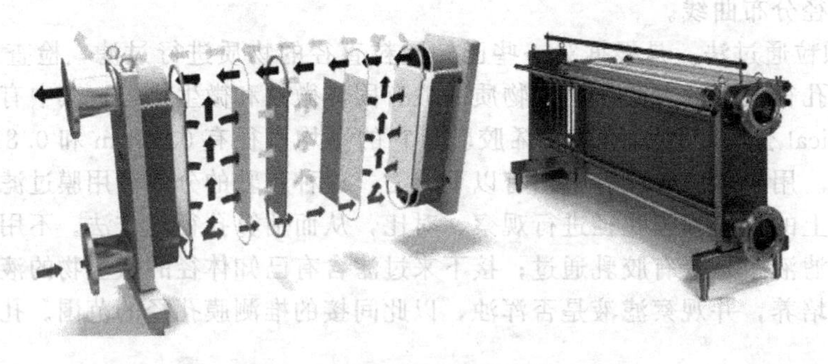

图 3-33 板框式微滤设备及其结构示意图

板框式微滤设备从结构上可分为单层平板式和多层平板式。前者主要用于实验室少量流体的过滤，多适用于水和空气的超净处理；后者用于大量流体的过滤，广泛用于医药、生物制品及饮料工业生产过程的液体过滤。

(2) 褶叠筒式 该类组件适于大量液体的过滤，其特点是单位体积中的膜面积大，过滤效率高，强度高，滤孔分布均匀，使用寿命长等。常见的微滤滤芯长为 245mm，外径为 70mm，内径为 25mm，滤膜呈折叠状。它与其他滤材的滤器（如滤纸、滤布、砂棒及烧结的多孔材料滤器）相比，具有体积小、孔隙率大、过滤面积大、滤速快、强度高、滤孔分布均匀、使用寿命长等特点。图 3-34 是这种组件的滤芯结构示意图。大型的褶叠筒式过滤器可由 20 根滤管组成，每台过滤器表面积大于 $30m^2$，处理量可达 280～450L/h，这种过滤器的优点是操作方便，效率高，占地少，过滤器属可弃式，滤膜被阻塞后，把整个膜芯换掉。

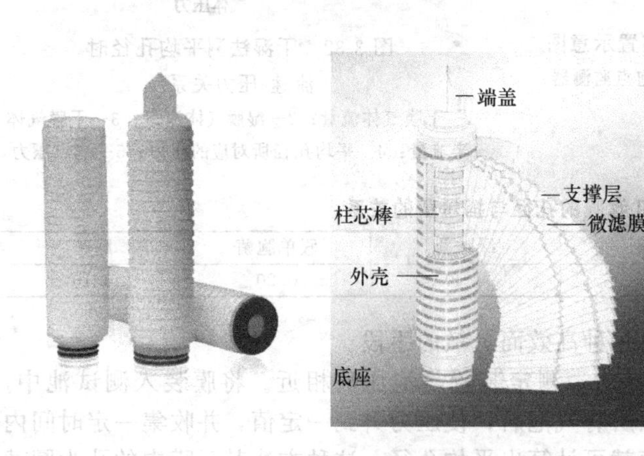

图 3-34 褶叠筒式组件及其结构示意图

(3) 帘式 帘式膜组件是由

中空纤维微滤膜、集水管、树脂槽及封端树脂浇铸而成的，外形像门帘的膜分离单元，主要用作膜生物反应器的分离单元（图 3-35）。合格的中空纤维帘式膜组件应清洁，无断丝，浇铸面与浇铸槽口基本相平，且在 0.02MPa 压力下整体试压无渗漏。

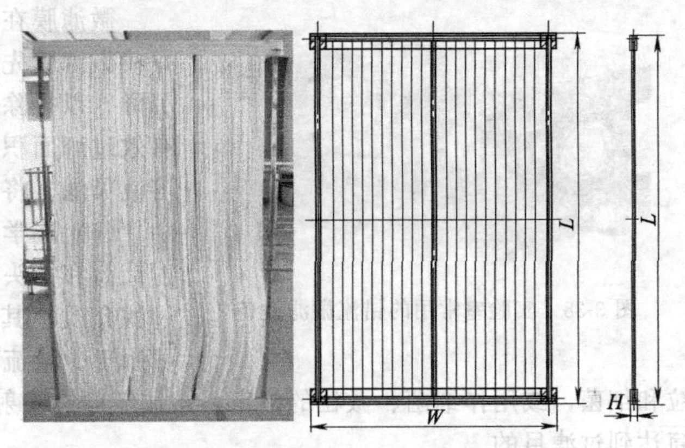

图 3-35　帘式微滤组件及其结构示意图

（4）浸没式　浸没式膜组件是由中空纤维微滤膜、集水管、支撑框架、树脂圆形槽及封端树脂浇铸而成的膜分离单元，主要用作膜生物反应器的分离单元。浸没式微滤组件及其结构如图 3-36 所示。

图 3-36　浸没式微滤组件及其结构示意图

1—产水接口；2—气管；3—集水管；4—三通接头；5—中空纤维组件；6—框架

（5）实验室用小型过滤器　实验室常用的微滤过滤器主要包括死端过滤器和错流过滤器两种，具体如图 3-37 及图 3-38 所示。过滤器一般分为上下两部分，由高分子材料或者不锈钢制成，具有一定的抗压能力。上下两部分之间通过螺纹旋紧或卡箍拧紧，中间衬以滤膜及聚四氟乙烯的 O 形垫圈。

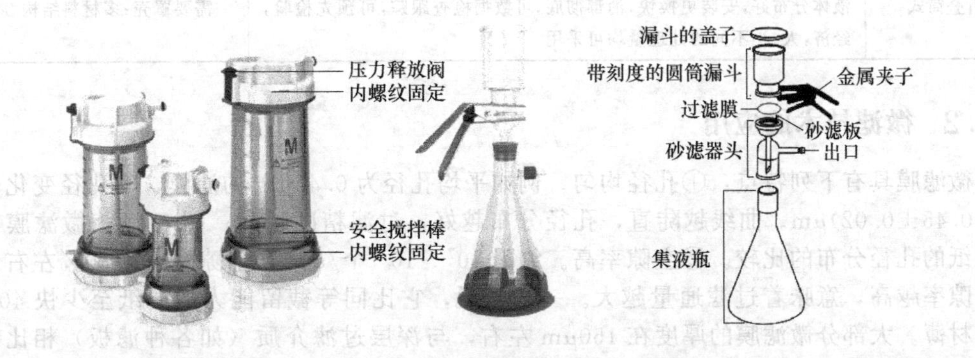

图 3-37　实验室常用的死端微滤设备

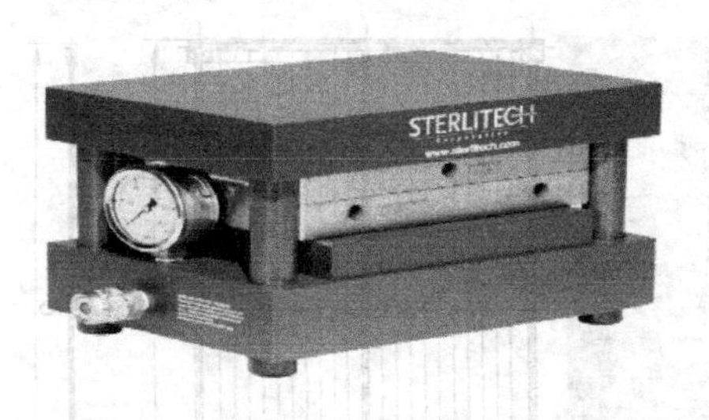

图 3-38 实验室常用的错流微滤设备

微滤膜在过滤前一般要用适当的液体浸润，最好将微滤膜先漂放在溶液的表面上，让其自然浸润沉降，以排除滤膜空穴中的空气，充分发挥滤膜的有效过滤面积。其次，在加入滤液前，应以相应的溶液吸滤，将滤膜加以清洗。

（6）医学用针头过滤器 针头过滤器是装在注射针筒和针头之间的一种微型过滤器，以微滤膜为过滤介质，其结构形式参见图 3-39。针头过滤器，可用于少量流体（气、液）的过滤净化，以除去微粒和细菌，或用作细菌、微粒的测定，常用于静脉注射液的无菌处理，操作时以推进注射针筒达到过滤目的。

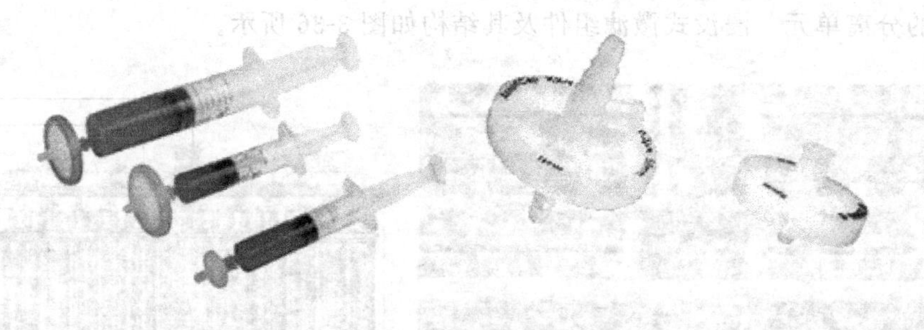
图 3-39 针头过滤器

常用的微滤过滤器按膜的孔径不同可分为膜孔径多为 3～10μm 的微米级粗过滤器和膜孔径多为 0.1～0.45μm 的亚微米级的精密过滤器两类。前者常安装在反渗透前的保安过滤器，主要滤除水中悬浮物和胶体，确保反渗透装置的安全运行。后者常安装在纯水制造装置末端或作为用水点以前的微过滤器，以除去水中的细菌及其残骸、树脂碎片及其他微粒。不同种类膜过滤器的优缺点见表 3-7。

表 3-7 不同种类膜过滤器的优缺点

构 型	优 点	缺 点
平板式	简单，宜用于小体积处理	O 形环压缩密封，放大不方便，液体分配差，罩重，难以清洗和消毒
折叠筒式	预制，表面积大，操作压力低，易放大，可靠的 O 形环/槽沟密封，液体分布好，安装更换快，消毒彻底，可数据检查跟踪，可预先检验，经济，大、小不同的处理量均可采用	需要罩壳；多材料结构

3.7.2 微滤技术的应用

微滤膜具有下列特点：①孔径均匀。例如平均孔径为 0.45μm 的滤膜，其孔径变化范围在（0.45±0.02）μm。曲线越陡直，孔径分布越好，过滤精度越高；图 3-40 为微滤膜与普通滤纸的孔径分布的比较。②空隙率高。约为 10^7～10^{11}个/cm²，空隙率高达 80%左右。膜的空隙率越高，意味着过滤通量越大。一般来说，它比同等截留能力的滤纸至少快 40 倍。③滤材薄。大部分微滤膜的厚度在 150μm 左右，与深层过滤介质（如各种滤板）相比，只有它们的 1/10 厚，甚至更小，所以，被过滤介质吸收而造成的贵重液体的损失非常少。基于上述特点，微滤膜主要用来对一些只含微量悬浮粒子的液体进行精密过滤澄清；或用来检测、分离某些液体中残存的微量不溶性物质，以及对气体进行类似的处理。简而言之，微滤膜主要用于分离流体中尺寸为0.1～10μm的微生物和微粒子。微滤的最大市场是制药行业的过滤除菌，其次是电子工业集成电路生产所用水、气、试剂的过滤及超纯水生产的终端过滤。目前，微滤膜已经在食品工业、石油化工、分析检测以及环保等领域获得了广泛应用。城市污水处理、反渗透脱盐以及废水处理与预处理是微滤技术的两大潜在应用市场。微滤技术的应用领域非常广泛，表3-8～表3-10为微滤技术按不同分类方法的应用实例。

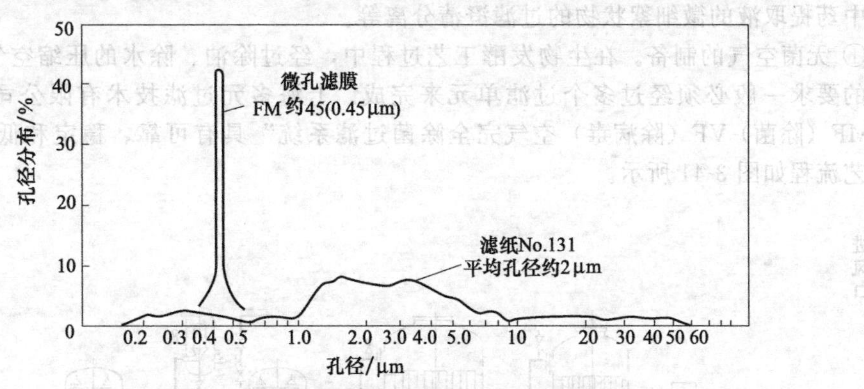

图3-40　微滤膜与普通滤纸的孔径分布的比较

表3-8　按功能分类的应用实例

功能	应用实例	功能	应用实例
去除	空气、纯净水的除菌、除颗粒	回收	膜生物反应器中菌类的截留、回收
浓缩	生物实验中样品的浓缩	载体	制备复合膜的基膜

表3-9　按处理对象分类的应用实例

处理对象	气-固	气-液	固-液
应用实例	洁净室颗粒、细菌的控制	空气除湿	医疗用水中细菌、颗粒等的去除，中药提取液微细絮状物的过滤澄清分离

表3-10　按行业分类的应用实例

行业	应用实例
实验分析	绝对过滤收集沉淀、溶液的澄清、酶活性的测定、受体结合研究等
制药	药品原液及其制剂的除菌除杂、制药生产废水的综合治理、中药提取液微细絮状物的过滤
石油	用于催化剂生产中的液固分离、低渗油田注入水的处理等
医疗	眼药水和静脉注射液的除菌、除颗粒等
微生物学	浓集细菌、酵母菌、霉菌、虫卵等
电子	控制和检测电子产品洁净生产场所的微粒子和细菌、超净高纯试剂杂质的清除等
冶金	冶金工业废水处理
给水工程	超纯水及饮用纯净水生产中微粒、细菌的去除等
污水处理	作为膜生物反应器的分离单元，去除污水中的微粒、胶体及细菌等
污水回用	作为污水回用中的预处理单元、印染废水脱色等

3.7.2.1　在实验室中的应用

在实验室中，微孔滤膜是检测有形微细杂质的重要工具。主要用于：①微生物检测，例如对水中大肠菌群、游泳池水中假单胞族菌和链球菌、啤酒中酵母和细菌、软饮料中酵母、医药制品中细菌的检测和空气中微生物的检测等；②微粒子检测，例如注射剂中不溶性异物、石棉粉尘、航空燃料中的微粒子、水中悬浮物和排气中粉尘的检测，锅炉用水中铁分的分析，放射性尘埃的采样等。

微滤膜可根据孔径大小不同来收集各种大小不同的粒子，可在细胞和细胞器的研究工作中实现绝对过滤，在生物化学方面的应用具有方法简单、使用方便、重复性好和快速等优点，因此，现已广泛用于绝对过滤收集沉淀，溶液的澄清，酶活性的测定，细菌生长过程中培养基的更换、转移研究，受体结合研究，除此之外，还在液闪测定、放射性示踪物的超净、电泳和微量化学分析等其他方面得到应用。

3.7.2.2 **在工业上的应用**

(1) 微滤技术在制药工业中的应用 微滤技术在制药业中的应用主要涉及无菌空气的制备、药品原液及其制剂的除菌除杂、活性炭脱色液残留物的清除、制药生产废水的综合治理以及中药提取液的微细絮状物的过滤澄清分离等。

① 无菌空气的制备。在生物发酵工艺过程中，经过除油、除水的压缩空气要达到绝对无菌的要求一般必须经过多个过滤单元来完成。上海多元过滤技术有限公司的“DF（除尘)-MF（除菌)-VF（除病毒）空气完全除菌过滤系统”具有可靠、稳定和低消耗的特征，其工艺流程如图 3-41 所示。

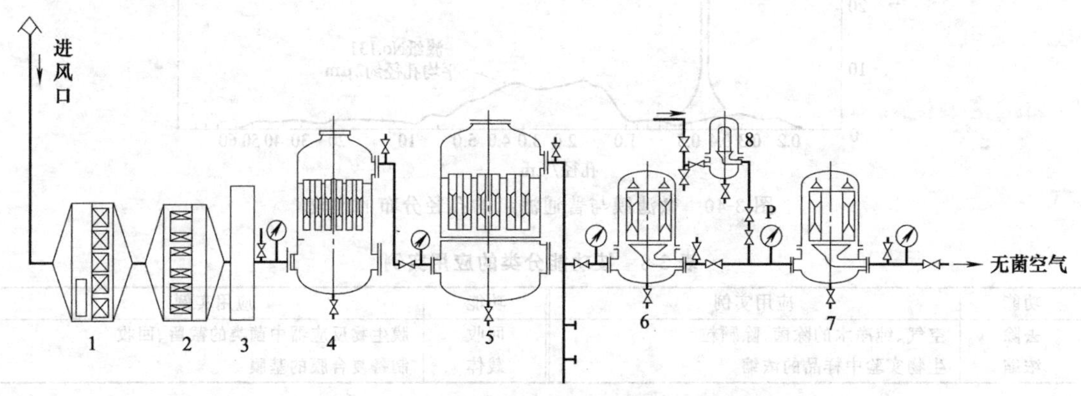

图 3-41 空气完全除菌过滤系统工艺流程

1—辅助除尘器；2—空压机；3—空气温/湿度调节；4—除油水过滤器；5—除尘过滤器；6—除菌过滤器；7—除病毒过滤器；8—蒸汽过滤器

② 大输液的过滤净化。如图 3-42 所示，大输液的生产线由溶液制备、容器准备、受器准备和灌装、密封及热压消毒四条流水线组成。微滤膜用于前三条流水线，以有效地除去水、药液和空气中的微粒及细菌。

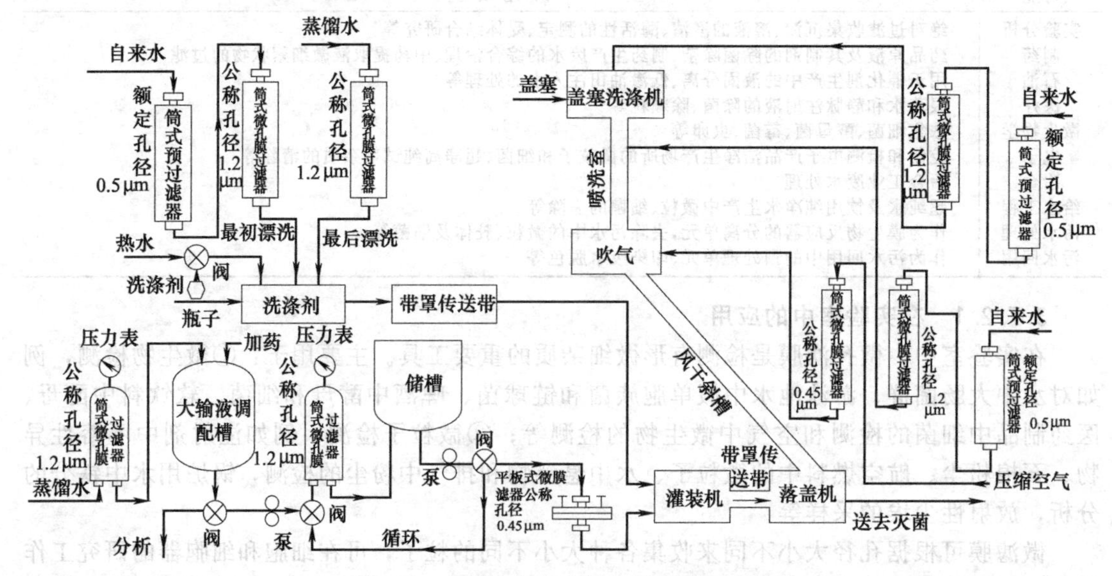

图 3-42 大输液的生产线中的微滤膜过滤

③ 中药提取液的微细絮状物的过滤澄清分离。当前中医中药提取法仍以水提取或醇提取为主。中药原药经醇或水提取后，提取液中除含有所需的活性组分外，还含有蛋白质、氨基酸、单宁酸（鞣酸）、蜡质等其他许多杂质，这些杂质的存在不仅给成药带来苦、涩等不良口感，而且降低了中药的有效成分和疗效，并产生某些毒副作用。因此，对中药提取液进行深度分离是保证中药产品质量的关键步骤和技术问题。图 3-43 为现代通用的中药提取流水线生产工艺流程。图 3-43 中固液分离包括三个过程：a. 粗过滤，常选择压滤器或封闭（或半封闭）式三足离心机；b. 细过滤，常选择装有不同孔径微滤膜的过滤器串联；c. 精过滤，常采用高速离心分离机，分离因子约 15000，可除 25μm 以下的细悬浮粒子。

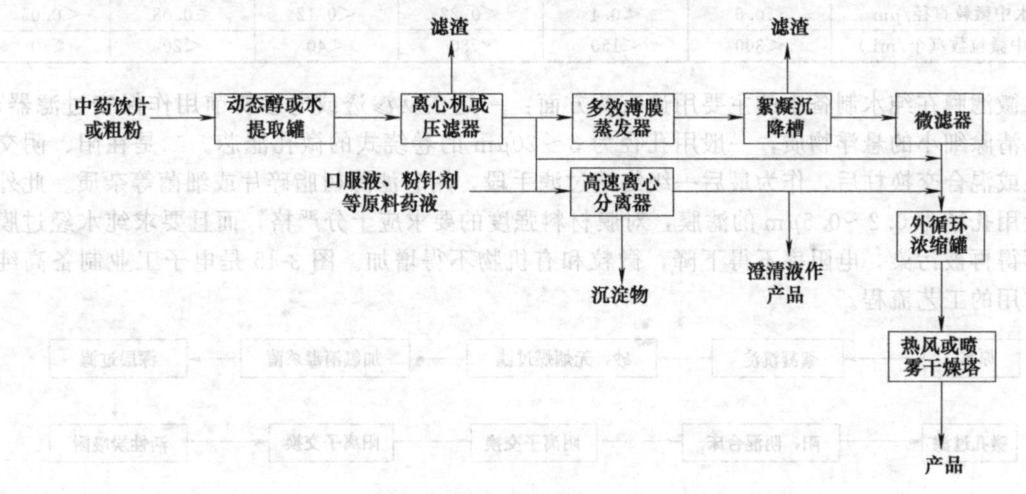

图 3-43 现代通用的中药提取流水线生产工艺流程

④ 制药生产废水的综合治理。应用微滤膜和反渗透处理金霉素生产废水取得了良好的效果。图 3-44 为该法处理的流程。

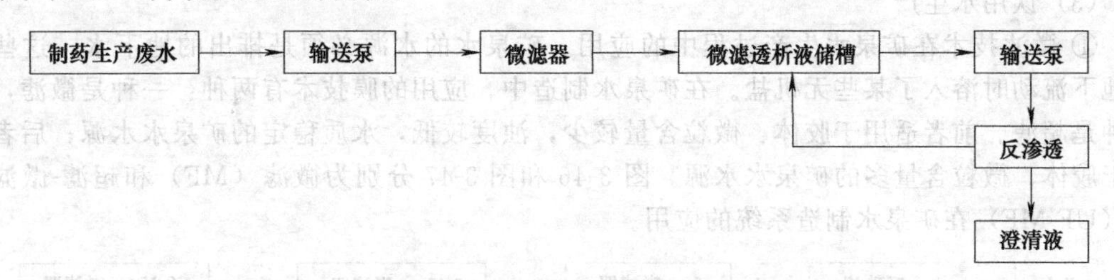

图 3-44 采用微滤膜和反渗透处理金霉素生产废水工艺流程

由此可见，注射液及大输液中微污染的去除、医院手术用水及洗手的水中悬浊物和微生物的去除以及葡萄糖大输液、右旋糖酐注射液、维生素 C、维生素（B_1、B_2、B_6、B_{12}、K）、复合维生素、肾上腺素、硫酸阿托品、盐酸阿托品、硫酸庆大霉素、硫酸卡那霉素、维丙胺、安痛定、氧氟沙星等注射剂的生产都用到微滤技术。除此之外，微滤技术还应用于昆虫细胞的获取、大肠杆菌的分离、阿米多无菌注射液的制取和组织液的培养及抗生素、血清、血浆蛋白质等多种溶液的灭菌过程。

（2）电子工业高纯水的制备　在电子元件的生产中，纯水主要是用于清洗和配制各种溶液，因而纯水的质量对于半导体器件、显像管及集成电路（SI）的成品率和产品质量有极大的影响。例如，目前生产的 SI 线条宽度和线条间的间距只有几微米或零点几微米，如果纯水不纯，水中的微粒吸附在硅片表面，就会形成针孔、小岛和缺陷，导致电路断线、短路和电器特性的改变。如表 3-11 所示，集成电路的集成度越高，对纯水中微粒的要求也越高。

水中细菌除起微粒作用外，细菌本身还含有多种有害元素，如P、Na、K、Ca、Mg、Fe、Cu、Cr等，在高温工序中进入硅片，造成电路失效或性能改变。集成电路在很小面积内有许多电路，相邻元件之间只有0.002mm左右的距离，因此清洗用水要求很严格。一般要求无离子、无可溶性有机物、无菌体和大于0.5μm的粒子，水的电阻率要求接近18MΩ·cm、电解质含量为10～20μg/L，水的纯度为99.99999%。

表 3-11 集成电路的集成度对高纯水中微粒的要求

集成度	4K	16K	64K	256K	1M	4M
线宽及间距/μm	6	4	2.2	1.2	0.8	0.5
水中微粒直径/μm	<0.6	<0.4	<0.22	<0.12	<0.08	<0.05
水中微粒数/(个/mL)	<300	<150	<80	<40	<20	<10

微滤膜在纯水制备中的主要用途有两方面：一是在反渗透或电渗析前用作保安过滤器，用以清除细小的悬浮物质，一般用孔径为3～20μm的卷绕式的微孔滤芯。二是在阳、阴交换柱或混合交换柱后，作为最后一级终端过滤手段，用它滤除树脂碎片或细菌等杂质。此外一般用孔径为0.2～0.5μm的滤膜，对膜材料强度的要求应十分严格，而且要求纯水经过膜后不得再被污染，电阻率不得下降，微粒和有机物不得增加。图3-45是电子工业制备高纯水常用的工艺流程。

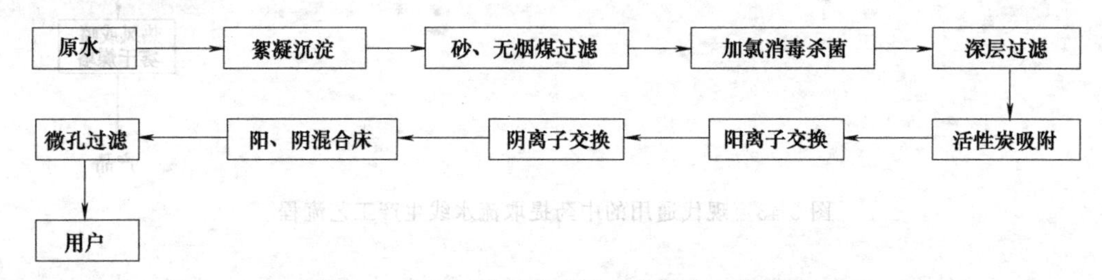

图 3-45 电子工业制备高纯水常用的工艺流程

(3) 饮用水生产

① 微滤技术在矿泉水生产过程中的应用。矿泉水的水源必须是排出的地下水，这些水在地下流动时溶入了某些无机盐。在矿泉水制造中，应用的膜技术有两种：一种是微滤，另一种是超滤。前者适用于胶体、微粒含量较少，浊度较低，水质稳定的矿泉水水源；后者适用于胶体、微粒含量多的矿泉水水源。图3-46和图3-47分别为微滤（MF）和超滤-微滤联合（UF-MF）在矿泉水制造系统的应用。

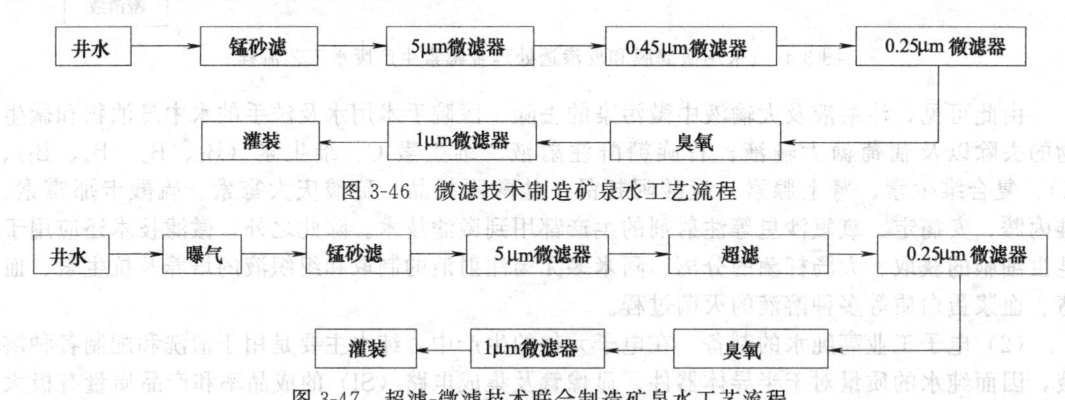

图 3-46 微滤技术制造矿泉水工艺流程

图 3-47 超滤-微滤技术联合制造矿泉水工艺流程

② 微滤技术在纯净水生产中的应用。纯净水生产中的最重要的工作是灭菌，因为纯净水中不能含任何消毒剂、防腐剂，细菌在纯净水中不但能生存而且能大量繁殖，因此纯净水

中的微生物最好达到“零”指标，即无菌的水、无菌的空气、无菌的瓶及瓶盖和无菌的操作。我国第一条纯净水生产线的工艺流程如图 3-48 所示。

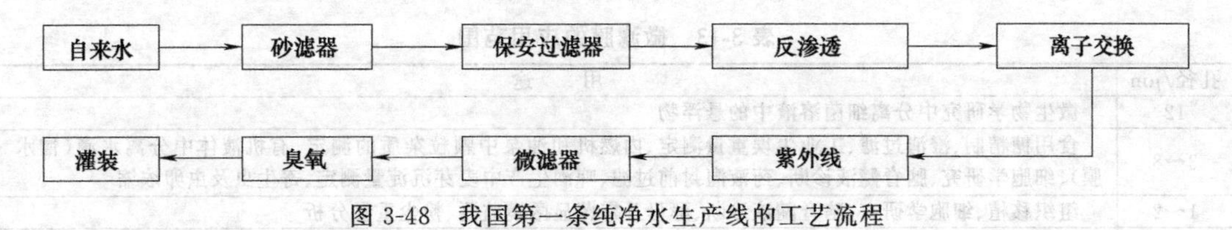

图 3-48 我国第一条纯净水生产线的工艺流程

(4) 污水处理及回用

① 微滤技术在市政污水处理中的应用。由于污水处理后产水排放标准的提高，人们开始将膜技术（主要是微滤技术）与生物技术耦合在一起，即膜生物反应器（MBR）技术。其基本的工艺流程图如图 3-49 所示。MBR 中常用的膜组件主要有中空纤维膜组件和平板膜组件两种。中空膜组件填充密度高，占地面积小，但存在断丝及脱皮的风险，清洗操作烦琐。而平板膜组件操作方便，易于清洗和更换，但是密封复杂，压力损失大，填装密度小。从成本和空间效率的角度来看，中空纤维更适用于大型项目。此外，处理要求不同，选用的处理工艺也不同，具体如表 3-12 所示。

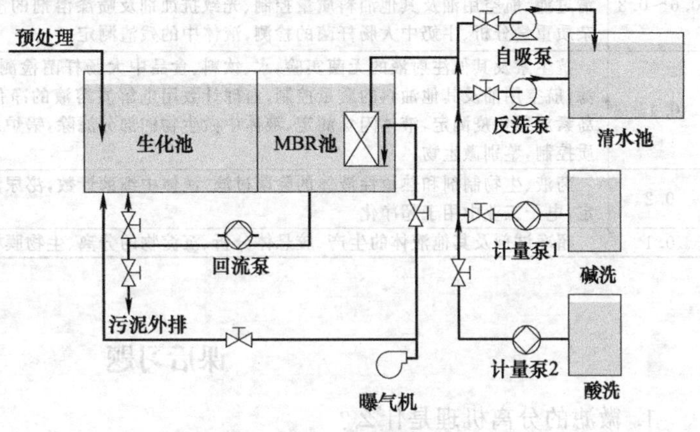

图 3-49 MBR 工艺流程

与传统活性污泥工艺相比，MBR 具有占地面积小、停留时间长、出水水质高等优点。投资运行方面，MBR 工艺的土建成本较传统活性污泥工艺低 17%；MBR 工艺的机械设备以及电气投资比传统活性污泥法高 7%；膜组件的费用占整个污水处理厂投资的 10%～30%。MBR 的运行维护费用主要在膜曝气以及膜更换费用上。

表 3-12 根据处理要求不同 MBR 工艺的分类

处理要求	去除有机物	去除有机物＋脱氮	去除有机物＋脱磷	去除有机物＋脱磷除磷
处理工艺	好氧＋膜	缺氧＋好氧＋膜	化学除磷＋好氧＋膜	厌氧＋缺氧＋好氧＋膜

② 微滤技术在污水回用中的应用。目前，由于水资源短缺，许多国家和城市都在积极地将城市污水处理后回用。微滤作为水的深度处理的应用也得到大量的开发。在日本，对中水道系统有法定要求，否则不能开工建设。图 3-50 为日本中水道水处理的计划与目标。经过二级处理后微滤作为深度处理手段，使处理水达到中水标准回用。

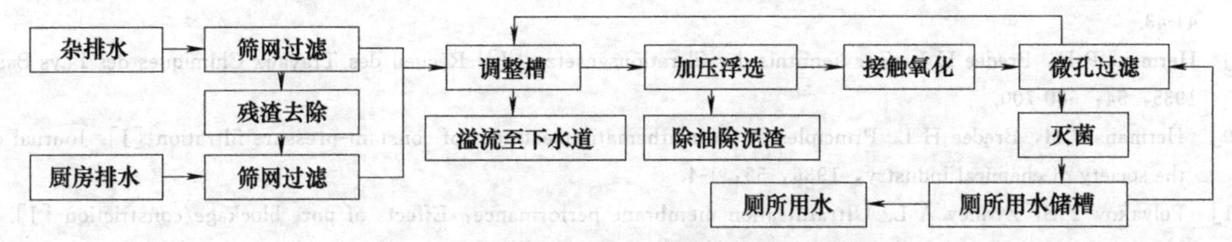

图 3-50 日本中水道水处理的计划与目标

由此可见，微滤技术的应用发展很快，其应用范围已从实验室的微生物检测急剧发展到制药、医疗、饮料、生物工程、超纯水、饮用水、石化、环保、废水处理和分析检测等广阔的领域（表 3-13）。

表 3-13 微滤膜的应用范围

孔径/μm	用 途
12	微生物学研究中分离细菌溶液中的悬浮物
3～8	食用糖精制、澄清过滤、工业尘埃重量测定、内燃机和油泵中颗粒杂质的测定、有机液体中分离水滴（憎水膜）、细胞学研究、脑脊髓液诊断、药液灌封前过滤、啤酒生产中麦芽沉淀量测定、寄生虫及虫卵浓缩
1～2	组织移植、细胞学研究、脑脊髓液诊断、酵母及霉菌显微镜监测、粉尘重量分析
0.6～0.8	气体除菌过滤、大剂量注射液澄清过滤、放射性气溶胶定量分析、细胞学研究、饮料冷法稳定消毒、油类澄清过滤、航空用油及其他油料质量控制、光致抗蚀剂及喷漆溶剂的澄清过滤（用耐溶剂滤膜）、油及染料油中杂质重量分析、牛奶中大肠杆菌的检测、液体中的残渣测定
0.45	抗生素及其他注射液的无菌实验，水、饮料、食品中大肠杆菌检测，饮用水中磷酸根的测定，培养基除菌过滤，航空用油及其他油料的质量控制，血球计数用电解质溶液的净化，白糖色泽检定，去离子水的超净化，胰岛素放射免疫测定，液体闪烁测定，液体中微生物的部分滤除，锅炉用水中氢氧化铁含量测定，反渗透进水水质控制，鉴别微生物
0.2	药液、生物制剂和热敏性液体的除菌过滤，液体中细菌计数，泌尿液镜检用水的除菌，空气中病毒的定量测定，电子工业中用于超净化
0.1	超净试剂及其他液体的生产、胶悬体分析、沉淀物的分离、生物膜模型、市政污水处理与回用

课后习题

1. 微滤的分离机理是什么？
2. 常用的微滤膜材料有哪些？
3. 微滤膜的制备方法有哪些？
4. 有哪些微滤膜组件？各有什么特点？
5. 试比较反渗透、纳滤、超滤、微滤过程的相同点和不同点？
6. 微滤膜的工业应用有哪些？

参考文献

[1] 高从堦. 液体分离膜进展［C］. 见：第二届全国膜和膜过程学术报告会论文集，1996.

[2] 马成良. 我国超滤、微滤技术发展浅析［J］. 膜科学与技术：1998，5：58-60.

[3] 时钧，袁权，高从堦. 膜技术手册［M］. 北京：化学工业出版社，2001.

[4] Barker，R W，Cussler E L，Eykamp W. Membrane Separation Systems-Recent Developments and Future Directions［J］. Park Ridge：Noyes Data Corporation，1991.

[5] 叶凌碧，马延令. 微滤膜的截留作用机理和膜的选用［J］. 净水技术，1984，2：6-10.

[6] 王湛，武文娟，张新妙，刘德忠. 微滤膜通量预测研究进展［J］. 化工学报，2005（6）.

[7] Hermia J. Constant pressure blocking filtration laws——application to power-law non-newtonian fluids［J］. Trans I Chem E，1982，60：183-187.

[8] Rushton A. The flow and filtration of non-Newtonian fluids（Part A）［J］. Filtration and Separation，1986，10：41-43.

[9] Hermans P H，Bredee H L. Zur kenntnis der filtrationsgesetze［J］. Recueil des Travaux Chimiques des Pays-Bas，1935，54：680-700.

[10] Hermans P H，Bredee H L. Principles of the mathematic treatment of constant-pressure filtration［J］. Journal of the society of chemical industry，1936，55：1-4.

[11] Polyakov Y S，Zydney A L. Ultrafiltration membrane performance：Effects of pore blockage/constriction［J］. J Membr Sci，2013，434：106-120.

[12] Polyakov S V，Maksimov E D，Polyakov V S. One-dimensional microfiltration model［J］. Theor Found Chem Eng，1995，29（4）：329-332.

[13] Polyakov Y S. Depth filtration approach to the theory of standard blocking: prediction of membrane permeation rate and selectivity [J]. J Membr Sci, 2008, 322: 81-90.

[14] Lee D J. Filter medium clogging during cake filtration [J]. A I Ch E J, 1997, 43: 273-276.

[15] Iritani E, Mukai Y, Furuta M, Kawakami T, Katagiri N. Blocking resistance of membrane during cake filtration of dilute suspensions [J]. A I Ch E J, 2005: 2609-2614.

[16] Song Lianfa. Flux decline in cross-flow microfiltration and ultrafiltration: mechanisms and modeling of membrane fouling [J]. J Membr Sci, 1998, 139: 183-200.

[17] Kessler H G, Gernedel C. Ultrafiltration Kolloidaler Systeme und die den Widestand Ablagerungsschicht beeinflussenden Faktoren [J]. vt Verfhrenstechnik, 1981, 15: 646-650.

[18] Takahiro Kawakatsu, Shin-ichi Nakao, Shoji Kimura. Effects of size and compressibility of suspended particles and surface pore size of membrane on flux in crossflow filtration [J]. J Membr Sci, 1993, 81: 173-190.

[19] Visvathan C, Aim Ben. Studies on colloidal membrane fouling mechanisms in crossflow microfiltration [J]. J Membr Sci, 1989, 45: 3-15.

[20] Ruth B F. Studies in filtration, Ⅲ. Derivation of general filtration equations [J]. Industrial and Engineering Chemistry, 1935, 27: 708-723.

[21] Ruth B F. Correlating filtration theory with industrial practice [J]. Industrial and Engineering Chemistry, 1946, 38: 564-571.

[22] Grace H P. Resistance and compressibility of filter cake, Part I [J]. Chemical Engineering Progress, 1953, 49: 303-318.

[23] Shirato M, Sambuichi M, Kato H, Aragaki T. Internal flow mechanism in filter cakes [J]. A I Ch E J, 1969, 15: 405-409.

[24] Zhan W, Ma M, Om F. Evaluation of the relative permeability of a membranes [J]. J Appl Chem Russia, 1992, 65 (9): 2155-2158.

[25] Zhan W, Liu D Z, Wu W J, Mei, Liu. Study of dead-end microfiltration flux variety law [J]. Desalination. 2006, 201: 175-184.

[26] Zhu Zhongya, Wang Zhan, Wang Hao, Kong Yadong, Gao Kui, Li Yanling. Cake properties as a function of time and location in microfiltration of activated sludge suspension from membrane bioreactors (MBRs) [J]. Chemical Engineering Journal, 2016, 302: 97-110.

[27] Tiller F M. Lue W F. Basic data fitting in filtration. Journal of the Chinese Institute of Chemical Engineers, 1980, 11: 61-70.

[28] Silva C M, Reeve D M, Hadi, Husain, Rabie H R, Woodhouse K A. Model for flux prediction in high-shear microfiltration systems [J]. J Membr Sci, 2000, 173: 87-98.

[29] 王湛，纪树兰，吕晓猛，高以烜，Martsulevich N A. 稳态工况下板式超滤器的计算 [J]. 水处理技术，1996，22 (6): 328-332.

[30] Chang D J, Hsu F C, Hwang S J. Steady-state permeate flux of cross-flow microfiltration [J]. J Membr Sci 1995, 98: 97-106.

[31] Wang Zhan, Cui Yanjie, Wu Wenjuan, Ji Shulan, Yao Jinmiao. The convective model of flux prediction in hollow-fiber module for steady-state cross-flow microfiltration system [J]. Desalination, 2009, 238: 192-209.

[32] Bolton G, LaCasse D, Kuriyel R. Combined models of membrane fouling: development and application to microfiltration and ultrafiltration of biological fluids [J]. J Membr, Sci, 2006, 277: 75-84.

[33] Ho C, Zydney A L. A combined pore blockage and cake filtration model for protein fouling during microfiltration [J]. J Colloid Interf Sci, 2000, 232: 389.

[34] Lei, Hou, Zhan, Wang, Peng, Song. A precise combined complete blocking and cake filtration model for describing the flux variation in membrane filtration process with BSA solution [J]. J Membr Sci, 2017, 542: 186-194.

[35] Belfort G, Davis R H, Zydney A L. The behavior of suspensions and macromolecular solutions in crossflow microfiltration [J]. J Membr Sci, 1994, 96: 1-58.

[36] Cecily Romero A, Robert Davis H. Global model of cross-flow microfiltration based on hydrodynamic particle diffusion [J]. J Membr Sci , 1988, 39: 157-185.

[37] Robert Davis H, David Leigthon T. Shear-induced transport of a particle layer along a porous wall [J]. Chem Eng Sci, 1987, 42: 275-281.

[38] Robert Davis H, John Sherwood D. A similarity for steady-state cross-flow microfiltration [J]. Chem Eng Sci , 1990, 45: 3204-3209.

[39] Schock G. Mikrofiltration an ÜberstrÖmten Membranen [D]. RWTH University of Aachen, F R G, 1985, 210.
[40] Vasseur P, Cox R G. The lateral migration of a spherical particle in two-dimensional shear flows [J]. J Fulid Mech, 1976, 78: 385-413.
[41] Altena F W, Belfort G. Lateral migration of spherical particles in porous channels: application to membrane filtration [J]. Chem Eng Sci, 1984, 39: 343-355.
[42] Belfort G. Fluid mechanics in membrane filtration: recent developments [J]. J Membr Sci, 1989, 40: 123-147.
[43] Altena F W, Weigand R J, Belfort G. Lateral migration of spherical particles in laminar porous tube flows: application to membrane filtration [J]. Physicochemi Hydrodyn, 1985, 6: 393-413.
[44] Otis J R, Altena F W, Mahar J J, Belfort G. Measurement of single spherical particle trajectories with lateral migration in a slit with one porous wall under laminar flow condition [J]. Experiments Fluids, 1986, 4: 1-10.
[45] Drew D A, Schonberg J A, Belfort G. Lateral inertial migration of a small sphere in fast laminar flow through a membrane duct [J]. Chem Eng Sci, 1991, 46 : 3219-3224.
[46] O'Neill M E. A sphere in contact with a plane wall in slow linear shear flow [J]. Chem Eng Sci, 1968, 23: 1293-1297.
[47] Goren S L. The hydrodynamic force resisting the approach of a sphere to a plane permeable wall [J]. H Colloid Interface Sci, 1979, 69: 78-85.
[48] Blake N J, Cumming I W, Streat M. Predietion of steady state cross-flow filtration using a force balavnce model [J]. J Membr Sci, 1992, 68: 205-216.
[49] 黄丽，陈晓红，宋怀河. 聚合物复合材料. 第 2 版. 北京：中国轻工业出版社，2012：128.
[50] 李克友，张菊华，向福如. 高分子合成原理及工艺学. 北京：科学出版社，1999：435.
[51] 李克友，张菊华，向福如. 高分子合成原理及工艺学. 北京：科学出版社，1999：436.
[52] 黄丽，陈晓红，宋怀河. 聚合物复合材料. 第 2 版. 北京：中国轻工业出版社，2012：130.
[53] 李克友，张菊华，向福如. 高分子合成原理及工艺学. 北京：科学出版社，1999：605.
[54] 黄丽，陈晓红，宋怀河. 聚合物复合材料. 第 2 版. 北京：中国轻工业出版社，2012：48.
[55] 黄丽，陈晓红，宋怀河. 聚合物复合材料. 第 2 版. 北京：中国轻工业出版社，2012：129.
[56] 李克友，张菊华，向福如. 高分子合成原理及工艺学. 北京：科学出版社，1999：569-570.
[57] 李克友，张菊华，向福如. 高分子合成原理及工艺学. 北京：科学出版社，1999：573-575.
[58] 时钧，袁权，高从堦. 膜技术手册 [M]. 北京：化学工业出版社，2001：368.
[59] Marcel Mulder. 膜技术基本原理 [M]. 李琳，译. 北京：清华大学出版社，1999：51.
[60] 斯特拉特曼 H. 相转化膜（L-S法）制备微孔膜 [J]. 水处理技术，1984，10（6）.
[61] 康生平，胡淳. 加强型聚砜微孔滤膜的研制 [J]. 见：膜分离技术在环境工程中应用研讨会论文集，1997：129.
[62] 刘武义，胡振锟. 初步制备聚丙烯微孔平膜及其机理探讨 [J]. 见：膜分离技术在环境工程中应用研讨会论文集，1997：13.
[63] Marcel Mulder. 膜技术基本原理 [M]. 李琳，译. 北京：清华大学出版社，1999：61-63.
[64] 时钧，袁权. 高从堦. 膜技术手册. 北京：化学工业出版社，2001：369.
[65] 时钧，袁权. 高从堦. 膜技术手册. 北京：化学工业出版社，2001：101.
[66] Schnabel R, Vaulont W. High-pressure techniques with porous glass membranes [J]. Desalination, 1977, 24 (1): 249-272.
[67] Yusuf, S, Lopez R, Maddison A, et al. Variability of electrocardiographic and enzyme evolution of myocardial infarction in man. [J]. Heart, 1981, 45 (3): 271-280.
[68] Tanaka H, Yazawa T, Wakabayashi H, et al. Distribution of Impregnated Component and Nonuniformity of Colloidal Silica in Porous Glass [J]. Journal of the Ceramic Association Japan, 1987, 95 (1099): 345-350.
[69] Porter M C. Handbook of industrial membrane technology [J]. 1990: 67.
[70] Porter M C. Handbook of industrial membrane technology [J]. 1990: 70.
[71] 李常喜，贾成章. 核孔膜生产线膜微孔制备工艺实验研究 [J]. 膜科学与技术，1993：46-49.
[72] Kwak S H, Peck D H, Chun Y G, et al. New fabrication method of the composite membrane for polymer electrolyte membrane fuel cell [J]. Journal of New Materials for Electrochemical Systems, 2001, 4 (1): 25-29.
[73] Porter M C. Handbook of industrial membrane technology [J]. 1990: 65.
[74] 胡学超，解江冰，章潭莉，严建华. 超高相对分子质量 PET 纤维的拉伸和热处理工艺 [J]. 合成纤维工业，1998，21：5-8.
[75] 张志诚，黄夫照，朱柏华. 超滤技术研究与应用 [M]. 北京：海洋出版社，1993，199-200.
[76] 何炜光，陆小卫，林森树. 原位造粒法制备 γ-Al_2O_3 微孔陶瓷膜 [J]. 水处理技术，1997，23（4）.
[77] 杨超，徐南平，时钧. 粒子烧结法制备氧化锆制滤膜 [J]. 见：第二届全国膜和膜过程学术报告会论文集，1996.
[78] 汪锰，王湛，李政雄. 膜材料及其制备 [M]. 北京：化学工业出版社，2003：261.

第4章 超 滤

本章内容

本章要求

1. 了解超滤技术的发展历程和发展前景。
2. 掌握超滤技术的分离机理和操作模式。
3. 理解阻力叠加模型、浓差极化模型、凝胶模型的基本内容。
4. 掌握常用的超滤膜材料，掌握超滤膜的制备方法。
5. 掌握超滤膜的结构表征和性能评价方法。
6. 理解超滤膜污染的成因、控制方法及膜清洗的基本原则。
7. 了解超滤膜分离装置的组成以及分离效率的强化措施。
8. 了解超滤技术典型的工业应用实例。

4.1 概 述

超滤现象在130多年前就已经被发现，最早使用的超滤膜是天然的动物脏器薄膜。1861年，Schmidt首次公开用牛心胞膜截留可溶性阿拉伯胶的实验结果，堪称世界上第一次超滤试验，但当时超滤并未作为一项实验方法而得到发展。1907年，Bechhold较系统地研究了超滤膜，并首次采用“超滤”这一术语。1963年，在Loeb-Sourirajan成功试制不对称反渗透醋酸纤维素（CA）膜的影响下，Michaels开发了不同孔径的不对称醋酸纤维素超滤膜。1965～1975年，超滤技术经历了大发展阶段，膜材料从醋酸纤维素扩大到聚苯乙烯、聚偏二氟乙烯、聚碳酸酯、聚丙烯腈、聚醚砜和尼龙等，许多新品种高聚物超滤膜被研发出来并很快商品化[1]。超滤膜的截留分子量可控制在10^3～10^6，孔径可控制在1～100nm。多种形式的膜器被相继开发，如板式、管式、中空纤维式和卷式。20世纪70年代，超滤进入工业应用的快速发展阶段，并在20世纪80年代逐步建立了大规模工业生产装置。

我国的超滤技术在20世纪70年代中期起步，我国拥有完全自主知识产权的第一支国产超滤膜于1974年诞生于天津纺织工学院膜分离研究所（即现在的天津膜天膜科技股份有限公司），80年代经历大发展，90年代获得广泛应用。目前国内超滤膜的制造厂商多达一百多家（如天津膜天膜、北京碧水源、膜华科技、北京特里高、杭州北斗星、海南立升等），是我国膜产业中企业数量最多、产品种类最多、产量最大、产品质量能与国外产品抗衡的一项膜技术。目前市场上主要使用的超滤膜材料有聚砜、聚醚砜、聚偏氟乙烯、聚碳酸酯、聚丙烯腈、聚氯乙烯和多孔陶瓷等十余个品种。虽然在膜材料中占据主导地位的是有机高分子，但无机材料也是一类重要的膜材料。常见的无机膜材料包括多孔陶瓷、分子筛、多孔金属等。多孔陶瓷膜是高性能膜材料的重要组成部分，属于国家大力发展的战略新兴产业。国内主要的陶瓷超滤膜生产厂商包括江苏久吾高科、浙江净源、湖州奥泰、上海科琅等。随着超滤膜种类的增多、膜性能的提高，国内超滤膜在应用开发方面将具有更大的发展空间。

由于超滤技术具有相态不变、无需加热、设备简单、占地面积小、操作压力低、能量消耗低等明显优点，这项技术很快便从研究转向实际应用，并在工业上迅速得到大规模应用。

目前，超滤技术的应用实例多达上千种。超滤技术既可作为预处理过程与其他分离过程结合使用，也可单独用于溶液的浓缩和小分子溶质的分离。超滤技术已成功应用于市政及工业废水处理、食品和乳品工业、制药工业、纺织工业、化学工业、冶金工业、造纸工业以及皮革工业中，同时正在向非水体系拓展（表 4-1）[2]。

表 4-1 超滤技术在国内工业生产中的应用领域

应用领域	用途举例
水处理	超纯水制备、自来水净化、矿泉水净化、海水淡化预处理、地表水处理
医药工业	输液用水生产、血液的净化、药物中的热原去除、中草药的精制和浓缩、激素提取、血清蛋白提取、抗生素提纯、干扰素提纯、人工血液的制造
石油化工	各种油品，如燃料油、润滑油、切削油的过滤澄清
食品工业	酶制剂浓缩、乳清蛋白回收、低度白酒去浊除菌、酒类精制、茶的澄清、果蔬汁的加工、明胶浓缩、植物蛋白的回收、油脂精炼和磷脂提取、糖浆净化
生物化工	霍乱外霉素的精制、人体生长激素的提取、人血清蛋白浓缩、菌体浓缩分离、牛血清的分离、发酵产品的分离精制、酶的分离和浓缩、维生素 C 的生产
废水资源化	造纸涂料回收、电泳漆废水中涂料回收、纺织废水染料回收、制革废水鞣酸回收、上浆液回收、冷却水回用、乳胶回收、含油废水浓缩回用

在实际应用过程中，超滤膜通量低的问题大大提高了其运行成本，成为制约其应用的瓶颈。膜通量除与膜结构（孔隙率、孔径大小及分布、亲疏水性和膜厚）等有关，还与原料液性质、操作条件和膜污染有关。在超滤运行过程中，分离体系中的微粒、胶体粒子或溶质大分子在膜表面或膜孔内吸附、沉积造成膜污染，会导致膜通量的迅速下降，缩短了膜的寿命[3,4]。为进一步拓宽超滤技术的应用领域，需优先研究以下课题：①高通量和抗污染超滤膜研制；②耐高温、耐酸碱、耐溶剂和抗氧化超滤膜研制[5,6]；③低能耗且寿命长的膜组件研制[7~9]；④合适的操作方式的设计[10~12]。

4.2 超滤分离原理及操作模式

4.2.1 超滤的过程特点

超滤属于压力驱动型膜分离技术，其操作静压差一般为 0.1～0.5MPa。超滤的膜孔径为 5～40nm。截留分子量为 1000～300000 道尔顿。在静压差推动力的作用下，原料液中溶剂和小溶质粒子从高压的料液侧透过膜流到低压侧，大粒子组分被膜所阻拦，有效截留蛋白质、酶、病毒、胶体、染料等大分子溶质的筛孔分离过程称为超滤（图 4-1）。

超滤具有以下优点：①在常温无相变的温和条件下进行封闭操作，操作简单，能耗低；②分离装置简单，占地面积小，单级分离效率高；③工艺流程简单，兼容性强，容易与其他工艺集成；④物质在膜分离过程中不发生质的变化，不产生副产物，适合对 pH、温度、离子强度敏感的物质进行分离、浓缩或纯化；⑤无试剂加入、无二次污染、绿色环保、清洁高

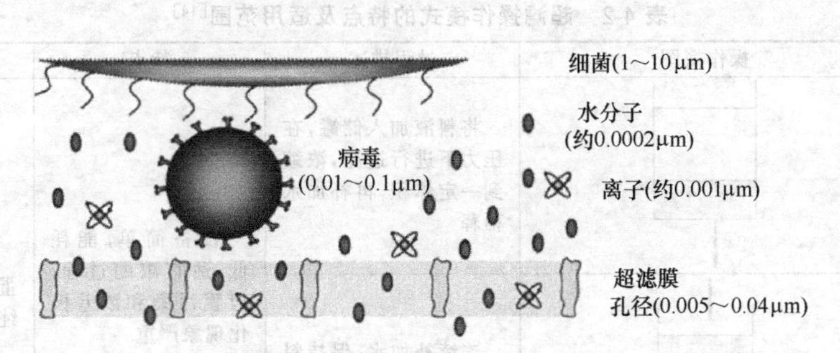

图 4-1 超滤膜孔径和截留性能[13]

效；⑥采用不同截留分子量的超滤膜可以实现有机化合物的分级或分离。

4.2.2 超滤的分离机理

一般认为超滤的分离机理为筛孔分离过程，但膜表面的化学性质也是影响超滤分离的重要因素。膜截留方式主要包括：膜表面的机械截留（筛分）、孔中滞留而被除去（阻塞）和膜表面及微孔内的吸附（一次吸附）。

4.2.3 超滤的操作模式

超滤的操作模式主要有死端过滤和错流过滤两种（图 4-2）。死端过滤是料液置于分离膜的上游，在压差作用下进行。形成压差的方式可以是在进水侧加压，也可以在滤出液侧抽真空。死端过滤时，被截留颗粒在膜表面形成污染层，增加过滤阻力，膜的过滤透过率随时间下降。

错流过滤是料液以切线方向流过分离膜表面，所产生的高剪切力可使沉积在膜表面的颗粒扩散返回至主流体，当沉积速度与返回速度达到平衡时，膜表面的污染层不再增厚，渗透通量可在较长时间内保持稳定。因此，在错流过滤中，膜表面不易产生浓差极化现象和结垢问题，过滤速度衰减较慢。

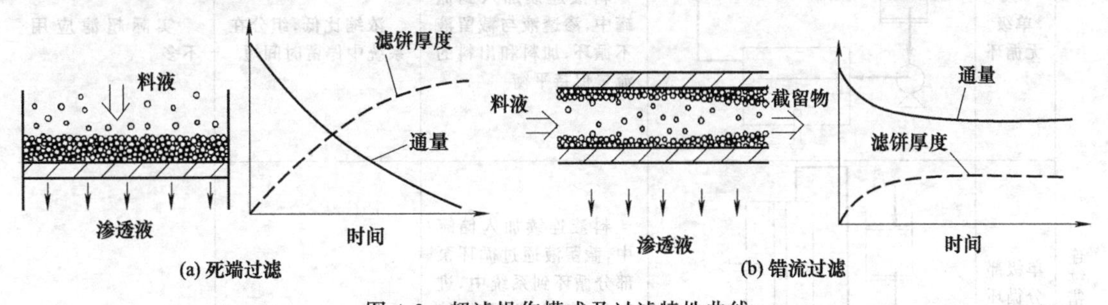

图 4-2 超滤操作模式及过滤特性曲线

此外，超滤的操作模式还有间歇操作和连续操作（表 4-2）。间歇操作是将加料液从储罐连续地泵送至膜装置，通过该装置后再回到料液储罐及装置进口线。随着溶剂被滤出，储罐中加料液的液面下降，溶液浓度升高。单级连续操作是从储罐将加料液泵送至一个大的循环系统管线中，这个大循环系统是用一个大泵将循环液在膜系统中进行循环。在这个循环系统管线中将浓缩产品慢慢地连续取出，并维持加料及出料的流速相等。多级连续操作是采用两个或两个以上的单级连续操作。每一级在一个固定浓度下操作，从第一级到最后一级，这个浓度是逐渐增加的。最后一级的浓度就是浓缩产品的浓度。从储罐进入第一级时需要一个加料泵，以后则依靠小的压差从前一级进入下一级。

表 4-2　超滤操作模式的特点及适用范围[14]

<table>
<tr><th colspan="2">操作模式</th><th>操作简图</th><th>过程描述</th><th>特点</th><th>适用范围</th></tr>
<tr><td rowspan="2">死端过滤</td><td>间歇</td><td></td><td>将料液加入储罐，在压力下进行过滤，浓缩到一定体积，再补加水稀释</td><td rowspan="2">设备简单，能耗低，适宜浓缩过程，但膜污染和浓差极化现象严重</td><td rowspan="2">适用于大分子或蛋白类的浓缩或提纯过程</td></tr>
<tr><td>连续（补加水）</td><td></td><td>连续补加水，保持料液储罐中的液体体积恒定</td></tr>
<tr><td rowspan="2">间歇错流</td><td>截留液全循环</td><td></td><td>一次性将料液加入储罐中，截留液循环到料液槽，直到达到一定的浓缩比时停止操作</td><td rowspan="2">操作简单，浓缩速度快，但泵的能耗高</td><td rowspan="2">适用于实验室研究或浓缩过程</td></tr>
<tr><td>截留液部分循环</td><td></td><td>一次性将料液加入储罐中，截留液部分循环到系统中，直到达到一定的浓缩比时停止操作</td></tr>
<tr><td rowspan="3">连续错流</td><td>单级无循环</td><td></td><td>料液连续加入到储罐中，渗透液与截留液不循环，加料和出料的流量保持平衡</td><td>浓缩比低，组分在系统中停留时间短</td><td>实际超滤应用不多</td></tr>
<tr><td>单级部分循环</td><td></td><td>料液连续加入储罐中，截留液通过循环泵部分循环到系统中，进出系统的流量保持平衡</td><td rowspan="2">单级操作在高浓度下进行，渗透速率低，多级操作可获得较高的产品浓度，提高分离效率</td><td rowspan="2">实际超滤中应用较多</td></tr>
<tr><td>多级部分循环</td><td></td><td>两个或两个以上的单级操作，每一级在一个固定浓度下操作，截留液浓度随级的增加而增加</td></tr>
</table>

4.3 超滤过程的数学描述

一般来说，稳态的超滤渗透通量大小随温度和速度的升高而增加，但随浓度的增加而下降。在平衡状况下，随渗透物一起带到膜上并被膜截取的组分又会反向传递到流体主体相，这种反向传递既可建立在扩散效应的基础上，也可建立在流体动力学效应的基础之上，其中的扩散效应是由膜上被截留组分浓度的升高而引起的，流体动力学效应则由膜上速度梯度造成的剪应力而引起。目前主要的超滤传质模型如下。

4.3.1 现象学模型

Kedem 和 Katchalsky 将膜看作"黑体"，不考虑膜内部的透过机理，运用非平衡热力学中的线性唯象理论，依据耗散函数，以化学位差作为传质过程的推动力，对无化学反应的等温、有几种推动力同时存在的伴生超滤膜过程而言，有以下传质模型：

$$J_V = L_p(\Delta p - \sigma\Delta\pi)$$

$$J_S = \overline{C}_S(1-\sigma)J_V + \omega\Delta\pi \tag{4-1}$$

式中，J_S、J_V分别为溶质、溶剂的通量；L_p 为水力渗透系数（过滤系数）；σ 为反射系数，其范围在 0 与 1 之间；ω 为溶质渗透系数；$\overline{C}_S$为膜两侧溶液浓度的对数平均值；Δp、$\Delta\pi$ 分别为跨膜压差、膜两侧溶质的渗透压差。

这一模型的应用有以下三个条件：①对于小流量和低浓度，模型误差较小；②对于大流量和高浓度，唯象系数 L_p、ω、σ 与浓度有关；③唯象系数 L_p、σ、ω 对浓度影响不敏感。

4.3.2 孔模型

参见公式（3-1）。

4.3.3 阻力叠加模型

（1）Darcy 定律　一般来说，Darcy 定律从宏观角度出发，不具体考虑膜表面的微观变化，它是阻力叠加模型的最早形式，常用来粗略估计超滤膜通量的降低：

$$J = \frac{\Delta p}{\mu(R_m + R_c')} \tag{4-2}$$

式中，J 为膜的瞬时通量，$m^3/(m^2 \cdot s)$；Δp 为操作压力，Pa；μ 为溶液黏度，Pa·s；R_m为膜阻力，m^{-1}；R_c'为膜上沉积层的阻力，m^{-1}。

（2）阻力叠加模型　基于 Darcy 定律并将式（4-2）中的沉积层阻力细分为吸附阻力 R_a、堵孔阻力 R_b、滤饼阻力 R_c、浓差极化阻力 R_p等，或将式（4-2）中的推动力项进行修正，或将式（4-2）中的滤饼阻力看作随通量变化的函数，或将式（4-2）和滤饼生长边界层的溶质质量平衡相结合而导出了相应的通量预测模型，具体模型请参见相关文献[15~18]。

4.3.4 浓差极化模型与凝胶模型

（1）浓差极化模型　随着超滤过程的进行，透过液到达膜表面的溶质将被膜截留而在膜表面积累，这会导致膜表面溶质浓度逐步高于主体料液浓度并引发溶质从膜表面向主体料液的反向扩散。当反向扩散的溶质通量与随透过液到达膜表面的溶质通量相等时，会达到一个不随时间变化的定常状态（图 4-3）。基于物料衡算便得到如下的浓差极化模型：

$$J_w = k\ln\frac{C_w - C_p}{C_b - C_p} \tag{4-3}$$

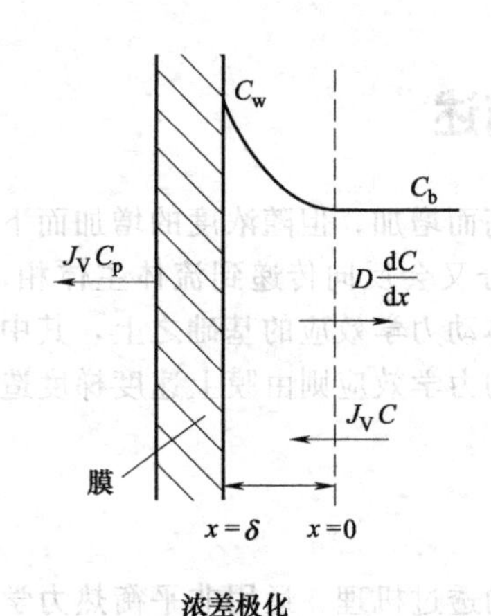

图 4-3　膜和边界层的浓度分布

式中，J_w为水通量；传质系数 k 是溶质扩散系数与浓差极化边界层的厚度之比；C_w、C_b、C_p分别为高压侧的膜表面的溶质浓度、主体溶质浓度和透过液侧的溶质浓度。

浓差极化边界层内的传质系数 k 用来表征溶质离开膜表面的质量传递的量度，常通过传质准数关联式来加以计算。

① 层流时，可使用 Lèvêque 式计算沿膜长 L 的平均 k 值：

$$Sh=1.62(ReScd_h/L)^{1/3}\quad(100<ReScd_h<5000)\tag{4-4}$$

式中，d_h为原料液流路的当量直径。

② 湍流时，可使用 Deissler 提出的公式计算 k 值：

$$Sh=0.023Re^{0.875}Sc^{0.25}\tag{4-5}$$

实际应用中常在膜组件（除中空纤维外）流道中放置湍流促进器，以增加湍流程度，提高传质系数，此时式（4-4）、式（4-5）将不再适用，或当流路形状比较复杂时，这两式也不适用，应实验测定其传质系数。

当流体速率增加时，传质系数增大，浓差极化得到控制，膜表面边界层厚度减小，所以能达到最终强化超滤通量的目的。由于速度使传质系数增大的效应在湍流时要比在层流时显著得多，因此，实际的管式和层式流道的超滤中常借助附加在流道内的湍流促进器实现湍流流动以控制浓差极化来提高传质系数。例如采用 Kenics 静态混合器的管式超滤器后，其传质系数比经式（4-5）计算所得的高 2.7 倍[19]。还可采用脉冲进料、机械刮除法、膜表面改性及研制抗污染膜等方法来尽可能减小浓差极化现象[20,21]。

（2）凝胶极化模型　分离高分子和胶体溶液时，溶质在膜表面处的浓度将随渗透通量的增加而升高，当其在膜上游侧表面的浓度 C_w达到其饱和浓度（或称凝胶点，C_g）时，膜表面形成凝胶层（图 4-4），渗透速率将显著减小，溶质截留率随之提高。

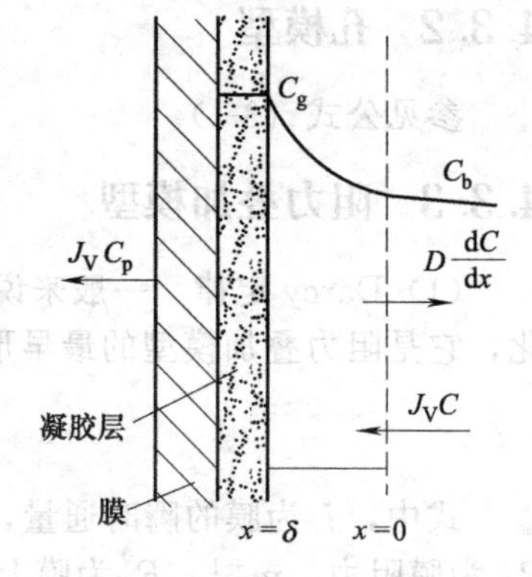

图 4-4　凝胶层示意图

膜表面形成凝胶层后，若进一步升高压力，短时间内膜通量会升高，但马上会回到原有的平衡通量。这是因为压力升高，膜通量增加，凝胶层厚度上升，阻力的增加会使膜通量下降（图 4-5）。

假设超滤过程满足以下条件：①膜的截留率为 100%；②湍流进料并且在膜表面存在静止的浓缩边界层；③原料液中溶质浓度较高；④渗透通量在极短的时间（几秒内）达到平衡状态值。符合上述条件的凝胶极化模型如图 4-6 所示。$C_{w,1}<C_{w,2}<C_{w,3}<C_{w,4}<C_{w,5}$，$J_{V,1}<J_{V,2}<J_{V,3}<J_{V,4}<J_{V,5}$，$\delta_g$ 为凝胶厚度，δ 为浓度边界层厚度。可见，边界层总体结构上由浓差边界层和凝胶层两层组成，前者是由对流带到膜表面的溶质和反向扩散到本体的溶质之间的动力学平衡及渗透穿过膜的溶质速率决定的，后者则由膜表面的超滤过程决定，它具有恒定的溶质浓度。在给定的流动状态下，进料中溶质浓度越高或穿过膜的渗透量越大，对应的膜表面浓度也就越高。

若考虑假定条件①和凝胶层的特殊性（$C_w=C_g$），结合式（4-3）可得适用于搅拌超滤过程和错流超滤过程的凝胶极化模型公式：

$$J_V=\frac{D}{\delta}\ln\frac{C_g}{C_b}=k\ln\frac{C_g}{C_b}\tag{4-6}$$

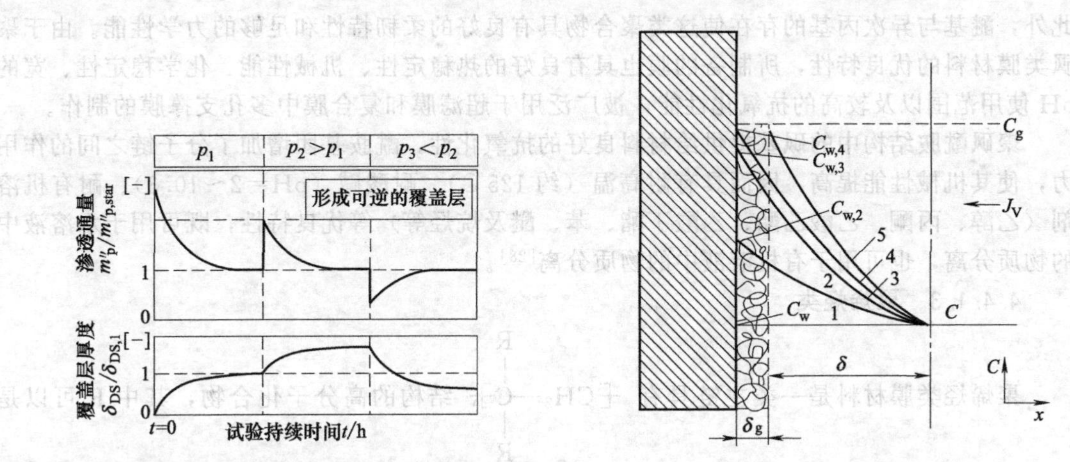

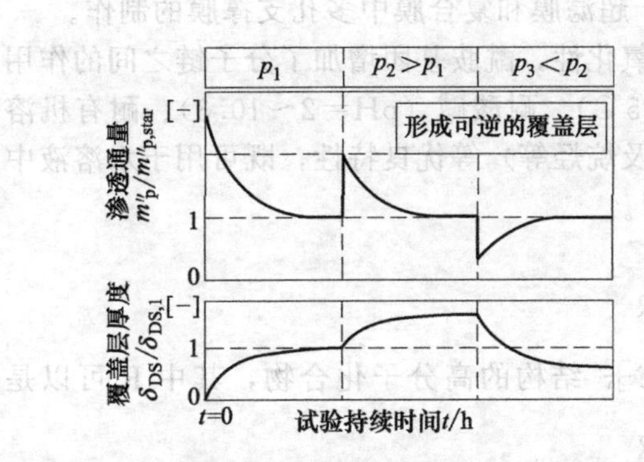

图 4-5　在传质受覆盖控制的情况下，渗透通量和覆盖层厚度随时间的理想化变化过程

图 4-6　凝胶极化模型图示

根据公式（4-6），若 J_V 对 $\ln C_b$作图，则可得直线，将这些直线延长至与坐标轴相交，交点即为 C_g值。因此，当凝胶层控制透过速率时，透过速率与压力无关。

凝胶浓度 C_g是溶剂通量降为零时的浓度。C_g主要和溶质特性有关，即与溶质的化学性质及其形态性质有关，而基本上与溶液总浓度、液体流动条件、操作压力及膜的性能无关[22,23]。以大分子溶质计的凝胶浓度约为 25%（质量分数），其幅度从 5%至 50%。对胶体分散液而言，凝胶浓度约为 65%（质量分数），其幅度从 50%至 75%。这个结果与以下事实相符，即许多蛋白质溶液凝胶的固含量约为 25%，而胶体分散液的固含量可以接近 65%～75%。

确定凝胶浓度（C_g）有很重要的意义。首先，根据 C_g值可确定超滤浓缩的极限，对于大多数亲水或水溶性化合物而言，C_g值不超过 30%～35%。其次，C_g值是评价大分子、胶体物质在凝胶层内行为及与压力相关性的重要指标。

超滤过程的数学模型还包括渗透压模型和动力成膜的数学模型[24~27]。

4.4 超滤膜材料

超滤膜性能的优劣主要取决于膜材料和成膜工艺条件。其中，膜材料是决定膜性能的主要因素。超滤膜材料可分为有机高分子膜材料和无机膜材料两大类。不同的膜材料具有不同的成膜性能，化学稳定性，耐酸、耐碱、耐氧化剂和耐微生物侵蚀等性能。

4.4.1 有机高分子材料

用于制备超滤膜的有机高分子材料主要来自两方面：①由天然高分子材料改性而得，如纤维素衍生物、壳聚糖等；②由有机单体经过高分子聚合反应制备得到，如聚砜类、聚乙烯（PE）、聚丙烯腈（PAN）、聚氯乙烯（PVC）、含氟材料等。

4.4.1.1 纤维素衍生物

详见第 2 和第 3 章。

4.4.1.2 聚砜类

聚砜类膜材料是主链上含有砜基和芳环的高分子化合物，主要有双酚 A 型聚砜（PSf）、聚醚砜（PES）、酚酞型聚醚砜（PES-C）、磺化聚砜（SPSf）、聚砜酰胺（PSA）等。芳香族聚砜化学结构中的硫原子处于最高氧化价态，且邻近苯环，因此具有良好的化学稳定性。

此外，醚基与异次丙基的存在使这类聚合物具有良好的柔韧特性和足够的力学性能。由于聚砜类膜材料的优良特性，所制备的膜也具有良好的热稳定性、机械性能、化学稳定性、宽的pH使用范围以及较高的抗氧化性能，被广泛用于超滤膜和复合膜中多孔支撑膜的制作。

聚砜酰胺结构中的砜基提供给材料良好的抗氧化性，酰胺基团增加了分子链之间的作用力，使其机械性能提高，因而具有耐高温（约125℃）、耐酸碱（pH=2～10.3）、耐有机溶剂（乙醇、丙酮、乙酸乙酯、乙酸丁酯、苯、醚及烷烃等）等优良特性，既可用于水溶液中的物质分离，也可用于有机溶液中的物质分离[28]。

4.4.1.3 聚烯烃类

聚烯烃类膜材料是一类主链具有 $\left[CH_2-\underset{R}{\overset{R}{\underset{|}{\overset{|}{C}}}} \right]_n$ 结构的高分子化合物，其中R可以是H、CH_3、Cl、OH、CN等取代基团。常用的聚烯烃类超滤膜材料主要有低密度聚乙烯、高密度聚乙烯、聚丙烯、聚丙烯腈、聚氯乙烯、聚偏氟乙烯等[29～31]。

4.4.2 无机材料类

超滤膜所使用的无机材料有陶瓷、金属、玻璃、硅酸盐、沸石及碳素等，其中以陶瓷膜为最常用材料，碳膜次之。20世纪80年代以来，陶瓷作为功能材料加以开发利用受到关注。按照材料的化学结构，陶瓷可分为纯氧化物陶瓷，如Al_2O_3、SiO_2、ZrO_2、TiO_2等，以及非氧化物系陶瓷，如碳化物、硼化物、氮化物和硅化物等。陶瓷膜材料在物理方面具有耐高温、高硬度、耐磨等性能，在化学方面具有催化、耐腐蚀、吸附等功能，在生物方面具有一定的生物相容性[32]。目前陶瓷超滤膜大多用粒子烧结法制备基膜，并用溶胶-凝胶法制备反应层。两层制备所用材料有差别，制备基膜材料可以是以高岭土、蒙托石、工业氧化铝等为主要成分的混合材料；而以其反应层主要成分来区分，常用陶瓷超滤膜可分为Al_2O_3、ZrO_2和TiO_2膜[33]。多孔Al_2O_3膜、ZrO_2膜及玻璃膜均已商品化，可以大规模供应市场，构型有片状、管状及多通道状。其他材料的陶瓷膜，如TiO_2膜、碳化硅膜及云母膜等，也有研究和实验室规模的报道[34～36]。由多孔陶瓷制得的超滤膜，具有化学稳定性好、耐酸碱、耐有机溶剂、机械强度高、可反向冲洗、耐高温、过滤精度高、使用寿命长等优点，并可在高温及腐蚀过程（如食品加工、催化反应等）中使用。

4.4.3 超滤膜材料的现状及发展趋势

1865年，Fick用硝酸纤维制备成人工“超滤”半透膜，1936年国外第一次把纤维素及其衍生物膜用于超滤，但在较长时期内并没有形成工业化生产。1963年，Michaels开发出不同孔径不对称醋酸纤维膜，基于醋酸纤维物化性质的限制，1965年开始，不断有新品种高聚物超滤膜问世，并很快商品化。在1965～1975年期间，超滤膜得到大发展，聚砜、聚偏氟乙烯、聚碳酸酯、聚丙烯腈等多种超滤膜材料相继开发出来。

20世纪70年代中期，我国成功研制醋酸纤维管式超滤膜，80年代成功研制聚砜中空纤维膜，在此基础上，又先后研制出一批耐高温、耐腐蚀、抗污染能力强、截留性能优的膜和组件。目前市场上主要使用的超滤膜材料有聚砜、聚醚砜、聚偏氟乙烯、聚碳酸酯、聚丙烯腈、聚氯乙烯和多孔陶瓷等十余个品种。虽然在膜材料中占据主导地位的是有机高分子，但无机材料也是一类重要的膜材料。常见的无机膜材料包括多孔陶瓷、分子筛、多孔金属等。多孔陶瓷膜是高性能膜材料的重要组成部分，属于国家大力发展的战略新兴产业。国内无机超滤膜研究始于20世纪80年代末，当时已能在实验室规模下制备出无机超滤膜及高通量金属钯膜。在90年代，国家积极推进陶瓷膜的工业化进程，近年来陶瓷膜的销售量已占据整个膜市场的10%以上，在石油化工、生物医药、食品与保健品、节能环保等领域获得了成功的应用。国内主要的陶瓷超滤膜生产厂商包括江苏久吾高科、浙江净源、湖州奥泰、上海科琅等。目前陶瓷超滤膜材料的发展趋势主要集中在低成本高性能超滤膜的制备方面。

表4-3列出了超滤膜材料的特性和应用领域。近年来，随着膜技术应用领域日益扩展，对膜材料性能也不断提出新要求，因此开发性能优良的超滤膜材料非常有意义。膜材料开发的主要目的在于提高超滤膜性能（增强热稳定性、增强耐化学试剂能力、提高抗污染能力、提高使用寿命和膜通透量、降低膜生产成本等），主要方式是开发性能优良的制膜材料和改良现有膜材料[37~47]。比如，为弥补单一膜材料自身性能的不足，研究者进行膜材料共混改性，将两种或多种材料混合制成膜以综合两种或多种膜材料的优点[40~42]。

表4-3 超滤膜材料的特性和应用领域

膜材质	特性	应用领域
聚丙烯腈	较早应用的膜材料，亲水性好，易于成膜，制膜成本低；缺点是强度低，脆性大，耐酸碱性能较弱	适合净水过滤，尤其是家用净水器
聚氯乙烯	强度和伸长率比聚丙烯腈好，不易断丝，材料来源广泛，价格低廉；缺点是亲水性差，一般需要亲水化改性	适合于净水过滤，工业水处理
聚砜	材料易成型，膜机械强度好，化学性质稳定，耐酸碱性好，耐高温，生物相容性好，透水性能较好，可作低截留分子量的超滤膜；缺点是原料价格较高	适合浓缩提纯以及耐高温的特殊应用
聚偏氟乙烯	伸长率极高，不易断丝，耐酸碱性好，抗污染性强，耐化学清洗及耐高浓度的余氯溶液；缺点是原料价格高，膜过滤精度低	适合工业废水处理的应用
聚丙烯	材料价格低廉，制膜过程环保，耐酸碱性好，耐有机溶剂；缺点是制备的膜过滤精度低，容易受污染	适合净水过滤和污水处理
陶瓷	抗机械性强、耐高温、耐腐蚀、耐化学试剂；缺点是可塑性差，受冲击易破裂，成型性差及价格较贵	适合污水处理，高温或强腐蚀场合

有机超滤膜材料今后仍将是超滤膜研究主要方向之一，其发展不仅需要继续寻找使用寿命长、耐高温、耐酸碱、抗氧化、抗溶剂、成本低、抗污染堵塞、来源丰富的单一膜材料，此外还将加强复合型膜材料的研究开发（包括有机-无机复合膜材料）[47]。无机膜材料具有使用寿命长、耐高温、耐酸碱、抗氧化、抗溶剂等优点，在今后将是超滤膜研究中快速发展的方向之一。

4.5 超滤膜的制备

合格的超滤膜，首先应该是无缺陷的，具有合适的孔径尺寸、孔径分布和孔隙率。超滤膜的制备方法较多，不同的膜材料往往需要不同的制备工艺和工艺参数。

4.5.1 有机高分子超滤膜的制备

4.5.1.1 相转化法

相转化法是以某种控制方式使聚合物从溶液状态转变为固体的过程。自20世纪60年代初加利福尼亚大学的Loeb和Sourirajan采用相转化法制备出第一张具有实用价值的醋酸纤维素膜以来，该方法一直是制备高分子超滤膜的主要方法[48]。相转化可以通过多种方式实现，主要有溶剂蒸发沉淀、热沉淀、蒸气相沉淀、控制蒸发沉淀和浸没沉淀等。其中浸没沉淀法是制备相转化膜的主要方法。

（1）溶剂蒸发法　详见第2章及第3章。

（2）浸没沉淀法　浸没沉淀法是目前商品化超滤膜的主要制备方法[49]。该法制超滤膜的过程分七步（图4-7）：①将制膜材料溶入特定的溶剂中，并根据需要加入相应的添加剂；②通过搅拌使膜材料充分溶解成为均匀的制膜液；③过滤除去未溶解的杂质；④脱气；⑤膜成型，用流涎法制成平板形、圆管形，用纺丝法制成中空纤维型；⑥使膜中的溶剂部分蒸发或不蒸发；⑦将成型的膜浸渍于对膜材料是非溶剂的液体（通常是水）中，液态膜便凝胶固化而成为固态膜。

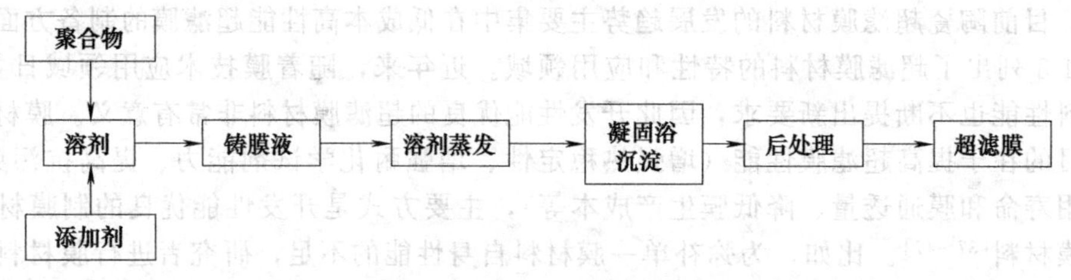

图 4-7 浸没沉淀法制备超滤膜的工艺流程

(3) 热致相分离法　热致相分离法是将聚合物与高沸点、低分子量的稀释剂高温形成均相溶液，降低温度又发生固-液或液-液相分离，然后脱除稀释剂成聚合物微孔膜，详见第 2 章及第 3 章。此外，还可将热致相分离和其他成膜过程结合起来。比如，低温热致相分离制备方法是通过在聚合物与添加剂构成的混合物中加入混合溶剂，使成膜混合物在低于聚合物熔点的温度下，成为均匀的铸膜液。

4.5.1.2 核径迹法

核径迹法通常以聚碳酸酯膜或聚酯膜（厚度为 5～15μm）为材料，首先将薄膜放置在原子反应堆中接受荷电粒子的照射，形成径迹，然后对径迹进行酸碱浸蚀处理形成垂直通孔。核径迹法制备的膜表面孔径和孔隙率可由荷电粒子的照射时间、浸蚀时间和温度加以控制，制备的膜表面孔径分布窄，孔径一般为 0.02～10μm[50]。详见第 2 章及第 3 章。

4.5.1.3 静电纺丝法

静电纺丝法是一种新型超滤膜的制备方法，采用的膜材料包括聚丙烯腈、聚乙烯醇和聚己内酯等[51～53]。具体制膜工艺为：将聚合物溶解或熔融后加入到喷丝器中，在毛细喷丝头与接收器之间的高压电场作用下，聚合物溶液或者熔融体克服自身的表面张力和黏弹性力形成射流，随着溶剂的挥发或熔融体的冷却而固化成聚合物超细纤维，然后在接收装置上无规排列形成具有一定厚度的膜。

4.5.1.4 溶胀致孔法

溶胀致孔法是以嵌段共聚物［如聚苯乙烯-b-聚（2-乙烯基吡啶）］为膜材料，利用其在适宜的热力学条件下发生微相分离，进而形成高度均一的纳米分相结构的一种新型制膜方法[54,55]。具体制膜工艺为：先将嵌段共聚物形成的胶束溶液在微滤膜或无纺布等支撑体上涂覆成膜，然后在极性溶剂（如乙醇）中浸泡处理，嵌段共聚物的极性分散相会溶胀，待溶剂蒸发后，分散相空穴化形成孔道结构。此法形成的孔道均一，孔径大小可通过选择不同组成的嵌段共聚物和溶胀条件在 10～50nm 内调节。

4.5.1.5 复合法

复合法是在基膜上复合一层具有纳米级孔径的超薄皮层。基膜为支撑层，决定膜选择透过性能的是复合层（超薄皮层）。其优点在于可分别选用适当的皮层和亚层并使之在选择性、渗透性、化学稳定性和热稳定性等方面得到优化。具体的复合工艺有涂覆、等离子聚合、界面聚合和原位聚合等[56]。

4.5.2 无机超滤膜的制备

无机超滤膜的制备主要有固态粒子烧结法、溶胶-凝胶法、阳极氧化法、薄膜沉积法、动态膜法等。可根据制膜材料、膜及载体的结构、膜孔径大小和分布、膜孔隙率和膜厚度的不同而选择不同的方法。

4.5.2.1 固态粒子烧结法

固态粒子烧结法是将无机粉料粒度为 0.1～10μm 的微小颗粒或超细颗粒与适当的介质混合分散形成稳定的悬浮液，成型后制成生坯，再经干燥，然后在 1000～1600℃的高温下进行烧结处理，此法可制备微孔陶瓷膜或陶瓷膜载体（图 4-8）。例如，采用固态粒子烧结法制备氧化锆超滤膜的孔径可达 80nm[57]。

4.5.2.2 溶胶-凝胶法

溶胶-凝胶法是合成无机超滤膜的一种重要方法：以金属醇盐及其化合物为原料，在一定介质和催化剂存在的条件下，进行水解-缩聚反应，使溶液由溶胶变成凝胶，再经干燥、热处理而得到合成材料。涉及的主要反应如下：

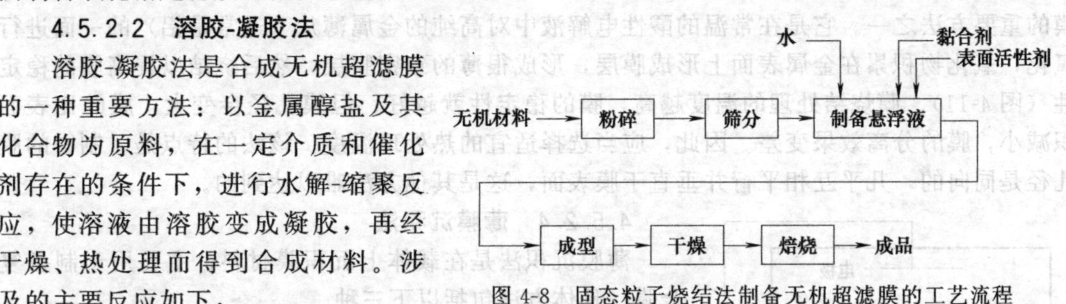

图 4-8 固态粒子烧结法制备无机超滤膜的工艺流程

(1) 溶剂化 金属阳离子 M^{z+} 吸引水分子形成溶剂单元 $M(H_2O)_n^{z+}$，为保持其配位数，具有强烈释放 H^+ 的趋势。

(2) 水解反应 非电离式分子前驱物，如金属醇盐 $M(OR)_n$ 与水反应。

(3) 缩聚反应 按其所脱去分子种类，可分为两类：①失水缩聚。M—OH＋HO—M→M—O—M＋H_2O。②失醇缩聚。MOR＋HO—M→M—O—M＋ROH。

该法可制备纳米级粒子用于超滤膜制备。将无机盐或金属有机物前驱体（如醇盐）在溶液中进行水解反应得到溶胶溶液，并使其在多孔载体上发生缩聚反应凝结成无机聚合物凝胶，干燥除去多余溶剂后，进行焙烧得到多孔无机膜（图 4-9、图 4-10）。根据水解的工艺路线，又可分为颗粒溶胶（DCS）路线和聚合溶胶（PMU）路线。DCS 路线是醇盐在水中快速完全水解形成水合氧化物沉淀，加入酸等电解质以得到初级粒子粒径约为 3～15nm 的稳定溶胶，而 PMU 路线是在溶有醇盐的有机溶液中加入少量水，控制水解反应，形成聚合分子胶体。DCS 路线采用廉价的水作为溶剂，取代了 PMU 路线中的大量有机溶剂，操作工

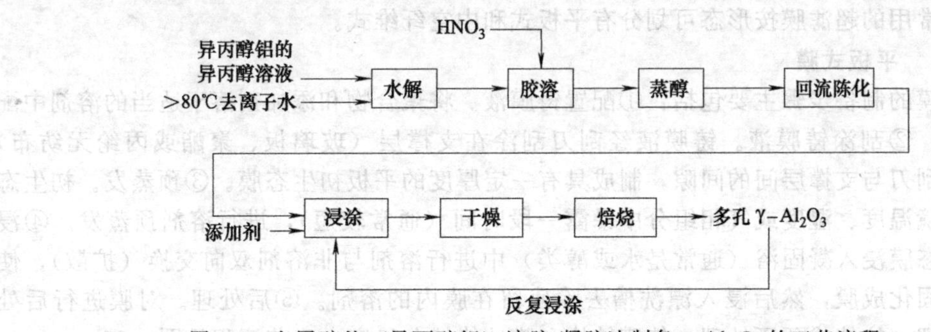

图 4-9 金属醇盐（异丙醇铝）溶胶-凝胶法制备 γ-Al_2O_3 的工艺流程

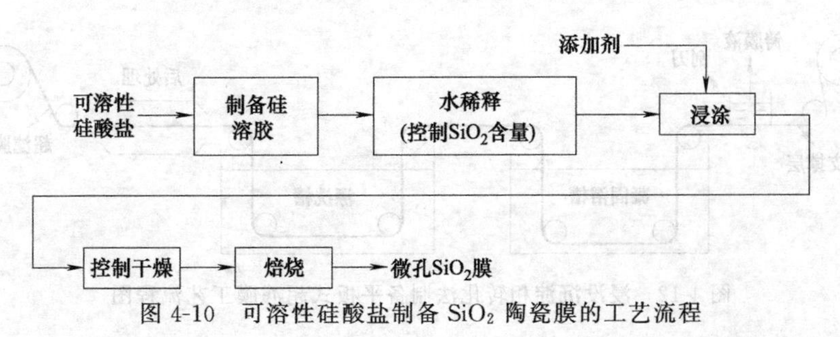

图 4-10 可溶性硅酸盐制备 SiO_2 陶瓷膜的工艺流程

艺简单，适合工业化放大，因而越来越多的学者致力于DCS路线制备陶瓷分离膜的研究。

溶胶-凝胶法的特点是能在相对低的温度下制得颗粒尺寸分布和膜孔径分布集中的膜，膜厚和膜的组成也能够准确调节，可制备多种氧化物膜，如 Al_2O_3、TiO_2、SiO_2、ZrO_2、SiO_2-ZrO_2、SiO_2-TiO_2、TiO_2-ZrO_2 膜等[58]。

4.5.2.3 阳极氧化法

阳极氧化法可用于 Al_2O_3、TiO_2、ZrO_2 等无机膜的制备，是目前制备多孔金属氧化物膜的重要方法之一。它是在常温的酸性电解液中对高纯的金属薄片（通常是铝）的一面进行氧化，氧化物积累在金属表面上形成膜层，形成很薄的致密膜层，然后烧结以提高膜的稳定性（图 4-11）。膜烧结处理的温度越高，膜的稳定性就越好，但膜孔径会变大，膜的比表面积减小，膜的分离效果变差。因此，应当选择适宜的热处理温度。该法的特点是，制得的膜孔径是同向的，几乎互相平行并垂直于膜表面，这是其他方法难以达到的。

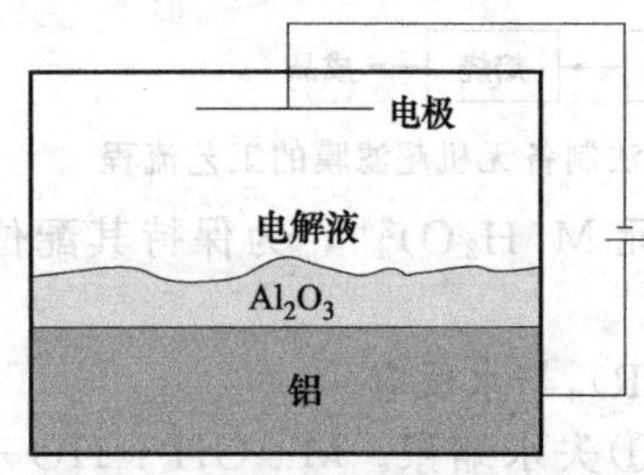

图 4-11 阳极氧化法操作示意图

4.5.2.4 薄膜沉积法

薄膜沉积法是在载体上沉积膜材料，主要用于制备复合膜。具体方法包括以下三种。

（1）化学气相沉积法 让膜的载体在含有所需要的化学成分的气体作用下可控形成膜层，主要步骤有反应物气化、反应物扩散至载体表面或孔道内表面、反应物在载体表面上发生化学反应、反应的固体产物沉积在载体表面上。

（2）电化学沉积法 将两种或两种以上的气态原材料导入到一个反应室内，然后相互之间发生电化学反应形成一种新材料，沉积在载体表面上。

（3）化学镀（无电镀、自催化镀）在溶液还原剂的还原和膜载体的催化作用下，溶液中的金属离子被还原为单质，沉积在载体表面上形成金属膜。化学镀的设备简单，镀膜厚度均匀、牢固、致密，容易覆盖在复杂表面和大表面上，主要用于生产 Ni、Sn、Pd 膜。

4.5.3 超滤膜的制备工艺及装置

工业上常用的超滤膜按形态可划分有平板式和中空纤维式。

4.5.3.1 平板式膜

平板式膜的制备步骤主要包括：①配置铸膜液。将聚合物和添加剂溶于适当的溶剂中配制成铸膜液。②刮涂铸膜液。铸膜液经刮刀刮涂在支撑层（玻璃板、聚酯或丙纶无纺布）上，并调节刮刀与支撑层间的间隙，制成具有一定厚度的平板初生态膜。③预蒸发。初生态膜在一定环境温度、湿度或气相组分中暴露一段时间（通常较短），进行溶剂预蒸发。④浸没凝固。生态膜浸入凝固浴（通常是水或醇类）中进行溶剂与非溶剂双向交换（扩散），使聚合物凝胶固化成膜，然后浸入漂洗槽去除残留在膜内的溶剂。⑤后处理。对膜进行后处理，如热处理、拉伸或预压处理，使膜结构和膜性能持久稳定。工艺流程见图 4-12。

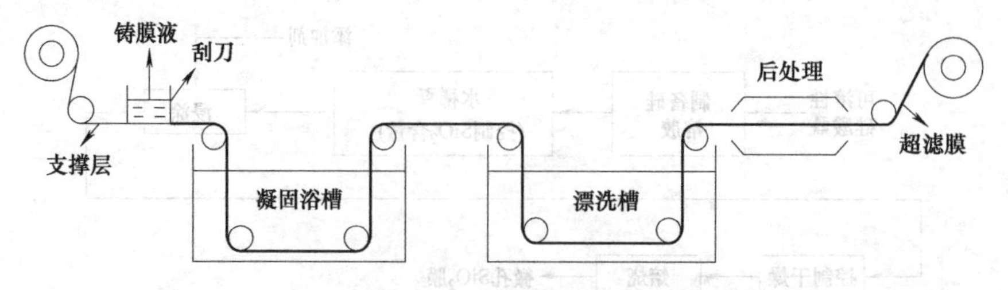

图 4-12 浸没沉淀相转化法制备平板式超滤膜工艺流程图

4.5.3.2　中空纤维式膜

中空纤维膜的制备方法有湿法、干-湿法、熔融法和干法。以干-湿法制备中空纤维膜为例。先将过滤后的由聚合物、溶剂和成孔剂组成的铸膜液用氮气从环形喷丝头中挤出，同时将芯液注入喷丝头的中心管中，经过一段空气浴后，铸膜液浸入凝固浴中发生双扩散，铸膜液中的溶剂向凝固浴扩散以及凝固浴中的凝固剂（非溶剂）向铸膜液中扩散。膜的内侧和外侧同时发生凝胶化过程，首先形成皮层，随着双扩散的进一步进行，铸膜液内部组成不断变化，当达到临界浓度时，膜完全固化从凝固浴中沉析出来，将膜中的溶剂和成孔剂萃取出来，最终得到中空纤维膜。

图 4-13 为典型的浸没沉淀相转化法制备中空纤维超滤膜工艺流程，包括如下步骤：①配置铸膜液。②铸膜液由料液罐 2 经氮气瓶 1 加压，经过过滤器 4、齿轮计量泵 5 至双孔喷丝头 6 的外孔，同时芯液（水）经氮气瓶 1 加压至双孔喷丝头 6 的内孔。选择不同内外径的喷丝头 6 可调节纤维直径与膜厚。③初生态膜在一定的环境温度和环境湿度下空气（或含有要求组分的气象氛围）中暴露一段时间（通常较短），进行溶剂预蒸发。预蒸发时间取决于喷丝头 6 与凝固浴槽 7 之间的距离。④浸没凝固，与平板超滤膜相同。⑤对膜进行后处理，如热处理、拉伸或预压处理，使膜结构和膜性能持久稳定。

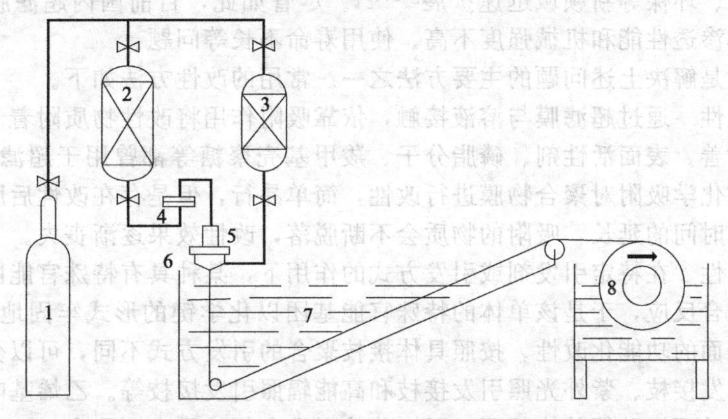

图 4-13　浸没沉淀相转化法制备中空纤维超滤膜工艺流程图

1—氮气瓶；2—料液罐；3—芯液罐；4—过滤器；5—齿轮计量泵；6—喷丝头；7—凝固浴槽；8—收丝轮

4.5.4　超滤膜的储存方式

超滤膜的保存有湿态和干态两种方式，其目的是防止膜水解、微生物侵蚀、冻结及收缩变形等。

4.5.4.1　湿态储存

绝大多数超滤膜是由相转化法制得的，制备后的膜孔隙被凝固液充盈，呈湿态。保存湿态膜的最根本一点是要始终让膜面附有保存液，呈湿润状态。保存液的常用配方有，水：甘油：甲醛＝79.5：20：0.5，或水：甘油：亚硫酸氢钠＝79：20：1。甲醛或亚硫酸氢钠的作用是防止微生物在膜表面繁殖及侵蚀膜，甘油的作用是降低保存液的冰点，防止因结冰而损伤膜。对醋酸纤维素膜，保存温度应为 5～40℃，pH＝4.5～5，以降低膜的水解速度，一般在抽真空的条件下，保存液的有效期为 1 年。对非醋酸纤维素膜温度和 pH 值可放宽。

4.5.4.2　干态储存

若超滤膜在湿态下长期储存，容易引起微生物的繁衍和生物污染，甚至会造成膜孔堵塞和膜降解。此外，湿态膜的水分会破坏中空纤维组件封头和卷式组件膜背面周边胶黏剂的正常固化和密封，不利于膜组件的加工制造。

目前商品化超滤膜绝大多数是以干态膜储存的。如果湿态膜直接脱水会产生收缩变形现象，使膜孔大幅度缩小或使膜结构遭到破坏，严重影响膜的透过性和机械强度，增加了制作组件的难度。因此，制备干态膜普遍使用脱水剂。常用的干态处理方法是将膜浸于质量分数为30%的甘油水溶液中10min至数小时，使膜内溶液浓度达到平衡，然后取出干燥。附着在膜表面和膜孔内的甘油对孔结构有保护作用，附着量达30～40g/m²。在膜使用时，通过水洗将甘油去除。改进的干态处理法包括用50%的甘油水溶液或0.1%的十二烷基磺酸钠水溶液浸渍超滤膜，然后进行干燥处理。比如，醋酸纤维素超滤膜可用50%的甘油水溶液或0.1%的十二烷基磺酸钠水溶液浸渍1h，然后进行干燥处理。聚砜超滤膜可用0.2%的SDS浸泡5～6天，在湿度88%下干燥。聚砜酰胺膜用10%浓度的甘油、磺化油、聚乙二醇等溶液作为脱水剂，在室温下干燥。另外，表面活性剂Tritox 100、Tritox 200、Tween 20、磷酸三乙酯、十二烷基磺酸钠等对保护膜孔不变形也有较好的作用。

4.5.5 超滤膜的现状及发展趋势

经过近40年的研发，我国生产的超滤膜比跨国公司的产品在成本上降低了近一半，使超滤膜技术应用由传统的高端军工、医疗领域，向饮用水净化、工业用水处理、饮料、生物、食品、医药、环保等新领域迅速扩展[59,60]。尽管如此，目前国内超滤膜仍存在着易产生膜污染、选择渗透性能和机械强度不高、使用寿命不长等问题。

超滤膜改性是解决上述问题的主要方法之一。常用的改性方法如下。

(1) 吸附改性　通过超滤膜与溶液接触，依靠吸附作用将改性物质附着于超滤膜表面而实现膜性能的改善。表面活性剂、磷脂分子、羧甲基壳聚糖等都曾用于超滤膜的吸附改性。通过物理吸附或化学吸附对聚合物膜进行改性，简单易行，但是存在改性后膜性能不稳定的缺点，随着使用时间的延长，吸附的物质会不断脱落，改性效果逐渐丧失。

(2) 接枝改性　在特定引发剂或引发方式的作用下，某种具有特殊官能团的单体在膜表面处发生接枝聚合反应，于是该单体的特殊官能基团以化学键的形式牢固地固定于膜表面，从而实现对膜表面的功能化改性。按照具体接枝聚合的引发方式不同，可以分为化学引发接枝、等离子体引发接枝、紫外光照引发接枝和高能辐照引发接枝等。乙烯基吡咯烷酮、丙烯酸、乙二醇和甲基丙烯酸等单体都可以通过紫外引发在超滤膜表面聚合，从而增加膜表面亲水性和降低膜污染。

(3) 共混改性　将不同种类聚合物采用物理的或者化学的方法共混，以改进原聚合物的性能或者形成具有崭新性能的聚合物体系。超滤膜的共混改性是当前研究的热点。按照共混体系的不同可以分为以下几类：不同种类膜材料共混、亲水性聚合物与膜材料共混、两性聚合物与膜材料共混以及纳米材料与膜材料共混。比如，聚乙二醇、聚乙烯基吡咯烷酮、聚氧化乙烯-聚氧化丙烯-聚氧化乙烯嵌段共聚物、纳米金属氧化物、碳纳米管、分子筛等都可用于超滤膜的共混改性，改善膜内孔道结构、膜表面亲水性以及膜的渗透选择性能[61～63]。

随着超滤技术的迅速发展，未来超滤膜的发展趋势和主要研究方向主要在于：①高性能超滤膜的制备，开发具有高强度、高通量、高截留和高抗污染的超滤膜；②膜材料及制备工艺的低成本化；③特殊用途超滤膜的制备，开发适用于高温、强酸/碱、耐溶剂或耐氧化的超滤膜。总之，高性能超滤膜的开发将对提升我国在膜技术领域的核心竞争力具有重要意义。

4.6 超滤膜结构表征及性能测定

4.6.1 超滤膜的结构特点

超滤膜多为非对称膜，包含皮层、支撑层和底面皮层三部分（图4-14）。

4.6.1.1 皮层

膜表面是起主要分离作用的致密的或极细孔的薄的皮层，约为0.25～1μm。皮层的结构参数主要有厚度、孔径大小及分布、孔隙率等。皮层越薄，膜的水通量越大，但太薄会影响膜的机械强度。皮层上孔径越大（切割分子量大），孔径分布越宽，膜的水通量也越大。在相同切割分子量的情况下，单位膜面积上的微孔数量越多，即孔隙率越大，水通量也越大。

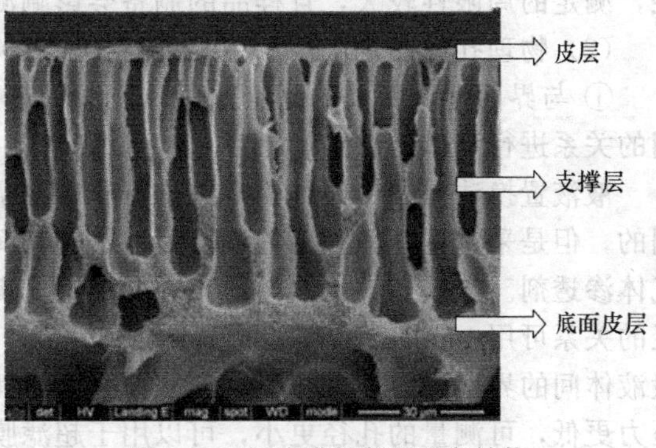

皮层

支撑层

底面皮层

图 4-14 超滤膜的断面形态结构

4.6.1.2 支撑层

超滤膜的支撑层主要起支撑作用，包括大空穴结构、指状孔结构及海绵状结构（图4-15）。支撑膜断面结构影响着膜的耐压性能、透膜阻力以及内浓差极化程度（正渗透膜过程）。通过对膜的制备过程参数的调节可以调控支撑层的孔结构，瞬时分相利于形成具有薄且多孔的表层和指状孔的断面结构，而延时分相利于形成具有厚且致密的表层和海绵状的断面结构。

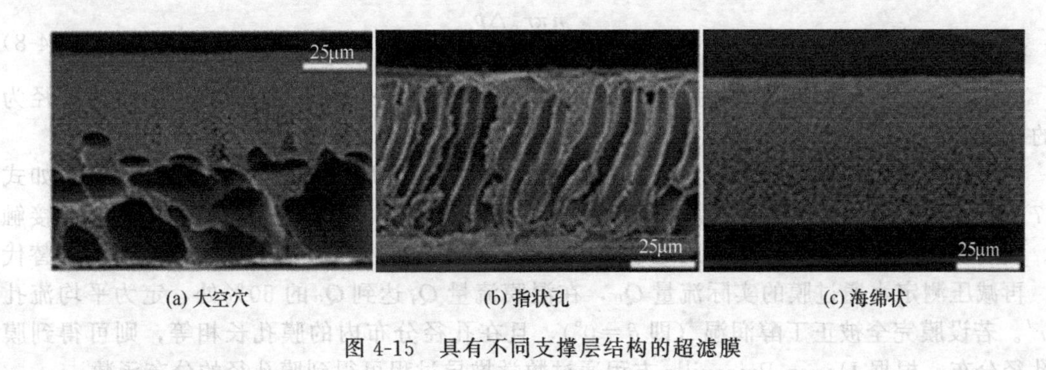

(a) 大空穴　(b) 指状孔　(c) 海绵状

图 4-15 具有不同支撑层结构的超滤膜

4.6.1.3 底面皮层

不良溶剂、高分子量聚合物等都容易导致铸膜液和支撑物或玻璃板界面处形成底面皮层，从而增加过滤阻力。

4.6.2 超滤膜的结构表征

4.6.2.1 孔结构形态

在理想情况下，超滤膜孔径是指贯通于膜两表面的孔道中最窄细处的通道半径，即贯通孔的孔径。而实际膜孔结构并非是圆直筒状，多数呈曲折状或形成无效孔。膜表面或断面的孔结构形态一般采用扫描电子显微镜观察，它是利用二次电子和背景散射电子成像，其图像是按一定时间空间顺序逐点扫描而成的，并在镜体外的显像管上显示。

4.6.2.2 孔径及孔径分布

由于超滤膜的分离机理主要是筛分机理，超滤膜孔径及孔径分布的测定就显得尤为重要。超滤膜孔径及其分布的测定主要包括以下几种方法。

(1) 几何孔径测定法　用扫描电子显微镜直接观察膜表面孔的大小，并计量孔的个数(即直接观察孔径的几何结构)。超滤膜的表面孔径范围是2～50nm。扫描电子显微镜的分辨率为5～10nm，适用于观察孔径大于5nm的表面孔。这种方法通常需要借助不同的数学模型对图像进行分析处理，以得到膜的孔径分布。由于显微技术只能观察很小范围内的膜孔径，测定的局限性较大，且样品的制备会影响测定结果。

(2) 物理孔径测定法　利用某种与孔径有关的物理效应来进行测试。

① 与界面性质相关的测定方法。该法是依据孔界面上的表面张力与吸附能力同孔径之间的关系进行测试的。

液液置换法是利用毛细管现象进行孔径测量的方法。该方法测定原理与气体泡压法是相同的，但是采用两种不互溶的液体为渗透剂和润湿剂，即以液体渗透剂取代了气体泡压法的气体渗透剂。当膜孔被已知界面张力的液体充满时，另一种液体通过膜孔所需压力与膜孔半径的关系可用 Laplace 方程［式 (4-7)］表示，即可计算出超滤膜的孔径及其分布。由于一般液体间的界面张力远低于气体与液体间的表面张力，因此测定相同大小的孔径，其需要的压力更低，可测量的孔径更小，可以用于超滤膜孔径及其分布的测定。

$$r=\frac{2\sigma\cos\theta}{p} \tag{4-7}$$

式中，r 为毛细管孔径；σ 为液体表面张力；θ 为液体与孔壁间的接触角；p 为膜孔所需压力。

膜孔中毛细作用由 Laplace 方程或 Cantor 方程确定。液体在圆柱孔中的渗透速率与压差 (Δp) 的关系可由如下的 Hagen-Poiseuille 方程确定。

$$Q=\frac{n\pi r_{\mathrm{p}}^{4}\Delta p}{8\mu l\tau} \tag{4-8}$$

式中，Q 为液体渗透量；μ 为液体黏度；l 为膜厚度；τ 为膜孔曲折因子；n 为孔径为 r_{p} 的孔数。

当多孔膜被已知界面张力的正丁醇充满时，水通过膜孔所需的压力与膜孔半径存在如式 (4-7) 所示的关系。只是式中的 σ 为水-正丁醇的界面张力；θ 为正丁醇与膜孔壁之间的接触角。随着压力的增加，水依次被压通过膜中小孔，此时流量为 Q，当膜上所有孔都被水替代后，再减压测定水通过膜的实际流量 Q_0，在湿膜流量 Q_i 达到 Q_0 的 50%处，定为平均流孔径 r'。若设膜完全被正丁醇润湿（即 $\theta=0°$），且在孔径分布内的膜孔长相等，则可得到膜的孔径分布。根据 Hagen-Poiseuille 方程通过数学推导过程可得到膜孔径的分布函数：

$$f(r)=\frac{V_i/V}{r_{i-1}-r_i}=\frac{p_i(p_{i-1}Q_i-p_iQ_{i-1})}{(r_{i-1}-r_i)p_{i-1}\sum\limits_{i=1}^{m}\frac{p_i}{p_{i-1}}(p_{i-1}Q_i-p_iQ_{i-1})} \tag{4-9}$$

测定时，需要预先将膜浸于醇相中，充分润湿后取出，放入测试池中测试。该法能测定平均孔径小于 20nm 的超滤膜孔径及孔径分布，其相对误差≤10%。该方法具有操作简便、测试压力接近膜操作压力的优点。对于截留分子量约为 20000 的超滤膜，测试压力达到 0.5MPa 时即能得到孔径分布曲线。

② 与筛分效应有关的测定方法——截留率法。截留率法是用一系列已知分子量的标准物质，配制成一定浓度的测试原料液，再通过测定其在超滤膜上的截留特性来表征膜的孔径大小。通常将截留率大于 90%的分子量作为膜的截留率指标。截留率越高，截留范围越窄，表明膜的分离性能越好，孔径分布越窄。

常用的截留率测定物质包括聚乙二醇 ($M_{\mathrm{w}}=400\sim20000$)、葡聚糖 ($M_{\mathrm{w}}=10000\sim2500000$)、蛋白 ($M_{\mathrm{w}}=1000\sim350000$) 以及其他易于检测的标准物质。然而，膜的截留率不仅与膜孔径及其分布有关，还与膜表面性质、膜孔结构以及参比物的性质和测定条件有关。比如，在一定条件下，线形聚乙二醇分子比球形蛋白更易于透过较小的膜孔。对于荷电膜，分子尺寸与膜孔径相近的非荷电物质在压力驱动下可透过膜，而带有同种电荷的物质则不易透过荷电膜。

4.6.2.3 润湿性

聚合物固体的亲水性与其表面能大小密切相关，通常认为高能表面容易被水润湿。利用固体表面能可以直接表示其亲水性能，但是表面能的测定一般都比较困难。杨氏方程的提出为固体亲水性能的表征提供了方便。接触角的大小与相关界面表面能有直接关系，可以通过接触角的测定对表面的亲疏水性进行表征，接触角越小表明固体表面的亲水性越好。接触角的测定方法主要有躺滴法、气泡法、吊片法和水平液体表面法等。其中，躺滴法由于其样品用量少，仪器简单，测量方便，是最为常用的一种方法。

聚合物的化学结构直接决定其表面能的高低，极性化合物的可润湿性优于非极性化合物，在分子链中加入其他杂原子能够明显提高聚合物的润湿性能，各种杂原子增进固体可润湿性的能力有如下次序：F<H<Cl<Br<I<O<N。此外，聚合物固体表面的不均匀性和粗糙程度都会对其亲水性能产生影响。表面不均匀性通常会造成接触角滞后（液固界面取代气固界面与气固界面取代液固界面后形成的接触角不相同）。

4.6.2.4 荷电性

膜在使用时，由于膜材料自身功能基团的解离或者某些特性吸附（包括其对溶液中正负离子的吸附、聚电解质的吸附、离子型表面活性剂的吸附以及荷电大分子的吸附等），当膜与水溶液接触时膜表面很容易带正电荷或负电荷。为补偿膜表面的电荷以保持溶液体系的电荷平衡，在静电引力和范德华力的作用下，一部分反离子会趋向于靠近膜表面，并在两相界面一定距离处集聚。

根据经典的 Stern 双电层模型，膜面与溶液界面处的电荷分布和电势分布可以分成两层（图 4-16）。第一层为 Stern 层（紧密层），它是由紧靠膜表面的部分（包括牢固吸附在膜表面上的离子和参与部分溶剂化的水分子）构成的；第二层是扩散层，它从 Stern 面延伸到溶液主体。Stern 面与液相主体的电势差称为 Stern 电位。Stern 电位大小与特性吸附离子以及膜表面本身固定电荷的性质与数量有关，因此 Stern 电位能够真实反映膜表面的荷电性能，但难以用实验的方法测定。但是，在紧密层与扩散层间具有一个滑动面，当带电的膜表面与电解质溶液相对移动时，其剪切面与溶液主体之间会产生一个电位差，称为 Zeta 电位（Zeta potential），又叫电动电位或电动电势（ζ 电位或 ζ 电势），其大小可以通过实验方法获得。尽管 Zeta 电位并不等于膜表面的真正电位，但是可以利用 Zeta 电位间接描述膜表面的荷电性能。

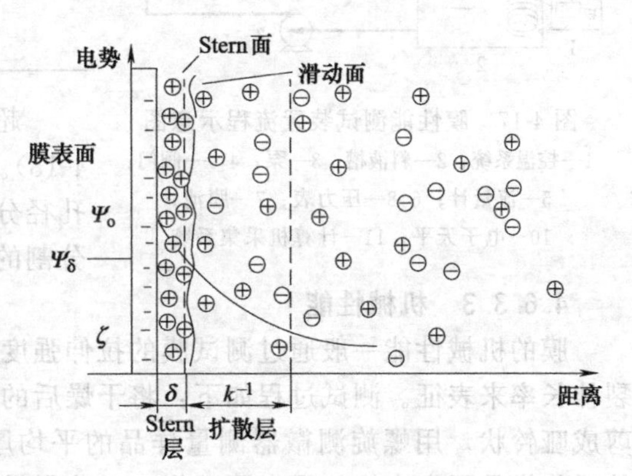

图 4-16 Stern 双电层模型

膜表面 Zeta 电位通常可以采用流动电位法、电渗法和膜电位法进行测定，其中流动电位法是被认为是最方便、最实用的方法之一。

4.6.3 超滤膜的性能测定

超滤膜在应用时存在适宜的使用温度、pH 值范围和最大允许溶质浓度。在实际应用中，超滤膜的主要性能指标如下。

4.6.3.1 压密因数

由于超滤膜的皮层较为致密，支撑层和底面皮层呈多孔结构，所以在压力作用下膜易于压密。膜运行初期的渗透速率与运行 24h 后达到稳定时的渗透速率之比称为压密因数：

压密因数 m =初始渗透速率/稳定渗透速率≈1.2～1.5

压密因数与膜的材质、结构、孔隙率及孔径有关。若达到稳定速率后继续运行，由于压力持续作用及膜表面污染，超滤膜的渗透速率将进一步下降。

4.6.3.2 分离特性

超滤膜的渗透能力以特定测试条件下纯水的透过速率表示。纯水渗透速率一般在 0.1～0.3MPa 压力下测定。实验室的超滤膜性能测试装置流程如图 4-17 所示。

截留率是指膜对一定分子量物质的截留效率。一般用分子量差异不大的溶质在不易形成浓差极化的操作条件下测定截留率，将表观截留率为 90%～95% 的溶质分子量定义为截留分子量。用分子量代表分子大小以表示超滤膜的截留特性。截留率越高、截留范围越窄的膜性能越好。显然，截留范围不仅与膜的孔径及孔径分布有关，还与膜表面的物理化学性质有关。评价超滤膜截留性能的物质如表 4-4 所列。

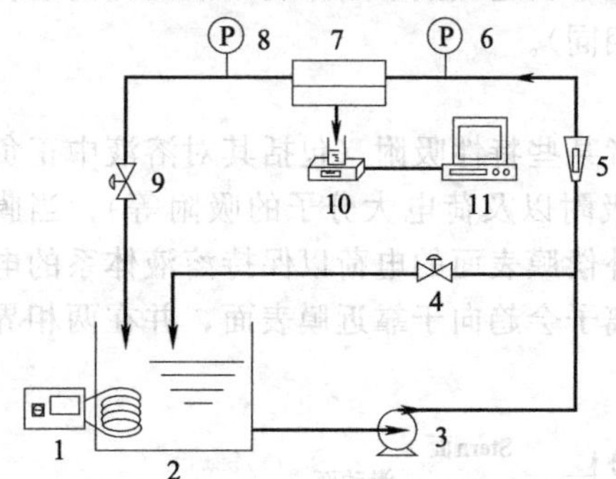

图 4-17 膜性能测试装置流程示意图

1—控温系统；2—料液槽；3—泵；4,9—阀门；5—流量计；6,8—压力表；7—膜池；10—电子天平；11—计算机采集系统

表 4-4 超滤膜截留性能检测常用物质及其分子量

试剂名称	分子量
葡萄糖	180
蔗糖	342
维生素 B_{12}	1350
胰岛素	5700
细胞色素 C	12400
胃蛋白酶	35000
卵白蛋白	45000
牛血清蛋白	67000
球蛋白	160000

超滤膜的截留分子量曲线一般呈 S 形（图 4-18）。孔径均匀时，曲线形状陡峭，称为锐分割；孔径分布很宽时，曲线变化平缓，称为钝分割。锐分割的膜性能好，但较难获得。

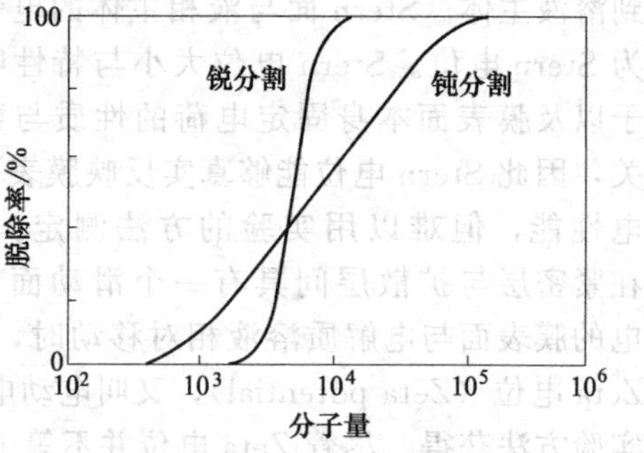

图 4-18 截留分子量曲线类型

4.6.3.3 机械性能

膜的机械性能一般通过测试膜的拉伸强度和断裂伸长率来表征。测试过程如下：将干燥后的样品剪成哑铃状，用螺旋测微器测量样品的平均厚度，然后将样品固定在拉伸强度测试仪上，获得最大应力和最大应变。

拉伸强度是高聚物力学性能的一个重要指标。它是指在规定的实验温度和湿度下，在试样上沿轴向施加拉伸载荷，直到试样被拉断为止。拉伸强度的计算公式如下：

$$\sigma_t = \frac{P}{bd} \tag{4-10}$$

式中，σ_t 为样品的拉伸强度，MPa；P 为样品断裂前承受的最大载荷，N；b 为样品的宽度，mm；d 为样品的厚度，μm。

在测试拉伸性能时，试样的断裂伸长率 ε_t 也是表征高聚物力学性能的一项重要参数，它是指测量前后试样沿作用力方向上的形变量与试样原长 L 的比值。断裂伸长率通过公式计算得到：

$$\varepsilon_t = \frac{L - L_0}{L_0} \times 100\% \tag{4-11}$$

式中，L_0为测试膜片在作用力方向上的原始长度，cm；L 为测试膜片断裂时在作用力方向上的长度，cm。

4.6.3.4　**耐受性能**

一般通过将膜浸泡在一定浓度的化学试剂中，一段时间后取出观察膜的外观变化或测量孔径和流速的变化，进而评定膜对这种化学试剂的耐受能力。常用有机超滤膜的适用 pH 范围及适用温度范围如表 4-5 所列。

表 4-5　常用有机超滤膜的适用 pH 范围及适用温度范围

种类	适用 pH 范围	适用温度范围/℃	种类	适用 pH 范围	适用温度范围/℃
醋酸纤维素膜	3～8	0～40	聚砜膜	2～12	0～100
三醋酸纤维素膜	2～9	0～40			

4.7　超滤膜污染及其清洗

4.7.1　超滤膜污染机理

4.7.1.1　**膜污染的定义**

膜污染指处理物料中的微粒、胶体粒子或溶质大分子。这些物质由于与膜存在物理化学相互作用或机械作用而在膜表面或膜孔内吸附、沉积造成膜孔径变小或堵塞，使膜产生分离性能的不可逆变化。此时，根据体系的不同，膜透过流量的衰退过程可能是一步完成的，也可能是几步完成的。原则上讲，一旦料液与膜接触，溶质与膜之间就会因相互作用而产生吸附，膜污染就开始发生。对于超滤而言，长期运行后膜通量可降低 20%～40%，当膜材料选择不合适时，膜通量下降可达 80%以上。

4.7.1.2　**膜污染的分类**

按照污染的清洗可恢复性，可将超滤膜污染分为可逆污染和不可逆污染。可逆污染主要由浓差极化现象引起，不可逆污染物包括无机物（$CaCO_3$、$CaSO_4$、$MgCO_3$、铁盐、磷酸盐、无机胶体等）、有机物（蛋白质、脂肪、糖类、有机胶体、凝胶、腐殖酸等）和微生物（活性污泥、细菌、大分子等）。

按照污染物的形态，可将超滤膜污染分为膜孔堵塞、膜表面凝胶层以及滤饼层等。膜孔堵塞污染主要是由进料液中的小分子物质在膜表面吸附或截留沉积造成；膜表面凝胶层污染主要由进料液中的大分子物质在膜表面吸附或截留沉积造成；滤饼层污染主要由颗粒物质在凝胶层上的沉积所引起。

污染物分胶体和悬浮固体、无机污染物、天然有机污染物和微生物。胶体和悬浮固体包括黏土矿物，硅胶，铁、铝、锰的氧化物以及有机胶体和悬浮物，容易造成膜孔堵塞和膜表面滤饼层的形成。无机污染物包括钙、镁、钡、铁等无机盐，硅酸和金属氧化物等，通过形成沉淀结垢，在膜表面积累或者沉积在膜孔内部。天然有机污染物包括蛋白质、多糖、氨基糖、核酸、腐殖酸、生物细胞成分等，这类物质既可以在膜表面形成滤饼层，也可以吸附在膜孔内部，产生膜污染。微生物是指浮游植物、细菌及其产生的胞外聚合物，微生物吸附在膜表面，繁殖并产生胞外聚合物，在膜表面形成生物膜。以上各种污染物中，大部分胶体和悬浮固体污染物、无机污染物以及有机污染物可通过对滤液进行规范的预处理而去除，且不会再生。但是微生物污染物难以根除，极少量的微生物便可以将溶液中的某些有机物和无机盐作为营养物质，在膜表面迅速生长繁殖，进而形成黏附性极强的生物膜，造成严重的微生物污染。

4.7.1.3 膜污染的度量

一般来说，通量降低可由驱动力减小或阻力增加引起。Darcy 定律是描述流体流过多孔介质的基础公式：

$$J_V=\frac{\Delta p}{\mu(R_m+R_{b1}+R_f)}=\frac{膜两侧压力差}{\mu\times 总阻力(R_t)} \tag{4-12}$$

式中，μ 为溶液黏度；R_m 为膜阻力；R_{b1} 为浓差极化边界层阻力；R_f 为膜污染阻力；R_t 为膜过程的总阻力，$R_t=R_m+R_{b1}+R_f$。

Darcy 定律可定性解释膜通量随运行时间延长而降低，但难以定量测定。真实定量表征膜污染程度的方法有待进一步研究。目前采用的方法有以下几种。

(1) 膜阻力系数法　该法的基本步骤为：

① 测定膜的初始纯水透过量：

$$J_0=\frac{\Delta p}{\mu R_m} \tag{4-13}$$

② 污染后的膜通量：

$$J_1=\frac{\Delta p}{\mu(R_m+R_{b1}+R_f)} \tag{4-14}$$

③ 被污染后的膜用清水冲洗一次，再测定其纯水透过量：

$$J_2=\frac{\Delta p}{\mu(R_m+R_f)} \tag{4-15}$$

根据 J_1、J_2、J_0 值，并假定在测试过程中黏度 μ 不变，即可求出 R_m、R_{b1}、R_f 值在总阻力 R_t 中所占的比例：

$$R_f=R_m\left(\frac{J_0-J_2}{J_2}\right)=mR_m \tag{4-16}$$

式中，无量纲的 m 值为通量衰减系数或阻力增大系数。m 值越大，表示通量衰减越大，膜污染情况越严重。

(2) 初始通量斜率法　对于死端超滤或微滤过程，由于浓差极化边界所占的阻力在总阻力中所占份额不大，R_{b1} 可忽略不计或并入 R_f 中，此时 Darcy 公式可写成：

$$J=\frac{\Delta p}{\mu(R_m+R_f)}=\frac{\Delta p}{\mu(R_m+r_0\delta)} \tag{4-17}$$

式中，r_0 为单位厚度凝胶层阻力；δ 为凝胶层厚度，$\delta=\delta_0\int_0^t J(t)\mathrm{d}t$，$\delta_0$ 为形成单位体积过滤液时在膜表面形成的沉积物体积。

设 R_m、r_0 和 δ_0 是与时间无关的变量，变换 Darcy 定律后可得：

$$J(t)=\frac{J_0}{\sqrt{1+2\Phi J_0 kt}} \tag{4-18}$$

$$\Phi=-\frac{1}{J_0^2}\times\frac{\mathrm{d}J}{\mathrm{d}x}\bigg|_{t=0}=\frac{R_f}{R_m}$$

Φ 值为膜污染产生的阻力与膜本身阻力的比值，可用 Φ 值来度量污染情况。Φ 值越大，污染就越严重。k 为校正因子。

由式（4-18）可知，对于超滤膜，只要精确测定其起始阶段的 $J(t)$ 随 t 的变化曲线，就可判断其污染程度，并依据上式推算其污染程度以及过滤一定体积（量）所需的时间。

4.7.2 超滤膜污染的影响因素及控制策略

膜污染是超滤膜在工业化应用中首先要解决的关键问题。影响超滤膜污染的因素包括：

膜结构和性质（膜孔结构、膜表面粗糙度、亲水性、荷电性）、膜组件构造、溶液性质和组成以及膜过程操作条件。超滤膜通量随过程进行逐渐下降，运行成本增加，膜的寿命会缩短。因此，必须具体分析膜污染的影响因素，才可采取相应措施来缓解膜污染。

4.7.2.1 膜结构和性质

（1）膜孔结构　根据污染物尺寸与膜孔径大小关系的不同，膜污染机理分四种情况[64]（图 4-19）。由筛分机理可知，微粒或溶质尺寸与膜孔径相近时易堵塞膜孔。微粒或溶质尺寸大于膜孔时，由于横切流作用，在膜表面很难停留聚集，故不易堵孔。一般适宜的膜表面孔径为略小于微粒或溶质尺寸，这样在保证较高水通量和高截留率的同时，能有效缓解膜污染过程。对于球形蛋白质、支链聚合物及直链线型聚合物，它们在溶液中的存在形态也直接影响膜污染。同时，膜孔径分布或截留分子量分布也对膜污染产生重大影响。

理论上讲，在保证能截留所需粒子或大分子溶质前提下，应尽量选择孔径或截留分子量较大的膜，以得到较高透水量。但实践证明，选用较大膜孔径，由于孔径大的膜内吸附大于孔径小的膜内吸附，因此具有更高的污染速率，反而会使长期通量下降。针对不同分离对象，需考虑溶液中最小粒子及其特性的不同，最终通过实验来选择具有最佳孔径的膜。

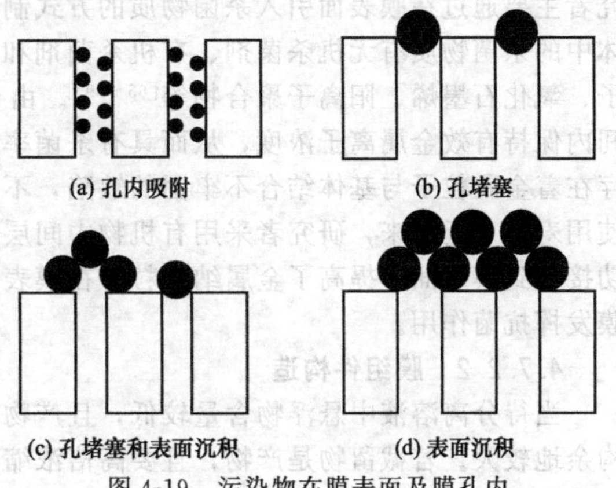

图 4-19　污染物在膜表面及膜孔内的吸附情况示意图

（2）膜表面粗糙度　为减轻浓差极化带来的不良影响，超滤过程一般采取错流过滤，即原料液与膜表面切向流动。当膜表面较为粗糙时，污染物颗粒容易阻塞在粗糙结构的低凹处，而错流原料液的剪切力有限，若不能及时冲走污染物颗粒，容易造成污染物沉积，甚至形成滤饼层。因此，适当降低膜表面粗糙度可缓解颗粒物的污染。

（3）亲水性　亲水膜表面与水形成氢键，此时水分子呈有序分布，当疏水溶质要接近膜表面时，必须破坏有序水，这是一个熵减少的过程，需要能量，不易进行，因而膜面不易被污染，而疏水膜表面上与水则无氢键作用，当疏水溶质接近膜表面时，挤开水是疏水表面的脱水过程，是一个熵增大的过程，易进行。因此，二者之间有较强相互作用时，膜面易吸附溶质而被污染。

范德华力是分子间的一种吸引力，常用比例系数 H（Hamaker 常数）表征，它与组分的表面张力有关，对于水、溶质和膜三元体系的 Hamaker 常数为：

$$H=[H_{11}^{\frac{1}{2}}-(H_{22}H_{33})^{\frac{1}{4}}]^2 \tag{4-19}$$

式中，H_{11}、H_{22} 和 H_{33} 分别是水、溶质和膜的 Hamaker 常数。由式（4-19）可见，H 始终是正值或零。当溶质（或膜）是亲水性的时，H_{22} 或 H_{33} 值将增高，使 H 下降，即膜与溶质间吸引力减弱，此时膜较耐污染并易清洗。

为改变疏水性膜的耐污染性，可在不影响膜分离特性的前提下利用小分子化合物对膜表面进行预处理，如用表面活性剂使膜表面覆盖一层保护层，这样可减少膜的吸附进而减轻膜污染，但这些表面活性剂是水溶性的，靠分子间较弱的范德华力与膜粘接，极易脱落。为获持久耐污染特性，常需采用膜表面改性的方法引入亲水基团，或用复合膜的方法复合一层亲水性分离层。

（4）荷电性　原料液中的有机污染物、胶体物质和微生物表面因含有荷正电或负电的化学基团而呈现出一定的电性。同时，一些膜材料带有极性基团或可离解基团，与溶液接触时，由于溶剂极化作用或离解作用也会使膜表面荷电并与溶液中荷电溶质产生相互作用；当污染物与膜表面带有同种电荷时，由于静电排斥作用，不容易吸附到膜表面，起到抑制膜污染的作用。当污染物与膜表面带有异种电荷时，则会加剧膜污染。由于原料液中污染物的多样性，可开发表面呈电中性或接近电中性的膜材料，以减轻对各类污染物的吸附作用。例如，阴极电泳漆系统中，普遍采用荷正电膜，以电荷排斥作用来防止漆在膜面上的紧密聚集，从而可实现低操作压力、高通量、长寿命和少清洗等目的。

(5) 膜材料的特殊物质或官能团　通过化学反应或物理作用力将特定物质或化学基团接枝到膜材料中，利用改性膜表面的功能基团赋予超滤膜更加优异的性能，比如提高膜表面的亲水性、杀菌性能，减弱荷电性等。例如，为杀灭膜表面附近的细菌并抑制其生长繁殖，研究者主要通过在膜表面引入杀菌物质的方式制备抗菌型超滤膜。目前引入到超滤膜表面或基体中的杀菌物质有无机杀菌剂、有机杀菌剂和天然杀菌剂，主要包括银纳米粒子、铜纳米粒子、氧化石墨烯、阳离子聚合物等[65~69]。由于金属纳米粒子属于缓释型杀菌剂，能在长时间内保持有效金属离子浓度，从而具有杀菌率高、作用时间长、使用方便等优点，但同时也存在着金属粒子与基体结合不牢固的缺陷，不仅容易产生二次污染，还有可能减少膜材料的使用寿命。近年来，研究者采用有机物中间层或无机物纳米颗粒作为载体将金属纳米粒子成功接枝到膜表面，提高了金属纳米粒子在膜表面的分散性和稳定性，有利于反渗透膜或超滤膜发挥抗菌作用。

4.7.2.2　膜组件构造

当待分离溶液中悬浮物含量较低，且产物在透过液中时，用于分离澄清，则选择组件结构余地较大。若截留物是产物，且要高倍浓缩，则选择组件结构要慎重。一般来讲，带隔网作料液流道的组件，由于固体物易在膜面沉积、堵塞，而不宜采用。但毛细管式与薄层流道式组件可以使料液高速流动，剪切力较大，有利于减少粒子或大分子溶质在膜面沉积，减少浓差极化或凝胶层形成。

4.7.2.3　溶液性质和组成

(1) 盐浓度　无机盐通过两种途径对膜污染产生影响：①无机盐会强烈吸附到膜面上，用超滤膜处理乳精或其他含钙盐的料液时，膜面上不溶性钙盐在膜表面或膜孔中的沉淀量会随着 pH 值升高而增加，即使是可溶性钙盐，也会通过静电作用与膜上带负电荷的基团作用，并在膜和蛋白质之间形成“盐桥”，加快蛋白质在膜面上的污染。②无机盐改变溶液的离子强度，影响到蛋白质的溶解性、分散性、构型与悬浮状态，并改变沉积层的疏密程度，从而影响蛋白质在膜面的吸附及膜的透水率。

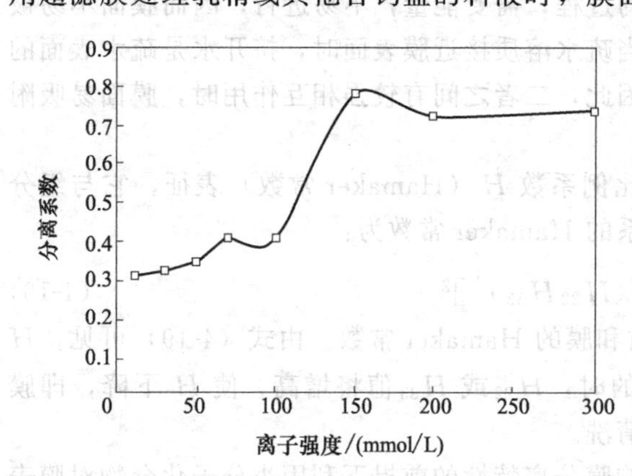

图 4-20　BSA 溶液离子强度对超滤分离系数的影响

图 4-20 是 BSA 溶液离子强度对超滤分离系数的影响。在其他条件不变的情况下，静电力是分离系数的主要影响因素。当 NaCl 浓度在 10～100mmol/L 时，分离系数随离子强度缓慢增大；当 NaCl 浓度在 100～150mmol/L 时，分离系数随离子强度增大较快；当 NaCl 浓度大于 200mmol/L 时，分离系数基本不变。可能原因是当离子强度较低时，溶质和膜表面的电荷没有完全被屏蔽，表现出静电作用力；而离子强度较高时，溶质和膜表面的电荷完全被屏蔽，静电作用力不再影响膜分离系数。

（2）溶液 pH 值　对于食品和生物体系超滤过程，蛋白质是主要污染物。溶液 pH 对蛋白质在水中的溶解性、荷电性及构型有很大影响（图 4-21）。一般认为溶液的 pH 值从两个方面影响着蛋白质的吸附：①溶解度；②膜与蛋白质的相互作用力。膜和蛋白质相互作用主要依赖于范德华力以及双电层作用。pH 值偏离等电点时，蛋白质溶解度增大。pH 值接近蛋白质等电点时，蛋白质溶解度低，溶质和溶剂的相互作用力相对较小，更容易在膜表面吸附。同时，超滤保留液中，蛋白质是混合蛋白，在一定 pH 值条件下各自带不同电荷，而膜面呈现一种特定电荷，只有与膜的电性相反的蛋白质才能被膜吸附，带其他电荷的蛋白质不能被吸附，只能在表面形成极化层或凝胶层。例如聚砜膜荷负电，若用这类超滤膜进行 BSA 溶液的分离，在 BSA 等电点（pH＝4.7）以上，由于 BSA 也带负电荷，故膜面上吸附较少，随着溶液 pH 值接近等电点，BSA 带负电荷减少，膜与蛋白之间的斥力也随之减少，引力作用逐渐明显。超过等电点后，BSA 带正电，与荷负电的膜表面产生吸引力，且随着 pH 值的降低，这种反离子吸引作用进一步加强，使吸附量明显增加。

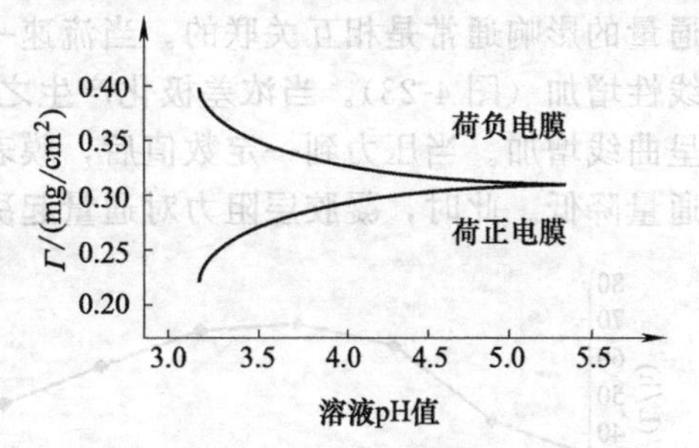

图 4-21　溶液 pH 值对 BSA 溶液在超滤膜表面吸附量的影响

（3）溶液中的污染物浓度　蛋白质是一种两性化合物，具有很强的表面活性，极易吸附在聚合物表面上。根据凝胶极化理论，当膜表面蛋白质浓度升高至凝胶浓度时，将会在膜表面形成一层凝胶层，凝胶层的流体阻力是影响膜通量的主要因素。蛋白质在膜表面的吸附可分为以下两个阶段：第一阶段是单分子层吸附；第二阶段阻力随吸附量增加的速度比第一阶段慢，两阶段的吸附量与阻力都呈直线关系。另外，膜表面的凝胶层是非对称性的，紧靠膜面的结构比较紧密，与料液接触侧则比较疏松。

（4）溶液温度　温度对污染的影响比较复杂。温度上升，料液的黏度下降，扩散系数增加，可减少浓差极化的影响。但是，温度上升又会使料液中某些组分的溶解度下降，吸附污染增加。在大多数超滤应用的温度范围内，蛋白质分子在膜面的吸附随温度升高而增加，温度升高还会因蛋白质变性和破坏而加重膜的污染，使膜不易清洗。因此，牛奶、大豆体系的料液最高超滤温度不能超过 55～60℃。图 4-22 显示，在开始时，随 BSA 溶液温度的提高，膜的污染程度下降。在 30℃时污染程度达到最小，继续提高温度，膜的污染程度反而随温度的上升而增大。这可能由于起始温度较低，料液黏度较大，蛋白分子的运动受阻，易在膜表面吸附。随温度的上升，料液的黏度下降，分子易于在溶液中运动，不易在膜表面吸附。当温度继续提高到 50℃以上，蛋白质的构象随其体积膨胀而结构变得松散，成为不规则的球形，易于堵塞膜孔使膜污染程度加剧。因此，在低于 30℃时，料液的黏度变化起主要作用，高于 30℃时蛋白质的构象对吸附起主要作用。此外，不同类型的超滤膜对蛋白溶液温度的敏感程度基本相同[70]。

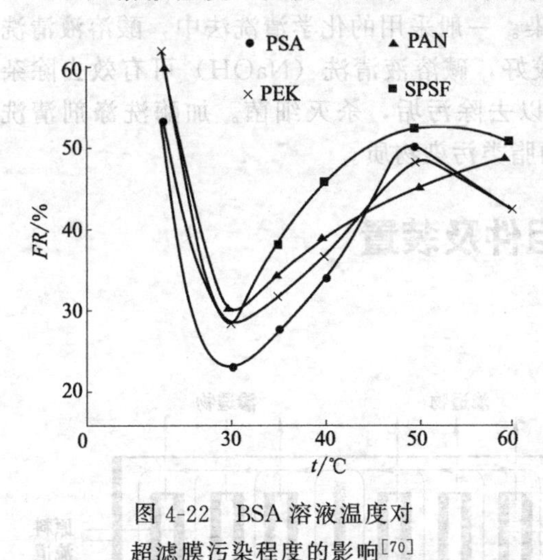

图 4-22　BSA 溶液温度对超滤膜污染程度的影响[70]

4.7.2.4　操作条件

（1）压力与料液流速　超滤分离、浓缩蛋白质或其他大分子溶质时，压力与流速对于膜通量的影响通常是相互关联的。当流速一定并且浓差极化不明显时，通量随压力升高而近似线性增加（图 4-23）。当浓差极化产生之后，压力升高导致浓差极化恶化，通量随压力升高呈曲线增加。当压力到一定数值后，膜表面溶质浓度达到凝胶浓度时将导致凝胶层形成，使通量降低。此时，凝胶层阻力对通量起决定作用，通量几乎不依赖于压力。因此，溶质浓度一定时，要选择合适压力与料液流速，可避免凝胶层形成并得到最大膜通量。

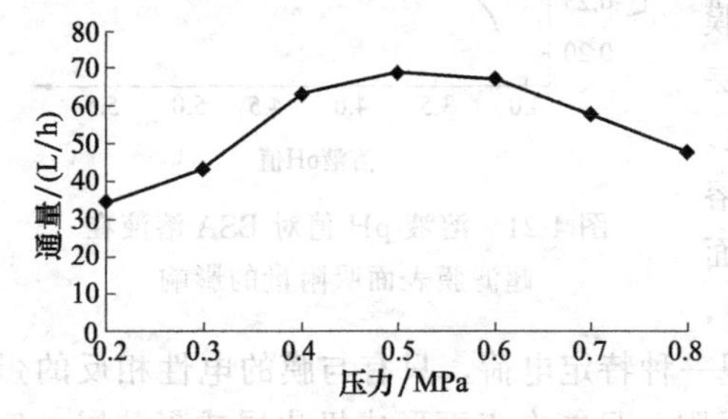

图 4-23 操作压力对超滤通量的影响

（2）溶液与膜接触时间 吸附污染引起超滤膜渗透流率下降，在较短时间内即可达到相对稳定。根据体系不同，渗透流率衰减可以按几个不同的阶段进行。通常在前几分钟通量下降很快，这是由于溶质在膜表面和孔中吸附，使膜渗透流率明显下降。之后蛋白质在膜面凝聚，形成凝胶，渗透流率下降的速度比吸附产生的影响要低。

4.7.3 超滤膜的清洗方式

随膜污染的不断加重，膜的透水速率会急剧下降。为恢复膜通量，需要定期对膜进行清洗。膜的清洗方式可分为以下两种。

（1）物理清洗法 利用机械、水力、热能、电流、超声波以及紫外线等清除膜表面污垢的方法[71]。该法具有环境友好、对工人的健康损害小、对清洗物基本没有腐蚀破坏等优点，但缺点是清洗不够彻底，存在死角。常用的物理清洗方式包括等压清洗、高纯水清洗和反向清洗。

（2）化学清洗法 利用化学药品或其他水溶液的反应能力清除膜体表面污垢的方法[72,73]。该法具有作用强烈、反应迅速的特点。化学药品通常都是配成水溶液使用，由于液体有流动性好、渗透力强的特点，容易均匀分布到清洗表面，所以适合清洗形状复杂的物体，而不至于产生清洗死角。但缺点是化学清洗液选择不当会对清洗物造成腐蚀破坏。此外，化学清洗产生的废液排放会造成对环境的污染。一般采用的化学清洗法中，酸溶液清洗（盐酸、柠檬酸、草酸等）对无机杂质去除效果较好，碱溶液清洗（NaOH）可有效去除杂质及油脂，氧化剂清洗（H_2O_2、NaClO 等）可以去除污垢，杀灭细菌。加酶洗涤剂清洗（胃蛋白酶、胰蛋白酶）可去除蛋白质、多糖、油脂类污染物质。

4.8 超滤膜组件及装置

4.8.1 超滤膜组件的分类及特点

超滤膜组件从结构单元上可分为管状膜组件（管式、毛细管式、中空纤维式）及板式膜组件（平板式、卷式）两大类。

4.8.1.1 板框式膜组件

板框式膜组件的基本部件为：平板膜、支撑膜的平盘与进料边起流体导向作用的平盘。平板膜放置在多孔支撑板上，多个支撑板叠压在一起组成膜组件（图 4-24）。支撑

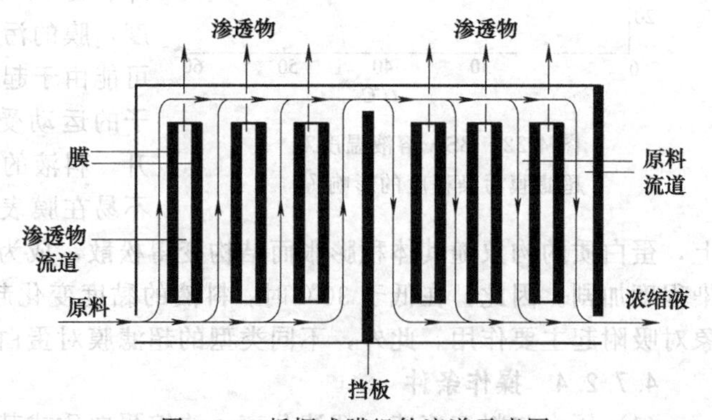

图 4-24 板框式膜组件流道示意图

板两面各一张膜，膜与支撑板之间形成渗透液流道。渗透液通过支撑板上的导流孔道汇集。膜正面与相邻支撑板上的膜正面相对，构成原料液流道。为减少沟流，即防止流体集中于某一特定流道，膜组件中设计了挡板。板框式膜组件的装填密度约为 100～400m^2/m^3，优点是易拆洗和更换组件，这是因为每两片膜之间的渗透物都是被单独引出来的，可以通过关闭各个膜组件来消除操作中的故障，而不必使整个膜组件停止运转。缺点是要求膜有足够的机械强度，这是因为安装、更换和流体湍动容易造成对膜的损坏。此外，密封边界增加了膜组件的加工成本。膜组件的流程短，流道截面积大，造成单程回收率低，从而导致设备能耗较大。

4.8.1.2 螺旋卷式膜组件

将平板膜密封成信封状膜袋，在两个膜袋之间衬以网状间隔材料，然后紧密卷绕在一根多孔中心管上而形成膜卷，再装入圆柱形压力容器内，即构成螺旋卷式膜组件（图 4-25）。

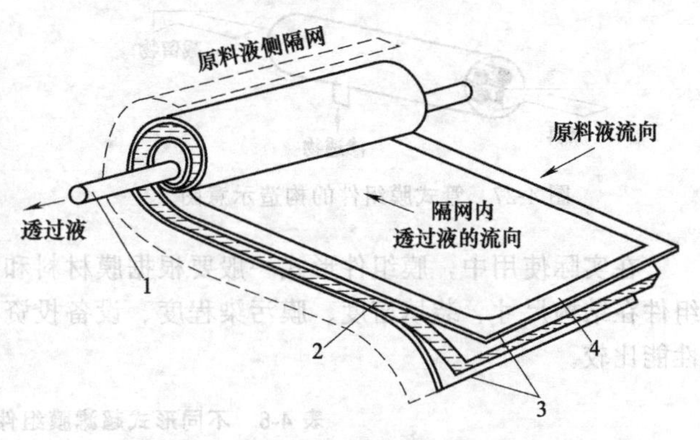

图 4-25 螺旋卷式膜组件的构造示意图

1—透过液集水管；2—透过液隔网；3—膜；4—密封边界

可以看出，在螺旋卷式膜组件中，一个（或者多个）膜袋与由塑料制成的隔网配套，按螺旋形式围着渗透物收集管卷绕。膜袋由两层膜构成，两层膜之间设有多孔塑料网状织物（渗透物隔网）。膜袋有三面是封闭的，敞开的一面连接到带有孔的渗透物收集管上。原料溶液从端面进入，沿轴向流动（平行于中心管方向），而渗透物进入膜袋后旋转着沿螺旋方向流动，最后汇集在中心管中导出。截留物从膜组件另一端排出。进料边隔网不仅使膜之间保持一定的间隔，还对物料交换过程有促进作用，在流动速度相对较低的情况下可控制浓差极化的影响。螺旋卷绕式膜组件的装填密度比板框式膜组件高，但也取决于流道宽度（由原料侧和渗透物侧之间的隔网决定）。螺旋卷绕式膜组件的优点是结构简单、造价低廉、装填密度相对较高、物料交换效果良好、能耗低、膜的更换及系统的投资较低。缺点是渗透边流体流动路径较长，难以清洗，膜必须是可焊接和可黏结的，对料液的预处理要求严格。为了使装置达到较高的收率，常常需要将多个元件（多达 6 个）安装在一个耐压外壳中。

4.8.1.3 中空纤维式膜组件

中空纤维式膜组件是装填密度最高的一种膜组件构型，可达 30000m^2/m^3。中空纤维式膜组件分内压式和外压式两种（图 4-26）。内压式是原料液流经膜丝内腔，中空纤维外侧收集得到渗透物。外压式是原料液从膜丝外侧进入膜组件，渗透物通过内腔收集。两种方式的选择主要取决于压降、膜种类等因素。外压式膜组件应用较广泛，但其缺点是可能发生沟流，即原料倾向于沿固定路径流动而使有效膜面积下降[74]。由于中空纤维膜不用支撑体，在组件内能装几十万到上百万根中空纤维，其显著优点是膜的装填密度（单位体积内的膜面积）高，一般为 16000～30000m^2/m^3，产水量高。其缺点是膜面污垢去除较困难，透过水侧的压力损失大，中空纤维膜一旦损坏无法

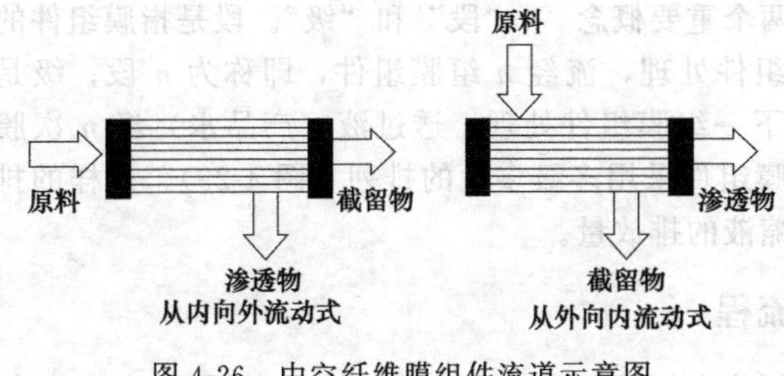

图 4-26 中空纤维膜组件流道示意图

更换，要求对进料液进行严格的预处理。

4.8.1.4 管式膜组件

与中空纤维膜不同，管式膜不是自支撑的，是固定在一个多孔的不锈钢、陶瓷或塑料管内，管直径通常为6～24mm，每个膜组件中膜管数目一般为4～18根。原料流经膜管中心，而渗透物通过多孔支撑管流入膜组件外壳（图4-27）。管式膜组件的优点是能有效控制浓差极化，流动状态好，可大范围调节料液的流速，膜生成污垢后容易清洗，对料液预处理要求不高并可处理含悬浮固体的料液。缺点是投资和运行费用较高，装填密度较低，一般不超过$300m^2/m^3$。陶瓷管式膜组件的一种特殊类型为蜂窝结构（图4-28），在陶瓷“块”中开有若干个孔，用溶胶-凝胶法在这些管的内表面上覆盖一层很薄的γ-氧化铝或氧化锆（ZrO_2）皮层。

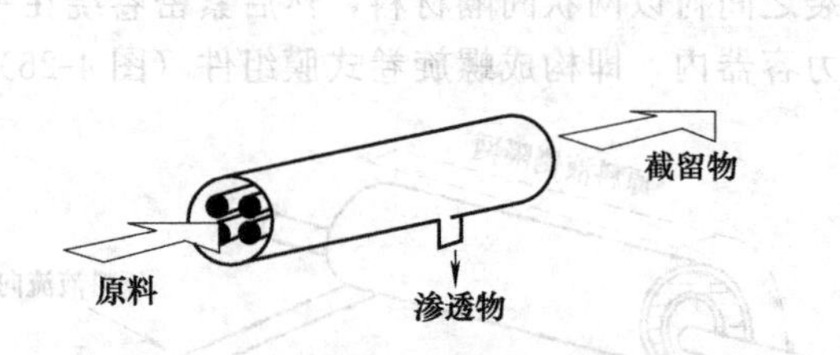

图4-27 管式膜组件的构造示意图

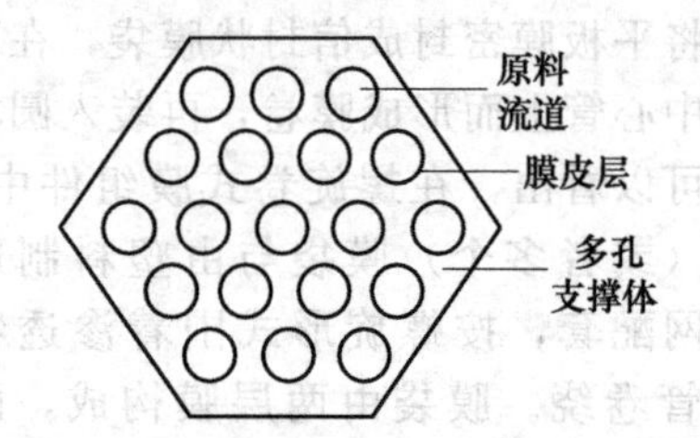

图4-28 蜂窝结构陶瓷膜组件截面图

在实际使用中，膜组件形式一般要根据膜材料和待处理液的性能而定。表4-6为超滤膜组件在结构尺寸、装填密度、膜污染程度、设备投资、膜清洗难易程度以及更换费用方面的性能比较。

表4-6 不同形式超滤膜组件的性能比较

项目	板框式	螺旋卷绕式	中空纤维式	管式
流道尺寸/mm	0.5～1.0	0.8～1.5	0.6～1.1	2～25
装填密度	低	中等	高	低
耐机械损坏程度	高	中等	中等	中等
膜污染程度	高	高	高	低
运行能耗	中等	中等	低	高
设备投资	高	低	低	高
膜清洗难易	易	难	难	易
膜更换方式	膜片	组件	组件	膜管
对料液要求	低	中等	高	低
膜更换费用	低	中等	中等	高

4.8.2 超滤膜组件的排列方式

膜组件的寿命不仅与料液和膜性质有关，也受到膜组件排列方式的影响。如果膜组件的排列方式不合理，可能会造成某一段膜组件水通量过大，而另一段水通量过小，这样不利于获得最优的分离效率。因此，为达到设计所要求的处理能力和分离效果，需进行多个膜组件的串联或并联。膜组件的排列方式中，有两个重要概念——“段”和“级”。段是指膜组件的浓缩液（浓水）不经泵自动流到下一组膜组件处理，流经n组膜组件，即称为n段；级是指膜组件的透过液（产品水）经泵输送到下一组膜组件处理，透过液（产品水）经n次膜组件处理，称为n级。一般工业应用中，膜组件采用多级多段的排列（图4-29），这样的排列方式可以有效提高水的回收率，减少浓缩液的排放量。

4.8.3 超滤装置的配套设备及工艺流程

膜分离设备是利用膜的选择透过性进行分离的设备，一般由膜组件、动力设备和控制仪

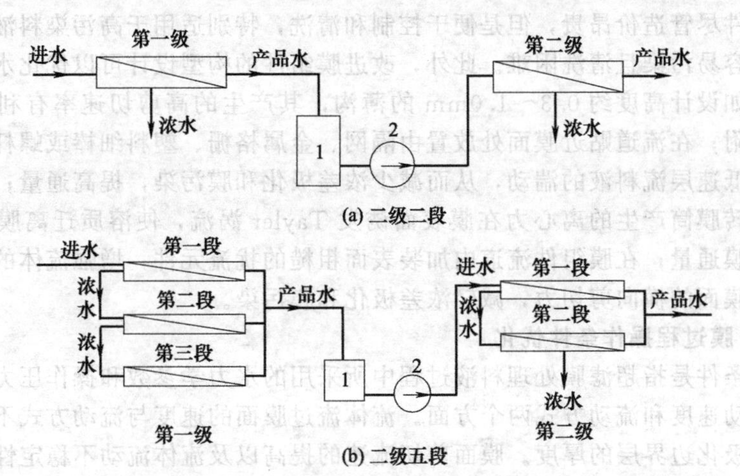

图 4-29 超滤系统膜组件排列方式

1—集水箱；2—加压泵

表组成。动力设备包括料液泵、循环泵和冲洗泵，一般为隔膜泵或离心泵。控制仪表包括压力表、流量计、温度控制系统以及阀门等。超滤装置的工艺流程可分为单向流程和再循环流程（图 4-30）。

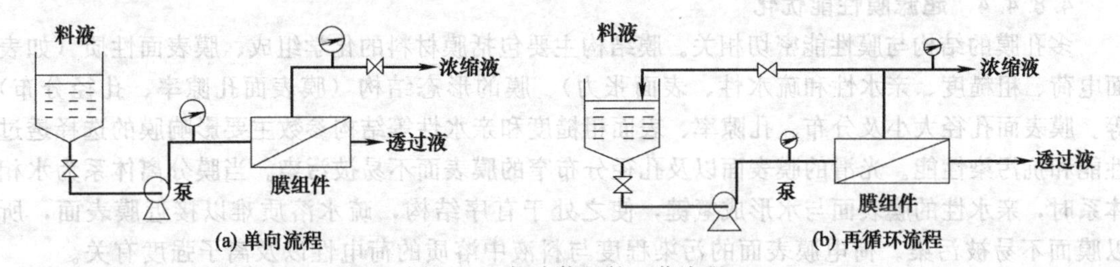

图 4-30 超滤装置的工艺流程

4.8.4 超滤过程分离效率的强化措施

4.8.4.1 料液预处理

料液性质主要指料液的物理、化学性质，如料液黏度、浓度、pH 值、粒子或溶质大小和分子结构、形态及共存离子等。当粒子或溶质的尺寸与超滤膜孔径接近时，极容易产生堵塞作用，而当膜孔小于粒子或溶质的尺寸时，由于横切流作用，它们在膜表面很难停留聚集，不易堵孔。因此，料液预处理能够在一定程度上缓解超滤膜污染。

对超滤料液的预处理可采用物理、化学等方法，如混凝、过滤、活性炭吸附、树脂吸附、化学氧化等[75]。混凝是一种常用的预处理工艺，可以有效减少膜污染。最理想的混凝剂是铝盐和铁盐混凝剂，它们可以中和电荷，去除疏水性和较大的物质。然而，亲水性天然有机物组分难以被混凝剂去除，并且低分子量的中性亲水性化合物在混凝过程中似乎会引起膜污染[76]。吸附主要用于去除有机物，一般需要高浓度吸附剂和较长的接触时间。活性炭是一种广泛应用的吸附剂，可以去除分子大小为 20kDa 的天然有机物。臭氧预处理工艺可以氧化分解有机酸、醛和酮等天然有机物，形成低分子量有机副产物，减缓大分子有机物造成的膜污染。Zhang 等研究发现铝盐混凝预处理、活性炭吸附和臭氧预氧化可以让水中天然有机物含量分别降低 22.1%、34.6%和 13.2%[77]。

4.8.4.2 膜组件构型设计

不同的膜组件构型适用于不同的应用场合。实际应用通常在两种或三种膜组件中做出选择。管式膜组件尽管造价昂贵，但是便于控制和清洗，特别适用于高污染料液体系。而中空纤维膜组件很容易污染且清洗困难。此外，改进膜组件的构型设计可以优化水力学参数，提高传质系数。如设计高度约 0.3～1.0mm 的薄沟，其产生的高剪切速率有利于减少污染物在膜表面的吸附；在流道贴近膜面处放置由隔网、金属格栅、塑料细棒或螺杆等组成的湍流促进器，诱发低速层流料液的湍动，从而减少浓差极化和膜污染，提高通量；设计回转膜构型，使高速回转膜筒产生的离心力在膜表面诱发 Tayler 涡流，使溶质迁离膜表面，减少浓差极化，提高膜通量；在膜组件流道内加装表面粗糙的扰流元件，增强流体的湍流程度，从而强化流体对膜面的横向剪切力，减轻浓差极化和膜污染。

4.8.4.3 膜过程操作条件优化

超滤操作条件是指超滤膜处理料液过程中所采用的水力学参数和操作压力等。水力学参数包括膜面流动速度和流动方式两个方面。流体流过膜面的速度与流动方式不同，会直接影响到膜面流体极化边界层的厚度。膜面剪切流速的提高以及流体流动不稳定性的出现都能够有效减轻膜污染和浓差极化。目前，流速与流动方式在组件设计过程中已被视为优先考虑的两种主要因素。

实际应用中，一般采用错流操作，控制较低压力和较高流速以减轻膜表面污染，缓解浓差极化，提高膜分离效率。此外，定期对超滤膜进行有效物理清洗、超声和化学清洗，也可以有效恢复膜的分离性能[78,79]。

4.8.4.4 超滤膜性能优化

多孔膜的结构与膜性能密切相关。膜结构主要包括膜材料的化学组成、膜表面性质（如表面电荷、粗糙度、亲水性和疏水性、表面张力）、膜的形态结构（膜表面孔隙率、孔径分布）等。膜表面孔径大小及分布、孔隙率、表面粗糙度和亲水性等结构参数主要影响膜的选择透过性能和抗污染性能。光滑的膜表面以及孔径分布窄的膜表面不易被污染。当膜分离体系为水相体系时，亲水性的膜表面与水形成氢键，使之处于有序结构，疏水溶质难以接近膜表面，所以膜面不易被污染。荷电膜表面的污染程度与料液中溶质的荷电性以及离子强度有关。

4.9 超滤技术的应用及发展前景

4.9.1 超滤技术的应用

超滤技术在水处理、食品、发酵、生物医药和环境工程等领域中都有广泛应用。超滤的工业应用可分为三类：浓缩与精制；小分子溶质的分离；大分子溶质的分级。

4.9.1.1 浓缩与精制

（1）奶酪生产 超滤技术可以用于脱脂奶浓缩、乳清预浓缩、原奶精制、蛋白和肽的分离以及从干酪生产的乳清废液中回收乳糖、脂肪和蛋白质等成分[80~82]。它具有防止蛋白质变性、提高产品纯度、节省能源等优势。采用超滤法可以从乳清中分离出低分子的水、盐、乳糖，从而改善浓缩物中蛋白质、乳糖和盐的比例。此外，蛋白浓缩物不仅可以加工成粉末状，还可以呈液体状掺入其他产品中或返回奶酪生产过程。图 4-31 是超滤技术的奶酪生产工艺流程图。它是先将脱脂牛奶超滤浓缩 3～4 倍，再将浓缩液用于发酵生产奶酪，这样在减少乳清处理量的同时，还可将产率提高 20%以上，估计至少可节约 6%的牛奶。超滤用于食品工业的主要问题是定期清洗和灭菌。

（2）医疗卫生 超滤过程可用于浓缩肝硬化或肝癌患者的腹水。对肝硬化和肝癌合并发生者，在浓缩腹水之前，应先除去癌细胞和细菌，以防癌细胞扩散。先用孔径 0.1～0.2μm 的微滤膜过滤，允许蛋白质透过，阻止癌细胞透过。再用截留分子量为 13000 的超滤膜浓

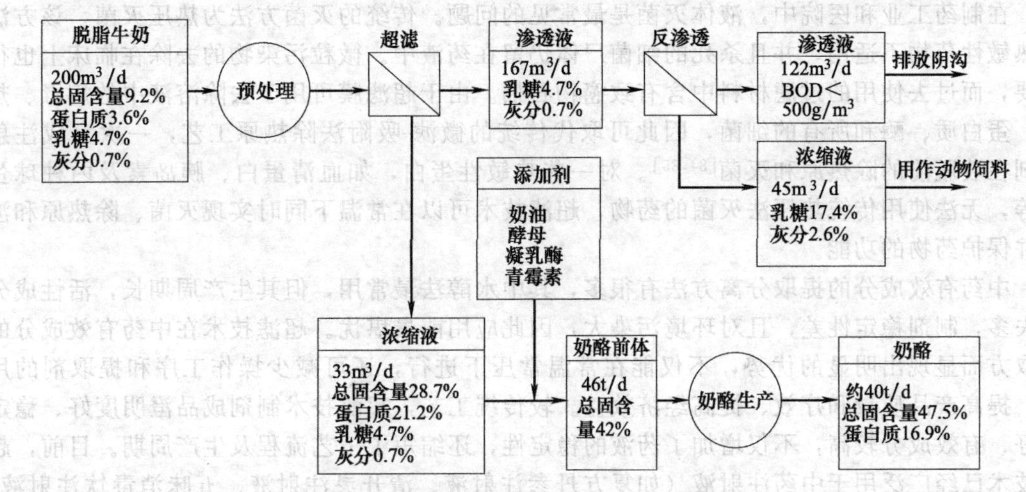

图 4-31　超滤技术的奶酪生产工艺流程图

缩，得到纯净的浓缩液送回病人体内（图 4-32）。

超滤法从血浆中提取血清白蛋白工艺流程见图 4-33。从血浆中分离血清白蛋白包括一系列复杂的过程。将已经处理的含 3% 白蛋白、20% 乙醇和其他小分子物质的组分使用截留分子量 30000 的超滤膜通过三步法将白蛋白从乙醇中分离出来。在第一、二步过程中，膜渗透流率为 0.5～0.7m/d，最后一步时，降至 0.1m/d 以下。用超滤法取代现有的硫酸铵盐析法进行人血清白蛋白的浓缩，可简化工艺，降低能耗，缩短生产周期，提高产品收率和质量。

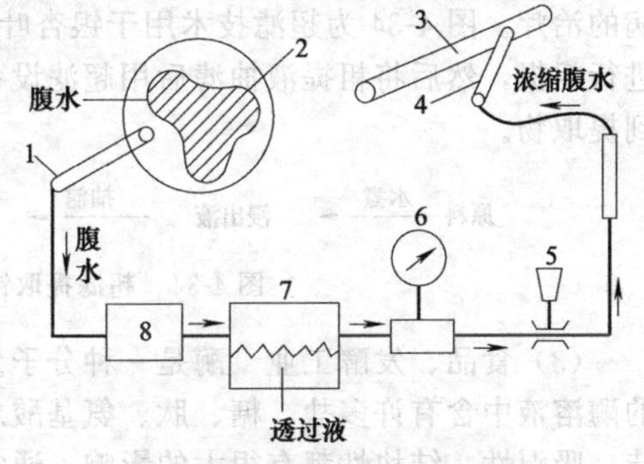

图 4-32　腹水浓缩工艺流程图

1—腹膜穿刺针头；2—肠；3—静脉；4—静脉注入针头；5—微调旋钮；6—压力计；7—超滤器；8—泵

血液透析是肾脏替代治疗的主要手段，可清除体内代谢废物、排除多余水分和纠正电解质及酸碱平衡。超滤系统是血液透析机的主要部件。目前，临床上使用的血液透析机的超滤控制系统可分为平衡腔加超滤泵、复式泵加超滤泵、流量传感器系统等类型[83]。通过科学的维护保养，能有效地确保血液透析机超滤系统的精准性。

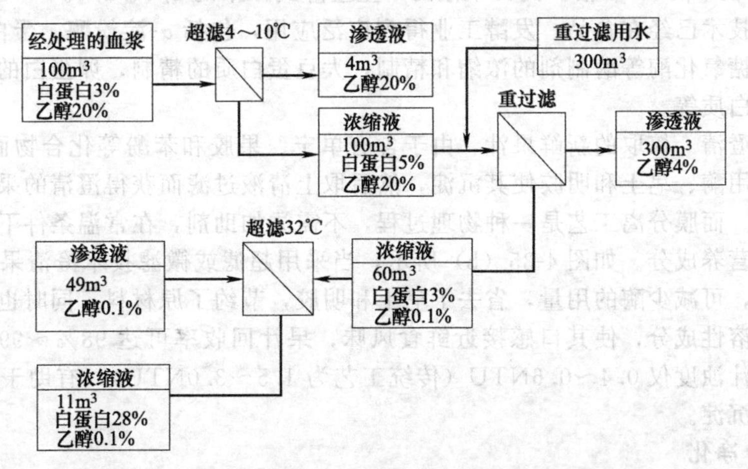

图 4-33　超滤法从血浆中提取血清白蛋白工艺流程图

在制药工业和医院中，液体灭菌是最常见的问题。传统的灭菌方法为热压灭菌，该方法对热敏性药物不适用，并且杀死的细菌尸体仍留在药液中。微粒污染物的去除在临床上也很重要，而过去使用的过滤材料中含有致癌物石棉。由于超滤膜可用于去除溶液中的病毒、热原、蛋白质、酶和所有的细菌，因此可取代传统的微滤-吸附法除热原工艺，一次完成注射针剂在装瓶前的除热原和灭菌[84,85]。对一些热敏性蛋白，如血清蛋白、胰岛素及丙种球蛋白等，无法使用传统热压法灭菌的药物，超滤技术可以在常温下同时实现灭菌、除热原和澄清并保护药物的功能。

中药有效成分的提取分离方法有很多，其中水醇法最常用，但其生产周期长，活性成分损失多，制剂稳定性差，且对环境污染大，因此应用前景堪忧。超滤技术在中药有效成分的提取方面显现出明显的优势，不仅能在常温常压下进行，还可减少操作工序和提取剂的用量、提高产品质量和疗效、提高经济效益。较传统工艺，超滤技术制剂成品澄明度好、稳定性好、有效成分较高，不仅增加了药液的稳定性，还缩短了工艺流程及生产周期。目前，超滤技术已经广泛用于中药注射液（如复方丹参注射液、清开灵注射液、五味消毒饮注射液、脉络宁注射液等）、中药口服液（人参精口服液、生脉饮口服液、心脑舒口服液）等制备，以及中药有效成分的提取，如从黄芩中提取黄芩苷[86~88]。

银杏叶提取物因含有银杏黄酮类、银杏内酯类化合物等活性成分而被广泛用于心血管疾病的治疗。图 4-34 为超滤技术用于银杏叶有效成分的工艺流程[89]。首先，采用乙醇水溶剂进行粗提，然后将粗提液抽滤后用超滤设备对其进行提取分离，渗出液经过浓缩和干燥后得到提取物。

原料 —水煮→ 浸出液 —抽滤→ 滤液 —超滤→ 流出液 —减压浓缩/真空干燥→ 提取物

图 4-34　超滤提取银杏叶有效成分的工艺流程图

（3）食品、发酵工业　酶是一种分子量为 10000～100000 的蛋白质。从微生物体内提取的酶溶液中含有许多盐、糖、肽、氨基酸之类的低分子组分，这些组分对酶制剂的颜色、气味、吸湿性、结块性都有很大的影响。通常采用减压浓缩、盐析及有机溶剂沉淀等方法将这些组分脱除，但由于过程复杂，制品纯度及回收率都很低，并且费用昂贵。采用超滤膜技术后，与传统工艺相比，酶的提纯和浓缩过程变得简单，可减少杂菌的污染和酶的失活，大大提高酶的回收率和质量，同时还可消除使用对人体有害的提取物并降低能耗[90,91]。实践表明，超滤技术进行食品用酶的精制和浓缩时，产品纯度比传统的减压精馏、盐析等方法高 4～5 倍，酶回收率高 2～3 倍，高污染液的产生量降到原来的 1/4～1/3。

目前超滤技术已经在食品、发酵工业得到广泛应用，包括 α-淀粉酶、蛋白酶、果胶酶、糖化酶和葡萄糖氧化酶等酶制剂的浓缩和精制，大豆蛋白质的精制，卵蛋白的浓缩，从动物血液中提取蛋白质等。

（4）果汁澄清　榨取的新鲜果汁，由于含有单宁、果胶和苯酚等化合物而呈现浑浊状。传统方法是采用酶、皂土和明胶使其沉淀，然后取上清液过滤而获得澄清的果汁，处理过程见图 4-35（a）。而膜分离工艺是一种物理过程，不需添加助剂，在常温条件下进行，不改变果汁的风味和营养成分。如图 4-35（b）所示，当采用超滤或微滤技术澄清果汁时，只需先部分脱除果胶，可减少酶的用量，省去了皂土和明胶，节约了原材料，同时也保留了果蔬汁中的芳香和脂溶性成分，使其口感接近鲜食风味，果汁回收率可达 98%～99%。此外，经超滤处理的果汁浊度仅 0.4～0.6NTU（传统工艺为 1.5～3.0NTU），有助于产品的长期储存而不会出现沉淀。

4.9.1.2　**净化**

（1）作为反渗透装置的前处理设备[92]　在海水淡化和高纯水的制备过程中，超滤常作

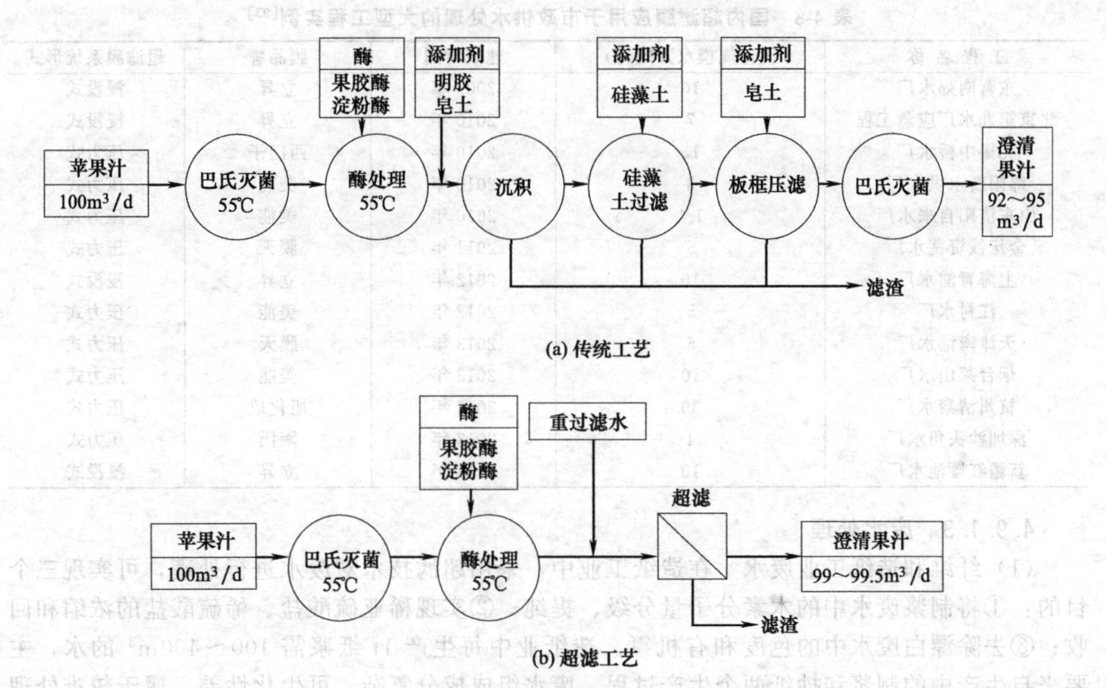

图 4-35 果汁澄清工艺的比较

为反渗透装置的前处理设备用于去除胶体、微粒、细菌等物质，从而延长反渗透装置的寿命。在海水淡化中，相对于传统反渗透预处理工艺，超滤具有出水水质稳定、耐冲击负荷强等优点。反渗透系统的进水水质要求常用污染指数（SDI）和浊度衡量。研究表明，传统介质过滤处理的出水水质差且不稳定，出水 SDI 约 4.5，而超滤出水水质较好，出水 SDI 小于 3，出水浊度基本稳定在 1NTU 以下，满足反渗透系统的进水要求。

电子工业中需要使用高纯水对集成电路半导体器件进行反复清洗，清洗用水要求无离子、无可溶性有机物、无菌体和无大于 0.5μm 的粒子。高纯水的制造流程如下：自来水→预过滤→超滤或微滤→反渗透→阴、阳离子交换树脂混合床→超滤→分配系统微滤→点式微滤器→用户。

（2）天然水净化　超滤技术还用于自来水、矿泉水的净化，除去对人体有害的有机物、细菌和大肠杆菌等致病物质的同时保留对人体健康有益的矿物质。在净水处理领域中，较常用的是压力式外压超滤膜和浸没式外压超滤膜。浸没式膜系统将膜组件或膜箱直接浸入到需要处理的水中，采用泵或虹吸的方式实现负压将水抽出，压力式膜系统将处理水经过泵加压后，通过管路引到膜组件内，在压力驱动下透过膜。在市政供水处理中，国外、国内大型超滤膜处理工程如表 4-7 和表 4-8 所列。

表 4-7 国外超滤膜应用于市政供水处理的大型工程实例[93]

项目名称	新加坡 Chestnut	美国 Columbia Heights 水厂	美国 Twin Oak Valley 水厂	新加坡 Changi NEW ater	阿塞拜疆巴库水厂
产水量/(t/d)	27 万	26.5 万	38 万	30 万	52 万
投用时间	2003 年 12 月	2005 年	2008 年 2 月	2010 年	2014 年
膜品牌	GE	Norit	GE	Siemens	DOW
过滤形式	浸没式	压力式	浸没式	压力式	压力式
膜材质	PVDF	PES	PVDF	PVDF	PVDF
回收率	<95%	>95%		>93%	

表 4-8　国内超滤膜应用于市政供水处理的大型工程实例[93]

工程名称	设计规模/(万吨/d)	建成时间	膜品牌	超滤膜系统形式
东营南郊水厂	10	2009 年	立昇	浸没式
北京第九水厂应急工程	7	2010 年	立昇	浸没式
无锡中桥水厂	15	2010 年	西门子	压力式
绵阳新永供水厂	3	2010 年	美能	压力式
山东济阳自来水厂	1.4	2010 年	美能	压力式
金坛钱资荡水厂	5	2011 年	膜天	压力式
上海青浦水厂	10	2012 年	立昇	浸没式
江村水厂	5	2012 年	美能	压力式
天津南港水厂	5	2013 年	膜天	压力式
烟台莱山水厂	10	2013 年	美能	压力式
杭州清泰水厂	30	2013 年	旭化成	压力式
深圳沙头角水厂	4	2013 年	陶氏	压力式
新疆红雁池水厂	10	2013 年	立昇	浸没式

4.9.1.3　废水处理

(1) 纤维和造纸工业废水　在造纸工业中，采用超滤技术对废水进行处理，可实现三个目的：①将制浆废水中的木素分子量分级、提纯；②实现稀亚硫酸盐、稀硫酸盐的浓缩和回收；③去除漂白废水中的色度和有机氯。造纸业中每生产 1t 纸浆需 100～400m^3 的水，主要来自生产中的制浆和抄纸两个生产过程，废水组成成分复杂，可生化性差，属于较难处理的工业废水之一。双膜法处理技术是目前废水回用的主要工艺之一。这是因为超滤作为预处理不仅可以很好地将污染物截留，而且具有极高的回收率和截留稳定性，这是传统的介质过滤器无法达到的，所以废水在反渗透处理之前，先通过超滤预处理。超滤膜的产水浊度小于 0.3NTU，SDI 值小于 3，达到反渗透膜进水的水质标准。山东寿光某造纸工业园中水回用项目采用“超滤＋反渗透”为主的双膜法工艺（图 4-36），主要处理装置包括预处理装置、超滤装置、反渗透装置及其辅助系统，超滤作为反渗透的预处理，不仅提高了产水回收率，减少废水的排放，而且产水浊度不随原水水质变化，大大减缓了反渗透膜的运行压力，也延长了反渗透膜的使用寿命。

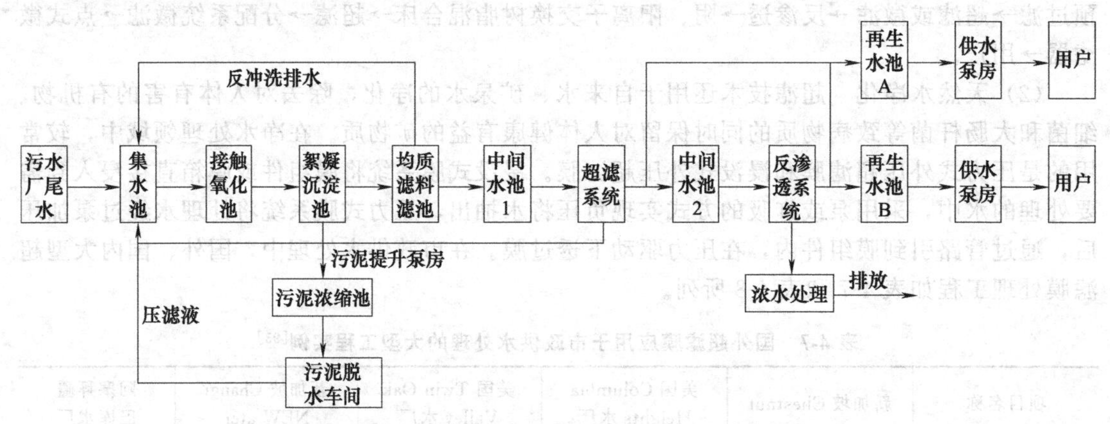

图 4-36 “双膜法”工艺处理造纸废水工艺流程图[94]

采用双膜法处理造纸废水还可以对某些成分进行浓缩并回收，如磺化木质素经过浓缩后再返回纸浆中再利用，具有很大的经济效益[95]。

(2) 中水回用　随着水资源短缺问题的不断加剧，作为耗水大户的火电厂以水限电、以水定电的情况日益严重，节能减排、中水回用是火电厂缓解这一矛盾的重要手段。中水作为一种水量充足、水质稳定的潜在水资源，回用于火电厂主要作为循环冷却水系统的补充水和锅炉补给水的原水，具有明显的社会、经济和环境效益[96,97]。超滤-反渗透双膜工艺在电厂中水回用的工艺流程如图 4-37 所示。超滤预处理能有效除去中水经混凝沉淀过滤后残留的有机物、氨氮等污染物，出水水质优良且稳定，满足后续反渗透系统的进水水质要求[98]。

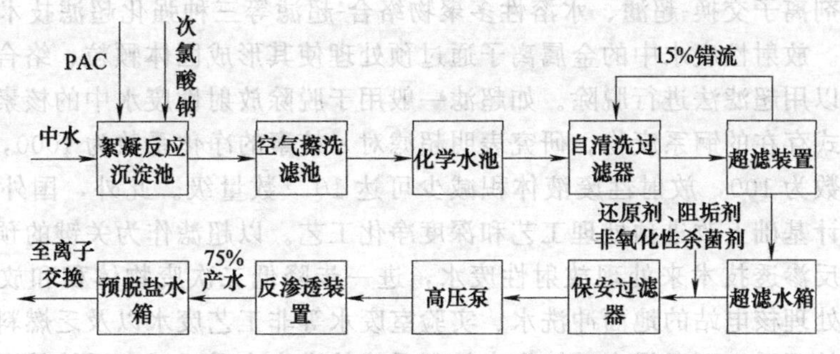

图 4-37　超滤-反渗透双膜工艺在电厂中水回用的工艺流程

（3）电泳漆废水　汽车、仪表、家具等行业的电泳漆过程中，涂漆的胶体带正电荷，以涂件为负极，涂料以电泳方式在涂件表面移动，使电荷中和形成不溶的均匀涂漆膜。然后在清洗过程中将黏附在涂件上的涂料洗掉，形成电泳涂漆废水。这种清洗液用超滤法处理后，可将涂料回收利用，膜透过液可返回作喷淋水[99]。

早在 1968 年美国 PPG 公司的专利提出用超滤和反渗透的组合技术处理电泳漆废水。目前，该项技术现已广泛用于自动化流水线上（图 4-38）。超滤技术将聚合物树脂及颜料颗粒阻留下来，再返回到电泳漆储罐中，而透过膜的无机盐、水及溶剂组成的滤液可用于淋洗刚从电泳漆中取出的新上漆涂件，以回收涂件夹带的多余的漆。国外汽车制造厂商大多采用管式超滤膜组件处理电泳漆废水。由于池内溶液带电荷，故在实际过程中多使用带相同电荷的膜以减轻膜污染，可使膜寿命达 2 年以上。

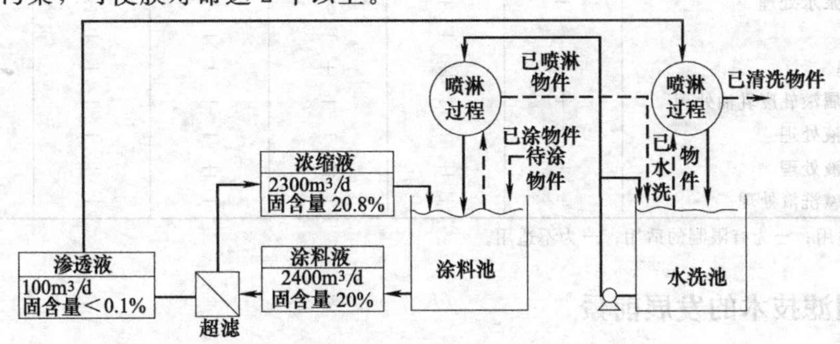

图 4-38　超滤在金属电泳涂漆过程中的应用

（4）含油废水　含油废水产生于钢铁、机械、石油精制、原油采集、运输及油品的使用过程，主要包括三种：浮油、分散油和乳化油。前两种比较容易处理，可采用机械分离、凝聚沉淀、活性炭吸附等方法处理。而乳化油含有表面活性剂、有机物、油分以及微米级大小的离子，重力分离和粗粒化法处理起来都比较困难。采用超滤技术，可以使油分浓缩，使水和低分子有机物透过膜，从而实现油水分离[100,101]。

冷轧厂浓油乳化液废水处理时，借助超滤循环将浓油废水含油率降低，为后续处理稳定了水质（图 4-39）。超滤产水含油在 20mg/L，油去除率大于 96%，运行周期可达 10 天，产水水质稳定[102]。此外，碱清洗

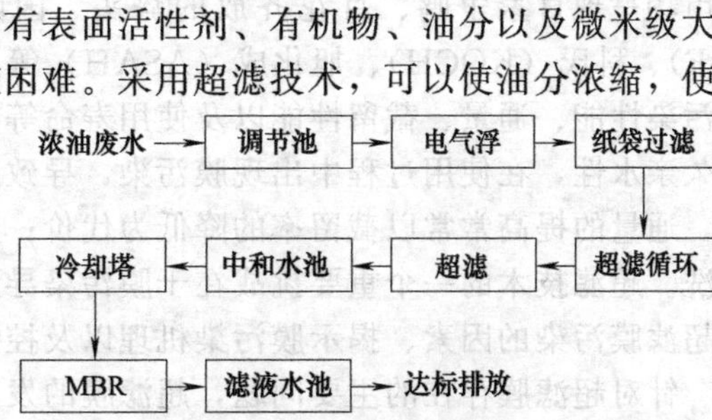

浓油废水 → 调节池 → 电气浮 → 纸袋过滤 → 超滤循环 → 超滤 → 中和水池 → 冷却塔 → MBR → 滤液水池 → 达标排放

图 4-39　超滤处理冷轧浓油废水工艺流程图

溶液浴常用于清洗油污或脏的金属部件。借助超滤技术还可用于处理这种清洗溶液以除去润滑脂、油等，并以滤液形式回收绝大部分的清洗剂。

(5) 放射性废水　国外采用超滤技术处理放射性废水的研究主要包括絮凝沉淀-超滤、无机离子吸附剂离子交换-超滤、水溶性多聚物络合-超滤等三种强化超滤技术来脱除废水中的放射性核素。放射性废水中的金属离子通过预处理使其形成固体颗粒、络合物或其他难溶化学形态后可以用超滤法进行脱除。如超滤一般用于脱除放射性废水中的核素，特别是以胶体或伪胶体形式存在的锕系废物。研究表明超滤对 α 核素的净化系数为 1000，对 β 核素和 γ 核素的净化系数为 100，放射性废液体积减少可达 10^{-4} 数量级。此外，国外核电厂废水处理设施在原设计基础上改进预处理工艺和深度净化工艺。以超滤作为关键的预处理手段，联合离子交换或反渗透技术来处理放射性废水，进一步降低二次废物体积和放射性浓度。例如，用超滤来处理核电站的地面冲洗水、实验室废水等非工艺废水以及乏燃料后处理产生的废水，经超滤处理后，可以提高后续废水处理系统的进水水质，减少后续处理系统被污染的程度，减少二次固体废物的产生[103]。

总之，超滤技术的应用领域很多，凡涉及溶液中大分子物质与小分子溶质的分离大都可用超滤来完成。小分子溶质的分离，例如除盐及盐交换，可通过超滤来完成，也可通过超滤与透析相结合来完成。同时也可采用具有不同截留分子量的超滤膜来进行大分子溶质的分级。各种形式的超滤膜组件对上述超滤用途的适用性列于表 4-9。

表 4-9　各种超滤膜对不同超滤用途的适用性[104]

工业应用	管式	板框式	薄流道式	叶片式	卷筒式	中空纤维式
电泳漆	+	−	−	−	−	−
食品及乳品工业中蛋白质提取	+	+	+	+	−	−
含淀粉及酶的废水处理	±	+	+	+	−	−
纺织工业脱上浆水处理	−	+	+	+	±	−
乳液浓缩	+	−	−	−	−	−
油-水乳液处理	+	±	±	−	−	−
金属切削及金属滚轧废乳油处理	+	−	−	−	−	−
羊毛冲洗排放液处理	+	−	−	−	−	−
造纸工厂排放液处理	+	±	±	±	−	−
油污金属部件碱洗液处理	+	−	−	−	−	−

注：+为适用；±为有限制的适用；−为不适用。

4.9.2　超滤技术的发展前景

近十年来，超滤技术已经广泛应用于水处理、食品加工、医药生产、生物提纯、废水处理等领域。尤其是由于水安全问题的日益严重，超滤技术在常规饮用水处理中的应用得到迅速发展。作为超滤技术的核心，超滤膜的质量与成本对超滤技术的应用尤为重要。目前超滤膜市场呈现百家争鸣、百花齐放的势头。国际知名超滤膜供货商有陶氏（DOW）、通用（GE）、科氏（KOCH）、旭化成（ASAH）等，如表 4-10 所列。然而，目前超滤膜产品在抗污染性能、通量、截留性能以及使用寿命等方面仍然有待改善。比如，由于膜材料不具有永久亲水性，在使用过程中出现膜污染，导致通量的急剧下降；膜的通量和截留率存在着矛盾，通量的提高常常以截留率的降低为代价；超滤膜机械强度差，难以经受长期使用和反复清洗。超滤技术的一个重要挑战在于膜污染导致的通量下降和产水水质变差。因此，辨识影响超滤膜污染的因素、揭示膜污染机理以及控制膜污染措施将是超滤技术的重要研究课题。

针对超滤膜存在的主要问题，超滤膜的发展趋势和主要研究方向有：高强度、高通量、高截留率和高抗污染性能超滤膜的开发；膜材料及制备工艺的低成本化；适用于高温、强酸或强碱环境，耐溶剂和耐氧化的超滤膜开发。高性能超滤膜的研制对提升我国在膜技术领域的核心竞争力具有重要意义[105,106]。

总的来说，对于超滤研究课题的建议有以下三个方面。在膜与膜材料方面：加强开发功能高分子膜材料和无机膜材料，利用分子设计理论和不同介质的传递机理，对膜材料进行分子设计。在膜工艺研究方面：加强膜过程中的传递交换现象的基础研究工作，在流体力学理论指导下，用数学模型来进行关联，建立不同膜组件的传质模型和污染模型。在膜工程研究方面：针对超滤工程中涉及的膜过程和集成膜过程进行研究或开发超滤与传统分离技术相结合的新分离过程。

表 4-10 国际知名超滤膜产品材料

公司名称	产地	膜品牌	膜材料
Evoqua(原 Siemens Water Technologies)	美国	MEMCOR	PVDF 或 PP
Koch Membrane	美国	TARGA Ⅱ(UF)	PES
DOW	美国	IntegraFlo、IntegraPac、Ultrafiltration SFD series(UF)	PVDF
Asahi-Kasei	日本	Microza MF/UF	UF:PAN、PS MF:PVDF、PS、PS
Toray	日本	TORAYFIL(HFU 和 HFS 系列)	PVDF
Pentair	荷兰	X-flow(MF:R100;UF:Xiga,Aquaflex、Seaflex)	改性 PES 和 PVP 的混合物
Microdyn-Nadir	德国	Nadir-Ultrafiltration modules(MF and UF)	MF:PES 或 PVDF UF:PES、PS、再生纤维素、PVDF
Inge(BASF)	德国	Multibore membrane	PESM
Hyflux	新加坡	Kristal	PES、PVDF
Memstar	新加坡	Memstar UF	PVDF(NIPS 或 TIPS)

课后习题

1. 超滤的分离机理和操作模式各有哪些？
2. 超滤过程的基本模型及其主要内容是什么？
3. 常用的超滤膜材料有哪些？
4. 超滤膜的制备方法有哪些？成膜机理是什么？
5. 超滤过程的强化措施包括哪些？
6. 超滤膜污染的定义及控制方法有哪些？
7. 超滤膜组件形式有哪些？各有什么特点？
8. 超滤技术的主要工业应用有哪些？

参考文献

[1] 杨座国. 膜科学技术过程与原理 [M]. 上海：华东理工大学出版社，2009.

[2] 华耀祖. 超滤技术与应用 [M]. 北京：化学工业出版社，2004.

[3] Song L. Flux decline in cross flow microfiltration and ultrafiitration: mechanisms and modeling of membrane fouling [J]. Journal of Membrane Science, 1998, 139: 183-200.

[4] Goosen M F A, Sablani S S, AI-Hinai H, et al. Fouling of reverse osmosis and ultrafiltration membranes: A critical review [J]. Separation Science and Technology, 2004, 39: 2261-2297.

[5] 王毅，王枢，韦美华. PVC/硅酸钙共混超滤膜的制备及性能研究 [J]. 化工新型材料，2017，45 (6)：150-152.

[6] 马超，黄海涛，顾计友，刘旸. 高分子分离膜材料及其研究进展 [J]. 材料导报，2016，30 (9)：144-150.

[7] 左滢，沈菊李，吕晓龙，朱圆圆. 超滤膜组件结构与性能研究 [J]. 水处理技术，2014，40 (9)：101-104.

[8] 裴亮，孙莉英. 水处理超滤系统经济技术分析研究 [J]. 环境科学与管理，2016，41 (12)：93-97.
[9] Shi Z，Li C，Peng T，et al. CFD modeling and experimental study of pulse flow in a hollow fiber membrane for water filtration [J]. Desalination and Water Treatment，2017，79：9-18.
[10] 伍联营，商凤英，高从堦，胡仰栋. 超滤水处理系统中膜组件化学清洗方法研究 [J]. 水处理技术，2013，39 (1)：42-45.
[11] 鄢忠森，瞿芳术，梁恒，郑文禹，杜星，党敏，李圭白. 超滤膜污染以及膜前预处理技术研究进展 [J]. 膜科学与技术，2014，34 (4)：108-114.
[12] Chang H，Liang H，Qu F，et al. Hydraulic backwashing for low-pressure membranes in drinking water treatment：A review [J]. Journal of Membrane Science，2017，540：362-380.
[13] Davey J，Schäfer A I. Ultrafiltration to supply drinking water in international development：a review of opportunities，Appropriate Technologies for Environmental Protection in the Developing World，Edinburgh [J]. UK：Springer Science and Business Media B，V，2009.
[14] 姚红娟，王晓琳. 压力驱动膜分离过程的操作模式及其优化 [J]. 膜科学与技术，2003，23 (6)：38-43.
[15] 崔彦杰，刘美，王湛，姚金苗，储金树，梁艳莉. 超滤通量模型的研究进展 [J]. 膜科学与技术，2008，28 (06)：93-98.
[16] Dal-Cin M，Mclellan F，Striez C，et al. Membrane performance with a pulp mill effluent：Relative contributions of fouling mechanisms [J]. Journal of Membrane Science，1996，120 (2)：273-285.
[17] Tansel B，Bao W，Tansel I. Characterization of fouling kinetics in ultrafiltration systems by resistances in series model [J]. Desalination，2000，129 (1)：7-14.
[18] Mohammadi T，Kohpeyma A，Sadrzadeh M. Mathematical modeling of flux decline in ultrafiltration [J]. Desalination，2005，184 (1-3)：367-375.
[19] Pitera E，Middleman S. Convection promotion in tubular desalination membranes [J]. Industrial & Engineering Chemistry Process Design and Development，1973，12 (1)：52-56.
[20] Nakao S，Rokuhira M，Kimura S. Enhancement of mass transfer by screw vibration in a tubular UF module [J]. Proceedings of sino Japanese symposium on liquid membrane. Ion Exchange，Electrodialysis，Reverse Osmosis and Ultrafiltration，Xi' an，China，1994，10：216-219.
[21] Zumbuch P V，Kulcke W，Brunner G. Use of alternating electrical fields as anti-fouling strategy in ultrafiltration of biological suspensions——Introduction of a new experimental procedure for crossflow filtration [J]. Journal of Membrane Science，1998，142：75-86.
[22] Charm S，Matteo C. Scale-Up of protein isolation [J]. Methods in enzymology，1971，22：476-556.
[23] Fane A G，Fell C J D，Waters A G. The relationship between membrane surface pore characteristics and flux for ultrafiltration membranes [J]. Journal of Membrane Science，1981，9 (3)：245-262.
[24] Wijmans J G，Nakao S，Van Den Berg J W A，et al. Hydrodynamic resistance of concentration polarization boundary layers in ultrafiltration [J]. Journal of Membrane Science，1985，22 (1)：117-135.
[25] Mo D，Liu J D，Duan J L，et al. Fabrication of different pore shapes by multi-step etching technique in ion-irradiated PET membranes [J]. Nuclear Instruments and Methods in Physics Research Section B：Beam Interactions with Materials and Atoms，2014，333：58-63.
[26] 李丽娟，张志军，贾春德. 流体润滑动态观测实验技术研究 [J]. 长春光学精密机械学院学报，1999 (4)：20-25.
[27] Tanny G B. Dynamic membranes in ultrafiltration and reverse osmosis [J]. Separation and purification methods，1978，7 (2)：183-220.
[28] 王彬芳，朱德饮，吴和融. 聚砜酰胺超滤膜的研究 [J]. 华东化工学院学报，1991 (1)：64-70.
[29] 陈玲玲. 高性能聚丙烯腈的合成与表征 [D]. 哈尔滨：哈尔滨工程大学，2011.
[30] Gooch J W. 聚合物百科词典 [M]. 哈尔滨：哈尔滨工业大学出版社，2014.
[31] Reneker D，Gorse J，Lolla D，et al. Polyvinylidene fluoride molecules in nanofibers，imaged at atomic scale by aberration corrected electron microscopy [J]. Nanoscale，2015，8 (1)：120-128.
[32] 范益群，漆虹，徐南平. 多孔陶瓷膜制备技术研究进展 [J]. 化工学报，2013，64 (1)：107-115.
[33] 董应超. 新型低成本多孔陶瓷分离膜的制备与性能研究 [D]. 合肥：中国科学技术大学，2008.
[34] 高峰，范益群，李卫星，徐南平. 溶质截留法和液-液排除法表征陶瓷超滤膜的比较 [J]. 膜科学与技术，2007 (5)：65-68.
[35] Fukushima M，Zhou Y，Yoshizawa Y I. Fabrication and microstructural characterization of porous siC membrane supports with Al_2O_3-Y_2O_3 additives [J]. Journal of Membrane Science，2009，339 (1)：78-84.
[36] Munch W D，Zestar L P，Anderson J L. Rejection of polyelectrolytes from microporous membranes [J]. Journal of

Membrane Science, 1979, 5: 77-102.
[37] 徐建新，王松涛，杨海军，聂雪川，赵璨，仵峰，侯铮迟. 我国聚醚砜超滤膜的研发进展综述 [J]. 净水技术，2016，35 (3)：22-30.
[38] 芦文慧，黄肖容. 聚砜超滤膜亲水改性的研究进展 [J]. 现代化工，2017，37 (8)：23-27.
[39] Miller D J，Dreyer D R，Bielawski C W，et al. Surface modification of water purification membranes [J]. Angewandte Chemie International Edition，2017，56 (17)：4662-4711.
[40] 刘文超，洪勇琦，周勇，高从堦. 高通量聚砜/磺化聚砜超滤膜制备研究 [J]. 水处理技术，2014，40 (3)：60-63.
[41] 李鑫，程志军，王慧. 高磺化度聚醚砜/聚砜膜的制备与运行 [J]. 水处理技术，2016，42 (9)：65-67.
[42] 邓晓玲，姜佩华，迟莉娜. 聚氯乙烯/聚砜共混中空纤维超滤膜的研制 [J]. 东华大学学报（自然科学版），2003，5：104-107.
[43] Zhang X，Wang Z，Chen M，et al. Membrane biofouling control using polyvinylidene fluoride membrane blended with quaternary ammonium compound assembled on carbon material [J]. Journal of Membrane Science，2017，229-237.
[44] 马志刚. GO-PEG 共混改性 PVDF 超滤膜制备及抗污染性能研究 [D]. 天津：天津工业大学，2017.
[45] 张广法. 两亲/特殊浸润性聚合物膜的制备及抗油污性能研究 [D]. 杭州：浙江大学，2016.
[46] Elizalde C N B，Al-Gharabli S，Kujawa J，et al. Fabrication of blend polyvinylidene fluoride/chitosan membranes for enhanced flux and fouling resistance [J]. Separation & Purification Technology，2018，190，68-76.
[47] 王姣，孙黎明. 超滤膜材料及发展趋势 [J]. 化学工程与装备，2008，9，123-124.
[48] Loeb S，Sourirajan S. Sea water demineralization by means of an osmotic membrane [M]. 1962.
[49] Guillen G R，Pan Y，Li M，et al. Preparation and characterization of membranes formed by nonsolvent induced phase separation: a review [J]. Industrial & Engineering Chemistry Research，2011，50 (7)：3798-3817.
[50] Mo D，Liu J D，Duan J L，et al. Fabrication of different pore shapes by multi-step etching technique in ion-irradiated PET membranes [J]. Nuclear Instruments and Methods in Physics Research Section B: Beam Interactions with Materials and Atoms，2014，333：58-63.
[51] Lalia B S，Kochkodan V，Hashaikeh R，et al. A review on membrane fabrication: Structure，properties and performance relationship [J]. Desalination，2013，326：77-95.
[52] Yoon K，Hsiao B S，Chu B. High flux ultrafiltration nanofibrous membranes based on polyacrylonitrile electrospun scaffolds and crosslinked polyvinyl alcohol coating [J]. Journal of Membrane Science，2009，338：145-152.
[53] Tang Z，Wei J，Yung L，et al. UV-cured poly (vinyl alcohol) ultrafiltration nanofibrous membrane based on electrospun nanofiber scaffolds [J]. Journal of Membrane Science，2009，328：1-5.
[54] Wang Y，Li F B. An emerging pore-making strategy: confined swelling-induced pore generation in block copolymer materials [J]. Advanced Materials，2011，23：2134-2148.
[55] Wang Y，He C，Xing W，et al. Nanoporous metal membranes with bicontinuous morphology from recyclable block-copolymer templates [J]. Advanced Materials，2010，22：2068-2072.
[56] Lau W J，Ismail A F，Misdan N，et al. A recent progress in thin film composite membrane: a review [J]. Desalination，2012，287：190-199.
[57] 郝艳霞，李健生，王连军. 固态粒子烧结法制备 YSZ 超滤膜 [J]. 中国陶瓷工业，2005，1：22-25.
[58] 滕双双，罗肖，王鹏飞，林玲玲，洪昱斌，丁马太，何旭敏，蓝伟光. 氧化铝超滤膜的制备及性能 [J]. 功能材料，2013，44 (20)：3030-3034.
[59] 苏慧超，闫玉莲，陈芃. 国产超滤膜在海水淡化预处理工艺中的应用 [J]. 水处理技术，2014，40 (2)：69-71.
[60] 刘向东. 超滤膜的选择与国产膜的应用 [J]. 河南化工，2014，31 (7)：36-38.
[61] Wang L G，Wang X J，Wang A M，et al. Preparation and Characterization of Hydrophilic PVDF Hollow Fiber Ultrafiltration Membrane [J]. Key Engineering Materials，2011，480-481：201-206.
[62] Bai L，Liang H，Crittenden J，et al. Surface modification of UF membranes with functionalized MWCNTs to control membrane fouling by NOM fractions [J]. Journal of Membrane Science，2015，492：400-411.
[63] 王汉斌，宋宏臣，王建明，张德华. TiO_2/AA 对超滤膜的杂化改性研究 [J]. 化工新型材料，2017，45 (06)：58-60.
[64] Giglia S，Straeffer G. Combined mechanism fouling model and method for optimization of series microfiltration performance [J]. Journal of Membrane Science，2012，417-418 (2)：144-153.
[65] Zhu J Y，Wang J，Hou J W，et al. Graphene-based antimicrobial polymeric membranes: a review [J]. Journal of Materials Chemistry A，2017，5 (15)：6776-6793.
[66] Huang L C，Zhao S，Wang Z，et al. In situ immobilization of silver nanoparticles for improving permeability，anti-

fouling and anti-bacterial properties of ultrafiltration membrane [J]. Journal of Membrane Science, 2016, 499: 269-281.
[67] Zodrow K, Brunet L, Mahendm S, et al. Polysulfone ultrafiltration membranes impregnated with silver nanoparticles show improved biofouling resistance and virus removal [J]. Water Research, 2009, 43: 715-723.
[68] 刘绰绰. 负载溶菌酶的聚醚砜杂化超滤膜制备及其抗菌性能研究 [D]. 郑州: 郑州大学, 2014.
[69] 刘丽娜. 聚偏氟乙烯-纳米银抗菌膜的制备及性能研究 [D]. 天津: 天津工业大学, 2011.
[70] 陆晓峰, 陈仕意, 刘光全, 王彬芳. 超滤膜的吸附污染研究 [J]. 膜科学与技术, 1997, 17 (1): 37-41.
[71] 齐麟, 赖冰冰, 杨晓伟. 浸没式超滤膜清洗技术及研究进展 [J]. 清洗世界, 2015, 31 (8): 29-33.
[72] 陈益清, 李凤, 乔铁军, 英海泉, 李文龙, 张金松. 基于化学清洗的超滤膜污染研究 [J]. 中国给水排水, 2013, 29 (17): 51-54.
[73] 李倩. 中水回用超滤膜污染的化学清洗研究 [J]. 清洗世界, 2017, 33 (5): 30-34.
[74] 庄黎伟, 戴干策. 中空纤维超滤膜组件通量分布的数值模拟 [J]. 膜科学与技术, 2016, 36 (2): 86-95.
[75] 郭远庆. 过滤预处理对超滤膜污染控制的研究 [D]. 哈尔滨: 哈尔滨工业大学, 2016.
[76] Yan M, Wang D, Ni J, et al. Mechanism of natural organic matter removal by polyaluminum chloride: Effect of coagulant particle size and hydrolysis kinetics [J]. Water Research, 2008, 42 (13): 3361-3370.
[77] Zhang Y, Zhao X, Zhang X, et al. The change of NOM in a submerged UF membrane with three different pretreatment processes compared to an individual UF membrane [J]. Desalination, 2015, 360: 118-129.
[78] 樊智峰, 聚苯胺纳米纤维复合超滤膜制备研究 [D]. 天津: 天津大学, 2007.
[79] Zhang W, Luo J, Ding L, Jaffrin M Y. A review on flux decline control strategies in pressure-driven membrane processes [J]. Industrial & Engineering Chemistry Research, 2015, 54 : 2843-2861.
[80] 杨永龙, 张杰, 宗学醒, 刘卫星. 超滤技术在盐水奶酪中的应用研究 [J]. 中国乳品工业, 2011, 39 (1): 26-29.
[81] 李建涛. 传统乳制品中高产凝乳酶优良菌株的选育 [D]. 大连: 大连工业大学, 2012.
[82] 葛岭. 提高绵羊奶酪感官品质及山羊奶酪产率的生产关键技术 [D]. 哈尔滨: 哈尔滨工业大学, 2011.
[83] 应滋栋, 张飞鸿, 赵丽萍. 不同类型血液透析机的超滤系统原理及其应用 [J]. 中国医学装备, 2014, 11 (03): 54-57.
[84] 谢全灵, 何旭敏, 夏海平, 蓝伟光. 膜分离技术在制药工业中的应用 [J]. 膜科学与技术, 2003 (4): 180-185.
[85] 张建民, 刘红勇, 白俊, 陈涛. 超滤膜分离技术在维生素 B12 生产中的应用 [J]. 河北化工, 2011, 34 (1): 29-31.
[86] 王世岭. 超滤法一次提取黄芩甙的工艺研究 [J]. 中成药, 1994, 16 (3): 2-3.
[87] 于风平, 代秀梅. 超滤技术对中药注射剂安全性和有效成分影响的研究进展 [J]. 中国药房, 2013, 24 (31): 2972-2974.
[88] 刘双双, 刘丽芳, 朱华旭, 等. 超滤膜技术用于脉络宁注射液废弃物中多糖分离及其活性筛选研究 [J]. 中草药, 2016, 47 (13): 2288-2293.
[89] 徐秋燕. 超滤法提取银杏叶和绞股蓝双中药抗心血管疾病的有效成分 [D]. 衡阳: 南华大学, 2015.
[90] 姜馗. 蛋清溶菌酶提取技术的研究 [D]. 北京: 中国农业大学, 2005.
[91] Wang Y, Wang D, Hong H. Optimization of crude enzyme preparation methods for analysis of glutamine synthetase activity in phytoplank-ton and field samples [J]. Acta Oceanologica Sinica, 2009, 28 (04): 65-71.
[92] Chua K T, Hawlader M N A, Malek A. Pretreatment of seawater: results of pilot trials in Singapore [J]. Desalination, 2003, 159 (3): 225-243.
[93] 巨姗姗. 超滤膜发展现状概述及国内外工程应用分析 [J]. 净水技术, 2015, 34: 1-5.
[94] 徐凯杰, 王侃, 叶小游, 等. 中空超滤膜在造纸废水回用项目中的应用 [J]. 水处理技术, 2017, 43 (6): 129-131.
[95] 赵炳军, 沈海涛, 方剑其, 邱晖, 李自朋. 双膜法造纸废水处理实例 [J]. 中国造纸, 2016, 35 (9): 47-51.
[96] 苏文鹏. 基于造纸白水特性的超滤膜污染及控制研究 [D]. 南京: 南京林业大学, 2016.
[97] 彭巧玲, 曹顺安, 郑观文. 超滤和反渗透技术在电厂中水回用中的应用 [J]. 应用化工, 2017, 46 (1): 199-202.
[98] 刘新超, 贾磊, 俞勤, 何群彪. 某污水处理厂升级改造及中水回用工程设计方案 [J]. 净水技术, 2017, 36 (3): 106-110.
[99] 李莹, 仉新功, 白晓刚, 李伟鹏. 应用超滤技术实现电泳生产废水零排放 [J]. 电镀与精饰, 2016, 38 (1): 38-41.
[100] 马立艳. 超滤法处理含油废水技术研究 [D]. 西安: 长安大学, 2004.
[101] 郜喜庆. 浅谈超滤膜技术在环境工程水处理中的应用 [J]. 中国高新技术企业, 2017 (5): 122-123.
[102] 金玉涛, 王文刚, 温燕. 超滤技术在冷轧浓油废水处理中的应用 [J]. 钢铁, 2016, 1, 96-99.

[103] 赵卷. 超滤在放射性废水处理中的应用进展 [J]. 核科学与工程，2015，35 (2)：358-366.

[104] Mundkur S D，Watters J C. Polyelectrolyte-enhanced ultrafiltration of copper from a waste stream [J]. Separation Science and Technology，1993，28 (5)：1157-1168.

[105] Chang H，Liang H，Qu F，et al. Hydraulic backwashing for low-pressure membranes in drinking water treatment：A review [J]. Journal of Membrane Science，2017，540：362-380.

[106] 张云飞，田蒙奎，许奎. 我国膜分离技术的发展现状 [J]. 现代化工，2017，37 (4)：6-10.

第5章　纳　滤

本章内容

本章要求

1. 了解纳滤技术的发展历史。
2. 掌握纳滤技术的基本概念和特点。
3. 熟悉纳滤过程的经典数学模型。
4. 了解典型的纳滤膜材料及其特点。
5. 掌握纳滤膜的分类及不同纳滤膜的制备方法。
6. 了解纳滤技术的工业应用及未来发展趋势。

5.1　概　述

纳滤（nanofiltration，简称 NF）是 20 世纪 80 年代末发展起来的一种新型压力驱动膜分离技术，是一种由反渗透发展而来、为适应工业需求、实现降低成本的新型膜品种[1]。如图 5-1 所示，纳滤过程的操作压力较低（0.5～2.0MPa 或更低），纳滤膜的孔径为 1nm 左右的纳米级膜，能截留分子量大于 200 的有机物和二价或多价无机盐等，可选择性透过小分子和单价无机盐[2]。因此，纳滤可在较低的操作压力下对不同分子量的有机物或不同价态的无机盐实现选择性分离，与此同时，还能在较低操作压力下保持较高的渗透通量。

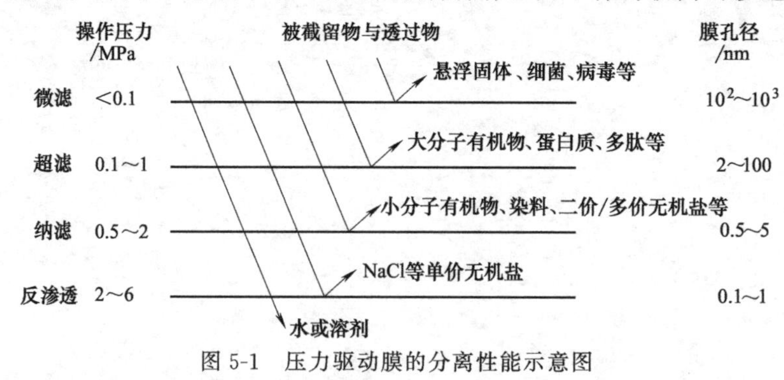

图 5-1　压力驱动膜的分离性能示意图

5.1.1　纳滤的发展历史

纳滤技术起源于 20 世纪 70 年代 FilmTec 公司对 NS-300 反渗透复合膜的开发：当时，John E. Cadotte 在研究中发现将哌嗪与 1,3,5-苯三甲酰氯结合，再与间苯二甲酰氯混合，可制备成一系列超薄层复合膜，具有令人惊奇的高通量特性，这些膜对水溶液中的氯离子表现出很高的渗透性，而对硫酸根离子有很高的截留率[3]。此后，一些犹太科学家相继研制出了一系列化学性能异常稳定的“反渗透膜”，渗透通量较大，对 NaCl 的截留性能不高，因此不适合于海水的脱盐，但是这些膜却对二价的离子有优异的脱除性。以色列脱盐公司用“混合过滤（hybrid filtration）”来表示这种介于反渗透和超滤之间的膜分离过程，并将该膜称之为“疏松型反渗透膜”；也有将其称作“致密型超滤膜”或“选择性反渗透膜”。20 世纪 80 年代，FilmTec 公司研制了一系列薄层复合膜（NF-40、NF-50、NF-70），能截留尺寸约 1nm 的分子，膜表面孔径处于纳米级。1984 年，FilmTec 公司根据其分离孔径为 1nm 左右而命名为“纳滤”，并推出商用纳滤膜组件。“纳滤”这一命名规则一直沿用至今[3]。

随着纳滤作为主流膜处理技术登上历史舞台，一批拥有核心技术的纳滤膜研发生产企业开始涌现，如美国的 Osmonics、Fluid System 等公司，日本的 Toray、Nitto 等公司，德国的 Kalle、Nanoton，荷兰的 Lenntech 等公司。2000 年后，随着对纳滤技术的深入研究及新型膜材料的研发，纳滤膜的品种不断增加、性能不断提高，针对不同的应用领域相继开发了一批分离性能独特的纳滤膜、陶瓷纳滤膜和耐溶剂型纳滤膜等。近年来，纳滤技术成为国际上膜分离技术领域研究的热点，世界各国的企业界和科研机构对纳滤膜的开发十分重视。国外商品纳滤膜及其性能见表 5-1。

表 5-1 国外商品纳滤膜及其性能[4]

膜型号	厂商	膜性能		测试条件	
		脱除率/%	水通量/[L/(m²·h)]	操作压力/MPa	NaCl 供液浓度/(mg/L)
ESNA1	海德能	70～80	363①	0.525	
ESNA2	海德能	70～80	1735①	0.525	—
DRC-1000	Celfa	10	50	1.0	3500
Desal-5	Desalination	47	46	1.0	1000
HC-50	DDS	60	80	4.0	2500
NF-70	FilmTec	80	43	0.6	2000
SU-60	Toray	55	28	0.35	500
NTR-7410	Nitto	15	500	1.0	5000
NF-PES-10/PP60	Kalle	15	400	4.0	5000

① 卷式膜组件。

我国从 20 世纪 80 年代后期才开始研究纳滤。1993 年，高从堦院士在国内首先采用界面缩聚法制备出了芳香族聚酰胺复合纳滤膜，同年在兴城会议上首次提出了纳滤膜概念[4]。20 世纪 90 年代，纳滤膜技术开始受到国内膜分离和水处理领域的科技工作者的广泛关注，研究单位不断增加，包括国家海洋局杭州水处理中心、中国科学院大连化学物理研究所、北京生态环化中心、上海原子核研究所、天津纺织工业大学、北京工业大学、北京化工大学等科研院所[5]。我国相继在实验室中开发了醋酸纤维素纳滤膜、磺化聚醚砜涂层纳滤膜、芳香聚酰胺复合纳滤膜和其他荷电材料的纳滤膜，并在纳滤膜的分离性能、分离机理、膜的污染机理及分离应用等方面的性能进行了试验研究，并取得了一定进展。例如上海原子核研究所在超滤膜的基础上通过选用多元酚、多元胺和多元酰氯，采用界面缩聚的方法对超滤膜进行改性得到了具有较好分离效果的纳滤系列复合膜：聚芳酯复合膜 NF-1、芳香聚酰胺复合膜 NF-2、聚哌嗪酰胺类复合膜 NF-3 等。国产纳滤膜与国外同类产品的性能对比见表 5-2。

表 5-2 国产纳滤膜与国外同类产品的性能对比[4]

膜型号	厂商	性能		测试条件	
		脱除率/%	水通量	操作压力/MPa	供液浓度/(mg/L)
CA 膜	国家海洋局	10～85	20～80L/(m²·h)	0.5～2.0	2500(NaCl)
	杭州水处理中心	90～99	25～85L/(m²·h)	0.5～2.0	2000～2500($MgSO_4$)

续表

膜型号	厂商	性能		测试条件	
		脱除率/%	水通量	操作压力/MPa	供液浓度/(mg/L)
CA 卷式膜组件	国家海洋局杭州水处理中心	37～63.6	240～360L/h	1.25～1.30	2539～2565(NaCl)
		97.7～99.3	250～300L/h	1.25～1.30	2131～2644($MgSO_4$)
CTA 中空纤维膜组件		约 50	＞700L/h	1.0	2000(NaCl)
		＞95	＞700L/h	1.0	2100($MgSO_4$)
CA	Fluid Systems	74	32.6L/(m^2·h)	1.38	1000(NaCl)
CA_{20}	Hoechst	30	34L/(m^2·h)	0.5	600(NaCl)
CA_{50}	Separation	70	11L/(m^2·h)	0.5	600(NaCl)

5.1.2 纳滤的特点

日本学者大谷敏郎曾对纳滤膜的分离性能进行了具体的定义：操作压力≤1.50MPa，截留分子量为 200～1000，NaCl 的截留率≤90%的膜可以认为是纳滤膜。这种膜主要具有以下特点[2]：①纳米级孔径。纳滤膜分离的对象主要为分子大小在 1nm 左右的溶解组分，特别适合于分离分子量为数百的有机小分子物质。对于电中性体系，纳滤膜主要通过筛分效应截留分离体系中粒径大于膜孔径的溶质。②离子选择性。纳滤膜一般为复合膜，在膜表面上常带有电荷基团，通过静电相互作用同溶液中的多价离子产生道南（Donnan）效应。可实现对多元体系中不同价态离子的分离。纳滤膜对一价离子的截留率不高，仅为 10%～80%，但对二价或多价盐的截留率都在 90%以上。通常，其对于阳离子的截留能力顺序为 Ca^{2+}＞Mg^{2+}＞K^{+}＞Na^{+}，对于阴离子的截留能力顺序为 Cl^{-}＜OH^{-}＜SO_4^{2-}＜CO_3^{2-}。③操作压力低。纳滤过程所需操作压力一般在 0.5～2.0MPa，对系统动力设备的要求低，设备投资低，具有低能耗的优点。

由于纳滤分离过程中不发生化学变化、无需热量输入、可保持被分离物质的活性，且操作简单、成本低，其作为一种分离技术可实现液体物料的纯化、浓缩、澄清、脱盐、多组分分级。纳滤可取代传统分离过程的多个分离步骤，使工艺分离过程更为经济、简便。纳滤一般对单价离子和分子量小于 200 的有机物截留性能较差，而对二价或多价离子及分子量介于 200～2000 之间的有机物有较高脱除率。基于这一选择分离特性，纳滤已广泛应用于水处理、食品浓缩、药物的分离精制、石油的开采与提炼、冶金等领域，特别是在某些分离过程中极具优势，例如水的软化、污水和工业废水的净化、有机低分子的脱除和有机物的除盐等方面有独特的优点和明显的节能效果[6]。

5.2 纳滤原理

5.2.1 纳滤膜的性能评价

纳滤膜的分离性能评价主要有三个指标：渗透通量、截留率和截留分子量。

溶液渗透通量（J）定义为单位时间内透过单位膜面积的溶液体积或质量，溶质截留率（R）是指纳滤膜截留溶液中溶质分子的程度。渗透通量表征膜的处理能力，截留率表征膜的选择性，同一种纳滤膜的渗透通量和截留率二者在不同条件下存在“trade-off”现象，即通量提高（减小）则截留率下降（上升）。因此，需综合考量渗透通量和截留率才能表征某种纳滤膜的分离性能。

值得注意的是，尽管纳滤膜、低压高截留率反渗透膜和超低压反渗透膜的操作压力都很低，但对 NaCl 的截留率是不同的（表 5-3）：纳滤膜对 NaCl 的截留率一般小于 50%，但对二价离子特别是阴离子的截留率可以大于 90%；反渗透膜则对一、二价离子均可达到 98%以上的截留率。纳滤膜对一、二价离子截留率上的差别，主要是由于 Donnan 效应的影响，随着料液中二价离子浓度的增加，由于 Donnan 平衡，一价离子将进入透过液侧，由于膜本体带有电荷，因此它在很低压力下仍具有较高脱盐率。例如 NTR-729H 纳滤膜对 NaCl 截留率可达 92%，低压高截留率的 SU-700 反渗透膜对 NaCl 截留率大于 99%。而性能优良的超低压 ES 系列反渗透膜在 0.75MPa 下，NaCl 的截留率可达 99.5%～99.7%。因而纳滤膜表现出它独特的分离特性，虽然它对 NaCl 截留率低于前者，但它对二价离子，特别是阴离子仍表现出 99%的截留率，从而确定了它在水的软化处理中的地位。

表 5-3　纳滤和反渗透的截留特性比较[7]　　单位：%

溶　　质	RO	NF	溶质	RO	NF
单价离子(Na^+、K^+、Cl^-、NO_3^-)	>98	<50	微溶质(M_W>100)	>90	>50
二价离子(Ca^{2+}、Mg^{2+}、SO_4^{2-}、CO_3^{2-})	>99	>90	微溶质(M_W<100)	0～99	0～50
细菌、病毒	>99	>99			

对于分离无机盐溶液，纳滤膜的截留率通常存在以下影响规律：①一价离子渗透，多价阴离子滞留（高截留率）；②对于阴离子，截留率按下列顺序递增 NO_3^-、Cl^-、OH^-、SO_4^{2-}、CO_3^{2-}；③对于阳离子，截留率递增的顺序为 H^+、Na^+、K^+、Ca^{2+}、Mg^{2+}、Cu^{2+}；④一般来说，随着浓度的增加，膜的截留率下降，这一规律可以由进料流体和膜流体之间的 Donnan 效应来解释，也可以由增强了固定离子的屏蔽作用来解释。对于分离有机溶质体系，纳滤膜的截留率主要受到有机溶质的分子量和分子形态影响，可纳滤截留的溶质分子量界限在 200～1000 范围内[1]，分子量或分子尺寸越大则截留率越高。

对于纳滤膜，同样可由截留分子量（molecular weight cut-off，MWCO）评价纳滤膜对不同分子量溶质的截留程度以及纳滤膜孔的大小。纳滤膜主要截留分子尺寸大于 1nm 的溶解组分，其截留分子量界限为 200～1000（200～500）。已知某种纳滤膜的截留分子量，则可判断该膜对不同分子量溶质的截留程度。对分子量大于截留分子量的溶质可实现大于 90%的截留。此外，截留分子量越小说明纳滤膜的膜孔越小（膜越致密）。图 5-2 为不同商品膜对不同分子量有机组分的截留率。由图 5-2 可见，SU700 反渗透膜几乎可以完全将摩尔质量为 150g/mol 以上的有机组分截留，而纳滤膜只对摩尔质量为 200g/mol 以上的组分才可达到较高的截留率。图 5-3 形象地表现了纳滤膜与反渗透膜、超滤膜相比的分离范围。

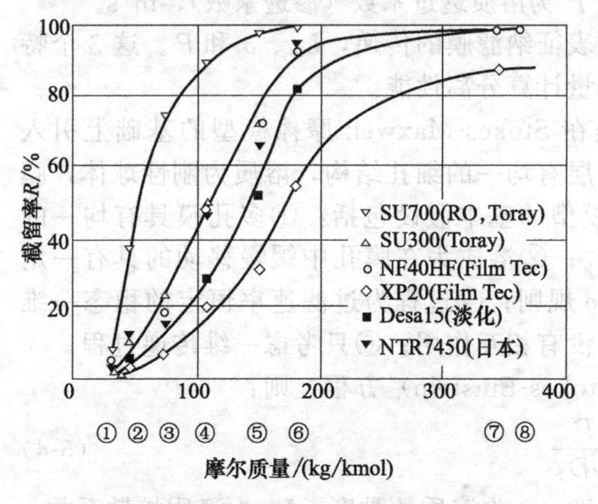

图 5-2　纳滤膜对不同分子量有机组分的截留率[8]

（Δp=0.1MPa，25℃，进料浓度为 200mmol/L）

①甲醇；②乙醇；③正丁醇；④1,2-乙二醇；

⑤三甘醇；⑥葡萄糖；⑦蔗糖；⑧乳糖

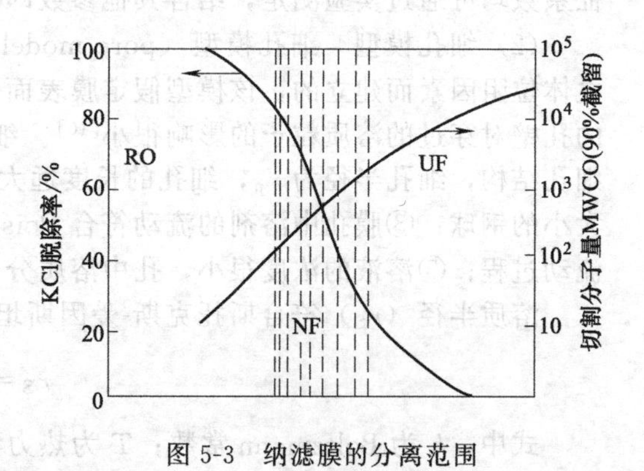

图 5-3　纳滤膜的分离范围

纳滤膜的实际应用中，还涉及其他性能评价，例如抗污染性、耐酸、耐氯、耐溶剂性和稳定性等，这里不做详细解释。

5.2.2 纳滤过程的数学模型

大多数纳滤膜为具有三维交联结构的复合膜，与反渗透膜相比，由于具有尺寸更大的"孔结构"，因而纳滤膜三维交联结构更疏松，即网络具有更大的立体空间。不少纳滤膜表面荷负电，对不同电荷和不同价态的离子有不同的Donnan效应，纳滤膜的这些"孔结构"和表面特征决定了其独特的分离性能，即纳滤膜对无机盐的分离行为不仅由化学势梯度控制，同时也受电势梯度的影响，即纳滤膜的行为与其荷电性能，以及溶质荷电状态和相互作用都有关系。

纳滤膜的分离机理及其应用研究也随之成为当今膜学界的热点之一。下面针对不同的分离体系来介绍纳滤膜的分离机理。

5.2.2.1 中性溶质体系

纳滤膜对中性溶质分子的分离特性主要依据筛分效应或尺寸效应，建立的数学模型主要包括不可逆热力学模型、细孔模型和溶解-扩散模型。

(1) 不可逆热力学模型　不可逆热力学模型（irreversible thermodynamic model）也叫做非平衡热力学模型（non-equilibrium thermodynamic model），该模型认为膜是一个"黑匣子"，分离过程的驱动力是膜两侧溶液的势能差[9]。该模型不需膜结构的相关参数，因此在描述膜分离机理和膜结构对膜性能的影响上有局限性，但其优点是可以清楚地描述推动力和通量间的关系。

由于纳滤过程不是热力学平衡过程，因此纳滤膜过程的液体透过现象可通过不可逆热力学模型加以定量描述。其通量和截留率可分别表示为：

$$J_V = L_p(\Delta p - \sigma \Delta\pi) \tag{5-1}$$

$$J_S = (1-\sigma)(C_S)_m J_V + \omega \Delta\pi \tag{5-2}$$

$$R = \frac{\sigma(1-F)}{1-F\sigma}, \quad F = \exp - \left[\frac{(1-\sigma)J_V}{P}\right] \tag{5-3}$$

式中，J_V为体积通量，$L/(m^2 \cdot h)$；J_S为溶质通量，$kg/(m^2 \cdot h)$；L_p为纯水透过系数，$m/(s \cdot Pa)$；Δp为流体压差，Pa；$\Delta\pi$为渗透压差，Pa；σ为截留系数，其值在0～1间；$(C_S)_m$为膜中溶质浓度，kg/L；ω为溶质渗透率；P为溶质透过系数（渗透系数），m/s。

可见，不可逆热力学模型通过3个特征系数表征纳滤膜的传递，L_p、σ和P。这3个特征系数均可通过实验测定，结合其他参数即可定量计算分离性能。

(2) 细孔模型　细孔模型（pore model）是在Stokes-Maxwell摩擦模型的基础上引入立体位阻因素而建立的，该模型假定膜表面分离层有均一的细孔结构，溶质为刚性球体，膜的孔壁对穿过的溶质粒子的影响很小[10]。细孔模型的基本假设包括：①多孔膜具有均一的细孔结构，细孔半径为r_p，细孔的长度远大于r_p；②溶质为在膜孔中缓慢移动的具有一定大小的钢球；③膜孔中溶剂的流动符合Poiseuille规则；④过程为过滤速率恒定的稳态一维流动过程；⑤溶液的浓度很小，孔中溶质分子间没有相互作用；⑥只考虑一维传递过程。

溶质半径（r_S）符合斯托克斯-爱因斯坦（Stokes-Einstein）方程，则：

$$r_S = \frac{kT}{6\pi\mu D_S} \tag{5-4}$$

式中，k为Boltzmann常数；T为热力学温度；μ为溶质的黏度；D_S为溶质扩散系数。

假若黏性液体穿过圆柱孔道时其孔壁对溶质的孔壁影响很小，则有下列关系式：

$$J_S = D_S S_D \left(\frac{A_k}{L}\right) \Delta C_S + J_V \overline{C}_S S_F \left(1 + \frac{16}{9}\eta^2\right) \tag{5-5}$$

式中，S_D为扩散条件下溶质在膜孔内的分配系数；S_F为透过条件下溶质在膜孔内的分配系数；A_k为膜的孔隙率；L 为膜厚；ΔC_S为溶质浓度差；C_S为平均溶质浓度。

将上式与 $J_S=P\Delta C_S+(1-\sigma)J_V C_S$比较，得到：

$$\sigma=1-S_F\left(1+\frac{16}{9}\eta^2\right)=1-H_F S_F \tag{5-6}$$

$$P=D_S S_D\left(\frac{A_k}{L}\right)=H_D S_D D_S(A_k/L) \tag{5-7}$$

式中，S_D、S_F可由 η 表示；H_D、H_F分别是扩散、透过条件下溶质在膜的细孔中所受到的细孔壁面的立体阻碍影响因子，根据模型推导分别为：

$$S_D=(1-\eta)^2 \tag{5-8}$$

$$S_F=(1-\eta)^2[2-(1-\eta)^2] \tag{5-9}$$

$$H_D=1 \tag{5-10}$$

$$H_F=1+\frac{16}{9}\eta^2 \tag{5-11}$$

因此，只要知道膜的微孔结构和溶质大小，就可以运用细孔模型计算出膜参数，从而得知膜的截留率与膜通量的关系。反之，如果已知溶质大小，并由其透过实验得到膜的截留率与膜通量的关系从而求得膜参数，也可以借助于细孔模型来确定膜的结构参数。在该模型中孔壁效应被忽略，本模型仅仅只校正空间位阻。

(3) 溶解-扩散模型　溶解-扩散模型（solution-diffusion model）可对渗透物分子在聚合物膜中的传递过程进行较好的描述，因此广泛用于研究聚合物膜中渗透吸附和解吸的迁移过程。该模型假定膜的表面层为致密无孔层，并且假设溶质和溶剂都能溶解于均质的无孔表面层内，膜中溶解量的大小服从亨利定律，在各自浓度或压力形成的电化学势的推动下扩散通过膜[9]。

根据溶解-扩散模型，待分离组分通过膜的传质过程可分为三步（图 5-4）：①液体混合物在膜表面被选择性吸附溶解，即溶解过程，此步与待分离组分及膜材料的热力学性质有关，是热力学过程；②膜表面吸附的组分在膜中扩散，即扩散过程，此步涉及速率问题，是动力学过程；③渗透组分在膜下游侧解吸脱附，膜下游侧通常是高真空，因此这一步的传质阻力基本可以忽略。在以上溶质和溶剂透过膜的过程中，一般假设第一步和第三步进行得很快，此时透过速率由第二步决定。因此，溶解度、溶质和溶剂在膜相中扩散性的差异影响溶液通过膜的能量的大小。

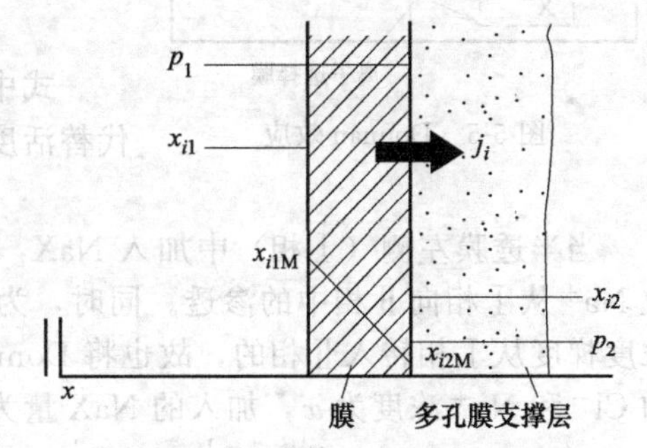

图 5-4　溶解-扩散膜内浓度和压力的剖面分布（p_1、p_2 分别为高压侧和透过侧的压力，x_{i1}、x_{i2}分别为料液侧和透过侧组分 i 的浓度，x_{i1M}、x_{i2M}分别为膜表面组分 i 的浓度，J_i为组分 i 的渗透通量）

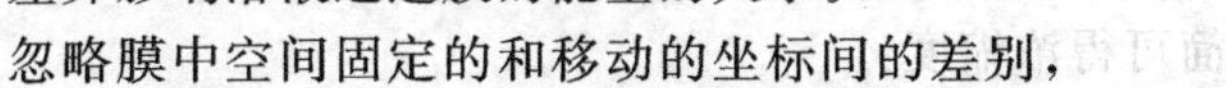

忽略膜中空间固定的和移动的坐标间的差别，将膜看成连续体，假定膜表面液相和膜相的化学位间达成平衡，所有组分的扩散系数都与浓度无关，各组分在膜内的扩散传递可用 Fick 定律描述，则可得到如下表达式：

$$J_w=A(\Delta p-\Delta\pi) \tag{5-12}$$

$$J_S=B\Delta C_S \tag{5-13}$$

式中，J_w为水通量；A 为膜对水渗透性常数；B 为膜对溶质的透过性常数。

可见 J_w与膜两侧的有效压差成正比，而 J_i 与膜两侧的溶质浓度差成正比。通常，比例系数 A 和 B 与溶质浓度无关且不受压力影响，但与温度相关。因此，在一定温度下，A、

B 值为常数，可通过实验测定。

该理论认为“完整的膜”是由均质膜或非均质膜及多孔膜的表面致密活化层组成的，但忽略了膜结构对传递性能的重要影响。膜材料的化学性质及膜的物理结构都直接影响着膜的性能。该理论无法解释膜材料对水的高吸附性和渗透性，因此该理论对指导实践存在一定的缺陷。

在应用纳滤膜进行不同溶质的选择性分离时，中性溶质的主要特性参数为 Stokes 直径、当量分子直径或分子直径等分子尺寸参数；中性有机分子的截留性能则由分子尺寸参数和分子极性参数共同决定[9]。

5.2.2.2 电解质体系

纳滤膜对电解质的分离特性主要依据电荷效应或 Donnan 效应，建立的数学模型包括 Donnan 平衡模型、扩展的 Nernst-Planck 方程、电荷模型等。

(1) Donnan 平衡及 Donnan 平衡模型

① Donnan 平衡理论。在大分子电解质溶液中，因大离子不能透过半透膜，而小离子受大离子电荷影响，能够透过半透膜，当渗透达到平衡时，膜两边小离子浓度不相等，这种现象叫 Donnan 平衡。以图 5-5 为例，NaCl 溶液被透析膜（只允许低分子溶质通过而不允许胶体粒子或高分子溶质通过）所隔开，半透膜左侧的 NaCl 溶液中含有大分子电解质如蛋白质的钠盐（NaX）。显然，只有 NaCl 和 H_2O 可以透过透析膜，X^- 则不能透过膜。

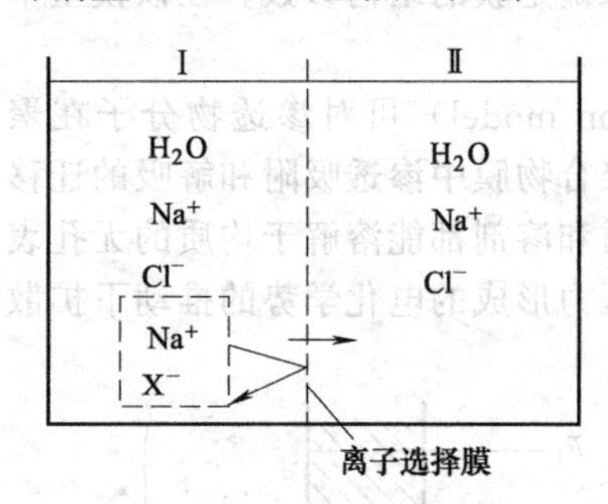

图 5-5 Donnan 效应

假设，图 5-6 中的体系不含 NaX，那么透析膜两侧达到平衡时，膜两侧的 NaCl 浓度分别为 C_1 和 C_2，且 $C_1=C_2=C$。对于膜两侧处于平衡状态的 NaCl 溶液，下列方程总是成立的：

$$\mu_1^{\mathrm{I}}=\mu_1^{\mathrm{II}},\quad \mu_{H_2O}^{\mathrm{I}}=\mu_{H_2O}^{\mathrm{II}},\quad \mu_{NaCl}^{\mathrm{I}}=\mu_{NaCl}^{\mathrm{II}} \tag{5-14}$$

由化学位的一般定义不难得到：

$$\alpha_{Na^+}^{\mathrm{I}}\alpha_{Cl^-}^{\mathrm{I}}=\alpha_{Na^+}^{\mathrm{II}}\alpha_{Cl^-}^{\mathrm{II}} \tag{5-15}$$

式中，α 为活度。对于稀溶液而言，可用浓度（C）代替活度，此时可得到：

$$C_{Na^+}^{\mathrm{I}}C_{Cl^-}^{\mathrm{I}}=C_{Na^+}^{\mathrm{II}}C_{Cl^-}^{\mathrm{II}} \tag{5-16}$$

当半透膜左侧（Ⅰ相）中加入 NaX，由于 X^- 不能透过膜，Ⅰ相中 Na^+ 浓度的升高导致 Na^+ 从Ⅰ相向Ⅱ相中的渗透。同时，为保持电中性，Ⅰ相中 Cl^- 也跟着渗透，但它是逆浓度梯度从Ⅰ相转入Ⅱ相的，故也将 Donnan 效应称为泵效应。设平衡后从Ⅰ相向Ⅱ相渗透的 Cl^- 和 Na^+ 浓度为 x，加入的 NaX 量为 y，则对 Na^+ 浓度而言，有：

$$C_{Na^+}^{\mathrm{I}}C_{Cl^-}^{\mathrm{I}}=(C_{NaCl}^{\mathrm{I}}+C_{NaX}^{\mathrm{I}})C_{NaCl}^{\mathrm{I}}=(C-x+y)(C-x)$$

$$C_{Na^+}^{\mathrm{II}}C_{Cl^-}^{\mathrm{II}}=(C_{NaCl}^{\mathrm{II}})^2=(C+x)(C+x)=(C+x)^2$$

根据式（5-16），则：

$$(C_{NaCl}^{\mathrm{I}}+C_{NaX}^{\mathrm{I}})C_{NaCl}^{\mathrm{I}}=(C_{NaCl}^{\mathrm{II}})^2 \quad 或 \quad (C-x+y)(C-x)=(C+x)^2 \tag{5-17}$$

X^- 不渗透，故不参与平衡，化简可得浓缩度：

$$\left(\frac{C_{NaCl}^{\mathrm{II}}}{C_{NaCl}^{\mathrm{I}}}\right)^2=1+\frac{C_{NaX}^{\mathrm{I}}}{C_{NaCl}^{\mathrm{I}}} \tag{5-18}$$

可见，通过加入含有一种不能通过膜的离子的廉价的盐 NaX，造成膜两侧的浓度差，从而可以达到从稀溶液中“挤出”贵重组分的目的[11]。但要注意的是半透膜两边电解质的分配是不均匀的，此时除考虑大分子化合物本身产生的渗透压外，还需考虑由于电解质分配不均匀所产生的额外压力 π。

在水的软化及溶液脱盐等希望单价离子渗透的工艺过程中，为加速阴离子的渗透并降低必须克服的渗透压差，Donnan 效应是所需要的。

② Donnan 平衡模型。将荷电基团的膜置于盐溶液时，溶液中的反离子（所带电荷与膜中固定电荷相反的离子）在膜内浓度大于其在主体溶液中的浓度，而相同离子在膜内的浓度低于其在主体溶液中的浓度。由此形成了 Donnan 位差阻止了同名离子从主体溶液向膜内的扩散，为了保持电中性，反离子也被膜截留。

Donnan 平衡模型常用于荷电膜的脱盐过程，如图 5-6 所示，这里的膜为固定负电荷型（P^-）。如图 5-6（b）所示，平衡后据电中性原理，膜内存在：$C_m^+=x+C_m$。

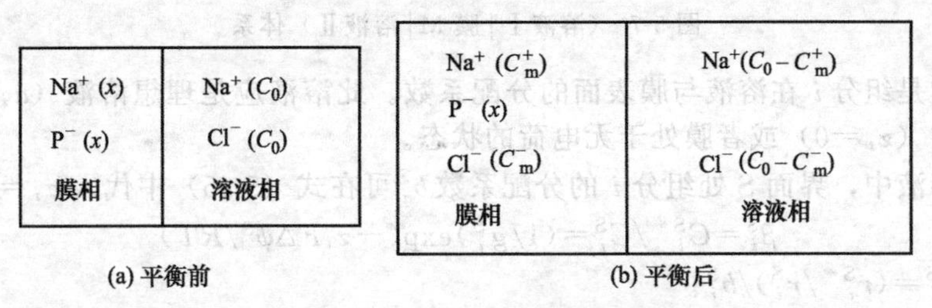

图 5-6 Donnan 平衡模型示意图

据膜和溶液中离子化学平衡可得：

$$C_y^2\gamma_0^2=C_m^+C_m^-\gamma_m^2 \quad (\text{对大量液相 } C_0-C_m^+\approx C_0) \tag{5-19}$$

$$\gamma_1^2(C_0-C_m)^2=C_m^+C_m^-\gamma_m^2 \quad (\text{对有限液相})$$

式中，C_0为原液相荷电浓度，mol/cm³；C_m^+为平衡后膜中液相及膜相正荷电的浓度，mol/cm³；C_m^-为平衡后膜中液相负荷电的浓度，mol/cm³；γ_0为原液相的活度系数；γ_1为平衡后液相的活度系数；γ_m为平衡后膜相内的活度系数。

通常认为借助于排斥同离子的能力，荷电膜可用于脱盐。经研究发现，只有稀溶液，在压力作用下通过荷电膜时，有较明显的脱盐作用，其最佳脱盐率为：

$$R=1-\frac{C_m^-}{C_0} \tag{5-20}$$

对于 $M_{Z_y}Y_{Z_m}$ 型的盐而言，它可离解为 M^{Z_m+} 和 Y^{Z_y-}[12]，则盐在膜内外的分配系数可表示为：

$$K=\left(\frac{C_{ym}}{C_y}\right)=\left[Z_y^{Z_y}\left(\frac{C_y}{C_m^*}\right)^{Z_y}\left(\frac{r}{r_m}\right)^{Z_y+Z_m}\right]^{\frac{1}{Z_m}} \tag{5-21}$$

式中，C_y为 y 离子在主体溶液内的浓度；C_{ym}为 y 离子在膜相内的浓度；Z_m，Z_y分别为 m 离子、y 离子的电价数；C_m^*为膜的电荷容量；r、r_m为活度系数。

该公式一般可用于荷负电的纳滤膜，膜的截留率近似为：

$$R'=1-K^* \tag{5-22}$$

③ Donnan 平衡的一般情况。如图 5-7 所示，由（溶液Ⅰ|膜 M|溶液Ⅱ）构成的体系，当溶液 S（S 为Ⅰ或Ⅱ）与膜表面 S*（S* = Ⅰ* 或Ⅱ*）之间达到平衡时，此表面上组分 i 的电化学势存在以下关系：$\overline{\mu}_i^S=\overline{\mu}_i^{S^*}$

由电化学位的定义不难得到：

$$\frac{\alpha_i^{S^*}}{\alpha_i^S}=\exp\left(-\frac{\Delta\mu_i^{OS}}{RT}\right)\exp\left(-\frac{z_iF\Delta\psi^S}{RT}\right) \tag{5-23}$$

式中，$\Delta\psi^S=\psi^{S^*}-\psi^S$为膜表面的电势差；$\Delta\mu_i^{OS}=\mu_i^{OS^*}-\mu_i^{OS}$为界面 S 处组分 i 的标准化学势之差，而它根据式（5-24）来确定：

$$b_i^{\mathrm{S}}=\exp\left(-\frac{\Delta\mu_i^{\mathrm{OS}}}{RT}\right) \tag{5-24}$$

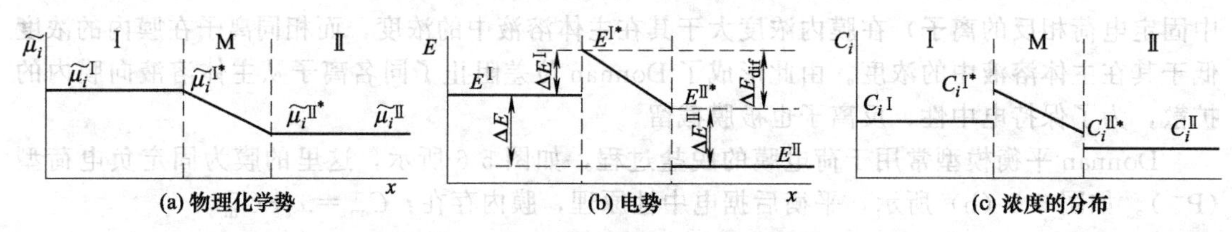

图 5-7 （溶液Ⅰ｜膜 M｜溶液Ⅱ）体系

式中，b_i^{S}是组分 i 在溶液与膜表面的分配系数。此溶液应是理想溶液（$a_i=C_i$），溶质应是非电解质（$z_i=0$）或者膜处于无电荷的状态。

在一般溶液中，界面 S 处组分 i 的分配系数b_i^{S}可在式（5-25）中代入 $a_i=r_iC_i$ 而得出：

$$\beta_i^{\mathrm{S}}=C_i^{\mathrm{S}*}/C_i^{\mathrm{S}}=(1/g_i^{\mathrm{S}})\exp(-z_iF\Delta\psi^{\mathrm{S}}/RT) \tag{5-25}$$

式中，$g_i^{\mathrm{S}}=(r_i^{\mathrm{S}*}/r_i^{\mathrm{S}})/b_i^{\mathrm{S}}$。

如图 5-7（c）所示，膜表面处的浓度是不连续变化的。一般来说，$\beta_i^{\mathrm{S}}\neq1$，因此得到：

$$\Delta\psi^{\mathrm{S}}=-\frac{RT}{F}\ln\left(g_i^{\mathrm{S}}\frac{C_i^{\mathrm{S}*}}{C_i^{\mathrm{S}}}\right)^{\frac{1}{z_i}} \tag{5-26}$$

由于表面电势 $\Delta\psi^{\mathrm{S}}$的值与离子种类 i 无关，故有：

$$\left(g_1^{\mathrm{S}}\frac{C_1^{\mathrm{S}*}}{C_1^{\mathrm{S}}}\right)^{\frac{1}{z_1}}=\left(g_2^{\mathrm{S}}\frac{C_2^{\mathrm{S}*}}{C_2^{\mathrm{S}}}\right)^{\frac{1}{z_2}}=\cdots=\left(g_n^{\mathrm{S}}\frac{C_n^{\mathrm{S}*}}{C_n^{\mathrm{S}}}\right)^{\frac{1}{z_i}} \tag{5-27}$$

这就是一般化了的道南（Donnan）平衡的条件[13]。

例如，由阳离子 1 与阴离子 2 组成的二离子体系中，代入 $n_1z_1=n_2|z_2|$，并令 $n=n_1+n_2$，则得：

$$(g^{\mathrm{S}})^n(C_1^{\mathrm{S}*})_1^n(C_2^{\mathrm{S}*})_2^n=(C_1^{\mathrm{S}})_1^n(C_2^{\mathrm{S}})_2^n \tag{5-28}$$

式中，$g^{\mathrm{S}}=[(g_1^{\mathrm{S}})_1^n(g_2^{\mathrm{S}})_2^n]^{1/n}$。

当 $g^{\mathrm{S}}=1$ 时，式（5-28）便是熟知的 Donnan 平衡式。

该 Donnan 平衡模型把截留率看作膜的电荷容量、进料液中溶质的浓度以及离子的荷电数的函数来进行预测，但由于 Donnan 平衡是平衡状况，没有考虑扩散和对流的影响，故尚不能从膜、进料及传质过程等方面来加以定量描述。

（2）扩展的 Nernst-Plank 方程模型　扩展的 Nernst-Plank 方程用于描述离子通过荷电膜的传递，其表示式为：

$$J_j=C_j^{\mathrm{m}}v-C_j^{\mathrm{m}}D_j^{\mathrm{m}}\left[\frac{1}{C_j^{\mathrm{m}}}\times\frac{\mathrm{d}C_j^{\mathrm{m}}}{\mathrm{d}x}+\frac{\mathrm{d}(\ln r_j^{\mathrm{m}})}{\mathrm{d}x}\right]-C_j^{\mathrm{m}}D_j^{\mathrm{m}}\frac{Z_jF}{RT}\times\frac{\mathrm{d}\phi^{\mathrm{m}}}{\mathrm{d}x}-$$
$$C_j^{\mathrm{m}}\frac{D_j^{\mathrm{m}}}{RT}\left(\overline{V}_j-\frac{M_j}{M_{\mathrm{w}}}\overline{V}_{\mathrm{w}}\right)\frac{\mathrm{d}p^{\mathrm{m}}}{\mathrm{d}x} \tag{5-29}$$

在忽略加压扩散的局部相关性时，可得到该方程的常用形式：

$$J_j=C_j^{\mathrm{m}}v-D_j^{\mathrm{m}}\frac{\mathrm{d}C_j^{\mathrm{m}}}{\mathrm{d}x}-C_j^{\mathrm{m}}D_j^{\mathrm{m}}\frac{Z_jF}{RT}\times\frac{\mathrm{d}\phi^{\mathrm{m}}}{\mathrm{d}x}-C_j^{\mathrm{m}}D_j^{\mathrm{m}}\frac{\mathrm{d}(\ln r_j^{\mathrm{m}})}{\mathrm{d}x}$$
$$=C_j^{\mathrm{m}}v-C_jD_j^{\mathrm{m}}\frac{\mathrm{d}(\ln\alpha_j^{\mathrm{m}})}{\mathrm{d}x}+Z_jC_j^{\mathrm{m}}D_j^{\mathrm{m}}\frac{FE}{RT} \tag{5-30}$$

式（5-30）中，第一项表示对流产生的溶质通量，第二项表示扩散产生的溶质通量，第三项表示 Donnan 位引起的通量。同时，膜内各种离子满足电中性条件：

$$\sum Z_j C_j M + \omega X = 0 \tag{5-31}$$

在外部溶液中：

$$\sum_j Z_j C_j = 0 \tag{5-32}$$

由于在纳滤分离过程中无电流产生，故：

$$\sum_j Z_j J_j = 0 \tag{5-33}$$

在每个膜-溶液界面处的热力学平衡条件为：

$$\frac{C_j^m r_j^m}{C_j r_j} = \exp\left(-Z_j \frac{F\Delta\phi}{RT}\right) \tag{5-34}$$

渗透液的组成为：

$$C_j = \frac{J_j}{J} \tag{5-35}$$

以上各式中，J_j为j离子的通量；C_j^m为j离子在膜内的浓度；υ为膜微孔中流体的平均速度；D_j^m为j离子在膜内的扩散系数；Z_j为j离子的电价数；E为电动势；F为法拉第常数；r_j和r_j^m分别为j离子在溶液和膜内的活度系数；ϕ为电位；x为垂直于膜面方向上的距离；V_j为j离子的偏摩尔体积；V_w为水的偏摩尔体积；X为膜中固定活性基团的浓度；ω为膜中固定活性基团的电荷数。

尽管扩展的Nernst-Plank模型是纳滤法处理含盐溶液过程中传质的基础，但因在实际过程中由于方程中含有十几个参数（其中之一是固定离子浓度），无法得到准确定量值，同时方程式即使在最简单的二元混合物等温情况下已含7个参数，难于求解而应用很少。但根据该方程，可定性地了解过程的传质特点和分离趋势。

(3) 空间电荷模型　空间电荷模型（space charge moded）是表征电解质及其离子在荷电膜内的传质和动电现象的精确模型，该模型假设膜由孔径均一而且其壁面上电荷均匀分布的微孔组成[9,14]。如图5-8所示，将离子看作点电荷，离子大小的空间效应可忽略。

该模型的基本方程由描述体积透过通量的Navier-Stokes方程、描述离子传递的Nernst-Plank方程及描述离子浓度和电位关系的Poisson-Boltzmann方程等组成。空间电荷模型十分烦琐，简单来说，包括以下几个方程。

① Nernst-Plank方程。Nernst-Plank方程用于描述稳态时轴向和径向的离子通量大小，有：

$$x\text{ 方向}: j_i = u_x C_i + D_i \frac{\partial C_i}{\partial x} - \frac{D_i}{RT} Z_i C_i F \frac{\partial \phi}{\partial x} \quad (i=1,2) \tag{5-36}$$

$$r\text{ 方向}: j_{r,i} = u_r C_i - D_i \frac{\partial C_i}{\partial r} - \frac{D_i}{RT} Z_i C_i F \frac{\partial \phi}{\partial x} \quad (i=1,2) \tag{5-37}$$

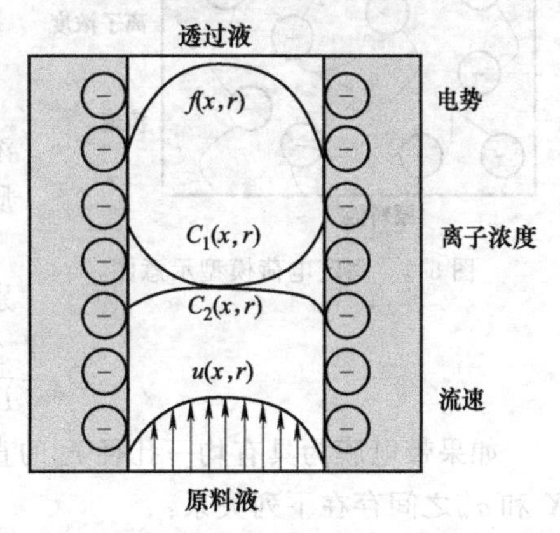

图5-8　空间电荷模型示意图

② Poisson-Boltzmann方程。设电位的轴向变化与径向变化相比可略，则有：

$$\frac{1}{\bar{r}}\frac{\partial}{\partial \bar{r}}\left(\bar{r}\frac{\partial \bar{\phi}}{\partial \bar{r}}\right) \approx \frac{1}{\bar{r}} \times \frac{\mathrm{d}}{\mathrm{d}\bar{r}}\left(\bar{r}\frac{\mathrm{d}\bar{\phi}}{\mathrm{d}\bar{r}}\right) = \frac{1}{2}\left(\frac{r_p}{\lambda_D}\right)^2 (k_1 - k_2) \tag{5-38}$$

$$\lambda_D = \left[\frac{2\upsilon_1 Z_1^2 F^2 C(x)}{RT\varepsilon_r\varepsilon_0}\right]^{-0.5}; \bar{r} = \frac{r}{r_p}, \bar{\phi} = -\frac{Z_1 F\phi}{RT} \tag{5-39}$$

式中，λ_D为德拜长度，它是双电层的特征长度。

毛细管中心和表面的边界条件分别为：

$$\left.\frac{\partial \overline{\phi}}{\partial \overline{r}}\right|_{r=0}=0,\left.\frac{\partial \overline{\phi}}{\partial \overline{r}}\right|_{r=1}=\left(-\frac{Z_1 F}{RT}\right)\frac{r_p q_w}{\varepsilon_r \varepsilon_0}=4q_0 \tag{5-40}$$

当无量纲长度$\frac{r_p}{\lambda_D}$和无量纲孔表面电位梯度给定时，Poisson-Boltzmann 方程就可求解。

③ Navier-Stokes 方程。对于径向对称的体系而言，从 Navier-Stokes 方程可导出：

$$x\text{ 方向：}0\approx-\frac{\partial p}{\partial x}-\rho_c\frac{\partial \phi}{\partial x}+\frac{\mu}{r}\times\frac{\partial}{\partial r}\left(r\frac{\partial u_x}{\partial r}\right) \tag{5-41}$$

$$r\text{ 方向：}0\approx-\frac{\partial p}{\partial r}-\rho_c\frac{\partial \phi}{\partial r} \tag{5-42}$$

空间电荷模型主要用于描述流动电位和膜内离子电导率等动电现象的研究。但需要对 Poisson-Boltzmann 方程等进行数值求解，其计算工作十分繁重，因此，它的应用受到一定的限制。

(4) 固定电荷模型　固定电荷模型（fixed charge model）[12,13]其实是空间电荷模型的简化形式，该模型是由 Teorell Meyer 和 Sievers 共同提出的，模型假设膜是一个均质无孔的凝胶相，膜中固定电荷的分布是均匀的[9,14]。如图 5-9 所示，不考虑孔径等结构参数，认为离子浓度和电势能在传质方向具有一定的梯度。该模型最早用于离子交换膜，后用于表征荷电性反渗透膜和纳滤膜的截留特性和膜电位。但当膜的孔半径较大时，固定电荷、离子浓度以及电位均匀分布的假设不能成立，此时模型的适用性较差。

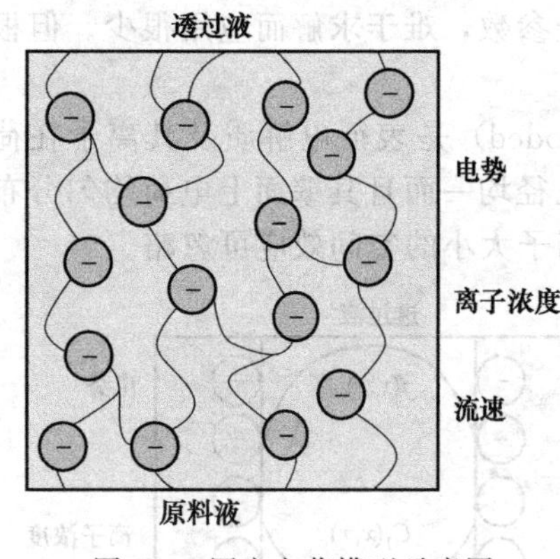

图 5-9　固定电荷模型示意图

对于 1-1 型电解质（如 NaCl）的单一组分体系，带电膜的反射系数和溶质透过系数可以由固定电荷模型与 Nernst-Plank 方程联立求解导出：

$$\sigma=1-\frac{2}{(2\alpha-1)\xi+(\xi^2+4)^{0.5}} \tag{5-43}$$

$$P=D_s\left(\frac{A_k}{L}\right)(1-\sigma) \tag{5-44}$$

式中，ξ 为膜的体积电荷密度 X 与膜面的电解质浓度 C 之比；A_k为膜的开孔率；L 为膜厚；D_s为电解质的扩散系数；α 为阳离子速率。

如果组成电解质的阳离子和阴离子的扩散系数分别为 D_1和 D_2，则 D_s和 α 可表示为：

$$D_s=\frac{2D_1D_2}{D_1+D_2},\ \alpha=\frac{D_1}{D_1+D_2} \tag{5-45}$$

如果带电膜为具有均一孔径 r_p的直圆筒状微孔结构，其微孔壁面的电荷密度为 q_w，则 X 和 q_w之间存在下列关系：

$$X=\frac{2\pi r_p q_w}{\pi r_p^2 F}=\frac{2q_w}{r_p F} \tag{5-46}$$

如果微孔壁面电势为 φ_w，则根据 Gouy-Chapman 双电层理论，可得到的 q_w和 φ_w的关系式：

$$q_w=\sqrt{8RT\varepsilon_r\varepsilon_0}\times\sqrt{C}\times\sin\left(-\frac{z_1 F\varphi_w}{2RT}\right) \tag{5-47}$$

由此可知，如果带电膜的结构参数（孔径 r_p、开孔率 A_k及厚度 L）和膜的带电特性（体积电荷密度 X 或壁面电荷密度 q_w）为已知时，就可根据固定电荷模型计算某一电解质溶液浓度下膜的反射系数和溶质透过系数，进而根据 Spiegler-Kedem 方程求得膜的截留率随膜的体积流速的变化关系。或通过各种浓度电解质溶液的膜透过实验得到膜的截留率随膜的体积流速的变化关系，并根据 Spiegler-Kedem 方程回归求得膜的反射系数和溶质透过系数，进而根据该模型预测膜的带电特性（体积电荷密度 X 或壁面电荷密度 q_w）。

5.2.2.3 中性溶质和电解质混合体系

纳滤膜对既有中性溶质又有电解质的混合水溶液体系的分离特性必须结合筛分效应和电荷效应。

(1) 静电位阻模型　静电位阻模型（electrostatic and steric-hindrance model）既考虑了细孔模型所描述的膜微孔对中性溶质大小的位阻效应，又考虑了固定电荷模型所描述的膜的带电特性对离子的静电排斥作用，因而这个模型能够根据膜的带电细孔结构和溶质的带电性及大小来推测膜对带电溶质的截留性能[9,14]。该模型对带电的多孔膜和带电溶质作以下假定：

① 带电的多孔膜被看作是一孔径为 r_p，膜孔隙度与膜厚度的比值为 A_k/L 和孔表面电荷密度为 q_w 的毛细管。

② 带电溶质能够完全离解为“大离子”和“小离子”，只有对“大离子”才考虑它的位阻效应，“大离子”可看作为斯托克斯半径为 r_s 的刚体，它们在稀的水溶液中的扩散系数可根据斯托克斯-爱因斯坦方程计算。“大离子”通过毛细管的位阻效应可由细孔模型导出。

③ 假定所有离子都可作为质点处理并且它们在膜毛细管内的浓度分布遵循 Poisson-Boltzmann 方程，当无量纲的电压梯度在膜孔壁上的值 $q_0<1$ 时，它们的浓度可由 Donnan 平衡近似计算。

④ 膜中带电毛细孔内的离子通量可用考虑位阻效应修正后的 Nernst-Plank 方程来描述。

根据以上假定，可得到荷电膜孔内的平均离子通量：

$$J'_i=v_i\left[H_{F,i}K_{F,i}J'_V C-H_{D,i}K_{D,i}D_i\left(\frac{\partial C}{\partial x}+C\frac{Z_iF}{RT}\times\frac{\partial \phi}{\partial x}\right)\right] \tag{5-48}$$

式中，v_i 为膜孔中流体的平均速度；$H_{F,i}$、$H_{D,i}$ 分别为细孔模型描述的在扩散和对流条件下的立体位阻系数，它们与 i 离子的壁校正系数（η_i）相对应，$H_{F,i}=1+(16/9)\eta_i^2$ $(\eta_i=r_{s,i}/r_p)$，$H_{D,i}=1$；J'_V 为毛细管横截面的平均体积通量；$K_{D,i}$、$K_{F,i}$ 为 i 离子的平均分配系数，$K_{D,i}\approx k_{D,i}S_{D,i}$，$K_{F,i}\approx k_{F,i}S_{F,i}$；$k_{D,i}$ 和 $k_{F,i}$ 分别为对应于扩散和对流条件下基于固定电荷模型的静电排斥的分布系数，反映静电效应引起的对 $K_{D,i}$ 和 $K_{F,i}$ 的贡献；$S_{D,i}$、$S_{F,i}$ 为基于细孔模型的立体位阻导致的分布系数，分别对应于扩散和对流条件下只考虑 i 离子的位阻效应引起的 $S_{D,i}$ 和 $S_{F,i}$ 对 $K_{D,i}$ 和 $K_{F,i}$ 的贡献；$S_{D,i}=(1-\eta_i)^2$，$S_{F,i}=(1-\eta_i)^2[2-(1-\eta_i)^2]$ $(\eta_i=r_{s,i}/r_p)$。

静电位阻模型可以较好地描述纳滤膜的分离机理，与空间电荷模型相比，它考虑了膜结构参数对膜分离过程的影响，截留率由道南效应与筛分效应共同决定，即带电溶质通过纳滤膜的渗透行为可借助于结构参数 r_p 和 A_k/L 及表面电荷密度 q_w 进行估算。当仅考虑位阻效应（$k_{D,i}=k_{F,i}=1.0$）时，静电位阻模型与细孔模型完全一致。

(2) 杂化模型　此外，还有一些其他模型，如 Bowen 和 Mukhtar 提出了一个杂化模型，该模型与静电排斥和立体阻碍模型有点相似[9,14]，这里不再详细论述。

5.2.2.4 两性溶质体系

纳滤膜的分离特性与两性溶质分子量及其等电点等基本性质密切相关。当两性溶质分子量大于纳滤膜的截留分子量时，膜的截留分离特性主要取决于筛分效应，而当两性溶质分子量远远小于纳滤膜的截留分子量时，膜的截留分离特性则主要取决于电荷效应，溶液的 pH 值成为影响膜分离性能的最重要因素，此时，通过溶液 pH 值的调节可使两性溶质与膜的带电性质相同或相反，从而改变两者之间的相互作用方式，影响膜的截留分离特性[15]。

5.3 纳滤膜材料

纳滤膜是纳滤过程中最为重要的核心部分，膜性能的优劣直接影响到分离效果的好坏。膜的性能通常是由膜材料性质和膜结构两方面决定的，前者主要取决于膜材质的选择，后者则与制膜的工艺有很大关系。

按应用领域来分，根据不同分离体系纳滤膜主要可分为水系纳滤膜和耐溶剂纳滤膜。按膜材料类型来分，纳滤膜主要可分为有机高分子膜、无机膜和有机-无机复合膜三种；而有机/无机复合膜按复合方式不同可以分为无机材料支撑有机膜、无机填充有机膜（混合基质膜）和有机/无机杂化膜；按膜结构来分，则包括均质膜、非对称膜和复合膜（相关内容参见第 2 章）。下面对纳滤膜材料和纳滤膜制备进行介绍。

5.3.1 高分子纳滤膜材料

目前，商品化的高分子纳滤膜材料主要有醋酸纤维类（Toray、Trisep)、聚酰胺类(Film Tec、Toray、ATM、Trisep)、聚砜类（Nitto、Denko）等。表 5-4 列出了部分典型 NF 膜材料及性能。此外，用于纳滤膜材料的还有聚哌嗪酰胺类、聚芳酯类、聚酰亚胺类、天然高分子、聚电解质等有机高分子材料，以及无机膜材料（如陶瓷）等。

表 5-4 商品膜材料及性能[15]

材 质	生产商	MWCO/Da	脱盐率(NaCl)/%	膜型号
芳香族聚酰胺	海德能(Hydranautics)	600±200		ESPA
聚酰胺	陶氏(Dow/Fim Tec)	300		NF-200
聚乙烯醇和聚哌嗪酰胺	通用电气(GE)		47	Desal-5
醋酸纤维	东丽(Toray)	200～300		SC-3100
磺化聚砜	日本电工(Nitto)		15	NTR-7410
磺化聚醚砜	日本电工(Nitto)		51	NTR-7450

5.3.1.1 醋酸纤维素

参见第 2 章。

5.3.1.2 芳香族/半芳香族聚酰胺

合成聚酰胺（PA）是纳滤膜材料中最主要的一种，而芳香族/半芳香族聚酰胺膜是市场化最为成功的纳滤膜。因聚酰胺的溶解性不好，多采用界面聚合法制备复合纳滤膜的聚酰胺皮层：含有活泼单体（通常为多元二胺）的水相溶液与含有另一种活泼单体（通常为酰氯）的有机相溶液接触，在两相界面处发生聚合反应从而在超滤底膜表面形成聚酰胺皮层。已报道的可制备芳香族/半芳香族聚酰胺纳滤膜的部分单体见图 5-10。

芳香族/半芳香族聚酰胺的苯环结构与酰胺结构使其具有优良的物化稳定性，耐强碱，耐油脂，耐有机溶剂，机械强度极好，吸湿性低，耐高温。此外，酰胺部分（—NH—CO—）具有极性，能与水分子形成氢键，为亲水基团，能够提高膜的亲水性。该材料由于具有良好的耐溶剂性，常用于有机小分子物质的分离和回收，但其耐酸性和耐氯性较差，溶解性能较弱。近年来，芳香族聚酰胺纳滤膜的研究热点主要集中在提高膜的渗透选择性、抗氯性、溶剂稳定性与抗污染性等方面。

5.3.1.3 聚砜类

参见第 2 章。

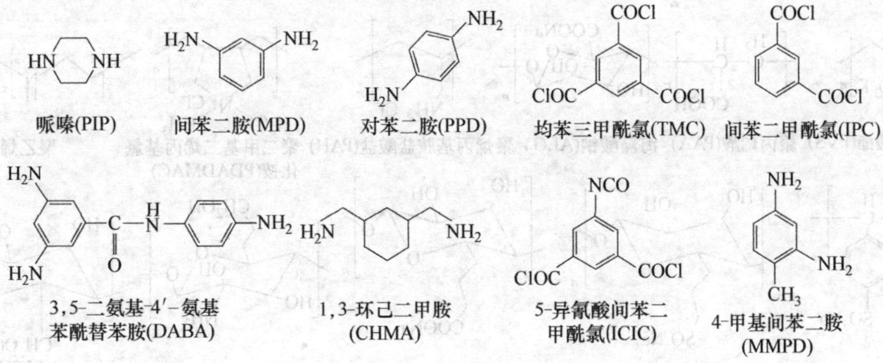

哌嗪(PIP)　间苯二胺(MPD)　对苯二胺(PPD)　均苯三甲酰氯(TMC)　间苯二甲酰氯(IPC)

3,5-二氨基-4′-氨基苯酰替苯胺(DABA)　1,3-环己二甲胺(CHMA)　5-异氰酸间苯二甲酰氯(ICIC)　4-甲基间苯二胺(MMPD)

图 5-10　可制备聚酰胺纳滤膜的部分二胺单体和酰氯

5.3.1.4　聚酰亚胺类

聚酰亚胺（PI）是指主链上含有酰亚胺环的一类聚合物，其结构通式（图 5-11）中的 R 和 R′可以是脂肪链，也可以是芳香基团。芳香族聚酰亚胺纳滤膜应用较多，因为其耐高温性、耐溶剂性和力学性能都非常优良。PI 纳滤膜的合成体系有 200 多种，目前应用最广、性能较稳定的是由均苯四甲酸酐（PMDA）和二氨基二苯醚（ODA）合成的。聚酰亚胺纳滤膜除了具有优良的耐高温、耐化学性能外，还具有很好的力学性能、电性能以及很高的抗辐射性能。因聚酰亚胺材料的耐有机溶剂性能优异，聚酰亚胺纳滤膜适用于耐溶剂纳滤分离应用。

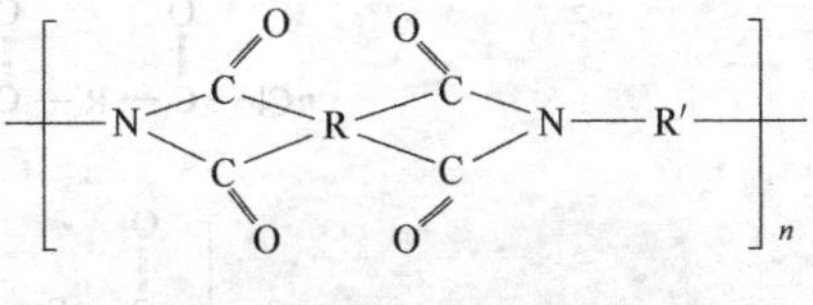

图 5-11　聚酰亚胺的结构通式

5.3.1.5　天然高分子材料

壳聚糖（CS）也称甲壳素，是存在于节肢动物甲壳中的天然高分子，其化学结构为乙酰氨基葡萄糖，见图 5-12。由第 4 章可知：壳聚糖具有很强的亲水性、耐溶剂性，是一种极具潜力的膜材料，分子内含反应活性强的羟基、氨基，易进行酰基化、硫酸酯化、羧甲基化等化学修饰从而制得不同用途的甲壳素衍生物膜。

此外，单宁酸与儿茶酚类等多酚羟基官能团类天然高分子或单体广泛存在于茶树、荨麻五倍子等植物组织中，具有非常强的抗菌性、抗氧化性、亲水性与生物相容性等特点，且具有非常强的反应活性，是一类很有发展前景的天然高分子纳滤膜材料。

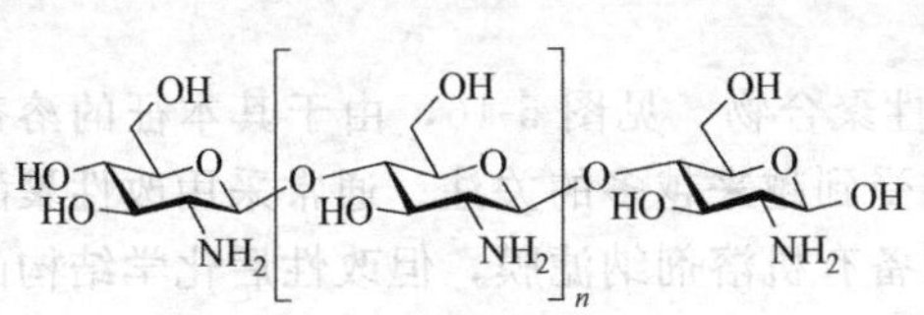

图 5-12　壳聚糖化学结构式

5.3.1.6　聚电解质材料

聚电解质材料是一类荷电聚合物，其化学稳定性、亲水性、不溶水与荷电性使得其成为一种极具潜力的纳滤膜材料，一般基于阴、阳离子聚合物之间的静电作用力进行自组装来制备具有不同特性的复合纳滤膜。可制备纳滤膜的荷负电聚电解质材料如图 5-13 所示。通过改变聚电解质的种类和比例，调节交联条件可改变聚电解质纳滤膜的亲水性与分离性。此外，还可通过静态吸附、动态吸附以及静态-动态相结合吸附等自组装技术制备多层聚电解质复合膜，从聚电解质设计、组装技术、聚电解质复合膜结构等纳米尺度上构筑高通量、抗污染以及多功能的复合膜。聚电解质浓度、制膜工艺、操作压力和料液浓度等因素均对聚电解质纳滤膜分离性能有影响。

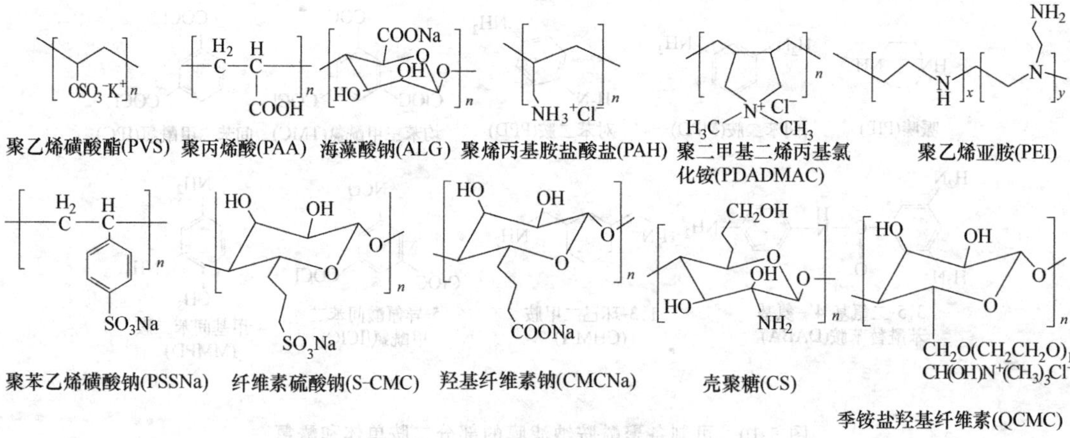

聚乙烯磺酸酯(PVS) 聚丙烯酸(PAA) 海藻酸钠(ALG) 聚烯丙基胺盐酸盐(PAH) 聚二甲基二烯丙基氯化铵(PDADMAC) 聚乙烯亚胺(PEI)

聚苯乙烯磺酸钠(PSSNa) 纤维素硫酸钠(S-CMC) 羟基纤维素钠(CMCNa) 壳聚糖(CS) 季铵盐羟基纤维素(QCMC)

图 5-13 常用聚电解质

5.3.1.7 其他有机高分子材料

（1）聚芳酯 聚芳酯的强度高，尺寸稳定性好，耐热、耐溶剂和耐化学品的性能优良。聚芳酯主要用于制备微滤膜、气体分离膜和纳滤膜。另外，聚酯无纺布是纳滤、反渗透、气体分离、渗透汽化、超滤和微滤等一切卷式膜组件的最主要支撑底材。聚芳酯是由二元酚和二元酸双酰氯制成的，反应式如图 5-14 所示。

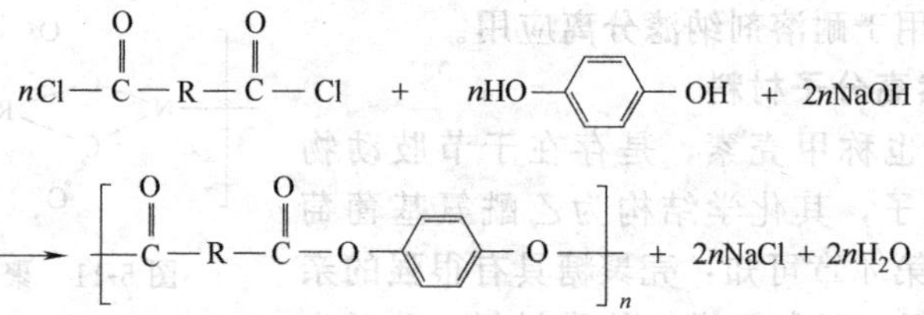

$$n\mathrm{Cl-C(=O)-R-C(=O)-Cl} + n\mathrm{HO-C_6H_4-OH} + 2n\mathrm{NaOH} \longrightarrow \left[\mathrm{-C(=O)-R-C(=O)-O-C_6H_4-O-}\right]_n + 2n\mathrm{NaCl} + 2n\mathrm{H_2O}$$

图 5-14 聚芳酯的合成反应式

（2）聚哌嗪酰胺 聚哌嗪酰胺的主链结构含有酰氨基和具有强碱性的哌嗪环，见图 5-15。因此其大分子主链相当牢固，有良好的耐热性和亲水性，容易成型，这些性质取决于两个羧基的性质和哌嗪环的取代度。

（3）聚醚醚酮 聚醚醚酮（PEEK）是半结晶性聚合物，见图 5-16，由于其本征的溶剂稳定性与酸碱稳定性，在有机溶剂纳滤膜制备领域受到越来越多的关注。通常采用改性聚醚醚酮或合成可溶性聚醚醚酮作为原料通过相转化制备有机溶剂纳滤膜，但改性后化学结构的变化导致聚醚醚酮耐溶剂性能降低，限制了在高温、强极性质子溶剂与强酸碱条件下的应用。

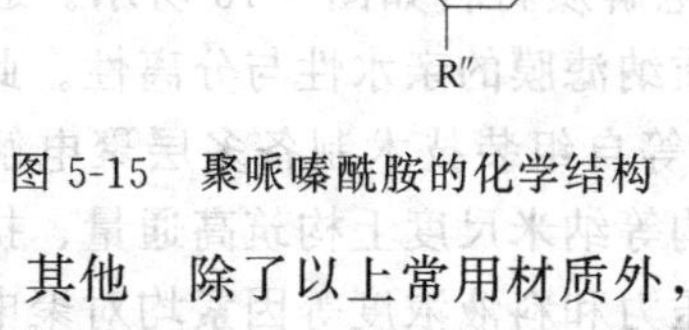

图 5-15 聚哌嗪酰胺的化学结构

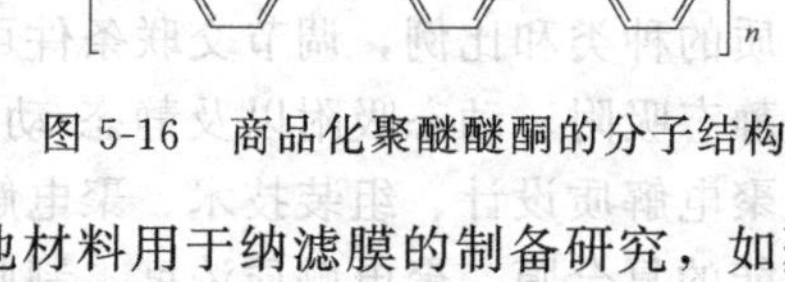

图 5-16 商品化聚醚醚酮的分子结构

（4）其他 除了以上常用材质外，还有一些其他材料用于纳滤膜的制备研究，如聚乙烯醇、聚丙烯腈、聚酯、聚苯并咪唑以及甲基丙烯酸酯聚合物等（表 5-5）。

表 5-5 其他聚合物材料[15]

聚合物材料	材料特性
聚乙烯醇(PVA)	高亲水性,多反应活性位
聚丙烯腈(PAN)	材料便宜易得,—CN 易改性
聚苯并咪唑(PBI)	强机械性能与化学稳定性
聚甲基丙烯酸酯类(PDMAEMA)	多反应活性位,荷电性(季铵盐)
聚吡咯(PPy)	化学稳定性强,不溶于有机溶剂,高表面能
聚苯砜(PPSU)	具备较高的抗水解性、耐溶剂性、耐温性
聚二甲基硅氧烷(PDMS)	透过性强,可加工性好,耐腐蚀,廉价易得

5.3.2 无机纳滤膜材料

相对于高分子膜材料而言，无机膜材料通常具有非常好的化学、热稳定性，寿命长，便于清洗，对无机膜可任选清洗剂，尽管有很多的优点，但真正用于制备纳滤膜的无机材料非常有限。无机纳滤膜通常由 3 种不同孔径的多孔层组成，大孔支撑层可以保证无机纳滤膜的机械强度；中孔的中间层可以降低支撑层的表面粗糙度，有利于纳孔层的沉积；而纳孔层（孔径<2nm）决定着无机纳滤膜的渗透选择性。无机纳滤膜包括陶瓷膜、玻璃膜、金属膜和分子筛膜；常用的要属多孔陶瓷膜，有 Al_2O_3、ZrO_3、TiO_2、HfO_2、SiC 和玻璃等，见表 5-6；所采用的载体主要是氧化铝多孔陶瓷。

表 5-6 无机陶瓷纳滤膜性能[16]

材　　料	MWCO	孔径/nm	pH 值使用范围
γ-Al_2O_3	200～2000	0.6～5.0	3～11
TiO_2	480～1000	5.0	1.5～13
TiO_2-α-Al_2O_3	500、600、800、>1000	0.8～3.5	1.5～13
TiO_2-γ-Al_2O_3-α-Al_2O_3	<200	0.8	3～11
SiO_2-ZrO_3	200～1000	1.0～2.9	2～12
HfO_2	>420	1～2	1～14

陶瓷膜材料有两个最大的优点：一是耐高温，除玻璃膜外，大多数陶瓷膜可在 1000～1300℃高温下使用；二是耐化学性和生物腐蚀，陶瓷膜一般比金属膜更耐酸腐蚀，而且与金属膜的单一均匀结构不同，多孔陶瓷膜根据孔径的不同，可有多层、超薄表层的不对称复合结构，还具有硬且脆、弹性模量高（刚性好）等特点。

5.4 纳滤膜制备

根据多聚合物纳滤膜的不同结构和不同膜材料，分别介绍聚合物非对称膜、聚合物复合膜和无机膜的制备方法，以及膜表面的改性方法。

5.4.1 非对称膜的制备

5.4.1.1 L-S 相转化法

Loeb 和 Sourirajan 首先使用的 L-S 相转化法又称浸没沉淀法，其基本原理是将均相制膜液中的溶剂挥发，使制膜液由液相转化为固相（相关内容参见第 2 章和第 4 章）。为了使膜获得良好的重现性，需注意以下问题[17]：

（1）溶剂/非溶剂体系的选择　第 6 章给出了各种溶剂/非溶剂对的大致分类。对三元体系而言，相互亲和强的会导致多孔膜，相互亲和弱的则导致无孔致密膜。

（2）聚合物的选择　L-S 相转化法制膜时，有机高分子制膜材料要与溶剂、添加剂有良好的相溶性，且可在水中发生凝胶固化。

(3) 聚合物浓度　增加刮膜液中聚合物初始浓度，则界面处聚合物浓度增大。当刮膜液中聚合物初始浓度较高时，膜界面处聚合物浓度较高。

(4) 凝结浴组成　在凝结浴中加入溶剂将显著影响成膜结构。在凝结浴中加入溶剂导致发生延迟分层，延迟分层倾向于生成具有较厚且致密顶层的无孔膜。

(5) 刮膜液组成　在刮膜液（只含聚合物和溶剂）中加入非溶剂，要求不发生分层，即刮膜液组成必须处于所有组成完全互溶的单相区内。实际上常用在凝结浴中加入非溶剂的方法制备多孔膜。

以上是影响膜形态的主要因素，还有一些因素也会对膜形态产生影响，这里不做详细的讨论。

5.4.1.2　共混法结合 L-S 相转化法

共混法是将两种或多种高聚物在溶剂中进行共混溶解，形成多组分体系，在 L-S 相转化法制膜时，由于各组分之间以及它们在铸膜液中溶剂和添加剂的相容性差异，会影响膜中表层网络孔、胶束聚集体孔及相分离孔的孔径大小及分布，通过合理调节铸膜液中各组分的相容性差异，可制备出具有纳米级表层孔径的合金纳滤膜。共混法的特点是综合原有膜材料本身各自的优点，克服原有材料的缺点，呈现原来单一材料所没有的优异性能。

5.4.1.3　L-S 相转化法制备荷电膜

直接使用如磺化聚砜等具有可解离化学基团的高分子材料和某些添加剂，在溶剂中制成铸膜液后，再运用 L-S 相转化法制膜。

5.4.1.4　超滤膜转化法

纳滤膜的表面皮层较超滤膜致密，可通过调节制超滤膜的工艺条件制得较小孔径的超滤膜，然后再对该膜进行热处理、荷电化等处理后可使膜表层致密化并得到具有纳米级表层孔径的纳滤膜。

5.4.1.5　荷电化表层处理法

荷电化表层处理法即先用带有反应基团的聚合物制成超滤膜，再用荷电性试剂处理表层以缩小孔径并带电即可制得荷电纳滤膜。荷电膜的耐压密性、耐腐蚀性及抗污染性都得到了提高，同时可利用膜带电荷与电解质间的 Donnan 效应来分离不同价态的离子，或大大提高膜材料的亲水性。

5.4.2　复合膜的制备

复合法是目前应用最广泛、最有效的制备纳滤膜的方法。复合膜的制备包括微孔基膜的制备和具有纳米级孔径超薄表层的制备及复合两步。具有特定孔密度、孔径和孔径分布，并有良好耐压密性和物化稳定性的基膜起支撑作用，而复合层（超薄表层）决定膜的分离特性。一般应在保证分离要求的前提下尽可能减小复合膜超薄表层的厚度以减少膜的传质阻力。

下面主要介绍复合膜超薄表层的几种制备方法。

5.4.2.1　涂覆法

涂覆方式有喷涂、浸涂和旋转涂覆三种，最简单、实用的为浸涂法，这种制膜工艺的原理见图 5-17。浸涂是把常用的超滤不对称膜（中空纤维或平板）浸入到含有聚合物、预聚物或单体的涂膜液（溶质浓度一般较低，不大于 1%）中，当把此不对称膜从涂膜液中取出后，一薄层溶液附着其上，然后将其置于一炉内使溶剂蒸发并发生交联，从而使表皮层固定在多孔亚层上。当涂层的化学或机械稳定性不好或其分离性能在非交联状态下不理想时，通常要进行交联[18]。如图 5-18 所示，涂层的最终厚度取决于溶液流体力学状况，是黏性力、毛细管力和惯性力协同作用的结果。用浸涂法制膜过程中需注意聚合物的状态、孔渗、非浸润液体等。

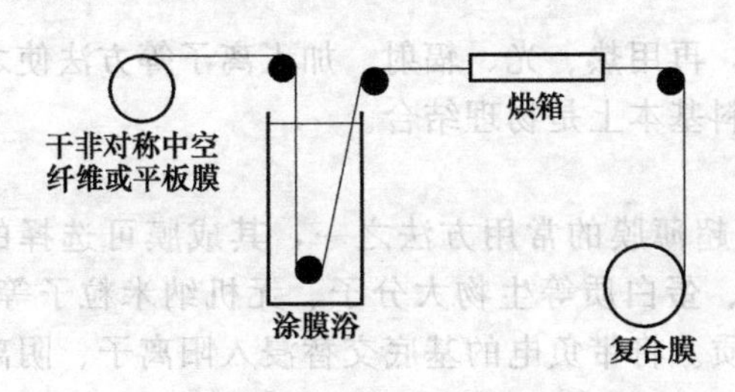

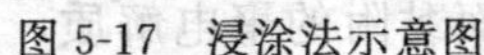
图 5-17 浸涂法示意图

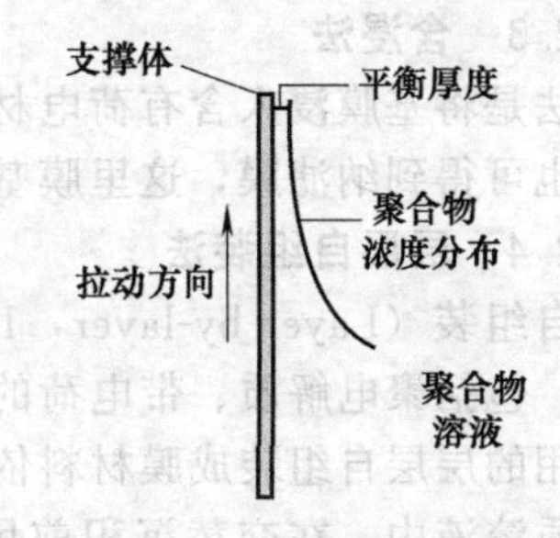

图 5-18 浸涂过程中浓度分布示意图

5.4.2.2 界面聚合法

界面聚合法是利用 P. W. Morgan 的界面聚合原理，使带有双官能团或三官能团的反应物在互不相溶的两相界面处聚合成膜，一般方法就是将微孔基膜浸入亲水单体的含水溶液中，排除过量的单体溶液，然后再浸入某种疏水单体的有机溶液中进行液液界面缩聚反应，再经水解荷电化或离子辐射，或热处理等过程在基膜的表面形成致密的超薄层。

界面聚合法制备高分子复合纳滤膜时，水相单体主要有二胺（如间苯二胺、哌嗪等）、聚乙烯醇和双酚等，有机相单体主要有二酰氯、三酰氯等。根据反应所使用单体的不同，复合纳滤膜可分为以下几类[19]：

(1) 芳香聚酰胺类复合纳滤膜　主要有美国 Film Tec 公司的 NF-50 和 NF-70 两种，其复合层组成如下所示：

$$\left[NH-C_6H_4-NHCO-C_6H_3(CO-)-CO \right]_n \left[NH-C_6H_4-NHCO-C_6H_3(COOH)-CO \right]_m$$

(2) 半芳香聚哌嗪酰胺类复合纳滤膜　如美国 Film Tec 公司的 NF-40 和 NF-40HF 膜、日本东丽公司的 UTC-20HF 和 UTC-60 膜、美国 AMT 公司的 ATF-30 和 ATF-50 膜，其复合层组成如下所示：

$$\left[N(C_4H_8)N-CO-C_6H_3(CO-)-CO \right]_n \left[N(C_4H_8)N-CO-C_6H_3(COOH)-CO \right]_m$$

(3) 磺化聚（醚）砜类复合纳滤膜　如日本日东电工公司开发的 NTR-7400 系列纳滤膜，其超薄层组成如下：

$$\left[C_6H_3(SO_3H)-C(CH_3)_2-C_6H_3(SO_3H)-O-C_6H_4-SO_2-C_6H_4 \right]_n \quad 或 \quad \left[-O-C_6H_3(SO_3H)-O- \right]_n \left[C_6H_4-SO_2-C_6H_4 \right]_n$$

(4) 混合型复合纳滤膜　如日本日东电工公司的 NTR-7250 膜，其表层皮层材料为聚乙烯醇交联聚哌嗪酰胺。

$$-CH_2-CH(O-)-CH_2-CHOH-$$
$$-N(C_4H_8)N-CO-C_6H_3(CO-O-)(CO-N(C_4H_8)N-)$$

5.4.2.3 含浸法

含浸法是将基膜浸入含有荷电材料的溶液中，再用热、光、辐射、加入离子等方法使之交联成膜也可得到纳滤膜，这里膜基体和荷电材料基本上是物理结合。

5.4.2.4 层层自组装法

层层自组装（Layer-by-layer，LBL）是制备超薄膜的常用方法之一，其成膜可选择的材料广泛，包括聚电解质、带电荷的有机小分子、蛋白质等生物大分子、无机纳米粒子等，目前最常用的层层自组装成膜材料依然是聚电解质。将带负电的基底交替浸入阳离子、阴离子聚电解质溶液中，在交替沉积前用去离子水洗去材料表面黏附的聚电解质，经过数次循环，即可制成聚电解质层层自组装多层膜。

5.4.2.5 原位聚合法

原位聚合法又称单体催化聚合，它是将基膜浸入含有催化剂并在高温下能迅速聚合的单体稀溶液中，取出基膜，除去过量的单体稀溶液，在高温下进行催化聚合反应，再经适当的后处理，得到具有单体聚合物超薄层的复合膜。

5.4.2.6 成互聚合法制备荷电膜

将基膜浸入一种聚电解质和一种高分子的共溶液中，取出使之在一定条件下聚合成膜。这类膜有添加聚阴离子（一般为碱金属的磺酸盐）的荷负电膜和添加聚阳离子（一般为聚苯乙烯三甲基氯胺）的荷正电膜。

5.4.3 疏松型纳滤膜制备

传统的纳滤膜通常具备较致密的分离皮层，其可通过筛分效应和道南效应选择性截留水溶性有机物和二价或多价无机盐，可实现分离含有机物和一价盐的混合液，但难以选择性分离有机物和二价或多价无机盐。因此，传统的纳滤膜不适合应用于要求脱除高价盐的工业领域（纺织工业、制药工业、膜生物反应器、废旧电池金属回收等领域）。例如，在印染及纺织工业中，染料合成及织物着色不同阶段都会产生大量高浓度盐和染料的混合液，染料纯化以及印染废水的处理过程均要求将染料和无机盐选择性分离。

针对分离有机物和高价盐的应用需求，近年来开发了一类具备相对疏松皮层结构的新型纳滤膜，即疏松型纳滤（loose nanofiltration）膜。与传统的纳滤膜不同，疏松型纳滤膜可以高效截留溶解性有机物、胶体、细菌和病毒等成分，但允许透过无机盐，从而实现有机物纯化、脱盐及回收利用。由于疏松型纳滤膜的分离皮层较为疏松，其往往具备相对传统纳滤较大的孔径，并可在较低操作压力下达到较高的渗透通量。已报道的商品化疏松型纳滤膜有Ultura公司的Sepro NF 2A和NF 6纳滤膜，以及GE公司的Desal G-10和Desal G-20纳滤膜。现阶段研究开发的疏松型纳滤膜多为高分子膜，主要包括相转化法制备非对称膜和复合法制备复合膜。

5.4.3.1 相转化法

相转化法制备疏松型纳滤膜主要通过在铸膜液中加入亲水性纳米复合材料后再通过浸没相转化获得疏松分离层，该法操作简单、可控性较强，且易规模化。加入亲水性纳米复合材料可调控在相转化过程中形成的纳滤膜孔结构，有利于提高水通量和无机盐渗透性。此外，相转化法可以通过改变铸膜液的配方（铸膜液浓度、致孔剂成分、亲水性纳米复合材料含量等）以及成膜条件（蒸发时间、凝固浴的温度及组成等）来实现膜性能的最优化。文献报道的相转化法所制备的疏松型纳滤膜多是改性聚醚砜（PES）膜，例如GO-PSBMA/PES膜、SiO_2-PIL/PES膜、CS-MMT/PES膜等[20~22]。

5.4.3.2 复合法

复合法制备疏松型纳滤膜即在超滤底膜上制备超薄的具备疏松结构的分离皮层而得到的

复合膜，已报道可通过界面聚合法[23~25]、聚多巴胺沉积法[26~28]和原位聚合法等[29]制备疏松型纳滤膜。界面聚合法由溶于水相的二胺单体和溶于有机相的酰氯单体间发生缩聚反应制备复合皮层，该法可通过减缓界面聚合的反应速率而制备疏松多孔结构的活性分离层。由于界面聚合过程中水相迁移影响很大，减缓聚合速率有利于容易形成较疏松的超薄多孔皮层，可减缓聚合速率的有效手段包括选择空间位阻较大的二胺单体、选择与酰氯反应较慢的醇类水相单体或在界面聚合过程中加入多孔纳米材料等。聚多巴胺沉积法是利用多巴胺能够在碱性溶液中氧化自聚并沉积到超滤膜表面得到亲水皮层，在多巴胺自聚过程中加入改性材料（PEI或铜纳米粒子）可抑制聚多巴胺非共价聚集而形成致密结构，从而得到疏松型纳滤膜。

5.4.4 无机膜的制备

5.4.4.1 动力形成法

由第4章可知：动力形成法也叫溶胶-凝胶相转化法，该法首先将一定的浓度的无机或有机聚电解质，在加压循环流动系统中，使其吸附在多孔支撑体上，由此构成的是单层动态膜，通常为超滤膜，然后需在单层动态膜的基础上再次在加压闭合循环流动体系中将一定浓度的无机或有机聚电解质吸附和凝聚在单层动态膜上，从而构成具有双层结构的动态纳滤膜。几乎所有的有机或无机聚电解质均可作为动态膜材料。动态膜具有高温稳定性，支撑管的长寿命，能就地更换动力膜，具有在一定范围内修改以适应特殊应用的方便性，通量高等优点[30]。

5.4.4.2 化学气相沉积法

化学气相沉积法是无机纳滤膜制备中应用较广泛的一种方法。该方法是先将某化合物（如硅烷）在高温下变成能与基膜（如 Al_2O_3 微孔基膜）反应的化学蒸气，在一定的温度、压力下于固体表面发生反应，生成固态沉积物，反应使基膜孔径缩小至纳米级而形成纳滤膜。

5.4.4.3 水热法

水热法是在特质的密闭反应容器内，用水溶液作为反应介质，通过对反应体系加热形成一个高温、高压反应环境，通常难溶或不溶的物质溶解并且重结晶。基于水热法的原理，可将多孔基底浸于水热反应体系，在一定条件下即可在基底表面生长无机分离层。

5.4.5 膜改性

为了获得更好的物理性能和分离性能，许多研究者把目光投向了对膜的改性。近期该领域的研究方向主要集中在对膜材料的改进、膜表面修饰和采用后期处理以改进膜的物理结构这三个方面。

5.4.5.1 膜材料改性

对膜材料进行改性主要包括对分子结构进行交联改性、共混改性、添加改性这三类方法：通过加入交联剂或加热交联，使得膜具有网状结构，从而改善膜的物理性能，除此之外，由于分子间空位的缩小，从而提高分离性能，减小截留分子量；两种或多种膜材料物理共混往往兼备两材料优点，且可具备单一材料而不具备的特性，该法可增加膜的分离性能、稳定性及耐久性等；在铸膜液中加入添加剂或无机填料等可影响成膜过程而改变膜孔形态，从而改变膜的分离性能、亲水性、机械强度等性能。

5.4.5.2 膜表面修饰

在制膜过程中，往往需要对纳滤膜进行表面修饰来进一步提高膜的性能或者增加膜的长期稳定性。膜表面修饰技术能够改变孔结构、引入功能基团或者改变膜的亲水性等。膜表面修饰技术包括等离子体处理、化学反应改性、聚合物接枝、光化学反应和表面活性剂改性等。聚合物接枝法是其中最为有效的一种，即对多孔膜表面进行化学接枝来改善膜的分离特性，该法可以制备性能优良的纳滤膜。

5.4.5.3　**采用后期处理**

对纳滤膜进行热处理、化学处理和溶剂处理也可改变膜性能。有研究发现，对纳滤复合膜在一定温度下进行热处理可改变膜内孔道尺寸：热处理温度较低时，能有效地扩大膜内部孔道；当热处理温度过高，则膜表面发生收缩，使表皮层趋于更加致密，因此通量会有所下降。此外，一些化学反应（如磺化、硝化、酸碱等）处理以及有机溶剂处理可用于改变纳滤膜的荷电性、亲水性，或者是改变表面层及孔的结构，从而调控或优化纳滤膜性能。

5.5　纳滤工艺及应用

5.5.1　纳滤膜组件及设备

在工业上，分离膜以膜组件的形式作为基本单元出现，纳滤膜组件主要有板框式、管式、螺旋卷式和中空纤维四种类型。纳滤膜的设备成型及纳滤工艺设计与反渗透膜类同，具体参见第6章相关内容，这里不做详细介绍。

5.5.2　纳滤技术的工业应用

纳滤膜具有纳米级的膜孔径、膜上多带电荷等结构特点，以及在低价离子和高价离子的分离方面有独特性能，因而主要用于：①不同分子量的有机物质的分离；②有机物与小分子无机物的分离；③溶液中一价盐类与二价或多价盐类的分离；④盐与其对应酸的分离。从而可达到饮用水和工业用水的软化和净化、料液的脱色、浓缩、分离、回收等目的。

5.5.2.1　**水的净化与软化**

地球上许多地区水源硬度超标，再加上周围环境的污染，使得许多水源中含有氰化物、胺化物、腐殖酸（该物一经和卤素接触就产生致癌的三卤化物）、高价金属离子等有害物质。为了获得合格的生活和生产用水，必须脱除水中的有机物和产生水硬度的钙、镁等的硫酸盐和碳酸盐，将这样的水进行脱盐和脱磷处理从而达到净化和软化的目的。与传统工艺相比，纳滤技术净化和软化水时具有不需再生、没有污泥产生、完全除去悬浮物、同时去除有机物、操作简单、占地面积少等优点。纳滤膜技术用于饮用水净化时的工艺流程由进水→预处理（絮凝、过滤等）→微滤/超滤→纳滤→备用等过程组成（图5-19），其优点是水质好且稳定、化学药剂用量少、占地少、节能、省劳力、易管理和维修、基本上可实现零排放。图5-20是一个软化、脱色、除三卤甲烷的二级纳滤膜装置处理流程。

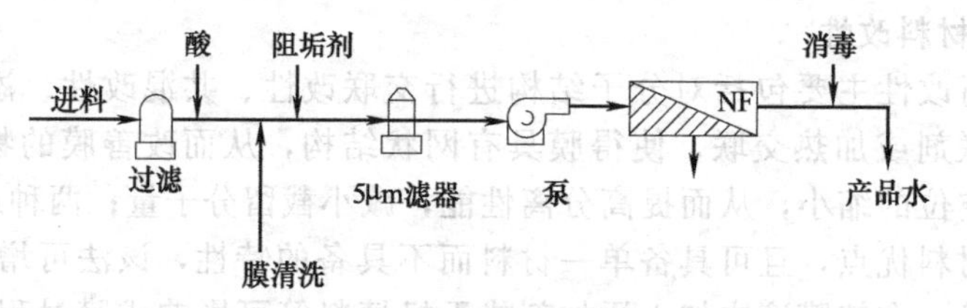

图5-19　饮用水净化时的一般工艺流程

法国Mery-sur-Oise水厂是世界上第一次将纳滤技术用于地表水净化的水厂，其工艺流程由预处理、预过滤、纳滤、后处理几个部分组成（图5-21），其生产流程框图见图5-22。Oise河是法国最脏的河，受到约300种农药和化肥的污染，有机物的含量非常高；经纳滤

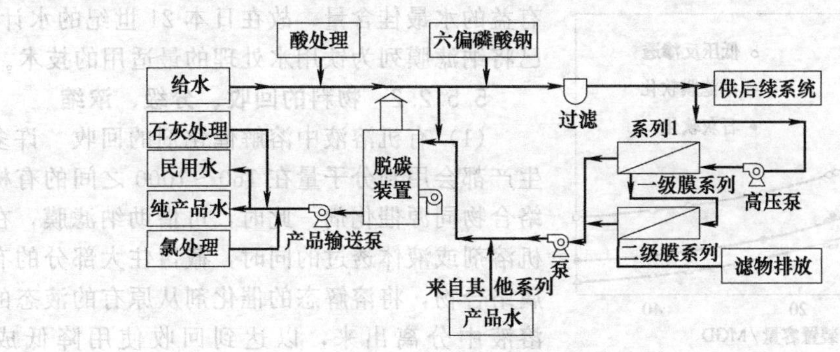

图 5-20　软化、脱色、除三卤甲烷的二级纳滤膜装置处理流程

技术处理后的产水的 TOC≤0.18mgC/L，总体效果非常令人满意[31]。

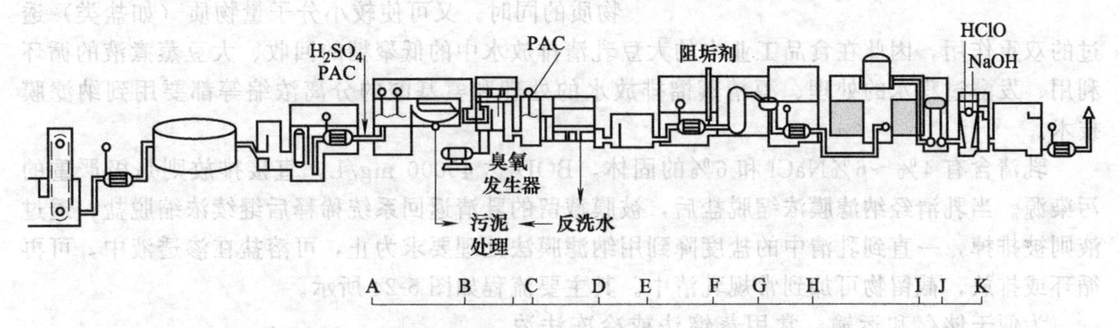

图 5-21　法国 Mery-sur-Oise 水厂工艺流程

A—沉淀池（微砂加重沉淀池）；B—臭氧接触池；C—凝结剂混合池；D—双层滤料滤池；E—中间水池；F—低压泵；G—微孔烧结筒式预滤器；H—高压泵；I—纳滤设备；J—UV 反应器；K—后处理

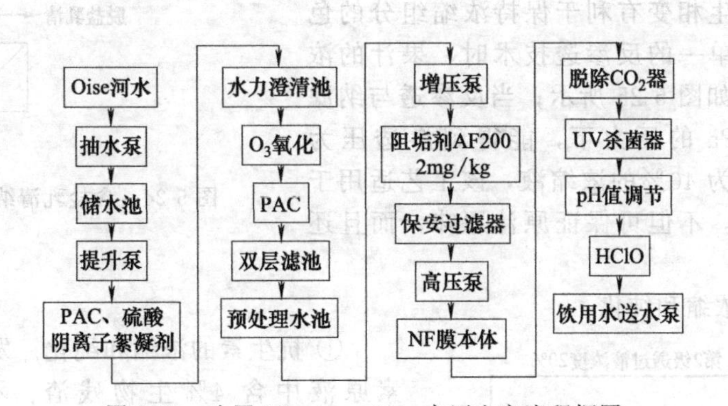

图 5-22　法国 Mery-sur-Oise 水厂生产流程框图

在传统处理工艺中，常用石灰-苏打法除 Ca^{2+}、Mg^{2+} 等二价离子以降低水的硬度，用活性炭吸附法除有机毒物，为了获得锅炉用软水，还增加一离子交换过程，总的来说，其处理过程工艺烦琐、效率低、费用高。当使用纳滤膜工艺时，一般可有效地去除 Ca^{2+}、Mg^{2+} 等硬度成分，去除三卤甲烷中间体、异味、色度、农药、合成剂、可溶性有机物及蒸发残留物质，并在低压（低于 0.7MPa）下实现水的软化及脱盐，因而纳滤膜法软化水成为纳滤膜的最重要的工业应用之一。图 5-23 表示了石灰软化、低压反渗透和纳滤膜软化处理的水的成本比较。对各种脱盐方法的经济成本进行的统计比较表明：无论是一次投资，还是运行、维修费用均以纳滤膜为最低。

由于纳滤膜技术可弥补常规水处理工艺对污染物去除效果的不足，可在去除水中微量有机污染物的同时保留人体所必需的矿物质，并使其中各种离子的配比符合医学界公认的健康

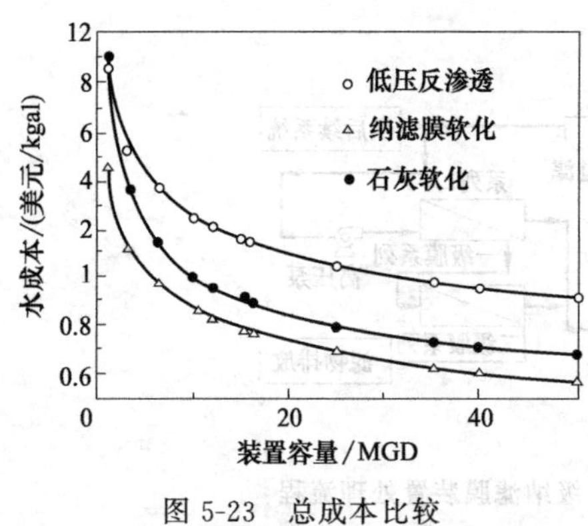

图 5-23　总成本比较

(MGD为百万加仑/d，1gal=4.54609dm^3)

有益的水最佳含量，故在日本21世纪的水计划中，已将纳滤膜列为饮用水处理的最适用的技术。

5.5.2.2　物料的回收、分级、浓缩

（1）有机溶液中溶解催化剂的回收　许多工业生产都会用到分子量在160～1000之间的有机金属络合物同源催化剂。此时，可借助纳滤膜，在让有机溶剂或液体透过的同时，截留住大部分的有机金属络合物，将溶解态的催化剂从原有的液态的有机溶液中分离出来，以达到回收使用降低成本的目的。

（2）浓缩脱盐　纳滤膜具有截留住较大分子量物质的同时，又可使较小分子量物质（如盐类）透过的双重作用，因此在食品工业中的大豆乳清排放水中的低聚糖的回收、大豆蒸煮液的循环利用、发酵过程水的处理、酒精蒸馏排放水的处理和氨基酸的分离浓缩等都要用到纳滤膜技术。

乳清含有4%～6%NaCl和6%的固体，BOD达45000 mg/L，直接排放则是极严重的污染源。当乳清经纳滤膜浓缩脱盐后，被膜截留的乳清返回系统稀释后继续浓缩脱盐，透过液则被排掉，一直到乳清中的盐度降到用纳滤膜法处理要求为止，可溶盐在渗透液中，可再循环或排放，截留物可加到常规乳清中。其主要流程如图5-24所示。

为便于储存和运输，常用蒸馏法或冷冻法浓缩果汁，这不但要消耗大量的能量，还会造成果汁风味和芳香成分的损失。纳滤可在常温下进行，分离过程中不发生相变有利于保持浓缩组分的色香味。但当使用单一的反渗透技术时，果汁的浓缩极限是30%，如图5-25所示；当反渗透与纳滤联用时，在7MPa的压力下，能得到渗透压为10.2MPa的浓度为40%的浓缩液，该工艺适用于各种果汁的浓缩，不但可保证原汁原味，而且还可节省大量能源。

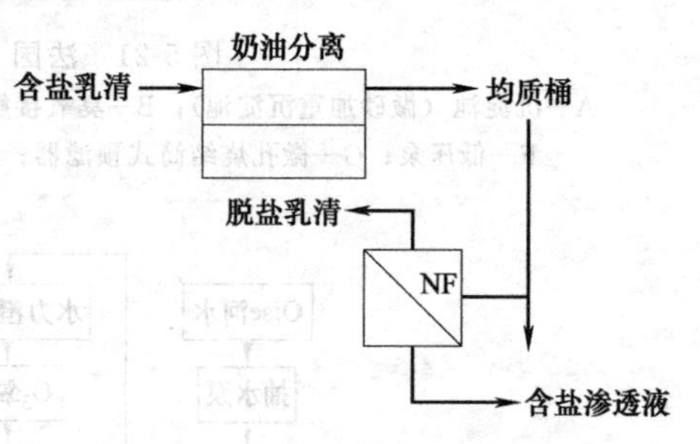

图 5-24　含盐乳清纳滤处理流程

（3）药物的浓缩和纯化

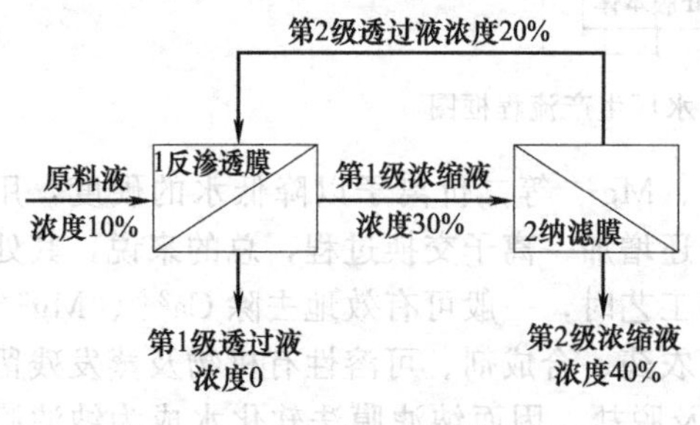

图 5-25　反渗透与纳滤联用高浓度浓缩系统

① 抗生素的浓缩和纯化。发酵法生产的抗生素原液中含4%生物残渣、不定的盐分、约0.1%～0.2%的抗生素。纳滤膜可用两种方法回收和纯化抗生素：一种是先用纳滤膜浓缩再用溶剂萃取，调节发酵液pH值和温度，用纳滤浓缩到抗生素的溶解度极限附近，小分子的有机物和盐进入渗透液。另一种是先用溶剂萃取，再用纳滤膜浓缩，从发酵液中通过澄清和溶剂萃取来分离，对萃取液进行纳滤处理来浓缩抗生素，如图5-26所示。

② 多肽的浓缩和分离。医药工业中，肽和多肽通常用色谱柱从有机或水溶液中纯化，再通过热蒸发方式抽真空进一步浓缩。由于肽浓度过低，只有0.1%～0.5%，蒸发过程持续时间过长，有可能会破坏提纯的产品，同时还将消耗大量的有机/水淋洗液。当采用纳滤

技术时，可通过调节溶液的 pH 值，对某些多肽和氨基酸混合体系进行分离，在浓缩纯化时，还可将非常小的有机污染物和低分子量的盐分除去，过程可低温高效进行，操作简便，其基本流程见图 5-27。

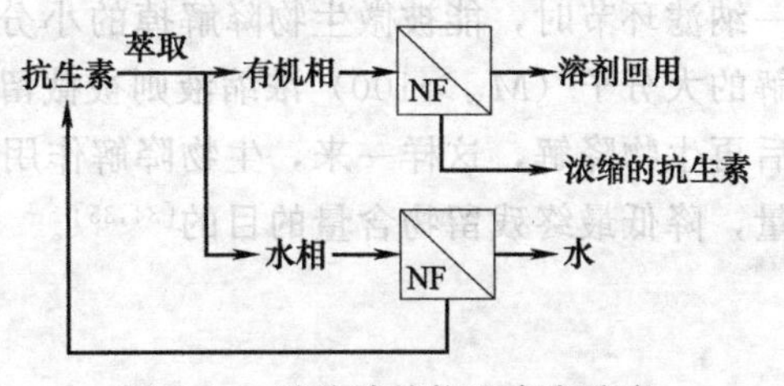

图 5-26 纳滤浓缩抗生素发酵液

③ 氨基酸的分离和纯化。不同的氨基酸在等电点时，其 pH 值不同，所以通过调节 pH 值，使用纳滤技术分离和纯化氨基酸。在这方面的应用还可包括环糊精、乳酸酯、酵母、有机酸等的生产或副产物的回收。

④ 膜生化反应器。将纳滤膜与生化反应器耦合联用时，由于反应产物可通过膜不断被取走，反应底物则被截留在反应器中，从而可大大提高反应的产率。

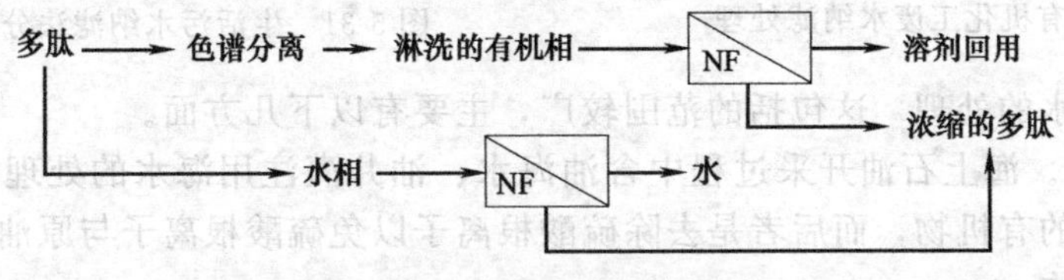

图 5-27 多肽浓缩的流程图

5.5.2.3 工业废水及生活污水的处理

纳滤膜以其独特的分离性能，已成功地应用于制糖、造纸、电镀、机械加工等工业废水及生活污水的处理上。

(1) 含溶剂废水的处理　过去常用反渗透和相分离联用的方法来处理含溶剂废水，但经反渗透浓缩后往往达不到相分离点或使相分离点不稳定（相分离时间长），使得相分离失败或在相分离槽中分离不完善，因而造成在返回循环系统时继续相分离而污染膜表面。为了防止这种现象的发生，可在反渗透前加一纳滤过程来解决，即采用纳滤-反渗透-相分离联用处理含溶剂废水[32]。图 5-28 为该流程示意图。

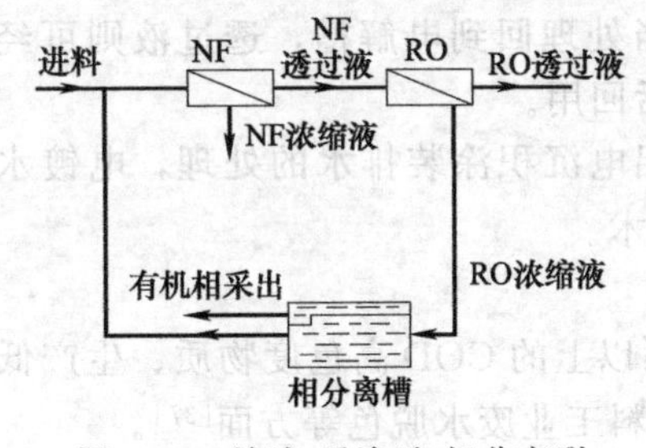

图 5-28 纳滤-反渗透-相分离联用技术处理废水流程示意图

(2) 化学工业废水的处理　常用先浓缩后焚烧或曝气的方法来处理化学工业废水。在这里，由于蒸发或反渗透技术均不能除去废水中的盐分，而只是浓缩成高盐度的废水，这种废水会对焚烧炉或曝气装置产生很大的腐蚀，因此，两种技术均不适宜作为浓缩的手段。此外，废水中还含有许多生物不能降解的低分子量有机物（$M_w>100$），这些问题只有借助纳滤膜时才能有效解决，因为纳滤膜在浓缩废水中有机成分的同时，可让盐分透过，进而可达到分级分别处理的目的[33]。如图 5-29 所示，经浓缩后的废水（已脱盐）可以去曝气，而透过液则可经生化处理成无害的排放液。

(3) 有机化工废水处理　有机化工废水的污染性是严重的，应严格处理，通常因其含有盐等而难以处理，用纳滤技术可浓缩这些有机物，进行分别处理，如图 5-30 所示。

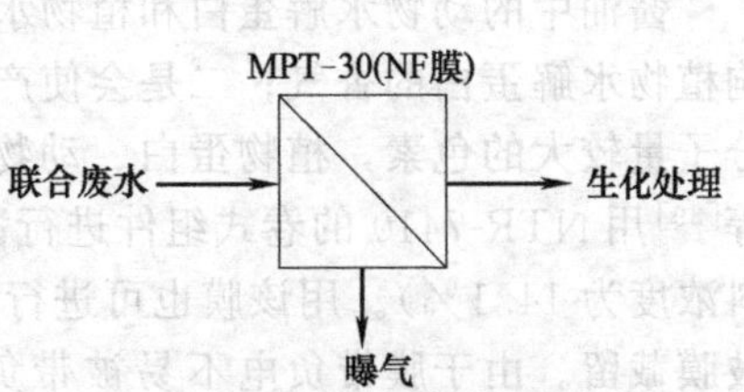

图 5-29 NF 膜处理化学工业废水处理示意图

(4) 生活污水的处理　生活污水一般用生物降解/化学氧化法结合处理，但也存在氧化剂浪费太大、残留物过多的缺点。如图 5-31 所示，当在它们之间加一纳滤环节时，能被微生物降解掉的小分子（$M_w<100$）透过液被排放掉，不能被生物降解的大分子（$M_w\geq100$）浓缩液则被截留，它再经化学氧化器（氧化、吸附或再循环处理）后再生物降解，这样一来，生物降解作用得到充分利用，从而可达到节约氧化剂或活性炭用量，降低最终残留物含量的目的[34,35]。

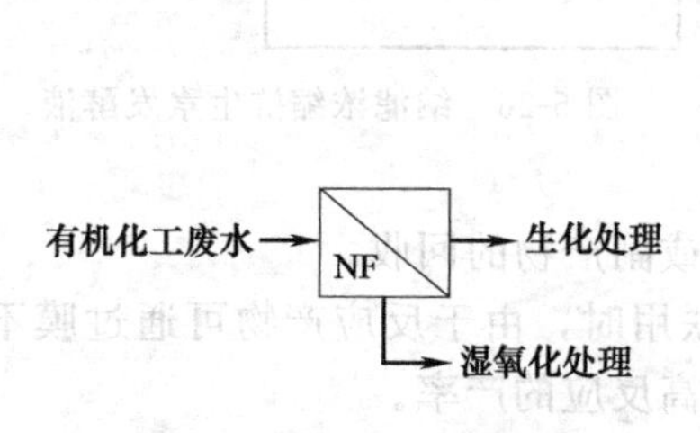

图 5-30　有机化工废水纳滤处理

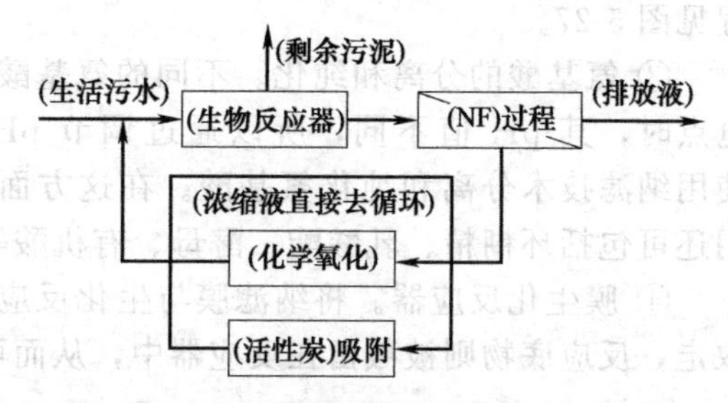

图 5-31　生活污水纳滤法分级处理示意图

（5）工业排水的处理　这包括的范围较广，主要有以下几方面。

① 石油工业。海上石油开采过程中含油海水、油井灌注用海水的处理，前者的目的是去除排放海水中的有机物，而后者是去除硫酸根离子以免硫酸根离子与原油中的钡离子反应生成硫酸钡沉淀物。

② 化纤印染工业。合成的粗制染料不仅影响产品质量的提高，而且阻碍了染料新配方和新品种的开发，故纯化和浓缩染料十分重要。由于纳滤膜可允许一些无机盐或小分子染料分子通过，截取较大的染料分子，故用纳滤膜经渗滤和脱水后活性染料可达到纯化和浓缩的目的，其基本流程如图 5-32 所示[36]。此外纳滤法还用于纤维加工过程中含油排水的处理及回收再利用等。

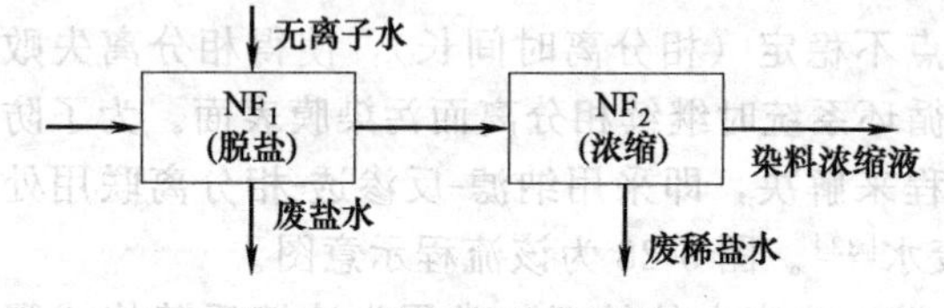

图 5-32　染料纯化浓缩流程图

③ 表面处理过程。电镀是当今全球三大污染工业之一。实践表明，当采用二级膜分离来浓缩电镀镍漂洗水时，经膜分离的浓缩液经过适当处理回到电解槽，透过液则可经离子交换后回用。

氧化铝电沉积涂装排水的处理，电镀水洗过程排水中有价金属的回收和闭路循环等都用到纳滤技术。

5.5.2.4　脱色方面的应用

纳滤膜可用于去除木浆漂白液中的氯代木质素和 90%以上的 COD 高色度物质、生产低盐淡色酱油、脱除焦糖色素中的亚铵盐和不良气味、对染料工业废水脱色等方面[37]。

Bindoff 等对木材制浆碱萃取阶段所形成的废液进行纳滤脱色处理时，脱色率高达 98%以上，其中的 Na^+ 可透过膜而重新用于萃取，而废液中的带色的木质素和氯化木质素则被膜所截取[38]，用纳滤膜进行染料生产工业废水的脱色也获得了成功。

酱油中的动物水解蛋白和植物水解蛋白通常用离子交换树脂和活性炭进行脱色，一是影响植物水解蛋白的香气；二是会使产品的成本加大。当使用纳滤技术时，由于纳滤膜只截留分子量较大的色素，植物蛋白、动物蛋白中的氨基酸和香气成分则较好地被保留住。Ikeda 等[39]用 NTR-7410 的卷式组件进行酱油脱色，脱色率达 80%，而 NaCl 的截留率仅 6%（进料浓度为 14.1%）。用该膜也可进行纸浆废水脱色，废水中的带色化合物如磺化木质素等可被膜截留。由于膜带负电不易被带负电的木质素污染，因此当膜对 COD 的截留率为 90%时，膜的通量仍很高。

由此可见，纳滤膜有以下几个应用特点：①纳滤膜允许低分子盐分通过而截留较高分子量的有机物和多价离子；②纳滤膜往往和其他分离及生产过程联用时能起到降低处理费用，提高分离效果的作用；③纳滤膜在某些方面可替代传统的费用高、工艺烦琐的分离方法。

5.6 纳滤技术的未来发展趋势

到目前为止，纳滤膜的成功使用主要是由于其在预期的分离物质之间具有独特的选择性。根据不同的实际应用，需进一步研发新型膜材料及膜制备工艺，研究纳滤机理，拓展纳滤应用，预防膜污染，以实现最佳的分离效果而提高纳滤技术的经济效益。以下几个方面在纳滤膜的研究和开发工作上极具发展前景。

（1）新的膜材料　目前，高分子纳滤膜材料已得到广泛的研究和应用，但耐高温、耐强酸碱、耐溶剂和抗污染等特种高性能有机高分子纳滤膜的探索和来源丰富与成本低廉的有机高分子材料的开发仍将是今后一段时期内高分子纳滤膜材料研发的主要方向。无机-有机杂化复合纳滤膜、以新型多孔纳米材料为无机材料制备无机-有机杂化膜成为近年来的研究前沿与热点。此外，已有报道关于基于新型纳米材料制备高性能纳滤膜，例如碳纳米管膜、氧化石墨烯膜、金属有机骨架膜等。未来，基于聚合物材料、无机材料、有机-无机复合材料以及纳米材料等不同材料体系的纳滤膜结构与功能的设计也将是纳滤膜材料进一步深入开发与应用发展的关键。

（2）新的制膜工艺　从纳滤膜发现至今，膜制备在不断进步和完善，目前通过界面聚合法获得 TFC 纳滤膜是主流技术之一。已证实，以无机材料或纳米材料作为填充粒子通过界面聚合法制备 TFN 纳滤膜可有效改善 TFC 纳滤膜性能。此外，紫外线接枝、电子束辐射、等离子体接枝和层层自组装技术等膜制备方法已在小范围的实验研究中广泛使用，如何突破技术和成本限制进一步发展这些制膜技术实现大规模生产膜也是未来的发展之一。由于无机纳滤膜具有一些有机纳滤膜无法替代的突出优点，进一步改进无机纳滤膜制备技术是未来发展趋势之一。纳米技术的进步将进一步推动纳滤膜制备技术的发展，开发基于新型纳米材料的纳滤膜制备工艺是研究热点，例如原位法、界面法、自组装法等等。最后，通过控制在制造过程中的各种重要因素，来订制具有特殊选择性的纳滤膜。这将在优化纳滤膜的性能方面取得重大突破。

（3）纳滤模型及传质机理研究　大多数传统纳滤模型只考虑含单一或几种离子/中性溶质的理想化溶液，难以对实际应用中含多组分溶质体系的溶液进行精确建模，未来对纳滤模型的研究需着重于具有实际工业重要性的建模系统以便实现预测实际应用性能。Oatley-Radcliffe 等[40]研究了现有纳滤模型对海水淡化过程中多组分体系分离的适用性，然而研究发现这些现有数学模型均存在一些不足，难以描述纳米孔径内的固液间的相互作用、流体的物理性质、复杂体系的传质过程等。因此，为了能够通过纳滤模型准确预测实际分离应用中的纳滤过程，需要研究新的模型方法以解释这种系统中复杂的相互作用和物理现象。随着近年来高性能计算技术的发展，分子模拟技术已成为研究材料分子级性能的有效手段，分子模拟结果可直观揭示膜结构和膜传质过程。研究纳滤模型和传质机理有助于指导膜材料选择或膜结构设计以及预测新型膜材料的性能。

（4）新应用　目前，纳滤技术在水溶液体系的研究与应用已取得很大进展，未来纳滤膜将继续在各个领域寻求新的应用，特别是在水处理和废水处理、咸水淡化、海水脱盐预处理，以及在药物、生物技术和食品应用中将小的有机物与其他物质分离等领域。随着纳米技术、材料科学、制备工艺和表征手段等不同学科体系的不断丰富完善，对高性能纳滤膜的研究逐年增长，然而对于文献报道的各类新型纳滤膜目前尚缺乏各领域的工程研究。新一代纳滤膜将开发并应用于不同领域，创造更多的经济效益和社会价值。此外，对于纳滤膜产品、膜组件和纳滤装置的革新对拓展其应用也尤为重要，针对不同应用建立匹配的纳滤工艺从而提高生产效率，才可有效推动纳滤技术的未来应用。

（5）膜污染的预防　预防并减少纳滤膜污染仍是纳滤膜未来发展的重要议题之一。膜污染的通常机理是：当截留物质在纳滤膜表面沉淀与积累时，使透过膜的阻力增加，限制了膜的传质过程从而导致渗透通量衰减。在纳滤膜的应用过程中很难完全避免产生膜的污染，但是可以通过膜清洗、改变物料性质、改变操作方式、改变膜表面性质等手段减轻膜污染。目前，大多数膜污染检测是基于测试渗透通量衰减程度，然而当渗透通量明显衰减时膜污染程度已经较高。因此，为避免检测膜污染的时间差，需开发可以快速、便捷判断初期膜污染的检测技术以及处理初期膜污染的相应措施。可见，未来仍需要不断开展减缓并控制膜污染的相关研究。

（6）长期技术及经济研究　目前很少有关于纳滤技术在新兴应用领域中的大规模和长期运行的报告。为了使纳滤在工业上进一步成功应用，至少需要以中试规模对其进行技术经济评估。这将有助于解决很多疑问，特别是关于纳滤膜实际运行的可行性和盈利能力、污染控制和减缓以及分离比试验测试体系更复杂的真实料液体系的综合性能。显然，长期技术经济研究需要更多的时间和更高的成本，但是验证大规模应用的可行性有助于推动纳滤膜技术的可持续发展。此外，单独的纳滤过程往往无法生产满足实际工业的分离需求，但是在将其与其他技术结合后，可成功实现整个工艺的连续生产/分离。因此，为了解决传统单一技术存在的问题，未来的研究还需着重于纳滤与不同技术结合的可行性，以及模拟混合工艺过程的性能以预测实际运行和生产。

课后习题

1. 纳滤膜的分离机理和分离规律都有哪些？
2. 纳滤膜的制备方法有哪些？
3. 名词解释：化学蒸气沉淀法、动力形成法。
4. 纳滤膜的应用有哪些？

参考文献

[1] 松本丰，岑运华. 日本NF膜，低压超低压RO膜及应用技术的发展［J］. 膜科学与技术，1998，18（5）：12-18.
[2] 陈翠仙，郭红霞，秦培勇，等. 膜分离［M］. 北京：化学工业出版社，2017：114-136.
[3] 王晓琳，丁宁. 膜分离技术与应用丛书：反渗透和纳滤技术与应用［M］. 北京：化学工业出版社，2005：1-25.
[4] 刘玉荣，陈一鸣，陈东升. 纳滤膜技术的发展及应用［J］. 化工装备技术，2002，23（4）：14-17.
[5] 高从堦. 我国分离膜技术的发展［C］. 全国膜及其新型分离技术在油田、石油化工、化工领域应用研讨会，1999.
[6] 时钧，袁权，高从堦. 膜技术手册［J］. 北京：化学工业出版社，2001，28（19）：248-324.
[7] 时钧，袁权，高从堦，等. 膜技术手册［J］. 北京：化学工业出版社，2001：259-260.
[8] 宋玉军，孙本惠. 影响纳滤膜分离性能的因素分析［J］. 水处理技术，1997（2）：78-82.
[9] 王晓琳，丁宁. 反渗透和纳滤技术与应用［M］. 北京：化学工业出版社，2005：30-57.
[10] NAKAO S I，KIMURA S. Models of membrane transport phenomena and their applications for ultrafiltration data［J］. Journal of Chemical Engineering of Japan，1982，15（3）：200-205.
[11] Schneider GTrennverhalten von Nanofiltrations membranen Dissertation IVTAachen；Shaker Verlag，ISBN3-86111-810-6（dortindersich ustzliche，weiterfuhrende Literatur）.
[12] Bhattacharyya D，Cheng C. Separation of metal chelates by charged composite membranes［J］. Recent Developments in Separation Science，LI，N.（editor），1986，9（707）：189.
[13] 中垣正幸. 膜物理化学［M］. 北京：科学出版社，1997：78-79.
[14] 王晓琳，赵杰. 纳滤膜的分离机理及其应用现状［C］// 全国膜及其新型分离技术在油田、石油化工、化工领域

应用研讨会，1999：43-48.
[15] 李祥，张忠国，任晓晶，等. 纳滤膜材料研究进展 [J]. 化工进展，2014，33 (5)：1210-1218.
[16] 陈翠仙、郭红霞、秦培勇，等. 膜分离 [M]，北京：化学工业出版社，2017：123-124.
[17] 膜技术基本原理：第 2 版 [M]. 李琳，译. 北京：清华大学出版社，1999：196.
[18] 俞三传，高从堦. 磺化聚醚砜复合半透膜的研制 [J]. 膜科学与技术，1995 (2)：31-38.
[19] 俞三传，高从堦，张建飞. 复合纳滤膜及其应用 [J]. 水处理技术，1997 (3)：139-145.
[20] Zhu J，Tian M，Hou J，et al. Surface zwitterionic functionalized graphene oxide for a novel loose nanofiltration membrane [J]. Journal of Materials Chemistry A，2016，4 (5)：1980-1990.
[21] Yu L，Zhang Y，Wang Y，et al. High flux，positively charged loose nanofiltration membrane by blending with poly (ionic liquid) brushes grafted silica spheres [J]. Journal of hazardous materials，2015，287：373-383.
[22] Zhu J，Tian M，Zhang Y，et al. Fabrication of a novel "loose" nanofiltration membrane by facile blending with Chitosan-Montmorillonite nanosheets for dyes purification [J]. Chemical Engineering Journal，2015，265：184-193.
[23] Wu H，Tang B，Wu P. MWNTs/polyester thin film nanocomposite membrane：an approach to overcome the trade-off effect between permeability and selectivity [J]. The Journal of Physical Chemistry C，2010，114 (39)：16395-16400.
[24] Chiang Y C，Hsub Y Z，Ruaan R C，et al. Nanofiltration membranes synthesized from hyperbranched polyethyleneimine [J]. Journal of membrane science，2009，326 (1)：19-26.
[25] Deng H Y，Xu Y Y，Wei X Z，et al. Anovel nanofiltration membrane prepared with PAMAM and TMC (I) [J]. 高分子科学 (英文版)，2008，26 (6)：659-668.
[26] Wang J，Zhu J，Tsehaye M T，et al. High flux electroneutral loose nanofiltration membranes based on rapid deposition of polydopamine/polyethyleneimine [J]. Journal of Materials Chemistry A，2017，5 (28)：14847-14857.
[27] Zhu J，Wang J，Uliana A A，et al. Mussel-Inspired Architecture of High-Flux Loose Nanofiltration Membrane Functionalized with Antibacterial Reduced Graphene Oxide-Copper Nanocomposites [J]. ACS applied materials & interfaces，2017，9 (34)：28990-29001.
[28] Zhu J，Uliana A，Wang J，et al. Elevated salt transport of antimicrobial loose nanofiltration membranes enabled by copper nanoparticles via fast bioinspired deposition [J]. Journal of Materials Chemistry A，2016，4 (34)：13211-13222.
[29] Liu S，Wang Z，Song P. Free Radical Graft Copolymerization Strategy To Prepare Catechin-Modified Chitosan Loose Nanofiltration (NF) Membrane for Dye Desalination [J]. ACS Sustainable Chemistry & Engineering，2018，6 (3)：4253-4263.
[30] 阿默加德，殷琦，华耀祖，等. 反渗透：膜技术・水化学和工业应用 [M]. 北京：化学工业出版社，1999：278-280.
[31] 王晓琳，丁宁. 膜分离技术与应用丛书：反渗透和纳滤技术与应用 [M]. 北京：化学工业出版社，2005：309-335.
[32] Rautenbach R，Janisch I. Reverse osmosis for the separation of organics from aqueous solutions [J]. Chemical Engineering and Processing：Process Intensification，1988，23 (2)：67-75.
[33] Treffry-Goatley K，Gilron J. The application of nanofiltration membranes to the treatment of industrial effluent and process streams [J]. Filtration & Separation，1993，30 (1)：6354-66.
[34] Gregory A G. Desalination of sweet-type whey salt drippings for whey solid recovery [J]. Bulletin of the IDF，1987，212：38-48.
[35] Rautenbach R，Mellis R. Waste water treatment by a combination of bioreactor and nanofiltration [J]. Desalination，1994，95 (2)：171-188.
[36] 蓝伟光，周花，夏海平. 膜分离技术在染料生产中的应用 [C]//全国膜及其新型分离技术在油田、石油化工、化工领域应用研讨会，1999：126-128.
[37] 刘茉娥，等编著. 膜分离技术 [M]. 北京：化学工业出版社，1998，8：203-204.
[38] Bindoff A，Davies C J，Kerr C A，et al. The nanofiltration and reuse of effluent from the caustic extraction stage of wood pulping [J]. Desalination，1987，67 (4)：455-465.
[39] Ikeda K，Nakano T，Ito H，et al. New composite charged reverse osmosis membrane [J]. Desalination，1988，68 (2)：109-119.
[40] Oatley-Radcliffe D L，Williams S R，Barrow M S，et al. Critical appraisal of current nanofiltration modelling strategies for seawater desalination and further insights on dielectric exclusion [J]. Desalination，2014，343：154-161.

第6章 反渗透

本章内容

本章要求

1. 了解反渗透膜技术的发展历史及今后发展的方向。
2. 掌握渗透、反渗透、渗透压的基本概念及不同情况下渗透压的计算方法。
3. 理解反渗透过程的热力学基本原理及方程。
4. 掌握溶解-扩散模型、优先吸附-毛细管流模型、形成氢键理论、摩擦模型和孔道模型的基本内容。
5. 了解典型的反渗透膜材料，掌握反渗透膜的制作方法和膜性能的评价方法。
6. 理解浓差极化及膜污染的不同，掌握强化与改善反渗透膜通量的措施。
7. 掌握反渗透预处理、后处理和清洗的基本原则。
8. 了解常用的反渗透膜分离装置及膜成型机械装置的特点及用途。
9. 掌握反渗透膜过程中段与级的概念，并能根据实际需要合理排列组合膜组件。
10. 掌握反渗透膜技术典型的工业应用案例。
11. 了解反渗透膜技术的应用及发展前景。

6.1 概 述

6.1.1 全球反渗透技术的发展历程

1748年，Abble Nollet发现水能自然地扩散到装有酒精溶液的猪膀胱内，首次揭示了膜分离现象。20世纪20年代Van' t Hoff和J. W. Gibbs建立了完整的稀溶液理论，并揭示了渗透压与其他热力学性能之间的关系，从而为渗透现象的研究工作奠定了坚实的理论依据[1]。反渗透作为一项新型的膜分离技术是在1953年以美国C. E. Reid在佛罗里达大学首先发现醋酸纤维素类膜具有良好的半透性为标志的，之后反渗透技术迅速地从实验室走向工业应用，大大地促进了膜科技的发展。反渗透技术的发展史见表6-1。

目前，反渗透膜分离技术已成为海水和苦咸水淡化最经济的技术，是超纯水和纯水制备的优选技术；另外还在各种料液的分离、纯化和浓缩、锅炉水的软化、废液的再生回用以及

表 6-1　反渗透技术的发展史

年份	主要内容
1748	Abble Nollet 首次发现渗透现象[2]
1887	Van't Hoff 从 Preffer 的结论出发，建立了完整的稀溶液理论，并给出了计算渗透压的关联式
1905	Einstein 进一步进行了渗透压的理论研究
1930	Sollner 进行了反渗透的初步研究，当时人们称之为"反常渗透"[3]
1953	美国的 C. E. Reid 教授发现醋酸纤维素类具有良好的半透性[4]
1960	Loeb 和 Sourirajan 以醋酸纤维素(CA)为原料，采用氯酸镁水溶液为添加剂，制成了具有历史意义的高脱盐率、高水通量的不对称反渗透膜，成为膜发展史上的第一个里程碑
1963	Manjikion 对 CA 膜进行了改性
1968	Saltonstall 研制了三醋酸纤维素(CA-CTA)共混膜，DuPont 公司开发了聚酰胺(α-PA)反渗透膜
1969	美国 GeneralElectric 公司开发了 α-PA 膜，将其应用于废水处理领域
1970	DuPont 公司推出 α-PA 中空纤维膜，并将其用于苦咸水脱盐；同年，CTA 的优良脱盐性能被美国的 Dow Chemical 公司发现；美、德、中、苏也相继开发出了 RO 膜
1970	聚乙烯亚胺与甲苯二异氰酸酯在聚苯乙烯(PS)基膜上复合成 NS-100 复合膜，成为膜技术发展史上又一个里程碑
1971	美国 Celanese Research 公司以聚苯并咪唑(PBI)为材质开发出了不对称耐热膜
1971	法国 Rhône-Poulenc 公司开发出了 S-PS 不对称耐热反渗透膜；意大利 Credali 公司以聚哌嗪酰胺为膜材料制备了不对称耐氯膜
1975	乙二胺改性聚环氧氯丙烷与间苯二甲酰氯界面聚合成了 PA-300 复合膜
1980	间苯二胺与均苯三甲酰氯界面聚合成了 FT-30 膜
1983	均苯三胺与 TMC 和 IPC 界面聚合成了 UTC-70 膜
1986	FT-30SW 膜制备成功，比 FT-30 系列膜表面更加致密
1995	ESPA 膜制备成功
2007	基于 NaA 分子筛的纳米复合反渗透膜制备成功，由 $NanoH_2O$ 公司产业化
2016	水通道蛋白(Aquaporin inside)反渗透膜商品化，用于家庭终端净水

对微生物、细菌和病毒进行分离控制等方面都发挥着应有的作用。据统计，反渗透技术自1969 年进入淡化市场后，到 1995 年已占当年世界淡化市场的 88%，随着技术水平的持续进步，目前海水反渗透膜元件脱盐率最高达到 99.8%、水通量较 21 世纪初增加 50%以上，能耗也降低到 3～4kW・h /m³。世界上反渗透海水淡化单机最大规模已达到 2.1 万吨/d，正在研发单机生产能力为 2.7 万吨/d 的反渗透装备。反渗透过程的主要用途见表 6-2[5,6]。

表 6-2　反渗透过程的主要用途

应用领域	用途举例
制水	海水和苦咸水的淡化，纯水制造，锅炉、饮料、医药用水制造等
化学工业	石化废水处理、回收，胶片废水回收药剂，造纸废水中木质素和木糖的回收等
医药	药液浓缩、热原去除、医药医疗用无菌水的制造等
农畜水产	奶酪中蛋白质的回收，鱼加工废水中蛋白质和氨基酸的回收、浓缩，从鱼肉中制氨基酸等
食品加工	鱼油废水处理、果汁浓缩、葡萄酒浓缩、糖液浓缩、淀粉工业废水处理等
纺染	染料废水中染料和助剂的去除、水回收利用、含纤维和油剂的废水处理等
石油	含油废水处理等
表面处理	废水处理及有用金属的回收等
水处理	水回收利用、离子交换再生废水的处理、企业废水的再生利用等

6.1.2　中国反渗透技术的发展历程

我国反渗透技术的研究始于 1965 年，山东海洋学院（现中国海洋大学）化学系在国内最先进行海水淡化反渗透膜的研究。1967～1969 年国家科委和国家海洋局组织的海水淡化会战为国内膜法海水淡化的发展及醋酸纤维素不对称膜的开发打下了良好的基础。20 世纪 70 年代我国进行了中空纤维和卷式反渗透元件的研究，并于 80 年代实现了初步的工业化，

20 世纪 70 年代、80 年代我国对复合膜技术还开展了深入的研究。我国反渗透技术主要应用在苦咸水淡化、溶液脱水浓缩和废水再利用等方面。建立了国产反渗透装置在电子工业超纯水、医药用纯水、海岛地下苦咸水以及海水淡化等领域的示范工程。“九五”期间，我国相继完成了山东长岛、浙江嵊泗和大连长海 1000t/d 反渗透海水淡化示范工程。“十五”期间，我国完成了山东荣成 5000t/d 反渗透海水淡化示范工程、青岛黄岛电厂 1 万吨/d 反渗透海水淡化工程。“十一五”期间，我国自主设计建成浙江六横 2×1 万吨/d 反渗透海水淡化示范工程、曹妃甸 5 万吨/d 反渗透海水淡化示范工程。我国目前正在开展古雷港经济开发区 10 万吨/d 反渗透海水淡化国家示范工程建设，自主研制生产的反渗透海水膜元件也开始用于万吨级示范工程[7]。

6.1.3 反渗透技术的市场概况

自 20 世纪 80 年代以来，全球淡水使用量一直以年均 1% 的速度在增长，以目前的用水情况推算，到 2050 年，全球淡水资源需求总量将会增长 55% 左右，届时全球 40% 的人口将会面临严重的水危机[8]。在可以预见的未来，水资源将是国际性的战略资源。因此水处理技术越来越得到重视，人们对海水淡化和污水处理技术的需求越来越高，在 2010 年，全球水处理技术市场的规模达到了 3500 亿美元。水处理技术的发展拥有巨大的市场前景。反渗透技术是目前发展最为成熟的水处理技术之一，在海水淡化、苦咸水淡化、饮用水净化、污水处理以及分离提纯等方面得到了广泛的应用，目前，在世界市场范围内，美国和日本在反渗透膜产能和市场份额中占有领先地位。其中，陶氏化学和日东电工两家企业的市场份额就占据了世界总产量的一半以上。随着韩国、中国、印度和巴西等国企业的加入，全球反渗透膜市场还在不断增长。目前，反渗透膜全球市场总值约为 14 亿美元，到 2020 年这一数字可能将达到 17.5 亿美元。在我国，目前国外反渗透膜制造企业仍是市场主力，占据市场份额的 80% 以上，尤其是在高端反渗透膜领域，近年来，自主生产的反渗透膜的产量和销量也在不断发展，部分品种正在打入国际市场[9]。

6.2 反渗透的基本原理

6.2.1 渗透与反渗透过程

在恒温条件下，将一种溶液和组成这种溶液的溶剂放在一起，最终整个体系的浓度会变得均匀一致。实质上，这是质点热运动的必然结果，即溶液直接和溶剂接触时，溶液总会自动地稀释，直到整个体系浓度均匀一致为止。这就是从高浓度向低浓度的自发扩散过程。现在将溶剂和溶液用半透膜隔开，并且半透膜只允许溶剂分子透过而不允许溶质分子透过，当半透膜两侧的静压力相等时，将发生溶剂从稀溶液侧透过半透膜到浓溶液侧的渗透现象［图 6-1 (a)］。其结果是溶液侧液柱上升并达到一定高度 h 不变，溶剂不再流入溶液，系统达到动态平衡状态，这种对于溶剂而言的膜平衡叫作渗透平衡［图 6-1 (b)］。此时两侧溶液的静压差就等于两个溶液之间的渗透压。任何溶液都有渗透压，但是如果没有半透膜，则渗透压就无法表现。若在右方加大压力，如图 6-1 (c) 所示，便可驱使一部分溶剂分子渗透至左方，即当膜两侧的静压差大于溶液的渗透压差时，溶剂将从溶质浓度高的溶液侧，透过膜流向浓度低的一侧，这就是反渗透（reverse osmosis）现象，有时也称高滤（hyperfiltration）。

反渗透是利用反渗透膜选择性地只能透过溶剂（通常是水）而截留离子物质的性质，以膜两侧静压差为推动力，克服溶剂的渗透压，使溶剂通过反渗透膜而实现对液体混合物进行分离的膜过程。它的操作压差一般为 1.5～10.5MPa，截留组分的大小为 1～10Å（1Å=

10^{-10} m）的小分子溶质。除此之外，还可从液体混合物中去除其他全部的悬浮物、溶解物和胶体，例如从水溶液中将水分离出来，从而达到分离、纯化等目的。

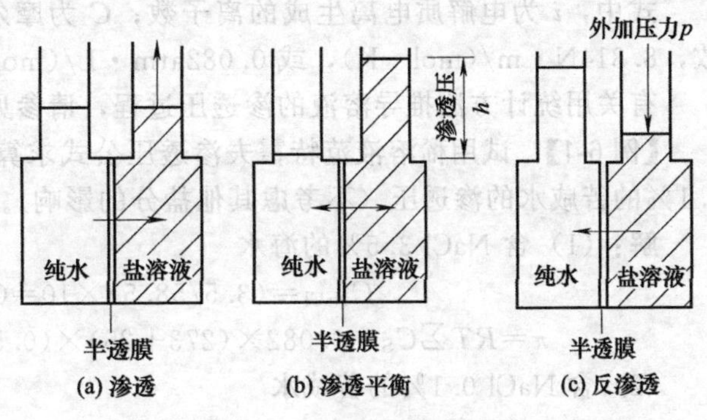

图 6-1　渗透与反渗透原理

6.2.2　渗透压及其计算方法

6.2.2.1　渗透压

反渗透回去的溶剂分子随压力增加而变多。当右边压力增至某一数值时，单位时间反渗透回去的溶剂分子数目，恰等于单位时间内由左边渗透到右边的溶剂分子的数目，便达到渗透动态平衡。渗透平衡时，右方压力 p 与左方压力 p_0 之差 $p-p_0$，即为该溶液的渗透压。反渗透过程必须满足两个条件：①存在高选择性和高透过率的选择性透过膜；②操作压力必须高于溶液的渗透压。在实际反渗透过程中膜两边静压差还必须克服透过膜的阻力。

6.2.2.2　渗透压的计算方法

早期从事反渗透装置设计时，常采用同浓度的 NaCl 水溶液的渗透压代替海盐水溶液的渗透压。对很稀的海盐水溶液来说，可近似地当作 NaCl 水溶液进行处理；但对于浓度大的海盐水溶液，除 NaCl 以外，其他盐的存在将对溶液渗透压产生不可忽视的影响。因此，渗透压是设计反渗透脱盐装置时必不可少的设计参数。下面简单介绍计算反渗透过程渗透压的方法：

（1）Van' t Hoff 渗透压计算公式　设溶剂为 A，溶质为 S，如图 6-1（a）所示，在等温条件下对理想化的稀溶液而言有：

左侧：
$$\mu_A=\mu_A^*(T,p_0)+RT\ln x_A=\mu_A^*(T,p_0) \tag{6-1}$$

右侧：
$$\mu'_A=\mu_A^*(T,p_0)+RT\ln x'_A \tag{6-2}$$

纯溶剂时，$x_A=1$，但 $x'_A<1$。由此可见 $\mu_A>\mu'_A$。在化学位差的作用下，溶剂分子会自动地从高化学位的左侧向低化学位的右侧转移，即溶剂分子会自动地由左向右渗透。但若此时，加大右侧的压力，则溶液内溶剂的化学位也将增加，从而溶剂将从溶质浓度高的溶液侧，透过膜流向浓度低的一侧。

从热力学可知：
$$\left(\frac{\partial \mu_A}{\partial p}\right)_T=\overline{V}_A \tag{6-3}$$

设右侧压力从 p_0 增至 p 时与左侧达到渗透平衡，则有：
$$\mu_A^*(T,p)=\mu_A^*(T,p_0)+RT\ln x'_A+\int_{p_0}^{p}\overline{V}_A\mathrm{d}p \tag{6-4}$$

设溶剂的偏摩尔体积与压力无关，根据右侧与左侧达到渗透平衡可得：
$$-RT\ln x'_A=(p-p_0)\overline{V}_A=\overline{V}_A\pi \tag{6-5}$$

若溶液很稀：$\ln x'_A=\ln[1+(-\sum x_{Si})]\approx-\sum x_{Si}=-\sum\frac{n_{Si}}{n_A}$，取 $\overline{V}=V/n_A$，其中 V 为溶液体积，n_A 为溶剂的摩尔数，可得：
$$\pi V=RT\sum n_S \quad 或 \quad \pi=RT\sum C_S \tag{6-6}$$

此式即为稀溶液的范特霍夫渗透压公式。值得注意的是：

① 稀的非电解质水溶液的渗透压为：$\pi=RTC_S$

② 稀的电解质水溶液的渗透压为：$\pi=iRTC_S$

式中，i 为电解质电离生成的离子数；C 为摩尔浓度，mol/m^3 或 mol/L；R 为气体常数，8.314N·m/(mol·K)，或 0.082atm·L/(mol·K)；T 为热力学温度，K。

有关用统计方法推导溶液的渗透压过程，请参见相关专著[10]。

【例 6-1】 试用稀溶液范特霍夫渗透压公式求算 25℃下含 NaCl 3.5%的海水和含 NaCl 0.1%的苦咸水的渗透压（不考虑其他盐分的影响）。

解：（1）含 NaCl 3.5%的海水

$$C_{NaCl}=(3.5/58.5)\times 10=0.599\ (mol/L)$$

$$\pi=RT\sum C_S=0.082\times(273+25)\times(0.599+0.599)=29.27\ (atm)$$

（2）含 NaCl 0.1%的苦咸水

$$C_{NaCl}=(0.1/58.5)\times 10=0.017\ (mol/L)$$

$$\pi=RT\sum C_S=0.082\times(273+25)\times(0.017+0.017)=0.83\ (atm)$$

值得注意的是，在反渗透过程中所要施加的实际压力，在系统和膜强度允许的范围内，必须远大于按范特霍夫渗透压公式算出的溶液的 π 值，一般为 π 值的几倍到近十倍。

（2）其他计算海盐水渗透压的方法

① spiegler 标准海盐水。海盐水溶液是一种复杂的电解质水溶液，溶质在溶液中均以离子状态存在，离子间存在静电力的作用（吸引或排斥），离子与水分子（极性分子）间存在着水化作用。这样，就使得影响海盐水溶液物理性质的因素甚为复杂，难以用较简单的方法进行处理[11]。为简化问题起见，人们定义了 spiegler 标准海盐水，标准海盐水可看作是 NaCl、KCl、$CaCl_2$、$MgCl_2$、$MgSO_4$、NaBr、$NaHCO_3$ 七种盐的混合盐水溶液，见表 6-3。对于一定浓度的海盐水溶液，它所含的各盐浓度可从标准海水组成及溶液总浓度求得。

表 6-3 1kg spiegler 标准海水中各离子浓度

名　称	Na^+	Mg^{2+}	Ca^{2+}	K^+	Cl^-	SO_4^{2-}	HCO_3^-	Br^-	总含盐量
各离子浓度/(mg/L)	10560	1272	400	380	18980	2649	142	65	34448

② 海盐水溶液渗透压的确定。R. W. Stoughton-M. H. Lietzke 根据热力学原理推导出海盐水溶液渗透压计算公式为：

$$\pi=\frac{2RT}{1000}\int_0^{I'}\frac{1}{\overline{V}_1}\left[1+2BI'+3CI'^2-\frac{SI^{\frac{1}{2}}}{2(1+1.5\times I^{\frac{1}{2}})^2}\right]dI' \tag{6-7}$$

式中，π 为渗透压；R 为通用气体常数；T 为热力学温度；I'为溶液中所有离子重量摩尔浓度之和；$\overline{V}_1$ 为溶剂的偏摩尔体积；B 与 C 为温度有关的常数；S 为极限斜率，其值与溶液的介电常数及温度有关；I 为溶液的离子强度。在使用式（6-7）时，虽通过 I 及 I'已计入离子浓度及离子价的影响，但是 B、C 两常数是用单一电解质（NaCl）水溶液求得的，故用此法求得的混合电解质水溶液的值存在一定的偏差，且计算也繁杂。对于海水淡化，苦咸水淡化及江、河、湖等地表水净化处理的反渗透脱盐装置的设计，常需要含盐量在 10000 mg/L 以下的盐水溶液渗透压计算值。此时可用下式计算：

$$\pi=\frac{RTM_1}{1000\overline{V}_1}\sum\nu_i m_i\phi_i \tag{6-8}$$

式中，π 为渗透压；R 为通用气体常数；T 为热力学温度；M_1为溶剂摩尔质量；$\overline{V}_1$ 为溶剂的偏摩尔体积；ν_i 为 1mol 电解质完全电离所产生的离子的物质的量；m_i 为溶液的重量摩尔浓度（以 1000g 为基准）；ϕ_i 为盐水中第 i 种电解质水溶液在浓度为 m_i 时的平均摩尔渗透系数。在盐水浓度在 1000～50000mg/L 之间，采用式（6-8）计算的海盐水溶液的渗透压相对误差在±2.5%以内。值得注意的是，当盐水浓度低于 1000mg/L 时，也可将盐水作为 NaCl 水溶液以求取其渗透压，其相对误差＜9%。

③ 海水及苦咸水渗透压的估算。一般是以 NaCl 溶液为基础进行估算的，即每增加 1mg/L NaCl，渗透压约增加 69Pa，这个经验方法可用于大多数天然水的估算。海水渗透压的估算公式为：

$$\pi=1.240C_{\mathrm{Cl}}+0.0045C_{\mathrm{Cl}} \tag{6-9}$$

式中，π 为渗透压，atm；对海水而言，$C_{\mathrm{Cl}}=19.0\mathrm{g/kg}$。

对 NaCl 水溶液，还可据式（6-10）估算：

$$\pi(\mathrm{MPa})=\frac{2.641\times10^{-4}C(t+273)}{1000-\dfrac{C}{1000}} \tag{6-10}$$

式中，t 为温度，℃；C 为 NaCl 溶液浓度，mg/L。

6.2.3 反渗透膜分离机理及分离规律

（1）分离机理　反渗透膜的选择透过性与组分在膜中的溶解、吸附和扩散有关。因此，除与膜孔的大小、结构有关外，还与膜的化学、物理性质有密切关系，即与组分和膜之间的相互作用密切相关。所以，反渗透分离过程中化学因素（膜及其表面特性）起主导作用。

（2）分离规律　醋酸纤维素反渗透膜的性能具有以下规律性：

对无机离子的分离率，随离子价数的增高而增高；价数相同时，分离率随离子半径而变化：$Li^+>Na^+>K^+<Rb^+<Cs^+$，$Mg^{2+}>Ca^{2+}>Sr^{2+}<Ba^{2+}$。对多原子单价阴离子的分离规律是 $IO_3^->BrO_3^->ClO_3^-$。对极性有机物的分离率：醛＞醇＞胺＞酸，叔胺＞仲胺＞伯胺，柠檬酸＞酒石酸＞苹果酸＞乳酸＞乙酸。对异构体，特（*tert-*）＞异（*iso-*）＞仲（*sec-*）＞原（*pri-*）。对于同一族系，分子量大的分离性能好。

极性或非极性、离解或非离解的有机溶质的水溶液，当它们进行膜分离时，溶质、溶剂和膜间的相互作用力（静电力、氢键结合力、疏水性和电子转移）决定了膜的选择透过性。一般溶质对膜的物理性质或传递性质影响都不大，只有酚和某些低分子量有机化合物会使醋酸纤维素在水溶液中溶胀，这些组分的存在，一般会使膜的水通量下降。脱除率随离子电荷的增加而增加，绝大多数含二价离子的盐，基本上能被完全脱除。对碱式卤化物的脱除率随周期表次序下降，对无机酸则趋势相反。硝酸盐、高氯酸盐、氰化物、硫代氰酸盐的脱除效果不如氯化物好，铵盐的脱除效果不如钠盐。许多低分子量非电解质的脱除效果不好，其中包括某些气体溶液（如氨、氯、二氧化碳和硫化氢），以及硼酸之类的弱酸和有机分子。对分子量大于 150 的大多数组分，不管是电解质还是非电解质，都能很好地脱除。处理液浓度一定的情况下，溶质分离率受溶液 pH 值的影响。

在实际工作中，在理论指导的前提下，考虑到许多因素的相互制约性，必须进行试验验证，掌握物质的特性和规律，从而达到正确运用膜分离技术的目的。

6.3 反渗透过程的热力学

膜分离过程是物质在膜中的传递过程，它离不开基础热力学，同时，膜中物质的传递现象又是包含多种不同传质推动力和存在伴生现象的不可逆过程，这又涉及非平衡热力学，因此，需从研究经典热力学系统的平衡态扩充到包含物质流和能量流的稳定态。

6.3.1 经典热力学

波尔兹曼通过式（6-11）将熵与混乱度联系起来：

$$S=k\ln\Omega \tag{6-11}$$

式中，k 为波尔兹曼常数，由于 $(\Delta S)_{孤} \geqslant 0$，从直觉上看似乎自然界正在走向无序，宇宙正在走向熵值极大，混乱度极高，各部分温度均匀的“热死”的永恒平衡状态。但实际情况是，大自然（自然界和生物界）不断发展进化，走向复杂和有序。这些问题经典热力学无法解决，只能由新兴的不可逆热力学或非平衡热力学来回答。

6.3.2 不可逆热力学

经典热力学研究体系的平衡或在体系中取无限个平衡状态组成的理想的可逆变化，研究真实过程时只研究其变化方向，而不考虑变化速度，即没考虑“时间”参数。此外，经典热力学也不适用于描绘以物质流和能量流代替平衡的生命体系。假设对一杯水的底部进行加热，当温度梯度不大时，热以传导的方式在液体中流动，当温度梯度增大到某一定值时有规律的对流图案便自动出现。这些有规律的图案是对流与抑制因素（黏性和热扩散）竞争的结果，这种现象称为贝纳德不稳定性。这里形成的新结构与经典热力学的“平衡结构”根本不同。它们只能通过能量和物质的充分流动才能维持。

（1）线性区　对于处在线性区偏离平衡态不远的开放系统而言，由于系统与外界可以交换物质、能量和熵，虽然系统内部的熵是增加的，故 $d_iS > 0$，但系统可因负熵流 $d_eS < 0$ 而使系统的总熵维持不变，$dS = d_eS + d_iS = 0$。也就是说，虽然系统内存在不可逆过程，但系统可维持不变的低熵值，即维持较有序的稳定态，这类被称为定态的稳定态不是平衡态，而是非平衡的稳定态。当系统处于定态时，虽然在系统内部进行着稳定的不可逆过程，如热传导、扩散、化学振荡等，但根据最小熵产生原理，在线性区，系统会因受扰动而暂时偏离定态，但最后仍回到对应于熵产率最小的定态，故线性区的定态是稳定的；另外，当系统处于线性区时，外界的约束和内部的力都是弱的，系统内部的不可逆过程是微弱的，故线性区的定态有接近于平衡态的性质，即在线性区不可能出现有别于平衡结构的空间上或时间上的有序新结构，此时定态是稳定的，不会失稳而过渡到新结构。在不可逆过程中，将流速看作是温度或浓度梯度等“热力学力”的函数，如热扩散就是线性不可逆热力学适用的一种情况。

（2）非线性区　对于处在非线性区的开放系统，即处于远离平衡的开放系统中，可通过控制边界条件或其他量，使系统失稳并过渡到与原来定态结构完全不同的新的稳定态。这种建立在不稳定之上的新的有序的稳定结构，是依靠与外界交换物质与能量来维持的，布鲁塞尔学派称之为耗散结构，耗散结构的存在表明了非平衡是有序之源。它与经典热力学的“平衡结构”的根本区别在于它们只能通过能量与物质的充分流动才能维持。化学反应的速率一般地说是浓度、温度等变量的非线性函数，即化学体系是用非线性方程描述的。非线性不可逆热力学一般是指远离平衡态的不可逆热力学。

从本兰德现象可以设想偏离平均态的涨落常会出现微小对流，但在某温度梯度临界值以下时，涨落会减弱以致消失，相反，在某临界值以上时，涨落会扩大，从而产生大的对流。新的分子秩序的出现是由于与外界交换能量而趋于稳定的大涨落。这就是耗散结构出现所特有的秩序，即“通过涨落形成的秩序”。非平衡热力学或不可逆热力学是经典热力学的普遍形式，它扩充了经典热力学的原理，以不可逆物质流和能量流为特征以替代平衡，即引入了“时间”参数来处理流率。平衡结构是由波尔兹曼有序原理支配的，但该原理不适用于耗散结构。

6.3.3 不可逆过程的数学描述

不可逆过程的特征：①物系处于热力学的非平衡状态；②物系有能量的耗散或衰变。

对于任一系统而言，其系统能量可分为可利用的能量 U_{AV}（能做功的能量）和不可利用的能量 U_{UA}（不能做功的能量）两大部分，用公式表示为：

$$U = U_{AV} + U_{UA} \tag{6-12}$$

系统熵变与不可利用的能量 U_{UA} 成正比：

$$dS=c\,dU_{UA} \tag{6-13}$$

式中，c 为比例系数。

① 对于孤立物系而言，由于系统与环境既无热量交换又无功的交换，故从式（6-12）和式（6-13）可知：

$$dS=-c\,dU_{AV} \tag{6-14}$$

当孤立系统中发生不可逆过程，即 $dS>0$，则系统熵的增加是以 U_{AV} 值的减少为代价的。或者说，孤立系统熵的增加完全是由系统能量的耗散提供的，这就是能量耗散原理。

② 对于封闭物系而言，尽管系统与环境之间有能量的交换，但一般我们可以将封闭系统本身和与之关联的环境放在一起作为一个大的孤立物系来判断过程的不可逆性，其过程不可逆的判据仍为：

$$dS>\frac{\delta Q}{T} \tag{6-15}$$

若将式（6-15）写成等式有：

$$dS=\frac{\delta Q}{T}+d_iS=d_eS+d_iS \tag{6-16}$$

式中，d_eS 是指由流入或流出体系的能量引起的熵的流动，称为流熵；d_iS 是指系统中不可逆过程引起熵的变化，称为内熵，其值总大于0，与环境无关。

③ 对于开放物系而言，尽管系统与环境之间既有物质交换，又有能量交换，但可以将开放物系本身和与其有物质和能量交换的环境放在一起构成孤立物系。因而有：

$$\begin{aligned} dS&=\sum\frac{\delta Q}{T}+[\sum(s\,dm)_{进}-\sum(s\,dm)_{出}]+\frac{W_r-W}{T} \\ &=\sum\frac{\delta Q}{T}+[\sum(s\,dm)_{进}-\sum(s\,dm)_{出}]+d_iS \end{aligned} \tag{6-17}$$

式中，$s=S/m$，称为比熵，式（6-17）还可写为：

$$dS-\sum\frac{\delta Q}{T}+[\sum(s\,dm)_{出}-\sum(s\,dm)_{进}]=d_iS\geqslant 0 \tag{6-18}$$

上式称为开放物系的热力学第二定律。

6.3.4 不可逆过程的热力学基本方程

非平衡热力学应用的主要领域是在几种不同的推动力下具有伴生效应的迁移过程，例如温度梯度与浓度梯度同时作用的热扩散过程，压力差与电位差结合同时作用的传递过程等。非平衡热力学的三个基础理论为Onsager线性唯象方程、唯象系数的Onsager互易关系以及有关熵增率，它们同样是膜渗透过程的重要理论基础，下面分别加以简单介绍：

（1）线性唯象方程　对长宽无限大平板而言，若热量从高温侧向低温侧传递，当形成定态的线性温度分布时，对足够小的 ΔT 值，有傅里叶定律：

$$q_y=\frac{Q_y}{A}=-\lambda\frac{dT}{dy} \tag{6-19}$$

在一维定常情况下，由高浓度向低浓度处进行的一维分子扩散，可用非克定律描述：

$$J_A=-D\frac{dC}{dy} \tag{6-20}$$

可见，体系中单个力和单个流之间存在下列关系式：

$$J_i=L_{ii}X_i \tag{6-21}$$

式中，J_i 是容量性质，为物流；X_i 为共轭推动力；L_{ii} 是一比例系数。

若体系以几个物流和力为特征，将存在非共轭流和力之间的伴生现象，如热扩散现象中热对扩散的影响。对于在体系中很慢的流动，即离平衡态不远，处在不可逆过程的线性区域，流率与非共轭力的关系是需要知道而且很重要的。

在热力学平衡态时一般性的力 $X_i=0$，即在平衡态时（若）既没有物质的移动，又没有反应的进行，也没有热的流动，则此时流 $(J_k)_e=0$。当体系不在平衡态但接近平衡时，即当一般性的力很弱时，可将流 J_k用广义力 X_i的幂级数形式展开并做合理简化后得：

$$J_i=\sum L_{ij}X_j \tag{6-22}$$

式中，L_{ij}为唯象系数，它表示流随力变化的率。

式（6-22）称为非平衡热力学第一定律或Onsager线性唯象方程，它说明任何推动力可产生非平衡过程的任何流率，而流率与推动力（热力学力）呈线性关系。

现代科技，为精确起见，愈来愈多运用重要的伴生（或偶联）效应来处理高、精、尖问题。当存在几个物流和力同时作用时，式（6-22）可写成：

$$J_i=L_{ii}X_i+\sum L_{ij}X_j \tag{6-23}$$

式中，系数 L_{ii}为直接系数，它们是流与共轭推动力之间的联系系数。而 L_{ij} $(i\neq j)$ 称为交叉系数或伴生系数，是关系到流与非共轭推动力的系数。上述方程即为一组线性唯象方程。

“流”的线性组合也可以表达“力”，即“力”可用“流”的线性组合表示：

$$X_i=R_{ii}J_i+\sum R_{ij}J_i \tag{6-24}$$

式中，R 为阻力。

（2）Onsager互易关系　Onsager提出：若方程式 $J_i=L_{ii}X_i+\sum L_{ij}X_j$ 中的流和力都是热力学共轭的，即满足 $T\mathrm{d_i}S/\mathrm{d}t=\sum J_iX_i$，则 $L_{ij}=L_{ji}$（对所有的 i 和 j）。Onsager线性唯象方程中 L_{ij}为伴生系数，也称耦合系数，它表示流率 J_i和 J_j的耦合程度。

Onsager指出下列关系：

$$L_{12}=L_{21},L_{13}=L_{31},\cdots,L_{jk}=L_{kj} \tag{6-25}$$

其意义为：第 j 个流 J_j与第 k 个力 X_k之间的比例常数 L_{jk}和第 k 个流 J_k与第 j 个力 X_j之间的比例常数 L_{kj}相同（相等）。Onsager曾用关于平衡态的微观涨落的统计观念论证了上述关系，这个关系是微观理论及统计热力学的分析、推算的结果，同时也有实测数据与该结果相吻合。但此关系无法从宏观热力学定律导出。

（3）耗散函数　非平衡热力学的一个重要的课题是处理体系内可能发生的多种不可逆现象与体系内部熵增加之间的联系。根据热力学第一定律不难广义地证明：在不可逆过程中，耗散函数（消失函数）为熵增率与温度的乘积，可用流率和共轭力的乘积加和来表示，这就是非平衡热力学的第三定律，写公式为：

$$\phi=T\frac{\mathrm{d}\Delta S_i}{\mathrm{d}t}=\sum J_iX_i$$

故：

$$\phi=\sum\sum L_{ij}X_jX_i \tag{6-26}$$

因 $\phi>0$，$J\geqslant0$，必然 $X_i\geqslant0$，因此 $K_{ii}>0$，又 $L_{ii}\geqslant0$，则：

$$L_{ii}L_{jj}\geqslant L_{ij}^2 \tag{6-27}$$

6.4　反渗透过程的传质机理及模型

6.4.1　溶解-扩散理论

Lonsdale等将反渗透膜的活性表面皮层看作致密无孔的膜，并假设溶质和溶剂都能溶解于均质的非多孔膜表面层内，膜中溶解量的大小服从亨利定律，然后各自在浓度或压力造成的化学势推动下扩散通过膜，再从膜下游解吸。其具体过程如图 6-2 所示。

第一步，溶质和溶剂在膜的料液侧表面外吸附和溶解；第二步，溶质和溶剂之间没有相互作用，它们在各自化学位差的推动下仅以分子扩散方式（不存在溶质和溶剂的对流传递）通过反渗透膜的活性层；第三步，溶质和溶剂在透过液侧表面解吸。一般假设第一步、第三步进行得很快，此时透过速率取决于第二步，即溶质和溶剂在化学位差的推动下以分子扩散的形式通过膜。因而，溶解度的差异和在膜相中扩散性的差异强烈地影响着通过膜的通量的大小。

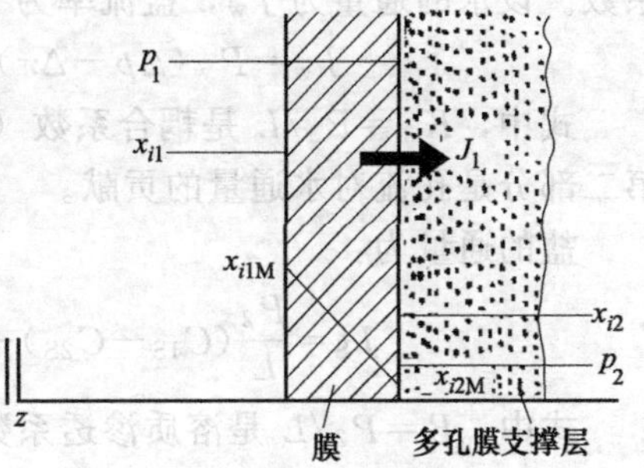

图 6-2　溶液扩散膜内浓度和压力的分布

6.4.1.1　溶解-扩散模型迁移方程的建立

如果忽略膜中空间固定的和移动的坐标之间的差别，将膜看作连续力学意义上的连续体，假定膜表面液相和膜相的化学位间达成平衡，所有组分的扩散系数都与浓度无关，溶质或溶剂组分在膜中的扩散传递可用 Fick 定律描述，不难得到溶解扩散模型的数学表达式：

$$J_w=(\Delta p-\Delta\pi)P_w/L=A(\Delta p-\Delta\pi)$$

$$J_S=D_{SM}K(C_{1S}-C_{2S})/L=P_S(C_{1S}-C_{2S})/L=B(C_{1S}-C_{2S}) \tag{6-28}$$

式中，$A=P_w/L$；$P_w=D_wC_w\overline{V}_w/(RT)$；$D_{SM}K=P_S$；$B=D_{SM}K/L$。

由此可见，溶剂流率 J_w 与有效压力降 $\Delta p-\Delta\pi$ 成正比；而溶质流率 J_S 却与作为推动力的浓度降低（$C_{1S}-C_{2S}$）成正比。A、B 值为膜常数，由实验加以确定。

一般来说，A、B 值与膜两侧的浓度无关，并且受压力的影响也较小。但温度对流率有重要影响，A、B 的大小都必定与温度密切相关，这是根据 A、B 与 T 之间的表示式，如阿伦尼乌斯定律而得出上述结论的，见表 6-4。

表 6-4　膜参量与压力和温度的关系

压力 $p_0=1\times10^5$(Pa)	$A=A_0e^{\alpha_p\frac{p}{p_0}}$	$B=B_0e^{\beta_p\frac{p}{p_0}}$	$\alpha_p=-0.003-0.005,\beta_p\approx0$
温度 $T_0=293$K	$A=A_0\eta_0/\eta=A_0e^{\alpha_T\frac{T-T_0}{T_0}}$	$B=B_0e^{\beta_T\frac{T-T_0}{T_0}}$	$\alpha_T=7.08,\beta_T=3.0$

渗透能力与膜常数 A 和 B 是通过下列公式联系起来的。

$$P_w=AL \tag{6-29}$$

$$P_S=BL \tag{6-30}$$

文献中给出的常为渗透率和所谓截留率 R，并不直接给出膜常数 A 和 B。

6.4.1.2　溶解-扩散模型的局限性

溶解-扩散模型认为“完整的膜”是均质膜或是非均质或多孔膜的表面致密活化层，或超薄膜，它忽略了膜结构对传递性能的重要影响。实际上膜性能同膜材料的化学性质与膜精细的物理结构密切相关。故用该理论指导实践（膜的研究）存在一定的缺陷，它无法解释某些膜材料对水具有高吸附性和膜对水的低渗透性。此外，在聚合物（膜）中，水只有以分子分散状态存在时，水的渗透性才会达到最大值，若水以集团形式存在，则水在聚合物（膜）中的扩散需较高活化能，从而使水的渗透性下降。说明水在膜中的状态也是影响膜性能的因素。

6.4.1.3　溶解-扩散缺陷模型

Sherwood 等曾将溶解-扩散模型扩充，承认在膜的表面存在不完善不完美之处（缺点和孔)，需将溶剂和溶质在微孔中的流动也包括进去，水和溶质能以细孔和溶解-扩散的双重作用而透过膜，膜的透过特性既取决于细孔流，也取决于水和溶质在水溶胀的膜表面中的扩散系数。设水的通量为J_w，盐流率为J_S，则水的通量为：

$$J_w = P_w(\Delta p - \Delta \pi)/L + P_3 \Delta p/L = A(\Delta p - \Delta \pi) + K_3 \Delta p \tag{6-31}$$

式中，$K_3 = P_3/L$ 是耦合系数（伴生系数），第一部分为溶解-扩散模型中的扩散总量，第二部分是孔流对水通量的贡献。

盐的通量为：

$$J_S = \frac{P_2}{L}(C_{1S} - C_{2S}) + \frac{P_3}{L}\Delta p\, C_{1S} = B(C_{1S} - C_{2S}) + K_3 \Delta p\, C_{1S} \tag{6-32}$$

式中，$B = P_2/L$ 是溶质渗透系数，它与式（6-28）中的 P_S/L 等同；$K_3 \Delta p C_{1S}$是通过膜孔的溶质流总量。从以上两式可联立求出截留率：

$$R = \left[1 + \left(\frac{P_2}{P_w}\right)\left(\frac{1}{\Delta p - \Delta \pi}\right) + \left(\frac{P_3}{P_w}\right)\frac{\Delta p}{L}(\Delta p - \Delta \pi)\right]^{-1} \tag{6-33}$$

浓度和压力对三因数（系数）模型的依赖是在设计评价应用过程中值得认真对待的一个限制条件。式（6-32）中K_3项被看作微孔中流动的伴生传递，比溶解-扩散模型中只考虑分子扩散，更为符合实际。可认为本理论的解释介于溶解-扩散理论与下面将介绍的优先吸附-毛细孔流动理论之间，该模型可用来描述膜的非理想性。

6.4.2 优先吸附-毛细孔流动理论

（1）溶液的表面吸附　当液体中溶有不同种类物质时，其表面张力的变化是不同的。例如水中溶入醇、酸、醛、酯等有机物质，可使其表面张力减少，但溶入某些无机盐类，反能使其表面张力稍有增加，这是因为溶质的分散是不均匀的，即溶质在溶液表面层中的浓度与溶液内部浓度不同，这就是溶液的表面吸附现象。其中，使表面层浓度大于溶液内部浓度的作用称为正吸附作用，而相反的作用称为负吸附作用。吸附量的大小可用吉布斯吸附等温式表示：

$$\Gamma = -\frac{1}{RT}\left(\frac{\partial \sigma}{\partial \ln \alpha}\right)_T = -\frac{a}{RT}\left(\frac{\partial \sigma}{\partial \alpha}\right)_T \tag{6-34}$$

式中，α 是溶液本体活度；σ 是溶液表面张力；Γ 为表面吸附量。

由此可见，若加入溶质能使表面张力降低，$\frac{\partial \sigma}{\partial \alpha} < 0$，则 $\Gamma > 0$，表面溶质浓度应较体相的大，为正吸附，这类物质称为表面活性物质。若$\frac{\partial \sigma}{\partial \alpha} > 0$，则 $\Gamma < 0$，表面溶质浓度较体相的小，为负吸附。由于推导吉布斯吸附等温式时并未具体规定是何种界面，故式（6-34）具有广泛的适用性。

（2）优先吸附-毛细孔流动理论　上面的吉布斯吸附等温式指出表面力可引起溶质在两相界面上正的或负的吸附，形成一个陡的浓度梯度，这实际上是溶液中某一成分优先吸附在界面上。这种优先吸附的状态（状况）一定与界面性质密切相关，即与界面的物化作用力大小有关。对表面性质的这种理解导致了发展工业反渗透分离的想法的产生。图 6-3 表示了水脱盐的优先吸附-毛细孔流动机理。

图 6-3 中，溶质为氯化钠，溶剂是水，膜的表面是排斥盐而吸水的（斥盐吸水），盐是负吸附，水优先吸附在膜表面上。压力使优先吸附的流体通过膜，就形成了脱盐过程。

将吉布斯方程（6-34）应用到高分子多孔膜上，则式中各符号的意义为：Γ 为单位界面上溶质的吸附量；R 为气体常数；T 为摄氏温度；σ 为溶液-膜界面的表面张力；α 为溶液中溶质的活度。当水溶液与高分子多孔膜接触时，若膜的化学性质使膜对溶质负吸附，对水是优先的正吸附，则在膜与溶液界面上将形成一层被膜吸附的厚度为 t 的纯水层，它在外压的作用下将通过膜表面的毛细孔，从而可获取纯水。纯水层的厚度与溶液性质及膜表面的化学性质有关。理论计算的纯水层厚度为 5～10Å(1～2 个水分子层)。并且当膜表面毛细孔直径为纯水层厚的 2 倍（2～4 个水分子层）时，对一个毛细孔而言，将能够得到最大流量的纯水，与其对应的毛细孔径称为“临界孔径”。理论上讲，在制膜时应使孔径为 $2t$ 的毛细孔尽可能多地存在，以便制得最佳膜从而获得最大纯水流量。值得注意的是，当毛细孔的孔径大于临界孔径时，溶液将从细孔的中心部位通过而产生溶质的泄漏。

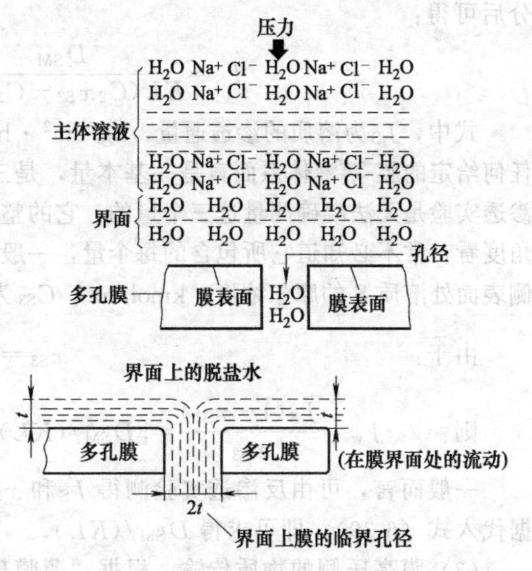

图 6-3　1970 年 Sourirajan 对于氯化钠从水溶液中以反渗透分离出来的模型，采用了多孔膜的优先吸附-毛细孔流动机理

6.4.2.1　优先吸附-毛细孔流模型迁移方程的建立

在优先吸附-毛细孔流动机理中，膜被假定为有微孔的；分离机理由膜的表面现象及液体传递通过孔的传质决定。膜层有优先吸附水及排斥盐的化学性质，其结果是在膜表面及膜孔内形成几乎为纯溶剂的溶剂层（图 6-4），该层优先吸附的溶剂在压力作用下连续通过膜而形成产液，其浓度低于料液。在料液和膜表面层之间有一浓缩的边界层。此时有三种现象同时发生：溶剂水通过膜孔；溶质通过膜孔；溶质的反向扩散。假设水的迁移是黏性流动，溶质的迁移是通过孔的扩散（通常的毛细管流动模型），经典的薄膜理论可用来计算膜高压侧的传质系数。若假定膜低压侧压力为大气压，实验料液浓度和料液流速是固定的，则有：

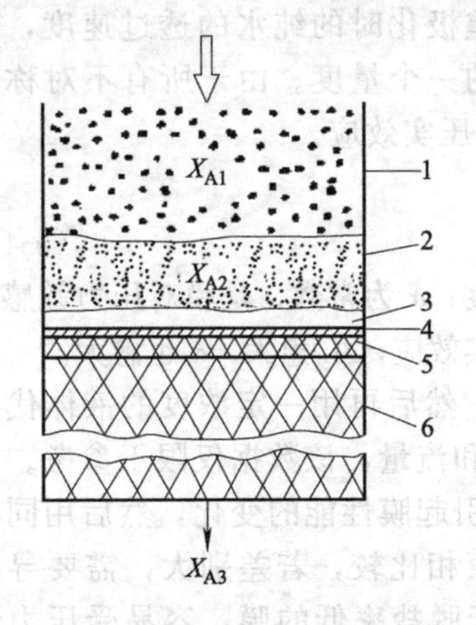

图 6-4　稳态操作条件下反渗透迁移示意图

1—本体料液；2—浓缩边界层；3—优先吸附界面流体；4—膜致密表层；5—膜多孔中间层；6—膜海绵层

(1) 透过膜孔的水的通量 J_w　考虑到反渗透分离中溶质在膜界面被排斥，溶剂水优先吸附在膜-液界面上，并且溶质不在膜孔内部积累时有：

$$J_w = A\Delta p' = A\{(p_1 - p_2) - [\pi(x_{S2}) - \pi(x_{S3})]\}$$
$$= A(\Delta p - \Delta\pi) \tag{6-35}$$

$$A = \mathrm{PWP}/(M_w S 3600 p) \tag{6-36}$$

式中，J_w为水的渗透通量，kg/(m² · h)；A 为纯水透过常数，与溶质无关，是膜孔度的度量，表示没有任何浓差极化情况下的水的迁移，kmol/(m² · h · Pa)；$\pi(x_S)$ 为溶质摩尔分数为 x_S时的溶液的渗透压；PWP 为操作压差为 p、有效膜面积为 S 时每小时的纯水透过量，kg/h；M_w为水的分子量。

(2) 通过膜孔的溶质流量 J_S　在稳态操作下，膜两侧必然有浓度差，溶质通过膜的迁移可看成是由溶质在膜孔中扩散造成的，溶质通过膜孔的流量正比于膜两侧浓度差，其统计规律可由菲克定律宏观表达，沿膜厚度方向积分后可得：

$$J_S=\frac{D_{SM}}{KL(C_2x_{S2}-C_3x_{S3})}=\frac{D_{SM}}{KL(C_{S2}-C_{S3})} \tag{6-37}$$

式中，J_S为溶质的渗透通量，kg/(m^2·h)；$D_{SM}/(KL)$ 为溶质迁移参数，m/s，它对于任何给定的膜-溶液体系而言是一基本量，是三个具有重要物理意义的量的组合值，但只用反渗透实验是无法准确测量这三个量的，它的整个值起着质量迁移参数的作用，从反渗透设计的角度看，常不必知道它所包含的每个量，一般将 $D_{SM}/(KL)$ 当成单一量处理；C_{S2}为膜的料液侧表面处溶质 S 的摩尔浓度，kmol/m^3；C_{S3}为透过液中溶质 S 的摩尔浓度，kmol/m^3。

由于：

$$x_{S3}=\frac{J_S}{J_S+J_w} \tag{6-38}$$

则：

$$J_w=\frac{J_S(1-x_{S3})}{x_{S3}}=[D_{SM}/(KL)](1-x_{S3})/[x_{S3}(C_2x_{S2}-C_3x_{S3})] \tag{6-39}$$

一般而言，可由反渗透实验测得 J_S和 x_{S3}，同时，由式（6-38）可求得 x_{S2}，把这些数据代入式（6-39），即可求得 $D_{SM}/(KL)$。

(3) 膜高压侧的物质传输　根据"薄膜理论"，在膜高压侧的物质传输情况是对流和扩散共同存在的情形，它可用双组分扩散的一般方程式加以描述。下面用S代表溶质，w代表溶剂水。考虑边界条件 $z=0$ 时，$x_S=x_{S1}$；$z=\delta$ 时，$x_S=x_{S2}$，积分求解后得：

$$J_w=C_1k(1-x_{S3})\ln[(x_{S2}-x_{S3})/(x_{S1}-x_{S3})] \tag{6-40}$$

式中，C_1为本体溶液的总摩尔浓度，方程给出的膜高压侧的传质系数 k 可用于反渗透体系，k 值与溶质的性质、料液浓度 x_{S1}，膜高压侧料液流速（或搅拌程度）有关。这样一来，反渗透体系的优先吸附-毛细孔流动模型的基本迁移方程为：

$$J_w=A\Delta p=A\{(p_1-p_2)-[\pi(x_{S2})-\pi(x_{S3})]\}=A(\Delta p-\Delta\pi)$$

$$=\frac{\left(\frac{D_{SM}}{KL}\right)(1-x_{S3})}{x_{S3}(C_2x_{S2}-C_3x_{S3})}=C_1k(1-x_{S3})\ln[(x_{S2}-x_{S3})/(x_{S1}-x_{S3})] \tag{6-41}$$

上述方程中涉及三个重要参数：A、$D_{SM}/(KL)$ 和 k，前两者与膜材料和膜结构相联系，后一个与溶液性质和流动状态相关联，针对醋酸纤维素反渗透膜有以下关联关系：

(1) 膜系数 A 反映了膜的纯水透过特性，即在没有浓差极化时的纯水的透过速度，因而它与溶质无关。假定膜是有孔的，则 A 也是膜总孔隙率的一个量度。由于所有不对称聚合物膜在压力下都具有某种程度的压实，故 A 值可用来表示压实效应。

① 在任何给定温度下，压力的影响为：

$$A=A_0\exp(-\alpha\Delta p) \tag{6-42}$$

式中，A_0为 $\Delta p=0$ 时 A 的外推值，是膜初始多孔结构量度；α 为常数，是膜对压力敏感性量度；Δp 为膜两侧压力差。Δp 增加，A 值降低，反映出膜压实效应，A_0愈大，α 也愈大。

A 值的测定基于方程（6-36）：先用纯水测定膜的 A 值，然后再用一定浓度的液体代替纯水，在反渗透试验装置中，测试相同压力下通过液的浓度和流量，该数据仅限于参考。试验终了立即将试验溶液换成纯水，以防透过液的逆向渗透而引起膜性能的变化，然后用同样的方法和条件，测试纯水的透过速度，并与首次测定的 A 值相比较，若差别大，需要寻找原因，并将膜进行更换；若差别不大，则可确定 A 值，对于脱盐率低的膜，容易受压力影响，所以试验次数要少一些。为了防止膜在测试过程中因压密使 A 值变化，膜需要在高于试验压力 20%的压力预压 2h，再在常压下放置 1h 后使用。

② 在给定压力下，温度的影响：

$$A\mu_w=常数 \tag{6-43}$$

随着温度升高，水的黏度 μ_w减少，结果 A 值增加。通常将 25℃下测定的 A 值作为标准值，其他温度下测试的 A 值要进行修正。

(2) 溶质迁移参数 $D_{SM}/(KL)$ 是溶质性质、膜材料性质和膜表面平均孔径的函数。它反映了控制反渗透迁移的膜表面附近的优先吸附的平衡效应和溶质与溶剂通过膜孔的流动性的动态效应。当其他实验条件相同时，参考溶质较低的 $D_{SM}/(KL)$ 值表示膜表面的平均孔径较小。对于给定的膜，较低的 $D_{SM}/(KL)$ 意味着较少的溶质透过膜，故有较高的反渗透分离率。

① 当膜表面的平均孔径很小时（A 值小），只要膜表面层足够坚硬，在一个很宽压力范围内 $D_{SM}/(KL)$ 几乎为一常量。

② 孔度较大的膜（A 值大）随压力增加，$D_{SM}/(KL)$ 值趋向减小。

$$\left(\frac{D_{SM}}{KL}\right)_{NaCl} \propto p^{-\beta} \tag{6-44}$$

对不同的膜而言，其 β 值不同。

③ 给定压力下，温度升高，$D_{SM}/(KL)$ 值也增加。

$$\left(\frac{D_{SM}}{KL}\right)_{NaCl} \propto \exp(0.005T) \tag{6-45}$$

给定膜的 $D_{SM}/(KL)$ 与料液的浓度和流速无关，$D_{SM}/(KL)$ 将维持一个常数，即与 x_{S2}无关，这在很宽的料液浓度和膜平均孔径范围内都是正确的。

(3) 物质迁移系数 k 是溶质的性质、浓度及料液流速的函数。它决定着用$\frac{x_{S2}}{x_{S1}}$值表示的浓差极化的程度，k 值大小也与实验条件有关。当 $k\rightarrow\infty$时，$x_{S2}=x_{S1}$；当 k 为有限值时，$x_{S2}>x_{S1}$，故 k 值是膜高压侧浓差极化的最好表达量，它与料液流速和搅动条件有关。在实际应用时，k 可看作与操作压力无关。

① 进料液流速 u 与 k 的关系：

$$k \propto u^n \tag{6-46}$$

式中，n 是溶质性质的特性常数。在一定的雷诺数时，所有溶质的$N_{sh}/N_{sc}^{\frac{1}{3}}$是一常数，其中 N_{sh}是 Sherwood 数；N_{sc}是 Schnidt 数。

② k 随操作温度的升高而增加，对 $NaCl\text{-}H_2O$ 体系而言，在 5～36℃的温度范围内有：

$$k \propto \exp(0.005T) \tag{6-47}$$

许多实际应用中，在一很宽的溶质浓度范围内，溶液的总摩尔浓度常变化不大。根据一套基本反渗透实验数据及实验条件，用这套方程可算出 A、$D_{SM}/(KL)$、k 和 x_{S2}值。

根据优先吸附-毛细孔流动机理，反渗透是由两个因素控制的：

(1) 平衡效应　指膜表面附近的优先吸附情况。它与膜表面附近呈现的排斥力及吸引力有关。在膜材料和溶液界面上的优先吸附取决于溶质、溶剂、膜材料的相互作用力。这种作用来源于三组分的离子性、极性、空间效应和非极性。总的结果决定着溶质或溶剂优先吸附在膜表面上，或两者都不优先吸附的平衡条件。

(2) 动态效应　指溶质和溶剂通过膜孔的流动性。平衡效应与膜表面附近呈现的排斥力及吸引力有关，动态效应既与平衡效应有关，又与溶质在膜孔中的位阻效应有关。位阻取决于溶质分子的结构和大小及孔的结构和大小。摩擦力和剪切力影响着溶质和溶剂在压力梯度下通过膜孔的淌度，这种动态因素和前述的平衡效应共同决定着溶质的分离程度和溶剂的通量，因此，膜表面具有合适的化学性质及合适尺寸的孔径和孔数是反渗透成功的两个必不可少的条件。反渗透膜的表层应尽可能地薄以减小液体流动阻力，膜的孔结构必须对称。

该理论确定了膜材料的选择和反渗透膜制备的指导原则：膜材料对水要优先吸附，对溶质要选择排斥，膜表面层应具有尽可能多的有效直径为 t 的细孔，从而膜才可获得最佳分离率和最高透水速度。

6.4.2.2 优先吸附-毛细孔流模型对膜性能的预测

若所有实验数据均来自25℃单溶质水溶液和醋酸纤维素膜体系的反渗透实验；迁移方程适用于水在膜-液界面优先吸附的体系，即溶质受到膜界面排斥或受到膜界面弱吸附，但不堵塞膜孔的反渗透体系。先由一个完整的反渗透实验给出纯水透过量PWP，表征膜装置产量的产品流率PR和分离率 f，由这三个数据再通过优先吸附-毛细孔流模型的基本迁移方程可求出表示膜的规格的三个参数 A、$D_{SM}/(KL)$ 和 k；然后再通过一张膜对参考溶液得出的 A、$D_{SM}/(KL)$ 和 k 值，可以推出这张膜对其他料液的 A、$D_{SM}/(KL)$ 和 k 值，实现对膜的预测。

6.4.2.3 溶质迁移参数和传质系数的推算

除了上述预测过程中采用的方法外，$D_{SM}/(KL)$ 和 k 也可以从其他物性数据推算：

(1) $D_{SM}/(KL)$ 的推算　Krasne等认为膜的选择性基于分离离子之间和离子与膜之间相互间的相对自由能，在水优先吸附的情况下，以无机溶质的水溶液为例。

① 对完全离解的无机溶质有：

$$\ln[D_{SM}/(KL)]_{溶质}=\ln C^*+\left[\Sigma-\left(\frac{\Delta\Delta G}{RT}\right)_i\right] \tag{6-48}$$

式中，$\Sigma-\left(\frac{\Delta\Delta G}{RT}\right)_i$ 为料液中每个离子的表面自由能参数之和；$\ln C^*$ 对一定的膜为一常数，与溶质无关。

以NaCl为参考溶质，实验测得 $[D_{SM}/(KL)]_{NaCl}$ 后，由下式经线性回归可求出 $\ln C^*_{NaCl}$：

$$\ln[D_{SM}/(KL)]_{NaCl}=\ln C^*_{NaCl}+\left[\left(\frac{\Delta\Delta G}{RT}\right)_{Na^+}+\left(\frac{\Delta\Delta G}{RT}\right)_{Cl^-}\right] \tag{6-49}$$

然后用下式求其他离解溶质的 $[D_{SM}/(KL)]_{溶质}$

$$\ln\left(\frac{D_{SM}}{KL}\right)_{溶质}=\ln C^*_{NaCl}+\left[n_c\left(-\frac{\Delta\Delta G}{RT}\right)_{阳离子}+n_a\left(-\frac{\Delta\Delta G}{RT}\right)_{阴离子}\right] \tag{6-50}$$

式中，n_c和n_a分别为从1mol溶质离解出的阳离子和阴离子的物质的量。

用以上方程和反渗透实验测定的 $D_{SM}/(KL)$ 值可以计算出不同膜-离子体系的表面自由能数据，如表6-5所列。实验和计算结果表明：$[-\Delta\Delta G/(RT)_i]$ 取决于离子-溶剂(水)-膜材料的相互作用，与操作压力和膜孔结构无关。

表6-5　碱金属阳离子和卤族阴离子的自由能参数

离子	25℃下的$(-\Delta\Delta G/RT)_i$		
	芳香聚酰胺	芳香聚酰胺酰肼	醋酸丙酸纤维素①
Li^+	−1.77	−1.20	−1.25
Na^+	−2.08	−1.35	−1.30
K^+	−2.11	−1.28	−1.27
Rb^+	−2.08	−1.27	−1.23
Cs^+	−2.04	−1.23	−1.18
F^-	1.03	1.03	0.42
Cl^-	1.35	1.35	1.10
Br^-	1.35	1.35	1.15
I^-	1.33	1.33	1.20

① 乙酰基含量为30.6%，丙酰基含量14.5%。

② 对部分离解并形成离子对的无机溶质为：

$$\ln\left(\frac{D_{SM}}{KL}\right)_{溶质}=\ln C^*_{NaCl}+\alpha_D\left[n_c\left(-\frac{\Delta\Delta G}{RT}\right)_{阳离子}+n_a\left(-\frac{\Delta\Delta G}{RT}\right)_{阴离子}\right]+(1-\alpha_D)\left(-\frac{\Delta\Delta G}{RT}\right)_{离子对} \tag{6-51}$$

式中，α_D为离解度。

表 6-6 是对某种纤维素膜测定的 25 种无机阳离子、22 种无机阴离子和 9 种无机离子对的自由能参数，有了这些数据和氯化钠的 $D_{SM}/(KL)$ 就可求不同无机溶质的 $D_{SM}/(KL)$。对有机溶质可进行类似的推算。

(2) 传质系数 k 的推算　浓差极化边界层内的传质系数 k 可通过由准数之间组成的准数关联式计算。

表 6-6　无机离子和离子对的自由能参数 $[-\Delta\Delta G/(RT)]_i$（用于水溶液和 CA 膜的 RO/UF 迁移）

种类	$[-\Delta\Delta G/(RT)]_i$	种类	$[-\Delta\Delta G/(RT)]_i$	种类	$[-\Delta\Delta G/(RT)]_i$	种类	$[-\Delta\Delta G/(RT)]_i$
无机阳离子		Zn^{2+}	8.76	Cl^-	4.42	$H_2PO_4^-$	−6.16
H^+	6.34	Ba^{2+}	8.5	$Cr_2O_7^{2-}$	−11.16	SO_3^{2-}	−13.12
Li^+	5.77	Co^{2+}	8.76	OH^-	−6.18	CrO_4^{2-}	−13.69
Na^+	5.79	Ni^{2+}	8.47	$S_2O_3^-$	−14.03	F^-	−4.91
K^+	5.91	Mn^{2+}	8.58	SO_4^{2-}	−13.2	无机离子对	
Pb^{2+}	8.4	Sr^{2+}	8.76	HSO_4^-	−6.21	$KFe(CN)_6^{2-}$	−2.53
Cs^+	5.72	Tn^{4+}	12.42	HCO_3^-	−5.32	$KFe(CN)_6^{3-}$	−17.18
NH_4^+	5.97	La^{3+}	12.89	ClO_4^-	−3.6	$NiSO_4$	2.18
Mg^{2+}	8.72	Cr^{3+}	11.28	ClO_3^-	−4.1	$CdSO_4$	3.04
Ca^{2+}	8.88	Ce^{3+}	10.62	NO_3^-	−3.66	$CuSO_4$	2.85
Rb^+	5.86	Al^{3+}	10.41	NO_2^-	−3.85	$MnSO_4$	2.48
Fe^{3+}	9.82	无机阴离子		BrO_3^-	−4.89	$ZnSO_4$	2.46
Fe^{2+}	9.33	I^-	−3.98	$Fe(CN)_6^{4-}$	−26.83	$CoSO_4$	3.41
Cd^{2+}	8.71	Br^-	−4.25	$Fe(CN)_6^{3-}$	−20.87	$MgSO_4$	3.45
Cu^{2+}	8.41	CO_3^{2-}	−13.22	IO_3^-	−5.69		

【例 6-2】 利用表 6-6 的自由能参数推测使用该膜分别分离 $MgSO_4$、$MgCl_2$、NaCl、KNO_3水溶液时，溶质分离率的次序，并求离解度为 60%的 $MgSO_4$溶液的 $D_{SM}/(KL)$ 值。

解：根据表 6-6 数据

$$\ln\left(\frac{D_{SM}}{KL}\right)_{NaCl}=\ln C^*_{NaCl}+\left[\left(-\frac{\Delta\Delta G}{RT}\right)_{Na^+}+\left(-\frac{\Delta\Delta G}{RT}\right)_{Cl^-}\right]=\ln C^*_{NaCl}+1.37$$

$$\ln\left(\frac{D_{SM}}{KL}\right)_{KNO_3}=\ln C^*_{NaCl}+\left[\left(-\frac{\Delta\Delta G}{RT}\right)_{K^+}+\left(-\frac{\Delta\Delta G}{RT}\right)_{NO_3^-}\right]=\ln C^*_{NaCl}+2.25$$

$$\ln\left(\frac{D_{SM}}{KL}\right)_{MgCl_2}=\ln C^*_{NaCl}+\left[\left(-\frac{\Delta\Delta G}{RT}\right)_{Mg^{2+}}+2\left(-\frac{\Delta\Delta G}{RT}\right)_{Cl^-}\right]=\ln C^*_{NaCl}-0.12$$

$$\ln\left(\frac{D_{SM}}{KL}\right)_{MgSO_4}=\ln C^*_{NaCl}+\left[\left(-\frac{\Delta\Delta G}{RT}\right)_{Mg^{2+}}+\left(-\frac{\Delta\Delta G}{RT}\right)_{SO_4^{2-}}\right]=\ln C^*_{NaCl}-4.48$$

因此
$$\left(\frac{D_{SM}}{KL}\right)_{MgSO_4}<\left(\frac{D_{SM}}{KL}\right)_{MgCl_2}<\left(\frac{D_{SM}}{KL}\right)_{NaCl}<\left(\frac{D_{SM}}{KL}\right)_{KNO_3}$$

$D_{SM}/(KL)$ 值小表示透过膜的溶质少，即溶质分离率高。

对离解度为 60%的 $MgSO_4$溶液：

$$\ln\left(\frac{D_{SM}}{KL}\right)_{MgSO_4}=\ln C^*_{NaCl}+0.6\left[\left(-\frac{\Delta\Delta G}{RT}\right)_{Mg^{2+}}+\left(-\frac{\Delta\Delta G}{RT}\right)_{SO_4^{2-}}\right]+(1-0.6)\left(-\frac{\Delta\Delta G}{RT}\right)_{MgSO_4}$$
$$=\ln C^*_{NaCl}-1.308$$

$$\left(\frac{D_{SM}}{KL}\right)_{MgSO_4}<\left(\frac{D_{SM}}{KL}\right)_{MgSO_4}\quad(\alpha_D=0.6)$$

这表明离子对的存在使 $D_{SM}/(KL)$ 值增加，因此降低了溶质分离率。

6.4.2.4 表面力-孔流动模型

优先吸附-毛细孔流动机理的迁移方程仅适用于水优先吸附在膜表面上，且溶质在膜孔中没有明显的积累的情况，但不能用于溶质牢固地吸附在膜表面上的情况。为了克服这一局限性，人们建立了表面力-孔流动模型，它是优先吸附-毛细孔流动机理的定量描述[12,13]，它认为膜的特征可通过作为孔径分布（平均孔径）和定量测定溶质-溶剂和膜之间在传递通道内的表面作用力的函数来描述。该模型假设：①溶质和溶剂通过膜的传递过程由界面作用力、摩擦力和溶剂、溶质化学位梯度引起的驱动力（即扩散力）控制；②假定膜孔为圆柱形孔；③一个分子层厚的纯水被快速优先吸附在毗邻膜壁的区域；④膜孔内存在一个可控制溶质径向分布的溶质势场。

Matsuura 和 Sourirajan 综合考虑了包括溶质尺寸、膜孔直径、溶质/膜间阻力、溶质/膜间的相互作用等因素，假定水和溶质的传递是通过半径为 r_p 的圆柱孔和厚度为 L 的活性表层实现的，其溶质截留率为：

$$R_i = 1 - \frac{1}{C_f} \times \frac{\int_{-\infty}^{\infty} Y(r)\left[\int_0^r C_p(r')v(r')r'\mathrm{d}r'\right]\mathrm{d}r}{\int_{-\infty}^{\infty} Y(r)\left[\int_0^r v(r')r'\mathrm{d}r\right]\mathrm{d}r} \tag{6-52}$$

式中，$Y(r)$ 是孔半径的分布；C_f 和 C_p 分别是进料液和渗透液溶质的浓度；v 是溶剂速度。$Y(r)$ 项可以表示为具有平均孔半径 r_p 和标准偏差 σ_d 的标准分布，溶剂速度 v 从以下微分方程计算得到：

$$\frac{\mathrm{d}^2 v}{\mathrm{d}r^2} + \frac{1}{r} \times \frac{\mathrm{d}v}{\mathrm{d}r} + \frac{\Delta p}{\eta l} + \frac{RT}{\eta l}(C_p - C_f)\left[1 - \exp\left(-\frac{\Phi}{RT}\right)\right] - \left[\frac{(b-1)X_{AB}C_p v}{\eta}\right] = 0 \tag{6-53}$$

式中，当 $r^i=0$ 时，$\mathrm{d}v/\mathrm{d}r=0$；当 $r^i=r$ 时，$v=0$；η 是黏度；X_{AB} 是常数，是与溶质和溶剂速度相关的摩擦力；b 是溶质迁移时的摩擦阻力与主体溶液摩擦阻力之比；Φ 是孔壁施加在溶质上力的位函数。参数 b 是空间位阻距离$\overline{D}$与孔半径 r_p 之比的函数。静电力和范德华力分别用常数$\overline{A}$和$\overline{B}$表示：

$$\phi(r) = \frac{\overline{A}/r_a}{(r_p/r_a) - r_p} \tag{6-54}$$

$$\Phi(r) = \frac{\overline{B}/r_a^3}{[(r_p/r_a) - r]^3} \tag{6-55}$$

式中，$r_a = r_p - d_w$，是半径减少的影响；d_w 为水分子的直径，$d_w = 0.087\mathrm{nm}$。采用液相色谱（HPLC）测定可以确定参数$\overline{A}$、$\overline{B}$和$\overline{D}$。

表面力-孔流动模型清楚地定义并综合分析了溶质-溶剂-膜材料在界面层的相互作用和流体在孔中的流动，给出了溶质截留率和流量表示的公式，其具有一般性，不只局限于水溶液体系，为反渗透的应用开辟了十分广阔的前景。

6.4.3 形成氢键理论

6.4.3.1 形成氢键模型

氢键理论最早由 C. E. Reid 等[14]提出：在醋酸纤维素膜中，由于氢键和范德华力的作用，膜中存在晶相区域和非结晶区域两部分，大分子之间牢固结合并平行排列的为晶相区域，而大分子之间完全无序的为非晶相区域。水和溶质不能进入晶相区域，溶剂水则充满非晶相区。在接近醋酸纤维素分子的地方，水与醋酸纤维素羰基上的氧原子会形成氢键并构成所谓的“结合水”，当醋酸纤维素吸附了第一层水分子后会引起水分子熵值的极大下降，形成整齐的类似于冰的构造。在非晶相区的较大的被称为孔的空间里，结合水的占有率很低，在孔的中央存在普通结构的水，不能与醋酸纤维素膜形成氢键的离子或分子以孔穴型扩散方式迁移通过孔的中央部分，而能和膜生成氢键的离子或分子则进入结合水，并以有序扩散方式迁移，通过不断改变和醋酸纤维素形成氢键的位置来通过膜。简单地说，如图 6-5 所示，在压力作用下，溶液中的水分子和醋酸纤维素的活化点-羰基上的氧原子形成氢键，而原来水分子形成的氢键被断开，水分子解离出来并随之移到下一个活化点并形成新的氢键，于是通过这一连串的氢键形成与断开，使水分子离开膜表面的致密活性层而进入膜的多孔层，由于多孔层含有大量毛细管水，水分子能畅通流出膜外。醋酸纤维素的表面活性层只含有结合水，而多孔层除结合水外主要含有大量的毛细管水。在结合水中，靠氢键与膜保持紧密结合的称为一级结合水，它的介电常数很低，对离子无溶剂化作用，离子不能进入一级结合水而透过膜，与膜保持较松散结合的则称为二级结合水，其介电常数与普通水相同，离子可以进入二级结合水并透过膜。理想的膜表面只存在一级结合水，因此对离子有极高的分离率。但实际膜的表面含有少量二级结合水，再加上膜表面存在的某些缺陷，会使少量溶质透过膜而无法达到百分之百的分离。

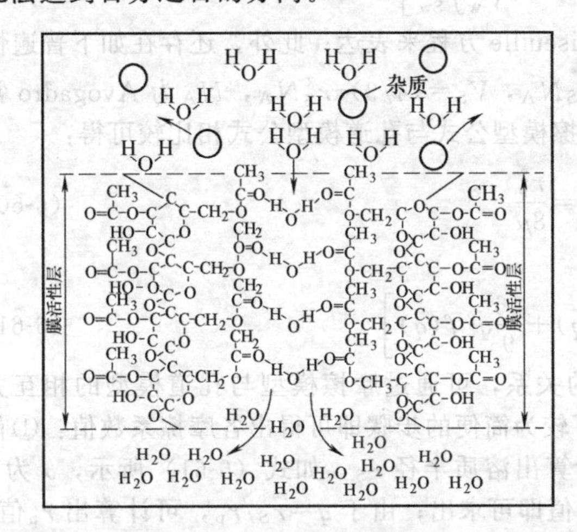

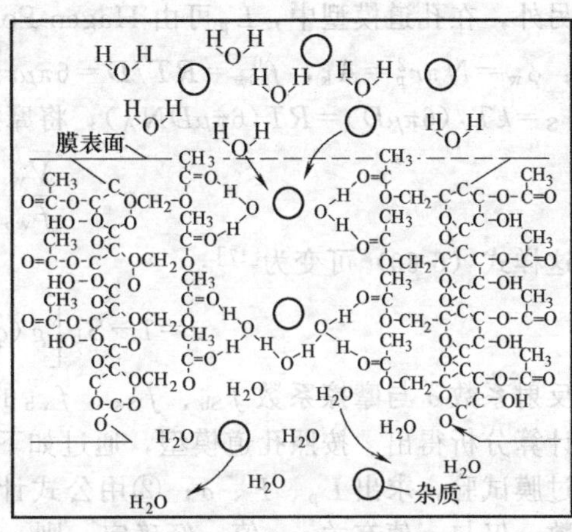

图 6-5　结合水-空穴有序扩散模型

6.4.3.2　形成氢键模型的局限性

根据形成氢键理论，膜材料必须是亲水性的并能与水形成氢键，水在膜中的迁移主要是扩散。用氢键理论正确地解释了许多溶质的分离现象，但它把水和溶质在膜中的迁移仅归结于氢键的作用，忽略了溶质-溶剂-膜材料之间实际存在的各种相互作用力。此外，溶质在孔壁与孔中心部位流动情况有很大差别，不同的流动类型会造成膜的不同分离特性。因此，人们对形成氢键模型提出了不同看法，从膜的孔穴型扩散来看，盐的渗透性与孔穴形成的概率有关，孔穴的形成是高分子布朗运动的结果，提高聚合物的结晶度或提高压力使水分子更加牢固地充满孔穴，都会抑制高分子的布朗运动，降低孔穴形成概率，进而减小盐透量。

6.4.4　其他传质理论

6.4.4.1　孔道模型

半径为 r_S 的小球（分子）在充满有黏性液体、半径为 r_p 的圆柱体（孔道）轴线上缓慢移动时所受到的阻力即摩擦拖曳力[15]。拖曳力会因圆柱壁的存在而增强，拖曳力的表达式为：

$$F=6\pi\mu r_S[U_S-U_w g(q)]/f(q) \tag{6-56}$$

式中，$g(q)$、$f(q)$ 是考虑柱壁影响的修正因数，$g(q)=[1-(2/3)q^2-0.20217q^5]/(1-0.75857q^5)$，$f(q)=(1-2.105q+2.0865q^2-1.7068q^5+0.72603q^6)/(1-0.75857q^5)$，$q=r_S/r_p$；$\mu$ 是水的动力黏滞系数。

A. Verniory 等[16]假定圆柱体中液体流动属于层流，溶质分子均匀地分布在孔道截面上，而且其中心均落在半径等于 r_p-r_S 的圆面积内，对基本的孔道模型加以改进后可得单位膜面积单位时间内的平均溶质通量 J_S：

$$J_S=Df(q)S_D\frac{A_k}{L}\Delta C_S+J_VS_F\overline{C}_S\left[g(q)+\frac{\overline{V}_Sf_{wb}}{\overline{V}_wf_{Sw}}f(q)\right] \tag{6-57}$$

式中，D 为溶质扩散系数；$S_D=(1-q)^2$ 为扩散位阻因数；A_k 为总的孔道面积与膜有效面积的比值；ΔC_S 为膜两侧溶液的浓度差；$S_F=2(1-q)^2-(1-q)^4=(1-q)^2(1+2q-q^2)$ 为过滤位阻因数；$\overline{C}_S=\frac{1}{L}\int_0^L C_S\mathrm{d}x$。

将式（6-57）与现象学模型相对照后不难得出：

$$\omega=Df(q)S_DA_k/(LRT) \tag{6-58}$$

$$\sigma=1-S_F\left[g(q)+\frac{\overline{V}_Sf_{wb}}{\overline{V}_wf_{Sw}}\right] \tag{6-59}$$

另外，在孔道模型中，L_p 可由 Hagen-Poiseuille 方程来表达；此外，还存在如下普遍性关系：$\phi_w=N\pi r_p^2=A_k$，$f_{Sw}^0=RT/D=6\pi\mu r_SN_A$，$\overline{V}_S=(4/3)\pi r_S^3N_A$，$N_A$ 为 Avogadro 常数，$r_S=kT/(6\pi\mu D)=RT(6\pi\mu DN_A)$，将摩擦模型公式与孔道模型公式相比较可得：

$$\frac{\overline{V}_w}{f_{wb}}=\frac{r_p^2}{8\mu} \tag{6-60}$$

这样式（6-60）可变为[17]：

$$\sigma=1-S_F\left[g(q)+\frac{16}{9}q^2f(q)\right] \tag{6-61}$$

反射系数 σ 与摩擦系数 f_{Sb}、f_{Sw}、f_{wb} 的关系，可通过摩擦模型与孔道模型的相互关联，计算分析得出。按照孔道模型，通过如下较为简便的步骤即可得出各摩擦系数值：①首先通过膜试验，求出 L_p、P、σ；②用公式计算出溶质半径 r_S，如式（6-61）所示，σ 为 q 的函数，仅与 q 值有关，σ 值一经确定，则 q 值即可求出；由于 $q=r_S/r_p$，可计算出 r_p 值；③再根据下面的关系式就可求出 f_{Sb}、f_{Sw}、f_{wb} 诸值：

$$f_{Sw}^0=RT/D=6\pi\mu r_SN_A;f_{Sw}=f_{Sw}^0g(q)/f(q);$$

$$f_{Sb}=f_{Sw}{}^0[1-g(q)]/f(q);f_{wb}=\frac{8\mu\overline{V}_w}{r_S^2}$$

6.4.4.2 自由体积模型

H. Yasuda 等[18,19]基于自由体积的概念提出了均质膜的透过机理，认为膜的自由体积包括了聚合物的自由体积和水的自由体积。聚合物的自由体积指在无水溶胀的由无规则高分子线团堆筑而成的膜中未被高分子占据的空间，而水的自由体积指在水溶胀性的膜中纯水所占据的空间。水可以在整个膜的自由体积中迁移，而盐只能在水的自由体积中迁移，这样一来膜就具有了选择透过性。膜的自由体积并不是膜结构中固定的孔，而是水溶胀性的膜中由于高分子运动的起伏波动而产生的孔隙和孔道，这种孔隙和孔道的尺寸形状可以连续变化，水在这些孔隙和孔道中迁移，由于孔隙和孔道的波动性，水可以以扩散和黏性流两种形式迁移。自由体积理论还建立了与含水率相关的溶质与水的迁移方程，而水的迁移与水分子在膜中的扩散透过系数及压力透过系数相关。但一些研究表明膜的含水率并不能与膜的透过特性有良好的相关性[20]。对荷电反渗透膜来说，一般用 Donnan 平衡模型及扩展的 Nernst-Plank 模型来计算膜对溶质的截留率及通量大小。

6.4.4.3 Kedem-Katchalsky 模型

非平衡热力学中的唯象理论可用于描绘一个体系有几个通量同时发生迁移，有几种力同时作用的过程。第一个在非平衡热力学基础之上有实用价值的膜传递模型是由 Kedem-Katchalsky 于 1958 年提出的现象学模型，其将膜看作“黑体”，不考虑在膜内部的透过机理，在无化学反应的等温反渗透过程中，传质推动力为化学位差。对于不荷电溶质的反渗透过程而言，若考虑二元溶液（盐/水）体系，由于存在两种物流（溶质＋溶剂）和两种力(与溶质流共轭的力＋与溶剂流共轭的力)，其耗散函数的表示式为：

$$\phi=T(\mathrm{d}S_i/\mathrm{d}t)=\sum J_iX_i=J_SX_S+J_wX_w=J_S\Delta\mu_S+J_w\Delta\mu_w \tag{6-62}$$

式中，J_S为不荷电的溶质流率；J_w为水的流率；$X_S-\Delta\mu_S$为溶质的化学位差；$X_w-\Delta\mu_w$为水的化学位差；L 为膜通道长度或膜的厚度。

在等温、不做电功条件下，根据热力学基本关系和吉布斯-杜亥姆公式并考虑稀溶液后可得：

$$\phi=T\frac{\mathrm{d}S_i}{dt}=(J_S\overline{V}_S+J_w\overline{V}_w)\Delta p+\left[\frac{J_S}{(C_S)_m}-\frac{J_w}{(C_w)_m}\right]\Delta\pi \tag{6-63}$$

式中，$\overline{V}_S$、$\overline{V}_w$ 分别为溶质和水的摩尔体积；Δp 为跨膜的压差；$\Delta\pi$ 为跨膜的渗透压差；$(C_S)_m$为膜两侧溶液浓度的平均值；$(C_w)_m$为膜两侧溶剂浓度的平均值。

若令 $J_V=J_S\overline{V}_S+J_w\overline{V}_w$，$J_D=\frac{J_S}{(C_S)_m}-\frac{J_w}{(C_w)_m}$，则式 (6-63) 变为：

$$\phi=T\mathrm{d}S_i/\mathrm{d}t=J_V\Delta p+J_D\Delta\pi \tag{6-64}$$

式中，J_V表示单位为 $cm^3/(cm^2\cdot s)$ 的体积流；J_D为反向流动的溶质与溶剂流速之差。

因此，用线性唯象方程来描述膜分离体系时存在下列方程组：

$$J_V=L_p\Delta p+L_{pD}\Delta\pi$$

$$J_D=L_{Dp}\Delta p+L_D\Delta\pi \tag{6-65}$$

根据 Onsager 互易关系，可知 $L_{pD}=L_{Dp}$，故上述方程组中只有 L_p、L_{pD}和 L_D三个独立的唯象系数，其各自的含义为：

(1) 水力渗透系数（过滤系数）L_p表示由于压差而引起的体积流，并定义为：

$$L_p=(J_v/\Delta p)_{\Delta\pi=0} \tag{6-66}$$

(2) 反射系数 σ 为唯象系数 L_{Dp}除以 $-L_p$所得商，被称为反射系数：

$$\sigma=\frac{L_{Dp}}{-L_p}=(\Delta p/\Delta\pi)_{J_V=0} \tag{6-67}$$

σ 表示膜对溶质的脱除率，其变化范围为 $0\leqslant\sigma\leqslant1$。对于理想的膜而言，它只允许溶剂通过，而不允许溶质通过（溶质完全被膜脱除），即溶剂通过膜时无伴生现象时，$\sigma=1$，J_V与 $\Delta p-\Delta\pi$ 成正比。对于实际的膜而言，由于总存在伴生现象，即溶质和溶剂总是同时透过膜，但透过的程度不同，溶剂全部透过，溶质部分透过的膜，即对溶质一部分漏泄的不完全半透膜而言，其 $0<\sigma<1$，渗透压差的一部分阻碍过滤；而对于溶剂和溶质都可以自由透过的膜而言，$\sigma=0$，体积流不受渗透压差的影响而与 Δp 成正比，溶质在膜中全部透过，膜对溶质无脱除能力。

(3) 溶质渗透系数 ω 表示体积流为零时的溶质透过系数，考虑 σ 的定义式 (6-67)，同时考虑到稀溶液的特点，不难得到：

$$J_S=(C_S)_mJ_V(1-\sigma)+(L_DL_p-L_{Dp}^2)(C_S)_m\Delta\pi/L_p \tag{6-68}$$

若令 $\omega=(L_DL_p-L_{Dp}^2)(C_S)_m/L_p$，则：

$$\omega=(J_S/\Delta\pi)_{J_V=0}=(L_DL_p-L_{Dp}^2)(C_S)_m/L_p \tag{6-69}$$

基于以上结果，Kedem 和 Katchalsky 推导出表述体积通量与溶质通量的现象学模型：

$$J_V=L_p(\Delta p-\sigma\Delta\pi)$$

$$J_S=(1-\sigma)(C_S)_m J_V+\omega\Delta\pi \tag{6-70}$$

对于稀溶液而言，Kedem-Katchalsky 现象学模型又可写为：

$$J_V=L_p(\Delta p-\sigma\Delta\pi)$$

$$J_S=(1-\sigma)(C_S)_m J_V+\omega RT\Delta C_S=(1-\sigma)(C_S)_m J_V+P_S(C_w-C_p) \tag{6-71}$$

式中，$P_S=\omega RT$ 为溶质渗透系数；C_w与 C_p的意义同前。

可见，溶质通量由两部分组成，第一部分表示因体积流而透过的溶质量，并且在由体积流携带的溶质量 $(C_S)_m J_V$中，只有 $1-\sigma$ 部分透过膜，而σ 部分被膜"反射"回去；第二部分称为扩散项，表示溶质以扩散方式通过膜的部分。

在此迁移方程中，膜特性由水力渗透系数 L_p、反射系统 σ 以及溶质透过系数 ω 三个参数来描述。除此之外，式中 $(C_S)_m$表示膜两侧溶液浓度的平均值，通常采用对数平均值计算，但在高脱除率的情况下，膜两侧溶液浓度之差 ΔC_S很大，即使采用对数平均值亦难以反映正确的 $(C_S)_m$值。为解决上述难题，Spiegler 和 Kedem 在膜的厚度方向将膜分成若干微元体，将迁移方程应用于微元体后经积分可得：

$$\ln\{[J_V(1-\sigma)C_w-J_S]/[J_V(1-\sigma)C_p-J_S]\}=-(1-\sigma)J_V/(P_S/L) \tag{6-72}$$

前面讨论的是非电解质（不电离的溶质）和溶剂（水）通过膜的情况。当遇到有带电粒子的分离情况时，需要重新建立方程，化学位是非电解质物质扩散流动的共轭推动力。对于带电离子的分离而言，体系中电化学势梯度（电化学势）是物质扩散流动的共轭推动力，电化学势是一状态的强度性质，其定义式为：

$$\tilde{\mu}=\mu_i+z_iF\varphi \tag{6-73}$$

式中，$\tilde{\mu}$ 为电化学势；μ_i为化学势；z_i为离子的价数；F 为法拉第常数；φ 为静电位。

假设组分 i 为完全电离的盐。当只考虑电离一价阳离子（+）和一价阴离子（−）时，此三元体系的消散函数（耗散函数）可写为：

$$T\frac{\mathrm{d}S_i}{\mathrm{d}t}=J_+\Delta\mu_++J_-\Delta\mu_-+J_w\Delta\mu_w \tag{6-74}$$

或写成：

$$\frac{T(\mathrm{d}S)_i}{\mathrm{d}t}=J_w\Delta\mu_w+J_i\Delta\mu_i+IE \tag{6-75}$$

体系可用三个线性唯象方程来表达：

$$J_w=L_{ww}\Delta\mu_w+L_{wi}\Delta\mu_i+L_{wI}E$$

$$J_i=L_{iw}\Delta\mu_w+L_{ii}\Delta\mu_i+L_{iI}E$$

$$J_I=L_{Iw}\Delta\mu_w+L_{Ii}\Delta\mu_i+L_{II}E \tag{6-76}$$

6.4.4.4 摩擦模型

摩擦模型是对多孔膜传递过程的一种物理解释，该模型假定膜孔径很小，溶质分子不能自由地通过膜孔，通过膜的方式包括黏性流和扩散，溶质分子和孔壁之间会发生摩擦，同时还存在溶剂分子与孔壁及溶剂分子与溶质分子之间的摩擦。在稳定流动条件下，由溶质(S) 和水（w）组成的溶液流透过厚度为 L 的膜并假定：①膜内部呈中性，将电解质或聚电解质看作为不电离的中性化合物。②膜孔及膜的表面由于亲水性都存在结合水层，其中溶质忽略不计；溶质透过膜的传递主要通过孔的中央区域实现；溶质与膜、自由水与膜之间的摩擦作用都可忽略不计，即 $f_{Sm}\approx f_{wm}=0$。③通过膜孔的是自由水，结合水与膜壁附着牢固，其移动速度 U_b与自由水或溶质相比可忽略不计，即 $U_b=0$。④溶液为无限稀的，即$C_w\overline{V}_w\approx1$。⑤驱动溶质和水的热力学动力为其化学位梯度，并与机械摩擦力相平衡，而后者相当于在溶质、水和膜之间的相互作用的总和。

依照水动力学，摩擦力与相对速度成正比。水与膜之间的摩擦系数 f_{wb} 的定义为：

$$X_w = -d\mu_w/dx = f_{wb}(U_w - U_b) = f_{wb}U_w \tag{6-77}$$

式中，X_w 表示施加于 1mol 水的驱动力，应等于水的化学位梯度，并与水和膜之间的相对速度（$U_w - U_b$）成正比，其比例系数即为摩擦系数 f_{wb}。

此外，水流速度 U_w、透过水通量 J_w、水在膜内的浓度 C'_w，分配系数 K_w 以及含水率 ϕ_w 之间存在如下关系：

$$J_w = C'_w U_w \tag{6-78}$$

$$K_w = C'_w / C_w = \phi_w \tag{6-79}$$

对于纯水体系，根据化学位的定义及式（6-78）和式（6-79）可得：

$$J_w = \frac{\phi \overline{V}_w}{f_{wb} L} \Delta p = J_V \tag{6-80}$$

由于不含有溶质，将式（6-80）与式 $J_V = L_p(\Delta p - \sigma\Delta\pi)$ 相对比，得出：

$$L_p = \frac{\phi \overline{V}_w}{f_{wb} L} \tag{6-81}$$

可见，ϕ_w 愈大，L 愈小或 f_{wb} 愈小，则水力渗透系数 L_p 就愈大。

对于含有溶质的体系，施加于 1mol 溶质的驱动力 X_S 应由溶质与水作用的驱动力以及溶质与膜作用的驱动力所组成，其各自的摩擦系数分别为 f_{Sw} 与 f_{Sb}，即：

$$X_S = f_{Sw}(U_S - U_w) + f_{Sb}(U_S - U_b) = (f_{Sw} + f_{Sb})U_S - f_{Sw}U_w$$
$$= \frac{(f_{Sw} + f_{Sb})J_S}{C'_S} - \frac{f_{Sw}J_w}{C'_w} \tag{6-82}$$

在此情况下，X_w 表述成：

$$X_w = f_{wS}(U_w - U_S) + f_{wm}(U_w - U_b) = (f_{wS} + f_{wb})U_w - f_{wS}U_S$$
$$= \frac{(f_{wS} + f_{wb})J_w}{C'_w} - \frac{f_{wS}J_S}{C'_S} \tag{6-83}$$

根据不可逆过程热力学的 Onsager 的倒易关系可得：

$$f_{Sw} = C'_w f_{wS} / C'_S \tag{6-84}$$

再根据溶液中各组分的化学表达式及渗透压微分式 $d\mu_S^0 = d\pi / C_S$，经过整理可得：

$$\omega = \left(\frac{J_S}{\Delta\pi}\right)_{J_{V=0}} \approx \left(\frac{J_S}{\Delta\pi}\right)_{J_w} = \frac{K_S}{(f_{Sw} + f_{Sb})L} \tag{6-85}$$

式中，$K_S = C'_S / C_S$。K_S 愈大，或 L 与摩擦系数愈小，则溶质透过系数 ω 就愈大。

同理，亦可导出反射系数 σ 的关系式：

$$\sigma = 1 - \frac{K_S f_{Sw} + f_{wb}(\overline{V}_S / \overline{V}_w)}{K_w} = 1 - \frac{K_S f_{Sw} + f_{wb}(\overline{V}_S / \overline{V}_w)}{\phi_w} \tag{6-86}$$
$$\qquad\qquad\qquad f_{Sw} + f_{Sb} \qquad\qquad f_{Sw} + f_{Sb}$$

式中，右边第二项的第一部分表示溶质渗透膜内所造成的影响，第二项的第二部分表示溶质在膜内移动时所受到的阻力，其乘积影响着 σ 值。由此可见，现象学中的膜迁移参数 L_p、ω 和 σ 都可借助摩擦模型来具体体现。

6.5 反渗透膜的制备与成膜机理

6.5.1 典型的反渗透膜材料

6.5.1.1 对反渗透膜的要求

膜分离技术中膜的性能决定着反渗透系统的性能，衡量一种膜有无实用价值的标准为[21]：①高截留率和高水通量；②高抗微生物污染能力；③高柔韧性和足够的机械强度；④足够长的使用寿命；⑤较低的运行操作压力；⑥制备简单，便于工业化生产；⑦良好的物理和化学稳定性；⑧能在较高温度下应用；⑨良好的耐污染性能，且污染后易于清洗。

6.5.1.2 反渗透膜材料

目前，国际上通用的反渗透膜材料主要有醋酸纤维素和芳香聚酰胺两大类，另外还有一些用于提高膜性能或制备特种膜（如耐氯膜、耐热膜）的材料，如聚苯并咪唑（PBI）、聚苯醚（PPO）、聚乙烯醇缩丁醛（PVB）等。

（1）醋酸纤维素[22]　醋酸纤维素（CA）类的结构中，含有一个6碳位的伯羟基和两个2、3碳位的仲羟基，是一种高度不均一的聚集态高分子化合物，它的取代度不同和伯、仲羟基比不同都会影响它的加工性能。CA是最先开发的反渗透膜材料，其最大缺点是压密性差，在高压长时间作用下，易发生蠕变而导致膜孔变小，使通量不可逆地下降。CA反渗透膜的皮层和下层结构是由聚结的胶束形成的，乙酰基含量增加，分子的均一性就增加，从而引起脱溶剂化胶束的聚结，使胶束尺寸下降，导致选择性能的提高和渗透性能的下降。遗憾的是，迄今为止仍没有一个精确的方法测定酯、羟基在纤维素大分子及其基环上的确切位置和分布，但在CA的分级处理中人们发现，各个级分上的聚合度和酯化度是不同的。因此，即使是平均聚合度和酯化度相同的CA，由于乙酰基和羟基在大分子和基环上的分布及位置不同，其溶解性能和成膜性能有可能不同。

CA是纤维素酯中最稳定的物质，但存在一些不足，比如：①在较高的温度和酸碱条件下易发生水解。碱式或酸式水解会使乙酰基消失，进一步还可能发生大分子中的1,4-β-酐键的断裂，通过控制pH值在4～5之间、温度小于35℃，能较好地抑制CA的水解。②抗氧化性能差。就纤维素而言，纤维素C_2、C_3、C_6上的醇羟基易被氧化，根据不同条件生成醛基、酮基或羧基，同时纤维素末端的C_1上的羟基也易被次氯酸钠等氧化成葡萄糖首酸。因此，当醋酸纤维素中残存有羟基，尤其在取代度较低时，醋酸纤维素同样有可能被氧化，可以预料醋酸纤维素的取代度愈高，或取代醇羟基的化学基团愈稳定，它的抗氧化能力就愈高。易被生物侵蚀而分解。由于微生物的种类及取代度和取代的化学基团的不同，膜性能破坏程度也不相同。三醋酸纤维素相对于二醋酸纤维素来说，韧性强，拉伸强度几乎增大一倍，耐热性、水解稳定性和抗微生物降解能力有所提高，耐氯性能也进一步得到加强，制得膜的截留率提高，但其透水速度下降。

（2）芳香族聚酰胺　芳香族聚酰胺（PA）具有优良的物理化学稳定性，耐强碱，耐油脂，耐有机溶剂，机械强度极好，抗张强度可达120MPa，吸湿性低，耐高温、日光性能优良，但耐酸性和耐氯性较差，溶解性能也不好，一般只溶于硫酸，所以不能用溶液制膜，而用熔融纺丝的方法制备。PA材料制备的膜在海水淡化和苦咸水脱盐领域较常见，由于其良好的耐有机溶剂性，还可用于有机小分子物质的分离、回收，如酚类和醇类。

（3）聚苯并咪唑[23]　聚苯并咪唑（PBI）属于芳杂环聚合物，为黄到棕褐色的无定型粉末，不溶于普通有机溶剂，微溶于浓硫酸、冰醋酸和甲磺酸，溶于含LiCl的二甲亚砜、二甲基乙酰胺和二甲基甲酰胺。玻璃化温度特别高（480℃），耐高温、耐水解、耐酸碱、耐烧蚀，吸湿性似棉花。其结构式如图6-6所示。

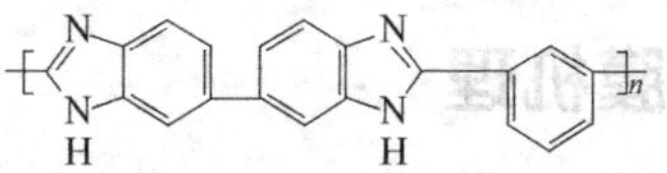

图6-6　PBI结构式

（4）聚苯醚[24]　聚苯醚（PPO）是一种耐高温的热塑性工程材料，吸水率低（室温下饱和吸水率小于0.1%），玻璃化温度高（T_g=210℃），这保证了操作时能在其橡胶态下制膜，有利于预防膜缺陷；高温下耐蠕变性极好，拉伸强度75～82MPa，弯曲模量2.6GPa；具有优良的耐酸、碱和盐水的性能，水解稳定性优异。能溶解于脂肪烃（如氯仿）和芳香烃（如甲苯）等溶剂中。成型收缩率和热膨胀系数小。其结构式如图 6-7 所示。

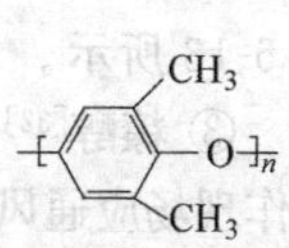

(5) 聚乙烯醇缩丁醛[25,26]　聚乙烯醇是较强的亲水性物质，且易溶于水，因此它可用作临时性的保护层而不能直接制膜。为了降低它的水溶性，人们常常将它与醛类化合物进行缩聚，制成聚乙烯醇缩醛（PVB，结构式如图 6-8 所示）。PVB 为白色或淡黄色粉粒，属热熔性高分子化合物，玻璃化温度为 57℃，能溶于醇类、乙酸乙酯、甲乙酮、环己酮、二氯甲烷和氯仿等，具有高透明度、挠曲性、低温冲击强度、耐日光曝晒、耐氧和臭氧、抗磨抗压、耐无机酸和脂肪烃等性能，并能和硝酸纤维、脲醛、环氧树脂等相混。由于 PVB 带有较长的侧链，柔软性能好，因而易于制膜。

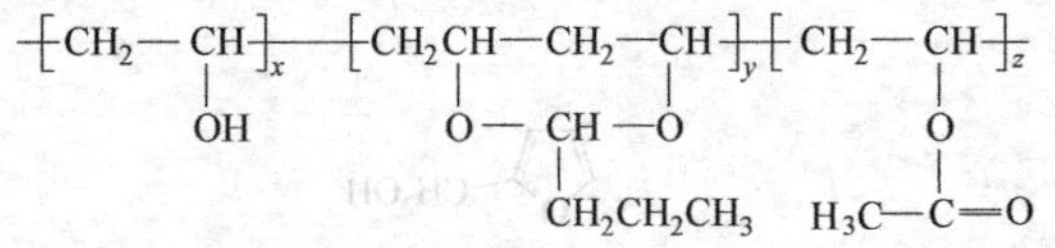

图 6-7　PPO 结构式

图 6-8　PVB 结构式

(6) 制备复合膜致密表层的常用单体　界面聚合法是获得复合膜超薄层最常用、最实用的方法。从基团的活性比较可以看出，酰氯＞酸酐＞酸＞酯，伯胺＞仲胺＞酯胺＞芳胺，所以水相中常选用胺类为活性单体，而有机相中常有的活性成分则为酰氯类，也有文献报道用糠醇和三羟乙基异氰酸酯、聚乙烯亚胺和甲苯二异氰酸酯就地聚合成膜的。因此，下面主要介绍聚合法中常用的胺类、酰氯类和糠醇、哌嗪等材料以及它们发生聚合或缩聚反应的条件。

① 多元胺类

a. 间苯二胺[27,28]。间苯二胺为白色针状晶体，熔点 65℃，沸点 287℃。溶于乙醇、水、氯仿、丙酮、二甲基甲酰胺，微溶于醚、四氯化碳，难溶于苯、甲苯、丁醇。在空气中不稳定，易变成淡红色。其结构式如图 6-9 所示。

b. 对苯二胺[29]。对苯二胺为白色至微红色叶状晶体，熔点 147℃，沸点 267℃，溶于醇、醚、氯仿和水，暴露于空气中颜色逐渐变深。主要用于制造对位芳族聚酰胺，该类产品具有高强度、耐热等优异性能。其结构式如图 6-10 所示。

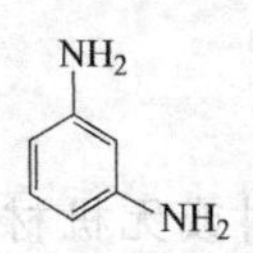

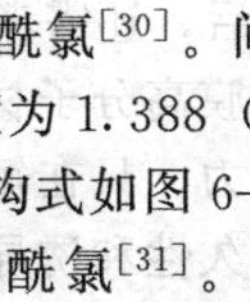

图 6-9　间苯二胺结构式

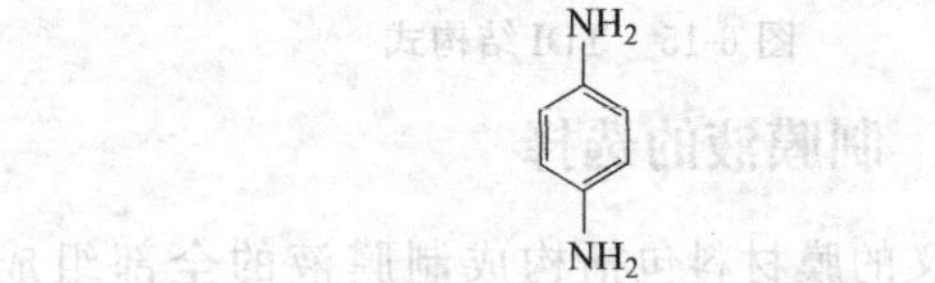

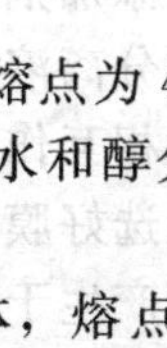

图 6-10　对苯二胺结构式

② 酰氯类

a. 间苯二甲酰氯[30]。间苯二甲酰氯为无色或微黄色结晶体，熔点为 43～44℃，沸点为 276℃，相对密度为 1.388（7.3℃），折射率为 1.570（47℃），遇水和醇分解，溶于乙醚等有机溶剂。其结构式如图 6-11 所示。

b. 对苯二甲酰氯[31]。对苯二甲酰氯为白色针状或片状晶体，熔点为 81℃，沸点为 266℃，溶于醚、氯仿。遇醇、水溶解。其结构式如图 6-12 所示。

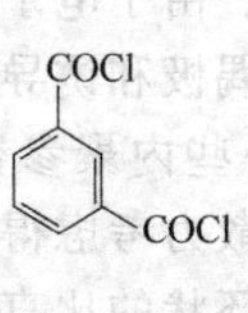

图 6-11　间苯二甲酰氯的结构式

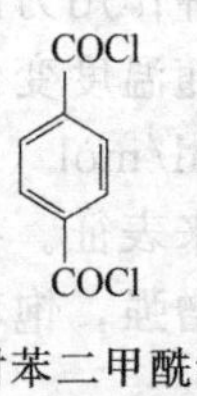

图 6-12　对苯二甲酰氯结构式

c. 均苯三甲酰氯。均苯三甲酰氯为白色或微黄色固体，熔点为 34～35℃。其结构式如图 6-13 所示。

③ 糠醇[32]。糠醇为无色易流动液体，暴露在日光或空气中会变成棕色或深红色，易燃有毒，操作现场应通风良好或戴防毒面具。能与水混溶，但在水中不稳定，易溶于乙醇、乙醚、苯和氯仿，不溶于石油烃。蒸气可与空气形成爆炸性混合物。遇酸易聚合并发生剧烈的爆炸，生成不易溶化的树脂。沸点为 171℃（100kPa），凝固点为－14.6℃。其结构式如图 6-14 所示。

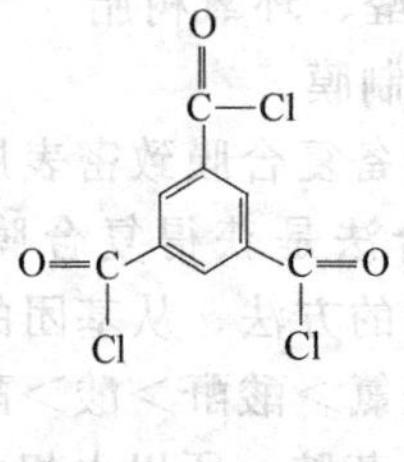

图 6-13　均苯三甲酰氯结构式

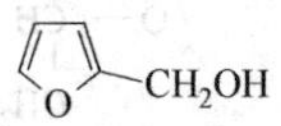

图 6-14　糠醇的结构式

④ 甲苯二异氰酸酯[33]。甲苯二异氰酸酯（TDI）为无色液体，性质稳定，对眼睛有刺激作用。熔点为 21.8℃，常压下沸点为 247℃。其结构式如图 6-15 所示。

⑤ 哌嗪[34,35]。哌嗪（PIP）一般为无色透明针状或叶状结晶颗粒，熔点 106℃（无水物）、44℃（水合物），沸点 146℃（无水物）、125～130℃（水合物），吸湿性强，易溶于水、醇，不溶于乙醚。毒性小，对眼睛有害。为防止变色结块应在小于 15.6℃下密封保存。其结构式如图 6-16 所示。

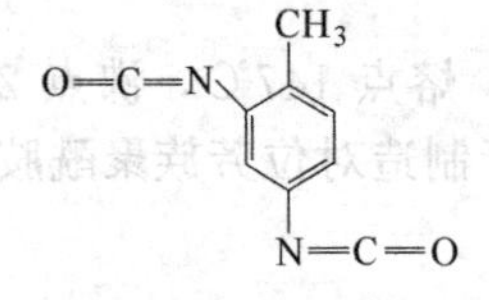

图 6-15　TDI 结构式

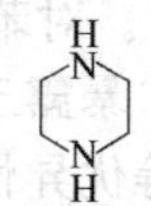

图 6-16　哌嗪结构式

6.5.2　制膜液的选择

广义的膜材料包括构成制膜液的全部组成，即高分子材料或无机材料、溶剂、添加剂等。

（1）物理化学相互作用[36]　应针对具体的应用场合选择合适的高分子膜材料，再依次确定相应的溶剂、添加剂。首先，高分子膜材料应不能与被分离液中任何组分发生化学反应；其次，应考虑分离溶液的 pH 值、温度、是否有余氯等；最后，还需考虑膜材料和被分离溶液各组分间的相互作用，实现选择性分离。对渗透组分和成膜高分子材料之间物理化学作用的深刻理解是选好膜材料的前提，这些作用主要有：①偶极力。只在短程内起作用。分子间的偶极力可能产生于两个永久性偶极之间，也可能产生于永久性和诱导性偶极之间。前者的作用力较强烈。当具有永久性偶极的分子和非极性分子很接近时，就会产生偶极-诱导偶极作用力，这种作用力比较弱，常忽略不计。②色散力。由于电子云的随机波动产生，只随时间变化而不随温度变化。色散力常存在于没有永久性偶极和诱导偶极的分子间，其强度常在 0.1～2.0kcal/mol（1cal＝4.1840J）范围内，可用一些内聚参数（如汉森溶解度参数中的色散部分）来表征。在讨论脂链 C—H 化合物时，色散力考虑得较多。通常，色散力随着脂链的增长而增强，饱和烃的色散力比非饱和烃的大，环状的比直链的大。具有较长脂肪链的聚合物也具有较强的色散力，如尼龙 6、聚乙烯。有时既有色散力也有偶极力。通常，在具有重复单元的聚合物中，如尼龙 6，结构式中—$(CH_2)_5$—的存在是色散力产生的直接原因，而偶极力的产生是由于存在—CO—NH—。同样道理，渗透组分和膜材料之间也存在着不可忽略的色散引力。③氢键力 是几种作用力中最强的，所以，分子间能否形成氢键，对反渗透膜性能影响极大。溶液的温度和浓度是影响氢键强度的主要因素。温度升高，分子的自由动量增大，氢键强度下降；氢键的个数同键合分子的个数成正比，因此，溶液浓度对其影响也较大。一般来说，比氮原子（N）电负性弱的原子和氢（H）不能产生可测强度的氢键力。与色散力、偶极力最大的不同之处在于，氢键力既可在分子内形成，也可在分子间形成。分子内氢键对渗透组分分子的有效尺寸影响较轻，对膜中渗透组分的渗透性能影响不大，但分子间氢键可导致溶质或溶剂簇的形成并增大渗透组分的有效尺寸，使通量下降，截留率上升。例如含有羟基、羧基和肽键的亲水性膜材料易与水形成氢键，从而导致水簇的平均尺寸下降，提高水通量，并在膜表面形成一个结合纯水层；又由于水-膜的相互作用降低了结合水层中每个水分子的水合能，因此水的溶解能力下降，这样就又提高了截留率。相反，含疏水性基团的膜材料则会导致水簇平均尺寸的增加，从而水通量下降。④位阻效应。有人提出用有效尺寸代替分子量来考虑溶质分子在溶液中的存在形态。分子透过膜的能力不仅取决于分子有效尺寸，还与膜孔运输通道的有效尺寸有关。对于反渗透膜来说，膜孔运输通道的有效尺寸由表层的致密皮层控制，膜的物理结构对其渗透特性的影响较轻微。

（2）高分子膜材料的选择 膜与被分离组分间的亲和性应保持“适度”，即使是优先透水膜，也并不是膜的亲水性越强越好。亲水性太强，也可能造成渗透通量的下降，因此，适当的亲/疏平衡是实现最佳的渗透性和选择性的保证。例如含有羟基（—OH）、羧基（—COOH）和酰胺基团（—$CONH_2$）的聚合物膜用于渗透汽化法分离醇-水混合物时，通过氢键的相互作用，从乙醇水溶液中选择渗透水。随着膜中聚丙烯酰胺（PAM）含量的增加，亲水基团—$CONH_2$的数量增加，膜与水分子之间的氢键作用增强，膜在料液中的溶胀增加使得水分子的渗透通道变宽，水通量增加；但如果亲水基团—$CONH_2$数量太多，膜与水分子间将产生强烈的氢键作用，使起始被选择吸收进入膜的水分子滞留于膜内，其余水分子的渗透就越困难，从而会使膜的渗透通量下降。反渗透膜也是同样，高分子膜材料需要适当的亲/疏平衡。这可通过溶解度参数法和Δ_{AM}/Δ_{BM}相对指数法来确定。

① 溶解度参数法。汉森溶解度参数（δ_{SP}）包括三部分：δ_d（色散）、δ_p（偶极）、δ_h（氢键）。

$$\delta_{SP}^2=\delta_d^2+\delta_p^2+\delta_h^2 \tag{6-87}$$

根据相似相溶原则，两物质间溶解度参数越接近，即Δ_{IM}越小，相溶性越好。

$$\Delta_{IM}=[(\delta_{DI}-\delta_{DM})^2+(\delta_{PI}-\delta_{PM})^2+(\delta_{hI}-\delta_{hM})^2]^{\frac{1}{2}} \tag{6-88}$$

这一原则对于共混时，预测膜材料间的相容性尤为重要。但该原则只能作为事前预测的一个参考，因为它并没有考虑制膜液中溶剂和添加剂的作用，最终结果还需实验来确定。

② Δ_{AM}/Δ_{BM}相对指数法。其基础是溶解度参数，但比δ_{SP}法更精确些。如果想截留物质A，透过物质B，则选Δ_{AM}/Δ_{BM}最大值的膜材料 M，即Δ_{AM}值的最大化或Δ_{BM}值的最小化。也就是说，选择的目标应与 B 有较强的亲和力而与 A 的较弱。但如果Δ_{BM}小到极限，$\Delta_{BM}\approx 0$，此时，膜的强度会大大下降，并失去选择性。

（3）溶剂的选择 溶剂对高分子材料起溶解作用，溶解过程可分为两个阶段：首先，溶剂分子渗入到高聚物分子内部，使高聚物体积膨胀即溶胀；然后，聚合物分子均匀分散在溶剂中，达到全部溶解。溶剂对高聚物的溶解取决于聚合物分子之间的内聚力、聚合物的极性以及聚合物分子和溶剂分子之间的作用力。当溶剂与聚合物分子间的作用力大于聚合物内部

分子间的作用力时，聚合物就会溶解。一种聚合物选定以后，一般遵循下列原则选择溶剂：首先考虑聚合物与溶剂的极性，极性相近的相溶；其次考虑溶解度参数，一般$|\delta_{SP}-\delta_S|<$ 1.7～2.0时高分子就溶解；最后，还应兼顾聚合物分子与溶剂相互作用参数小于1/2的原则。总的来说，高分子和溶剂之间的相溶，一般仍然基于上面介绍的几种相互作用力：偶极力、色散力、氢键力。

(4) 添加剂的选择[37]　它对高分子是一种非溶剂性的溶胀剂，不与高分子和溶剂等组分发生任何化学变化，一般可以溶解在溶剂和凝胶介质中。通过调整制膜液中添加剂、溶剂和聚合物的比例，可导致大量聚合物的网络结构；若比例不恰当，则形成聚集体结构而网络减少。在挥发阶段，添加剂可降低制膜液中的溶液的蒸气压，控制蒸发速率；在凝胶阶段，扩散速度较慢，以调节膜的孔结构和含水量。大量的研究表明，添加剂作为制膜液的重要组成，强烈地影响着制膜液的结构状态和溶剂蒸发速度，这两者是决定膜性能的两个相互关联的重要因素，研究添加剂作用时必须将高分子-溶剂-添加剂的相互作用联系起来。

6.5.3 非对称反渗透膜的制备工艺[38]

6.5.3.1 L-S相转化法制膜

S. Loeb和S. Sourirajan提出的L-S相转化法制备具有不对称结构的反渗透膜的方法[39]，分为六个阶段：①将高分子材料溶于溶剂中，加入添加剂，配成制膜液；②制膜液通过流涎法制成平板形、圆管形，或用纺丝法制成中空纤维型；③部分蒸发膜中的溶剂；④将膜浸渍在对高分子是非溶剂的凝胶浴液体中（最常用的是水），液相的膜在液体中便凝胶固化；⑤进行热处理，但非醋酸纤维素膜一般不需要热处理；⑥膜进行预压处理。

典型的反渗透制膜液配方及其制备条件列于表6-7中。

表6-7　典型反渗透制膜液配方及其制备条件[40,41]

示例	膜材料	溶剂	添加剂或其他成分	制备条件
1	醋酸纤维素(22.2%)	丙酮(66.7%)	高氯酸镁:(1.1%) 水:10%	制膜温度:0～－10℃ 蒸发时间:4min 浸渍条件:冷水 热处理温度:70～85℃
2	醋酸纤维素(23.2%)	丙酮(69.4%)	高氯酸镁:1.64% 水:5.43% 盐酸:0.33%	制膜温度:5～－10℃ 蒸发时间:4min 浸渍条件:冷水
3	醋酸丁酸纤维素(22%)	丙酮(45%)	磷酸三乙酯:25% 甘油:2% 正丙醇:6%	制膜温度:室温 蒸发时间:60～80s 浸渍条件:室温水 热处理温度:40℃
4	醋酸纤维素 氰乙基纤维素	丙酮	酯、醇、醛、胺均可	制膜温度:室温 蒸发时间:30～60s 浸渍条件:1～3℃,水 热处理温度:65～75℃ 热处理时间:10～20min
5	钛醋酸纤维素	丙酮	甘油-正丙醇	蒸发时间:0～30s 浸渍条件:冰水 热处理温度:75℃,3min
6	芳香聚酰胺(2g)	二甲基亚砜(20mL)	氯化锂(0.2g)	蒸发温度:100℃ 蒸发时间:15min
7	芳香聚酰胺(15份)	二甲基乙酰胺(85份)	硝酸锂(7.5份)	蒸发温度:106℃ 蒸发时间:4min

续表

示例	膜材料	溶剂	添加剂或其他成分	制备条件
8	芳香聚酰胺(15 份)	二甲基乙酰胺(85 份)	硝酸锂(4.5 份)	蒸发温度:105℃ 蒸发时间:5min
9	醋酸纤维素(20 份)	二氯甲烷(140 份)	甲醇(40 份) 丁醇(26 份)	制膜温度:20℃ 蒸发时间:60s 浸渍条件:20℃,乙醇溶液 热处理温度:85℃ 热处理时间:10min
10	醋酸纤维素(20 份)	丙酮(58 份)	丁酸或柠檬酸(22 份)	制膜温度:室温 蒸发时间:30s 浸渍条件:15℃,水 热处理温度:70～80℃

6.5.3.2 影响成膜的因素

膜的结构和形状各异，其制备方法也不同，但影响膜性能的基本因素相同。下面以醋酸纤维素及其衍生物的膜材料为例，对平板膜的成膜工艺进行讨论。

(1) 制膜液组成与配比对膜性能的影响　在成膜条件相同的情况下，制膜液组成不同，膜的微观结构和性能也不同。

聚合物浓度一般在10%～45%。聚合物含量较低时，膜易形成指状孔结构；含量较高时，易于形成海绵状结构的微孔。在不同的制膜液体系中，聚合物的较优浓度也不同。如二醋酸纤维（CA），在丙酮-水-高氯酸镁体系中，CA 含量15%～23%（质量分数）为宜；在丙酮-甲酰胺体系中，CA 含量17%～30%（质量分数）为宜。

溶剂含量在60%～90%。要求能溶解聚合物，可与水混溶，在蒸发阶段它能较快蒸发，从而能在膜面处形成致密层；与其他组分无化学反应，常温下制膜时溶剂最好为低沸点极性溶剂，另外，还要考虑其极性、密度、酸碱性、毒性等。

添加剂含量一般在0～30%。在制膜液配制阶段，用于改变溶剂的溶解能力，即调节聚合物分子在溶液中的状态；在挥发阶段，可降低制膜液中的溶液的蒸气压并控制蒸发速率；在凝胶阶段，由于其扩散速度较慢，可调节膜的孔结构和含水量。添加剂同样要与制膜液中各组分相混溶，又要溶于水，最好是高沸点的极性物质。

选择适宜的聚合物、溶剂、添加剂及其配比是制备性能优良膜的关键。S. Loeb 和 S. Sourirajan 以含水高氯酸镁膜为例，用19种配比进行了详细研究[42]。用P、S、N分别代表聚合物、溶剂和添加剂，在同一条件下制备的膜以0.68MPa压力的200mg/L氯化钠-水溶液进行测试，用膜对溶质的截留率来衡量膜孔径大小。结果发现，在制膜液中聚合物聚集的程度与P、S、N之间的比例有关；提高N/S和N/P的比率与减少S/P的比率一致，见表6-8。

表 6-8　N/P，N/S 和 S/P 的比率对溶质截留率的影响

质量比 N/P	溶质截留率/%	质量比 N/S	溶质截留率/%	质量比 S/P	溶质截留率/%
0.812①	46.7	0.199	46.7	4.071	46.7
0.893	37.2	0.219	36.8	3.664	33.0
0.974	29.0	0.239	28.9	3.257	23.0

① 制膜液组成 P∶S∶N=17∶69.2∶13.8（重量比）。

S. Sourirajan 等认为[43]，在制膜液中，聚合物的大分子是相互交织的、呈大量孔隙的网络状态，且这种网络聚集体的胶束有一定的大小：

$$[S]=(3V\varepsilon/4\pi)^{1/3} \tag{6-89}$$

式中，V 为未溶剂化的聚合物分子体积；ε 为有效体积因数；$[S]$ 为聚集体的等价半径。

S. Sourirajan 等还据溶液理论对此进行了半定量的解释，并预测所成的膜存在双重孔径分布，即网络孔和聚集孔（如图 6-17 所示）。三元相图中组分变化对孔径大小的影响，如图 6-18 所示，当 N/S 增加、N/P 增加（S/P 不变）或 S/P 降低（N/P 不变）时，膜的孔径增加；而 S/P 增大时，孔数目增多，即聚集的胶束小而网络多，呈较多数目的小孔。添加剂的用量和性质决定制膜液的结构（当溶剂固定时）、初生态膜的结构和水渗透性能（见图 6-19）。

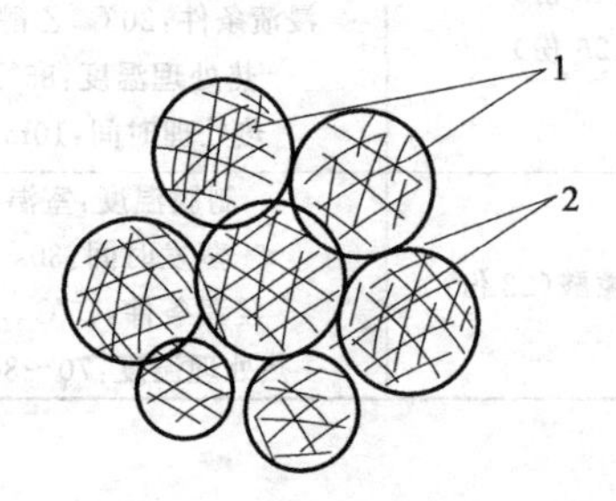

图 6-17 制膜液组成变化方向示意图

1—网络孔；2—聚集孔

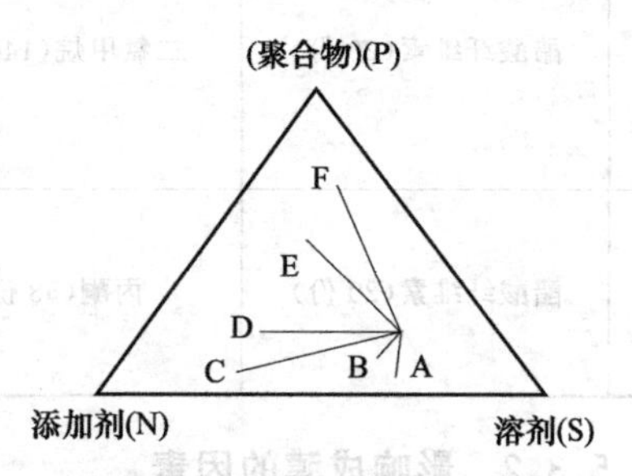

图 6-18 制膜液结构示意图

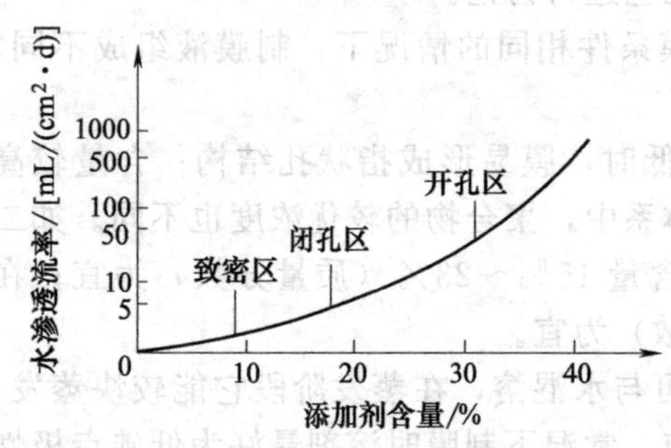

图 6-19 添加剂用量对膜结构影响示意图

(2) 成膜条件对膜性能的影响[44~48] 同一制膜液在不同的环境条件下成膜时的膜性能差别极大。成膜环境的温度、湿度、气体性质、凝胶条件、成膜速度、进水角度等都会影响膜的性能，热处理条件和干燥条件对膜性能影响也很大。

① 溶剂蒸发时间。它是指制膜液经过刮刀成膜后，进入凝胶浴之前，在空气中暴露的时间。在这段时间里，溶剂从膜表面逸出，聚合物分子之间互相接近，互相吸引，在膜表面形成一层结构致密的表皮层。一般来说，截留率与膜表面的致密度有关，水渗透通量与致密层的厚度有关。蒸发阶段主要是溶剂蒸发，高聚物则在表层浓缩甚至沉淀，下层的溶剂向表层扩散，从而形成膜横断面的浓度梯度。溶剂蒸发速度与制膜液的组成及环境条件有关，可用蒸发速度常数来进行定量的描述[49]：

$$(W_t-W_\infty)=(W_0-W_\infty)\exp(-bt) \tag{6-90}$$

式中，W_t、W_0和W_∞分别为$t=t$、$t=0$和$t=\infty$（恒重）时刻的膜重；b 为该方程直线部分的斜率，称为蒸发速度常数，如图 6-20 所示。

制膜液中高沸点的添加剂和环境中有溶剂气氛都可使 b 值下降，环境温度高于制膜液温度时有利于膜渗透流率的增加。b 值既不能太低，也不能太高；太低时挥发太慢，表层不完整，孔径仍较大；太高时挥发太快，会使表层变得致密；一般取适当的 b 值为好，此时将得到理想的膜。图 6-21 为蒸发过程中制膜液组成变化的示意图，原组成以 A 表示，蒸发后溶剂减少，聚合物和添加剂含量相对增加到 A'点，即聚合物饱和点，再继续蒸发则发生分相。

一般来说，溶剂蒸发速度随环境温度升高而加快，随溶剂沸点升高而变慢。制膜液组成不同，溶剂最佳挥发条件也不同；蒸发时间延长，致密层厚度增加。故在保证一定截留率的情况下，应选用较短的溶剂蒸发时间，以便减少或消除次级厚层的厚度，改进膜的水渗透通量。此外，延长溶剂蒸发时间，膜表面不仅产生一个致密层，而且可能在此结构中过早地凝胶，产生坚硬的网状结构。再继续延长蒸发时间，膜内部溶剂还可能通过最初在膜表面形成的微孔向外逸出，使得膜表面微孔孔径增大，有的互相沟通，微孔孔壁破裂，截留率突然下降，水渗透通量大幅度增加。

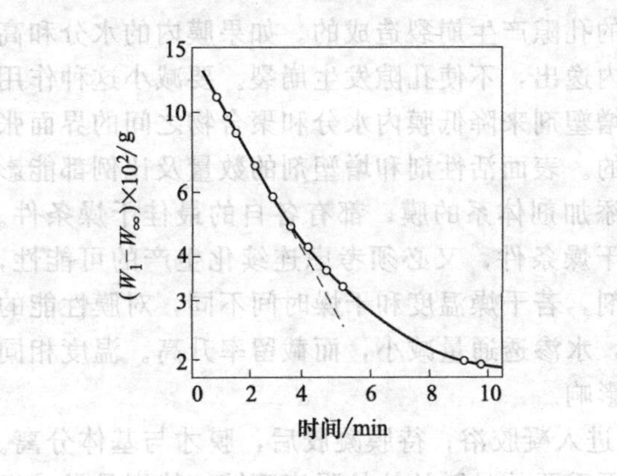

图 6-20　蒸发速度曲线

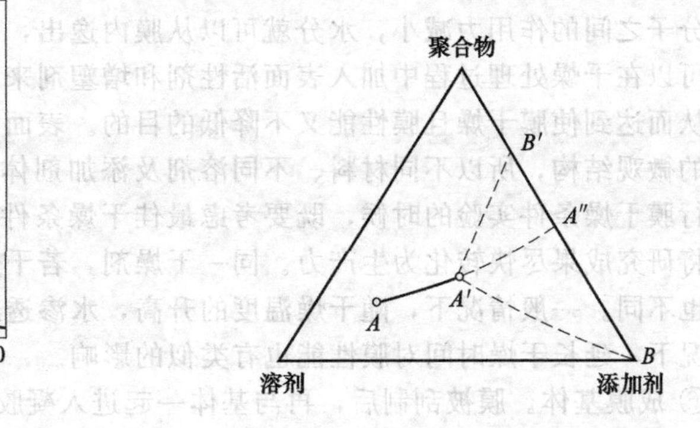

图 6-21　蒸发过程组成变化示意图

② 相对湿度和温度。成膜环境中气体性质不同，成膜的性能也不同。空气中的水分能加速膜面凝胶，导致膜面微孔孔径变大；湿度大时，溶剂挥发速率慢，膜表面温度变化慢，这又会使已聚集的大分子聚合物易于展开，导致膜表面的微孔孔径减小。由此可见，选取最佳的相对湿度时，才能获得性能比较理想的膜。同样，在每一个相对湿度下，也有其最佳的成膜温度。湿度相同时，溶剂挥发速率随着环境温度的升高而加快，因此，要想得到所需性能的膜，必须控制成膜环境的温度、湿度，以便控制溶剂挥发速度常数。

③ 凝胶条件。薄膜经过凝胶前的溶剂蒸发，从表面到底层存在着一个由高到低的高聚物浓度梯度，进入凝胶介质后，由于溶剂与沉淀剂互相交换，这个浓度梯度进一步增加，直至高聚物开始凝胶固化。膜的孔隙率大部分是由溶剂-添加剂和凝胶介质的交换速率来控制的。因此，膜初期的凝胶，控制着整个膜的微孔结构。合理选择凝胶环境（温度及不同凝胶介质），对膜表面的微孔结构有重要的影响。凝胶温度低时结晶快，在薄膜顶层中高聚物浓度还不甚高时便开始凝胶，因此，所形成膜的表层不够致密；反之，凝胶温度高时，膜的表皮层就较致密。此外，凝胶温度低时，溶剂、添加剂的交换速度慢，易使膜形成小孔；而膜内部添加剂的存在，又有助于产生疏松多孔的结构。凝胶温度越高，膜中的溶剂、添加剂与凝胶介质的交换速度越快，膜内部的疏松程度趋于增加。但不同的制膜组成都有不同的最佳凝胶温度，这是因为凝胶介质温度高，溶剂与凝胶介质的交换速度快，在膜表面易形成大孔；同时凝胶介质温度高，在膜形成过程中膜表面温度较高，大分子聚合物在膜面的聚合较慢，致使膜面孔径变小。此外，制膜液组成不同，其影响程度也不同。通常，降低膜的凝胶速度有利于形成海绵状结构的膜；反之，易于形成指状孔结构的膜。通过改变凝胶介质，如在凝胶介质中加入少许溶剂或无机盐，也可达到减少溶剂和凝胶介质的化学势之差的目的，从而减少交换反应的推动力来降低凝胶速度。

④ 刮膜速度和进水角度。刮膜速度的快慢，对制膜液和聚酯织物（或聚酯无纺布）的复合及膜性能都有影响；但制膜液的组成不同，刮膜速度对其影响的程度也不同。一般聚合物含量较低的制膜液，刮膜速度稍快为宜；反之，应适当放慢，以利于复合均匀，提高膜的成品率。进水角度就是经过溶剂挥发的薄膜进入凝胶介质时，膜面与水面之间的夹角。进水角度不同，薄膜溶液的流变行为、溶剂挥发、进水瞬间膜面所受的张力等也稍有不同。

⑤ 干燥条件。制备的湿膜给储存、运输和组装淡化器等带来很多不便，且湿膜易于细菌繁殖和生长。为了保持湿膜的性能，降低细菌对膜的分解，防止微生物生长，便于膜元件的黏合密封等，常将湿膜处理成干膜。不同的膜要用不同的干燥方法，才能得到最佳的性能。干燥剂、干燥温度和干燥时间等对膜的外观、微观结构和性能都有不同程度的影响。例如将膜直接暴露在空气中干燥，膜性能就会降低。这可能是膜结构内部的水分和膜之间的表

面张力太大，膜内微孔中水的体积小，使周围的孔隙产生崩裂造成的。如果膜内的水分和高聚物分子之间的作用力减小，水分就可以从膜内逸出，不使孔隙发生崩裂。要减小这种作用力，可以在干燥处理过程中加入表面活性剂和增塑剂来降低膜内水分和聚合物之间的界面张力，从而达到使膜干燥且膜性能又不降低的目的。表面活性剂和增塑剂的数量及比例都能影响膜的微观结构，所以不同材料、不同溶剂及添加剂体系的膜，都有各自的最佳干燥条件。在进行膜干燥条件实验的时候，既要考虑最佳干燥条件，又必须考虑连续化生产的可能性，以便将研究成果尽快转化为生产力。同一干燥剂，若干燥温度和干燥时间不同，对膜性能的影响也不同。一般情况下，随干燥温度的升高，水渗透通量减小，而截留率升高。温度相同的情况下，延长干燥时间对膜性能也有类似的影响。

⑥ 成膜基体。膜被刮制后，再与基体一起进入凝胶浴；待膜凝胶后，膜才与基体分离。用这种膜组装淡化器，不但膜面积有限，而且更重要的是膜的抗拉强度不够；特别是卷式组件，不能保持膜原来的性能。随着膜分离技术的飞速发展，对大型膜组件的需求量日益增加，现已发展到用聚酯织物和聚酯无纺布作成膜基体。聚酯织物和聚酯无纺布的缩水率与膜凝胶收缩率一致，并且耐酸、碱；经凝胶、热处理等工序处理后，与膜不分离，并能保持膜原有的性能。聚酯织物或聚酯无纺布与膜成为一体后，膜的抗拉强度大幅度增加，这就为膜分离器件大型化打下了坚实的基础。聚酯织物、无纺布的质量，对膜的成品率有相当大的影响，如跳丝、凸起、结头和密度等，是机制膜成品率低的主要原因。另外，为提高膜的成品率和稳定膜的性能，对成膜基体必须进行预处理。经大量实验证明，成膜材料和制膜液组成不同，成膜基体的处理方法也应有所不同。一般要求有轧光、整平、热定型、预涂层等工序。这样处理过的基体，可以用于制备超滤膜和低盐度的反渗透膜。对于海水淡化用膜的基体，必须进一步改进质量和精细处理。

总之，成膜过程中的每一程序，都有一系列影响膜性能的因素，制膜时要较好地利用这些因素的变化，协调其互相制约互相弥补的内在关系，从而得到性能满意的分离膜。

(3) 热处理　经过凝胶的薄膜不对称结构已经形成，有的尚未稳定，膜的截留率和抗压密性都未具备实用性。因此，需将膜进行热处理予以弥补和调节。膜的热处理是指将凝胶后所成的膜，放于一定温度的热介质中，通常在水或水溶液中加热一段时间，这时膜收缩，孔径也相应减小，对反渗透来说，就是有了选择性，这相当于第二级凝胶过程。在热处理温度下，获得了能量的聚合物分子链向更紧密、更稳定的结构状态运动。温度升高时，聚合物中的部分结合水因获得能量克服氢键的作用力而失去；同时，也使高聚物的分子链动能增加，活动加剧，促进链中的极性基团互相吸引，进一步缩小膜表面的空隙，挤压部分毛细管中的水。因此，热处理的过程也是膜脱水收缩的过程。在热处理过程中，除介质温度外，热处理介质和热处理时间也是影响膜性能的重要因素。对于需热处理的膜，选择适宜的热处理介质，可得到满意的性能，并可降低热处理温度，缩短热处理时间，大大便利机械化连续制膜。选择介质的原则是无毒、价格低廉、易得。

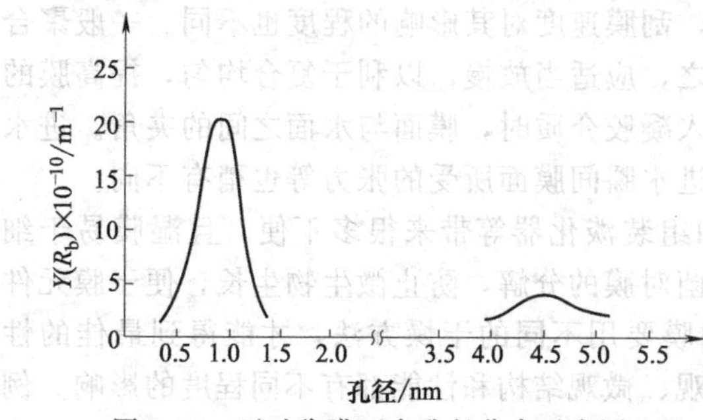

图 6-22　不对称膜两个孔径分布示意图

Sourirajan 等对膜的热处理进行了深入的研究，并进行了热力学解释[50]。如图 6-22所示，不对称的膜在热处理之前有两个孔径分布峰，第一个平均孔径在 0.69～0.75nm 左右，第二个平均孔径在 3.6～4.2nm 左右。热处理之后，在第一孔径分布的孔仅仅稍微收缩，而在第二孔径分布的孔收缩很厉害，绝大多数趋向第一分布的孔径范围，这就是膜具有选择性的原因，如图6-23（a）所示。从热力学观点看，孔径减小是外界对膜做功、能量储存于较小的孔中所造成的。图 6-23（b）表明，在一定的温度下（如 T_1或 T_2），给膜孔一定的能量（ε_1或 ε_2），这样就引起相应的孔径变化。可以看出，在一特定温度下，有一临界孔径（如 T_1时的 d_{2u} 和 T_2时的d'_{2u}），小于临界孔径的孔最终都收缩到孔径 d_S。

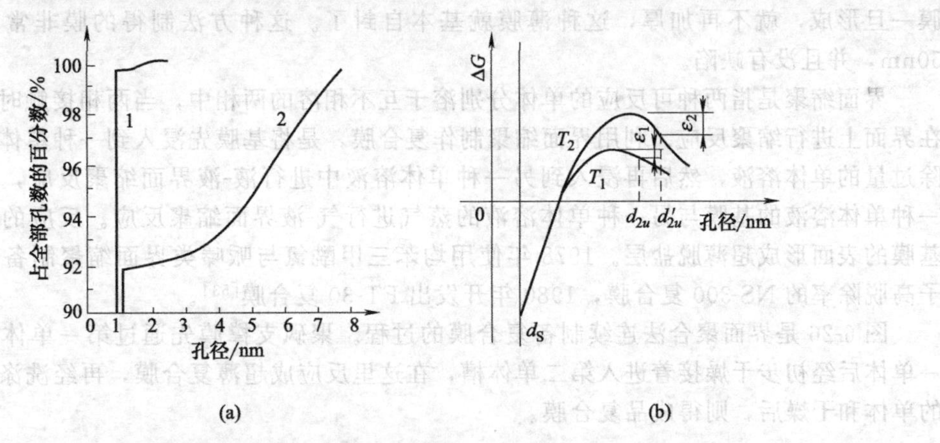

图 6-23　热处理孔径变化积分曲线示意图（a）和热处理孔径收缩示意图（b）

6.5.4　复合型反渗透膜的制备工艺

6.5.4.1　复合膜的制备方法

（1）概述[51]　相转化法制作的反渗透膜中起分离作用的仅仅是接触空气一侧的极薄的表面致密层，其厚度约为膜厚的 1/100 左右。由于膜通量与表面致密层的厚度成反比，故可以通过减小表面致密层的厚度来提高膜通量，但单纯依靠改进相转化法制膜工艺来提高膜性能是有限度的。为此提出了复合膜的概念（图 6-24）。从结构上来说，复合膜属于非对称膜的一种，实际只不过是两层（甚至三层）的薄皮复合体。它的制法是将极薄的皮层刮制在一种预先制好的微细多孔支撑层上。其最大优点是抗压密性较高和透水率较大。复合膜具有以下特点：①可分别选择不同的材料制作超薄脱盐层和多孔支撑层，并使其功能分别达到最优化；②可用不同方法制作高交联度和带离子性基团的超薄膜盐层，其厚度可以到 0.01～0.1μm，从而使膜对无机物或者是对有机物具有良好的分离率和高通量，同时还具有良好的物理化学稳定性和耐压密性；③根据不同的应用特性，可以制作具有良好重复性和不同厚度的超薄脱盐层；④大部分复合膜可以制成干膜，有利于膜的运输和保存。

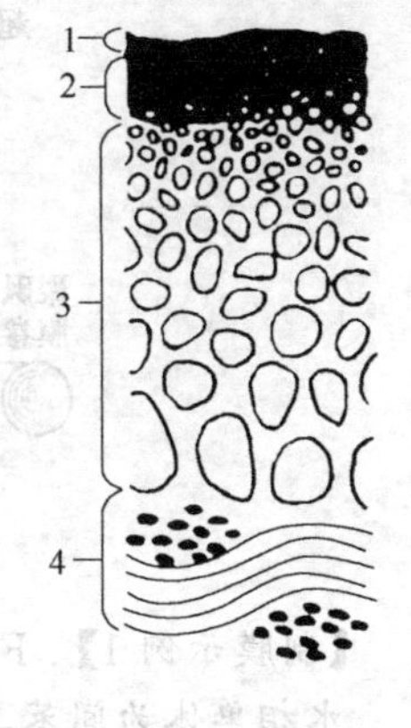

图 6-24　薄层复合膜断面图

1—超薄脱盐层（300×10^{-10} m）；2—支撑层；3—聚砜支撑层；4—布

目前，复合膜的制作通常是先制作多孔支撑层，然后直接在多孔支撑层上以各种方法制作超薄脱盐层。对多孔支撑层，要求有适当大小的孔密度、孔径和孔径分布，有良好的耐压密性和物化稳定性。为了增加多孔支撑层的强度，常用增强聚酯纤维布。

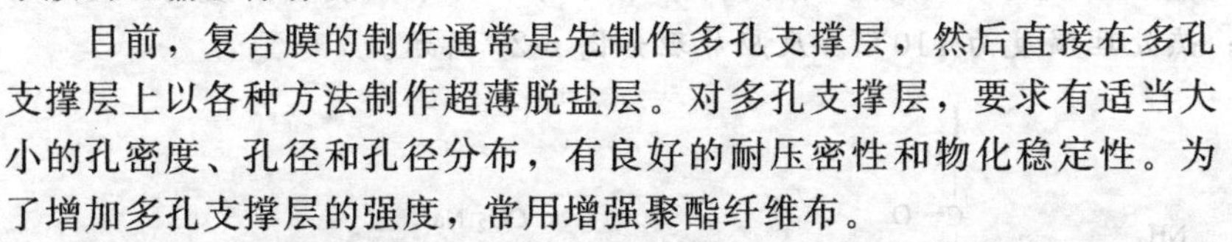

（2）复合膜的制备法　复合膜超薄活性层的制备方法以就地聚合法和界面聚合法为多（图 6-25），其中界面聚合法用得最多。

① 界面聚合。该方法包括界面缩合和界面缩聚，均在基膜表面直接进行界面反应，以形成超薄脱盐层。

界面缩合是将基膜层浸入聚合物的初聚体稀溶液中，取出并排除过量的溶液，然后再浸入交联剂的稀溶液中进行短时间的界面交联反应，最后取出加热固化。J. E. Cadotte[52] 采用这种方法以甲苯二异氰酸酯（TDI）交联聚乙烯亚胺（PEI）的 NS-100 界面聚合反渗透复合膜于 1970 年问世。该反应可在两互不相溶的溶液相界面上进行，由于反应物之间为快速反应，故膜的形成很快。但膜对两种反应物的渗透性都不好。因此，过程会显著变慢，即膜一旦形成，就不再加厚，这种薄膜就基本自封了。这种方法制得的膜非常薄，可少于 50nm，并且没有缺陷。

界面缩聚是指两种可反应的单体分别溶于互不相溶的两相中，当两相接触时，两种单体在界面上进行缩聚反应。利用界面缩聚制作复合膜，是将基膜先浸入到一种单体溶液中，排除过量的单体溶液，然后再浸入到另一种单体溶液中进行液-液界面缩聚反应，或者用浸有一种单体溶液的基膜与另一种单体溶液的蒸气进行气-液界面缩聚反应。反应的结果都是在基膜的表面形成超薄脱盐层。1978 年使用均苯三甲酰氯与哌嗪类界面缩聚制备了对二价离子高脱除率的 NS-300 复合膜，1980 年开发出 FT-30 复合膜[53]。

图 6-26 是界面聚合法连续制备复合膜的过程。聚砜支撑膜先通过第一单体槽，吸附第一单体后经初步干燥接着进入第二单体槽，在这里反应成超薄复合膜，再经洗涤去除未反应的单体和干燥后，则得成品复合膜。

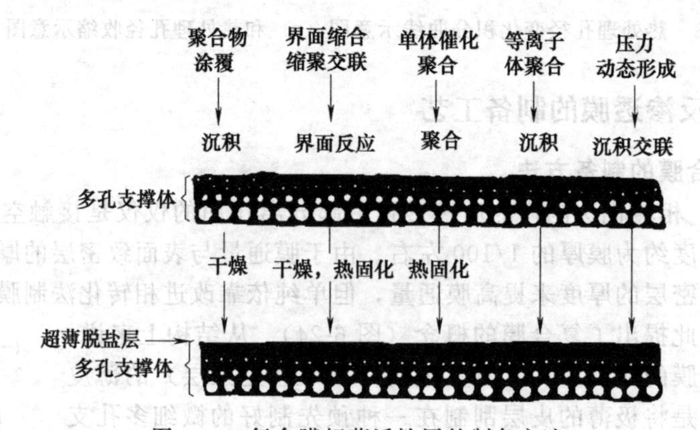

图 6-25　复合膜超薄活性层的制备方法

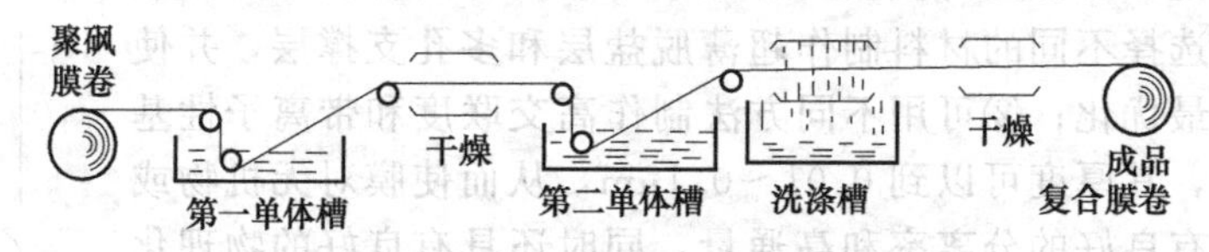

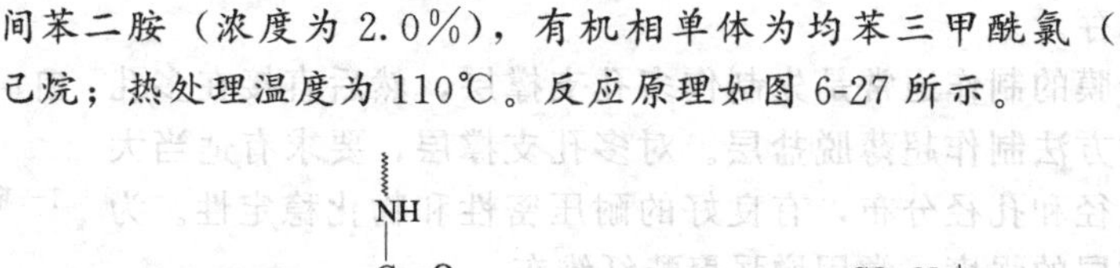

图 6-26　界面聚合法连续制备复合膜的过程

【制膜示例 1】　FT-30 复合膜的制备[54]

水相单体为间苯二胺（浓度为 2.0%），有机相单体为均苯三甲酰氯（浓度为 0.1%），有机相溶剂为正己烷；热处理温度为 110℃。反应原理如图 6-27 所示。

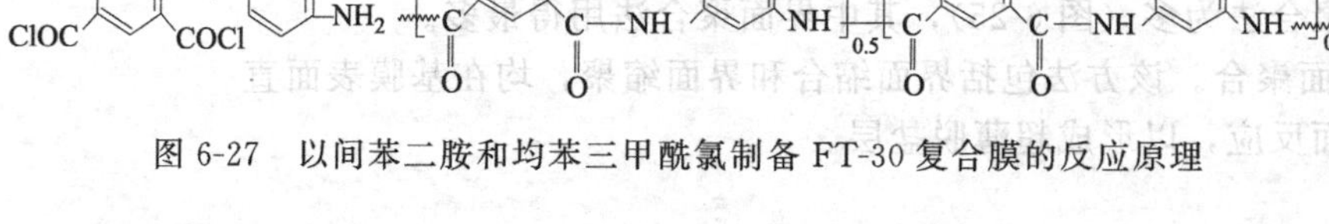

图 6-27　以间苯二胺和均苯三甲酰氯制备 FT-30 复合膜的反应原理

制得的膜不耐碱，在pH值小于9的条件下使用。具有优越的耐氯性能，将该膜在100mg/L的次氯酸钠溶液中浸泡72h，膜性能无异常变化；对饮用水中的残余氯，连续运转2000h对膜无明显影响。

【制膜示例2】 高性能复合反渗透膜的制备[55]

基膜材料为聚砜，水相单体为间苯二胺，有机溶剂为异辛烷，有机相单体为均苯三酰氯。溶液配方（质量分数）为：

溶液A：	间苯二胺	2.0%	月桂基硫酸钠	0.15%
	乙二胺	2.0%	樟脑磺酸	4%
	异丙醇	8%	水	83.85%
溶液B：	均苯三酰氯	0.12%	异辛烷	99.88%
溶液C：	均苯三酰氯	0.5%	异辛烷	99.5%

制备过程：使多孔性聚砜支撑膜与溶液A接触，沥去多余溶液。接着，将涂覆有溶液A层的支撑膜表面再与溶液B接触，在用肉眼观察溶液B还未干燥的时候，使该层再与溶液C接触。随后在120℃的热风干燥机中保持3min，在上述支撑膜上形成聚酰胺表层，得到复合反渗透膜。制得的膜在4.9 MPa的压力下，对含有500mg/L NaCl的pH=6.5的食盐水进行评价，脱盐率99.5%，通量为1.1$m^3/(m^2 \cdot d)$，接触角为39°。

② 涂覆。涂覆分喷涂、浸涂和旋转涂覆三种，最简单、最实用的为浸涂。浸涂是指将多孔支撑基膜的上表面与高分子稀溶液（一般<1%）接触，然后将基膜从溶液中拉出阴干或热处理使其交联，此法可以制成1μm左右的复合层。Riley等首先采用这种方法制作了以醋酸硝酸纤维素为多孔支撑层的三醋酸纤维反渗透复合膜。涂覆层不牢固、易脱落是该法的最大缺陷。此外，还需注意：为得到薄的无缺陷的涂层，应尽量使聚合物的状态为橡胶态。因为，如果聚合物是玻璃态，在蒸发过程中会经过玻璃化温度，随着进一步的蒸发，涂层内会产生很大的作用力使涂层破损造成缺陷。为了防止毛细管作用使膜液渗入孔内造成孔渗并增大支撑层的传质阻力，常需将孔预先填入某种物质以防止膜液的渗入或用对多孔亚层不浸润的溶剂溶解聚合物以防止聚合物的渗入。

③ 单体催化聚合。又称就地聚合或原位聚合，它是将基膜浸入含有催化剂并在高温下能迅速聚合的单体稀溶液中，取出基膜，排去过量的单体稀溶液，然后在高温下进行催化聚合反应，再经适当的后处理，从而得到具有单体聚合物超薄脱盐层的复合膜。1972年研究人员用这种方法开发了糠醇酸催化就地聚合的NS-200复合膜（后来改性为高性能的PEC-1000复合膜）。

【制膜示例3】 NS-200反渗透复合膜的制备[56]

使用的膜材料为聚砜基膜和糠醇，催化剂为硫酸，溶剂为水和异丙醇，其反应式如图6-28所示。

制备工艺：将聚砜基膜浸入由聚乙二醇（分子量20000）1%、硫酸2%、糠醇2%、异丙醇20%、水（含1%十二烷基硫酸钠）75%组成的聚合物溶液中，5min后取出，沥去多余溶液约1min，在125～140℃下热处理15min。最后将膜浸入10% NH_4OH水溶液中进行后处理。制得的膜具有高的脱盐率，如对合成海水（3.5%氯化钠）的脱盐率可达99.9%。

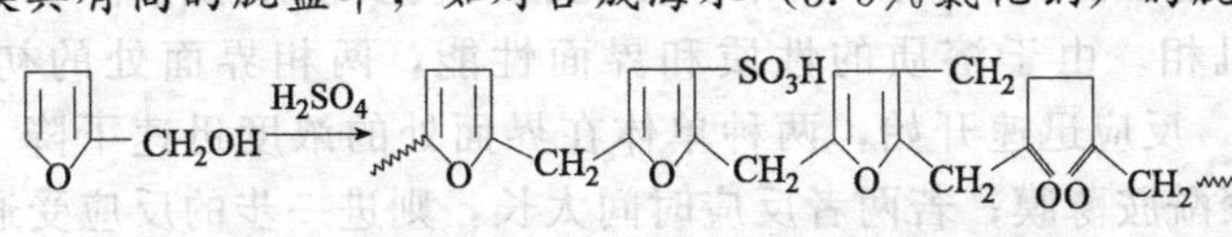

图6-28 制备NS-200反渗透复合膜的反应式

④ 等离子体聚合[57]。通过高达10MHz下的放电使含氮有机低分子和无机低分子气体电离，反应单体进入反应器后与电离的气体碰撞而变成各种自由基，自由基之间再发生反

应，当所生成的产物的分子量足够大时，便紧密地沉积在各种形状（如片状、管状、中空纤维等）的多孔基膜上，构成了以等离子体聚合物为超薄脱盐层的复合膜。K. R. Buck 等最早采用这种方法制作反渗透复合膜；此后，H. Yasuda 等又进行了深入的研究；左纳武藏等用等离子体对丙烯腈-乙酸乙烯共聚物中空纤维进行表面改性处理，制作了中空纤维反渗透复合膜。等离子体聚合法是通过控制反应器中单体的浓度来控制膜厚的。图 6-29 是反应器外线圈放电的等离子体聚合设备。由等离子体聚合制得的复合膜的最大特点就是膜的脱盐率与透水率随时间而增加，但制膜的重现性较差。等离子体聚合过程极为复杂，涉及分子的离子化和游离基的形成。此外，单体的蒸气压、放电频率以及支撑膜的种类和温度都会影响聚合过程。同时，处于等离子态的惰性气体也可能参与反应。

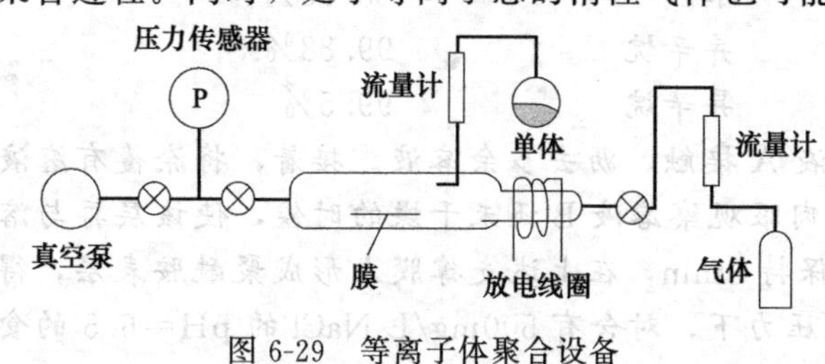

图 6-29　等离子体聚合设备

用于等离子体聚合的单体通常含有较多的自由基或具有高度支化和交联的结构，链节通常较短。一般来说环烷烃、醇、酯、酮、羧酸等含氧有机物（在等离子处理过程中易失氧），以及全氯代烃不适宜作等离子聚合型复合膜的单体，而含氮化合物（如胺）和含氮杂环化合物比较容易制得高透水性的反渗透复合膜。等离子聚合所用的多孔支撑体有聚砜、CA-CN 多孔支撑膜，以及多孔玻璃、烧结金属等。其对平均孔径有严格的要求，通常在 25～30μm，并且要有窄的孔径分布，同时要求在辉光放电条件下应有良好的稳定性。

【制备示例 4】 SC-0200[56]的制备

使用的膜材料为聚丙烯腈（PAN）。制备时应首先采用浸没沉淀相转化法制备聚丙烯腈的超滤不对称膜；再将膜干燥之后暴露于氦气或氢气等离子体气氛中，在 6.67～13.3kPa 下引入惰性气体，用 2～50MHz 的高频电场产生等离子体，然后引入单体蒸气，控制总压为 26.7～40.0Pa，基膜在此条件下保持 1～10min，上面即可出现一层带有交联表面皮层的超薄聚合物膜。

⑤ 动力形成膜[58]。以加压闭合循环流动的方式，使胶体粒子或微粒子附着沉积在多孔支撑体的表面，以形成薄层底膜。然后，同样以加压闭合循环流动的方式，将高分子聚电解质的稀溶液附着沉积在底膜上，并形成一定程度的交联，最终构成具有脱盐分离性能的双层结构复合膜。美国 Oak Ridge 国家原子能研究所首先进行了这种复合膜的研究。作为动态膜的材料的有机聚电解质包括聚丙烯酸、聚乙烯吡啶、聚谷氨酸、聚苯乙烯磺酸、聚氧化乙烯等。某些中性的非聚电解质也能作为动态膜材料，如甲基纤维素、聚丙烯酰胺等。某些天然物如黏土、腐植酸、乳清、纸浆等也能形成动态膜。无机金属如：Zr^{4+}、Al^{3+}、Fe^{3+}、Si^{4+}、Th^{4+}、V^{4+} 等的氢氧化物均能动态成膜。动态膜所附着的多孔支撑体可用陶瓷、烧结金属、烧结玻璃、碳素等无机材料，也可用醋酸纤维素、聚氯乙烯、聚酰胺氟乙烯树脂等有机材料。多孔支撑体的孔径与材料有关，最适宜的孔径范围是 0.025～0.8μm。

6.5.4.2　复合膜的成膜机理

复合膜的形成机理如图 6-30 所示。聚砜多孔膜吸收多胺类水溶液为水相，酰氯类溶于有机溶剂中形成有机相。由于溶质的性质和界面性能，两相界面处的初始浓度较高（A 点）；当两相接触时，反应迅速开始，两种单体在界面处的浓度迅速下降（由 B 到 C），界面处形成了极薄的聚酰胺薄膜；若两者反应时间太长，则进一步的反应受通过该薄膜的扩散控制。一般认为酰氯与多胺反应是不可逆的亲核反应，反应为二级反应。

6.5.4.3　影响成膜的因素

复合膜制备过程中，两种单体的种类、在两相中的初始浓度及比例、有机相的种类、反应温度、反应时间、酸接收剂的种类和浓度等等，对成膜的好坏都有较大的影响；另外，使多胺和酰氯在界面处等克当量比，这对形成高分子量的膜是有利的[59]。缩聚反应的特点是在初期阶段生成数目众多的不同聚合度的中间产物，随时间的增加，聚合度也增加，所以先常温下成膜，而后在较高温度下进一步反应，易形成高分子量的膜。下面简单加以说明：

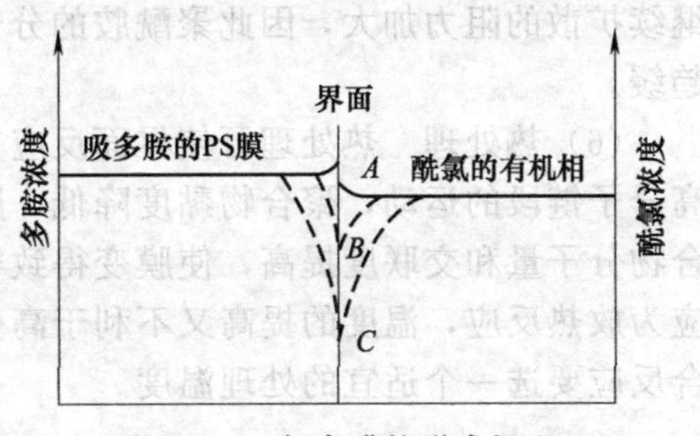

图 6-30　复合膜的形成机理

(1) 单体的种类　选择单体时主要考虑单体的反应活性和官能度。复合膜的致密薄层一般为交联的聚酰胺类。一般基团活性顺序如下：酰氯＞酸酐＞酸＞酯，伯胺＞仲胺，酯胺＞芳胺。而用于制膜的界面聚合一般均为静态聚合，所以为了能在常温下短时间内形成复合膜，最好选择酰氯与伯胺为单体。有时为了提高膜的耐游离氯性能，也可选用仲胺单体。

(2) 两相中的单体初始浓度　两相反应物浓度应适宜，以保证两种活性单体在界面等分子比反应（通过调节两者的浓度等于扩散系数之比来实现）。由于界面聚合反应的速率常数较大（10^2～10^6 mol/s），反应速率主要受扩散控制。扩散速率小的单体，浓度要配得大一些，扩散速率大的单体，其浓度要小一些。

(3) 反应条件　界面聚合反应包括链的开始、链增长和链终止三个历程。其中能导致链终止的可能是酰氯端基的水解：

$$—COCl+H_2O \longrightarrow —COOH+HCl$$

也可能是端氨基与 HCl 反应成盐：

$$—NH_2+HCl \longrightarrow —N^+H_3+Cl^-$$

如果链终止反应主要是酰氯端基水解时，水相 pH 值一般应在 6.5～7 之间。若链终止主要是端氨基成盐，此时要求水相的 pH 值大于 7，这样才有利于聚合物分子量的提高。

缩聚反应的特点是反应初期生成大量的低聚物，之后随时间的延长低聚物逐步聚合而生成高分子量的聚合物。故提高聚合物聚合度的措施有延长反应时间、提高反应温度、尽量排除生成的低分子物、使用催化剂和选用高活性单体等。此外，还可通过选用高活性的单体，改变反应温度来实现，或采用真空、高温、搅拌、薄层操作、共沸、通入惰性气体等方式。

(4) 沥干时间　随沥干时间的延长，膜的通量先迅速增大，然后趋势缓慢，最后趋于稳定。膜的脱盐率则先上升然后缓慢下降。这可能是由于开始沥干时间愈长，膜表层吸附的水相层就愈薄，随着水分的蒸发，表层多元胺浓度增大，生成的聚酰胺分子量和交联度就会增大，膜就变得致密，因此脱盐率变大。同时膜表层吸附的水层变薄会使最终生成的膜变薄，使水通量提高。当沥干时间增大到一定值时，膜吸附的水相就非常薄了，生成的膜对水的阻力就较小并趋于定值，并且由于基膜表层水溶液量的进一步降低，基膜表层吸附的二胺量相对变少，这样反而会使反应后期可扩散过来的二胺量减少，使得生成的聚酰胺分子量降低、交联度变小。因此，膜的水通量增大缓慢而脱盐率有所下降。

(5) 反应时间　随反应时间的延长，膜的水通量呈下降趋势，而脱盐率则上升。在反应初期，由于界面处多元胺过量，酰氯扩散到界面时，立即和胺反应成酰基化二胺，使酰基化二胺层不断增厚而对聚合物分子量影响不大，因此，膜的水通量缓慢下降，脱盐率基本不变；反应中期，由于酰基化二胺层的增厚，酰氯的扩散受阻，二胺就不断扩散入该聚合反应区进行缩聚反应，产物的分子量及交联度不断提高，形成的膜不断致密化，膜的水通量急剧下降，脱盐率迅速升高；到了反应后期，当产物的分子量和交联度提高到一定程度后，二胺继续扩散的阻力加大，因此聚酰胺的分子量和交联度提高缓慢，膜的水通量和脱盐率的变化趋缓。

(6) 热处理　热处理可使界面反应完全，并使水溶性单体与基膜交联。温度升高有利于高分子链段的运动，聚合物黏度降低，胺的扩散阻力降低，使扩散入反应区的胺量增多，聚合物分子量和交联度提高，使膜变得致密。另外，胺和酰氯通常生成聚酰胺类聚合物，此反应为放热反应，温度的提高又不利于高分子量聚酰胺的生成。总的说来，一般针对具体的聚合反应要选一个适宜的处理温度。

6.5.5 新型反渗透膜材料及膜性能预测手段

6.5.5.1 新型反渗透膜材料

(1) 刚性星型双亲性聚合物[60]　以刚性星型双亲性聚合物［RSA，图 6-31 (a)］为基础的纳滤膜的结构如图 6-31 (b) 所示。

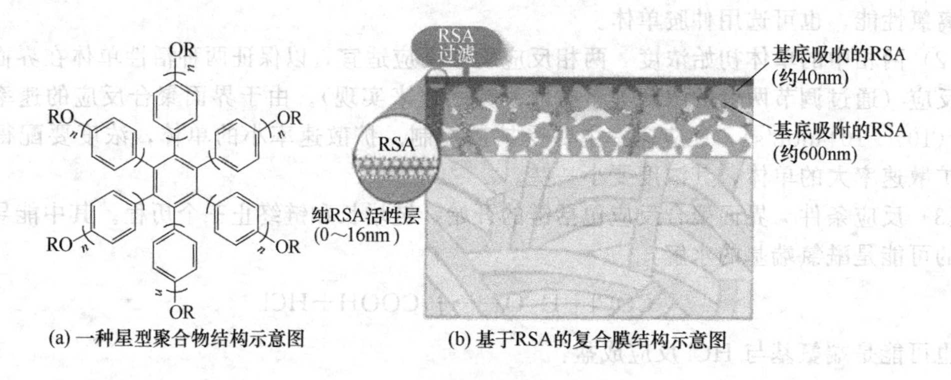

图 6-31　一种 RSA 及 RSA 复合膜结构

在 SEM 和 AFM 分析中，刚性星型双亲性聚合物膜表现出极其光滑的表面，在和 1～2nm 范围的平均粗糙度和对于商业 NF 膜（20～70nm）的高值粗糙度相比之下，RSA 膜阻挡层是超薄的，大约厚度为 20nm。复合多层聚合物结构可以控制狭窄孔径分布，其渗透性能是商品膜的 2 倍，同时还具有良好的抗污染性。考虑到聚合 NF 和反渗透膜形态的相似，这个聚合物膜的合成新路线可能在协调膜结构中提供更好的选择性。

(2) 分子筛[61]　分子筛膜已经广泛应用于气体分离及渗透汽化过程中，由于分子筛具有特定的孔道结构及统一的孔径大小，因此具备提高反渗透通量及截留性能的潜力。另外，作为无机膜其稳定性及耐热性等优于有机膜。分子筛膜通常采用水热合成法在多孔无机支撑膜上成型，支撑层一般不会对反渗透过程的通量和截留率有影响，但是分子筛膜的厚度会对通量有很大影响，需控制在微米级别。LTA 型分子筛具有较好的亲水性，被广泛用于透水膜的制备。分子模拟结果表明 NaA 分子筛的孔道为亚纳米级（0.42nm），较水合 Na^+、Cl^- 等离子的直径小，因此，具有 100%的理论截留率。同时水分子（0.27nm）则可以自由地通过其孔道。Murad 等首次提出分子筛膜在反渗透过程中的应用性，通过分子模拟验证了全硅分子筛膜 ZK-4 可 100%地截留钠离子。此外，MFI 型分子筛的合成技术已经非常成熟，成为应用最多的分子筛膜之一。MFI 型分子筛（包括 Silicalite-1 和 ZSM-5）是一类具有二维孔道系统，即直孔结构和 Z 形孔结构的分子筛。其椭圆孔径约为 0.51nm×0.57nm，圆孔直径约为 0.54nm，在渗透汽化及气体分离中广泛应用。水分子及各种离子的水合直径如表 6-9 所列，可见，NaA 及 MFI 型分子筛均可有效阻止盐离子的通过，而水分子则可自由通过。

表 6-9 水合离子的直径

离子类型	Li^+	Na^+	K^+	Mg^{2+}	Ca^{2+}	OH^-	Cl^-	NO_3^-
水合直径/nm	0.76	0.72	0.66	0.86	0.82	0.60	0.66	0.68

（3）混合基质膜　混合基质膜（mixed matrix membrane，MMM）被定义为有机材料和无机材料的组合材料。早在 1980 年美国环球油品公司 UOP 已研发出一种硅质醋酸纤维素膜 MMM 用于分离气体，这相对于传统的聚合膜有优越的选择性。而无机材料和有机聚酰胺 TFC 反渗透膜的混合开始于 20 世纪初。制备 MMM 膜的主要目的是要把每种材料的优越性都结合在一起，也就是把聚合膜的高度的堆积密度、良好的选择渗透性、长期的操作试验和无机膜的化学稳定性、生物稳定性以及热力学稳定性联合起来。

从理论上来说，几乎所有的纳米材料都可以用于制备混合基质膜。对于反渗透膜而言，一是用纳米材料对反渗透膜进行表面（或表层）修饰，提高膜的抗菌性、抗污染性、抗氧化性等，例如，将纳米银、纳米二氧化钛等具有抗菌性的纳米材料与聚酰胺材料制备反渗透膜，可制备抗菌反渗透膜；二是将纳米材料嵌入分离层或基膜中，提高反渗透膜的渗透性能，例如，将 NaA 分子筛、碳纳米管、石墨烯及其衍生物、介孔二氧化硅等嵌入聚酰胺分离层，可提高反渗透膜的渗透通量。

（4）仿生反渗透膜　生物膜优秀的运输水的性能已经引导人们研究含有水通道蛋白的膜，它是在生物细胞膜上，将蛋白质作为水的选择性通道。水通道蛋白是一类高度保守的疏水小分子膜整合蛋白，广泛分布于哺乳动物、两栖类、植物、酵母、细菌等体内。在各种水通道蛋白中，AQP1 型的分子结构研究得最为清楚，一般用“沙漏模型（hour-glass model）”表示其三维结构。含有水通道蛋白 Z 的反渗透膜，相对于传统的反渗透膜，渗透性至少提高了一个数量级。但在高盐、高污染条件下，水通道蛋白面临活性保持问题。

（5）石墨烯及其衍生物　石墨烯是目前已知的最薄的二维纳米材料，厚度仅为 0.335 nm，是由碳原子以 sp^2 杂化组成的六角形呈蜂窝状有序排列的单原子层结构。氧化石墨烯是石墨烯的氧化物，仍保持了石墨烯的层状结构，其厚度约 1～1.4 nm，但在其边缘和两侧平面上富含含氧官能团，包括羧基、羟基、环氧基等。

2012 年，麻省理工学院的 Cohen-Tanugi 等[62]通过分子动力学模拟研究表明，孔隙率为 10%的多孔单层石墨烯膜的渗透通量比现有反渗透复合膜高出 2～3 个数量级，并进一步用分子动力学模拟方法证明了较低压力下的多孔石墨烯膜依然可以保持优异的水通量。此后，科学家对石墨烯在脱盐领域的应用开展了诸多有益的探索。L. C. Lin 等[63]以 1,3,5-三嗪（1，3，5-triazine）为单体采用自下而上自组装而成二维多孔有机框架（2D-framework），分子动力学模拟结果表明，孔径为 0.299 nm 时（孔隙率约 30%）可实现 NaCl 脱盐率 100%，且渗透通量比现有商品膜高出 200 倍。A. Nicolai[64]等采用分子动力学模拟手段将 GO 纳米片用联苯二硼酸交联形成三维多孔框架结构（3D-framework），在脱盐率 100%（对 NaCl）的前提下，实现膜通量比现有商品膜高出 2 个数量级，这一结果表明采用 GO 纳米片也可制备出高通量、高脱盐率的反渗透膜，为石墨烯及其衍生物在分离膜制备领域的应用提供了新思路。

但到目前为止，单层多孔石墨烯膜在制备技术上与规模化应用还有很大差距，氧化石墨烯膜的渗透性和选择性不理想，仍需要进一步探索。

6.5.5.2 膜性能预测手段

（1）模型法　模型法是根据前面所述的反渗透过程的传质机理及模型，对反渗透膜的性能进行预测。以混合基质膜模型为例，对于混合基质膜，填料的渗透性为聚合物渗透性的 0～1000 倍时，混合基质膜的渗透性预测如图 6-32 所示，其中，P_d/P_m 为填料渗透性与聚合物渗透性的比值。可以预测，只有当填料的渗透性高于聚合物时，才会提高膜的渗透性。

同时，当 $P_d/P_m>1$ 时，对于同一种填料，添加量越多，膜的渗透性能增加越多；对于不同填料，填料的渗透性越高，膜的渗透性增加越多[65]。

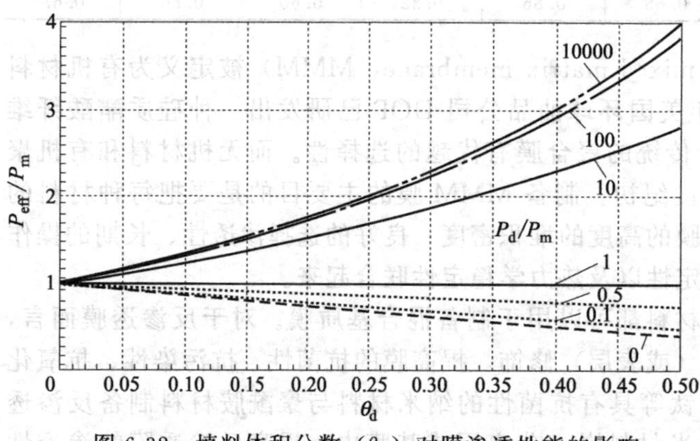

图 6-32 填料体积分数（θ_d）对膜渗透性能的影响

（2）分子模拟法（molecular simulation，MD） 它是利用计算机以原子水平的分子模型来模拟分子结构与行为，进而模拟分子体系的各种物理、化学性质的方法。它是在实验基础上，通过基本原理，构筑一套模型和算法，从而计算出合理的分子结构与分子行为。分子模拟不仅可以模拟分子的静态结构，也可以模拟分子体系的动态行为[66]。分子模拟的主要方法有两种：分子蒙特卡洛法和分子动力学法。分子模拟的工作可分为预测型和解释型两类。预测型工作是对材料进行性能预测，对过程进行优化筛选，进而为实验提供可行性方案设计；解释型工作是通过模拟解释现象、建立理论、探讨机理，从而为实验奠定理论基础。在反渗透膜方面，主要应用分子动力学法，可对反渗透膜的成膜机理、结构和性能等进行分析。例如，David Cohen-Tanugi 和 Jeffrey C. Grossman 采用分子动力学模拟的方法，对多孔单层石墨烯的海水淡化性能进行模拟，发现其水通量比现有商品反渗透膜提高 2～3 个数量级[62]。

6.5.6 反渗透膜的保存及使用

6.5.6.1 反渗透膜的保存[67]

膜在长时间存在中能保持良好的性能才具有实用价值。因为从成膜到实际应用周期较长，所以对膜进行储存研究特别重要。膜在不同环境条件下存放，对膜性能有很大的影响。湿态膜对存放条件要求比较苛刻，近年人们致力于研制干膜。干膜的储存是比较简便的。

6.5.6.2 反渗透膜的使用

（1）pH 值 一般连续使用反渗透膜时需要控制 pH 值在 2～11。pH 值范围宽的反渗透膜允许采用更强烈、更快和更有效的化学清洗方法，但过高或过低的 pH 值很有可能造成膜损坏。

（2）余氯 目前商品化的反渗透膜材料主要是芳香聚酰胺，芳香聚酰胺高分子在次氯酸钠存在条件下会发生降解，造成反渗透膜脱盐率降低。一般反渗透膜元件进水余氯应小于 0.1mg/L。

（3）进水压力 进水压力将会影响反渗透膜的产水通量和脱盐率，透水量随进水压力的提高而增加。在使用时，应根据所要处理的体系及系统回收率，选择合适的反渗透膜以及进水压力。

（4）进水温度 膜的透水量随原水温度的提高而增加和随着原水温度的降低而减少。有些膜当水温提高 1℃时，透水量能增加约 2.7%。但温度过高时，会加快膜的水解速度；温度过低时同样影响反渗透膜的正常产水。因此，一般有机膜的原水温度应控制在 15～30℃左右。

（5）原水预处理 由于被处理的水中通常含有无机物、有机物、微生物、粒状物和胶状物等杂质，因此在进行反渗透过程前必须先进行预处理。预处理方法的选择取决于原水水源的组成和应用条件，例如：井水水质较稳定，污染可能性低，预处理方法简单，但是，有的井水泥沙较严重，处理不彻底会对膜造成伤害；地表水则是一种直接受季节影响的水源，有发生微生物和胶体两方面高度污染的可能性，所以预处理比井水复杂，需要其他的预处理步骤包括氯消毒、絮凝/助凝、澄清、多介质过滤、脱氯、加酸或加阻垢剂等。

(6) 保安过滤器　反渗透膜前一定要安装保安过滤器，防止大颗粒的杂质进入膜元件，避免对膜元件造成伤害。

(7) 产水背压　在反渗透膜过程中，背压指的是产品水侧的压力大于给水侧的压力的情况。卷式膜元件由一个长信封状的膜口袋卷制而成，开口的一边粘接在含有开孔的产品水中心管上，膜口袋的三面是用黏结剂粘接在一起的，如果产品水侧的压力大于给水侧的压力，那么这些粘接线就会破裂而导致膜元件脱盐率的丧失或者明显降低。背压是在非正常运行或者停机情况下产生的，源于设计失误或者操作失误。根据反渗透膜技术手册的规定，反渗透膜最高能承受的背压是0.1MPa，约等于10m水柱产生的压力。在停机时，产水管中存在的水势必会对反渗透膜产水侧产生一定的压力，而产水管爬高越高，压力就越大，而如果产水管爬高超过10m，那么产水侧产生的背压就足够造成膜的损坏了。所以，在我们反渗透设计过程中通常会规定8m为产水管的最高爬升高度，并且在产水管上加装止回阀以防止产水管中的水产生压力。另一种背压的产生是由于操作失误。在反渗透的操作过程中，如果在产水阀以及产水排放阀都未打开的情况下开启水泵，就会造成系统压力不断升高、产水侧压力不断升高。如果紧急打开产排阀泄压，可以避免膜损坏；而如果紧急停水泵，由于进水侧压力突然降低，产水侧压力很高，就会造成膜的损坏。

6.6 反渗透膜的结构表征与性能评价

6.6.1 反渗透膜的结构表征

膜材料的化学性质、膜的化学结构及形态结构对膜的分离性能起决定性作用，现代分析测试技术的不断进步，为人们对膜结构和性能的深入研究提供了可能，从而促使人们更加深入地理解膜的形成与使用过程所涉及的客观本质（如成膜机理、微观结构、构效关系等），这些理解又反过来指导人们进行膜结构与性能调控、新型膜材料开发等工作。可以说，膜结构与性能的表征在反渗透膜的发展中占有极其重要的地位。表6-10列出了主要的反渗透膜结构表征技术及测试内容。

表6-10　反渗透膜结构表征技术及测试内容

编号	分析测试方法			提供信息或应用
1	光谱	a	红外光谱	化学组成、化学结构、交联度
		b	紫外光谱	化学组成、化学结构
		c	拉曼光谱	化学组成、化学结构
		d	漫反射分光光谱	界面聚合过程研究
2	能谱	a	X射线光电子能谱	表面元素和化学组成、化学结构、交联度
		b	俄歇电子能谱	表面元素和化学组成、化学结构
		c	X射线能谱分析	元素组成
		d	卢瑟福背散射能谱分析	元素组成、界面聚合过程研究
3	显微镜	a	扫描电镜	微观形貌、皮层厚度
		b	透射电镜	微观形貌、皮层厚度、膜中纳米粒子分散状况
		c	电子显微探针	微观形貌(粗糙度、比表面等)、皮层厚度
4	正电子湮灭寿命谱			自由体积(网络孔和聚集孔)
5	核磁共振波谱			化学结构、分子动力学信息
6	小角/广角X射线散射 (小角/广角中子散射)			微观结构(孔径及聚合物团簇尺寸)、纳米复合膜界面性质等

续表

编号	分析测试方法	提供信息或应用
7	表面zeta电位分析	表面荷电性
8	石英晶体微量天平	反渗透膜皮层孔隙结构
9	原子力显微镜-红外/拉曼光谱联用	微相区分析(低至10nm以下)、纳米粒子分布分析

6.6.2 反渗透膜的性能评价

反渗透膜的基本性能，一般包括纯水渗透系数、脱盐率和抗压密性等，具体如下[68]：

(1) 纯水渗透系数 L_p 单位时间、单位面积和单位压力下纯水的渗透量。

(2) 反射系数 σ 表示膜对溶质的截留情况，它是膜完美程度的标志之一。

(3) 溶质渗透系数 ω 表示膜两侧无流动时，溶质的渗透性。

参数 L_p、σ、ω 称为反渗透膜的内在性能参数。

(4) 纯水渗透常数PWP 指操作压差为 p，有效膜面积为 S 时每小时的纯水透过量，它表明膜对纯水的透过性，它与 L_p 相近。

(5) 溶质传质参数 D_{SM}/K_L 反映溶质透膜的特性，其值小，表示溶质透过膜的速率小，膜对溶质的分离效率高。

(6) 溶质分离率（截留率）或脱盐率 膜的真实溶质截留率或脱盐率为：

$$R=\left(1-\frac{C_p}{C_w}\right)\times 100\% \tag{6-91}$$

通常测得的是表观截留率或脱盐率：

$$R=\left(1-\frac{C_p}{C_b}\right)\times 100\% \tag{6-92}$$

式中，C_p、C_w、C_b 分别为被分离主体液浓度、在高压侧膜与溶液的界面浓度和膜的透过液浓度。

(7) 溶剂通量（透水率或透水速度）J_w 对特定的膜而言，J_w 为膜的物理性质（厚度、化学成分、孔隙度）和系统的条件（如温度、膜两侧的压力差、接触膜的溶液的盐浓度及料液平行通过膜表面的速度）的函数。

对于一定的系统而言，由于膜和溶液的性质都相对恒定，故 J_w 也可写为：

$$J_w=A(\Delta p-\Delta\pi) \tag{6-93}$$

式中，A 是膜的溶剂透过系数（体积），表示特定膜中溶剂的渗透能力，m/(s·Pa)；Δp 是膜两侧的压力差，Pa；$\Delta\pi$ 是膜两侧溶液的渗透压差，Pa。

(8) 溶质透过速率（透盐率）J_S 指溶质（盐）通过膜的速率。

$$J_S=B(C_{1S}-C_{2S}) \tag{6-94}$$

式中，B 为膜的溶质透过速率系数；C_{1S} 和 C_{2S} 分别为膜高压侧界面上水溶液的溶质浓度和膜低压侧水溶液的溶质浓度，它与压力几乎无关。一般而言，J_S 值越小，膜的溶质脱除率就越高。

(9) 膜的压密系数 m' 操作压力与温度的变化促使膜材质发生物理变化并引起压密（实）作用，从而造成溶剂透过率的不断下降：

$$J_{wt}=J_{w1}t^{m'} \tag{6-95}$$

式中，J_{w1}、J_{wt} 分别为第1小时后和第 t 小时后的溶剂（纯水）透过率；t 为操作时间。

m' 值一般采用专门装置用纯水进行测定，m' 值越小越好。对普通的反渗透膜而言，m' 值应以不大于0.03为宜。

(10) 膜的流量衰减系数 m　指膜因压密和浓差极化而引起的膜透过浓度随时间衰减的程度。

要注意流量衰减系数 m 与膜压密系数 m' 的区别。前者包含了膜的压密和浓差极化双重效应，而后者仅系膜的压密效应，它是用纯水进行测试，显然它们的数值前者应大于后者。

(11) 回收率 Φ

$$\Phi=[PR]/V_f \tag{6-96}$$

式中，[PR] 是操作压差为 p，有效膜面积为 S 时每小时的产液透过量，kg/h，它表明膜对产液的透过性；V_f 是进料的流量。

(12) 其他　还有产品流量的温度系数和压力系数等。

上述 (4)～(12) 是反渗透工艺设计中常用的量，也叫作工艺变量。

6.7 反渗透膜的污染及防治措施

6.7.1 膜污染分类

一旦料液与膜接触，膜污染即开始。对于反渗透过程而言，通常可分为两大类：可逆膜污染（浓差极化）和不可逆膜污染。前者可通过优化水动力学条件以及控制回收率来缓解其负面影响；后者由于微粒、胶体粒子或溶质分子在膜表面或膜孔道内吸附、沉积造成膜孔径变小或堵塞，使膜选择渗透性能发生不可逆转的变化，这一类污染目前尚无有效措施加以消除，目前所采取的手段多集中于料液预处理优化、抗污染膜元件设计及开发、新型组件结构设计及开发、新型膜清洗策略开发等方面。另外，需要注意的一点是，尽管膜污染与浓差极化存在内在关联性，然而两者在概念上截然不同，需加以区分。

6.7.2 膜污染成因及形成机理

膜污染是由于被截留的颗粒、胶粒、乳浊液、悬浮液、有机物和电解质等在膜表面或膜孔内部的（不）可逆沉积，这种沉积包括吸附、堵孔、沉淀、滤饼层等[69]。

6.7.2.1 可逆膜污染（浓差极化）

(1) 浓差极化　由于反渗透膜的选择渗透性，溶剂在水力压力驱动下克服膜两侧渗透压差，由高压侧（高盐侧）渗透到低压侧（低盐侧），而溶质则被膜截留累积在膜高压侧，由于溶质的"聚集浓缩作用"造成流体主体溶液浓度要小于膜面溶质浓度（图6-33）。受浓差扩散的影响，溶质会发生从膜面向流体主体区域的反向扩散，当溶剂向膜面流动时引起的溶质的流动速度与浓度梯度导致的溶质从膜表面向主体溶液扩散速度达到平衡时，将在膜面附近存在一个稳定的浓度梯度区——浓差极化边界层，这种现象称之为浓差极化[70]。由于浓差极化的存在会引发以下不利影响：①膜表面渗透压升高，传质驱动力下降，溶剂（水）通量下降；②增加难溶盐的浓度，超过其溶度积形成沉淀或者凝胶层（图 6-33），发生滤饼层增强型浓差极化，进一步降低传质阻力，溶剂（水）通量下降，严重时甚至改变膜分离性能；③增加盐通量；④当有机溶质在膜表面达到一定浓度时可能造成膜的溶胀或者溶解，影响膜的渗透选择性能；⑤膜污染一旦发生，特别是当污染较为严重时，相当于在膜表面形成额外一层薄膜，势必导致反渗透膜透水性能的大幅度下降，甚至完全消失。

(2) 浓差极化的数学表达式　反渗透过程中溶质的浓差极化造成的膜污染不可忽视，成为反渗透膜污染的罪魁祸首。因此，定量描述浓差极化将有助于深入理解膜污染成因及形成机理。

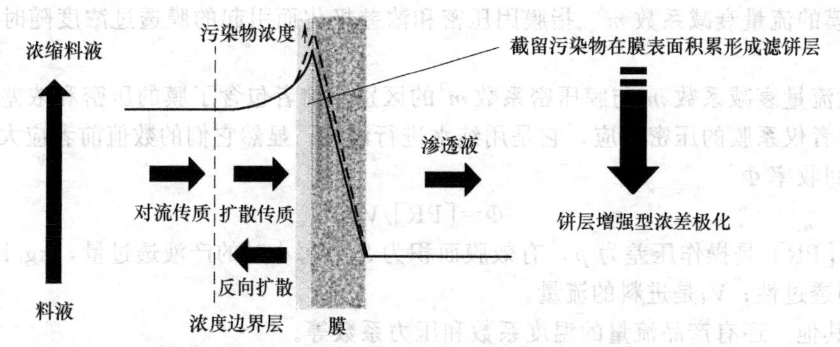

图 6-33 浓差极化及滤饼层增强型浓差极化现象示意图

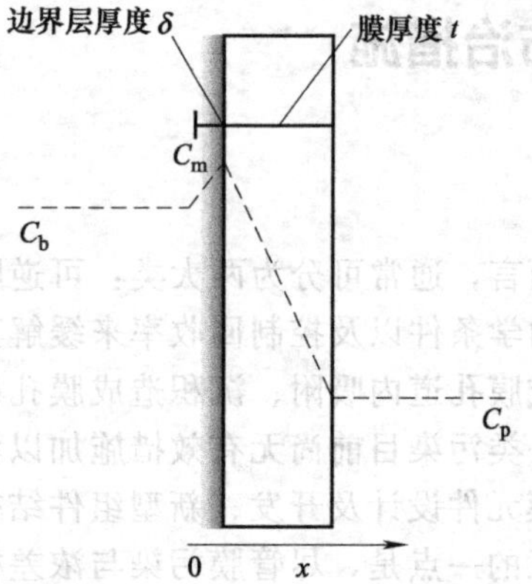

以浓度边界层作为考察对象（图 6-34），根据稳态时的物料衡算可得：

$$J_{\mathrm{w}}C-D\frac{\mathrm{d}C}{\mathrm{d}x}-J_{\mathrm{w}}C_{\mathrm{p}}=0 \tag{6-97}$$

式中，J_{w}为水通量；D 为溶质扩散系数。

将式（6-97）在如下边界条件下进行积分：

$$\begin{cases}x=0,C=C_{\mathrm{b}}\\x=\delta,C=C_{\mathrm{m}}\end{cases}$$

积分得到：

$$\ln\left(\frac{C_{\mathrm{m}}-C_{\mathrm{p}}}{C_{\mathrm{b}}-C_{\mathrm{p}}}\right)=\frac{J_{\mathrm{w}}\delta}{D} \tag{6-98}$$

图 6-34 浓差极化数学模型示意图

定义传质系数$\kappa=\dfrac{D}{\delta}$，则式（6-98）变形为：

$$\ln\left(\frac{C_{\mathrm{m}}-C_{\mathrm{p}}}{C_{\mathrm{b}}-C_{\mathrm{p}}}\right)=\frac{J_{\mathrm{w}}}{\kappa} \tag{6-99}$$

若$C_{\mathrm{m}}>>C_{\mathrm{b}}>>C_{\mathrm{p}}$，则式（6-99）可简化为：

$$\frac{C_{\mathrm{m}}}{C_{\mathrm{b}}}=\exp\left(\frac{J_{\mathrm{w}}}{\kappa}\right) \tag{6-100}$$

式中，膜表面盐浓度C_{m}与主体溶液盐浓度C_{b}的比值被定义为浓差极化因子β。在工程应用方面，根据《海德能反渗透和纳滤膜产品技术手册（2017）》[71]介绍，浓差极化因子与产水流量Q_{p}成正比，与平均进水流量$Q_{\mathrm{f,avg}}$成反比：

$$\beta=K_{\mathrm{p}}\exp\left(\frac{Q_{\mathrm{p}}}{Q_{\mathrm{f,\,avg}}}\right) \tag{6-101}$$

式中，K_{p}为比例常数，取值依赖于反渗透系统的构成方式。平均进水流量采用进水量和浓缩液流量的算术平均值，β 可转变为膜元件渗透液回收率（R_{ec}）的函数表达式：

$$\beta=K_{\mathrm{p}}\exp\left(\frac{2R_{\mathrm{ec}}}{2-R_{\mathrm{ec}}}\right) \tag{6-102}$$

另外，根据溶解-扩散模型，水通量、盐通量、表观脱盐率与浓差极化因子之间关系式为：

$$J_{\mathrm{w}}=A(\Delta p-\beta\Delta\pi) \tag{6-103}$$

式中，A 为纯水渗透系数，LMH/bar；$\Delta\pi$ 为体相渗透压，bar（1bar$=10^5$Pa）；Δp 为水力压力，bar。

$$J_{\mathrm{S}}=B(C_{\mathrm{m}}-C_{\mathrm{p}})=B(\beta C_{\mathrm{b}}-C_{\mathrm{p}}) \tag{6-104}$$

式中，J_S为盐通量，gMH；B 为盐渗透系数，LMH。

$$R'=1-\beta/\left[1+\frac{A}{B}(\Delta p-\beta\Delta\pi)\right] \tag{6-105}$$

式中，R'为表观脱盐率。

由于浓差极化因子大于1，根据式（6-103）～式（6-105）可知，浓差极化可使反渗透膜的盐通量增加，而纯水通量和表观截盐率却随极化系数的增加而降低。

降低浓差极化效应的主要措施有：

① 控制回收率。回收率为渗透产水量与原液进水量之间的比值。当回收率增大时，C_m会随着增大，浓差极化因子相应增加，浓差极化将造成膜阻塞和脱盐率下降。尤其，对于较低扩散系数的物质，更易发生浓差极化，因此，回收率须控制在更低的水平上。美国海德能公司推荐的一级反渗透系统浓差极化因子极限值为1.20，对于一支40in（1in＝0.0254m）长的膜元件而言，其回收率不超过18％。

② 控制流型和流程。浓差极化与流程长度和组件内流体的流动状态有着直接关联性。压降与流速之间的关系可由Fanning公式表示：

$$\Delta p=f\frac{SL}{A}0.5\rho u^2 \tag{6-106}$$

式中，f 为摩擦系数；u 为流速；S 为周长；A 为横截面积；L 为流程长度；ρ 为流体密度。由式（6-106）可知，流程长度（L）与压降（Δp）直接相关，流程越长，阻力损失越大，流速降低，因而浓差极化越发严重。可通过串、并联结合的锥形排列法，尽力缩短流程，降低压降。一般压降应控制在4～5kgf/cm^2（1kgf/cm^2＝98.0665kPa）左右。

流体流动状态处于层流区时浓差极化现象最为严重，过渡区次之，湍流区时最小。因而，为减轻浓差极化须使流体处于湍流区（$Re>4000$）。为了加大流体流速，工艺设计中采用层流薄层流道法，其膜面剪切速度r_w大小如表6-11所列。

表6-11 流道的构形与剪切速度[①]

流道构型	剪切速度 r_w
长方形沟（高为 $2h$）	$3u/h$
圆管（半径为 R）	$4u/R$
三角沟（底边长 b，高为 a，膜为底边）	$\frac{30u}{a}\left[\frac{25\left(\frac{b}{a}\right)^2+12}{27\left(\frac{b}{a}\right)^2+20}\right]$

① u 为流道内的平均速度。

r_w与κ的关系为：

$$\kappa=B(r_w D^2/L)^{\frac{1}{3}} \tag{6-107}$$

式中，L 为流程长度；B 为与流道壁状况相关的常数，这里取0.816。

③ 填料法。将直径为29～100μm的玻璃和甲基丙烯酸甲酯小球放入被处理液体中，使其共同流经反渗透膜组件以减小浓度边界层厚度δ而增大渗透速率。经对比后发现，高密度（2.5g/mL）的玻璃球要比低密度（0.94g/mL）的甲基丙烯酸甲酯效果更佳。此外，对管式反渗透膜组件而言，可向进料液中添加微型海绵球，效果亦可。不过，对板框式和卷式膜组件而言，加填料存在流道堵塞的潜在风险。

④ 装设湍流促进器。湍流促进器一般是指可强化流态的各类障碍物。例如，对管式膜组件而言，内部可安装螺旋挡板；对板框式或卷式膜组件而言，可内衬网栅等障碍物用以促进湍流。实验结果表明，湍流促进器可有效缓解浓差极化效应。美国凯米尼尔（Chemineer,

Inc.）公司生产的含有静态混合器的管式膜装置由成180°旋转角的左、右螺旋片交替连接而成。这些长度为 1.5d 的螺旋片的边缘彼此成 90°角相接。与管中不装混合器相比，传质效率改善系数为 2.6，但压力损失的增加系数大于 4.8。对于含 n 个混合元件的静态混合器而言，它的方向改变 2^n 次。对于层流而言，压降为同样空管长的 4 倍；对于湍流而言，压降为同样空管长的 10～100 倍。湍流促进器一般可使系统的传质系数增加 4～10 倍，但同时会使系统的压降增加并增加拆洗的难度，采用时需具体分析，全面权衡。

⑤ 脉冲法。对流体施以脉冲时，流动方向的线速度、速度分布及浓度分布都将发生变化。对一定流速而言，振幅越大或振动数（频率）越高，透过速度也随之增加。用直径 13.1mm 的管状膜进行实验，结果表明：如果不施加脉冲，以 10％蔗糖溶液在 15cm/s 的线速下运转时，其透过速度为 12.5mL/min，而在相同条件下，当施以振幅为 18.7cm，频率为 50 周/min 的脉冲时，透过速度将增高到 21.5mL/min。采用相当于主泵的 1/4～1/2 动力的脉冲发生装置，虽然动力成本增加 25％～50％，然而透过速度提高 70％，具备一定的应用价值。

⑥ 搅拌法。主要是在膜面附近增设搅拌器，也可以把装置放在磁力搅拌器上使用。

⑦ 增大扩散系数法。主要是依靠提高温度。将 15％蔗糖溶液的溶液温度由 25℃提高到 35℃和 45℃时，透过速度分别增加了 18％和 48％。根据 Stokes-Einstein 公式，溶质扩散系数 D 可表示为：

$$D=RT/(6r_S\pi\mu N_A) \qquad (6\text{-}108)$$

⑧ 流化床法。为了强化膜过滤时的界面传质效应，范德华提出并具体实施了流化床湍流促进试验，这是一种由内装七根直径为 12mm 和 18mm 的管式膜组件构成的流化床。床内装有小于 0.7mm 的玻璃珠，在一定原水流速下形成流化状态。湍流促进主要是靠小玻璃珠与膜壁的不断碰撞从而减薄界面层厚度使传质系数大为增加，使反渗透过程中的脱盐率和透水率增加 21.7％～35.8％。

（3）传质系数 κ 的测定方法　确定 κ 值的方法主要有：强制对流过程实验测定法、自然对流过程实验测定法、扩散电流法、逐点测量浓度差值法、电导微探针法、全息干涉仪法、极光干涉仪法和 Ag-AgCl 电极探针法以及理论计算法等。其中，理论计算法可根据表 6-12 中所列的不同流动情况下的传质系数计算公式来求取 κ 值。

表 6-12　不同流型下的传质系数计算公式一览表

流道构型	适用膜构型	层　流	湍　流
圆管	中空纤维式、毛细管式、多管式	$Sh=kd_h/D=1.62(ReScd_h/L)^{0.33}$	$Sh=0.04Re^{0.75}Sc^{0.33}$
通道	板框式	$Sh=1.85(ReScd_h/L)^{0.33}$	$Sh=0.04Re^{0.75}Sc^{0.33}$

表 6-12 中，Sh、Re 和 Sc 分别为无量纲的 Sherwood 数、Reynolds 数和 Schmidt 数。其中，Reynolds 数与 Schmidt 数可由以下数学公式表达：

$$Re=\frac{d_h u}{\nu}=\frac{\rho u d_h}{\eta} \qquad (6\text{-}109)$$

$$Sc=\frac{\nu}{D}=\frac{\eta}{\rho D} \qquad (6\text{-}110)$$

式中，ν 为运动黏度；d_h 为水力学直径；η 为动力黏度；u 为流速；D 为溶质扩散系数。

其中，需要注意的是水力学直径的计算，在不同情形下的数学表达式存在一定差异。

管（直径 d）：$d_h=4A/S=4\times(\pi/4)d^2/(\pi d)=d$　(6-111)

通道（高 h、宽 ω）：$d_h = 4A/S = 4\omega h/[2(\omega + h)] = 2\omega h/(\omega + h)$ (6-112)

6.7.2.2 不可逆膜污染

不可逆膜污染是指料液中的溶质分子由于与膜存在物理化学相互作用或机械作用而引起的在膜表面或膜孔内的吸附、沉积而造成的膜孔径的变小及堵塞，从而引起膜分离特性不可逆变化的现象，它可分为两大类。

(1) 膜表面电性及吸附引起的污染 用反渗透膜处理溶液时，当溶液中的溶质分子碰撞膜表面时，膜与溶质之间或产生范德华力或形成表面化学键，相应产生物理吸附或化学吸附，这两种吸附作用使膜吸附溶质，造成膜表面上溶液浓度高于主体溶液的浓度，这就是吸附现象引起的不可逆污染，它会使膜的纯水渗透性不可逆地下降。吸附量的大小（或污染的程度）可通过 Fleundlich 吸附等温式来表示：

$$X/m = KC^{1/n} \tag{6-113}$$

式中，X/m 为单位质量膜对溶质的吸附量，mg/mg；K 为下限吸附量，即吸附等温线的截距，mg/mg；$1/n$ 为吸附容量指数，即吸附等温线的斜率；C 为水溶液中溶质吸附平衡浓度，mg/L。

吸附等温线受 K 和 $1/n$ 的控制。K 值越大，吸附容量越大。K 值与膜的吸附特性有关，K 值是膜的特性、电性、表面孔的分布、比表面积等的函数。$1/n$ 与溶液的性质有关，表示膜的吸附容量随吸附质残余浓度变化的程度，n 值是处理液的特性、电性、黏度、温度和 pH 值等的函数。在膜分离时，必须考虑尽量减小 K 值，增大 n 值。当反渗透膜表面带有电性时，这种吸附会变得更加复杂，不仅要考虑吸附作用，还应考虑电荷间的相互作用。例如：常用的醋酸纤维素（CA）膜和聚砜（PSf）膜都带有负电荷，而 PSf 膜的负电位比 CA 膜大 5～6 倍。当用这两种膜在相同条件下处理带正电荷的溶液时，PSf 膜的吸附污染比 CA 膜严重得多。反之，若处理带负电荷的溶液，则情况正好相反，PSf 膜的污染要比 CA 膜轻得多。

(2) 膜表面孔隙的机械堵塞引起的污染 当溶液的浊度较高或污染指数较大时，料液中会有一定量的悬浮颗粒或大分子的胶体，这些物质在压力的作用下，纯水透过膜后它们会沉积在膜面上，膜面上沉积物随着处理量增加而增多，导致沉积物厚度增加，膜孔被堵塞的情况会越来越严重，纯水的透过量也会随着降低。这就是由膜表面孔隙的机械堵塞引起的不可逆污染。

上述两种污染虽然机理不尽相同，但同属于“不可逆污染”，因而应注意尽可能避免发生这种情况。只能通过进水水质的预处理，控制浊度小于 3、控制污染指数 SDI 值小于 5 和控制 pH 值、研制抗污染膜等方法，来尽力减少进水中的杂质和胶体物质，降低膜污染速率，从而延长膜使用寿命，降低运行成本。

6.7.3 膜污染预防措施

6.7.3.1 预处理

反渗透脱盐过程中，膜本身对于 pH 值、温度、化学物质较为敏感，因而对进水水质存在一定的要求，同时膜设备的正常运行亦需对浓差极化、悬浮物、胶体物、乳化油等指标加以界定，使得进料液进入膜分离单元之前须对其进行预处理，这是反渗透设备正常运行的关键前提条件[72]。

(1) 预处理目的

① 去除超量的悬浮固体、胶体物质以降低浊度；

② 调节并控制进料液的电导率、总含盐量、pH 值和温度；

③ 抑制或控制微溶盐析出堵塞膜的通道或在膜表面形成涂层；

④ 防止粒子物质和微生物对膜及组件的污染；

⑤ 去除乳化油和未乳化油以及类似的有机物质；

⑥ 防止铁、锰等金属的氧化物和二氧化物的沉淀等。

(2) 预处理方法 包括传统预处理方法和膜法预处理方法。前者是对膜法预处理出现前反渗透预处理工艺的总称，通常包含絮凝、沉淀、过滤或生物处理法等。目前由于分离膜制备技术及成套加工技术的不断进步和发展，微滤和超滤被广泛应用于反渗透预处理系统中。根据预处理方法不同的作用效果，从以下七个方面展开阐述：

① 悬浮固体和胶体的去除。悬浮固体包括淤泥、氧化铁和腐蚀产物、二氧化锰、与硬度有关的沉淀物、铝的氢氧化物、二氧化硅、硅藻、细菌、有机胶体等，其中胶体最难处理。水中悬浮物和胶体物质的粒径不同，其沉降速度也相差很大。对大颗粒悬浮物而言，在重力作用下易沉降并加以分离。一般在反渗透前，用砂滤、多介质过滤器或使用 5～25μm 的过滤筒就可充分去除。原水中的胶体物质来源于地表水和黏土层的井水中，包括水中的细菌、黏土、胶体和铁的腐蚀物等，澄清器中使用的铝盐、氧化铁、阳离子聚电解质等化学药品，在澄清器和随后的过滤中没有被有效去除，阳离子聚电解质与带负电的阻垢剂产生沉淀。由于胶体本身的布朗运动（动力稳定性）和带电稳定性及水化作用，所以尺寸较小的悬浮物及胶体杂质能在水中长期保持稳定分散状态。但在进料液的浓缩过程中，胶体的稳定性会受到破坏而凝聚沉积在膜面上，这将改变组件内流体的流动状态，从而使沉积更加严重。实践表明，0.3～5μm 粒径的悬浮颗粒和胶体最容易引起膜的污染。常用的处理方法包括：a. 絮凝＋多介质过滤，由于胶体粒子尺寸小且具有荷电性，用普通的过滤方法无法去除，为了沉降胶体粒子，常使用不同的化学混凝剂使胶体颗粒以不同的方式失稳，常使用双电层压缩、吸附与电性中和、架桥絮凝或吸附网捕（卷扫）等方法来使胶体粒子凝集成大的胶团，然后再用一般的过滤方法有效地去除这种胶团；b. 微滤＋超滤法预处理，这种方法的优点是可完全去除不溶解的物质，可降低颗粒物的污染风险，可连续操作，产水水质稳定，自动化程度高，设备运行操作简单，不产生过滤残渣或絮凝污泥等废弃物，占地面积小等。

② 可溶性有机物的去除。进水中可能含有各种有机物：挥发性的低分子有机物（如醇、酮和胺等）、极性和阴离子型有机物（如腐殖酸、富马酸和丹宁酸等）、非极性和弱解离有机物（如植物性蛋白等）。这些有机物通常以悬浮和溶解状态存在，某些可溶性有机物的存在不仅使膜性能恶化，在浓缩时甚至会使膜发生溶解。可溶性有机物（长链的可解离成离子型有机脂肪酸等除外）用沉降或凝聚法无法去除。一般去除可溶性有机物的方法包括：a. 用氯或次氯酸钠进行氧化，几乎能去除全部可溶性的、胶体状的和悬浮性的有机物，氧、臭氧和高锰酸钾虽然是强氧化剂，使用效果好，但成本较高；b. 用活性炭吸附几乎可除去所有非极性、中高分子量的可溶性有机物，由于活性炭能够再生，相对来说还是经济的，但是对那些不能被活性炭吸附的可溶性有机物（如醇、酚等）仍需用氧化法处理；c. 用聚阳离子絮凝剂除去阴离子极性大分子；d. 易挥发性的低分子化合物，可借助脱气法除去；e. 弱解离的大分子可用吸附树脂除去；f. 在有些情况下，还可考虑用超滤来去除一定分子量的有机物。

③ 可溶性无机物的去除。水中铁的去除的方法包括：a. 混凝法，当水中铁盐以氢氧化铁胶体或有机化合物胶体（如腐殖酸铁）形态存在时，可使用混凝剂，使胶体失稳，凝聚成大颗粒，在澄清过滤工艺中除去；b. 曝气法，天然水中的铁以 Fe^{2+} 和 Fe^{3+} 两种形态存在，当深井水中溶解氧的浓度很低且水中的 pH 值较低时，水中一般含有 Fe^{2+} 盐，常以 $Fe(HCO_3)_2$ 形式存在，此时需通过曝气法溶入氧除去 Fe^{2+}，但对地表水而言，由于溶解氧含量较大，当其 pH 值在 7 左右时，水中铁几乎只有胶溶状的 $Fe(OH)_3$ 存在；c. 锰砂过滤法，天然锰砂主要成分是 MnO_2，它是 Fe^{2+} 氧化成 Fe^{3+} 良好的催化剂，当水中 pH＞5.5

时，与锰砂接触，发生化学反应生成 $Fe(OH)_3$沉淀物，后经锰砂过滤后被除去，故锰砂滤层起着催化和过滤的双重作用；d. 石灰碱化法，当水中 SO_4^{2-} 含量较大时，除去水中铁，不能用曝气法，而必须使用石灰碱化法，当水的 pH 值大于 8 时，水中 $Fe(OH)_2$能迅速氧化成 $Fe(OH)_3$絮状沉淀物，从而达到除铁的目的；e. 除去溶解氧法，DDS 公司采用加入亚硫酸钠来去除溶解氧，以阻止铁的氧化，由于溶解氧的去除，从而可达到阻止铁的进一步的氧化生成胶体的目的；f. 离子交换法，当铁含量不高时，如小于 1mg/L 时，可用钠型离子交换软化除铁，交换后的 $(R—SO_3)_2Fe$，可用浓 NaCl 溶液再生，然而需要注意的是，当铁含量≥1mg/L 时，会使软化器中毒（污染）。

水中锰、铝的去除：与除铁类似，可使锰形成 $Mn(OH)_2$沉淀除去。软化器也有除铁、锰的效果。铝对膜的污染是 $Al(OH)_3$沉淀导致的。铝有两性，通常以胶体形式存在，在 pH 值过高或过低时，都会造成对膜的污染。在使用铝盐作聚凝剂的系统时，当 pH 控制不好或加药过量，且这种水作为反渗透原始进水，会在调节 pH 防止沉淀过程中产生 $Al(OH)_3$沉淀，或者在反渗透过程中超过其溶解度，都会对膜造成污染。因此，pH 值必须控制在 6.5～6.7，使铝剂处理系统中铝的溶解度最低，防止铝对反渗透单元的污染。一般应控制反渗透进水中 Al^{3+} 含量在 0.05mg/L 以下。

硫化氢的去除：一般是使用沉淀和过滤方法将进料液中的粒子物质去除，但对极易氧化成粒子的氧化硫和氧化铁以及硫化氢等粒子，则必须使其先氧化而后过滤除去，在少数情况下，井水中溶解有 H_2S，H_2S 易被氧化生成硫黄而污染表面。此时可采用强制曝气使 H_2S 氧化成单质硫，然后用过滤的方法去除。或者防止其氧化，常采用防止氧化法，即将井和进水管线建设为封闭不使空气和其他氧化物进入的系统。

④ 二氧化硅的去除。二氧化硅在水中常以悬浮颗粒、胶体和硅酸根的形式存在，后两种形式对反渗透装置不利。当二氧化硅在水中浓度高时，还会以硅酸钙或以二氧化硅形式析出。二氧化硅比其他结垢物的溶解度要高，甚至在过饱和状态下有时也较稳定。去除二氧化硅，可使用强碱性阴离子交换树脂吸附，也可以通过石灰处理。例如，通过采用 60～70℃ 热石灰和硅酸脱除工艺，可将硅酸浓度降低到 1mg/L 以下。但该法成本高，所以宁可效果差一些，常采用在常温下和钙一起去除的冷石灰法。

⑤ 难溶盐（碳酸钙、硫酸钙）沉淀的预防。反渗透过程中水垢是普遍的膜污染。当给水水源为海水时，通常考虑碳酸钙成垢；给水水源为苦咸水时，需考虑碳酸钙、硫酸钙成垢。为确定难溶盐可能对膜造成的污染，一般情况下，首先需要对反渗透浓水中 $CaSO_4$ 结垢倾向进行计算，特殊情况下，还需做硫酸钡（$BaSO_4$）、硫酸锶（$SrSO_4$）结垢倾向的计算。通常的方法有软化法（石灰-纯碱法、离子交换树脂法）、酸化法、控制运行条件、添加阻垢剂等方法，可有效预防难溶盐的沉淀。

⑥ 水中余氯的去除。对醋纤维素膜而言，余氯含量为 0.2～0.5mg/L；对芳香聚酰胺膜为小于 0.1mg/L。当余氯含量超过规定值时可用活性炭或 KDF 吸附，或加入亚硫酸钠来降低余氯含量。

⑦ 微生物（细菌、藻类）的去除。去除细菌一般用加氯法，也可用臭氧、$KMnO_4$、H_2O_2或紫外线杀菌。若使用杀菌剂还需考虑原水中的化学耗氯量 COD。若 $COD_{Mn}<10mg/L$，则只通氯气即可，但若水中 $COD_{Mn}>10mg/L$，则除了通氯外，还要加杀菌剂。

(3) 预处理系统的一般性原则　地表水中悬浮物、胶体物质杂质较多，预处理主要去除这些杂质：①地表水悬浮物含量小于 50mg/L 时，可采用直流混凝过滤法；②地表水悬浮物含量大于 50mg/L 时，可采用混凝、澄清、过滤法。

地下水中含悬浮物、胶体杂质较少，即浊度、SDI 值较低。然而，由于处于低氧甚至缺氧状态，地下水中存在大量 Fe^{2+}、Sr^{2+}、H_2S 等还原性物质，尤其是二价铁离子普遍含量较高。预处理主要去除这些杂质：①地下水含铁量小于0.3mg/L，悬浮物含量小于20mg/L时，可采用直接过滤法；②地下水含铁量小于0.3mg/L，悬浮物含量大于20mg/L时，可采用直流混凝过滤法；③地下水含铁量大于0.3mg/L，应考虑除铁，再考虑采用直接过滤工艺或直流混凝过滤法。

原水中有机物含量较高时，采用加氯、混凝、澄清、过滤处理。若仍不能满足要求，可同时采用活性炭过滤除去有机物。

原水中碳酸盐硬度较高时，加药处理仍会造成$CaCO_3$在反渗透膜上沉淀时，可采用石灰处理。

原水中硅酸盐含量较高时，可加石灰、氧化镁（或白云粉）进行处理。

(4) 预处理系统的约束性指标　经预处理系统处理进入反渗透膜组件前的原水水质须达到以下指标：①保证SDI_{15}最大不超过5.0，争取低于3.0；②保证浊度低于1.0NTU，争取小于0.2NTU；③保证没有余氯等氧化物存在；④保证没有引起膜劣化的化学物质存在。然而，不同类型膜组件对水质要求亦不相同，需根据具体情况而定。

总之，在反渗透进料水的预处理时，需考虑两个方面：一方面是防止悬浮物、胶体和微生物对膜和管道内部的污染与堵塞；另一方面是要防止难溶盐的沉淀结垢。两方面的处理结果都能达到要求时，才能保证反渗透装置的正常运转。

6.7.3.2　投加药剂

在反渗透预处理系统中，添加的药剂类别及作用如表6-13所列。主要从以下两个方面展开详细阐述。

表6-13　反渗透预处理投加药剂类别及作用

类　别	作　用	类　别	作　用
杀菌剂	防止微生物污染	还原剂	防止反渗透膜被氧化
絮凝剂	悬浮物质的絮凝	阻垢剂	防止发生结垢
pH值调整	确保最佳的絮凝pH值		

(1) 絮凝剂　常用的混凝剂包括无机絮凝剂[如硫酸铝、聚合氯化铝（PAC，不是高分子)、硫酸亚铁、氯化铁、聚合铁（PFS）等]和有机絮凝剂（如高分子絮凝剂是指能够发挥絮凝作用的天然或人工合成的有机高分子物质)。其中，天然类为动物胶、淀粉等蛋白质或多糖类化合物；人工类多为聚丙烯或聚乙烯类物质，如聚丙烯酰胺、聚丙烯酸钠、聚乙烯亚胺等。由于高分子聚合物能通过中和胶粒表面电荷或形成氢键和“搭桥”使凝聚沉降在数分钟内完成，从而使水质得到较大改善。故近年来高分子絮凝剂有取代无机絮凝剂的趋势。为了提高混凝效果常需投加作为辅助药剂的助凝剂，这包括：①pH值调节剂，如石灰(CaO)、纯碱（Na_2CO_3)；②氧化剂，如氯（Cl_2)、漂白粉；③加固剂，如活化硅酸的原料为水玻璃（$Na_2O \cdot xSiO_2 \cdot yH_2O$)；④吸附剂，如聚丙烯酰胺（PAM)。但助凝剂单独作为混凝剂使用的情况极少。

(2) 阻垢剂　加六偏磷酸钠、有机磷酸盐和多聚丙烯酸盐等来掩蔽钙离子的阻垢剂以防止难溶盐成垢的方法，由于其使用方便和经济，越来越受到人们的关注和重视，并得到越来越广泛的应用。阻垢剂分为：①羧酸聚合物类，如聚丙烯酸、聚马来酸、藻朊酸及其盐类、羧甲基纤维素、聚甲基丙烯酸、氨基聚羧酸、马来酸酐和长链不饱和烃的共聚物、丙烯酸和亚甲基丁二酸的共聚物、混合羧酸聚合物以及一些以聚丙烯酸为主体的其他产品；②磷酸盐类，如六偏磷酸钠、三聚磷酸盐、焦磷酸盐、羟基乙基二膦酸、二乙基三胺戊甲基膦酸、氨基三亚甲基膦酸、乙二胺四亚甲基膦酸；③磺酸及其盐类，如聚苯乙烯磺酸盐、磺酸与丙烯酸的共聚物、聚丙烯酸-2-丙烯酰胺甲基丙磺酸等；④聚丙烯酰胺类，如水解聚丙烯酰胺、丙烯酸与丙烯酰胺共聚物的衍生物等；⑤混合阻垢剂，如磷酸盐与聚羧酸盐的混合物、聚马来酸及其盐和铁分散剂的混合物等。

防止硫酸钙沉淀时的效果比较为：AF-400（按配方制造的产品）＞聚丙烯酸＞六偏磷酸盐≫焦磷酸盐≈三聚磷酸盐≈聚苯乙烯磺酸盐≈聚丙烯酰胺≈空白（无阻垢剂）。共聚甲基丁二酸-2-丙烯酰胺甲基丙磺酸＜共聚丙烯酸-丙烯酰胺＜共聚丙烯酸-丙烯酰胺甲丙磺酸＜共聚丙烯酸-亚甲基丁二酸＜聚丙烯酸－2（分子量为3900）＜聚丙烯酸－1（分子量为1500）。作为硫酸钙的阻垢剂，聚丙烯酸表现出了杰出的效果。聚马来酸效果也很好，优于六偏磷酸钠，但次于聚丙烯酸。六偏磷酸钠是迄今为止应用最广泛的阻垢剂。许多低分子量的聚电解质都具有阻垢能力。一些复合制剂，如AF-400、BL-5600效果更佳。

目前最常用的方法是通过调节pH值（加酸）来控制碳酸钙成垢。羟基亚乙基二膦酸（HEOP）被认为是最有效的碳酸钙阻垢剂；EL-5600也是很好的碳酸钙阻垢剂。含磷的调聚物单独使用或与其他阻垢剂或分散剂联合使用可防止脱盐过程中钙盐、镁盐、钡盐和锶盐的沉淀。马来酸酐和长链不饱和烃的共聚物也可起到稳定钙盐和镁盐的作用。聚马来酸及其盐、磷酸及其盐和铁分散剂的混合物是碳酸钙、硫酸钙、氢氧化镁的阻垢剂。一些公司和厂家生产的复合制剂也有很好的阻垢效果，如TRC-233对悬浮固体，包括黏土、活泥和金属氧化物均有分散作用。聚电解质的结构和官能团、聚电解质分子量、pH值、阻垢剂浓度、背景离子等是影响阻垢效果的因素。因此，在实际应用过程中，多用加酸和添加阻垢剂相结合的方法来防止难溶盐成垢。

6.7.3.3 反渗透装置的保养

对反渗透装置的保养维护极为重要。当反渗透装置停运4h以上时，应先低压运行几分钟，将反渗透浓水置换出来。长期闲置时，应灌入甲醛溶液以防止细菌污染。此外，还要严格控制其运行条件[73]。

(1) 反渗透装置的保存

① 系统安装前的膜元件保存。膜元件出厂时，一般均真空封装在塑料袋中，封装袋中含有保护液。膜元件在安装使用前的储存及运往现场时，应保存在干燥通风的环境中，保存温度以20～35℃为宜。应防止膜元件受到阳光直射及避免接触氧化性气体。

② 短期保存。短期保存是指反渗透系统停止运行5天以上30天以下时的保护措施。此时反渗透膜元件仍安装在RO系统的压力容器内。保存操作的具体步骤如下：a. 用给水冲洗反渗透系统，同时注意将气体从系统中完全排除；b. 用反渗透水配制消毒液冲洗反渗透元件一直到出口的消毒液浓度达标；c. 将压力容器及相关管路充满消毒液后，关闭相关阀门，防止气体进入系统；d. 根据不同的消毒液，每隔3～5天按上述方法重复冲洗一次；e. 在反渗透系统重新投入使用前，用低压给水冲洗系统1h，然后再用高压给水冲洗系统5～10min，无论低压冲洗还是高压冲洗时，系统的产品水排放阀均应全部打开。在恢复系统至正常操作前，应检查并确认产品水中不含有任何杀菌剂。

③ 长期停用保护。长期停用保护方法适用于停止使用30天以上，膜元件仍安装在压力容器中的反渗透系统。保护操作的具体步骤如下：a. 清洗系统中的膜元件。b. 用反渗透产出水配制杀菌液，并用杀菌液冲洗反渗透系统。杀菌剂的选用及杀菌液的配制方法可参照产品相应技术文件。c. 用杀菌液充满反渗透系统后，关闭相关阀门使杀菌液保留于系统中，此时应确认系统完全充满。d. 如果系统温度低于27℃，应每隔30天用新的杀菌液进行a、b的操作，如果系统温度高于27℃，则应每隔15天更换一次保护液（杀菌液）。e. 在反渗透系统重新投入使用前，用低压给水冲洗系统1h，然后再用高压给水冲洗系统5～10min，无论低压冲洗还是高压冲洗时，系统的产品水排放阀均应全部打开。在恢复系统至正常操作前，应检查并确认产品水中不含有任何杀菌剂。

值得注意的是，芳香聚酰胺反渗透复合膜元件在任何情况下都不应与含有残余氯的水接触，否则将给膜元件造成无法修复的损伤。例如，在对RO设备及管路进行杀菌、化学清洗或封入保护液时，应绝对保证用来配制液体的水中不含任何残余氯。

(2) 膜元件用杀菌剂及保护液

① 醋酸纤维膜用杀菌剂

a. 游离氯。游离氯的使用浓度为0.1～1.0mg/L，可以连续加入，也可以间断加入，如果必要，对醋酸纤维素膜元件可以采用冲击氯化的方法。此时，可将膜元件与含有50mg/L游离氯的水每两周接触1h。如果给水中含有腐蚀产物，则游离氯会引起膜的降解。所以在腐蚀存在的场合，建议使用浓度最高为10mg/L的氯胺来代替游离氯。

b. 甲醛。可使用浓度为0.1%～1.0%的甲醛溶液作为系统杀菌及长期保护之用。

c. 异噻唑啉。异噻唑啉由水处理药品制造商来供应，其商标名为Kathon，市售溶液含1.5%的活性成分，Kathon用于杀菌和存储时的建议浓度为15～25mg/L。

② 聚酰胺复合膜（ESPA、ESNA、CPA和SWC）及聚烯烃膜（PVD1）用杀菌剂

a. 甲醛。浓度为0.1%～1.0%的甲醛溶液可用于系统杀菌及长期停用保护，至少应在膜元件使用24h后才可与甲醛接触。

b. 异噻唑啉。异噻唑啉由水处理药品制造商来供应，其商标名为Kathon，市售溶液含1.5%的活性成分，Kathon用于杀菌和存储时的建议浓度为15～25mg/L。

c. 亚硫酸氢钠。亚硫酸氢钠可用作微生物生长的抑制剂，在使用亚硫酸氢钠控制生物生长时，可以500mg/L的剂量每天加入30～60min，在用于膜元件长期停转保护时，可用1%的亚硫酸氢钠作为其保护液。

d. 过氧化氢。可使用过氧化氢或过氧化氢与醋酸的混合液作为杀菌剂，必须特别注意的是在给水中不应含有过渡金属（Fe、Mn），因为如果含有过渡金属时会使膜表面氧化从而造成膜元件的降解，在杀菌液中的过氧化氢浓度不应超过0.2%，不应将过氧化氢用作膜元件长期停转时的保护液，在使用过氧化氢的场合其水温不超过25℃。

值得注意的是，如果给水中含有任何硫化氢或溶解性铁离子或锰离子，则不应使用氧化性杀菌剂（氯气及过氧化氢）。

6.7.4 反渗透膜的清洗、消毒和再生

无论预处理系统如何完善，操作如何规范严格，在膜设备的长期运行中，膜表面总会逐渐因原水中各种污染物沉积而引起膜的污染，这将造成反渗透装置出水下降或脱盐率以及膜组件进出口压力差的升高，不定期的停产、事故的频繁发生及膜组件的更换等都会使操作费用大增[74]。因此，膜污染严重时需对膜进行周期性清洗，以恢复良好的透水和脱盐性能。膜的定期清洗和消毒是预防膜污染的重要措施。清洗前，为“对症下药”，需对膜污染准确“把脉”。

6.7.4.1 膜污染的分析鉴定方法

膜污染的分析鉴定方法是通过解剖受污染的膜组件，详细分析其污染物。当然，这种分析鉴定方法必须破坏膜组件，费用较高。因而，需通过其他方法来确定膜运行过程中的污染问题。膜污染的分析鉴定方法见表6-14。

6.7.4.2 膜的清洗消毒策略

(1) 清洗条件　具备下列条件之一时，应对膜元件进行清洗：在正常压力下如产品出水流量下降10%～15%；产品水质降低10%～15%；含盐量明显增加；反渗透装置每段压差比运行初期增加10%～15%或35kPa；为了维持正常的产品水流量，经温度校正后的给水压力增加了10%～15%；已证实有污染或结垢发生；膜装置运行3～4个月时；装置长期停运时，在用甲醛溶液保护之前。一般来说，若反渗透装置设计合理，运行正确，就不需要经常

清洗。若每月需清洗一次，则预处理工艺显然是不合适的。除了周期性的清洗外，在每次启动时，最好先低压运行几分钟，以除去反渗透器中的浓水，并将其排掉，防止其进入下一级单元。目前，国外反渗透装置上均有这种自动控制功能，以保护反渗透器。

表 6-14　膜污染分析方法

影响因素		膜运行记录	滤芯的酸、碱和蒸馏水萃取液分析	进水水质分析	膜元件①					膜清洗试验
					运行②	膜面污染物分析				
						表观	SEM	EDX	FT-IR	
膜污染	无机污染	△	△	○		△	△	○	△	
	生物污染	△	△	○		△	○		○	△
	有机污染③	△	△						○	○
膜退化		○			○				△	○

① 受污染的膜在分析前应原样保存，并保持润湿。

② 在膜厂家提供的标准条件下运行。

③ 有机污染物需经过洗脱液（如己烷）洗脱，符号说明：○指重要依据，△指参考依据。

（2）膜污染特征[75]　不同的污染物具有不同的污染特性，详见表 6-15。

表 6-15　不同的污染物及其一般特征

污染物	原因	一般特征		
		盐透过率（SP）	组件压差（Δp）	产水量（V_p）
金属氢氧化物	$Mn(OH)_2$、$Fe(OH)_3$等沉淀，多在第一级	明显增加	明显增加，为主要表现	明显下降
水垢	浓差级化，微溶盐沉淀，多在最后一级	适度增加	适度降低	适度降低
胶体	SiO_2、$Al_2(SiO_3)_3$、$Fe(SiO_3)_3$等	适度增加	增加较明显，为主要表现	适度降低
生物污染	微生物（细菌）在膜表面生长，发生较缓慢	适度增加	适度增加	明显降低，为主要表现
有机物	有机物附着和吸附	较轻增加	适度增加	明显降低，为主要表现
细菌残骸	无甲醛保护而存放	明显增加	明显增加	明显降低

（3）除去污染物的措施　主要是通过采用不同的清洗方法。

① 物理清洗。包括正渗透、高速水冲洗、海绵球清洗、刷洗、超声清洗、空气喷射等。最简单的是采用低压高流速的膜透过水冲洗 30min，这将在一定程度上使膜的透水性能得到恢复。但随时间的迁移，透水率仍将下降。对受有机物初期污染的膜，用水和空气混合流体在低压下冲洗膜面 15min 也是有效的。

② 化学清洗。包括用酸、碱、螯合剂、消毒剂、酶、表面活性剂等。可根据膜的性质及污染物的种类来选择合适的方法。

③ 组合清洗。物理清洗与化学清洗结合。

④ 化学清洗常用试剂

a. 酸。有 HCl、H_2SO_4、H_3PO_4、柠檬酸、草酸等。酸对 $CaCO_3$、$Ca_3(PO_4)_2$、Fe_2O_3、Mn_nS_m 等有效，对 SiO_2、$MeSiO_3$（$Me=Mg \cdot Ca$）等无效。其中柠檬酸常用，其缺点是与 Fe^{2+} 形成难溶化合物，这可用氨水调节 pH=4，使 Fe^{2+} 形成易溶的铁铵柠檬酸盐来解决。

b. 碱。有 PO_4^{3-}、CO_3^{2-} 和 OH^- 等，对污染物有松弛、乳化和分散作用，与表面活性剂一起对油、脂、污物和生物物质有去除作用；另外对 SiO_3^{2-} 也有一定效果。

c. 螯合剂。最常用的为 EDTA，与 Ca^{2+}、Mg^{2+}、Ba^{2+}、Fe^{3+} 等形成易溶的络合物，故对碱土金属的硫酸盐很有效。其他螯合剂有磷羧酸、葡萄糖酸、柠檬酸和聚合物基螯合剂等。

d. 表面活性剂。降低膜的表面张力，起润湿、增溶、分散和去污作用，最常用的为非离子表面活性剂，如 Triton X-100。

e. 酶。蛋白酶等，有利于有机物的分解。

例如，对于清洗中空纤维反渗透膜多用过硼酸钠溶液，这是由于在膜的细孔内存在胶体堵塞物，用分离率极差的物质如尿素、硼酸、醇等作清洗剂时，它们很易渗入细孔而达不到清洗目的。对于细菌的污染，视具体情况而定。对醋酸纤维素系列膜，可用 5～10mg/L 的次氯酸钠溶液，以 H_2SO_4 调节 pH 值至 5～6 后进行清洗；对于芳香聚酰胺可用 1%（质量分数）的甲醛溶液清洗，同时监控反渗透浓水中保持 0.2～0.5mg/L 的余氯，以防止细菌的繁殖。

以上是清洗的总原则。不同的膜生产厂家对这些污染采用的药剂有不完全一致的要求。

（4）清洗剂选择原则和配方　一般是根据污染物的检测分析结果来选择合适的清洗剂，此时要考虑清洗剂与膜的相容性以及不腐蚀系统等。表 6-16 是膜清洗剂的一般选择原则。表 6-17 是常用的清洗剂配方。

表 6-16　膜清洗剂的一般选择原则[76]

污染物	清洗剂选择原则	污染物	清洗剂选择原则
钙垢	以各种酸，结合 EDTA 除去	生物污染物	高 pH 值下以 BIZ 或 EDTA 清洗，用 Cl_2、$NaHSO_3$、CH_2O、H_2O_2 或过氧乙酸短期冲洗
金属氢氧化物	以草酸、柠檬酸，结合 EDTA 和表面活性剂处理	有机物	以 IPA 或其他专用试剂，结合表面活性剂处理
SiO_2 等胶体	在高 pH 值下，以 NH_4F 类结合 EDTA 及特种洗涤剂 STP、BIZ 洗涤	细菌	用 Cl_2 或甲醛水溶液冲洗

表 6-17　常用的清洗剂配方

药品成分	垢物	清洗方法
柠檬酸 2% 曲拉通 X-100 0.1% 羧甲基纤维素 0.001% 用氨水调 pH 值到 3	氢氧化铁	在常温下循环清洗 45min，然后用产品水洗净
柠檬酸 2% 用 NH_4OH 调 pH 值到 7	$CaSO_4$	循环清洗，然后用清水洗净
EDTA 1.5% pH=7(用 NaOH 调)	$CaSO_4$	循环清洗，然后用热水洗净
三聚磷酸钠 EDTA 四钠盐 用 H_2SO_4 调节 pH 值至 10.0	$CaSO_4$	反渗透产品水(无游离氯)循环清洗
三聚磷酸钠 曲拉通 X-100 羧甲基纤维素 EDTA 用 H_2SO_4 调 pH=7.5	钙和镁的盐类	循环清洗，然后用清水冲洗
EDTA 三聚磷酸钠 曲拉通 X-100 用 HCl 调 pH=7.5	淤泥或有机物	循环清洗
HCl　pH=4	$CaCO_3$	循环清洗
柠檬酸　pH=4	$CaCO_3$	循环清洗

续表

药品成分	垢物	清洗方法
柠檬酸 2% pH=2.5	Mn、Fe	循环清洗
柠檬酸 2% 用 NH_4OH 调 pH=4	硅酸盐	循环清洗
柠檬酸 2% Na_2EDTA 2% 用 NH_4OH 调 pH=4	Fe、Ni、Cu、Mn 的氢氧化物	循环清洗
SHMP(六偏磷酸钠)1%	硅酸盐	循环 30～60min
$Na_2S_2O_4$连二亚硫酸钠 2% pH=3.6	Fe	循环 30～60min
$(NH_4)HF_3$氟化氢胺 2% 柠檬酸 2% 用 HCl 调 pH=1.5	SiO_2	循环 50min 用产品水冲洗
$(NH_4)HF_2$氟化氢铵 2%	SiO_2	循环 50min 用产品水冲洗
加酶洗涤剂 1%	蛋白质油类	50～60℃(最好),30～35℃(一般) 浸渍一定时间
淡盐水	胶体污染严重	循环清洗
H_2O_2溶液(如 0.5L 30%的 H_2O_2用 12L 去离子水稀释)	有机污染	循环清洗
三聚磷酸钠 十二烷基苯磺酸钠 用硫酸调节 pH 值至 10.0	有机沉积物 (如微生物黏泥或霉斑)	循环清洗
水溶性乳化液	油及氧化铁	循环 30～60min
草酸	金属氧化物	循环清洗

(5) 一般物理清洗程序[77]　采用反渗透膜透过水在 50psi（约 3.45×10^5 Pa）下，以 75%的最大流速逐级冲洗元件 15min；配制清洗液，充分混合，调节 pH 值和温度；以 75%的最大流速泵清洗液到反渗透系统中，全部充满，停泵关阀浸泡 15min，之后循环 45min，排放；重复上步到排放的清洗液颜色变淡为止；以进水循环 45min 后排放；以 75%的最大流速，在约 3.45×10^5 Pa 下，用产品水冲洗元件 15min；以最大流速，在约 3.45×10^5 Pa 下，用产品水冲洗 30min；检查排放水的 pH、电导率等，合格后则完成清洗。

(6) 清洗要求　在清洗膜元件时，有关的清洗系统应用水冲洗干净，以免污染膜元件，并应认真检查有关阀门是否严密。清洗过程中应监测清洗液温度、pH 值、运行压力以及清洗液颜色的变化。系统温度一般不应超过 40℃，运行压力以能完成清洗即可，压力容器两端压降不应超过 0.35MPa。对多段 RO 装置，原则上清洗应分段进行，清洗水流方向与运行方向相同。当污染比较轻微时，可以多段一起进行清洗；当元件污染严重时，清洗液在最初几分钟可排地沟，然后再循环。一般情况下，清洗液可不排地沟，直接循环。通常，清洗每一段循环时间为 1.5h，污染严重时应加长时间，清洗完毕后，应用反渗透出水冲洗 RO 装置，时间不少于 30min。当膜污染严重时，清洗第一段的溶液不要用来清洗第二段，应重新配制清洗液。为提高清洗效果，可让清洗液浸泡膜元件，但时间不应超过 24h。

(7) 清洗液的配制　清洗液原则上由用 RO 出水配制。清洗剂应充分溶解并混合均匀。对于固体清洗药品，如柠檬酸，因为其溶解度有限，所以可在一个小容器内先搅拌溶解后，再倒入清洗箱内，一段应用 NH_4OH，而不是 NaOH 调节清洗液的 pH 值。如 24.4%的 NH_4OH 10mL 加进 1 L 2%柠檬酸中，可把 pH 值调节至 4.0。由于氨水对人体器官有明显的刺激作用，要求清洗药间应有良好的通风设备。

反渗透系统清洗辅助设备包括：①清洗箱，要求防腐蚀，材料可选用玻璃钢、聚氯乙烯塑料、钢罐内衬橡胶等。由于 RO 膜对温度有具体要求，在不同地区，应考虑在箱内安装加热或冷却装置。一般要求清洗温度不低于 15℃，否则影响清洗效果。确定清洗箱的体积时应考虑压力容器的体积、保安过滤器的体积、有关流通管道的体积等。②清洗泵，应耐腐蚀，如玻璃钢泵。它所提供的压力应能克服保安过滤器的压降、膜组件的压降、管道阻力损失等，一般选用压力可为 0.3～0.5MPa。③5～10μm 的筒式过滤器等，它装在清洗泵的出口，以除去清洗下来的沉积物。

6.7.4.3 **膜的再生方法**

由于表面的缺陷、磨蚀、化学侵蚀和水解等原因，膜在使用中性能会逐渐下降，为了延长膜的寿命，可对膜进行再生。一般再生前脱盐率应在 80%以上，再生后可达 94%以上。低于 80%脱除率的膜再生效果很差。

(1) 再生剂　目前只有醋酸纤维素类和芳族聚酰胺中空纤维有再生剂。醋酸纤维素膜的再生剂为聚醋酸乙烯酯或其共聚物，芳族聚酰胺中空纤维的再生剂为聚乙烯甲醚/单宁酸。

(2) 再生方法　再生时，首先要彻底清洗膜组件，之后配制再生液泵入系统中循环，测定脱除率，产水量和压降等当达到所需脱除率后，以产品水冲洗，运行到性能稳定为止。

6.8 反渗透分离装置及膜成型机械装置

无论是实验室（lab-scale）规模试验还是工业化（full-scale）规模生产，反渗透膜分离装置均包含膜分离单元及提供流体压力与流量配套装置。

6.8.1 实验室规模的膜分离装置[78]

在实验室中的膜分离单元称为评价池或膜池（membrane cell），它是用来测试小面积膜性能参数的装置。用泵或钢瓶给流体提供压力与流量。对反渗透而言，评价池设计时首先考虑的是如何减少膜分离过程中产生的浓差极化。因此，常采用电磁搅拌、电磁振动、机械强力搅拌等方法或将评价池流道结构设计成涡轮槽或薄层流路，以提高膜表面液体的湍流程度。除此之外，在设计上还需考虑膜安装的便利、样品的取样、压力与温度的恒定。典型的反渗透评价池有：间歇搅拌型（图 6-35）、连续泵型、涡轮导流槽型（图 6-36）、渗透仪（图 6-37）等几种形式。

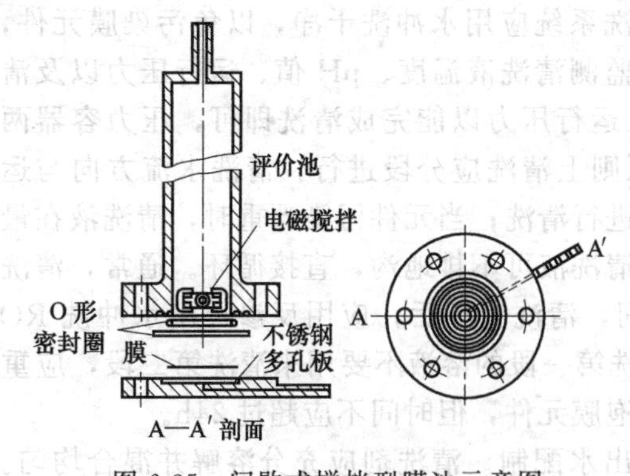

图 6-35　间歇式搅拌型膜池示意图

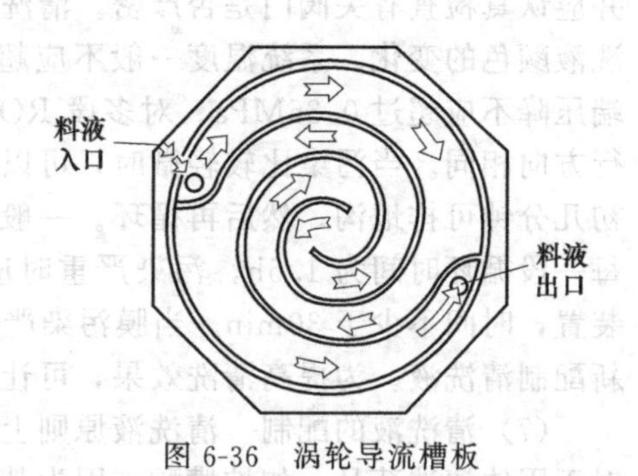

图 6-36　涡轮导流槽板

6.8.2 工业规模的膜分离装置

各种膜分离装置主要包括膜组件和泵，所谓膜组件是将膜以某种形式组装在一个基本单元设备内，在外界压力的作用下，实现对溶质和溶剂的分离，工业规模上称该单元设备为膜

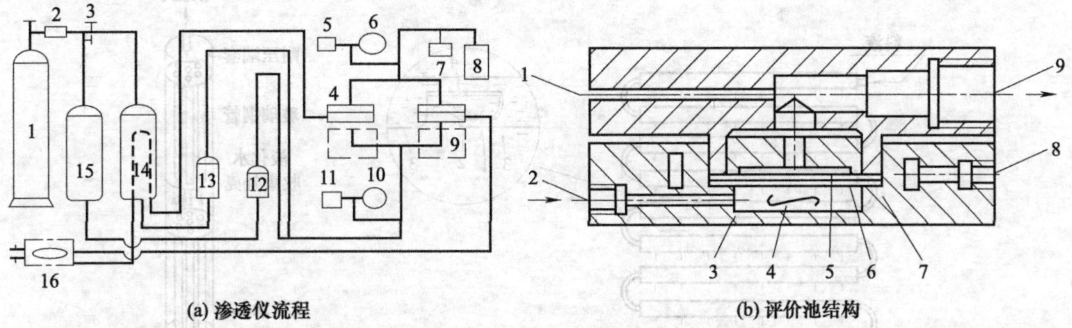

图 6-37 渗透仪

组件或简称组件。在膜分离工业生产装置中，通常有数个至数千个膜组件。目前，工业上常用的反渗透膜组件形式主要有板框式、管式、螺旋卷式及中空纤维式等四种类型。

6.8.2.1 板框式反渗透膜组件

板框式是最早开发的一种反渗透膜组件，它是由板框式压滤机衍生而来的。同其他膜组件形式相比，其最大特点是制造组装比较简单，膜的更换、清洗、维护比较容易。在同一设备内可视需要组装不同数量的膜，因此不仅可以作为生产性装置，也可以在同一设备上进行实验性试验。板框式反渗透膜组件从结构形式上分系紧螺栓式（图 6-38）和耐压容器式（图 6-39）两种。板框式反渗透膜组件与其他形式的膜组件对比，由于缺点较多，目前在工业上已较少应用。

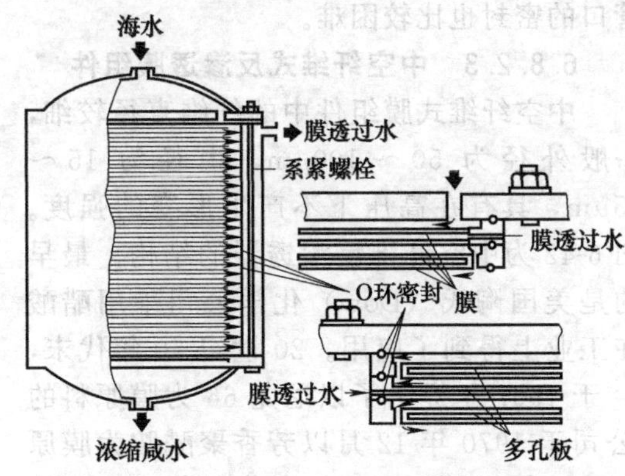

图 6-38 系紧螺栓式板框反渗透膜组件示意图

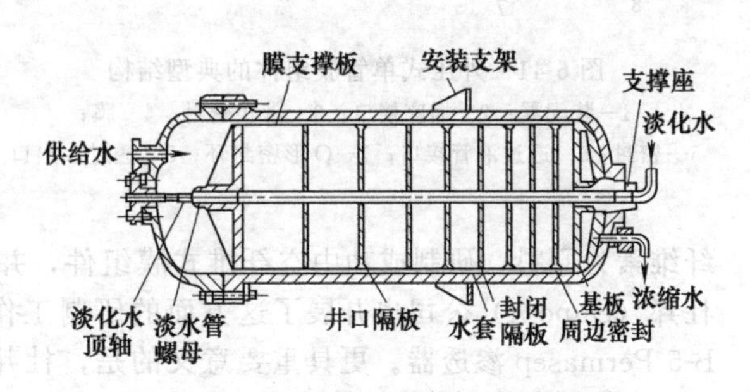

图 6-39 耐压容器式板框反渗透膜组件

6.8.2.2 管式反渗透膜组件

管式反渗透器有内压式、外压式、单管和管束式等几种。图 6-40（a）为内压单管式膜组件。管状膜裹以尼龙布、滤纸一类的支撑材料并装在多孔的不锈钢管或者用玻璃纤维增强的塑料承压管内，膜管的末端做成喇叭形，然后以橡皮垫圈密封。加压下的料液从管内流过，透过膜所得产品水收集在管子外侧。为进一步提高膜的装填密度，也可采用同心套管组装方式，也可如图 6-40（b）所示，将若干根膜管组装成管束状。

外压式单管膜组件的典型结构如图6-41所示，它的结构与内压型管式的相反，它是制膜装在耐压多孔管外，或将制膜液涂刮在耐压微孔塑料管外，水从管外透过膜进入管内。外压

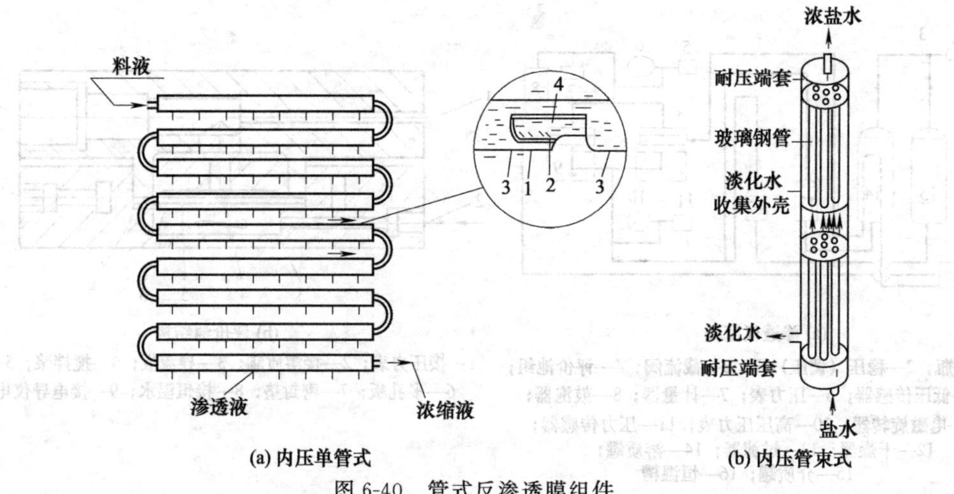

图 6-40　管式反渗透膜组件

1—孔外衬管；2—膜管；3—渗透液；4—料液

式由于需要耐高压的外壳，且进水流动状况又差，一般少用。

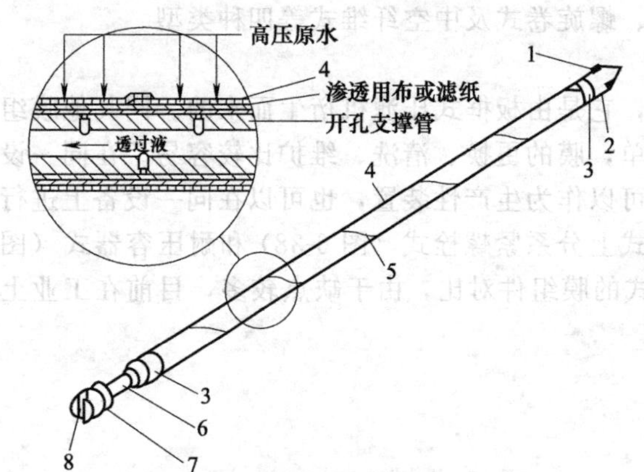

图 6-41　外压式单管膜组件的典型结构

1—装配翼；2—插座接口；3—带式密封；4—膜；5—密封；6—透过液管接口；7—O 形密封环；8—透过水出口

管式组件的优点是：流动状态好，安装、拆卸、换膜和维修均较方便，能够处理含有悬浮固体的溶液，机械清除杂质也较容易；合适的流动状态还可以防止浓差极化和污染。管式反渗透膜组件的不足之处是：与平板膜相比，管膜的制备条件较难控制，若采用普通的管径（1.27cm），则单位体积内有效膜面积的比率较低。此外，管口的密封也比较困难。

6.8.2.3　中空纤维式反渗透膜组件

中空纤维式膜组件中的纤维直径较细，一般外径为 50～100μm，内径为 15～45μm，具有在高压下不产生形变的强度。图 6-42 为中空纤维反渗透器的结构。最早的是美国陶氏（Dow）化学公司采用醋酸纤维素为原料，研制成功中空纤维式膜组件，并在工业上得到了应用。20 世纪 50 年代末，杜邦（Dupont）公司也开展了这方面的研制工作，于 1967 年提出了以尼龙 66 为膜原料的 B-5 Permasep 渗透器。更具重要意义的是，杜邦公司于 1970 年 12 月以芳香聚酰胺为膜原料，首先研制成功 B-9 Permasep 渗透器并获得了 1971 年 Kirkpatrick 最高化工奖，从而找到了一个最有效的苦咸水淡化方法。在此基础上，杜邦公司又于 1973 年 9 月开发了可用于高浓度盐水淡化的新的中空纤维反渗透器——B-10 Permasep 渗透器，并完成了海水的一级淡化现场试验并投入使用。

中空纤维反渗透器的组装方法是：把几十万（或更多）根中空纤维弯成 U 形并装入圆柱形耐压容器内，纤维束的开口端密封在环氧树脂的管板中。在纤维束的中心轴处安置一个原水分配管，使原水径向流过纤维束。纤维束外面包以网布，以使形状固定，并能促进原料水形成湍流状态。淡水透过纤维管壁后，沿纤维的中空内腔流经管板而引出，浓原料水在容器的另一端排出。高压原料水在中空纤维外面流动是因为纤维壁可承受的内向压力要比外向抗张力大；即使纤维强度不够，也只能被压瘪，或者中空部分被压实、堵塞，但不会破裂。

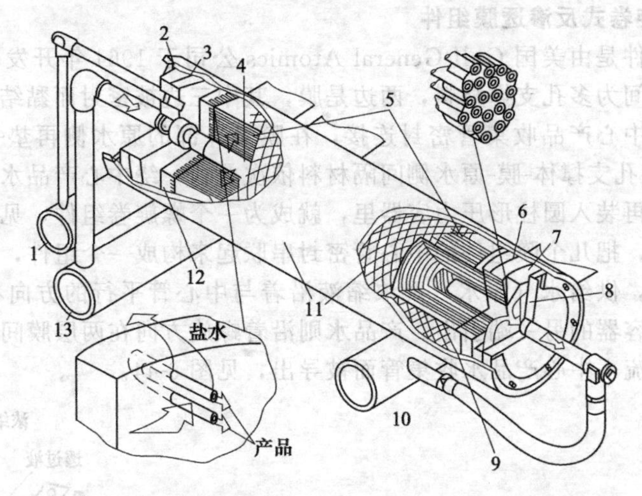

图 6-42　杜邦公司的 Permasep 中空纤维反渗透膜组件图

1—盐水收集管；2,6—O 形圈；3—盖板（料液端）；4—进料管；5—中空纤维；7—多孔支撑板；8—盖板（产水端）；9—环氧树脂管板；10—产水收集管；11—网筛；12—环氧树脂封头；13—料液总管

因而防止了产品水被原料水污染的可能。渗透器的壳体最早是采用钢衬耐腐环氧酚醛涂料制成的。由于钢材较重，内衬的耐腐材料容易剥落，因此使用不安全，后来改为铝制壳体，但铝制壳体应用中不耐腐蚀。最后研制了一种缠绕玻璃纤维环氧树脂增强塑料壳体，渗透器两端的端板也使用这种材料。在组装中空纤维束的过程中遇到的难题是如何不使纤维破损泄漏或干燥皱缩，而把非常细的中空纤维放入环氧树脂的浇注问题。环氧树脂的浇注是采用离心力的原理才得以解决的。具体做法是，将中空纤维束（插在保护套里）放在架子上，依次把架子放在离心机上。离心机转动时，浇注的纤维端沿着圆周周边运动，在 50～60 倍的重力加速度推动下，把新配制的环氧树脂加入纤维束端部，直到环氧树脂固化才停止离心机的转动。最后，在车床上，将固化的环氧树脂浇注头用非常锋利的刀具加工成环氧树脂管板。为提高中空纤维束的装填密度和流体的合理分布性，遇到的另一个问题是中空纤维在分配管上的排列方式，中空纤维是以 U 形方式沿着中心分配管径方向均匀紧密排列，整个纤维束分十层，每一层最外边用无纺布包一层，纤维束最外层包有导流网，同时，纤维 U 形弯曲端也用环氧树脂粘接，使流体合理分布。

中空纤维式组件的主要优点是：单位体积内有效膜表面积比率高，故可采用透水率较低，而物化稳定性好的尼龙中空纤维。该膜不需要支撑材料，寿命可达 5 年，这是一种效率高、成本低、体积小和重量轻的反渗透装置。其缺点是：中空纤维膜的制作技术复杂，管板制作也较困难，同时不能处理含悬浮固体的原水。

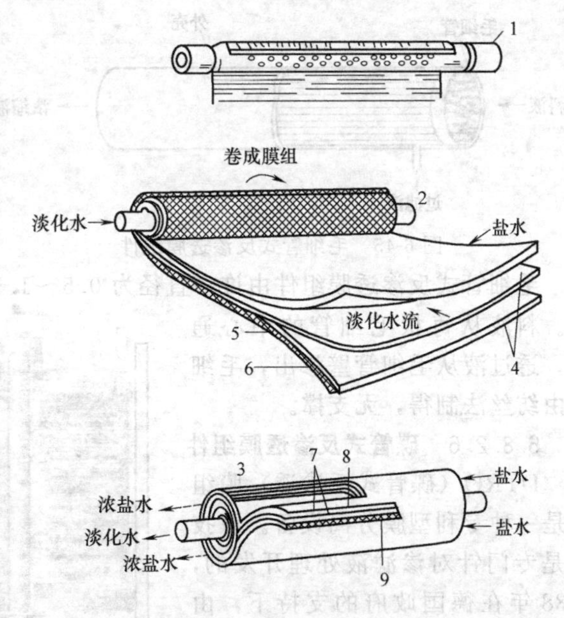

图 6-43　螺旋卷式反渗透膜组件

1～3—中心管；4,7—膜片；5,8—产水隔网；6,9—进料液隔网

6.8.2.4 螺旋卷式反渗透膜组件

螺旋卷式膜组件是由美国 Gulf General Atomics 公司于 1964 年开发研制成功的。这种膜为双层结构，中间为多孔支撑材料，两边是膜，其中三边被密封而黏结成膜袋状，另一个开放边与一根多孔中心产品收集管密封连接，在膜袋外部的原水侧再垫一层网眼型间隔材料，也就是把膜-多孔支撑体-膜-原水侧间隔材料依次叠合，绕中心产品水收集管紧密地卷起来形成一个膜卷，再装入圆柱形压力容器里，就成为一个螺旋卷组件，见图 6-43。

在实际应用中，把几个膜组件的中心管密封串联起来构成一个组件，再安装到压力容器中，组成一个单元，供给水（原水）及浓缩液沿着与中心管平行的方向在网眼间隔层中流动，浓缩后由压力容器的另一端引出。产品水则沿着螺旋方向在两层膜间膜袋内的多孔支撑材料中流动，最后流入中心产品水收集管而被导出，见图 6-44。

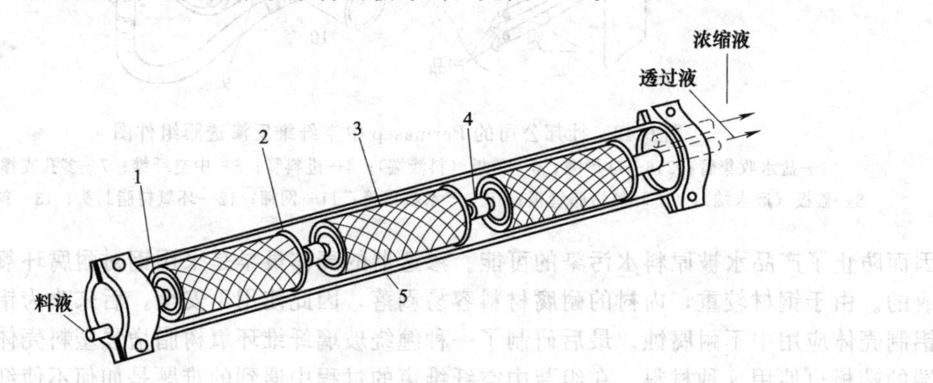

图 6-44 螺旋卷式反渗透器

1—端盖；2—密封圈；3—卷式膜组件；4—连接器；5—耐压容器

为了增加膜的面积，可以增加膜的长度。但膜长度的增加有一定的限制。因为随着膜长度增加，产品水流入中心收集管的阻力就要增加。为了避免这个问题，可以在膜组件内装几叶膜（2 叶、4 叶或更多），以增加膜的面积，这样做的好处是不会增加产品水流动的阻力。

目前，螺旋卷式膜组件已实现机械化生产，即采用一种 0.91m 的滚压机，连续喷胶使膜与支撑材料黏结密封在一起并卷成筒，牢固后不必打开即可使用。这种制作方法避免了人工制作时的许多缺点，大大提高了卷筒质量。

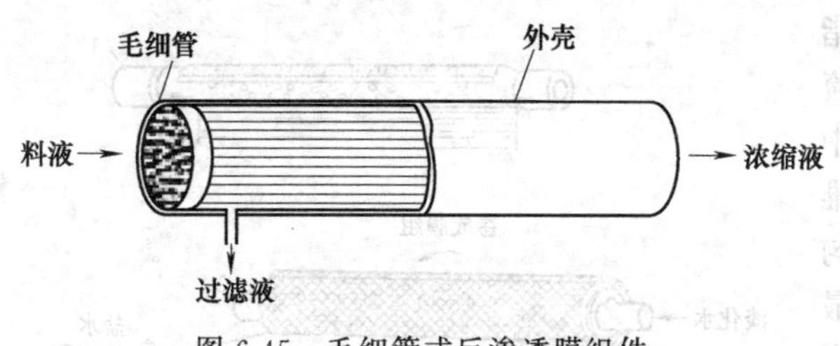

图 6-45 毛细管式反渗透膜组件

6.8.2.5 毛细管式反渗透膜组件

毛细管式反渗透膜组件由许多直径为 0.5～1.5mm 的毛细管组成，其结构如图 6-45 所示。料液从每根毛细管的中心通过，透过液从毛细管壁渗出，毛细管由纺丝法制得，无支撑。

6.8.2.6 碟管式反渗透膜组件

DTRO（碟管式反渗透）膜组件是一种专利型膜分离设备。该技术是专门针对渗滤液处理开发的，1988 年在德国政府的支持下，由 ROCHEM 公司研制成功，1989 年应用于德国 Ihlenberg 填埋场，至

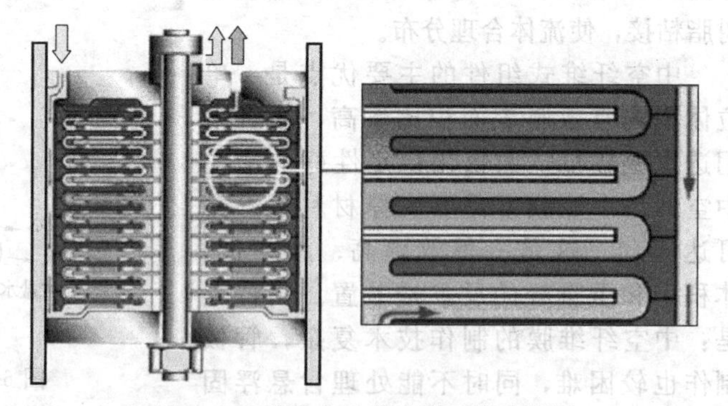

图 6-46 碟管式反渗透膜组件示意图

今已运行了29年，目前设备运行稳定。碟管式反渗透膜（DTRO）组件主要由RO膜片、导流盘、中心拉杆、外壳、两端法兰各种密封件及连接螺栓等部件组成[79]。把过滤膜片和导流盘叠放在一起，用中心拉杆和端盖法兰进行固定，然后置入耐压外壳中，就形成一个碟管式反渗透膜组件。结构示意图如图6-46所示。

6.8.2.7 其他

槽条式反渗透膜组件是一种新发展的反渗透膜组件，如图6-47所示。由聚丙烯或其他塑料挤压而成的槽条，直径为3mm左右，上有3～4条槽沟，槽条表面织编上涤纶长丝或其他材料，再涂刮上制膜液，形成膜层，并将槽条的一端密封，然后将几十根到几百根槽条组装成一束装入耐压管中，形成一个槽条式反渗透单元。将一系列单元组件装配起来，就组成反渗透装置。

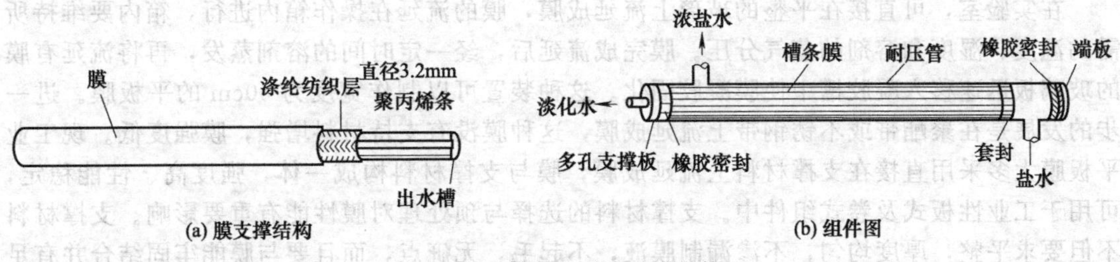

图6-47 槽条式反渗透膜组件

针对以上7种膜组件，表6-18对其优缺点进行了比对。另外，表6-19为四种主要反渗透器的产水量及操作压力[80]。

表6-18 各种反渗透膜组件的主要优缺点

类型	优点	缺点	应用范围
板框式	结构紧凑牢固,可使用强度较高的平板膜,能承受高压,性能稳定,工艺成熟,换膜方便	液流状态较差,易堵塞,易清洗,容易造成浓差极化,设备费用较大。膜的堆积密度较小	适于建造产水百吨/d以下的水厂及产品的浓缩提纯 已商业化
管式	料液流速可调范围大,浓差极化较易控制,流道畅通,压力损失小,易安装,易清洗,易拆换,工艺成熟,可适用于处理含悬浮固体、高黏度的体系。或者能析出固体等易堵塞流水通道的溶液体系	单位体积膜面积小,设备体积大,装置成本高,管口密封较困难	适于建造中小型水厂及医药化工产品的浓缩提纯 已商业化
毛细管式	毛细管一般可由纺丝法制得,无支撑,价格低廉,组装方便,料液流动状态容易控制,单位体积膜面积较大	操作压力受到一定限制,系统对操作条件的变化比较敏感,当毛细管内径太小时易堵,因此料液必须经适当预处理	中小型工厂产品的浓缩分离 已商业化
螺旋卷式	结构紧凑,单位体积膜面积很大,组件产水量大,工艺较成熟,设备费用低。可使用强度好的平板膜	浓差极化不易控制,易堵塞,不易清洗,换膜困难,密封困难,不宜在高压下操作	适于大型水厂 已商业化
中空纤维式	单位体积膜面积最大,不需外加支撑材料,设备结构紧凑,设备费用低,浓差极化可忽略	膜容易堵塞,不易清洗,原料液的预处理要求高,换膜费用高	适于大型水厂 已商业化
碟管式	预处理简单、进水水质要求低、回收率高、脱盐率高、操作压力高、排污强、流体通道宽、维修清洗耐受性高、维修更换简单方便、膜使用寿命长	初始投资费用较高	适合垃圾渗滤液处理,石油化工、海水淡化、酸碱回收、应急移动净水处理 已商业化
槽条式	单位体积膜面积较大,设备费用低,易装配,易换膜,放大容易	运行经验较少	已商业化

表 6-19 四种主要反渗透膜元件性能

型　式	单位体积内膜的装载面积/(m^2/m^3)	操作压力/kPa	透水量/[$m^3/(m^2 \cdot d)$]	单位体积产水量/[$m^3/(m^3 \cdot d)$]
板框式	493	5492	1.02	500
管式(外径 12.7mm)	330	5492	1.02	336
螺旋卷式	660	5492	1.02	673
中空纤维式	9200	2746	0.073	673

注：操作条件：原液 500mg/L NaCl，脱盐率 92%～96%。

6.8.3 工业规模的膜成型装置[81, 82]

6.8.3.1 平板膜成型装置

在实验室，可直接在平整的玻璃上流延成膜，膜的流延在操作箱内进行，箱内要维持所需的温度、湿度和溶剂的蒸气分压。膜完成流延后，经一定时间的溶剂蒸发，再将流延有膜的玻璃板迅速移入凝胶槽中使膜凝胶固化。这种装置可以制作宽度为 60cm 的平板膜。进一步的发展是在聚酯带或不锈钢带上流延成膜，这种膜没有支持材料增强，膜强度低。现工业平板膜大多采用直接在支撑材料上流延成膜，膜与支撑材料构成一体，强度高、性能稳定，可用于工业性板式及卷式组件中。支撑材料的选择与预处理对膜性能有重要影响。支撑材料不但要求平整，厚度均匀，不渗漏制膜液，不起毛，无疵点，而且要与膜能牢固结合并有足够的物理化学稳定性。常用的支撑材料有滤纸、无纺布、涤纶布、氯纶布等。现在的膜片大多用涤纶织物增强。织物的预涂材料可用甲基纤维素、聚乙烯醇、聚丙烯酸、聚醚酯、丙烯酸浆料等水溶液，以及三聚氰胺-甲醛溶液等。这都是在刮膜机上自动连续制备的。

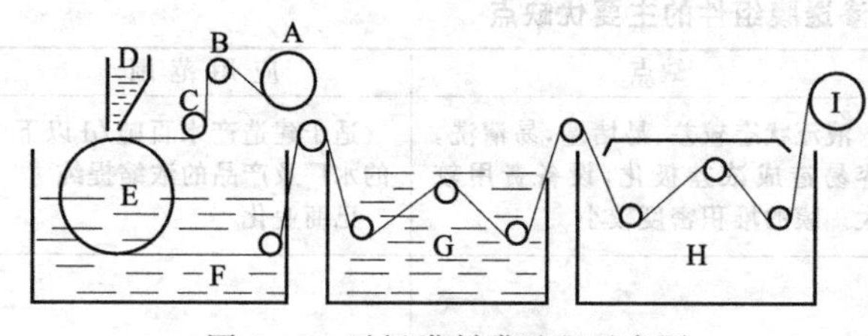

图 6-48 平板膜制膜过程示意图

简单的制膜过程如图 6-48 所示。缠绕在滚筒 A 上的涤纶织物经展平滚筒 B 和导向滚筒 C 后，到达大滚筒 E 和浇铸刀槽 D 之间，在这里一层膜液刮在织物上，成膜的厚度和均匀性就在此控制和调节。从这里进入到凝胶槽 F 之前为蒸发阶段。在这一阶段中，溶剂挥发形成膜的皮层，在 F 中的传动为凝胶阶段，这时溶剂和添加剂扩散到凝胶浴中，而浴中的水扩散到膜液中使之凝胶成膜。再向前运动则是热处理槽 G，在这里膜受热收缩，孔变小，选择性大大地提高；若需要干膜，可使膜再向前进入干燥箱 H，最后干燥的增强膜收集在滚筒 I 上。

6.8.3.2 管式膜成型装置

根据管式膜表面致密层是在管式膜的内侧或外侧面而分为内压式和外压式，实际上都制成管束元件来应用。虽然管式膜堆积密度小，但由于流动状态好，对进料液预处理要求低，因而管膜仍在许多领域中得到广泛应用。1964 年 UCLA 发明了表面致密层在膜内侧的内压管式膜制造法，在直径为 25.4mm 的成型管的内侧制作醋酸纤维素膜。为了增加膜在设备中的装填密度，以后其他一些公司将成型管的直径减小到 12.7mm。成型管可以用玻璃管、不锈钢管等内径相同、表面光滑的管材，也可在耐压的多孔支撑管（如微孔玻璃钢管等）的内侧或介入内侧的合成纸等材料上直接制膜。

（1）内压管膜　表面致密层在内侧的内压管式膜的制作方法见图 6-49，将制膜液和有牵引线的金属刮膜锤预先放入一试管内，并盖上盖子，静置消除液膜中夹带的气泡，然后将试管与成型管相连牵引刮膜锤使制膜液进入成型管下部，去掉试管，此时或利用重力使成型管垂直下落，或以一定速度垂直牵引刮膜锤上升，从而使制膜液均匀地涂覆在成型管内侧，膜厚度由刮膜锤与成型管内壁间隙来调节。制膜液完成涂覆后，使溶剂蒸发一定时间，然后落入冷浸槽凝胶固化。膜的预热处理仍可将膜放在成型管内进行，由于膜的少许收缩，很容易将其从成型管内取出。有些制膜液完成涂覆后，尚需在其他装置内进行溶剂的加热蒸发。

(2) 外压管式膜　表面致密层在外侧的外压管式膜的制作方法见图 6-50，是将多孔支撑管以一定速度通过装有制膜液的成膜器中，在它们的外壁均匀涂覆一定厚度的制膜液，然后垂直落入冷浸槽中凝胶固化，溶剂的蒸发时间由成膜器出口至冷浸槽液面的距离来控制。该装置对于制作外压式超滤膜较为便利。作为多孔支撑管或棒可用聚乙烯、聚丙烯、烧结金属等材质的微孔管及多孔陶瓷、带有槽沟的纺织棒等。

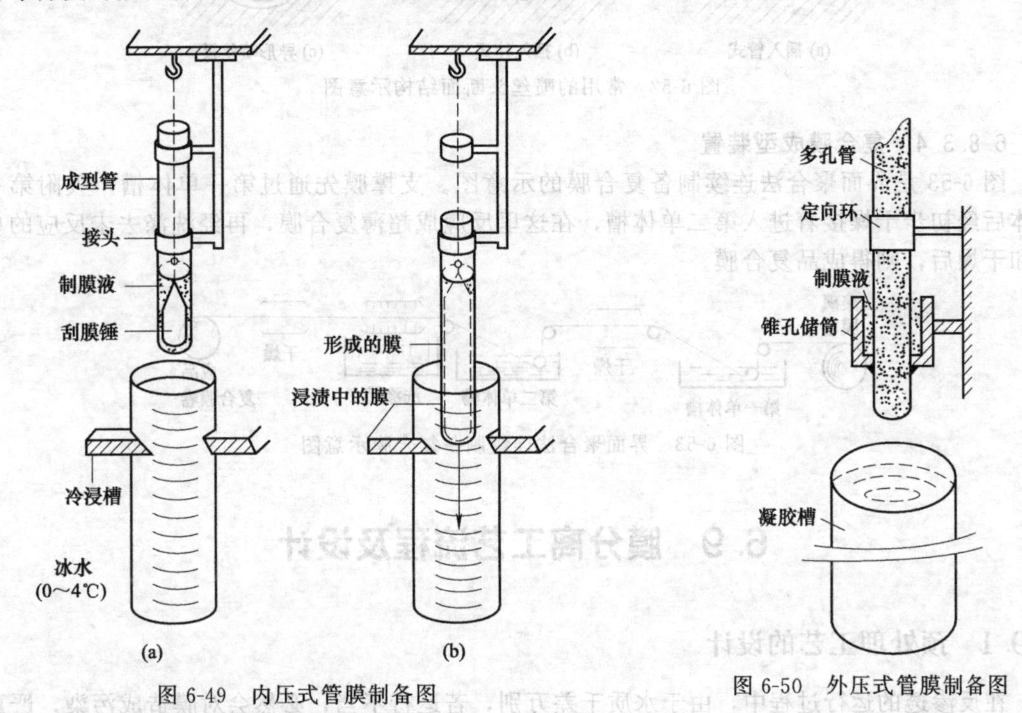

图 6-49　内压式管膜制备图

图 6-50　外压式管膜制备图

6.8.3.3　中空纤维膜成型装置

中空纤维膜可以采用干湿法纺丝工艺制作。图 6-51 为纺丝工艺流程。在氮气气氛下，纺丝液（制膜液）通过储桶经计量泵、过滤器后，进入喷丝板，喷丝板的喷口呈环形，所以喷出的纤维是中空的。为了不使纤维瘪塌，由供气（液）系统向纤维的中空中供气（液）；喷出的纤维可直接进入凝胶浴；凝胶后的纤维经漂洗浴进行漂洗，再经干燥箱进行干燥后，

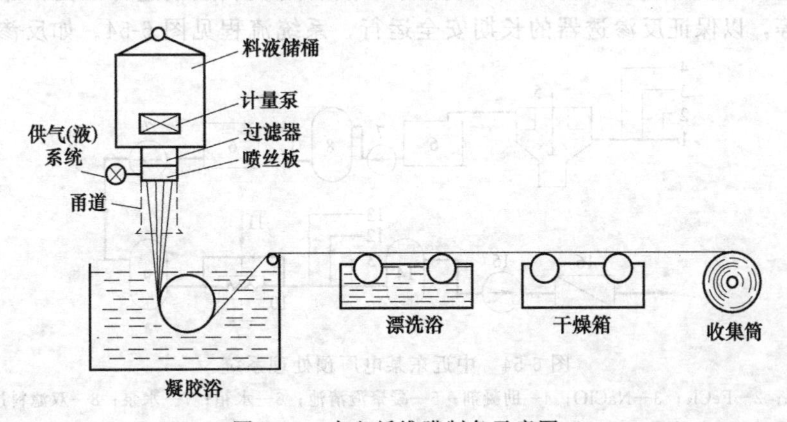

图 6-51　中空纤维膜制备示意图

收集在滚筒上。中空纤维膜的性能与纺丝液的组成、温度、喷丝头的结构、喷丝速度、热室气氛（温度、湿度、气体流量与种类）、凝固浴温度以及中空纤维膜的卷绕速度等因素有关。

中空纤维喷丝头结构的设计与精密加工，对中空纤维壁厚的均匀性有重要影响。均匀的壁厚能有效防止膜在压力下的塌陷。图 6-52 是几种常用的喷丝头断面结构的示意图。

图 6-52 常用的喷丝头断面结构示意图

6.8.3.4 复合膜成型装置

图 6-53 是界面聚合法连续制备复合膜的示意图。支撑膜先通过第一单体槽，吸附第一单体后经初步干燥接着进入第二单体槽，在这里反应成超薄复合膜，再经洗涤去未反应的单体和干燥后，则得成品复合膜。

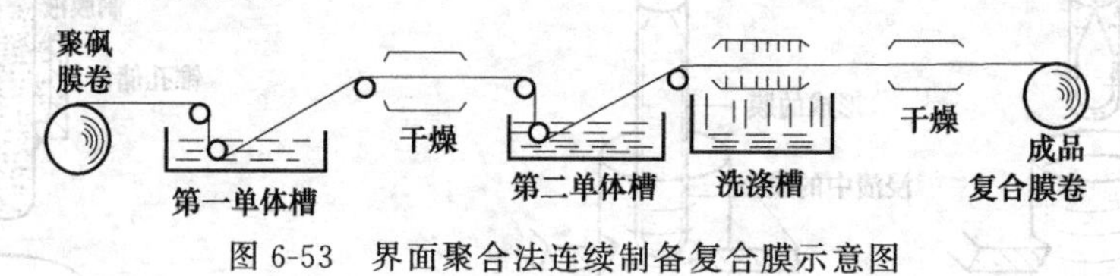

图 6-53 界面聚合法连续制备复合膜示意图

6.9 膜分离工艺流程及设计

6.9.1 预处理工艺的设计

在反渗透的运行过程中，由于水质千差万别，若运行不当，必然会对膜造成污染，严重的会导致整个反渗透系统的报废。因此，良好的预处理是反渗透装置长期稳定运行的必要条件。在实际应用过程中，因所处理物料体系的不同、预期达到的目标不同，对反渗透预处理工艺的选择必然不同。下面列举几种常见的预处理系统[83]：

(1) 以地表水作为供水水源　以中近东地区某电厂锅炉补给水预处理为例，其系统经凝聚、澄清、过滤、精密过滤，将原水制成清水，然后用次氯酸钠进行灭菌，加酸调节 pH，添加阻垢剂等，以保证反渗透器的长期安全运行，系统流程见图 6-54。如反渗透器采用芳

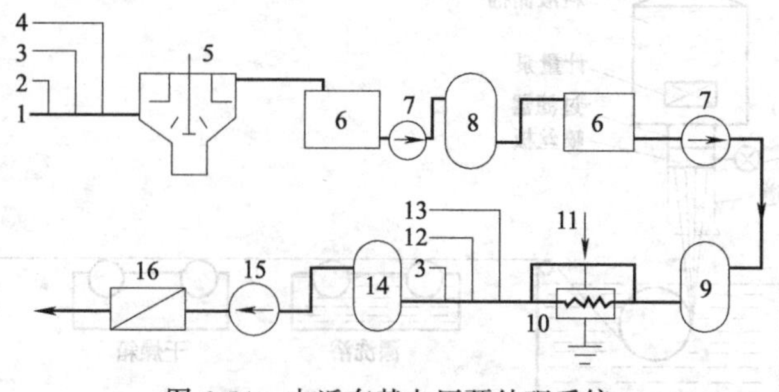

图 6-54 中近东某电厂预处理系统

1—原水；2—$FeCl_3$；3—NaClO；4—助凝剂；5—凝聚澄清池；6—水箱；7—水泵；8—双滤料过滤器；9—精密过滤器；10—加热器；11—蒸汽；12—加酸；13—防垢剂；14—微米过滤器；15—高压泵；16—反渗透器

香聚酰胺膜，则反渗透器前应设活性炭过滤器，以除去游离氯，防止膜的氧化。

(2) 以地下水作为供水水源 以美国泰特电厂的预处理系统为例，该厂的补给水源来自深井，压力为0.86MPa。软化器前的调压阀将水压降至0.34MPa，软化器将总硬度降至<0.17mg/L（以$CaCO_3$表示），从而防止反渗透系统中产生碳酸钙垢。系统设计中考虑了软化器可自动切换，当一台软化器水量达到一定值后，即自动再生，备用软化器投入运行。软化器出水的硬度由硬度仪监督，当超过标准时自动停下，同时控制盘发出报警，运行人员即投入备用软化器。软化水经过3μm保安过滤器后，由高压泵输入反渗透设备，见图6-55。

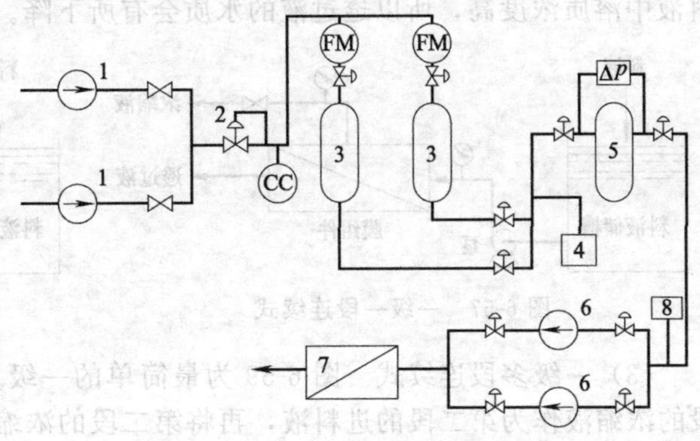

图 6-55 美国泰特电厂预处理系统

1—深井水泵；2—压力调节阀；3—软化器；4—硬度监督仪；5—3μm过滤器；6—升压泵；7—反渗透器；8—压力控制器；CC—时计校正；Δp—压差；FM—反馈机构

(3) 以海水作为供水水源 以日本某厂的预处理系统为例，如图6-56所示。

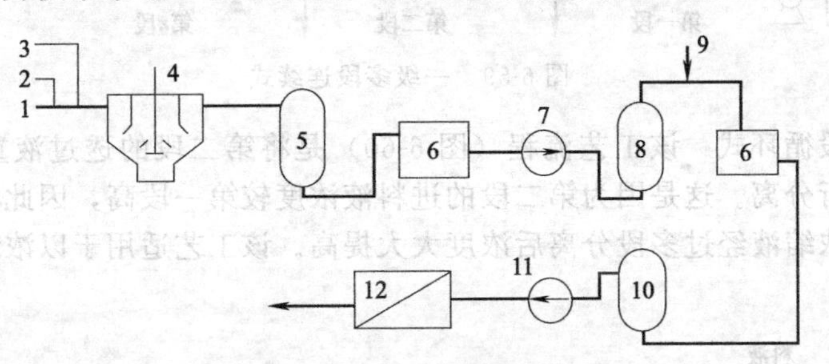

图 6-56 日本某厂预处理系统

1—海水；2—加氯；3—加凝聚剂；4—凝聚澄清池；5—过滤器；6—水箱；7—水泵；8—精密过滤器；9—加酸调pH；10—微米过滤器；11—高压泵；12—反渗透器

6.9.2 段与级的概念及膜组件排列组合方式的确定

6.9.2.1 段与级的概念

在反渗透系统中，涉及膜元件的排列问题，即需要对膜元件分“级”分“段”[84]。所谓“级”，是指按照产水侧的流程，给水经过膜元件的一次过滤称为一级处理，这样的反渗透系统称为一级反渗透系统，一级反渗透系统的产水经过泵进入下一组膜元件再进行处理，则后面的反渗透系统就被称为二级反渗透系统。膜元件的产水经过n次膜元件处理，称为n级。所谓“段”，是指按照给水/浓水侧的流程，给水/浓水流入的第一个膜元件为第一段，第一段膜元件的浓水再流入下一个膜元件处理，则后面的膜元件称为第二段，依次类推为其他段的名称。

6.9.2.2 膜元件的排列组合

(1) 一级一段连续式 图6-57为典型的一级一段连续式工艺流程。经过反渗透膜分离的透过液（产水）和浓缩液（浓水）被连续引出反渗透系统，这种方式的特点是水的回收率不高，目前在工业中较少采用。

(2) 一级一段循环式 如图6-58所示，为了提高水的回收率，将部分浓缩液返回进料液储槽与原有的进料液混合后，再次通过反渗透膜进行分离。因为浓缩液中溶质浓度比原进料液中溶质浓度高，所以透过液的水质会有所下降。

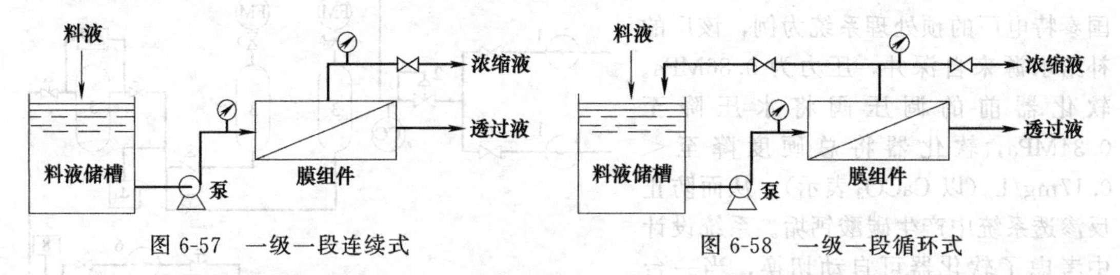

图 6-57　一级一段连续式　　　　图 6-58　一级一段循环式

（3）一级多段连续式　图 6-59 为最简单的一级多段连续式工艺流程。该工艺是将第一段的浓缩液作为第二段的进料液，再将第二段的浓缩液作为下一段的进料液，各段的透过液连续排出。这种工艺的特点是适合大水处理量的场合，水的回收率较高，浓缩液的量减少，但是浓缩液中溶质所占比例较高。

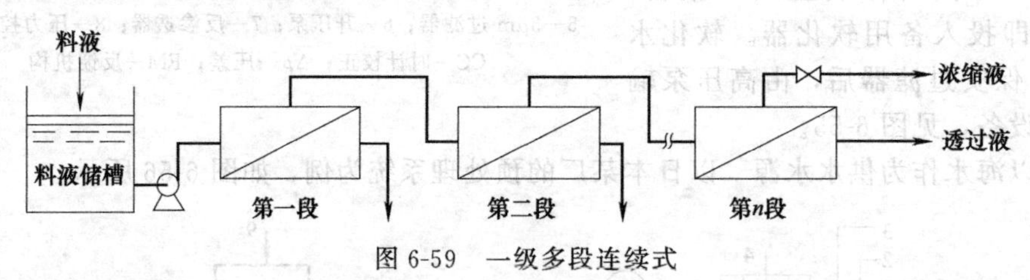

图 6-59　一级多段连续式

（4）一级多段循环式　该工艺流程（图 6-60）是将第二段的透过液重新返回第一段作为进料液，再进行分离。这是因为第二段的进料液浓度较第一段高，因此第二段的透过液水质较第一段差。浓缩液经过多段分离后浓度大大提高。该工艺适用于以浓缩为主要目的的分离过程。

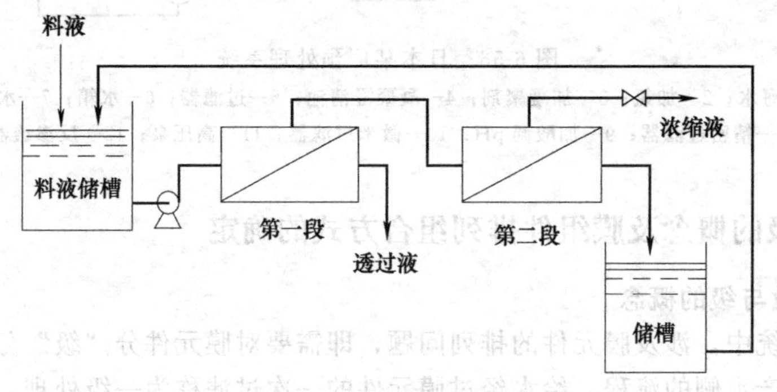

图 6-60　一级多段循环式

（5）多段锥形排列　将装置内的膜元件进行多段锥形排列（图 6-61），既是段内并联，又是段间串联，这样既能够满足反渗透系统对水的回收率要求，又同时保证水在装置内的每个元件中处于大致相同的流动状态，即遵守流体在每个膜元件内的流速相等原则。该工艺流程可以减少浓差极化，但是浓缩液经过多段流动压力损失较大，需借助高压泵防止生产效率的下降。

（6）膜元件的多级多段配置　膜元件的多级多段配置也有循环式和连续式之分。图6-62为二级二段连续式。多级多段循环式的工艺流程如图 6-63 所示，将第一级的透过液作为下一级的进料液再次进行分离，如此连续，将最后一级的透过液引出系统。而浓缩液从后一级向前一级返回与前一级的进料液混合后，再进行分离。这种方式既提高了水的回收率，又提

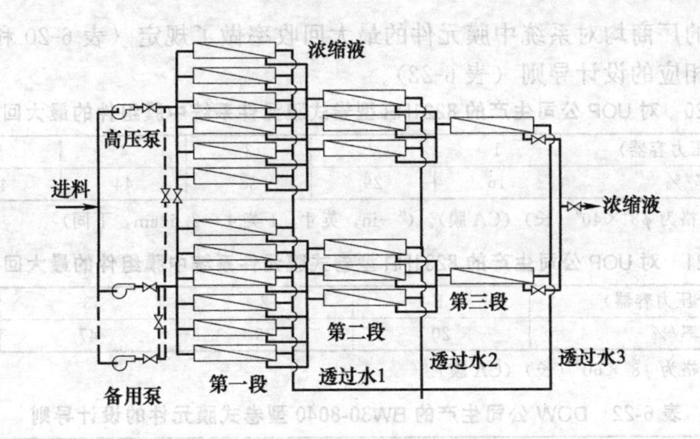

图 6-61　一级多段连续式的锥形排列

高了产水的水质。但是由于泵的增加，系统能耗增大。

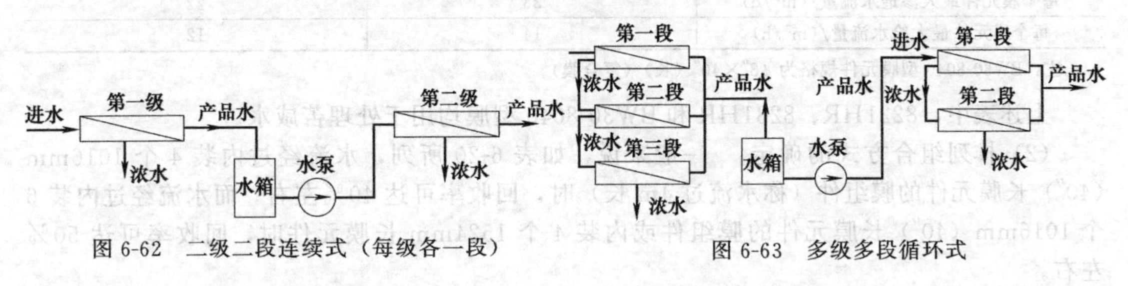

图 6-62　二级二段连续式（每级各一段）

图 6-63　多级多段循环式

对某些分离过程，如海水淡化来说，由于一级脱盐淡化需要较高的操作压力和高脱盐性能的反渗透膜，因此在技术上有很高的要求，采用多级多段循环式分离，可以降低操作压力，从而降低对设备的要求，同时对反渗透膜的脱盐性能要求也较低，因此具有较高的实用价值。

6.9.2.3　膜元件排列组合方式的确定

反渗透系统设计的主要依据是给水水质条件、产水水质要求及产水流量要求。无数运行实践经验证明，要使反渗透系统运行成功，一是尽可能地提高预处理水平，保证预处理系统的产水水质指标均能达到反渗透系统进水的要求；二是安装足够的膜元件，并合理排列，以保证反渗透系统的产水水质和产水流量均能达到要求。实际上，膜元件的透水量与水的回收率之间存在必然联系，提高水的回收率，必然会增大透水量。在设计中，单支膜元件的透水量可用于测算整个反渗透系统所需的膜元件的数量，膜元件的最大回收率则用于膜组件的合理排列。

(1) 系统回收率的确定　虽然在设计反渗透系统时，设计者希望能尽可能地提高水的回收率，但回收率仍存在一个上限值，由以下两方面因素决定。

① 浓水的最大浓度。反渗透系统进料液中含有 $CaCO_3$、$CaSO_4$、$SrSO_4$、$BaSO_4$、SiO_2等难溶盐物质，进料液在反渗透过程中不断地得到浓缩，当达到一定浓度时，这些难溶盐会在反渗透膜表面沉积出来，影响反渗透的分离过程。因此，浓水中难溶盐不会形成垢的最大浓度值决定了反渗透系统的回收率。

② 膜元件的最低浓水流速。为了防止浓差极化，对于不同厂商生产的膜元件，从其产品说明书中可以查到用来获得最佳膜元件性能的最低浓水流速。一般海水淡化的回收率为30%～45%，纯水制备的回收率为70%～85%。实际过程中应根据进水水质条件、预处理情况等因素来确定具体的回收率。

生产膜元件的厂商均对系统中膜元件的最大回收率做了规定（表6-20和表6-21），在设计中应严格遵守相应的设计导则（表6-22）。

表6-20 对UOP公司生产的8221HR型卷式膜元件系统中膜组件的最大回收率

膜元件数(每个压力容器)	1	2	3	4	5	6
最大回收率/%	16	29	38	44	49	53

注：8221HR型规格为$\phi 8'' \times 40''$（长）（CA膜）。（″—in，英寸，1英寸=2.54cm，下同）

表6-21 对UOP公司生产的8231HR型卷式膜元件系统中膜组件的最大回收率

膜元件数(每个压力容器)	1	2	3	4
最大回收率/%	20	36	47	55

注：8231HR型规格为$\phi 8'' \times 60''$（长）（CA膜）。

表6-22 DOW公司生产的BW30-8040型卷式膜元件的设计导则

给水水源	井水	地表水
SDI(淤泥密度指数)值	<3	3～5
每个膜元件最大回收率	19%	15%
每个膜元件最大渗透水流量/(m³/d)	28	22
每个膜元件最大给水流量/(m³/h)	14	12

注：BW30-8040型膜元件规格为$\phi 8'' \times 40''$（长）（复合膜）。

上述表中，8221HR、8231HR和BW30-8040型膜均用于处理苦咸水。

（2）排列组合方式的确定　一般来说，如表6-20所列，水流经过内装4个1016mm（40″）长膜元件的膜组件（称水流过4m长）时，回收率可达40%左右。而水流经过内装6个1016mm（40″）长膜元件的膜组件或内装4个1524mm长膜元件时，回收率可达50%左右。

【例6-3】 水流经过4m长的膜元件的回收率为40%，试求水经过两段处理时的回收率。

解：第一段浓水流量为$V_f - V_f \times 40\% = 0.6V_f$

第二段浓水流量为$0.6V_f - 0.6V_f \times 40\% = 0.36V_f$

故水经过两段处理的回收率为：

$$Y = (\text{进水流量} - \text{浓水流量})/\text{进水流量} = (V_f - 0.36V_f)/V_f = 1 - 0.36 = 64\%$$

类似计算过程见表6-23和表6-24。

表6-23 对6m长的膜组件，水流过的长度与回收率的关系

系统回收率/%	50	75	87.5
水流过长度/m	6	12	18
每6m相对于系统的回收率/%	50	25	12.5

表6-24 对4m长的膜组件，水流过的长度与回收率的关系

系统回收率/%	40	64	78.4	87
水流过长度/m	4	8	12	18
每4m相对于系统的回收率/%	40	24	14.4	8.6

【例6-4】 已知需6个6m长的膜组件，系统回收率75%，试确定排列组合方式。

解：对6m长的膜组件，必须有两段，方可达到75%回收率。

$$u_1 = u_2 \rightarrow \frac{V_1}{n_1 S} = \frac{V_2}{n_2 S} \rightarrow \frac{n_1}{n_2} = \frac{V_1}{V_2} \text{和} n_1 + n_2 = n$$

可知：$n_1 + n_2 = 6$ 与 $\frac{n_1}{n_2} = \frac{V_1}{V_2} = \frac{1}{0.5} = 2$

故可得：$n_1 = 4$，$n_2 = 2$

故可采用4-2排列，即第一段有4个膜组件用并联，第二段有2个膜组件用并联，然后

两段串联起来。

【例 6-5】 6 个 4m 长的膜组件，系统回收率 75%，试确定排列组合方式。

解：6 个 4m 长的膜组件，要系统回收率为 75%，通过计算可得：

第一段所需膜组件数：6×0.5102=3.0612≈3

第二段所需膜组件数：6×0.3061=1.8366≈2

第三段所需膜组件数：6×0.1837=1.1022≈1

故可采用 3-2-1 排列。

【例 6-6】 某电厂 2 台 $60m^3/h$ 的反渗透装置，系统回收率为 75%，经计算每套装置共需膜组件 19 个，每个组件内装 4 个 DOW 公司生产的 BW30-8040 型膜元件，试计算膜组件的排列组合。

解：19 个 4m 长的膜组件，要系统回收率为 75%，通过计算可得：

第一段所需膜组件数：19×0.5102=9.69

第二段所需膜组件数：19×0.3061=5.82

第三段所需膜组件数：19×0.1837=3.49

故考虑到给水浓度随着段数增加而增大，可采用 9-6-4 排列。

总之，对进水流量和回收率已知的反渗透系统来说，首先应根据给定的条件（如水温等）计算出所需的膜元件和膜组件的数量，然后根据上述方法，遵照流体在每个膜组件内的流速相等的原则，大致确定出膜组件的排列组合。根据这种排列组合，计算出每一段实际的回收率，并确定该排列组合是否符合对膜元件所规定的设计导则。只有当计算表明该排列组合符合有关设计规定时，才可确认为是合理的。

6.9.3 反渗透的后处理系统

一般来说，不论使用何种反渗透设备、何种反渗透膜元件，对反渗透系统的出水通常都需要做进一步处理，处理的深度和形式主要取决于水的用途。最常用的后处理方法有以下几种。

6.9.3.1 完全除盐

高压锅炉补给水、电子行业超高纯水、各种化工和医药行业用水都要求完全除盐。反渗透系统的出水的总溶解固形物（TDS）取决于给水的 TDS、给水中离子的组成、给水压力、反渗透构型和反渗透的回收率。苦咸水通过反渗透系统后，TDS 通常减少 90%～98%；海水通过反渗透系统后，出水含 TDS 为 350～500mg/L。针对火电厂高温，高压以上机组锅炉补给水，往往还需对反渗透系统的出水进行深度脱盐，目前可用的后处理技术主要有以下 6 种[85]。

(1) 一级除盐加混床技术　一级除盐一般设计成 2 列串联的系统，1 列运行，1 列备用。启动或事故情况下，2 列系统全部投入运行。一级除盐与后继混床可组成串联，也可将出水连成母管，再与混床进行连接，一次提高混床的灵活性。该技术的优点是成熟可靠，设备运行周期较长；缺点是系统复杂，投资较高，占地面积大。

(2) 部分一级除盐加混床技术　设置 1 列处理正常锅炉补给水量的 1 级除盐系统和 1 列处理系统最大制水量时的混床系统。启动或事故情况下，2 列系统全部投入运行。该技术在设备投资费上比一级除盐加混床节省，比二级混床有所增加，但可大大减少系统的运行费用。其特点是：一级除盐运行周期长，操作简单；酸、碱用量少，运行费用低；阳、阴床酸碱比耗小，使废酸、碱排放量小，对环境污染小；渗透水泵需要克服阳床、阴床和混床的阻力到达除盐水箱，阻力较大，电耗稍高。

(3) 一级混床处理技术　设置 2 台混床，并联运行，1 台运行，1 台备用。启动或事故情况下，2 台设备全部投运。该技术的设备投资费用明显低于其他各系统。特点是：混床运行周期较短，操作频繁；酸、碱用量大，运行费用高；混床酸碱比耗大；系统简单，设备种类少，投资小。

(4) 二级混床技术　把一级除盐设备用工作混床替代，是一种新型的离子交换除盐系统。二级混床可设计成串联系统，布置上考虑成2列，1列运行，1列备用。启动或事故情况下，2列系统全部投运。也可各自设计成并联系统，增加混床的灵活性。该技术的特点是：工作混床运行周期较短，操作频繁；酸、碱用量大，运行费用高；混床酸碱比耗大，对环境污染大于部分一级除盐加混床方案；系统简单，设备种类少，投资较小。

(5) 电去离子技术（EDI）　EDI是利用选择性膜和离子交换树脂组成填充床，生产高纯水。EDI系统的进水必须是反渗透的出水，这样EDI装置即相当于离子交换除盐系统后部的精处理混床。该技术产水水质高、系统能耗低、运行方式简单，尤其是不需化学药品再生、无废水排放，在节能降耗、保护环境方面具有优势，但该装置对进水水质要求极其严格。

(6) 二级反渗透加电去离子技术　对原水含盐量高的地区，单纯的EDI技术不再适用。此时，需在反渗透系统后采用二级反渗透加EDI技术，以保证满足EDI系统的进水要求。

6.9.3.2 pH值的调节

对于苦咸水和海水淡化反渗透系统来说，其系统出水几乎均显酸性。在大多数情况下，需要更高pH值的水，可加碱（NaOH、Na_2CO_3或CaO）来提高产水的pH值。

6.9.3.3 减轻腐蚀

虽然加碱可调节pH值，但是反渗透产品水仍可能有腐蚀性，对饮用水，应控制水的腐蚀性，保护水管。用于确定水腐蚀性大小的标准有以下几个。

(1) 朗格里尔饱和指数（LSI）　该指数计算公式如下：

$$LSI = pH - pHs \tag{6-114}$$

式中，pH为水的实际pH值；pHs为$CaCO_3$饱和时水的pH值。

若LSI<0，则水有溶解$CaCO_3$的倾向；若LSI>0，则水有形成$CaCO_3$的趋势，$CaCO_3$沉积在金属表面上，即可达到防腐目的。

(2) 雷兹纳稳定指数（RSI）　该指数的计算公式如下：

$$RSI = 2pHs - pH \tag{6-115}$$

也可按表6-25估算。

表6-25　雷兹纳稳定指数（RSI）

RSI值	水质稳定性	RSI值	水质稳定性
5～6	轻微结垢水	7～7.5	轻微腐蚀水
6～7	稳定水	7.5～8.5	严重腐蚀水

世界卫生组织可接受的饮用水的pH值为7.0～8.5，最低pH值为6.5，最高pH值为9.2，最大TDS为500mg/L（以离子计）。

选用何种技术来稳定系统产品水，应考虑所需水的质量及其用途。常用的稳定技术有[86]以下几种。

① 混合法。将富含矿物质的海水或地下水与反渗透海水淡化水混合，提高淡化水中的矿物质含量。但因不同地区的水质不同，难以保证混合后的水质指标，故该方法普适性不强。

② 石灰法。在辅助通入CO_2的情况下，向淡化水中添加石灰来增加水的碱度及钙离子含量，如沙特Medical Yanbu Al-Sinaiyah的50kt/d的反渗透海水淡化装置就是采用此法来提高淡化水的硬度、碱度和pH值[87]。但从工程角度看，石灰浆的应用相对复杂，并且容易导致水的浊度超过5NTU[88]。

③ 溶解矿石法。该方法是目前大型海水淡化厂最常用的后矿化方法，将淡化水通过盛有矿石的溶解池，通过溶解矿石里的有效成分实现对淡化水的矿化。如以色列Palmachim

的110kt/d反渗透海水淡化项目，采用石灰石和硫酸对淡化水进行矿化[89]，该方法的优点是采用硫酸反应速率快，仅18%～30%的淡化水酸化后通过矿化池即可，缺点是碱度增加较少；曹妃甸50kt/d海水淡化项目则采用石灰石和CO_2对淡化水进行后矿化处理[90]，该方法的优点是采用CO_2碱度增加多，缺点是反应速率慢，需要全部淡化水通过矿化池。

上述主要是增加淡化水中Ca^{2+}含量，未涉及Mg^{2+}含量的增加。Lahav等采用硫酸溶解方解石[91]，将溶解的过量Ca^{2+}与Mg^{2+}进行离子交换反应，来增加淡化水中的Mg^{2+}含量，但离子交换反应速率慢，所需装置占地面积大。李东洋等利用白云石中同时含有钙、镁离子的特点，采用一步溶解法实现钙、镁的同时添加，但该方法目前还未见相应的工程案例[86]。

④ 投加缓蚀剂。常用缓蚀剂见表6-26。

表6-26 反渗透产品水用途及缓蚀剂类型

反渗透产品水用途	缓蚀剂类型
工业用水	铬酸盐、亚硝酸盐、单宁酸、木质素
饮用水	聚磷酸盐，硅酸盐。聚磷酸盐剂量通常为2mg/L，硅酸盐剂量为8～10mg/L(以SiO_2计)或20～25mg/L(以硅酸钠计)。使用硅酸的最佳pH值为8.0～9.5，基本上处于用碱调节pH值后饮用水的典型pH值范围

加碱［苛性苏打98%NaOH，苏打灰99.16%Na_2CO_3，石灰98%CaO，熟石灰93%$Ca(OH)_2$］调节pH值，配合加缓蚀剂可降低反渗透产品水的腐蚀性。

6.9.3.4 消毒灭菌

绝大部分的细菌或细菌尸体的直径都大于0.45μm（最小的绿脓杆菌为0.3μm）。因此，用孔径小于或等于0.22μm的微孔滤膜、超滤膜、纳滤膜、反渗透膜等均可滤除细菌，但不能抑制细菌的滋生和繁殖，故需根据水的用途来确定用于反渗透产品水的消毒技术。一般来说，工业用水常用紫外线消毒，自来水常用氯消毒，此外还用臭氧杀菌。

(1) 紫外线消毒　紫外线消毒的原理是紫外线能使某些有机化合物的化学键断开，生化性能发生根本性的变化，从而达到消毒效果。常用的紫外线由低压水银蒸气灯产生，波长为253.7nm。消毒程度直接取决于接触时间与紫外线强度的乘积。此法广泛应用于工业中，特别是电子工业中。它的优点是杀菌能力强、速度快，对所有菌种均有效，不需向水中投加药剂，不改变水的化学成分。缺点是水在管线上可能被微生物再次污染。

(2) 氯化消毒　加氯常用于饮用的反渗透产品水的消毒。对大系统，可加氯气；对小系统，常加NaClO溶液。这里起消毒作用的主要成分是HClO，故应控制水的pH值为5～6.5。有时用电解NaCl溶液就地制NaClO，此时电解槽阳极通常用钛电极，阴极为涂铂电极。当几个电解槽串联，且有溶液再循环设施时，则从海水中可获得3g/L的Cl_2。如果反渗透产品水消毒仅需1mg/L Cl_2，则加入氯气的海水溶液将使反渗透产品水TDS增加10～15mg/L。氯消毒的效果与氯浓度、接触时间、pH值和水温有关。氯气与水必须完全混合，且经过30min后，仍有残余氯存在于水中。要求消毒反渗透产品水的残余氯为0.5～1.0mg/L。

(3) 臭氧消毒灭菌　与用氯处理水相比，该方法较优越，能除去水中的卤化物，在国外应用非常普遍[92]。臭氧是强氧化剂，其在水中的氧化还原电位为2.07V，仅次于氟(2.57V)，其氧化能力高于氯（1.36V）和二氧化氯（1.5V）。臭氧是一种不稳定的分子，可溶于水中，产生氧化能力极强的单原子氧（O）和羟基（—OH）。它能破坏分解细菌的细胞壁，快速地扩散透进细胞里，氧化破坏细胞内酶，致死菌原体，对各种微生物都有极强的灭菌作用。杀菌能力比氯高600～3000倍，在几秒内即能使细菌致死。还可以氧化、分解水中的污染物，是理想的水处理消毒剂。此外，水中残存的臭氧因紫外线照射很易除去。残余的溶解有机物可利用氧化除去。臭氧杀菌不产生任何有害的副作用。

6.9.3.5 H_2S的去除

苦咸水或海水中可能含有H_2S。由于反渗透不能除去H_2S，故反渗透产品水中可能含有H_2S，一般为2～6mg/L。当需要完全除盐时，除气器或强碱阴离子交换器均能除去H_2S。对饮用水，除气器将除去大多数的H_2S，残余的H_2S用氯除去。反应为：

$$H_2S+4HClO \longrightarrow H_2SO_4+4HCl$$

利用除气器除H_2S与水的pH值有关。pH值为5.98时，溶解的硫化物全部以H_2S形式存在；当pH为7时，H_2S形式占33%，HS^-形式占67%。由于反渗透产品水为酸性，用除气器时，CO_2比H_2S容易除去。故为提高H_2S的去除率，除气器加酸也是可以的。

6.9.3.6 含氟量低

反渗透产水含氟量小于1.0mg/L时，常加入六氟硅酸钠，以期达到所要求的氟含量为1.0mg/L。但因氟含量大于1.5mg/L时会引起牙齿褪色，应密切监视与控制氟化处理过程。

6.9.3.7 氧的去除

有时要求反渗透出水除氧，可用真空除气器或加入化学药品（如亚硫酸钠）除氧：

$$2Na_2SO_3+O_2 \longrightarrow 2Na_2SO_4$$

6.9.4 辅助设备及主要零部件[93]

一套完整的反渗透处理工艺流程还包括停机冲洗系统、清洗及灭菌装置、能量回收装置、高低压设备及部件、有关仪表等。

6.9.4.1 停机冲洗系统

（1）海水、高盐度苦咸水及高盐废水淡化　在海水等高盐度水的淡化过程中，一旦反渗透系统停机，需及时进行冲洗，主要有以下几点原因：①静态的高盐度水会严重腐蚀不锈钢管件，影响设备的使用寿命；②及时冲走残留的阻垢剂，防止其产生的亚稳态过饱和微溶液在4h内发生沉淀；③停机后，无压力驱动，此时反渗透膜产水侧的化学位远高于进水侧的化学位，导致渗透，需及时补充淡水防止反渗透膜因失水而干燥损坏。

（2）纯水制备　在纯水制备系统中，由于系统长期运行，反渗透膜表面会有一定的呈疏松状态的沉积物。此外，总溶解固体浓度也会升高，此时用预处理水进行低压冲洗，可冲走部分沉积物，恢复膜表面的溶质浓度。一般冲洗15～30min。

6.9.4.2 清洗、灭菌装置

详见6.7.4节有关内容。

6.9.4.3 能量回收装置

反渗透过程中，相当部分能量因浓缩水的放空而没有利用，特别是海水淡化，约60%～70%的能量没有利用，所以进行能量回收是十分必要的。能量回收设备包括涡轮机、各种旋转泵、正位移泵、流动功装置（flow-work device）、水力涡轮增压器（hydraulic turbo charger）、压力交换器和功率交换器等。通常，小型装置的能量回收采用流动功装置，大型淡化厂的能量回收多采用涡轮机，特别是水力涡轮增压器、压力交换器和功交换器等。能量回收的类型及其安装形式见表6-27。

表6-27　能量回收的类型及其安装形式

能量回收的类型	安装形式
水力透平	接入管道系统，为进入往复泵的给水增压
推力透平(pelton)	机械地连接到电动机或水泵的轴上
发转泵(HPRT)	机械地连接到电动机或水泵的轴上
压力交换器	安装在管道系统，直接为补给海水加压

6.9.4.4 高低压设备和部件

（1）高压泵[94]　高压泵是反渗透过程中的关键部件，其性能好坏直接影响到反渗透过程的进行与经济性。选择高压泵时，必须考虑其可靠性、投资费用、机械效率及对环境的影响等因素。用于反渗透海水淡化工程的高压泵主要有往复柱塞泵和多级离心泵。

① 往复柱塞泵是正位移泵，扬程高、效率高（达80%以上），但流量不稳定，主要在高扬程和小流量的场合下应用。大容量的往复泵，其机械效率可高达90%～94%，所以对于电价较高的地区，选用往复泵是经济的。为稳定往复泵的压力和流量，在往复泵的进水口或排水管路上必须安装稳压器。

② 多级离心泵[95]，其结构简单、易于安装、体积小、重量轻、易操作维修、流量连续均匀易调节，效率在60%～85%左右。

③ 高速泵，其扬程及转速都较高，体积小、质量轻、结构紧凑、占地面积小、流量连续均匀、维修方便，但加工精度要求高，效率低（约40%）。

(2) 加药泵　多为隔膜计量泵，以机械或电磁形式传动。通常，先将药剂配成一定浓度的大桶溶液，之后再用加药泵计量注入反渗透或纳滤系统。可用下列公式计算加药量：

$$Q_p = PC_{dp} PC_{vp} Q_{max} \tag{6-116}$$

$$\frac{Q_p V_0 c_0}{V_t} = c_{cf} Q_f \tag{6-117}$$

式中，Q_p为泵的注入速度，L/d；PC_{dp}为泵行程百分比；PC_{vp}为泵速度百分比；Q_{max}为泵的最大输出速度，L/d；V_0为药剂体积；c_0为药剂原浓度；V_t为配药剂桶体积；c_{cf}为进水中药剂浓度；Q_f为进水流速，L/d。

(3) 阀门　RO系统中使用的阀门品种较多，主要有节流阀、截止阀、止回阀和取样阀等，高压泵进水装止回阀和闸阀，防止启动时流速太大和停运时回流对泵和膜组件造成不必要的损伤。浓水出口装节流阀，调节和控制回收率在一定范围内。产水侧装止回阀，防止停运时产水回流对组件的损伤。进水、浓水和产水各设取样阀，供取样分析。此外，水泵应设放气阀，柱塞泵应设安全阀和稳压阀等。

(4) 膜元件的承压壳体　卷式反渗透膜元件需装入相应的承压壳体中来使用，根据不同的应用场合，可选用玻璃钢、不锈钢和塑料等材质的壳体，如海水淡化可选玻璃钢壳体，医用纯水生产可选不锈钢壳体。壳体长度依据实际需求设计选定，通常使用最多的是容6个元件的壳体。壳体应在1.5倍操作压力下进行安全性试验后，方可使用。高压进出口开在壳体侧面的两端，利于元件装卸和更换。在现场，壳体两端各应有至少1.5m的空间供操作和元件更换之用。

6.9.4.5　有关仪表

(1) 测量仪表　主要包括：流量仪表、压力仪表、水质仪表等。

(2) 控制仪表　主要包括：低压开关、高压开关、水位开关、硬度在线检测仪、氧化还原电位仪、高温开关、流量开关、电导率开关、pH开关等。

6.9.5　设备的操作与维修

设备的操作与维修主要包括元件的装配与取换，设备的启动、记录与停运，故障查找（在线查找、非在线检查）等[96]。在元件装配与取换时，要遵循相应的说明或指导守则。

6.9.6　经济性分析[97]

决定反渗透水处理成本的关键因素是反渗透系统的投资成本和操作成本。由于反渗透应用范围广，进料液组成差别较大，不同处理要求不一，处理规模大小悬殊，采用的工艺和设备也有差异，所处的商业环境和时期变化，加上工艺技术日益更新，所以很难有一个成熟的标准成本方程式来进行计算。成本评价包括的范围如图6-64所示。

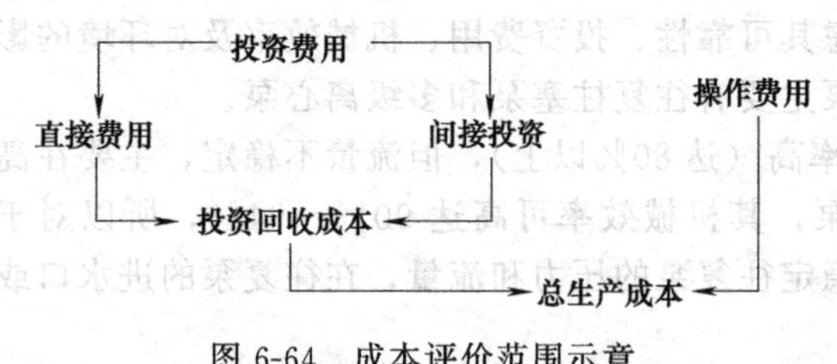

图 6-64 成本评价范围示意

直接投资：①现场开发，建筑物、路、墙以及其他与安装有关的建设，通常估价为26.42美元/(m^3·d)；②供、排水成本，指进水供应和浓水排放；③共用设备，指与动力供应有关的设备和外部排放管道等；④系统设备，包括预处理系统、膜组件（含膜元件更换）、反渗透系统（含泵、管路、电气、控制、能量回收、元件压力容器、底座等）、运输安装及与工程设计有关的费用等；⑤土地；⑥其他，指特殊场合考虑。

间接投资：包括额外建筑、偶然事故等。

操作费用：包括能耗、膜更换、劳动力、备件、试剂、过滤器等。

6.10 反渗透的应用案例[98,99]

随着反渗透膜的高度功能化和反渗透应用技术的开发，反渗透技术已从海水及苦咸水淡化逐渐渗透到食品、医药、化工等部门的分离、精制、浓缩操作等方面。反渗透的工业应用包括下列几个方面。

6.10.1 海水淡化[100]

反渗透技术是20世纪50年代为海水淡化提出的，60年代取得突破性进展，70年代进入海水淡化市场后，发展十分迅速。1990年后，随着反渗透膜性能的提高、价格的下降、高压泵和能量回收效率的提高，反渗透海水淡化技术已成为投资最省、成本最低的利用海水制备饮用水的方法，在国际给水市场上每年以10.6%的速度增长。在20世纪60年代末，淡化水产量仅8000m^3/d，到1990年达$1.32\times10^7 m^3/d$，2006年达到$3.75\times10^7 m^3/d$以上，2010年达到$6.52\times10^7 m^3/d$以上，2015年在$8.65\times10^7 m^3/d$以上，其增长速度十分迅速。目前，世界上将近80%的海水淡化装置都采用的是反渗透膜技术。

图6-65为日本日产800t淡水的中型海水反渗透装置的前处理和反渗透过程流程图。

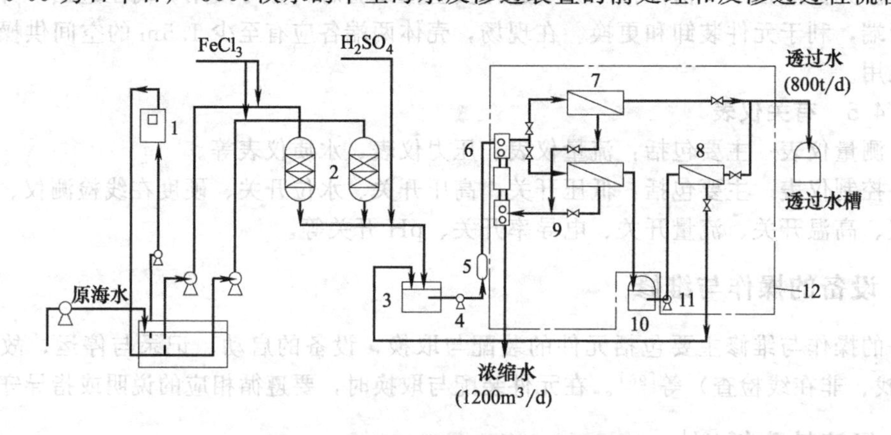

图 6-65 反渗透海水淡化工艺流程图

1—电解氯发生器；2—复层过滤器；3—过滤水槽；4—增压泵；5—内装式过滤器；6—第一级高压泵电机；7—中空纤维型组件；8—螺旋卷式组件；9—能量回收透平机；10—中间槽；11—第二级高压泵；12—室内设备

小型海水淡化装置（器）多用于舰艇、海上钻井平台和岛屿饮用水的生产，其产水量大约在1～3m^3/d。对岛屿、海上钻井平台和大型的舰只来说，反渗透处理流程为：

取水泵→多介质过滤器→保安过滤→高压泵→淡化装置→产品水
↓
浓水

而对于小型船只，可不用笨重的双层滤器，以求轻便、紧凑。对岛屿和大型船只、钻井平台用的装置，应加强预处理。对芳香聚酰胺膜，可用杀菌→絮凝→双层过滤→活性炭→精密过滤的流程，或采用絮凝→双层过滤→紫外杀菌→精密过滤；对 CTA 中空纤维预处理的流程可为：杀菌→絮凝→双层过滤→精密过滤。

表 6-28 为几种小型海水淡化装置的主要参数。

表 6-28 几种小型海水淡化装置的主要参数

进水流量 /(m^3/h)	设计产量 /(m^3/d)	操作压力 /MPa	回收率 /%	泵功率 /kW	脱盐率 /%	所用组件类型
0.2	0.6	5.6	10～20	0.75	99	SW-30
0.4	1.3	5.6	10～20	1.5	99	SW-30
0.6	2.0	5.6	10～20	1.5	99	SW-30

6.10.2 苦咸水淡化

反渗透最早的应用是苦咸水淡化。苦咸水含盐量一般比海水低得多，淡化成本也较低，通常的反渗透膜组件大多都可直接用于苦咸水淡化，回收率为 75%左右，因此，苦咸水脱盐更具有实用价值，反渗透已成为苦咸水淡化最经济的方法。因此，研究、开发苦咸水淡化用膜和组件，特别是低压、高通量膜的开发是研究反渗透淡化的方向之一。目前，反渗透苦咸水淡化（BWRO）是利用苦咸水生产淡化水中最具有竞争力的方法，有关反渗透苦咸水淡化装置的设计优化已经相对成熟。随着新制膜材料的发展以及成本的降低，反渗透膜技术已经逐渐成为脱盐产业中的主导，配合特定的预处理工艺以及膜系统设计，被广泛应用于各种含盐水质的淡化过程。

美国 Hydranautics 公司在加利福尼亚州阿灵顿谷地承建的 15000m^3/d 苦咸水淡化工厂，将高 NO_3^-（90mg/L）和高 SiO_2（40mg/L）含量的地下水经反渗透处理后用于市政用水。表 6-29 为日本鹿岛制铁所苦咸水的淡化结果。

表 6-29 日本鹿岛制铁所苦咸水的淡化结果

项目	原水	浓水	产水	项目	原水	浓水	产水
浊度	7	—	—	Cl^-/(mg/L)	468	1890	20.3
pH 值	7.3	6.2	6.2	SO_4^{2-}/(mg/L)	64.4	295	2.2
电导率/(μΩ·cm)$^{-1}$	1530	5710	77	SiO_2/(mg/L)	17.5	28.5	0.6
M^- 碱度/[mg/L($CaCO_3$)]	52.7	19.9	8.4	总溶解物/(mg/L)	920	3680	34.5
Na^+/(mg/L)	230	88.2	13.8	全硬度($CaCO_3$)/(mg/L)	176	697	<1
K^+/(mg/L)	14.6	51.0	0.1				

甘肃省庆阳市 3.8×10^4 m^3/d 反渗透苦咸水淡化工程于 2008 年年底开始供水，工程中采用了反渗透浓水回收装置，使水的回收率达到 85%以上，水质经检验达到国家《生活饮用水卫生标准》（GB 5749—2006）的标准[101]。

6.10.3 纯水和超纯水生产

纯水和超纯水是现代工业中一种十分重要的原材料，已被广泛应用于半导体、微电子、电力、化工和医药等领域。目前，利用反渗透膜技术生产超纯水的工艺已经很成熟，反渗透膜能够有效地降低水的电导率和其中总溶解性固体的含量，对大部分盐类成分的截留率超过 99%，并且水通量大。虽然也出现了膜污染问题，但是通过化学清洗的方法可以有效地解决。另外，伴随着纯水制备工艺的不断进步，传统的阴阳离子交换工艺逐渐被反渗透系统取代，传统的混合离子交换则逐渐被电去离子（EDI）装置取代，最终发展成了反渗透-电去离子脱盐系统，与传统方法相比，该系统具有出水质量高、连续生产、使用方便、无人值守、不用酸碱、不污染环境、占地面积小和运行经济等一系列优点，被称为“绿色”脱盐系统。

6.10.3.1 实验室纯水及超纯水制备系统

《分析实验室用水规格和试验方法》(GB/T 6682—2008）对实验室用的超纯水的水质规定见表 6-30。

表 6-30 CAP/NCCLS 纯水规范

名称		Ⅰ级	Ⅱ级	Ⅲ级
pH 值范围(25℃)		—	—	
电导率(25℃)/(mS/m)	≤	0.01	0.10	0.50
比电阻(25℃)/MΩ·cm	≥	10	1	0.2
可氧化物质[以(O)计]/(mg/L)		—	0.08	0.40
吸光度(254nm,1cm 光程)	≤	0.001	0.01	—
蒸发残渣(105℃±2℃)/(mg/L)	≤	—	1.0	2.0
可溶性硅[以(SiO_2)计]/(mg/L)	<	0.01	0.02	—

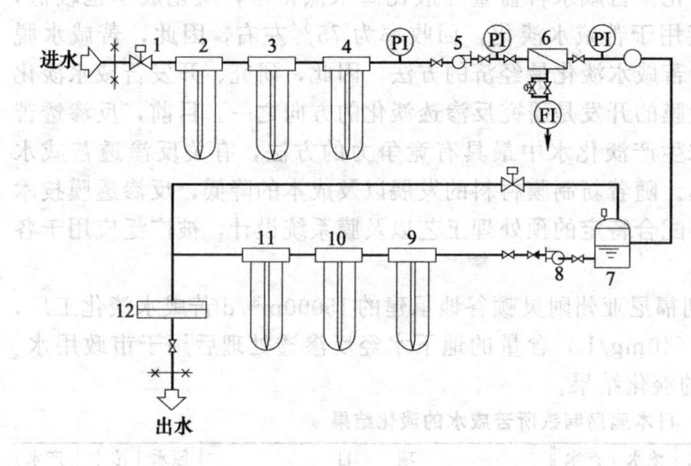

图 6-66 50L/h 小型超纯水系统工艺流程图

1—电磁阀；2—10μm 滤筒；3—炭滤筒；4—3μm 滤筒；5—高压泵；6—RO 装置；7—循环水箱；8—循环增压泵；9—精炭滤筒；10—粗混筒；11—精混筒；12—0.22μm 膜滤器

一级水用于有严格要求的分析实验，包括对颗粒有要求的实验，如高效液相色谱用水。一级水可用二级水经石英设备蒸馏或离子交换混合床处理后，再经 0.2μm 微孔滤膜过滤来制取。二级水用于无机痕量分析等实验，如原子吸收光谱用水。二级水可用多次蒸馏或离子交换等方法制得。三级水用于一般的化学分析实验。三级水可用蒸馏或离子交换的方法制得。

图 6-66 为以城市自来水为水源生产纯水的系统。

6.10.3.2 血液透析用纯水系统

血液透析时，可将血液中的代谢废物如尿素、尿酸、肌肝酸等脱除掉。透析液通常由浓缩液与纯水按 1∶34 的比例混合而成，透析液流量为 500mL/min，每人每周要 360L。由于任何分子量小于 10000 道尔顿的物质都有可能随透析液进入血液中，因此，水质对透析效果和病人的生活至关重要。不合格的纯水将给病人带来各种并发症、过敏反应和发热发应等，此外，还可能引发透析机自控系统失灵等。

表 6-31 是 AAMI（美国医疗仪器促进协会）血液透析用纯水标准。图 6-67 为血液净化用纯水系统工艺流程图。

表 6-31 AAMI 血液透析用纯水标准

序号	项目	单位	最高容许值
1	钙	mg/L	2.0
2	镁	mg/L	4.0
3	钠	mg/L	70.0

序号	项目	单位	最高容许值
4	钾	mg/L	8.0
5	氟化物	mg/L	0.2
6	氯	mg/L	0.5
7	氯胺	mg/L	0.1
8	硝酸盐	mg/L	2.0
9	硫酸盐	mg/L	100.0
10	铜、钡、锌	mg/L	各0.1
11	铝	μg/L	10.0
12	砷、铅、银	μg/L	各5.0
13	镉	μg/L	1.0
14	铬	μg/L	14.0
15	硒	μg/L	90.0
16	汞	μg/L	0.2
17	悬浮微粒	μm	5①
18	细菌	个/mL	≤100
19	电阻率（25℃）		
20	盐透过率（25℃）	%	RO方法，盐透过率不应超过该设备开始试验时盐透过率的两倍

① 用于冲洗或消毒透析器血区和血液回路的水，其所含悬浮微粒最好不超过1μm。

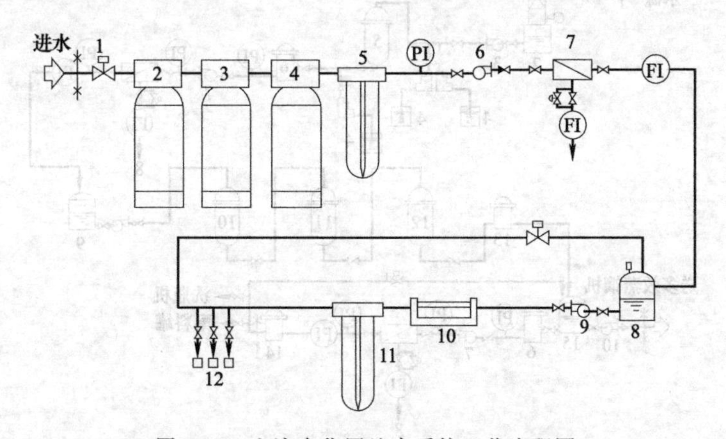

图6-67 血液净化用纯水系统工艺流程图

1—电磁阀；2—多介质滤器；3—活性炭滤器；4—软化器；5—保安滤器；6—高压泵；7—RO装置；8—循环水槽；9—循环增压泵；10—紫外杀菌器；11—0.45μm滤器；12—透析机

随着血液净化技术的发展，超滤技术开始应用于循环系统中来代替以前的微滤膜，此时，能将纯水中热原含量降低到0.2～0.5EU/mL，完全达到中国、美国最新药典注射水的标准。

美国得克萨斯仪表公司采用螺卷式反渗透装置，以自来水制取高纯水，日产380t以上。反渗透装置的组件型号是ROGA-4000，4100。在42～46kg/cm^{2}的操作压力和73%～75%的回收率下，脱盐率为96.7%。所得运转结果如表6-32所列。

表6-32 反渗透制备高纯水装置运行数据

项目	城市水	给水	浓缩水	脱盐水	脱盐率/%
pH值	7.8	6.9	6.0	6.9	
电导率/(μΩ·cm)$^{-1}$	280	280	1050	20	96.9
硬度 $CaCO_3$	85	85	345	1.0	99.6
总碱度 $CaCO_3$	45	9.5	35	4.5	—
TDS/(mg/L)	172	182	680	14	96.5

续表

项目	城市水	给水	浓缩水	脱盐水	脱盐率/%
Ca^{2+}/(mg/L)	28	28	144	0.2	99.9
Mg^{2+}/(mg/L)	3.6	3.6	15	0.12	98.8
Na^{+}/(mg/L)	22	22	80	3	94.2
K^{+}/(mg/L)	3.6	3.6	13	0.6	93.0
Fe^{3+}/(mg/L)	0.05	0.06	0.26	0	100
HCO_3^-/(mg/L)	55	12	4.3	5.5	—
Cl^-/(mg/L)	30	30	105	3.8	94.3
SO_4^{2-}/(mg/L)	42	84	358	0.41	99.8
SiO_2/(mg/L)	3.1	3.6	29	1.2	92.7

6.10.3.3 制剂用无菌、无热原纯水系统

过去各国药典都规定，制备静脉注射液用水必须是无热原反应的且是用蒸馏方法来制备的水。从1975年起，美国最新药典将反渗透技术与蒸馏方法并列作为制备静脉注射液用水的法定方法。图6-68为我国某药厂注射液用水制备工艺流程图。其成本只为传统蒸馏方法的一半，并且各项指标优于传统蒸馏法的水质。

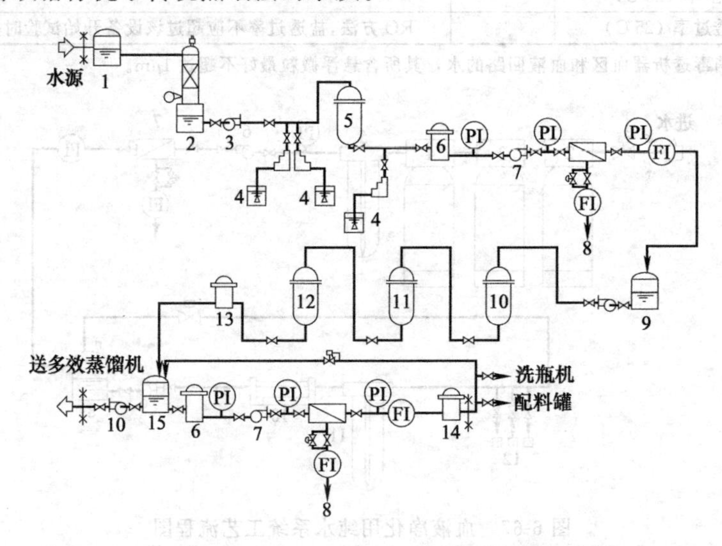

图6-68 我国某药厂注射液用水制备工艺流程图

1—原水箱；2—脱气塔；3—增压泵；4—投药装置；5—多介质过滤器；6—保安过滤器；7—高压泵；8—RO装置；9—中间水箱；10—阳床；11—阴床；12—混床；13—精滤器；14—0.22μm膜滤器；15—成品水箱

6.10.3.4 电子工业超纯水系统

在电子工业的半导体和微电子学的研究、实验中都要用临界水质的超纯水冲洗电路器材，由于电子元件中的电路宽度已进入亚微米的级别，故任何尺寸大于0.24μm的颗粒物都可能导致其报废，故对纯水的要求是较高的，它是产品质量的保证。表6-33为ASTM电子级水标准。半导体电子工业所用的高纯水，以往主要是采用化学凝集、过滤、离子交换树脂等制备方法。这些方法的最大缺点是流程复杂，再生离子交换树脂的酸碱用量大，成本高。随着反渗透技术在纯水和超纯水生产系统中的成功应用，彻底改变了单一离子交换法工艺复杂、成本高、环境污染严重的缺点。膜技术与离子交换法组合过程所生产的纯水水质稳定并接近理论纯水值，节省酸、碱95%以上，节约成本20%～50%，环境污染得到大大改善。目前，美国电子工业已有90%以上采用了反渗透和离子交换树脂相结合的装置。图6-69为

18mΩ·cm电子工业超纯水制备系统工艺流程图。它由预处理、反渗透、初级离子交换和精制循环水系统几大部分组成。

表 6-33　ASTM 电子级水标准

项目	EⅠ	EⅡ	EⅢ	EⅣ
电阻率(25℃)/MΩ·cm	18(90%时间) 17(10%)时间	15(90%时间) 17(10%)时间	2	0.5
总 SiO_2(最大)/(μg/L)	5	50	100	1000
颗粒数(最大)1μm/(个/mL)	2	5	10	500
细菌(最大)/(个/mL)	<1	10	50	100
TOC(最大)/(μg/L)	50	200	1000	5000
Cu(最大)/(μg/L)	<1	5	50	500
Cl(最大)/(μg/)	2	10	100	1000
K(最大)/(μg/L)	2	10	100	500
Na(最大)/(μg/L)	1	10	200	1000
Zn(最大)/(μg/L)	10	50	500	2000
总固体(最大)/(μg/L)	5	20	200	500

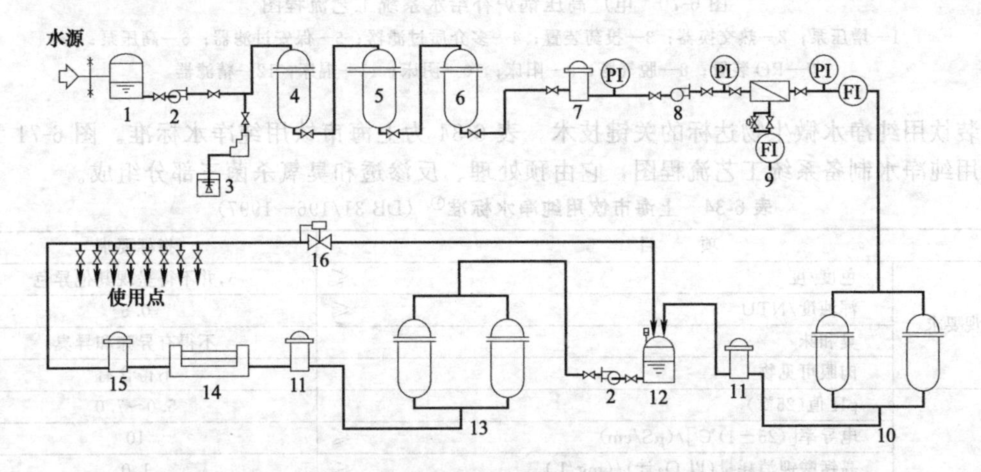

图 6-69　18MΩ·cm电子工业超纯水制备系统工艺流程图

1—原水箱；2—增压泵；3—投药装置；4—多介质过滤器；5—活性炭滤器；6—软化器；7—保安过滤器；8—高压泵；9—RO装置；10—粗混床；11—3μm精滤器；12—中间水箱；13—精混床；14—紫外杀菌器；15—终端膜滤器；16—稳压阀

6.10.3.5　中高压锅炉补给水系统

火力发电厂、核电厂锅炉对水质的要求特别高。离子交换是锅炉补给水采用的传统工艺。近年来，随着反渗透技术的大规模工业应用和膜性能的提高，反渗透-离子交换联合的工艺较单一的离子交换，彻底改变了单一离子交换法工艺复杂、成本高、环境污染严重的缺点。进水中大部分的硬度在反渗透过程中去除，因此大大减少了离子交换的负荷，增加了其工作周期和寿命，同时减少了再生的次数，从而减少了对环境的污染。我国电力部门推荐，原水溶解固体在500mg/L（地下水）、600mg/L（地表水）以上时，可采用反渗透预脱盐。此时要注意的是：由于反渗透对水中各种离子去除率的差异和对 CO_2 的不分离，故产水中阴离子总量要高于阳离子，从而导致离子交换系统中阴床的负荷较重，阴、阳离子树脂的比例通常为2～3。电厂高压锅炉补给水系统工艺流程图见图6-70。

6.10.3.6　瓶装食用纯净水系统

随着环境污染的加剧和人们健康意识的加强，瓶装食用纯净水、管道纯净水和家用净水器成为人们实施分质供水的有效办法。反渗透是瓶装食用纯净水的核心技术，臭氧技术是确

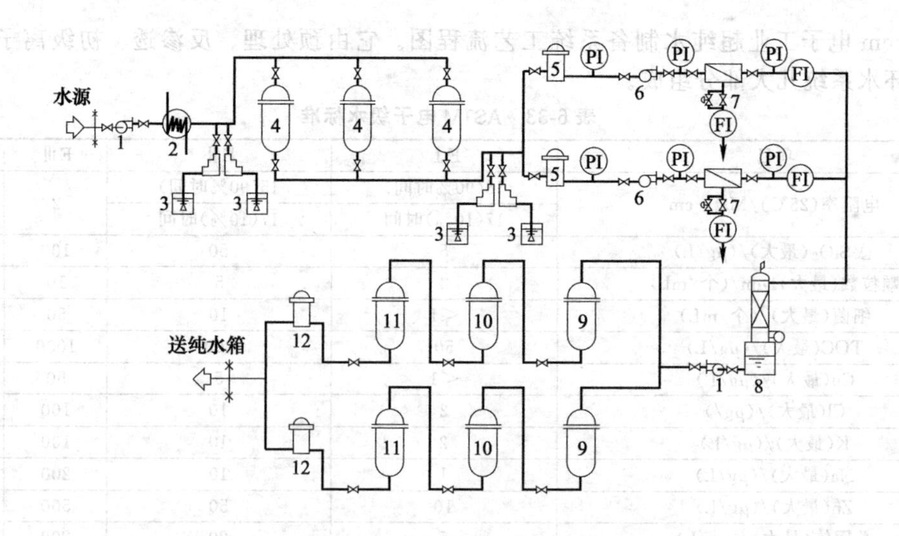

图 6-70 电厂高压锅炉补给水系统工艺流程图

1—增压泵；2—热交换器；3—投药装置；4—多介质过滤器；5—保安过滤器；6—高压泵；7—RO 装置；8—脱气塔；9—阳床；10—阴床；11—混床；12—精滤器

保瓶装饮用纯净水微生物达标的关键技术。表 6-34 为上海市饮用纯净水标准。图 6-71 为瓶装饮用纯净水制备系统工艺流程图，它由预处理、反渗透和臭氧杀菌三部分组成。

表 6-34 上海市饮用纯净水标准① (DB 31/196—1997)

项目			指标要求
感观要求	色度/度	≤	5,并不得呈现其他异色
	浑浊度/NTU	≤	0.5
	臭和味		不得有异味和异臭
	肉眼可见物		不得含有
理化指标	pH 值(25℃)		5.0～7.0
	电导率[(25±1)℃]/(μS/cm)	≤	10
	高锰酸钾消耗量(以 O_2计)/(mg/L)	≤	1.0
	余氯/(mg/L)	≤	0.01
	三氯甲烷/(mg/L)	≤	0.02
	亚硝酸盐(以 N 计)/(mg/L)	<	0.001
	氰化物(以 CN^-计)/(mg/L)	<	0.002
	挥发性酚(以苯酚计)/(mg/L)	<	0.002
	铅/(mg/L)	<	0.002
	砷/(mg/L)	<	0.01
	铜/(mg/L)	<	0.01
	铝/(mg/L)	<	0.2
	Ames 致突变试验		阴性
微生物指标	菌落总数/(CFU/mL)	≤	20
	大肠菌群/(MPN/100mL)	≤	3
	霉菌及酵母菌数/(个/mL)	≤	不得检出
	致病菌(指肠道致病菌、致病性球菌)		不得检出

① 上海市技术监督局 1997 年 6 月 23 日发布，1997 年 8 月 1 日实施。

6.10.3.7 反渗透-电去离子超纯水系统

电去离子（EDI）设备的显著优点是没有酸、碱的再生及由其引起的环境污染，并且可在大于 90%回收率的情况下持续生产 15～18MΩ·cm 的超纯水，因此，该技术在全世界各地得到研究与应用。表 6-35 为 EDI 系统的进水指标。图 6-72 为 RO-EDI 超纯水制备系统工

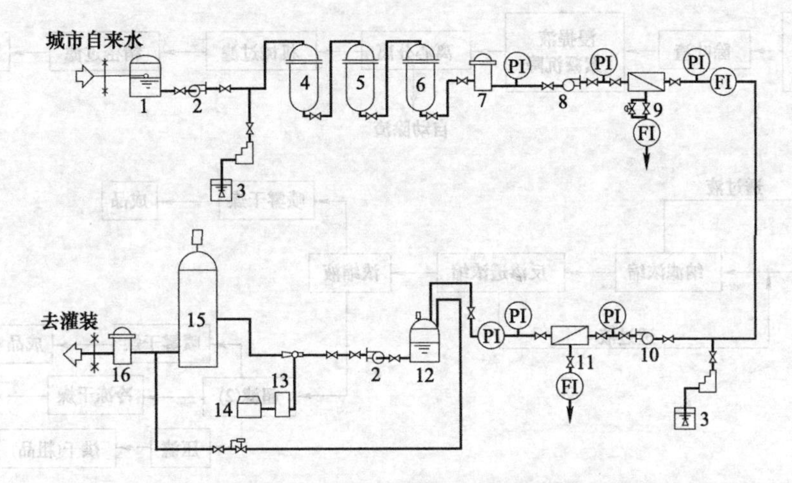

图 6-71 瓶装饮用纯净水制备系统工艺流程图

1—原水箱；2—增压泵；3—投药装置；4—多介质过滤器；5—活性炭过滤器；6—软化器；7—保安过滤器；8—一级高压泵；9—一级 RO 装置；10—二级高压泵；11—二级 RO 装置；12—纯水塔；13—臭氧制备系统；14—氧气制备系统；15—压力式吸收塔；16—终端过滤器

艺流程图。

表 6-35 电去离子系统进水指标

项 目	指 标	项 目	指 标
水源	反渗透产水	Fe、Mn、H_2S	$<0.01\times10^{-6}$
电导率(TDS)	$<5.0\times10^{-6}$(10μS/cm)	压力	0.11～0.7MPa
硬度($CaCO_3$)	$<1.0\times10^{-6}$	温度	5～43℃
TOC	$<0.5\times10^{-6}$	pH 值	4～10
余氯	$<0.05\times10^{-6}$		

近几年，反渗透-电去离子新工艺已在我国电子、医药中小型超纯水系统中得到应用，并逐步发展到电力、化工等大型超纯水系统中，应用前景广阔。

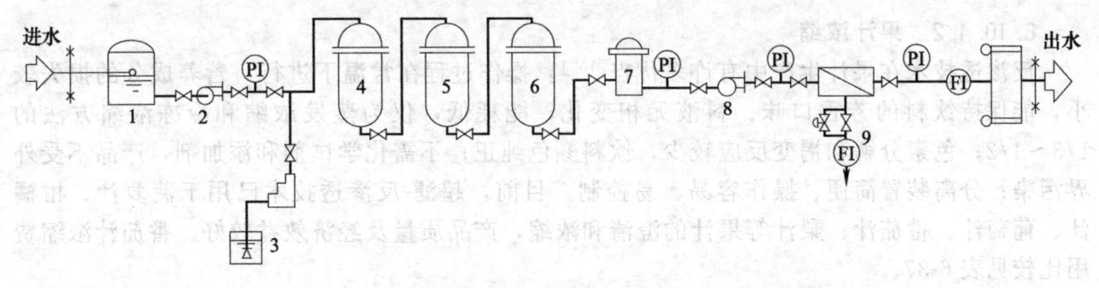

图 6-72 反渗透-电去离子超纯水制备系统工艺流程图

1—原水箱；2—增压泵；3—投药装置；4—多介质过滤器；5—活性炭过滤器；6—保安过滤器；7—高压泵；8—RO 装置；9—EDI 装置

6.10.4 料液脱水浓缩[102]

6.10.4.1 在甜菊苷提取工艺中的应用

从甜菊叶中提取甜菊苷有很多方法。采用膜集成工艺净化、浓缩的方法见图 6-73，表 6-36 为浓缩的结果。

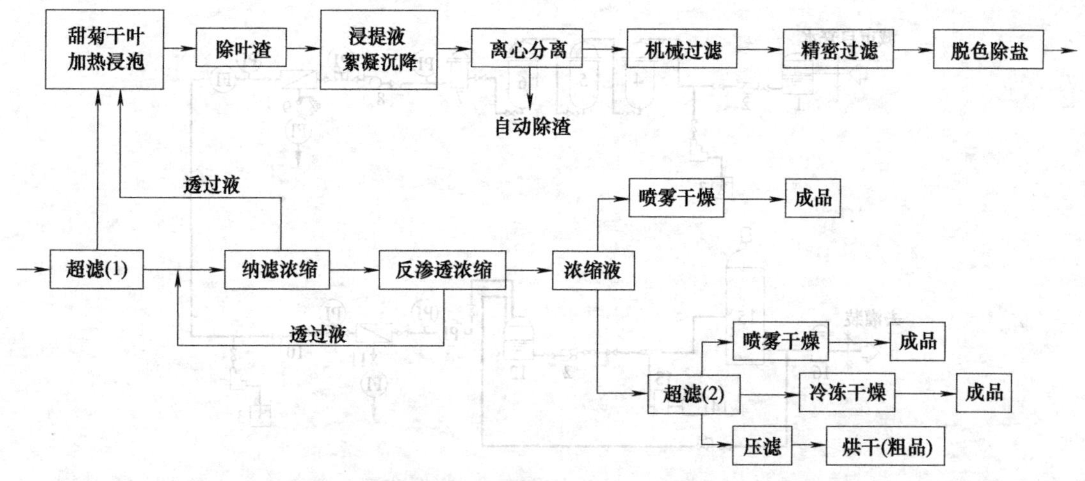

图 6-73　采用膜集成工艺净化、浓缩甜菊苷的工艺流程图

[超滤（1）的作用是除去脱体和破碎树脂，进一步起脱色作用；超滤（2）的作用是除去浓缩液中少许残存胶体和管路系统内的杂质，该工序起进一步净化作用；冷冻干燥、产品损耗小、色度白、但能耗高；最后三种干燥工艺根据能源和产品要求具体选定]

表 6-36　甜菊苷水溶液的两级浓缩结果

级别	第一级	第二级
操作压力/MPa	1.5　1.8　2.0	2.0　3.0　3.0 3.0　3.0　3.0
透水速度/[L/(m²·h)]	31.0　31.5　28.2	23.5　37.5　35.5 34.0　28.0　16.5
透过液(折光)	0.0　0.0　0.0	0.0　0.0　0.2 0.5　1.0　1.5
透过液(味觉)	有草腥味,无甜味	由无甜味,逐渐微甜到甜

注：1. 进液温度 18.5℃。

2. 浓缩液折光为 13.5。

6.10.4.2　果汁浓缩

反渗透技术在果汁生产中有许多优点[103]：操作过程在常温下进行，营养成分的损失较小，能保持饮料的芳香口味；料液无相变化，能耗低，仅为蒸发浓缩和冷冻浓缩方法的1/3～1/2；色素分解和褐变反应较少，饮料颜色纯正；不需化学试剂和添加剂，产品不受外界污染；分离装置简便、操作容易、易控制。目前，超滤-反渗透技术已用于菠萝汁、柑橘汁、葡萄汁、番茄汁、梨汁等果汁的澄清和浓缩，产品质量及经济效益较好。番茄汁浓缩费用比较见表 6-37。

表 6-37　番茄汁浓缩费用比较[104]

浓缩方法	设备	能源和材料	去除 1t 水的费用/元
蒸发	三效蒸发器	蒸汽＋电	81.084
反渗透	管式	电＋膜	9.602

6.10.4.3　酒类加工

反渗透还可应用于酿酒过程，制备低酒精度产品。与限制发酵、蒸馏脱醇等方法相比，反渗透法能克服限制发酵产品中残糖高、蒸馏法有蒸煮味等缺陷，得到高品质的无醇啤酒，且投资和运行等费用也不高。冯凌蕾等[105]运用反渗透法对普通啤酒进行脱醇后，酒精度达到

0.5%（体积分数）以下，同时仍具有普通啤酒的色、香、味，满足无醇啤酒的标准。反渗透除醇原理见图6-74。

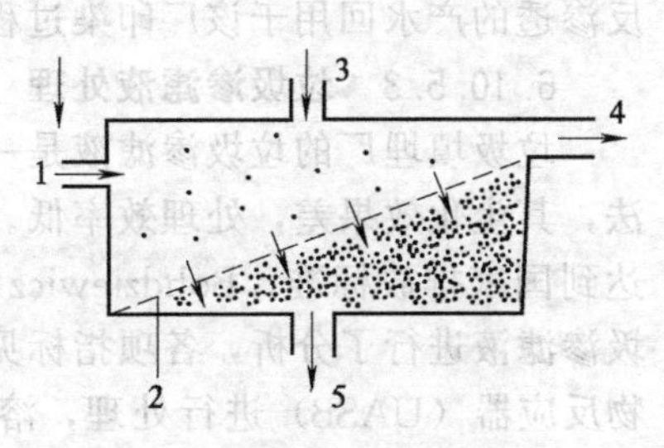

图6-74　反渗透除醇原理[106]

1—啤酒入口；2—膜；3—加水口；4—除醇后啤酒；5—稀乙醇溶液

6.10.4.4　牛奶浓缩

膜分离技术在乳品工业中已经得到了广泛的应用，主要用于牛奶的浓缩、分离乳清、牛奶微滤除菌等工艺中，但采用较多的是超滤膜。吕建国等[107]研究了管式反渗透膜对牛奶的浓缩性能，管式反渗透浓缩过程可实现牛奶浓缩1倍，料液浓度在12%～24%范围内时，对牛奶中的有效成分可实现99.9%的截留，可保留牛奶中的有效成分。同时，膜经清洗后，通量可恢复95%以上。原料乳经RO浓缩后的各成分含量对比见表6-38。

表6-38　原料乳经RO浓缩后的各成分含量对比[108]

分类	脂肪/%	蛋白质/%	乳糖/%	总干物质/%
原料奶	3.5	3.2	4.7	8.7
RO浓缩奶	10.5	9.6	14.1	26.1

6.10.5　工业废水处理及回用

反渗透膜在废水处理方面主要应用于电厂循环排放污水处理、印染废水处理、重金属废水处理、矿场酸性废水处理、垃圾渗滤液处理及城市污水处理。

6.10.5.1　电厂循环排放污水处理

电厂循环冷却水系统消耗水量大，占到纯火力发电厂用水的80%，占热电厂用水的50%以上，如果使其直接排放，不仅会污染环境，也会造成能源的浪费。对循环排放水进行回收处理，产品水作为循环补充水或锅炉补给水系统的水源，既不会对环境造成污染，也可以节约能源。北京京丰天然气燃机联合循环电厂，选用荷兰诺芮特公司生产的SXL-225FSFC0.8mm中空纤维超滤膜元件和陶氏公司生产的BW30-400-FR聚酰胺复合反渗透膜对电厂循环排污水进行处理。超滤反渗透系统从2004年10月投运以来的各种分析数据显示，超滤出水水质完全满足反渗透进水要求，产水浊度小于0.02NTU，产水密度污染指数(SDI)小于0.7；反渗透系统一直运行良好，截留率97%，产水量68m^3/h，产水电导小于40 μS/cm，回收率大于60%[109]。

6.10.5.2　印染废水处理

我国是纺织印染的第一大国，印染废水排放量占整个工业废水排放总量的35%左右，因其具有高COD、高色度、高盐度等特点，且其成分复杂，水质、水量变化较大，传统的处理技术已经较难达到排放要求[110]。反渗透膜不仅可有效去除有机物、降低COD，且具有很好的脱盐效果，使得脱除COD、脱色、脱盐能一步完成[111]，其出水品质高，能直接回用于印染环节，同时浓水可回流至常规工序处理，实现废水零排放和清洁生产，促进企业可持续发展。图6-75为广东某印染厂采用反渗透技术对其污水站出水进行深度处理，并将

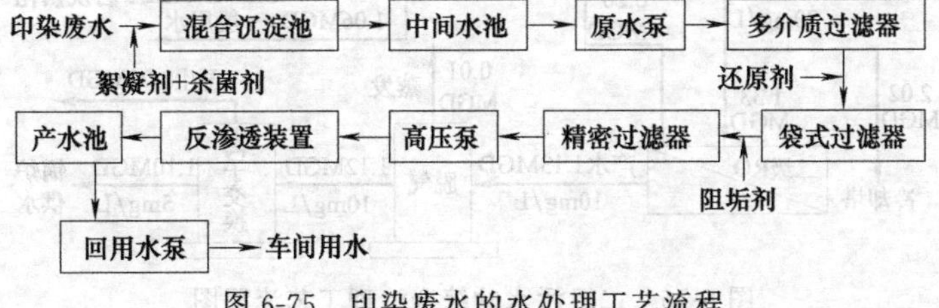

图6-75　印染废水的水处理工艺流程

反渗透的产水回用于该厂印染过程的工艺流程[112]。

6.10.5.3 垃圾渗滤液处理

垃圾填埋厂的垃圾渗滤液是一种成分复杂的高浓度有机废水，传统处理方法主要是生物法，其生化效果差，处理效率低。利用膜技术可以有效去除垃圾渗滤液中的各种有害物质，达到国家排放标准。Bohdziewicz 等[113]对波兰南部城市琴斯托霍瓦 Sobuczyna 垃圾场的垃圾渗滤液进行了分析，各项指标见表 6-39。将此垃圾渗滤液合成溶液后，用向上厌氧污泥生物反应器（UASB）进行处理，溶液 COD、BOD、氨氮、氯的质量浓度分别降为 960mg/L、245mg/L、196mg/L 和 2350mg/L，达不到环境排放要求。对 UASB 的流出液用 SEPA CF-HP 和 RO-DS3SE 聚酰胺反渗透处理，渗透液的 COD、氨氮、氢及氯的浓度均远远低于排放标准，相关指标见表 6-40。

表 6-39 Sobuczyna 垃圾渗滤液的指标

指　标	数值/(mg/L)	指　标	数值/(mg/L)
COD	3500～4200	氯	1800～2500
BOD_5	380～420	氨氮	890～994
碱度	4900～5200	挥发性脂肪酸 VFA	500～900

表 6-40 反渗透膜对废水的截留性能

指标	废水原液/(mg/L)	RO 出水	
		质量浓度/(mg/L)	脱盐率/%
COD	4000	44	95.4
氨氮	280	22	88.7
BOD_5	1350	24	90.2
氯	2500	215	85.4

6.10.5.4 城市污水处理

杨树雄等[114]采用超滤（UF)-反渗透（RO)-连续电去离子（EDI）联合工艺对城市污水处理厂二级出水进行深度处理，其出水水质可满足大连泰山热电厂 440t/h 超高循环流化床锅炉对其化学补给水的水质要求，并能保证超高压锅炉用水的安全性和可靠性。本系统一级、二级反渗透膜组件分别采用美国陶氏公司生产的 BW30-365FR 抗污染复合反渗透膜和 BW30-400FR 复合反渗透膜，单支膜脱盐率均达 99.6%。图 6-76 为二级污水的综合治理工

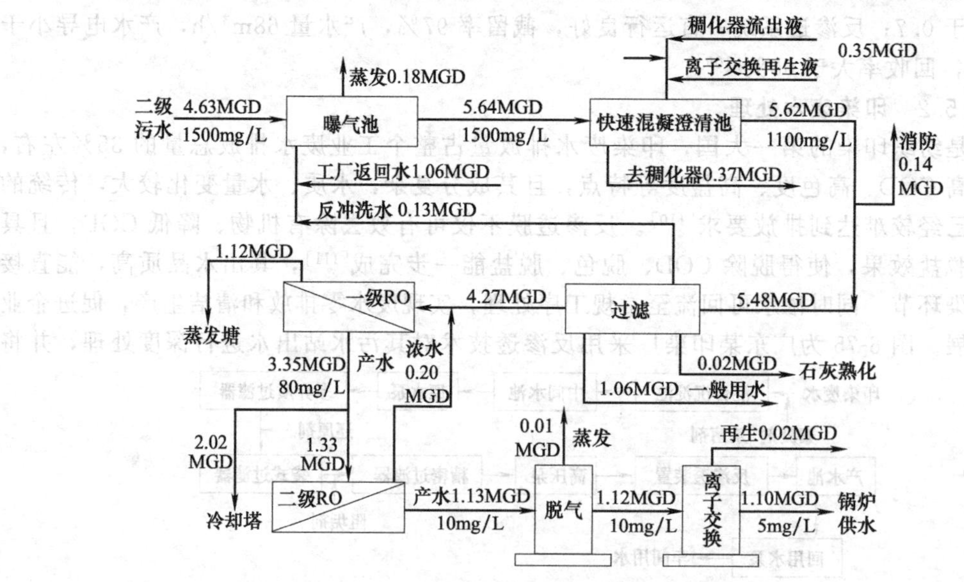

图 6-76 二级污水的综合治理工艺流程图

艺流程图，反渗透技术在其中发挥着重要作用。

6.10.5.5 **电镀废水处理**

电镀废水中含有大量高毒性的经济价值高的重金属离子，回收其中的重金属离子，同时使水实现闭路循环，可达到资源利用和保护环境的目的。反渗透对高价的重金属离子具有良好的去除效果，不仅可以回收废液中几乎全部的重金属，而且可以将回收水再利用。因此，采用反渗透法处理电镀废水是比较经济可行的。国外正在进行大量的镀镍废水、镀铬漂洗废水、镀铜漂洗废水的反渗透膜法废水处理研究。处理后可将电镀废水按照电镀槽槽液成分进行"原样"浓缩，浓缩液重新使用，透过液用作清洗水；该工艺无二次污染；过程无相变，能耗低；占地少，设备紧凑，易自控，可连续操作。采用反渗透方法处理电镀工业废水中具有代表性的物质，如表 6-41 所示，对锌、镍、镉、铜和铬等重金属盐均显示了良好的去除效果，而对氯化物，效率只有 90%～93%，对硫酸盐的去除效果则较高。

表 6-41 电镀废水中具有代表性物质的分离效果

重金属盐	原液	透过液(在 62 标准大气压①下)		
	浓度/(mg/L)		去除率/%	透过速度/[m^3/(m^2·d)]
$ZnSO_4$	553	48	91.3	0.84
$Po(CH_3COO)_2$	504	32	93.7	8.83
$CuSO_4$	500	8	98.4	0.78
$NiCl_2$	500	14	97.2	0.78
CrO_3	512	22	95.7	0.88
$SnCl_2$	500	49	90.2	0.85
$AgNO_3$	500	135	73.0	0.92
$Fe(SO_4)_2(NH_4)_2$	525	19	94.4	0.82
$Ni(SO_4)_2(NH_4)_2$	515	22	95.7	0.85
$Cr(SO_4)_2$	500	9	98.2	0.90
$HAuCl_4$	500	109	78.2	0.78

① 1 个标准大气压＝101325Pa。

6.10.6 饮用水处理

饮用纯水的品质已成为影响人们生活水平及健康状况的重要因素。20 世纪 80 年代，欧美国家已将反渗透膜广泛应用于生活用水的净化处理，20 世纪 90 年代后期我国也开始大规模使用反渗透膜技术。巴西南部的某超纯水生产厂，利用膜总面积为 28000m^2 反渗透系统生产超纯水，产水电导率为 0.3μS/cm，反渗透膜的水通量为 650m^3/h[115]。咸阳国际机场供水是含铬及氟苦咸水，水质较差，不宜饮用，尚天宠采用反渗透装置对其进行净化、淡化处理后成为符合国家生活饮用卫生标准和世界卫生组织饮水水质准则的优质水[116]。反渗透处理自来水流程图见图 6-77。

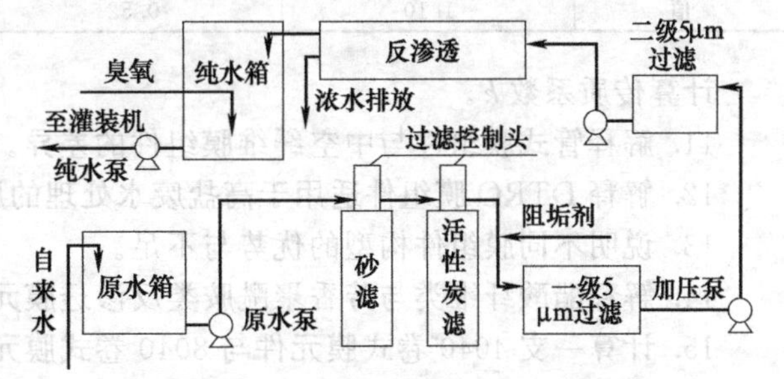

图 6-77 反渗透处理自来水流程图

6.11 反渗透技术的发展趋势

反渗透技术已广泛应用于海水及苦咸水淡化、废水处理、超纯水制备、生物工程、医药等领域，在促进循环经济、清洁生产、改造传统产业、节能减排、技术进步、环境保护和人民生活水平提高等方面发挥越来越重要的作用。随着能源危机、水资源危机和环境危机的不断加剧，反渗透技术向更低的能耗方向发展，主要表现为：①高通量和高选择性反渗透膜的开发，如纳米复合膜、碳纳米管膜、石墨烯膜、仿生膜等，可从根本上降低反渗透过程本身的能耗；②抗污染、抗氧化、抗菌性反渗透膜的开发，可以减轻预处理要求、降低运行维护难度及成本、延长膜的使用寿命；③引入清洁能源，如太阳能、风能、生物能、水能、地热能、氢能、盐差能等；④开发反渗透技术与其他技术的耦合工艺，如热膜耦合工艺、纳滤-反渗透工艺、反渗透-正渗透耦合工艺、电驱动膜-反渗透膜耦合工艺。同时，随着反渗透技术应用体系越来越多、越来越复杂，如高温、强酸、强碱、有机溶剂等体系，反渗透膜品种趋向于多元化，以适应于各种体系。

课后习题

1. 解释什么是渗透、反渗透现象。

2. 计算含盐 3%的海水的渗透压（按 25℃计算）。

3. 反渗透过程的三个基本模型的主要内容是什么？

4. 消除反渗透浓差极化的手段有哪些？

5. 反渗透过程为什么要进行预处理？

6. 简述防止反渗透膜污染的预处理方法。

7. 反渗透膜组件使用前如何保管？

8. 反渗透膜污染如何进行清洗？

9. 采用某商品化反渗透膜进行海水（32000mg/L）脱盐实验，所得通量为 663L/(m^3 · d)，脱盐率为 99.7%，传质系数 $k=5.0\times10^{-6}$ m/s。计算浓差极化因子（β）及渗透液浓度。

10. 已知一矩形膜池流道尺寸为 93mm×30mm×3mm（长×宽×高），膜面流速为 0.25m/s，流道内隔网尺寸如下表所示：

隔网参数	厚度 t_{sp}/mm	丝径 d_f/mm	开口尺寸 a/mm	相邻丝夹角 θ/(°)
值	1.10	0.52	4.50	45

计算传质系数 k。

11. 解释管式膜组件与中空纤维膜组件的差异。

12. 解释 DTRO 膜组件适用于高盐废水处理的原因。

13. 说明不同膜组件构型的优势与不足。

14. 解释醋酸纤维类与芳香聚酰胺类反渗透膜元件的区别及应用领域。

15. 计算一支 4040 卷式膜元件与 8040 卷式膜元件的膜面积之比。

16. NaCl 渗透压可通过 van' Hoff 方程进行计算，某地区卤水渗透压可等同于 2.0mol/L 的 NaCl，通过计算分析可用于该卤水浓缩的反渗透膜组件。

参考文献

[1] 时钧，袁权，高从堦. 膜技术手册［M］. 北京：化学工业出版社，2000：250-251.

[2] Nollet A. Lecons de physique experimentale［M］. Paris：Nabu Press，2010：10-15.

[3] 高从堦. 液体分离膜进展［J］. 见：第二届全国膜和膜过程学术报告会论文集，杭州：海洋出版社，1996：2-6.

[4] 马成良. 我国反渗透技术发展浅析 [J]. 膜科学与技术，1998，18 (3)：42-43.
[5] Georges B. Synthetic membrane processes：fundamentals and water applications [M]. New York：Academic Press，1984：224.
[6] 王晓琳，丁宁. 反渗透和纳滤技术 [M]. 北京：化学工业出版社，2005：6-9.
[7] 高从堦，阮国岭. 海水淡化技术与工程 [M]. 北京：化学工业出版社，2016：6-12.
[8] Kummu M，Guillaume J H，De M H. The world' s road to water scarcity：shortage and stress in the 20th century and pathways towards sustainability [J]. Scientific Reports，2016 (6)：38495.
[9] 高从堦，杨尚保. 反渗透复合膜技术进展和展望 [J]. 膜科学与技术，2011，31 (3)：1-4.
[10] 郎道，栗弗席兹. 统计物理学 [M]. 杨训恺，译. 北京：人民教育出版社，1964：342-344.
[11] 殷琦，朱华杰. 海盐水溶液渗透压计算的探讨 [J]. 水处理技术，1989，15 (6)：340-343.
[12] Matsuura T，Sourirajan S. Reverse osmosis transport through capillary pores under the influence of surface forces [J]. Industrial & Engineering Chemistry Process Design & Development，1981，20 (2)：273-282.
[13] Sourirajan S，Matsuura T. Reverse Osmosis/Ultrafiltration process principles [J]. Ottawa：National Research council of Canada，1985：35-42.
[14] Reid C E，Breton E J. Water and Ion Flow Across Cellulose Membranes [J]. Journal of Applied Polymer Science，1959，1 (2)：133-143.
[15] Haberman W L，Sayre R M. Motion of rigid and fluid spheres in stationary and moving liquids inside cylindrical tubes [C]. David Taylor Model Basin Report 1143. Dept of the Narg，Washington，D. C. 1958. 2010，106 (106)：23-26.
[16] Verniory A，Du B R，Decoodt P. Measurement of the permeability of biological membranes [J]. Application to the glomerular wall. Journal of General Physiology，1973，62 (4)：489.
[17] Nakao S I，Kimura S. Models of membrane transport phenomena and their applications for ultrafiltration data [J]. Journal of Chemical Engineering of Japan，2006，15 (3)：200-205.
[18] Yasuda H，Lamaze C E. Preparation of reverse osmosis membranes by plasma polymerization of organic compounds [J]. Journal of Applied Polymer Science，1973，17 (1)：201-222.
[19] Yasuda H，Lamaze C E，Ikenberry L D. Permeability of solutes through hydrated polymer membranes. (Part Ⅰ) [J]. Diffusion of sodium chloride. Macromolecular Chemistry & Physics，1968，118 (1)：19-35.
[20] 松浦刚. 合成膜的基础 [M]. 东京：喜多见书房，1981：127-132.
[21] 王湛，周翀. 膜分离技术基础 [M]. 第 2 版. 北京：化学工业出版社，2006：82-83.
[22] 张武，罗益锋，杨维榕. 合成树脂与塑料，合成纤维 [M]. 北京：化学工业出版社，2000：401-405.
[23] 张武，罗益锋，杨维榕. 合成树脂与塑料，合成纤维 [M]. 北京：化学工业出版社，2000：335-337.
[24] 张武，罗益锋，杨维榕. 合成树脂与塑料，合成纤维 [M]. 北京：化学工业出版社，2000：396-440.
[25] 周菊兴. 合成树脂与塑料工艺 [M]. 北京：化学工业出版社，2000：277-278.
[26] 章思规，辛忠. 精细有机化工制备手册 [M]. 北京：科学技术出版社，2000：190-191.
[27] 洪仲苓. 化工有机原料深加工 [M]. 北京：化学工业出版社，1997：594-596.
[28] 魏文德. 有机化工原料大全 [M]. 北京：化学工业出版社，1988：206-213.
[29] 樊能廷. 有机合成事典 [M]. 北京：北京理工大学出版社，1992：633.
[30] 王湛，周翀. 膜分离技术基础 [M]. 第 2 版. 北京：化学工业出版社，2006：70.
[31] 王湛. 膜分离技术基础 [M]. 北京：化学工业出版社，2000：82-83.
[32] 王湛. 膜分离技术基础 [M]. 北京：化学工业出版社，2000：73-81.
[33] 高以烜，叶凌碧. 膜分离技术基础 [M]. 北京：科学出版社，1989：106-136.
[34] 刘茉娥，等. 膜分离技术 [M]. 北京：化学工业出版社，1998：190-191.
[35] 膜分离技术，反渗透及超过滤 [J]. 海水淡水与水再利用学会反渗透专业委员会，1984：181-192.
[36] 王湛，周翀. 膜分离技术基础 [M] 第 2 版. 北京：化学工业出版社，2006：59-63.
[37] 王湛. 膜分离技术基础 [M]. 北京：化学工业出版社，2000：82.
[38] 朱长乐，刘茉娥，等. 膜科学技术 [M]. 杭州：浙江大学出版社，1992：54.
[39] Loeb S，Sourirajan S. Seawater demineralization means of an osmotic membrane [J]. Adv Chem Ser，1963，38：32-117.
[40] 时钧，袁权，高从堦. 膜技术手册 [M]. 北京：化学工业出版社，2000：253.
[41] 科技资料膜分离技术之二 [J]. 非醋酸纤维素膜、实验、工程与最新进展，1984：3-22.
[42] 高从堦，等. PA 系列 RO 复合膜的初步研究 [J]. 水处理技术，1987，13 (2)：77-82.
[43] Sourirajan S. 反渗透与合成膜 [J]. 殷琦，等译. 北京：中国建筑工业出版社，1987：202-204.
[44] 时钧，袁权，高从堦. 膜技术手册 [M]. 北京：化学工业出版社，2000：21-33.

[45] 朱长乐，等. 膜科学与技术 [M]. 杭州：浙江大学出版社，1992：49.
[46] Office of Saline Water Research and Development Progress Report, No. 926, 1974.
[47] Liu Y, Lang K, Chen Y, et al. Effect of heat-treating and dry conditions on the performance of cellulose acetate reverse osmosis membrane [J]. Desalination, 1985, 54 (85): 185-195.
[48] 刘玉荣，郎康民，陈一鸣，等. 聚酯织物增强的机制醋酸纤维素反渗透干膜. 水处理技术，1985，11 (6)：19-23.
[49] Matsuura T, Sourirajan S. Fundamentals of Reverse Osmosis [M]. Ottawa: NRCC, 1985: 136.
[50] Matsuura T, Sourirajan S. Fundamentals of Reverse Osmosis [M]. Ottawa: NRCC, 1985: 121.
[51] 高从堦，鲁学仁，张建飞，鲍志国. 反渗透复合膜的发展 [J]. 膜科学与技术，1993，(3)：1-7.
[52] Cadotte J E, Rozelle L T. OSW PB-Report 1972, No. 927.
[53] Cadotte J E. Evolution of Composite reverse osmosis Membranes [J]. ACS Symposium, 1985, 269: 273-294.
[54] 高从堦，鲁学仁，鲍志国. 芳香聚酰胺系列反渗透复合膜的初步研究 [J]. 水处理技术，1987，13 (2)：77-80.
[55] 日本电工株式会社. 复合反渗透膜及其制造方法 [P]. 中国，98806725. 0. 1998，6：29.
[56] Mark C Porter. Handbook of Industrial Membrane Technology [M]. Park Ridge: Noges Publication, 1990: 338-344.
[57] 刘茉娥，等. 膜分离技术 [M]. 北京：化学工业出版社，1998：37.
[58] 时钧，袁权，高从堦. 膜技术手册 [M]. 北京：化学工业出版社，2000：56-58.
[59] 高从堦，等. PA 系列 RO 复合膜的初步研究 [J]. 水处理技术，1987，13 (2)：77-82.
[60] Lee K P, Arnot T C, Mattia D. A review of reverse osmosis membrane materials for desalination-Development to date and future potential [J]. Journal of Membrane Science, 2011, 370 (1-2): 1-22.
[61] 陈欢林，瞿新营，张林，等. 新型反渗透膜的研究进展 [J]. 膜科学与技术，2011，31 (3)：101-109.
[62] Cohen-Tanugi D, Grossman J C. Water Desalination across Nanoporous Graphene [J]. Nano Letters, 2012, 12 (7): 3602-3608.
[63] Lin L C, Choi J, Grossman J C. Two-dimensional Covalent Triazine Frameworkas an Ultrathin film Nanoporous Membrane for Desalination [J]. Chemical Communications, 2015, 51 (80): 14921.
[64] Nicolai A, Sumpter B G, Meunier V. Tunable water desalination across graphene oxide framework membranes [J]. Physical Chemistry Chemical Physics, 2014, 16 (18): 8646-8654.
[65] Wang J, Dlamini D S, Mishra A K, et al. A critical review of transport through osmotic membranes [J]. Journal of Membrane Science, 2014, 454: 516-537.
[66]《中国大百科全书》总编委会. 中国大百科全书 [M]. 北京：中国大百科全书出版社，2009.
[67] 时钧，袁权，高从堦. 膜技术手册 [M]. 北京：化学工业出版社，2000：21-33.
[68] 王湛，周翀. 膜分离技术基础 [M]. 第 2 版. 北京：化学工业出版社，2006：81-82.
[69] 时钧，袁权，高从堦. 膜技术手册 [M]. 北京：化学工业出版社，2001：171.
[70] Marcel Mulder. 膜技术基本原理 [M]. 第 2 版. 李琳，译. 北京：清华大学出版社，1999：270-293.
[71] 美国海德能公司. 反渗透和纳滤产品技术手册 [M]. 2017.
[72] Henthorne L, Boysen B. State-of-the-art of reverse osmosis desalination pretreatment [J]. Desalination, 2015, 356 (2015): 129-139.
[73] 王湛. 膜分离技术基础 [M]. 北京：化学工业出版社，2000：134-140.
[74] 杨座国. 膜科学技术过程与原理 [M]. 上海：华东理工大学出版社，2009：129-133.
[75] 张玉忠，郑领英，高从堦. 液体分离膜技术及其应用 [M]. 北京：化学工业出版社，2004：283-304.
[76] Escobar I C, Schäfer A. 水循环利用与淡化 [M]. 阮国岭，译. 北京：科学出版社，2011：79-81.
[77] 邵刚. 膜法水处理技术及工程实例 [M]. 北京：化学工业出版社，2002：97-102.
[78] 时钧，袁权，高从堦. 膜技术手册 [M]. 北京：化学工业出版社，2001：201-204.
[79] 左俊芳，宋延冬，王晶. 碟管式反渗透 (DTRO) 技术在垃圾渗滤液处理中的应用 [J]. 膜科学与技术，2011，21 (2)：110-115.
[80] 侯立安，张雅琴. 海水淡化反渗透膜组件系统的研究现状 [J]. 水处理技术，2015，10：21-25.
[81] 王湛. 膜分离技术基础 [M]. 北京：化学工业出版社，2000：141-152.
[82] 王湛. 膜分离技术基础 [M]. 第 2 版. 北京：化学工业出版社，2006：84-91.
[83] 时钧，袁权，高从堦. 膜技术手册 [M]. 北京：化学工业出版社，2000：288-289.
[84] 窦照英，张烽，徐平. 反渗透水处理技术应用问答 [M]. 北京：化学工业出版社，2004：174-175.
[85] 李文才，张旭兵，张富礼，冯钊. 反渗透后处理技术的探讨 [J]. 中国电力，2002 (06)：85-89.
[86] 李东洋，韩志男，马铭，初喜章，单科，黄鹏飞. 反渗透海水淡化水后处理技术 [J]. 水处理技术，2015，41 (08)：67-71，80.
[87] Khawaji A D, Kutubkhanah I K, Wie J M. A 13. 3 MGD seawater RO desalination plant for Yanbu Industrial City

[J]. Desalination, 2007, 203 (1): 176-188.

[88] Fritzmann C, Löwenberg J, Wintgens T, et al. State-of-the-art of reverse osmosis desalination [J]. Desalination, 2007, 216 (1): 1-76.

[89] 葛云红，刘艳辉，赵河立，苏立永，阮国岭. 海水淡化水进入市政管网需考虑和解决的问题 [J]. 中国给水排水，2009，25 (08)：84-87.

[90] 王奕阳，申屠勋玉，赵丹青，项雯，占慧. 海水淡化后矿化处理工艺 [J]. 水工业市场，2012 (06)：58-60.

[91] Birnhack L, Lahav O. A new post-treatment process for attaining Ca^{2+}, Mg^{2+}, SO_4^{2-} and alkalinity criteria in desalinated water [J]. Water research, 2007, 41 (17): 3989-3997.

[92] Nebel C. PCI Ozone Corp Purification of D I water by ozone oxidation, Second Annual Pure Water Conference Jan [J]. San Jose, 1983, 14.

[93] 高从堦，阮国岭. 海水淡化技术与工程 [M]. 北京：化学工业出版社，2015：268-274.

[94] 高从堦，阮国岭. 海水淡化技术和工程 [M]. 北京：化学工业出版社，2015：272-273.

[95] 胡敬宁，消霞平，周生贵. 万吨级反渗透海水淡化高压泵的优化设计 [J]. 排灌机械，2009 (1)：25-29.

[96] 高从堦，阮国岭. 海水淡化技术与工程 [M]. 北京：化学工业出版社，2015：274-278.

[97] 高从堦，阮国岭. 海水淡化技术与工程 [M]. 北京：化学工业出版社，2015：294-301.

[98] 许骏，王志，王纪孝，王世昌. 反渗透膜技术研究和应用进展 [J]. 化学工业与工程，2010，27 (04)：351-357.

[99] 高从堦，阮国岭. 海水淡化技术与工程 [M]. 北京：化学工业出版社，2015：287-294.

[100] 高从堦，周勇，刘立芬. 反渗透海水淡化技术现状和展望 [J]. 海洋技术学报，2016，35 (01)：1-14.

[101] 李江，孟慧琳. 反渗透膜技术在我国苦咸水淡化中的应用 [J]. 见：全国苦咸水淡化技术研讨会论文集，中国膜工业协会，2013：5.

[102] 吕建国，张鹏. 管式反渗透浓缩牛奶的实验研究 [J]. 食品工业科技，2011，32 (04)：249-251.

[103] 吕建国，张克磊，贺全红，张鹏. 反渗透浓缩技术的研究进展 [J]. 山东工业技术，2013 (09)：7，28-29.

[104] 赵黎明. 膜分离技术在食品发酵工业中的应用 [M]. 北京：中国纺织出版社，2011：166.

[105] 冯凌蕾，陆健，顾国贤. 膜分离法脱醇对啤酒风味影响的初步研究 [J]. 酿酒科技，2005，131 (5)：73-77.

[106] 赵黎明. 膜分离技术在食品发酵工业中的应用 [M]. 北京：中国纺织出版社，2011：249.

[107] 吕建国，张鹏. 管式反渗透浓缩牛奶的实验研究 [J]. 食品工业科技，2011，32 (04)：249-251.

[108] 赵黎明. 膜分离技术在食品发酵工业中的应用 [M]. 北京：中国纺织出版社，2011：137.

[109] 梁建瑞. 超滤-反渗透膜组合工艺处理电厂循环排污水 [J]. 水处理技术，2006，32 (6)：79-81.

[110] Mo J H, Lee Y H, Kim J, et al. Treatment of dye aqueous solutions using nanofiltration polyamide composite membranes for the dye wastewater reuse [J]. Dyes and Pigments, 2008, 76: 429-434.

[111] Fersi C, Gzara L, Dhahbi M. Treatment of textile effluents by membrane technologies [J]. Desalination, 2005, 185 (1): 399-409.

[112] 仲惟雷，彭立新，余锋智，邹升平，王刚. 反渗透技术在印染废水回用中的应用 [J]. 工业水处理，2012，32 (07)：87-89.

[113] Bohdziewicz J, Kwarciak A. The application of hybrid system UASB reactor-RO in landfill leachate treatment [J]. Desalination, 2008, 222: 128-134.

[114] 杨树雄，陆善忠. 全膜法在城市污水处理厂二级出水深度处理中的应用 [J]. 给水排水，2008，34 (5)：37-41.

[115] Tessaro I C, Da silva J B A, Wada K. Investigation of some aspects related to the degradation of polyamide membranes: aqueous chlorine oxidation catalyzed by aluminum and sodium laurel sulfate oxidation during cleaning [J]. Desalination, 2005, 181: 275-282.

[116] 尚天宠. 反渗透技术在苦咸水淡化工程中的应用 [J]. 工业水处理，1998，18 (2)：35-38.

第7章 正 渗 透

本章内容

本章要求

1. 了解正渗透技术的发展历史和基本概念。
2. 理解正渗透过程的基本原理。
3. 掌握正渗透膜过程的基本特点。
4. 了解正渗透膜材料及其制备方法。
5. 了解正渗透膜组件的形式及其特点。
6. 掌握正渗透膜的结构表征及其性能测定方法。
7. 了解正渗透汲取液的种类及其特点。
8. 了解正渗透膜过程的应用领域及发展前景。

7.1 正渗透概述

渗透作为一种自然现象很早就被人类发现和利用。例如，植物细胞通过渗透作用吸收水分。又如，人们很早就意识到盐可用于干燥食物以进行长期保存。在盐水环境中，大多数细菌、真菌和其他潜在的致病生物因渗透作用而脱水死亡或暂时失活。通常，渗透指的是水分子从水化学势高的一侧透过半透膜向水化学势低的一侧运动的现象。选择透过性膜（即半透膜）允许水分子通过，但会截留溶质分子或离子。早期的研究人员通过天然材料来研究渗透机理。从 20 世纪 60 年代起，合成膜材料的出现使得反渗透技术迅速取代渗透，成为人们研究的热点。直至进入 20 世纪 80 年代，在 M. Elimelech 等的推动下，对于渗透的研究又重新引起了人们的兴趣。目前，渗透主要指正渗透（forward osmosis，FO），在废水处理、食品加工、海水/苦咸水淡化等分离过程中已有了新的应用。正渗透研究的其他独特领域还包括利用盐水和淡水发电的减压渗透和用于受控药物释放的可植入渗透泵等。

7.2 正渗透原理

正渗透是一个浓度驱动过程，它利用选择透过性膜两侧溶液的化学势差作为推动力，使得水分子自发地从化学势高的原料液一侧经过膜扩散到化学势低的汲取液一侧，从而不断地浓缩原料液、稀释汲取液，直到半透膜两侧的化学势一致为止，在此过程中不需要外加的压力和能量[1]。因此，要实现正渗透过程，就要满足两个主要条件：一是要制备出允许水分子通过，同时截留水中其他溶质的选择性分离膜；二是分离过程中的汲取液能够提供高驱动力，同时易于浓缩从而循环利用。

FO过程中的驱动力是膜两侧即原料液侧和汲取液侧的渗透压差，而相对应的RO（反渗透）过程则需要外加压力才能使水分子从汲取液侧扩散进入原料液侧。PRO（压力阻尼渗透）是介于正渗透和反渗透之间的一种过程，水的流动方向和FO相似，从原料液侧流向汲取液侧，并将汲取液侧的渗透压转化为水力压力来发电[2]。

FO、RO、PRO过程的一般水通量的公式为：

$$J_w = A(\sigma\Delta\pi - \Delta p) \tag{7-1}$$

式中，J_w为膜的水通量；A 为膜的纯水渗透系数；σ 为反射系数（与膜选择性相关，通常为0～1）；Δp 为外加压力；$\Delta\pi$ 为原料液侧与汲取液侧的渗透压差。当发生正渗透过程时，$\Delta p=0$，不需要外加压力，水从原料液侧流向汲取液侧；当发生反渗透过程时，$\Delta p>\Delta\pi$，需要在汲取液侧外加压力，水从汲取液侧流向原料液侧；当发生压力阻尼过程时，也需要在汲取液侧施加压力，但 $\Delta\pi>\Delta p$，水从原料液侧流向汲取液侧。正渗透、压力阻尼渗透和反渗透三种膜过程中水的流向如图7-1所示[3]。

反渗透、压力阻尼渗透、正渗透过程中水通量的方向和数值与外加压力之间的关系如图7-2所示[4]。

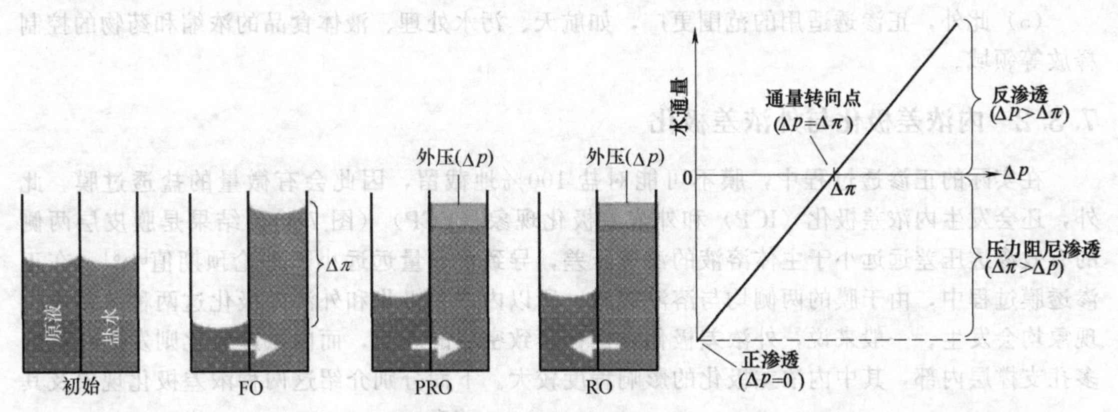

图7-1 FO、PRO和RO过程的溶剂渗透方向

图7-2 反渗透、压力阻尼渗透、正渗透过程中水通量方向和数值与外加压力之间的关系

7.3 正渗透膜过程

正渗透膜过程是通过膜两侧溶液的渗透压差来驱动的，其工艺流程如图7-3所示。在渗透压差的作用下，水从原料液侧通过正渗透膜流到汲取液侧，此时，原料液被浓缩，而汲取液被稀释。如果辅以汲取液的回收系统，则可以实现汲取液的再生，并循环利用，同时得到纯水。与以外加压力为驱动力的反渗透过程不同，正渗透过程两侧原料液和汲取液循环所需的压力很低，不需高压泵提供外加压力。正是由于没有外加压力，正渗透过程的膜污染也比反渗透低很多。正渗透过程主要有两个关键因素，分别是正渗透膜材料和汲取液[5]。正渗透膜材料主要考虑其选择透过性能和水渗透能力，通过改变制备膜的材料和配方、制膜的工

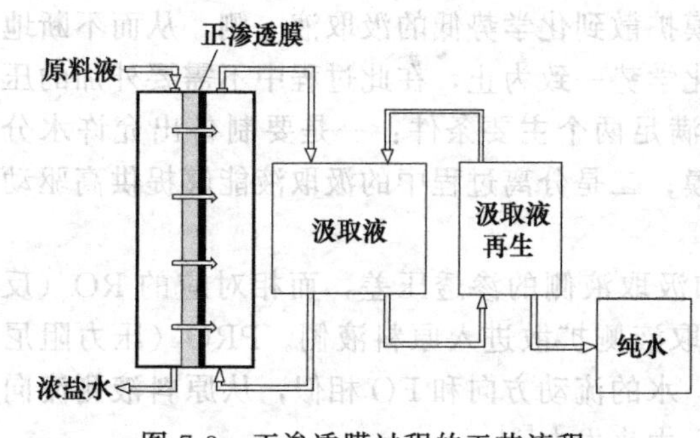

图 7-3　正渗透膜过程的工艺流程

艺条件，来改善和提高正渗透膜的性能。汲取液主要考虑提供高的渗透压、溶质易于分离和回收利用且能耗低，可以借助化学沉降、冷却沉降、热挥发等标准方法从汲取液中获取纯水，并使汲取液得到浓缩。

7.3.1　正渗透膜过程的特点

正渗透膜过程的驱动力为渗透压差本身，分离不需外加压力就可自发进行[6,7]，因此具有以下特点。

(1) 正渗透过程中水自发扩散传递通过膜，能耗与传统分离技术相比非常低。而传统的反渗透过程为了克服溶液渗透压，必须提供很高外部压力，从而消耗大量的能量。

(2) 正渗透过程中没有外加压力，而且由于膜材料具有亲水性，因此膜污染低，可应用于传统反渗透技术无法应用的分离过程，如染料废水、垃圾渗滤液的深度处理以及膜生物反应器中。膜污染趋势降低，可减少膜清洗的费用以及化学清洗剂对环境的污染。

(3) 与反渗透相比，正渗透过程具有水回收率高、无浓盐水排放、环境友好的优点。就海水淡化而言，通过选择合适的汲取液，其水回收率可达到 75%，而反渗透的水回收率仅为35%～50%。

(4) 减压渗透过程（PRO）可以将渗透压转化为能源。

(5) 此外，正渗透适用的范围更广，如航天、污水处理、液体食品的浓缩和药物的控制释放等领域。

7.3.2　内浓差极化与外浓差极化

在实际的正渗透过程中，膜不可能对盐 100%地截留，因此会有微量的盐透过膜。此外，还会发生内浓差极化（ICP）和外浓差极化现象（ECP）（图 7-4），结果是膜皮层两侧的有效渗透压差远远小于主体溶液的渗透压差，导致水通量远远小于理论预期值[4,8]。在正渗透膜过程中，由于膜的两侧均与溶液接触，所以内浓差极化和外浓差极化这两种浓差极化现象均会发生。一般来说，外浓差极化发生在膜致密层的表面，而内浓差极化则发生在膜的多孔支撑层内部，其中内浓差极化的影响程度较大。下面分别介绍这两种浓差极化现象及其

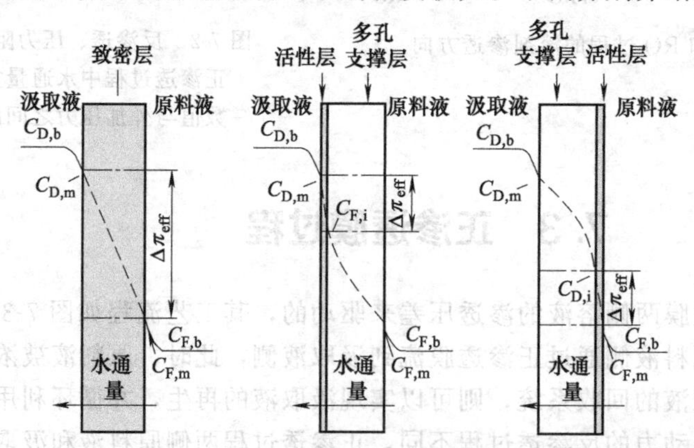

图 7-4　正渗透膜过程中不同膜方向的浓差极化示意图

图中：C 表示溶质浓度，$\Delta\pi_{eff}$ 表示有效驱动力。

主要影响。

7.3.2.1 **外浓差极化**

在膜过滤操作过程中，原料液在压力差的推动下对流传递到膜表面，被截留的溶质分子聚集在膜表面附近，从而使溶质在膜表面的浓度远高于其在本体溶液中的浓度（图 7-5），这种现象称为外浓差极化。外浓差极化造成通量的急剧下降，大大影响分离或浓缩效率。

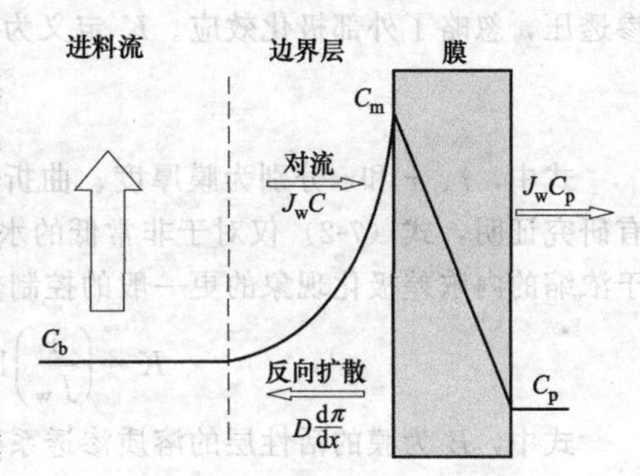

图 7-5 外浓差极化示意图

（实线表示溶质在不同位置的浓度，虚线表示浓差极化边界层）

外浓差极化现象也发生在正渗透过程中，如果膜是对称性膜［图 7-4（a）］，当原料液流过膜的皮层（类似于反渗透）时，溶质在分离层上聚集（$C_{F,m}>C_{F,b}$），这称为浓缩的外浓差极化，该极化现象提高了进料侧膜表面的溶液渗透压（渗透压 $\pi_{F,m}>\pi_{F,b}$），从而降低了有效驱动力 $\Delta\pi_{eff}$。同时，与膜面接触的驱动溶液被渗透过来的水不断稀释，降低了膜面处的驱动溶液浓度（$C_{D,m}<C_{D,b}$）和渗透压（$\pi_{D,m}<\pi_{D,b}$），这称为稀释的外浓差极化。浓缩的外浓差极化和稀释的外浓差极化现象都会降低本体溶液的渗透压差，减少有效的渗透驱动力，导致过程效率的降低。

由于 FO 过程中的外加压力低，外浓差极化引起的膜污染与压力驱动膜过程相比，对水通量的影响较小。已经有研究表明[8]，外浓差极化在渗透驱动膜过程中起着很小的作用，因此并不是这些过程中水通量低于预期的主要原因。一般来说，外浓差极化对渗透驱动膜过程的不利影响可以通过增加膜表面流速从而形成湍流减小边界层厚度来最小化，也可通过降低水通量的方法来减低膜表面溶质的浓度变化以减少外浓差极化现象[9]。然而，由于 FO 膜的水通量已经很低，通过减少通量来减小外浓差极化的能力受到限制。为了对 FO 中的外浓差极化现象进行模拟，可以使用与压力驱动膜的浓差极化相似的方程式[10]。

7.3.2.2 **内浓差极化**

与外浓差极化相比，内浓差极化对于正渗透膜通量的影响更大。内浓差极化出现在复合型或者非对称型正渗透膜结构中，该类膜材料是由一层薄而致密的皮层（又称活性层）与多孔支撑层构成［图 7-4（b）、（c）］。内浓差极化又可分为浓缩的内浓差极化和稀释的内浓差极化，在 FO 过程中，不同的膜朝向可能发生这两种不同的现象。多孔支撑层朝向原料液侧，发生浓缩的内浓差极化，而多孔支撑层朝向驱动液侧，则发生稀释的内浓差极化。从图 7-4 中可以清楚地看出，原料液和汲取液本体之间的渗透压差（$\Delta\pi_{bulk}$）由于外浓差极化现象的存在而高于穿过膜的渗透压差（$\Delta\pi_m$），有效渗透压驱动力（$\Delta\pi_{eff}$）由于内浓差极化而更低。此外，类似于热交换器的操作，FO 在逆流流动构型（原料和汲取液与膜相切但在相反方向上流动）中的操作沿膜组件提供恒定的 $\Delta\pi$，使过程更有效[11]。

(1) 浓缩的内浓差极化　如图 7-4（b）所示，当多孔支撑层朝向进料液侧时，水和溶质在多孔层中扩散，沿着致密皮层的内表面就会生成一层极化层（$C_{F,i}>C_{F,m}$，$\pi_{F,i}>\pi_{F,m}$），称为浓缩性的内浓差极化[8]。

采用 Lee 等[12]建立的模型，Loeb 等[13]引入了简化的方程来描述 FO 过程中的水通量，而不考虑膜取向：

$$J_w=\frac{1}{K}\ln\frac{\pi_{Hi}}{\pi_{Low}} \tag{7-2}$$

式中，K 为膜多孔支撑层内的溶质扩散阻力；π_{Hi}和π_{Low}分别为本体溶液和进料溶液的渗透压，忽略了外部极化效应。K 定义为：

$$K=\frac{t\tau}{\varepsilon D_s} \tag{7-3}$$

式中，t、τ和ε分别为膜厚度、曲折度和孔隙率；D_s为溶质的扩散系数。目前，已经有研究证明，式（7-2）仅对于非常低的水通量有效[14]。这个方程的进一步发展产生了适用于浓缩的内浓差极化现象的更一般的控制方程[15]：

$$K=\left(\frac{1}{J_w}\right)\ln\left(\frac{B+A\pi_{Hi}-J_w}{B+A\pi_{Low}}\right) \tag{7-4}$$

式中，B 为膜的活性层的溶质渗透系数，其可以根据 RO 实验[13]由下式确定：

$$B=\frac{(1-R)A(\Delta p-\Delta\pi)}{R} \tag{7-5}$$

式中，R 为盐截留率。式（7-4）可用于量化内浓差极化的严重程度，较大的 K 值表明内浓差极化现象更为严重。

（2）稀释的内浓差极化　如果膜材料的致密层面向进料液［图 7-4（c）］，当水渗透过皮层时，就会稀释多孔支撑层中的汲取液（$C_{D,i}<C_{D,m}$，$\pi_{D,i}<\pi_{D,m}$），这称为稀释性的内浓差极化。Loeb 等[13]提出了非对称膜中稀释的内浓差极化的简化控制方程：

$$K=\left(\frac{1}{J_w}\right)\ln\left(\frac{B+A\pi_{Hi}}{B+J_w+A\pi_{Low}}\right) \tag{7-6}$$

研究[8,14]表明，稀释的内浓差极化的简化控制方程以及浓缩的内浓差极化的方程都成功地预测了 FO 膜实验中所得到的结果。

内浓差极化由于发生在膜的多孔层中，无法通过外在的水力学环境调节来控制，是影响正渗透性能的主要因素，因此，降低内浓差极化是提高正渗透性能最有效的途径。

膜结构参数 S 是衡量 FO 膜的内浓差极化的一个重要参数，可用下式表示：

$$S=\frac{t\tau}{\varepsilon} \tag{7-7}$$

式中，t、ε和τ分别为膜的厚度、孔隙率和膜孔曲折度。

故正渗透的水通量可由下式计算：

$$J_w=\frac{D_s}{S}\ln\frac{\pi_{Hi}}{\pi_{Low}} \tag{7-8}$$

式中，π_{Low}和π_{Hi}分别为原料液侧和汲取液侧的渗透压；D_s为溶质的扩散系数，当溶质为氯化钠时其取值为 $1.61\times10^{-9}\,m^2/s$ [14]。膜的结构参数越大，表示正渗透过程中的内浓差极化现象越严重，膜的性能越差。因此，由式（7-7）可知，可以通过降低支撑层厚度、减少支撑层中孔的曲折程度和增加支撑层的孔隙率来优化膜的结构，进而减少正渗透过程中的内浓差极化现象，增大膜的正渗透水通量。同时还有研究表明，膜的其他特性如亲水性等也会对内浓差极化现象产生影响[15]。

7.4 典型的正渗透膜材料及其制备方法

正渗透膜材料的选择是正渗透技术的核心。正渗透膜过程是通过膜两侧溶液的渗透压差来驱动的，而压力驱动膜过程是以外加压力为驱动力的，所以正渗透膜的要求与以往的压力驱动膜有所不同。正渗透膜不需要承受外加压力，所以机械强度要求不是很高，但由于正渗透膜两侧均接触溶液，所以正渗透膜不仅要具备良好的分离层结构，膜的支撑层结构也对其性能有着重要的影响。理想的正渗透膜应该具有以下几个特点[16]：①具有薄而致密的活性层，对汲取溶质有高截留率；②支撑层要很薄，孔的曲折程度小且具有高的孔隙率，以减小内浓差极化；③活性层和支撑层材料均应具有良好的亲水性，以降低膜污染及提高水通量；④膜要有一定的机械强度，特别是在压力阻尼渗透过程中；⑤膜材料本身相对于汲取液应该保持稳定，例如二者之间不发生化学反应或物理吸附，汲取液的分离方式（包括温度引发、pH 调节引发、蒸发挥发引发等）也应对膜的稳定性无影响等。

目前，常见的正渗透膜有三醋酸纤维素（CTA）膜、聚酰胺复合（PA-TFC）膜和聚苯并咪唑（PBI）膜等。以 CTA 膜为代表的醋酸纤维类 FO 膜，是主要的 FO 膜之一，也是最早商品化的 FO 膜。CTA 膜亲水性好、机械强度高、耐氯性好、抗污染性能强，但其在一些化学汲取液中容易降解，而且水通量和盐截留率都有待提高。与 CTA 膜相比，TFC 膜极薄，且高选择性的聚酰胺活性层使其能达到更高的水通量和盐截留率，而且在酸碱稳定性、抗水解和生物降解方面也有着更好的性能，但 TFC 膜有较高的结垢倾向，且耐氯性差。PBI 材料具有很好的化学稳定性和热稳定性，且膜表面自带正电荷（$pH\neq7$ 时），具有较好的亲水性和抗污染性，但缺点是 PBI 材料的韧性差、价格贵。此外，一些新型的正渗透膜材料和新的正渗透膜的制备方法也在不断地涌现。

7.4.1 醋酸纤维素正渗透膜

醋酸纤维素类（CA、CTA）膜材料[17]是由纤维素和乙酸酐酰基化而制得的，醋酸纤维素有很多优良的性能，比如很好的亲水性，从而具有高水通量、低污染倾向、高机械强度、广泛的实用性以及可以抵抗氯和其他氧化剂等优点。尽管醋酸纤维素膜具有亲水性好、耐氯性能好的优点，但它们容易水解，耐酸碱性差（pH 5～7）[18]，并且易产生生物黏附。

研究表明，大多数的非对称醋酸纤维素膜均是通过浸没沉淀相转化法来制备的。此方法得到的固态膜在一定温度的介质中进行热处理后，可以适当改变膜的孔径分布。但热处理过程中必须注意温度的选择和控制，否则会使制得的正渗透膜丧失渗透性。

醋酸纤维素膜因具有较高的机械强度、亲水性、抗氧化性等特性而被广泛应用于反渗透和正渗透过程。20 世纪 90 年代，由 Osmotek 公司（后来的 HTI 公司）开发生产出的第一种商品化的正渗透膜就是以三乙酸纤维素为材料[19]，仅由活性层和多孔支撑层构成，膜厚度大约为 $50\mu m$，通过相转化法而制得。该正渗透膜被广泛应用于各领域的研究中，包括军事、野外求生和紧急救援等领域。

刘蕾蕾等[20]用相转化法制备了 CTA 正渗透膜，其研究发现膜的整体厚度和支撑材料的性质对通量有很大的影响。膜越薄，则水在膜孔中扩散的阻力越小，水通量越大。多孔支撑层越薄，亲水性越强，则引起的内浓差极化就越小。综合考虑 FO 膜的支撑材料以及制膜过程中溶剂挥发时间和添加剂的含量对正渗透膜性能的影响，最终选用了 180 目的聚酯筛网为支撑材料，在铸膜液体系中添加 6.6%的乳酸，所制备的三醋酸纤维素正渗透膜在汲取液为 4mol/L 葡萄糖、原料液为 0.1mol/L NaCl，且原料液面向分离层的测试条件下，所测得的水通量为 $6\sim7L/(m^2\cdot h)$，而 NaCl 的截留率达到 95%以上。

管盼盼等[21]采用 PVA-GA 交联对 PP 无纺布进行亲水改性来改善无纺布的亲水性，以改性的 PP 无纺布作为支撑材料，所制备的 PVA 改性的 CTA 正渗透膜的性能有很大程度的提高。通过 FO 膜性能测试，发现改性的 CTA 膜水通量显著提高，同时截留性能也更好。经计算发现，改性 CTA 正渗透膜的孔隙率（ε）增加，孔的曲折度参数（τ）明显减小，膜的结构参数（S）显著降低，正渗透水通量高达 $55L/(m^2\cdot h)$，盐水比低至 0.25g/L。

7.4.2 聚酰胺复合正渗透膜

聚酰胺类复合膜（thin film composite membrane，TFC）自20世纪80年代开始用于反渗透过程，它是一种耐高温、抗化学试剂的优良高分子膜材料，复合膜具有很薄的聚合物层，并且可以通过优化的参数来获得理想的膜表面结构[22,23]。选择不同的材料进行反应，可以使皮层具有不同荷电性、亲水性等。对于支撑材料，通常要求具有适当大小的孔密度、孔径及孔径分布、良好的耐压密性和物化稳定性。

对于TFC正渗透膜来说，相转化法制备的膜支撑层决定了ICP（内浓差极化）的大小，从而决定了FO膜的水通量；而膜的活性层则决定截盐率和反向溶质通量，通过界面聚合制备的TFC膜可以达到很高的截盐率。

2010年，耶鲁大学M. Elimelech研究小组首次制备了复合正渗透膜，支撑基膜是以聚砜为聚合物、以*N*,*N*-二甲基甲酰胺（DMF）以及*N*-甲基吡咯烷酮（NMP）为溶剂经相转化法制备的，再在支撑基膜上以间苯二胺（MPD）和均苯三甲酰氯（TMC）为单体进行界面聚合最终得到复合正渗透膜[24]。

中国海洋大学的黄燕[25]以筛网为支撑材料，制备了聚酰胺复合正渗透膜，并研究了多孔支撑层基膜和聚酰胺活性层的最佳制备条件。研究发现复合膜的表面形貌以及它的膜孔结构会随着基膜高聚物种类的不同而有所不同，环境湿度、制膜温度、挥发时间以及凝胶浴温度等因素都会对膜的结构产生很大的影响，而单体中水相和有机相浓度、反应温度以及界面聚合反应时间等都会对聚酰胺层产生影响。

樊晋琼等[26]以钛酸四丁酯为原料，水解后制备了锐钛矿型二氧化钛，并用界面聚合法制备了TiO_2/聚酰胺正渗透复合膜，研究了所得二氧化钛/聚酰胺复合膜的结构以及它在正渗透过程中的分离性能。发现当TiO_2添加在油相（TMC）中时，能极大地改进正渗透膜的分离性能，所得的正渗透膜的水通量是未添加TiO_2的聚酰胺复合膜的两倍，脱盐率达到了99.9%。

Han等[27]用仿生聚合物多巴胺通过聚合作用在聚砜基膜的表面进行修饰，在空气中用三甲醇氨基甲烷作缓冲剂使pH=8.5，然后用MPD和TMC分别作为水相和油相单体进行界面聚合作用形成聚酰胺超薄活性层。研究发现，经聚多巴胺改性的聚砜基膜能够极大地提高水渗透系数和盐截留性能。在23℃时，以去离子水作为原料液，以2mol/L的氯化钠作为汲取液，活性层朝向汲取液时，膜的盐水比可降低至0.05g/L。

为了减小内浓差极化对复合正渗透膜性能的影响，Liang H Q等[28]提出采用具有垂直孔的多孔基质作为支撑层，在水相中添加丙酮以促进多孔基底上的界面聚合，制备了聚酰胺复合正渗透膜。研究表明，与传统的不对称FO膜相比，此方法制备的FO膜具有更厚和更致密的活性层，且结构参数较低，表明内浓差极化效应减小。当以去离子水为原料液，以2mol/L的氯化钠为汲取液，活性层朝向原料液时，测得的水通量高达93.6L/(m^2·h)，测得的膜性能要优于文献中报道的商业FO膜。

7.4.3 聚苯并咪唑正渗透膜

PBI材料的自带电和优良的防污性能使其在水处理领域得到应用，PBI纳滤中空纤维膜在FO过程中表现出了良好的防污和水处理的潜力[29]，但厚而致密的PBI选择层结构使得膜的水通量并不理想。而相较于传统单层中空纤维膜，双层中空纤维膜可以灵活地使用不同材料来合成支撑层，将不同材料的优点结合起来，提高膜的性能。PBI材料的优点是热稳定性好、耐酸碱和易成膜，缺点是韧性差、价格贵，通过双层共挤出工艺，以经济材料作为支撑层，PBI材料作为极薄分离层，可大大降低制膜成本，同时提高膜的力学性能[30]，但缺点是两层材料的不相容性和不同的相转化率往往会导致内外两层膜收缩不一致，因此，分层是双层中空纤维膜中较为常见的问题。

PBI-PAN 双层中空纤维膜的内层有丰富的指状孔，且有很严重的内外分层问题，Fu 等[31]制备了 PBI/POSS-PAN/PVP 双层中空纤维正渗透膜，在内层 PAN 材料中加入适量 PVP，使内层中大的指状孔减少，内外层间作用力增强，在外层 PBI 材料中添加适量笼型聚倍半硅氧烷（POSS），减少外层的孔，同时减小厚度，形成超薄分离层，与普通 PBI-PAN 双层膜相比，所制备的 FO 膜的力学性能得到很大的提高，可用于正渗透（FO）及压力阻尼渗透（PRO）过程。

7.4.4 其他正渗透膜材料

除了醋酸纤维素膜、聚酰胺复合膜和聚苯并咪唑（PBI）膜等较为常见的 FO 膜，越来越多的新型膜也开始用于 FO 过程中。屠振英等[32]采用醋酸丁酸纤维素为膜材料，制备的新型非对称 FO 膜水通量可达 15.78L/(m^2·h)，盐截留率均在 96%以上。纤维素的亲水性、高结晶度和化学稳定性使其有成为新型 FO 膜材料的潜质。张兵涛等[33]以离子液体溶解纤维素，以无纺布作支撑层，采用相转化法合成无孔均质膜，盐截留率可高达 99.9%，但水通量过低，仅有 3.02L/(m^2·h)。

根据层层自组装（LBL）的高度可控性能和操作简单的优点，LBL 型的纳滤膜已得到广泛的研究与应用，近些年来 LBL 技术在 FO 膜中也得到了较多研究。Liu 等[34]将 PES 基膜分别沉浸在聚阴离子 PSS 和聚阳离子 PAH 中各数次，合成表面有不同数量沉积层的 PES 中空纤维复合膜，沉积层越多对汲取液中离子的截留率越大，但同时随着层数的增加，分离层的厚度增加，水通量会降低，因此在两者作用达到平衡时，膜的性能最优。当有 6 层沉积层时，膜的水通量达到 40.5L/(m^2·h)（以 0.5mol/L $MgCl_2$为汲取液，以去离子水为原料液，膜取向为 AL-DS），由此可见，LBL 在提高 FO 膜水通量方面的作用很强，以 3mol/L 的 $MgCl_2$为汲取液，LBL 型 FO 膜的水通量可超过 100L/(m^2·h)[35]。

近年来，仿生膜（水通道蛋白膜）以其独特的工作机理吸引了大量研究者的注意，水通道蛋白（AQP）是一种只允许水分子通过的蛋白质，水通道蛋白结合膜在脱盐工艺中表现出巨大的潜能，但如何有效地将水通道蛋白与膜的多孔支撑层结合是设计此类膜的一个关键性问题。一是将嵌入了 AQP 的脂质双分子层[36]或双亲性嵌段聚合物[37]涂覆在多孔支撑层上，选择分离层较薄，有利于水分子的快速通过。二是将交联了 AQP 的脂蛋白囊泡与不同的聚合物基体结合形成膜的分离层，Zhao 等[38]和 Sun 等[39]分别将嵌入了 AQP 的脂蛋白囊泡与聚酰胺和聚电解质结合，相较于第一种方式合成的膜，这种膜具有更强的机械稳定性。Wang 等[40]通过共价键在膜的支撑层上连接交联 AQP 的脂蛋白囊泡，再通过 PDA-His 层层聚电解质过程对膜进行进一步的稳定处理，在 FO 模式下，与 HTI 商品膜相比水通量提高了 16.5%，而盐截留率仅下降了 0.5%。同时，Wang 等通过进一步的研究发现在 FO 模式下，水通量由囊泡的渗透性和面积共同决定[41]，这对膜的优化有着指导作用。

现有的 FO 膜以有机分离膜为主，但无机膜以其高分离精度、良好的力学性能和化学稳定性在一些特定的场合仍有较大的优势。You 等[42]以正硅酸乙酯为原料，结合层层自组装（LBL）技术，在不锈钢支撑层上合成多层 SiO_2分离层，这种准对称结构的新型无机膜水通量可达 60.3L/(m^2·h)，盐水比仅有 0.19g/L，但随着自组装分离层数的增加，水通量与盐通量一同降低，因此，在如何提高盐截留率的同时保证水通量是需要进一步研究的内容。另有研究发现[43]，该膜的准对称结构能有效避免膜内的内浓差极化现象，膜表面的负电荷与 Cd^{2+}形成双电层，将其应用于正渗透过程中是治理含低浓度 Cd^{2+} 废水的有效方法。

7.5 正渗透膜组件

相比于反渗透膜组件的大规模商业化应用，正渗透膜组件更多的还停留在小试或者中试的规模，虽然板框式膜组件、螺旋卷式膜组件以及管式组件都已经见诸报道，但针对不同正渗透应用场景的膜组件开发仍然需要工程化的支持。

根据正渗透过程的特点，正渗透组件的设计首先需要考虑原料液侧和汲取液侧各自独立的一进一出的结构特点；其次，还要充分考虑原料的高污染及高倍率浓缩，因此流道要求更宽，隔网也更厚；同时，渗透侧的水通道设计也必须考虑能够实现汲取液的循环。

理论上，板框式组件是最简单的正渗透膜组件，也是目前应用最广泛的形式之一。不同的正渗透膜组件都有其优点和局限性，在研究或开发应用时要考虑到这些问题。在讨论板框、螺旋卷式、管状和袋式组件的优点和局限性之前，需先了解连续流动和批次操作之间的差异。在连续流动的FO应用中，汲取液先被稀释，而后被浓缩、再生并重复使用。在这种模式下，原料液在膜的进料侧循环，同时，浓缩再生的汲取液在渗透侧循环（图7-6）。因此，与压力驱动过程相比，使用平板式膜组件进行FO过程的创建和操作更为复杂。

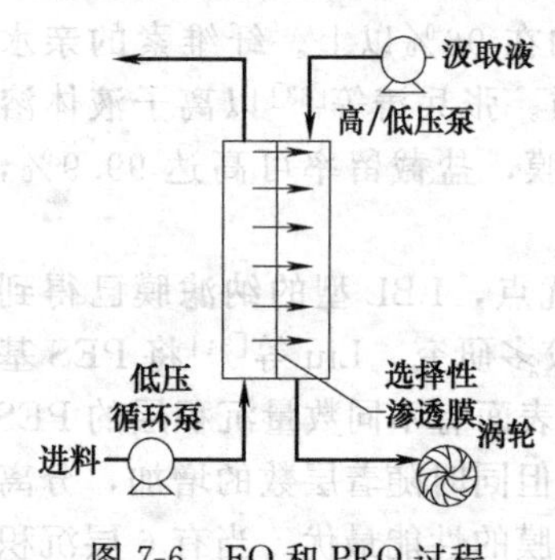

图7-6 FO和PRO过程的流动示意图[11]

由于液体不能流过支撑侧（在封套内），所以作为膜工业中最常见的填充构造之一的螺旋卷式膜组件目前不能用于FO的设计中。在PRO应用中，提高接收侧（即汲取液）的压力可以实现发电所需的高压，这需要膜的支撑层有足够的强度来承受渗透侧的压力，并且流动通道不被阻塞。在PRO的规模化应用过程中，Loeb[44]提出添加辅助程序（即压力泵）来实现汲取液在加压条件下的连续流动，这对膜组件的抗压能力提出了更高的要求。在批次FO应用中，汲取液仅被稀释一次，并且不再浓缩以供进一步使用，在这种操作模式下，用于FO的设备通常是一次性的，不会重复使用。使用这种操作模式的应用包括用于水净化的正渗透水袋和用于药物传递的渗透泵。考虑到它们的局限性，对于FO过程的连续操作，结合最容易得到的正渗透平板膜，可以采用板框结构或独特的螺旋卷式结构。

7.5.1 板框式膜组件

板框式膜组件的显著优点是可以由不同尺寸和形状的膜来排列从而单独控制，确保单个膜组件可以独立运行，不影响膜组件的整体运作。而板框式膜组件的两大主要限制因素是没有合适的膜支撑和低填充密度。低填充密度导致其需要更多的资金消耗和更高的操作费用(用于代替膜作用)，另外，板框式膜组件的内外密封性问题、膜完整性检查的难度问题也限制了其应用。尽管如此，由于不需要外加压力，该过程仍要比压力驱动膜过程的渗漏要轻。

7.5.2 螺旋卷式膜组件

螺旋卷式膜组件的优点是结构简单，造价低廉，相对来说不易污染。目前成熟的商业化的用于反渗透或者超滤的螺旋卷式膜组件的设计是将膜片和隔网卷绕在开孔的中心管上，需要过滤的原液在压力作用下沿膜组件的长度方向上传输，渗透液在压力作用下透过膜进入由两片膜形成的产水通道中非常缓慢地流动，最后汇入中心管。因此，在目前的设计中，由于汲取液不能在膜形成的空间内流动，所以普通的螺旋卷式膜组件不能用于正渗透过程的操作。

FO的螺旋卷式膜组件的结构要比RO的卷式组件复杂，渗透侧的产水不仅需要透过膜片并汇入中心管中，而且汲取液也需要在膜的渗透侧流动。

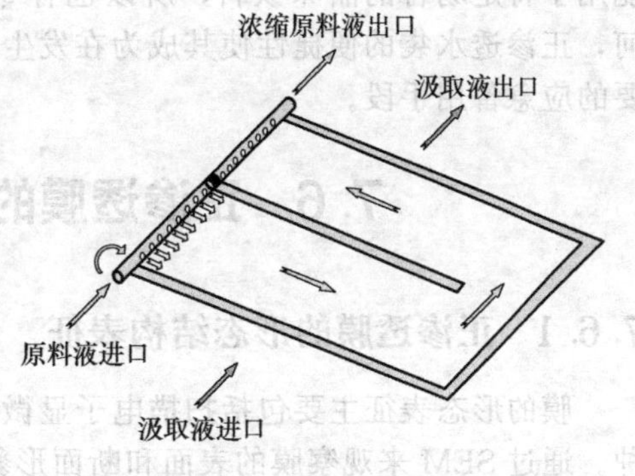

图 7-7 改进的FO螺旋卷式组件结构图

Mehta[45]设计并成功测试了用于FO的一种在内外两侧进行流动操作的独特螺旋卷式膜组件。在图7-7（内向外操作）中，汲取液流过间隔件并在卷膜之间流动，这与原料液在RO螺旋卷式组件中流动的方式相同。然而，与RO组件不同的是，中心管的中间设计了一个堵头，原料液流动过程中被堵塞，不能流到另一侧。同时，在膜封套中心还增加了一条胶线，为原料液在膜封套内的流动提供了一条路径。在这种构造中，原料液流入穿孔中心管的前半部分后通过开孔流入封套中，然后通过穿孔中心管的后半部分流出。值得注意的是，这种构造也可有效用于PRO模式，而且膜封套外的汲取液可以像在RO螺旋卷式膜组件中那样进行加压。

7.5.3 管式膜组件

同平板膜组件比较，管式膜组件类型更适用于FO过程。用于连续操作的FO过程的管状膜（管式或中空纤维膜）具有以下三个优势：首先，管状膜是自支撑的，这意味着它们可以在不变形的情况下支撑高液压，并且容易直接在容器内组装成束；其次，制造管式组件要简单得多，装填密度相对较高；最后，组件在FO过程所需的流动模式下运行，即允许液体在膜的两侧自由流动，不需特殊的设计。此外，有学者提出[11]，由于中空纤维膜不需要像平板RO膜那样厚的支撑层，会减小膜的内浓差极化并提高膜性能，因此更适合用于FO过程。但缺点是膜面污垢较难去除，组件中的中空纤维膜一旦损坏，组件即毁坏。

7.5.4 正渗透水袋

正渗透膜还可以用于军事或救援等应急情况下的水净化，可以将无法饮用的水源在没有任何附加能源的情况下处理为符合卫生标准的饮用水，去除水中的细菌、病毒、悬浮物、金属离子以及其他有毒有害的物质。正渗透水袋[46]作为FO技术的一个应用，虽然比其他水净化装置处理速度慢，但是水袋不需要外加压力，仅仅依靠袋内的汲取液提供的渗透压即可工作。即使把水袋放在浑浊的水环境中，高选择性的FO膜也可以阻挡各种离子、分子甚至微生物进入膜袋，确保渗透到水袋里的水是可以饮用的。

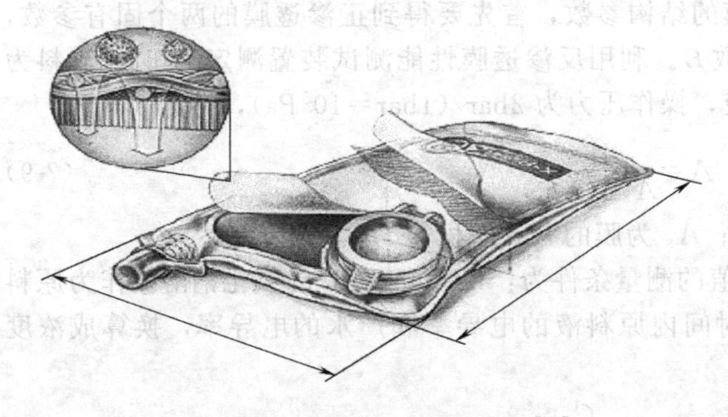
图 7-8 正渗透水袋结构示意图[11]

HTI公司[19]利用其开发的正渗透膜研制出了一系列应急水袋，如X-Pack、Sea-Pack、Life-Pack等，其形式有一次性使用的水袋，或者多次重复使用的水袋。正渗透水袋是由正渗透膜制成的密封袋，内装可食用的固体粉末或者浓缩的水溶液，例如糖或糖浆，其结构如图7-8所示。根据水袋结构的不同，可以直接放置于原水中，或可以置于另一个密封塑料袋中。在最近几年，军队野外作战或者训练、世界各地的紧急救援工作中也开始使用该水袋进行供水。然而，由于产水不是纯净的水，而是一种通常只能用于特定场合的甜味饮料，所以也有专家对水袋是否可以持续使用存有疑虑。但无论如何，正渗透水袋的便捷性使其成为在发生自然灾害、探险、科考、航空航天等领域的一种重要的应急备用手段。

7.6 正渗透膜的结构表征及其性能测定

7.6.1 正渗透膜的形态结构表征

膜的形态表征主要包括扫描电子显微镜（SEM）表征及原子力显微镜（AFM）表征两种。通过 SEM 来观察膜的表面和断面形貌，得到膜表面和断面的孔结构；通过 AFM 不但可以表征膜表面的结构，还能获得膜表面的粗糙度、孔径大小和分布等参数。

典型的 CA 正渗透膜的 SEM 图像如图 7-9 所示，上表面均匀致密，下表面多孔，聚酯筛网作为支撑材料嵌入聚合物材料内，没有明显的支撑层，整个膜的厚度很薄，小于 50μm，以减少内浓差极化现象[8]。

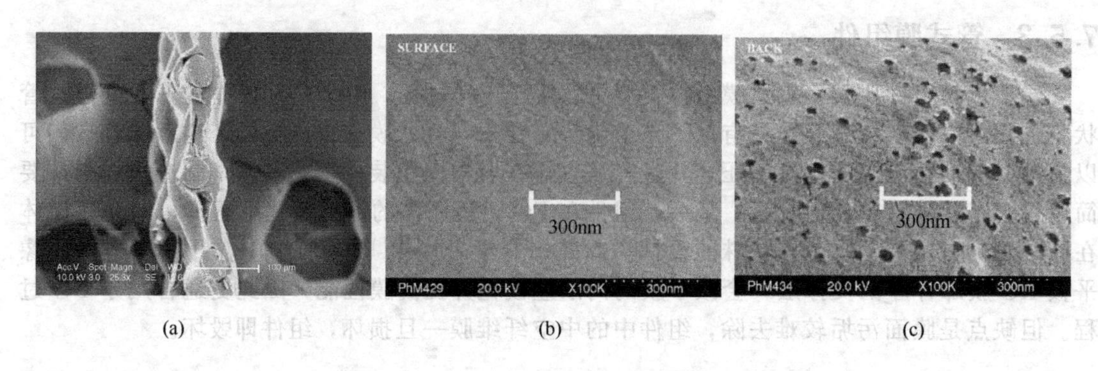

(a) (b) (c)

图 7-9 CA 正渗透膜的表面和断面 SEM 图像

TFC 正渗透膜的 SEM 图像如图 7-10 所示，可以观察到表面致密的聚酰胺皮层和下面多孔的聚砜支撑层，测定膜的平均膜厚度为（95.9±12.6）μm[24]。

7.6.2 正渗透膜的结构参数与表征

膜结构参数（S）是衡量正渗透膜内浓差极化现象的一个重要参数，理论上膜的结构参数越小，内浓差极化现象越弱。确定膜的结构参数，首先要得到正渗透膜的两个固有参数，即膜的纯水渗透系数 A 和盐的渗透系数 B。利用反渗透膜性能测试装置测定 A 时，进料为去离子水，膜朝向为分离层朝向原料液，操作压力为 2bar（1bar=10^5 Pa），计算公式为：

$$A=\frac{\Delta V}{A_s \Delta t \Delta p} \tag{7-9}$$

式中，ΔV 为测得的膜的纯水通量；A_s 为膜的有效面积；Δp 为压力差。

截留率 R 值和膜的盐渗透系数 B 值的测量条件为：以 200mg/L 的氯化钠溶液作为原料液，操作压力为 2bar。通过测定一定时间内原料液的电导率和产水的电导率，换算成浓度 C_f 和 C_p，根据以下公式进行计算：

$$R=1-\frac{C_p}{C_f} \tag{7-10}$$

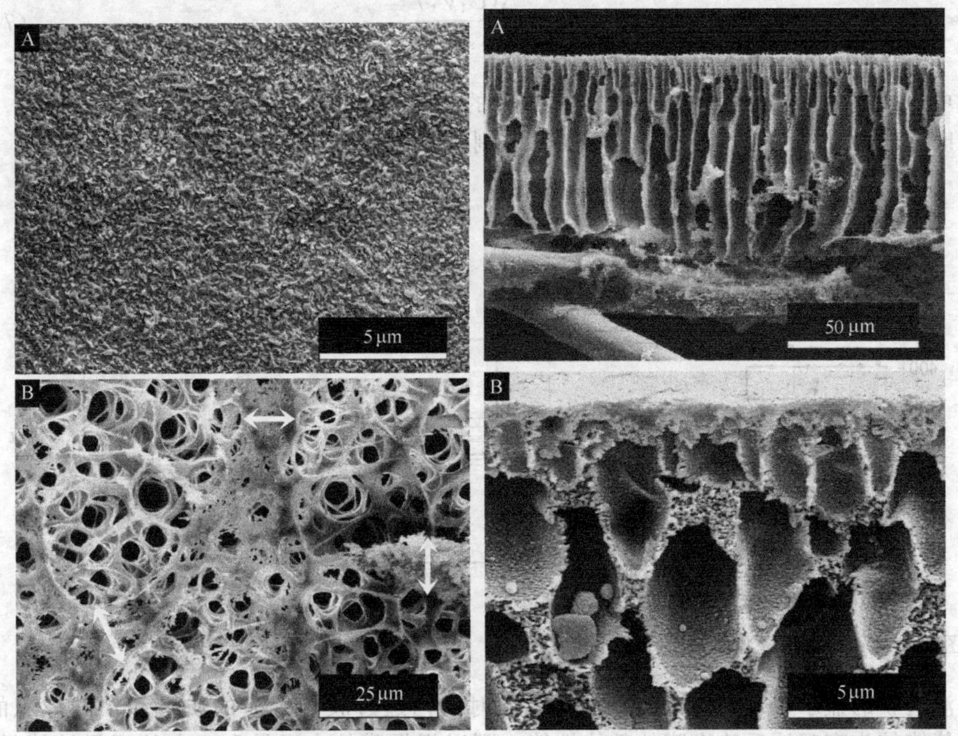

(a) TFC-FO膜表面的SEM形貌[(A)聚酰胺活性层的表面；(B)PSf支撑层的底面。白色箭头表示PET纤维和PSf层接触的区域，具有明显较低的孔隙率]

(b) TFC-FO膜的断面SEM形貌[(A)含有PET无纺布的横截面形貌；(B)活性层附近海绵状孔形貌]

图 7-10　TFC 正渗透膜的 SEM 图像

$$B=\frac{1-R}{R}A(\Delta p-\Delta\pi) \tag{7-11}$$

膜的结构参数 S 的计算公式为：

$$S=\frac{D_s}{J_w}\ln\left(\frac{B+A\,\pi_{D,b}}{B+J_w+A\,\pi_{F,m}}\right) \tag{7-12}$$

式中，$\Delta\pi$ 为原料液和产水间的渗透压差；J_w 为膜的正渗透水通量；D_s 为溶质的扩散系数；$\pi_{D,b}$ 和 $\pi_{F,m}$ 分别为汲取液和原料液的渗透压，当原料液为去离子水时，$\pi_{F,m}=0$。

图 7-11 列出了两种典型的正渗透膜即 TFC 膜和不对称膜的结构参数[47]。从图中可以看出，TFC 膜的平均结构参数较低，这主要是由于其较薄的支撑层和较高的孔隙率。

7.6.3　正渗透膜的性能参数与测定

正渗透膜的性能测试装置如图 7-12 所示，汲取液和原料液分别是 1mol/L 的氯化钠溶液和去离子水，测试温度为 20℃[47]。

正渗透膜的性能参数主要包括水通量 J_w、反向盐通量 J_s 和盐水比 J_s/J_w。膜的水通量（J_w）用来表征膜的水透过性能，是指单位时间单位面积上通过膜的水的体积，单位为 L/(m² · h)。反向盐通量（J_s）用来衡量膜的截留性能，是指单位时间单位面积从汲取液侧通过膜渗透到原料液侧的盐的质量，单位为 g/(m² · h)，它们的计算方式如下：

$$J_w=\frac{\Delta V}{A_s\Delta t} \tag{7-13}$$

$$J_s=\frac{\Delta(C_tV_t)}{A_s\Delta t} \tag{7-14}$$

式中，ΔV 为正渗透过程中 Δt 时间内透过的水的体积，L/h，A_s为膜的有效面积，m^2；C_t为 t 时刻时原料液的浓度，g/L；V_t 为 t 时刻时原料液的体积，L。

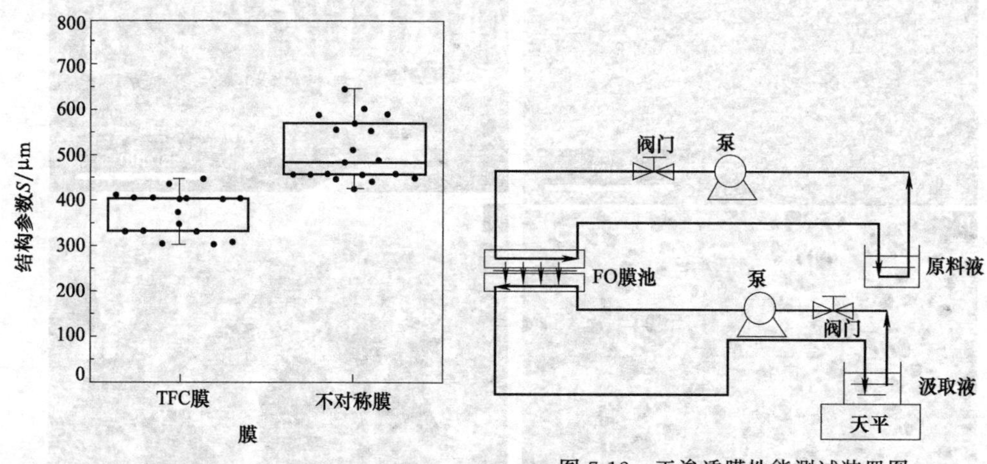

图 7-11　不同正渗透膜的结构参数比较

图 7-12　正渗透膜性能测试装置图

正渗透膜的盐水比（J_s/J_w）是指在相同时间内通过膜的溶质的质量和水的体积的比值，该值能较为直观地反映出膜的整体性能，可以根据膜的水通量和反向盐通量计算得到，单位为 g/L，由式（7-15）计算：

$$\frac{J_s}{J_w}=\frac{\Delta(C_tV_t)}{\Delta V} \tag{7-15}$$

7.7　正渗透汲取液

正渗透过程的驱动力是汲取液与原料液间的渗透压差，因此，除高性能的正渗透膜之外，汲取液是影响正渗透过程的另一重要因素。根据正渗透过程，水经由正渗透膜从原料液侧自动扩散至汲取液侧后，需要对稀释后的汲取液进行浓缩回收，同时分离得到纯水，因此，理想的汲取液除了可提供较高的驱动力外，被稀释后还需要易于浓缩再利用。汲取液的筛选需要考虑三方面的基本标准。①汲取液应当具有较高的渗透压，至少要比原料液的渗透压高，以保证渗透过程的驱动力要求。这要求汲取液溶质具有较好的溶解性及较小的分子量，从而可以在相同浓度条件下获得更高的渗透压。②稀释后的汲取液需要有经济可行且操作简便的浓缩和再生技术，以保证汲取液的循环利用和 FO 过程的连续运行。③在 FO 过程中会发生汲取液溶质渗透到原料液一侧的盐反向渗透现象。盐反向渗透会降低膜两侧驱动力，同时污染原料液，影响 FO 过程进行。应用多价离子盐作为汲取液可以有效抑制盐的反向渗透现象，因为它们较大的分子体积更容易被膜截留在汲取液一侧，不易发生反向渗透。此外，汲取液还必须具有足够的惰性、pH 中性、稳定性，在制取饮用水时要求无毒无害。汲取液不能与膜材料发生化学反应，不能污染膜材料。

在正渗透过程的发展中，汲取液也取得了一系列的研究进展，出现了几十种不同的驱动液溶质，这其中包括：无机化合物、有机化合物、挥发性化合物和一些新型的化合物（如磁性纳米粒子、高分子凝胶）等。图 7-13 为根据 OLI Stream Analyzer2.0 得到的 25℃下常见汲取液的不同浓度对应的渗透压[11]。

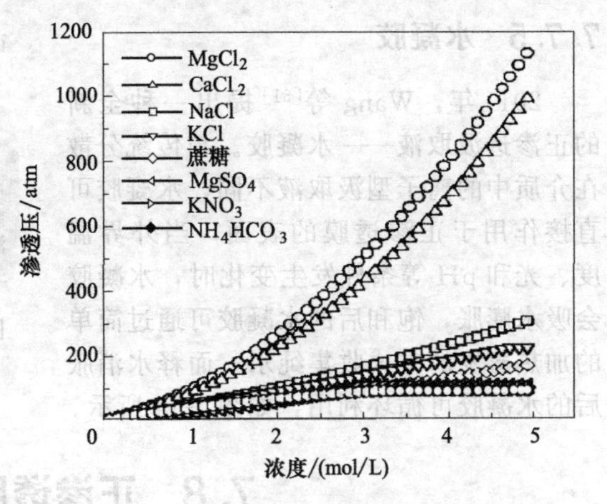

图 7-13 不同溶液浓度与渗透压的关系

(1atm=101325Pa)

7.7.1 无机汲取液

无机物汲取液主要包括各种无机盐，这也是 FO 出现以来最传统、应用最广泛的汲取液种类，如 NaCl、$MgCl_2$、$MgSO_4$、$CaCl_2$和 $Al_2(SO_4)_3$等。相对而言，相同质量的 NaCl 产生的渗透压最高，价格经济，并且采用反渗透稀释后的汲取液进行浓缩操作相对简单，同时没有结垢的风险，因此 NaCl 汲取液最为常见。但分子量较小的无机盐汲取液再生时更为困难，在正渗透过程中也更易发生反向渗透现象。类似于硫酸铝等一类较大分子量的无机盐较能避免反向渗透现象，再生成本较低。

7.7.2 有机汲取液

有机物汲取液种类较少，主要是果糖、葡萄糖、有机肥料等稀释后可以直接加以利用的物质，从而不用考虑汲取液再生的问题。其他如聚乙二醇（PEG）、白蛋白、聚丙烯酸钠(PAA-Na）等有机物汲取液也见于报道。一般来说，有机汲取液溶质分子量较大，不易发生反向渗透现象，可作为理想的汲取液。常见的糖类汲取液可提供营养物质，稀释后的汲取液不需后续处理，直接作为糖类饮料饮用即可，如目前已用于商品化的产品——正渗透水袋。其他有机汲取液以 2-甲基咪唑类化合物汲取液的性能较为突出。以 2-甲基咪唑类化合物作为汲取液进行海水淡化时，正渗透水通量可达 $20L/(m^2 \cdot h)$，反向盐通量显著低于氯化钠汲取液，汲取液利用膜蒸馏方式再生且循环利用的过程中，有机汲取液的性能保持稳定[48]。

7.7.3 挥发型汲取液

正渗透过程虽然不需要外加压力，但是利用反渗透、膜蒸馏等方式对汲取液浓缩回收时仍会消耗较多的能量。回收挥发型汲取液时可采用简单加热的方式对汲取液进行分离再生，此过程能耗低，对水质也无明显影响。目前最具发展前景的挥发型汲取液是耶鲁大学 Mc Ginnis等[49]研制出的由氨气和二氧化碳气体组成的汲取液，气体溶于水中生成碳酸氢铵溶液产生渗透压，再将稀释后的汲取液加热至 60℃，提取纯水，同时可收集碳酸氢铵分解成的两种气体重复利用。

7.7.4 磁性汲取液

在正渗透汲取液的研究中，另一个热点是磁性纳米粒子汲取液的研究。相较于无机盐汲取液而言，磁性纳米颗粒粒径较大，不易发生反向渗透现象。同时对稀释后的汲取液可通过外加磁场进行分离再生，方式简单、成本低、对膜和水质的污染较小。但是，在汲取液的再生过程中，磁性纳米粒子容易发生团聚，从而影响汲取液的性能。为解决这一问题，有研究人员[50]通过有机物对磁性纳米粒子汲取液进行改性，可有效缓解再生过程中的团聚现象，同时提高磁性汲取液的渗透压。

7.7.5 水凝胶

2011年，Wang等[51]提出一种全新的正渗透汲取液——水凝胶。与传统分散在介质中的离子型汲取液不同，水凝胶可直接作用于正渗透膜的表面，当外界温度、光和pH等条件发生变化时，水凝胶会吸水膨胀，饱和后的水凝胶可通过简单的加热蒸发的方式收集纯水，而释水消胀后的水凝胶可循环利用，如图7-14所示。

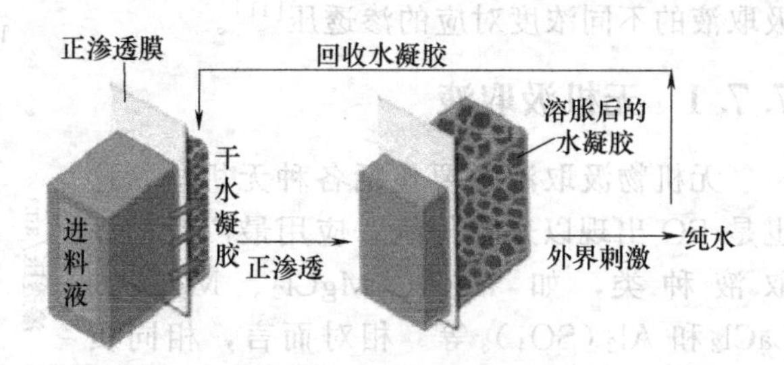

图7-14 水凝胶作为汲取液的正渗透过程示意图

7.8 正渗透膜过程的应用

正渗透技术目前主要还停留在实验室研究阶段，商业化应用相对较少，但作为一种新型膜分离技术，低能耗、低污染和常温常压下运行等优势使正渗透技术有望应用于水资源、食品、医学以及能源等众多领域。正渗透过程中水分子在渗透压的驱动下由水化学势高的一侧自动扩散至水化学势低的一侧，即原料液侧被浓缩，而汲取液侧被稀释。根据这一特点，正渗透的应用可分为淡化、浓缩、能源和膜生物反应器等方面。

7.8.1 淡化

水是社会生产和人们生活中不可或缺的一部分，而地球上人们能直接利用的淡水资源仅占全球水资源的0.007%。随着工业发展，淡水资源还在不断污染和消耗中，因此寻找淡水资源是解决水资源短缺的一个重要方法。随着水资源危机的加剧，海水淡化技术得到了快速发展，其中反渗透技术自20世纪70年代以来，随着效率的不断提高和能耗的不断下降，得到了大规模的工程化应用。但目前反渗透海水淡化技术仍然是一项高资金投入和高能耗的技术，因此，寻找一种低成本、低能耗的海水淡化技术一直是研究人员和产业界的共识。早在20世纪60年代，正渗透就被提出用于海水淡化领域，但由于相关的技术条件不够成熟，正渗透技术并没有引起人们的重视。1976年，Moody等[52]以葡萄糖为汲取液对海水进行淡化，但他们主要是开发一种可以在救生艇上制备紧急用水的技术，而并不针对大型的海水淡化工程。在如今一些实验室规模的研究中发现，当选择合适的正渗透膜和汲取液时，正渗透过程可有效淡化海水。McCutcheon等[53]以CTA膜和氨气/二氧化碳分别作为正渗透膜和汲取液，原料液为海水时渗透压高达200bar，水通量可达25L/(m^2·h)，脱盐率高于95%。进一步分析发现，即便在如此高的渗透驱动力下，实验中得到的水通量也仅为理想水通量的1/5，而水通量不能达到预期值的影响因素是正渗透过程中的内浓差极化现象。该过程能使系统节省72%～85%的能耗，但如果得到淡水仍然需要额外的能耗去使碳酸氢铵汲取液分解。此外，作为饮用水，碳酸氢铵汲取液分解所残留的少量氨也会使其面临潜在的安全问题。

正渗透过程中如果将水由汲取液提取出来后不需要再对汲取液进行分离回收，即被稀释后的汲取液可以直接利用，正渗透技术会更有优势。HTI公司生产的正渗透水袋以糖和饮料粉作为汲取液，可以直接将水袋置于水源中，水渗透进水袋后将里面的固体汲取液稀释后即可作为饮料直接饮用。与此原理相类似，Sherub团队利用肥料作为汲取液淡化海水，将稀释后的汲取液直接作为化肥用于农业生产中，经过实验预估，每1kg肥料可以从海水中提取出11～29L的纯水[54]。

7.8.2 浓缩

制约反渗透海水淡化应用的因素除高能耗问题外，还包括反渗透过程中产生的高浓度盐水的处理问题。沿海地区的工厂可以直接将高盐水排放到海里，但是这样也有可能会对海洋环境产生影响。而内陆地区一般需要先进行浓缩再排放，深井注射、电渗析浓缩、蒸发等传统浓缩方式操作复杂而且费用很高，因此，有研究者开始研究利用正渗透过程对高浓度盐水进行浓缩处理。Tang 和他的团队[55]采用正渗透方式对 1mol/L 的盐水进行浓缩处理时发现，正渗透过程可以维持一个相对高而稳定的水通量，且运行 18h 后，浓盐水体积降低 76%。水体富营养化会导致藻类暴发性蔓延，从而造成严重的水污染，而藻类可以将二氧化碳和阳光转化为一种潜在的生物能源。美国国家航空航天局将 FO 技术应用于藻类光生物反应器中，以海水为汲取液对藻类进行浓缩，整个过程中收集的是藻类光合作用产生的生物能，同时汲取液是海水，所以不需分离纯水和回收汲取液，大大降低了正渗透过程的成本。

7.8.3 正渗透-膜生物反应器联用

正渗透膜生物反应器（forward osmotic membrane bioreactor，OMBR）是集正渗透膜的截留作用和活性污泥的降解作用于一身的污水处理系统，是将生物处理、正渗透和反渗透组合而成的新型工艺。自 2008 年由国外学者将正渗透膜-生物反应器耦合这一概念提出之后，已经在废水处理工程和中水回用等领域受到了广泛的关注。OMBR 是将 FO 膜与活性污泥法相结合的一种新兴水处理工艺，与传统的膜-生物反应器（MBR）相比，就是用 FO 膜代替了 MBR 中的超滤膜（UF）或是微滤膜（MF）。

由于正渗透膜分离过程中不需外加压力作驱动力，仅依靠膜两侧的渗透压驱动就可将水分子自发地从水化学势高的进料液渗透到水化学势低的汲取液。因此，将正渗透（FO）技术与膜生物反应器（MBR）相结合形成的 OMBR 系统具有以下技术和运行优势[56]：①FO 在低压或无外压条件下运行，因此该工艺潜在的膜污染低，进而系统的能耗低；②在正渗透膜的截留作用下，系统的出水水质好；③稀释的汲取液通过反渗透后重复利用，因此不产生浓缩水且纯水回收率更高；④正渗透膜产水和汲取液进入反渗透系统后，由于造成膜污染的物质较少（归因于 FO 膜的截留作用），因此不容易造成膜污染，这也进一步降低了系统的能耗。

OMBR 是一种前景良好的污水处理工艺，但是目前还缺乏对 OMBR 具体的污水处理效果及膜污染的系统研究。

7.8.4 能源

压力阻尼渗透是在浓溶液侧外加一个小于渗透压的压力，水分子仍由稀溶液侧渗透到浓溶液侧，因此压力阻尼渗透也是正渗透的一种。海水相较于淡水有近 2.7MPa 的渗透压，理论上大部分的渗透压可以转换为能量，其中压力阻尼渗透可以实现这种能量转换。

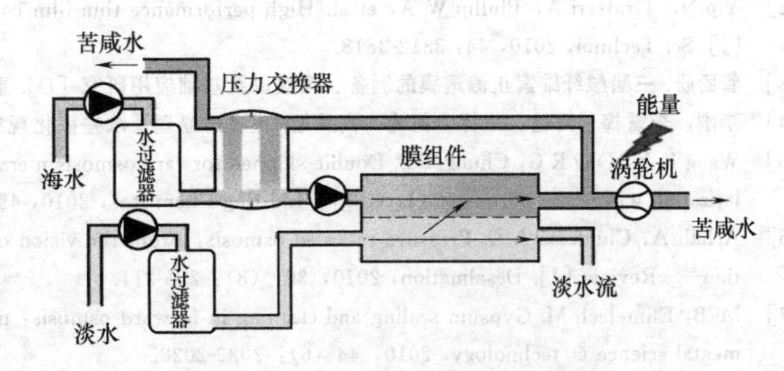

图 7-15 压力阻尼渗透发电示意图

如图 7-15 所示，淡水流经膜的表面，在渗透压和外加压力的作用下渗透到海水侧，被稀释的加压海水分为两部分：一部分通过压力交换器对初始海水加压；另一部分用于推动涡轮机发电。渗透能相对于传统化石能源来说是一种可再生的环境友好型能源，同时与海洋中潮汐能、温差能和生物质能等新能源相比渗透能的能量密度更高，估算表明，平均每年全球可利用渗透能发电达2000TW·h[57]。实际上渗透作用存在于任何有浓度差的可溶物质中，因此渗透能不仅仅局限于淡水与海水的混合。Robert 等[58]采用氨-二氧化碳为汲取液，利用正渗透过程将低价值的废热能转换为电能，并称之为渗透热机。

7.9 正渗透膜过程的发展前景

正渗透膜过程以其低能耗、低污染的显著优势和潜在的应用价值引起了人们的关注。近些年来众多的科研工作者投入其中，在膜材料制备和应用过程的研究中取得了一系列引人瞩目的进展。但作为一种新的膜技术，正渗透目前面临许多的技术难点。首先，正渗透膜过程中的浓差极化使得其实际水通量要远远小于理论水通量，因此，优化膜结构、提高膜性能是一个需要研究解决的重要问题。其次，缺乏易于回收利用的汲取液是制约正渗透技术发展的另一个重要因素，特别是在利用正渗透技术制取纯水的过程中，无论采用加热法还是耦合反渗透或者膜蒸馏技术，降低能耗都是一个巨大的挑战。随着世界上第一家正渗透膜公司HTI公司于2016年停产，正渗透技术的商业化推广和应用的前景也变得充满不确定性。如何理性看待和正确利用正渗透膜技术的优势，发挥其在浓缩方面低能耗、低污染的特长，在食品、药品或者农业灌溉某一领域的工程应用中取得突破，从而推动正渗透膜技术的快速发展，仍然需要广大科研工作者继续努力。

课后习题

1. 正渗透膜过程的特点是什么？
2. 典型正渗透膜材料的制备方法有哪些？试举出两到三种常见的正渗透膜材料。
3. 如何通过优化正渗透膜材料的结构来提高正渗透膜的性能？
4. 正渗透膜组件的形式有哪些？各有什么特点？
5. 选择汲取液的主要标准是什么？
6. 正渗透膜过程的应用有哪些？

参考文献

[1] 高从堦，郑根江，汪锰. 正渗透-水纯化和脱盐的新途径［J］. 水处理技术，2008，34（2）：1-8.

[2] Yip N，Tiraferri A，Phillip W A，et al. High performance thin-film composite forward osmosis membrane. Environ［J］. Sci Technol，2010，44：3812-3818.

[3] 管盼盼. 三醋酸纤维素正渗透膜的制备、改性以及基础应用研究［D］. 青岛：中国海洋大学，2015.

[4] 李刚，李雪梅，柳越，王铎，何涛，高从堦. 正渗透原理及浓差极化现象［J］. 化学进展，2010，22（5）：812-821.

[5] Wang K Y，Ong R C，Chung T-S. Double-skinned forward osmosis membranes for reducing internal concentration polarization within the porous sub-layer［J］. Ind Eng Chem Res，2010，49：4824-4831.

[6] Achilli A，Childress A E. Pressure retarded osmosis：From the vision of Sidney Loeb to the first prototype installation——Review［J］. Desalination，2010，261（3）：205-211.

[7] Mi B，Elimelech M. Gypsum scaling and cleaning in forward osmosis：measurements and mechanisms［J］. Environmental science & technology，2010，44（6）：2022-2028.

[8] McCutcheon J R，McGinnis R L，Elimelech M. Desalination by a novel ammonia-carbon dioxide forward osmosis process：influence of draw and feed solution concentrations on process performance［J］. J Membr Sci，278（2006）：

114-123.
[9] Mulder M. Basic Principles of Membrane Technology [M]. 2nd ed. Kluwer Academic Publishers, Dordrecht, The Netherlands, 1997.
[10] Sablani S S, Goosen M F A, Al-Belushi R, Wilf M. Concentration polarization in ultrafiltration and reverse osmosis: a critical review [J]. Desalination, 141 (2001): 269-289.
[11] Cath T Y, Childress A E, Elimelech M. Forward osmosis: Principles, applications, and recent developments [J]. J Membr Sci, 281 (2006): 70-87.
[12] Lee K L, Baker R W, Lonsdale H K. Membranes for power generation by pressure-retarded osmosis [J]. J Membr Sci, 8 (1981): 141-171.
[13] Loeb S, Titelman L, Korngold E, Freiman J. Effect of porous support fabric on osmosis through a Loeb-Sourirajan type asymmetric membrane [J]. J Membr Sci, 129 (1997): 243-249.
[14] Gray G T, McCutcheon J R, Elimelech M. Internal concentration polarization in forward osmosis: role of membrane orientation [J]. Desalination, 197 (2006): 1-8.
[15] McCutcheon J R, Elimelech M. Influence of membrane support layer hydrophobicity on water flux in osmotically driven membrane processes [J]. J Membr Sci, 2008, 318: 458-466.
[16] 李丽丽. 醋酸纤维素正渗透膜的制备及其性能研究 [D]. 青岛：中国海洋大学，2012.
[17] 李丽丽，王铎. 醋酸纤维素正渗透膜的制备及其性能研究 [J]. 功能材料，2012，43 (005)：595-598.
[18] 汪锰，王湛，李政雄. 膜材料及其制备 [M]. 北京：化学工业出版社，2003：49-52.
[19] Herron J. Asymmetric forward osmosis membrane [J]. WO2006110497 (2006).
[20] 刘蕾蕾，王铎，汪锰，等. 三醋酸纤维素正渗透膜制备过程中影响因素的研究 [J]. 膜科学与技术，2011，31 (001)：77-83.
[21] Guan P P, Wang D. The improvement of CTA forward osmosis membrane performance by hydrophilic modification on interface between support layer and non-woven fabric [J]. Desalination and Water Treatment, 2016, 57: 27505-27518.
[22] Zhao S, Zou L, Tang C Y, et al. Recent developments in forward osmosis: Opportunities and challenges [J]. Journal of Membrane Science, 2012, 396: 1-21.
[23] Yip N Y, Tiraferri A, Phillip W A, et al. Thin-film composite pressure retarded osmosis membranes for sustainable power generation from salinity gradients [J]. Environmental science & technology, 2011, 45 (10): 4360-4369.
[24] Yip N Y, Tiraferri A, Phillip W A, et al. High performance thin-film composite forward osmosis membrane [J]. Environmental science & technology, 2010, 44 (10): 3812-3818.
[25] 黄燕. 聚酰胺复合正渗透膜的制备及其性能研究 [D]. 青岛：中国海洋大学，2011.
[26] 樊晋琼，苏燕，王铎. 二氧化钛/聚酰胺正渗透复合膜的制备与表征 [J]. 水处理技术，2012，38 (009)：43-46.
[27] Han G, Zhang S, Li X, et al. Thin film composite forward osmosis membranes based on polydopamine modified polysulfone substrates with enhancements in both water flux and salt rejection [J]. Chemical Engineering Science, 2012 (80): 219-231.
[28] Liang H Q, Hung W S, Yu HH, Hu C C, Lee K R, Lai J Y, Xu Z K. Forward osmosis membranes with unprecedented water flux [J]. J Membr Sci, 2017, 529, 47-54.
[29] Wang K Y, Chung T S, Qin JJ. Polybenzimidazole (PBI) nanofiltration hollow fiber membranes applied in forward osmosis process [J]. Journal of Membrane Science, 2007, 300: 6-12.
[30] Yang Q, Wang K Y, Chung T S. Dual-layer Hollow Fibers with Enhanced Flux As Novel Forward Osmosis Membranes for Water Production [J]. Environmental Science and Technology, 2009, 43: 2800-2805.
[31] Fu F J, Zhang S, Sun S P, et al. POSS-containing delamination-free dual-layer hollow fiber membranes for forward osmosis and osmotic power generation [J]. Journal of Membrane Science, 2013, 443: 144-155.
[32] 屠振英，肖通虎，刘成. 一种醋酸丁酸纤维素正渗透膜的制备方法 [P]. 中国专利：102949941 A, 2013-03-06.
[33] 张兵涛，张林，黄和，等. 均质纤维素膜的制备及其正渗透性能研究 [J]. 中国工程科学，2014，16 (7)：57-61.
[34] Liu C, Fang W X, Chou S R, et al. Fabrication of layer-by-layer assembled FO hollow fiber membranes and their performances using low concentration draw solutions [J]. Desalination, 2013, 308: 147-153.
[35] Qiu C Q, Qi S, Tang C Y. Synthesis of high flux forward osmosis membranes by chemically crosslinked layer-by-layer polyelectrolytes [J]. Journal of Membrane Science, 2011, 381: 74-80.
[36] Li X S, Wang R, Tang C Y, et al. Preparation of supported lipid membranes for aquaporin Z incorporation [J]. Colloids and Surfaces B: Biointerfaces, 2012, 94: 333-340.
[37] Wang H, Chung T S, Tong Y W, et al. Preparation and characterization of pore-suspending biomimetic membranes

embedded with Aquaporin Z oncarboxylated polyethylene glycol polymer cushion [J]. Soft Matter, 2011, 7: 7274-7280.
[38] Zhao Y, Qiu C, Li X, et al. Synthesis of robust and high-performance aquaporin-based biomimetic membranes by interfacial polymerization-membrane preparation and RO performance characterization [J]. Journal of Membrane Science, 2012, 423-424: 422-428.
[39] Sun G, Chung T S, Jeyaseelan K, et al. A layer-by-layer self-assembly approach to developing an Aquaporin-embedded mixed matrix membrane [J]. RAC Advances, 2013, 3: 473-481.
[40] Wang H L, Chung T S, Tang Y W, et al. Mechanically robust and highly permeable Aquaporin Z biomimetic membranes [J]. Journal of Membrane Science, 2013, 434: 130-136.
[41] Wang H L, Chung T S, Tang Y W. Study on water transport through a mechanically robust Aquaporin Z biomimetic membrane [J]. Journal of Membrane Science, 2013, 445: 47-52.
[42] You S J, Tang C Y, Yu C, et al. Forward Osmosis with a novel thin-film Inorganic Membrane [J]. Environmental Science and Technology, 2013, 47: 8733-8742.
[43] 钟溢键，张济辞，吴子焱，等. 新型准对称无机膜的正渗透去除 Cd^{2+} 的效能 [J]. 化工学报，2015，66 (1): 386-392.
[44] Loeb S. One hundred and thirty benign and renewable megawatts from Great Salt Lake ? The possibilities of hydroelectric power by pressure retarded osmosis [J]. Desalination, 141 (2001): 85-91.
[45] Mehta G D. Further results on the performance of present-day osmotic membranes in various osmotic regions [J]. J Membr Sci, 1982, 10 (1): 3-19.
[46] 李春霞，赵宝龙，宋健峰，李雪梅，何涛. 正渗透应急水袋膜材料制备 [J]. 科技导报，2015，33 (14): 41-45.
[47] Cath T Y, Elimelech M. Standard Methodology for Evaluating Membrane Performance in Osmotically Driven Membrane Processes [J]. Desalination, 2013, 312: 31-38.
[48] Yen S K, Haja F M N. Study of draw solutes using 2-methylimidazole based compounds in forward osmosis [J]. J Membr Sci, 2010, 364: 242-252.
[49] Mc Ginnis R L, Elimelech M. Energy requirements of ammonia-carbon dioxide forward osmosis desalination [J]. Desalination, 2007, 207: 370-382.
[50] Ling M M, Wang K Y, Chung T S. Highly water-soluble magnetic nanoparticles as novel draw solutes in forward osmosis for water reuse [J]. Industrial &Engineering Chemistry Research, 2010, 49 (12): 5869-5876.
[51] Wang H, Zeng Y, Li D, et al. Stimuli-responsive polymer hydrogels as a new class of draw agent for forward osmosis desalination [J]. Chemical Communications, 2011, 47: 1710-1712.
[52] Moody C D, Kessler J O. Forward osmosisextractors [J] . Desalination, 1976, 18: 283-295.
[53] McCutcheon J R, McGinnis R L, Elimelech M. A novel ammonia-carbon dioxide forward (direct) osmosis desalination process [J]. Desalination, 2005, 174: 1-11.
[54] Phuntsho S, Shon H K, Hong S, et al. A Novel Low Energy Fertilizer Driven Forward Osmosis Desalination for Direct Fertigation: Evaluating the Performance of Fertilizer Draw Solutions [J]. J Membr Sci, 2011, 375 (1): 172-181.
[55] Tang W L, How Y N. Concentration of brine by forward osmosis: Performance and influence of membrane structure [J]. Desalination, 2008, 224 (1-3): 143.
[56] Achilli A, Cath T Y, Marchard E A, Childress A E. The forward osmosis membrane bioreactor: A low fouling alternative to MBR process [J]. Desalination, 2009, 239: 10-21.
[57] Aaberg R J. Osmotic power-a new and powerful renewable energy source [J]. ReFocus, 2003, 4: 48-50.
[58] Robert L M, Jeffrey R M, Menachem E. A novel ammonia-carbon dioxide osmotic heat engine for power generation [J]. J Membr Sci, 2007, 305 (1-2): 13.

第 8 章　渗透汽化

本章内容 >>>

本章要求 >>>

1. 了解渗透汽化的历史及发展方向。
2. 掌握渗透汽化的分离机理和常用的操作模式。
3. 掌握溶解-扩散模型、孔流模型的基本内容。
4. 了解典型的渗透汽化膜材料，掌握渗透汽化膜的制作方法和膜性能的评价方法。
5. 了解常用的渗透汽化膜组件及特点。
6. 掌握渗透汽化技术典型的工业应用实例。

8.1　渗透汽化概述

8.1.1　渗透汽化的发展历史及其应用

渗透汽化又称渗透蒸发（pervaporation，PV），是一种新兴的膜分离技术，可用于分离共沸混合物、热敏性化合物、有机混合物以及去除废水中挥发性有机物等[1~5]。渗透汽化的发展历程如图 8-1 所示，渗透汽化的概念最早是由 Kober 于 1917 年在研究水通过火棉胶器壁从蛋白质/甲苯溶液中选择渗透时提出的。其后，Farber 于 1935 年提出了用渗透汽化过程浓缩蛋白质，Heisler 等在 1956 年采用渗透汽化法对乙醇脱水进行了实验研究。20 世纪 50 年代末期，美国石油公司（Amoco）Binning 等[6]利用纤维素膜和聚乙烯膜对渗透汽化过程分离烃类化合物和醇/水混合物进行了系统的研究，并建立了膜面积为 0.929m^2 的间歇性渗透汽化装置，他们的研究工作极大地促进了渗透汽化技术的发展。20 世纪 70 年代中期，德国的 GFT 公司率先开发出优先透水的聚乙烯醇/聚丙烯腈复合膜（GFT 膜），在欧洲完成中试试验后，于 1982 年在巴西建立了乙醇脱水制备无水乙醇的小型工业生产装置，生产成品乙醇的能力为 1300L/d，从而奠定了渗透汽化膜技术的工业应用基础，也成为渗透汽化技术研究和应用过程的一个里程碑。随后，在 1984～1996 年间，GFT 公司在世界范围内共建造了 63 个渗透汽化装置。到 2000 年，Sulzer Chemtech 公司及以前的 GFT 公司共同建造安装了超过 100 套的渗透汽化和蒸气渗透工业装置，极大地推动了渗透汽化技术的工业应用。

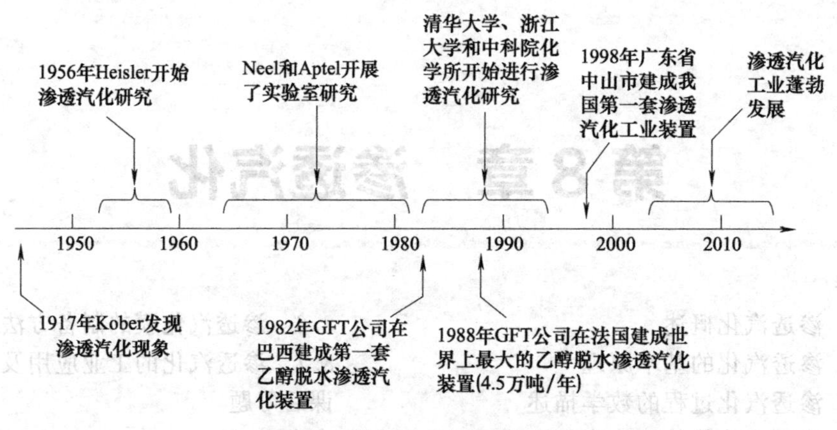

图 8-1　渗透汽化的发展历程

8.1.2　我国渗透汽化技术的发展及其应用

我国对渗透汽化技术的研究始于 20 世纪 80 年代初，主要工作集中在优先透水膜的研制，近年来也开展了水中有机物的脱除[7]、有机混合物的分离及渗透汽化与其他过程集成的研究。在工业应用方面，1995 年浙江大学与衢化公司合作进行了年产无水乙醇 80t 的中试试验。同年，中国科学院化学所进行了日处理工业酒精 260L 的渗透汽化脱水试验。1998 年由美国联合碳化公司投资 100 万美元从 Sulzer Chemtech 公司（即 GFT）引进了一套渗透汽化装置，建于我国广东省中山县（今中山市），用于化妆品添加剂生产过程中循环溶剂异丙醇的脱水。该装置总膜面积为 $250m^2$，异丙醇的处理能力为 10000t/a，可将异丙醇/水溶液从质量含量85%～87%浓缩至 99%。

1999 年，清华大学化工系和北京燕山石化集团公司联合进行的用渗透汽化技术脱除苯中微量水的中试试验获得了成功[8]，这是世界上第一套运用渗透汽化技术脱除苯中微量水的装置。2000 年，清华大学和北京燕山石化集团公司合作完成了渗透汽化技术脱除 C_6 溶剂油中微量水的中试试验。2002～2003 年，在广州相继建立了处理量为 2000t/a 和 6000t/a 的异丙醇脱水工业装置，有力地促进了具有自主创新知识产权的渗透汽化技术在我国的推广应用。进入 21 世纪以后，渗透汽化进入了蓬勃发展时期，涌现出一批具有渗透汽化膜生产能力和渗透汽化装置工程应用能力的企业，使得渗透汽化膜的应用领域越来越广泛。虽然渗透汽化膜分离技术仍处于技术开发期和发展期，但是已经被国际膜学术界的专家称为 21 世纪化工领域最有发展潜力的高技术之一。

8.2　渗透汽化的基本原理

8.2.1　渗透汽化分离机理

渗透汽化（pervaporation）是用于液体混合物分离的一种新型膜分离技术[9～11]。目前，普遍认为渗透汽化的分离机理是溶解-扩散机理，即组分在蒸气分压差的推动下，利用各组分在致密膜中溶解和扩散速度的差异来实现分离的过程。它突出的优点是能够以较低的能耗实现蒸馏、萃取和吸收等传统方法难以完成的分离任务。

渗透汽化膜分离原理如图 8-2 所示。具有致密皮层的渗透汽化膜将料液和渗透物分离为两股独立的物流，料液侧（膜上游侧或膜前侧）一般维持常压，渗透物侧（膜下游侧或膜后侧）则通过抽真空或载气吹扫的方式维持很低的组分分压。在膜两侧组分分压差（化学位梯度）的推动下，料液中各组分扩散通过膜，并在膜后侧汽化为渗透物蒸气。由于料液中各组分的物理化学性质不同，它们在膜中的热力学性质（溶解度）和动力学性质（扩散速度）存在差异，因而料液中各组分渗透通过膜的速度不同，易渗透组分在渗透物蒸气中的含量增加，难渗透组分在料液中的浓度则得以提高。

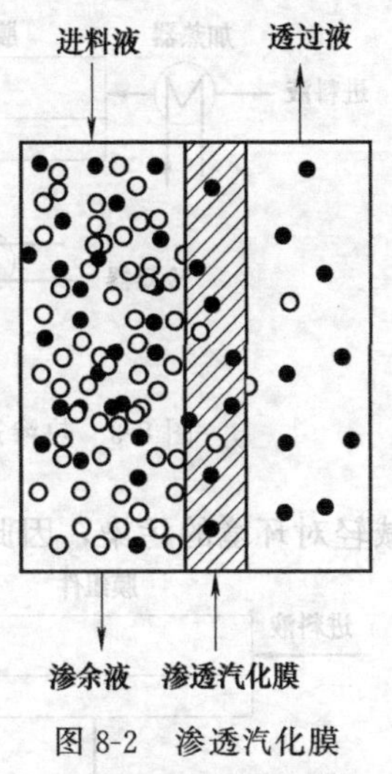

图 8-2　渗透汽化膜分离原理示意图

渗透汽化特别适用于蒸馏法难以分离或不能分离的近沸点、恒沸点有机混合物溶液的分离，对有机溶剂及混合溶剂中微量水的脱除、废水中少量有机污染物的分离及水溶液中高价值有机组分的回收具有明显的技术和经济优势。渗透汽化还可以同生物及化学反应相耦合，通过不断脱除反应生成物来达到提高反应转化率的目的[12,13]。

渗透汽化膜分离技术的优点主要包括以下几个方面。

① 高效节能。渗透汽化分离过程不需要将料液加热到沸点以上，一般不需要太高的温度，因此比恒沸精馏等方法可节能 1/2～2/3；渗透汽化膜的分离系数一般可达几百甚至上千，因此分离效率远高于精馏等方法所能达到的分离系数，因此所需装置体积小，装备结构紧凑，资源利用率高，与精馏分离设备相比可节约空间 4/5 以上。

② 环境友好。渗透汽化技术在分离过程中不需要引入或产生任何第三组分，产品质量高，避免了对环境或产品造成的污染，同时透过液可以回收处理并循环使用，也有利于环境保护。

③ 容易操作、安全性高。渗透汽化膜分离工艺流程简单，操作条件温和，自动化程度高，因此其操作过程安全性高，更适合易燃、易爆溶剂体系的处理，并且由于操作温度可以维持较低，可用于一些热敏性物质的分离。

8.2.2　渗透汽化操作模式

渗透汽化过程的推动力是组分在膜两侧的蒸气分压差。组分的蒸气分压差越大，推动力越大，传质和分离所需的膜面积就越小，因此，在可能的条件下要尽可能地提高膜两侧组分的蒸气分压差，这可通过提高组分在膜上游侧的蒸气分压或降低组分在膜下游侧的蒸气分压来实现。一般采取加热料液的方法来提高组分在膜上游侧的蒸气分压，由于液体压力的变化对蒸气压的影响不太敏感，料液侧通常采用常压操作方式。可以采取以下几种方法来降低组分在膜下游侧的蒸气分压。

(1) 冷凝法　在膜后侧放置冷凝器，使部分蒸气凝结为液体，从而达到降低膜下游侧蒸气分压的目的。如果同时在膜的上游侧放置加热器，如图 8-3 所示，则称其为热渗透汽化过程，该法最早是由 Aptel 等研究提出的[14]，其缺点是不能有效地保证不凝气从系统中排出，同时蒸气从下游侧膜面到冷凝器表面完全依靠分子的扩散和对流，传递速度很慢，从而限制了膜下游侧可达到的最佳真空度，因此这种方法的实际应用意义不大。

(2) 抽真空法　在膜后侧放置真空泵，从而达到降低膜下游侧蒸气分压的目的，如图 8-4 所示。这种操作方式对于一些膜后侧真空度要求比较高且没有合适的冷源来冷凝渗透物的情形比较适合。但由于膜后渗透物的排除完全依靠真空泵来实现，大大增加了真空泵的负荷，而且这种操作方式不能回收有价值的渗透物，因此对以渗透物作为目标产物的情形（如从水溶液中回收香精）并不适用。

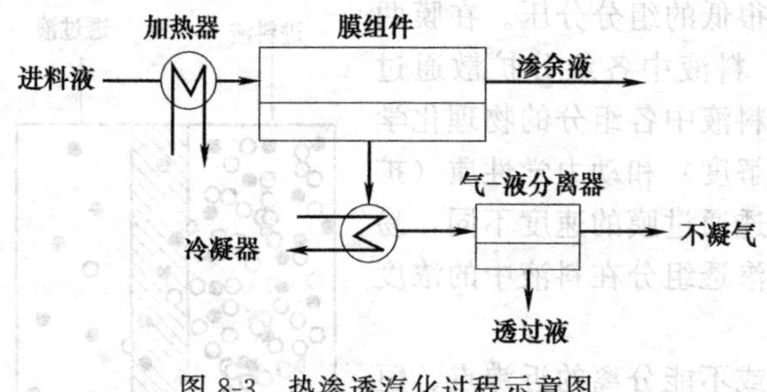

图 8-3 热渗透汽化过程示意图

(3) 冷凝与抽真空的组合 膜后侧同时放置冷凝器和真空泵，使大部分的渗透物凝结成液体除去，少部分的不凝气通过真空泵排出，如图 8-5 所示。同单纯的膜后冷凝法相比，该法可使渗透物蒸气在真空泵作用下以主体流动的方式通过冷凝器，大大提高了传质速率。同单纯的膜后抽真空的方法相比，由于此法可以大大降低真空泵的负荷，还可减轻对环境的污染，因此被广泛采用。

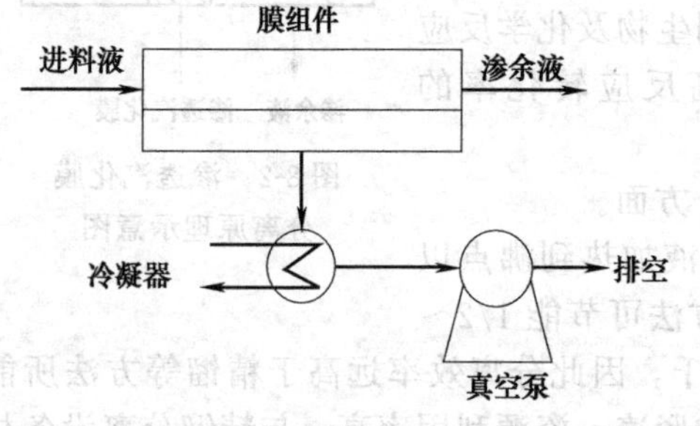

图 8-4 下游侧抽真空的渗透汽化过程示意图

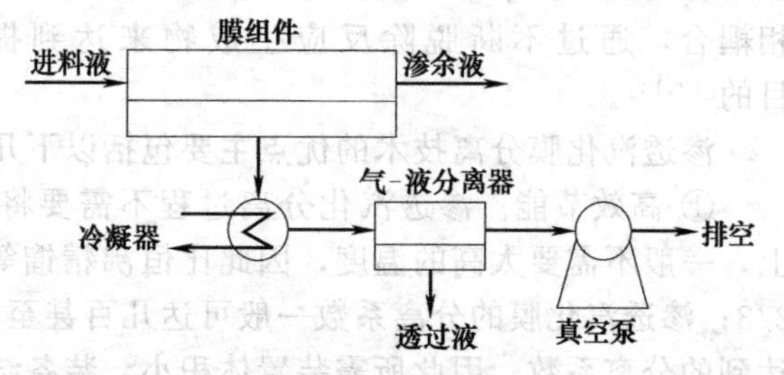

图 8-5 下游侧冷凝加抽真空的渗透汽化过程示意图

(4) 载气吹扫法 与上述几种方法不同的是：载气吹扫法一般采用不易凝结、不与渗透物组分反应的惰性气体（如氮气）循环流动于膜后侧。在惰性载气流经膜面时，渗透物蒸气离开膜面进入主体气流，从而达到降低膜后侧组分蒸气分压的目的。混入渗透气体的载气离开膜组件后，一般也经过冷凝器，将其中的渗透蒸气冷凝成液体除去，载气则循环使用，如图 8-6 所示。在特定情形下也可以考虑采用可凝气为载气，离开膜组件后载气和渗透物蒸气一起冷凝后分离，载气经汽化后循环使用，如图 8-7 所示。这种方式在工业上较少采用。

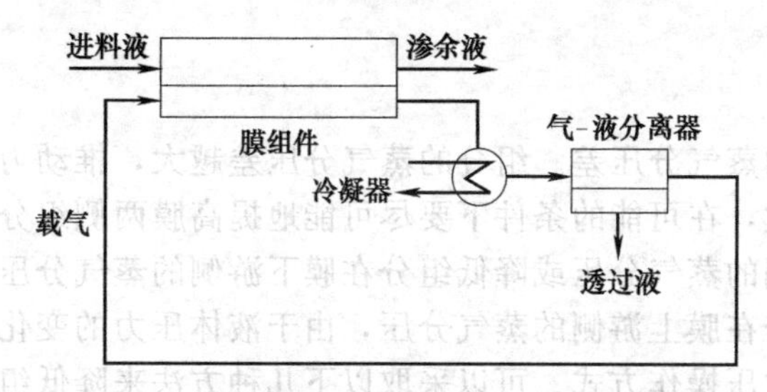

图 8-6 下游侧惰性气体吹扫渗透汽化过程示意

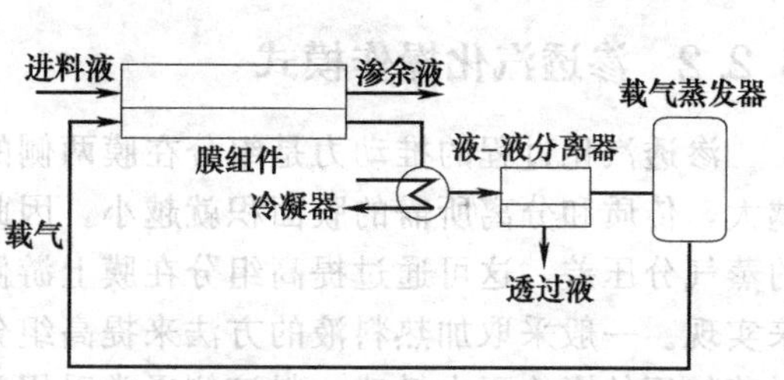

图 8-7 下游侧可凝载气吹扫渗透汽化过程示意

(5) 溶剂吸收法 溶剂吸收法类似于膜吸收，在膜后侧使用适当的溶剂，使渗透物组分通过物理溶解或化学反应而除去。吸收了渗透物的溶剂需经过精馏等方法再生后循环使用，如图 8-8 所示。与下游侧抽真空法或载气吹扫法相比，此法操作较为复杂，在膜后侧的传质阻力往往较大，因此较少使用。

在上述几种渗透汽化过程中，料液维持液相，分离过程中渗透物通过吸收料液的显热汽化为蒸气。近年来，一些研究者提出了所谓的蒸气渗透过程[15]。在此过程中，原料液经加热蒸发后变为蒸气，然后通过膜进行分离。在膜的下游侧，同样可

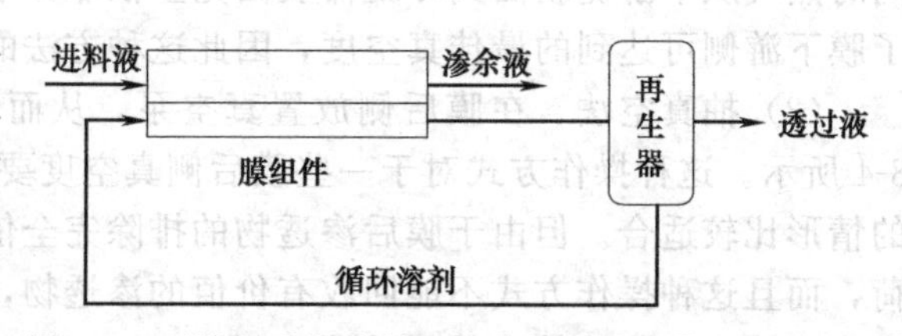

图 8-8 下游侧采用溶剂吸收法的渗透汽化过程示意图

以利用上述几种方式维持低的组分分压。蒸气渗透过程和渗透汽化过程的原料相态不同，渗透汽化过程涉及组分的相变，而蒸气渗透过程无相变发生，但其分离原理基本类似。

8.3 渗透汽化过程的数学描述

与微滤、超滤等膜分离过程不同，渗透汽化过程涉及复杂的渗透物与膜、渗透物组分之间的相互作用，因此有很多模型可用于描述渗透汽化过程的传质过程。目前，常用的用于描述渗透汽化传质过程的模型主要可分为两大类：溶解-扩散模型[16]和孔流模型[17]。其中应用较为普遍的是溶解-扩散模型。

8.3.1 溶解-扩散模型

根据溶解-扩散模型，渗透汽化的传质过程可分为三步（图 8-9）。渗透物小分子在进料侧膜表面溶解（吸附）；渗透物小分子在化学位梯度的作用下从料液侧穿过膜扩散到膜的透过侧；渗透物小分子在透过侧膜表面解吸（汽化）。溶解-扩散模型认为渗透汽化过程中的相变是在第三步发生的，而不是在膜内发生的。

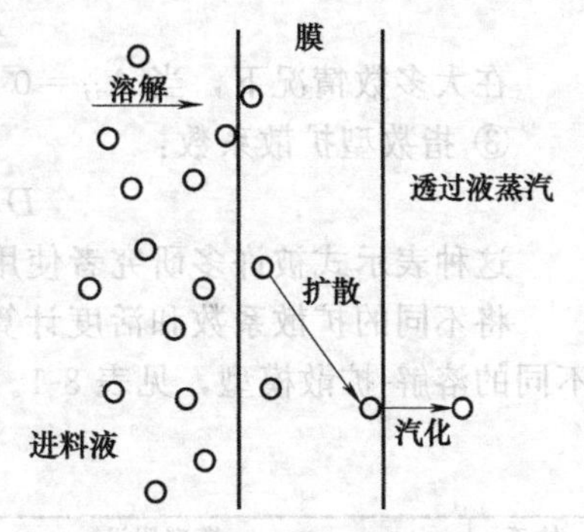

图 8-9 溶解-扩散模型示意图

根据原始的溶解-扩散模型，组分 i 通过膜的流率可用组分的浓度、活动率和推动力——化学位梯度表示：

$$J_i=-C_iB_i\frac{\mathrm{d}\mu_i}{\mathrm{d}X} \tag{8-1}$$

式中，B_i 为组分的活动率；μ 为组分的化学位。在常温下式（8-1）可表示成：

$$J_i=-C_iB_i\left(RT\frac{\mathrm{d}\ln a_i}{\mathrm{d}X}+\overline{V}_i\frac{\mathrm{d}p}{\mathrm{d}X}\right)_T \tag{8-1a}$$

在渗透汽化中，上、下游压差在 0.1MPa 左右，因此压力梯度远小于活度梯度，式(8-1a) 可简化为：

$$J_i=-C_iB_iRT\frac{\mathrm{d}\ln a_i}{\mathrm{d}X} \tag{8-1b}$$

定义 $D_i=RTB_i$，其为组分在膜内的扩散系数，则：

$$J_i=-C_iD_i\frac{\mathrm{d}\ln a_i}{\mathrm{d}X} \tag{8-1c}$$

i、j 二元混合物在高分子膜（m）中的活度系数 a_i 可从 Flory-Huggins 热力学关系得到：

$$\ln a_i=\ln\phi_i+(1+\phi_i)-(V_i/V_j)\phi_j-(V_i/V_\mathrm{m})\phi_\mathrm{m}+[\varphi_{ij}(u_j)\phi_j+\varphi_{i\mathrm{m}}\phi_\mathrm{m}](\phi_j+\phi_\mathrm{m})-(V_i/V_j)\varphi_{i\mathrm{m}}\phi_j\phi_\mathrm{m} \tag{8-2}$$

式中，$u_j=\dfrac{\phi_j}{\phi_i+\phi_j}$；$\phi$ 为三元体系中组分的体积分率。组分与高分子膜的 Flory 相互作用参数 $\varphi_{i\mathrm{m}}$（或 $\varphi_{j\mathrm{m}}$）可从纯组分 i（或 j）在高分子膜中的溶胀自由能求得，简化后为：

$$\varphi_{i\mathrm{m}}=-[\ln(1-\phi_\mathrm{m})+\phi_\mathrm{m}]/\phi_\mathrm{m}^2 \tag{8-3}$$

i、j 二组分的相互作用参数 φ_{ij} 可根据混合物的剩余自由能计算：

$$\varphi_{ij}=\frac{1}{x_i\phi_i}\left(x_i\ln\frac{x_i}{\phi_i}+x_j\ln\frac{x_j}{\phi_j}+\Delta G^E/RT\right) \tag{8-4}$$

ΔG^E 可根据 van Laar、Margules 或 Wilson 方程计算得到，例如根据 Wilson 方程：

$$\Delta G^E/RT=-x_i\ln(x_i+\Lambda_{ij}x_j)-x_j\ln(\Lambda_{ji}x_i+x_i) \tag{8-5}$$

许多二元体系的 Wilson 参数 Λ_{ij} 和 Λ_{ji} 可从相关资料中查得。

渗透组分在膜内的扩散速度与组分的大小、形状有很大的关系，在同系物中分子量低的组分透过得快，化学性质和分子量相同的组分，截面小的透过得快。渗透组分的化学性质对组分在聚合物中的吸附和聚合物的塑化有很大影响，对组分在聚合物中的扩散同样也有很大影响，已有不少的模型描述溶质通过溶胀聚合物的扩散。

表示组分在膜内扩散系数与浓度的关系式有以下三个。

① 常数型扩散系数：

$$D_i = D_i^0 \tag{8-6}$$

② 线性型扩散系数：

$$D_i = D_i^0 (A_{ii} C_i^{\mathrm{m}} + A_{ij} C_j^{\mathrm{m}}) \tag{8-7}$$

在大多数情况下，当 $A_{ij}=0$ 时，A_{ii} 取为 1。这种关系用于非耦合扩散。

③ 指数型扩散系数：

$$D_i = D_i^0 \exp(A_{ii} C_i^{\mathrm{m}} + A_{ji} C_j^{\mathrm{m}})$$

这种表示式被许多研究者使用，也很有效，只是难以进行理论推导。

将不同的扩散系数和活度计算式代入式（8-1c)，并在一定的边界条件下积分，可得到不同的溶解-扩散模型，见表 8-1。

表 8-1　溶解-扩散模型

体系	模型假设	渗透方程	评价
单组分-膜	1. 膜中压力一致； 2. 浓度梯度为推动力； 3. 扩散系数为常数，与浓度无关	$J_i = \frac{DV_{i0}}{l}(1 - p_i / p_i^0)$	关联由压差引起的单组分通过溶胀橡胶膜的扩散过程取得满意结果
双组分-膜	1. 膜内压力常数等于上游溶液的压力； 2. 扩散系数、活度系数及组分的偏摩尔体积与浓度无关； 3. 渗透物在膜内浓度很小； 4. 具有线性浓度分布； 5. 组分在膜内偏摩尔体积等于上游溶液的值	$J_i = \frac{Q_i}{l} c_{ci}^{s} (1 - p_{i2}^{s} / p_{i1}^{s})$ $SF_j^i = \frac{J_i c_{j1}^{s}}{J_j c_{j1}^{s}} = \frac{Q_i}{Q_j}\left(\frac{1 - p_{i2}^{s}/p_{i1}^{s}}{1 - p_{j2}^{s}/p_{j1}^{s}}\right)$	忽略了浓度对扩散系数的影响；也没有考虑伴生传质现象；假设膜内线性浓度分布；有其局限性
双组分理想溶液-膜	1. 渗透过程按扩散传质机理，遵循 Fick 定律，扩散系数是浓度的函数； $D_i = D_{i0} + k_i c_i$ $D_j = D_{j0} + k_j c_j$； 2. 膜内压力为常数，等于膜上游压力； 3. 膜表面达热力学平衡； 4. 溶液为理想溶液； 5. 扩散系数与膜内浓度呈线性关系； 6. 膜内活度正比于其浓度	$J_i = \frac{1}{l}\int_{c_{i2}}^{c_{i1}} (D_{i0} + k_i c_i) \mathrm{d}c_i = D_{i0}(c_{i1} - c_{i2}) + \frac{1}{2} k_i (c_{i1}^2 - c_{i2}^2)$ $J_j = \frac{1}{l}\int_{c_{j2}}^{c_{j1}} (D_{j0} + k_j c_j) \mathrm{d}c_j = D_{j0}(c_{j1} - c_{j2}) + \frac{1}{2} k_j (c_{j1}^2 - c_{j2}^2)$	利用该模型定性、定量说明理想体系的实验数据对非理想体系误差较大，没有考虑一组分对另一组分的影响
双组分非理想溶液-膜	1. 传质过程遵循 Fick 定律，扩散系数是浓度的函数 $D_i = D_{i0} + k_{di}(C_i + B_{ji} C_j)^{k_i}$ $D_j = D_{j0} + k_{dj}(C_j + B_{ij} C_i)^{k_j}$ 2. 膜内压力为常数，等于膜上游压力； 3. 膜表面达热力学平衡； 4. 膜内活度正比于其浓度	$J_i = \frac{1}{l}\int_{c_{i1}}^{c_{i2}} [D_{i0} + k_{di}(c_i + B_{ij} c_j)^{ki}] \mathrm{d}c_i$ $J_j = \frac{1}{l}\int_{c_{j1}}^{c_{j2}} [D_{j0} + k_{dj}(c_j + B_{ij} c_i)^{ki}] \mathrm{d}c_j$	验证了甲苯-乙醇体系及乙醇-水体系在几种膜中实验数据取得了良好的结果；较高压力不能使用该模型

续表

体系	模型假设	渗透方程	评价
双组分-膜	1. Fick 定律应用于溶胀膜中采用如下形式： $J_i=-D_i\frac{d\rho_i}{dx}-D_i\frac{\omega_{im}}{1-\omega_{im}}\times\frac{d\rho_i}{dx}$ 2. 扩散系数与浓度的关系： $D_i=D_{i0}(\omega_{im}+\alpha\omega_{jm})$ $D_j=D_{j0}(\omega_{jm}+\alpha\omega_{im})$ 3. 膜上下表面达热力学平衡 $\omega_{im1}=\phi_{i1}\gamma_{i1}X_{i1}$ $\omega_{jm1}=\phi_{j1}\gamma_{j1}X_{j1}$ $\omega_{im2}=\phi_{i2}x_{i2}p_2/p_i^0$ $\omega_{jm2}=\phi_{j2}x_{j2}p_2/p_j^0$	$J_i=-\frac{\rho_m D_{i0}}{\delta_m}\int_{\omega_{im1}}^{\omega_{im2}}\left(\frac{\omega_{im}}{1-\omega_{im}}+\alpha\frac{\omega_{jm}}{1-\omega_{im}}\right)d\omega_{im}$ $J_j=-\frac{\rho_m D_{j0}}{\delta_m}\int_{\omega_{jm1}}^{\omega_{jm2}}\left(\frac{\omega_{jm}}{1-\omega_{jm}}+\beta\frac{\omega_{im}}{1-\omega_{jm}}\right)d\omega_{jm}$	对苯-环己烷-聚乙烯膜体系取得满意结果

8.3.2 孔流模型

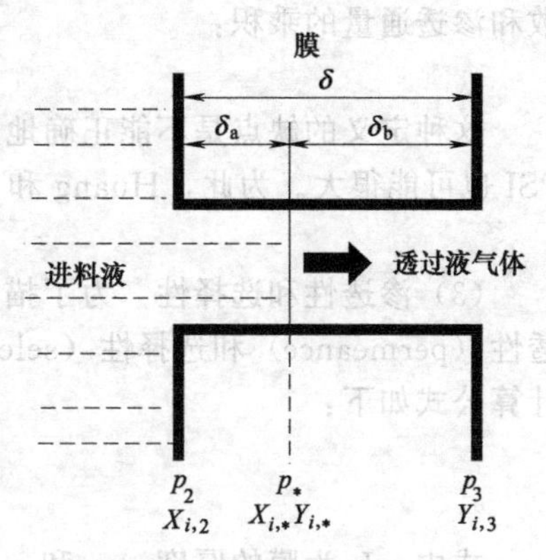

图 8-10 孔流模型示意图

Matsuura 等[17]提出了用孔流模型来描述渗透汽化过程。假定膜中存在大量贯穿膜的长度为δ的圆柱小管，所有的孔处在等温操作条件下，渗透物组分通过下述三个过程完成传质：液体组分以 Poiseuille 流动通过孔道传输到液-气相界面；组分在液-气相界面蒸发；气体从界面处沿孔道传输出去，此为表面流动。可见，孔流模型的典型特征在于膜内存在着液-气相界面，渗透汽化过程是液体传递和气体传递的串联耦合过程。模型示意如图 8-10 所示。

两组分渗透时的通量可表示为：

$$W=\left[\frac{B_i}{\delta}(p_{i,*}^2-p_{i,3}^2)+\frac{B_j}{\delta}(p_{j,*}^2-p_{j,3}^2)\right](M_iY_{i,3}+M_jY_{j,3}) \tag{8-8}$$

式中，B 由式 (8-9) 给出：

$$B=\frac{\pi(2rt-t^2)^2tN_t}{8r}\times\frac{RT}{\mu}(k'_{\mathrm{H}})^2 \tag{8-9}$$

在孔流模型中，孔的定义为高聚物网络结构中链间未相互缠绕的空间，其大小为分子尺寸（10^{-10}量级）。

8.4 渗透汽化膜的性能表征

渗透汽化过程的主要作用元件是膜，评价渗透汽化膜的性能时主要有两个指标，即膜的渗透性和选择性。此外，膜寿命也可作为评价指标之一。

(1) 渗透通量　渗透通量为在单位面积、单位时间内渗透过膜的物质量，其定义如下：

$$J=\frac{M}{At} \tag{8-10}$$

式中，M 为透过膜的组分的渗透量，g；A 为膜面积，m^2；t 为操作时间，h；J 为渗透通量，$g/(m^2\cdot h)$。渗透通量用来表征组分通过膜的渗透速率，其大小决定了为完成一定分离任务所需膜面积（即膜组件）的大小。膜的渗透通量越大，所需膜的面积就越小。渗透通量受许多因素的影响，包括膜的结构与性质、料液的组成与性质、操作温度压力和流动状态等。

(2) 分离因子　膜的选择性表示渗透汽化膜对不同组分分离效率的高低，一般用分离因

子 β 来表示：

$$\beta=\frac{Y_i/Y_j}{X_i/X_j} \tag{8-11}$$

式中，Y_i 与 Y_j 分别为在渗透物中 i 与 j 两种组分的摩尔分数；X_i 与 X_j 分别为料液中 i 与 j 两种组分的摩尔分数。

如果两种组分透过膜的速率相同，Y_i/Y_j 等于 X_i/X_j，分离系数 β 等于 1，即膜对组分 i 和 j 无分离能力。如果组分 i 比 j 更易透过膜，则 Y_i/Y_j 大于 X_i/X_j，分离系数 β 大于 1。组分 i 比 j 的透过速率愈大，则 β 愈大。如果 j 基本不能透过膜，则 β 趋于无穷大。显然，膜的分离系数越大，组分分离得越完全。

渗透通量和分离因子往往是相互矛盾的。分离系数高的膜，渗透通量一般较小。综合考虑这两个因素的影响，Huang 和 Yeom 引入了渗透汽化分离指数（PSI），它定义为分离系数和渗透通量的乘积：

$$\mathrm{PSI}=J\beta \tag{8-12}$$

这种定义的缺点是不能正确地反映当分离系数为 1 时的情况，因为当分离系数为 1 时，PSI 也可能很大。为此，Huang 和 Feng 引入修正的渗透汽化分离指数（PSI），定义如下：

$$\mathrm{PSI}=J(\beta-1) \tag{8-13}$$

(3) 渗透性和选择性　为了描述膜本身的内在性质，可通过溶解-扩散模型计算膜的渗透性（permeance）和选择性（selectivity）。组分 i 在渗透汽化膜中的渗透性用 p_i 表示，其计算公式如下：

$$\frac{p_i}{L}=\frac{j_i}{(x_i\gamma_i p_i^0-y_i p_\mathrm{p})} \tag{8-14}$$

式中，L 为膜的厚度；x_i 和 y_i 分别为组分 i 和 j 在进料液和渗透液中的摩尔浓度；γ_i 为各组分的活度系数；p_i^0 和 p_p 分别为组分 i 的饱和蒸气压和渗透侧总的压力；p_i^0 可通过安托万方程计算得到；j_i 为各组分的摩尔通量，$\mathrm{cm^3}$（STP）/($\mathrm{cm^2}\cdot\mathrm{s}$)，其计算公式为：

$$j_i=\frac{J_i v_i^\mathrm{G}}{m_i} \tag{8-15}$$

式中，v_i^G 为气体 i 的摩尔体积，22.4L（STP）/mol；m_i 为组分 i 的摩尔质量；J_i 为由实验获得的各组分的分通量，其计算公式为：

$$J_i=J y_i\frac{m_i}{m_t} \tag{8-16}$$

式中，J 为膜的渗透通量；m_i 和 m_t 分别为组分 i 和混合物的摩尔质量。

渗透汽化膜的选择性 α 可以通过渗透性的比值获得，即：

$$\alpha_{i/j}=\frac{p_i/L}{p_j/L} \tag{8-17}$$

8.5 典型的渗透汽化膜材料

从膜材料角度来说，渗透汽化膜主要包括聚合物膜、有机/无机杂化膜和无机膜材料；从应用角度来说，渗透汽化膜分为优先透水膜、优先透有机物膜和有机物分离膜。膜的类型不同，其相应的膜材料也各有特点，下面分别加以介绍。

8.5.1 聚合物渗透汽化膜

(1) 有机物脱水　根据溶解-扩散模型，膜的分离选择性取决于其吸附选择性和扩散选择性。从吸附选择性角度来说，优先透水膜要求其活性分离层含有一定的亲水性基团，或称吸附中心，可以与水发生氢键作用、离子-耦极作用或耦极-耦极作用，从而具有一定的亲水性，主要包括含有亲水基团的离子型和非离子型聚合物膜。早期用于渗透汽化有机溶剂脱水的膜材料主要是亲水性聚合物，例如聚乙烯醇、纤维素、壳聚糖、海藻酸盐等，这些材料通过氢键的相互作用来提高膜材料对水的溶解选择性[1,18~21]。然而，这些膜材料在水中易于溶胀，因此往往需要进行交联来提高膜的稳定性，使得聚合物膜在较高温度下仍然具有化学稳定性和热稳定性[1,19,22]。

具有刚性链段的聚合物可以提高分离过程水分子的选择扩散性，其中无定形全氟聚合物拥有较高的自由体积，不仅具有良好的化学稳定性和热稳定性，而且可以有效抵抗溶剂对膜的破坏，因此可将其用于丁醇、异丙醇、乙醇、*N*，*N*-二甲基甲酰胺（DMF）、*N*，*N*-二甲基亚砜（DMSO）、*N*，*N*-二甲基乙酰胺（DMAc）和过氧化氢（H_2O_2）等有机溶剂的渗透汽化脱水[23~28]。此外，聚苯并恶唑（PBO）、聚苯并恶嗪酮（PBOZ）和聚苯并咪唑（PBI）等芳香族聚合物由于其优异的化学稳定性和热稳定性，也可用于有机溶剂脱水，其中 PBO 和 PBOZ 膜是通过它们的前驱体热重排来进行合成[29,30]。

通过磺化和交联等改性过程可进一步提高聚合物膜的分离性能和稳定性。例如在对 PBI 的改性过程中，可将 PBI 膜浸入硫酸中，导致咪唑基团中会形成脒基阳离子和磺酸根阴离子。然后将膜进行高温处理，将磺酸基转移到相邻的芳环中发生两步磺化，将咪唑基中的磺酸酯基团和氮原子之间的离子键转化成与芳环连接的永久共价键，然后用水洗涤。磺化改性膜的性能提升主要是由于磺酸基较好的亲水性或水对膜的亲和力，并且由于水和溶剂分子之间尺寸的差异较大，在分离过程中扩散选择性占主导地位[31~33]。同时，交联改性可以收紧聚合物链，从而抑制过度溶胀并提高脱水性能。基于其反应机理，交联改性可以分为热交联和化学交联。对含羧基的聚合物链进行热交联可在高温下形成可以交联的自由基，含羧基的聚合物还可以在高温下通过羧基和二醇物质之间的酯化反应来进行交联。采用化学交联可以使膜的分离性能提升，而热处理后的膜分离效果变化不明显，先将膜热处理再进行化学交联则可以有效提升膜的分离性能。这是由于化学交联限制了聚合物链的移动并且减小了分子间的间隙，而热处理则可以提高化学交联的效率，因此提高膜的分离性能[34]。

为了降低组分在膜中的传质阻力，必须在保证完整性的前提下实现膜分离层的超薄化。超薄复合膜是在多孔支撑体上制备出超薄分离层的一类复合膜，其在通量和分离因子方面均有较大提高。在复合膜的制备过程中，需要提高表面分离层的均匀性及其与支撑体的结合力，可使用聚多巴胺和超支化聚乙烯亚胺作为成膜材料在支撑体表面进行涂覆，在降低基膜表面孔径的同时提高分离层和基底之间的结合力。

（2）有机物的回收　与有机溶剂脱水不同，从水溶液中去除有机物需要分离膜优先透过具有较大分子尺寸的有机化合物分子。因此，分离膜需要由疏水性有机材料制成，以增加对分离组分的亲和力。优先透有机物膜的材料通常选用极性低、表面能小和溶解度参数小的聚合物，如聚乙烯、聚丙烯、有机硅聚合物、含氟聚合物、纤维素衍生物和聚苯醚等。这些聚合物一般处于橡胶态，但也有少数玻璃态聚合物，如聚乙炔衍生物，均呈现出优先透有机物的性质。

聚二甲基硅氧烷（PDMS）即硅橡胶是目前研究最为广泛的疏水材料，被认为是最适合进行分离有机物的膜材料。此外，还有其他疏水材料［如苯乙烯基聚合物、聚偏氟乙烯（PVDF）、聚醚酰胺嵌段共聚物（PEBA）、聚-1-三甲基甲硅烷基-1-丙炔（PTMSP）和微孔性聚合物（PIMs）等］也可以用于有机物的回收[35~42]。由于 PDMS 需要通过交联才能成膜，所以其渗透通量较低。PTMSP 膜由于链段松弛，减小了膜的自由体积，因此其通量往往会随着操作时间的增加而降低。PIM 膜具有与 PTMSP 膜相当的渗透性，但是当运行一段时间后通量仍然稳定，这使得他成为从水溶液中分离有机化合物较为理想的膜材料。由于目前疏水性膜材料种类较少，因此很多研究集中于改变膜的制备过程来提高渗透汽化性能。虽然疏水性渗透汽化膜在许多领域如醇和其他有机物的分离效果明显，但是目前适用于有机物分离的疏水性材料仍然较少，因此以后这一领域的研究可能侧重于合成或探索疏水性更强和自由体积更大的新材料，以提高从水中脱除有机物的渗透汽化性能。

(3) 有机混合物分离　利用渗透汽化过程进行有机混合物的分离是目前最具挑战性的难题，主要是由于缺乏耐有机溶剂的膜材料。关于有机混合物体系的研究主要集中在醇/叔丁醚体系和芳香族/脂肪族化合物体系以及汽油脱硫等[43~45]。芳族聚酰亚胺、聚硅氧烷-酰亚胺嵌段共聚物、聚醚酰胺嵌段共聚物和聚苯并恶唑等可用于分离芳香族/脂肪族混合体系，例如甲苯/正庚烷、苯/正庚烷的混合物。这些材料对芳香族化合物均具有选择性。由于目前严格规定汽油中硫的含量，渗透汽化在汽油脱硫中的应用引起了研究人员的关注。该应用中的进料混合物有汽油中的烃类，如烯烃、烷烃、环烷烃、芳族化合物以及硫类（如硫醇、硫化物、噻吩）等。因此，可利用聚磷腈膜进行渗透汽化汽油脱硫。由于聚磷腈的半结晶性质，导致其在分离过程中有较大的传质阻力，渗透通量较低。可通过将大量的苯基基团引入主体聚合物中，将主体聚合物进一步改性为聚［双（对甲基苯基）磷腈］（PMePP）和聚［双（苯氧基）磷腈］（PBPP），通过增加自由体积来提高膜的分离性能。

8.5.2 有机/无机杂化渗透汽化膜

有机/无机杂化膜的制备方法主要是将无机粒子掺杂到有机聚合物中，结合了有机聚合物和无机纳米颗粒各自的优势。有机/无机杂化膜通过杂化材料的表面与孔道特性改变相邻聚合物链的性质、动态构象以及聚合物层的自由体积等，调整有机膜的微观结构和亲和性能，从而提高渗透汽化膜的选择性和渗透通量。可作为杂化粒子用于有机/无机杂化膜制备的颗粒包括金属氧化物、分子筛、氧化石墨烯、碳纳米管、金属有机骨架材料等。纳米杂化膜中的理想界面形貌是无机颗粒和聚合物之间形成无缺陷的界面，然而杂化膜的材料和结构会影响界面形貌，例如形成界面缺陷、纳米颗粒周围聚合物层僵化、无机粒子孔堵塞等，这些非理想界面形貌会导致有机/无机杂化膜的分离性能无法达到预期目标，从而制约了有机/无机杂化膜的发展。影响杂化膜性能的因素较为复杂，主要包括聚合物（亲疏水性、功能基团、分子量等）和无机粒子（结构、粒径、形状以及表面功能基团）的性质、聚合物和纳米颗粒间的匹配性和界面效应等。为了提高聚合物相和无机相之间的相容性以及改善无机粒子的分散性，可采用以下策略：①用偶联剂改性无机粒子，增强其与聚合物之间的结合力[46,47]；②用聚合物薄层包裹无机纳米粒子[48,49]；③使用有机/无机杂化颗粒，例如多面体低聚倍半硅氧烷（POSS）或金属有机骨架（MOFs）等，由于其中含有有机组分，故可以提高其与有机相的相容性。

(1) 有机物脱水　加入多孔纳米粒子可以降低聚合物的结晶度，诱导聚合物链段的微取向，减小聚合物基体的自由体积。尽管聚合物的自由体积减小，但是由于纳米粒子内部中空，具有相对较小的渗透阻力，可以作为分子的传质路径，所以纳米杂化膜的渗透通量可以得到明显提高。此外，纳米粒子的加入可以有效抑制聚合物在水中的过度溶胀，同时为水的传输提供了新的路径。然而，当纳米粒子负载过高时，分离因子明显下降，可能原因是膜内部产生了裂缝或缺陷，导致乙醇在分离过程中也穿过膜的内部。

(2) 有机物的回收　有机/无机杂化膜通过杂化材料的表面与孔道特性改变相邻聚合物链的性质、动态构象以及聚合物层的自由体积等，调整有机膜的微观结构和亲醇性能，从而提高透醇膜的选择性和渗透通量。常用于杂化的无机粒子包括分子筛、炭黑、碳纳米管、二氧化硅、金属有机骨架材料等。根据无机粒子的结构不同，可分为无孔杂化粒子和有孔杂化粒子。无孔杂化粒子掺杂到聚合物中一般会引起聚合物的结晶度发生变化，并且在无机粒子和聚合物的边界层形成孔穴或界面缺陷，而这些孔穴一般是无选择性的，从而可以让渗透物从边界层或孔穴渗透以提高杂化膜的渗透通量，同时利用杂化粒子的疏水性提高杂化膜的分离性能。多孔杂化粒子具有孔道结构，不仅可以通过杂化粒子与聚合物形成的边界层提高渗透性，还可以利用杂化粒子本身的疏水孔道进行吸附和分离，从而提高聚合物膜的分离性能。利用杂化膜进行渗透汽化回收有机溶剂，其中具有较高 Si/Al 值的 ZSM-5 沸石和 silicalite-1（无铝 ZSM-5）是较为常见的无机纳米杂化粒子，可以有效提高硅橡胶膜的分离乙醇的性能[50]。均匀的颗粒分散、较高的沸石负载量和较小的纳米颗粒尺寸是影响渗透汽化杂化膜的三个关键因素。用氢氟酸（HF）刻蚀 ZSM-5 沸石纳米颗粒对其进行改性，并将其掺杂入 PDMS 中用于分离乙醇[51]，HF 蚀刻可以有效去除沸石中的有机杂质，提高表面疏水性和表面粗糙度，使其具有更好的选择性，但渗透性略微降低。此外，由于沸石/PDMS 界面的黏附性增强，制备完成的杂化膜的拉伸强度和抗溶胀性得到改善。为了改善沸石与 PDMS 之间的相互作用，可以用乙烯基三乙氧基硅烷（VTES）对沸石颗粒进行改性。这种改性使颗粒和基质之间产生化学作用，抑制聚合物与硅沸石界面处的空隙形成，从而增加杂化膜的热稳定性，抑制了膜溶胀的现象。VTES 的改性不仅增加了硅沸石的最大负载量，也提高了该杂化膜的选择性。但是，沸石纳米颗粒在 PDMS 中的分散仍然是不均匀的。

(3) 有机混合物分离　与有机物脱水或从水溶液中分离有机物的应用不同，目前对分离有机/有机体系的杂化膜研究较少。根据极性差异，有机混合物体系可以分为极性/非极性混合物、极性混合物和非极性混合物三类。对于第一类极性/非极性混合物，可以根据其极性差异来选择、设计膜材料；对于第二类、第三类混合物，必须针对混合物组分的分子大小、形状和化学结构的差异选择和设计膜材料。填充颗粒可以有效抑制膜在分离有机物时的过度溶胀并提高膜的耐塑性。但目前没有一项研究证明，杂化粒子与一种有机物的相互选择性作用大于另一种有机物。大多数情况下，膜的选择性增强归因于颗粒产生的物理交联。不同于有机物脱水或水中分离有机物时，杂化膜的通量和分离因子可以同步增加，在有机混合物分离过程中，通常可以观察到通量和分离因子之间的博弈效应。

其中，杂化膜选择性的提高可能是由纳米颗粒的化学性质、进料组分和纳米颗粒之间良好的相互作用、颗粒导致聚合物链的硬化等原因造成的。由于分离因子和通量之间存在博弈效应，因此研究者需要筛选具有合适孔径和与聚合物具有良好相容性的无机材料，以增强膜的综合分离性能。由于 MOFs、共价有机骨架（COFs）和 POCs 等多孔颗粒与聚合物具有良好的相容性，因此需要对其进行更多的研究，以发现它们在渗透汽化应用中的潜力。同时，目前更多的研究应集中在杂化颗粒与聚合物之间的界面和待分离组分的传质机理等方面，以此来全面了解无机材料在杂化膜中的作用。

8.5.3 分子筛渗透汽化膜

用于优先透水的无机膜材料主要是分子筛材料，包括 NaA、NaY、NaX 及 T 型分子筛等，此外还包括 SiO_2 和 TiO_2 等。无机分子筛膜作为渗透汽化膜材料，主要优点是膜的渗透通量较大，并且具有非常好的机械强度、热稳定性和化学稳定性，在苛刻条件下具有非常大的应用潜力。其主要缺点是铸膜液中的无机粒子不容易分散均匀，在制备过程中容易产生晶间孔，从而产生较大缺陷，因此导致其分离性能较差。然而，近年来由于有机膜材料存在渗透通量低、稳定性较差等方面的问题，无机膜材料的研究也越来越广泛。无机膜具有优良的热稳定性和化学稳定性，因此在分离具有较大偶极矩的有机溶剂时，无机分子筛膜具有较大的优势。

8.6 渗透汽化膜的制备方法

目前，渗透汽化分离膜主要分为两大类，即均质致密膜和拥有致密分离层和支撑体的非对称膜。均质致密膜主要用于实验室研究膜材料本身的性质，但是渗透通量较低，使得其并不适用于工业应用。而非对称膜主要是由微孔基底作为支撑体和具有选择性的较薄分离层所组成，这种非对称的膜结构有效降低了分离过程中的传质阻力，从而提高了非对称膜的渗透通量。一个较为经典的对比实验是在聚酰亚胺基底上涂覆聚醚酰胺嵌段共聚物（PEBA）分离层，并将该非对称复合膜用于水中脱除苯酚的渗透汽化实验，当 PEBA 分离层厚度为 30μm 时，渗透通量为 526g/(m^2·h)，分离因子为 31。而当 PEBA 分离层厚度为 100μm 时，其渗透通量降低为 140g/(m^2·h)，分离因子提高到 121。渗透汽化膜的制备方法有很多，以下列出了常见的几种方法。

(1) 刮膜法　刮膜法是目前较为常用的制备平板膜的方法。首先，将聚合物和添加剂溶解于溶液中形成铸膜液，然后用刮刀将铸膜液涂覆于平板基膜表面，通过相转化法或溶剂蒸发法形成分离膜，该方法可以在不需要多孔支撑体的情况下形成多层分离膜。刮膜法主要是通过缓慢蒸干铸膜液中的溶剂来制备均质致密膜，而制备非对称膜主要通过相转化法，将铸膜液分散于基底表面后浸没在不良溶剂中，形成相互连通的多孔结构。而且加入快速挥发的溶剂后，较为容易在基底表面形成致密分离层。对于杂化膜，填充颗粒加入到铸膜液中进行搅拌或超声，使其均匀分散并防止其出现大面积的团聚现象。

(2) 同步挤出法　在渗透汽化分离过程中，中空纤维膜与平板膜相比具有明显优势，如采用壳式进料方式、有较高的填充密度、有自支撑结构和包含真空通道。中空纤维纺丝技术涉及一系列的制膜参数，如纺丝膜液的形成、凝胶浴的选择、纺丝结构的设计、纺丝条件等。在纺丝过程中，初期的纤维从接触到凝结剂开始通过相转化形成分离膜。由于聚合物膜液和初生纤维内腔一侧的膜液同时被挤出，从喷丝头出现新生纤维之后，其内表面立即发生凝结。同时，由于湿气存在于空气中，新生纤维通过气隙区域时，从外表面开始部分凝结。当纤维在外部凝胶浴中完全沉淀，就完成了整个相转化过程。分离层的厚度和形貌可以通过改变纺丝液、孔流体和外部凝结剂的组成以及吸收速度来进行调节。目前，纺丝工艺由制备单层中空纤维膜到双层共挤出中空纤维膜发展，其复杂性增加，但双层中空纤维膜具有制备成本低以及可选择、调控支撑层和分离层材料及形貌的优点。

(3) 浸渍涂覆法　浸渍涂覆法常用于制备复合膜，主要通过在多孔支撑体（平板基底、中空纤维或管式基底）上涂覆较薄的选择性分离层来制备成膜。其中，多孔支撑体起到机械支撑作用并极大程度地降低了分离组分的传质阻力，因此，利用该方法制备的复合膜其传质阻力主要由支撑体表面的致密分离层决定。其中，选择支撑体时应优先选择基底表面没有较大缺陷的多孔支撑体，以防止铸膜液的渗入，并且在制膜前，用低沸点溶剂（与涂层溶剂不混溶）预先润湿基底可以有效减少铸膜液的渗入现象，然后通过干燥过程除去润湿溶剂得到复合膜。

(4) 界面聚合法　自 20 世纪 60 年代以来，界面聚合已经广泛应用于反渗透技术中，目前界面聚合法仍然主要用于制备分离层较薄的反渗透（RO）复合膜和纳滤（NF）复合膜，而在渗透汽化其他领域的分离中应用较少。其中，由于酰氯单体在有机相中具有良好的溶解性，而胺基单体在水相中具有较强的溶解性，因此较薄的分离层会在双溶液界面上从水相向有机相上形成。近年来研究者认为利用这种技术在基底表面形成的选择性分离层较薄，有利于提高膜的通量。此外，通过选择合适的单体进行界面聚合，可以提高分离层的化学稳定性和热稳定性。

(5) 物理化学改性法　由于在渗透汽化过程中，分离膜需要直接与液态有机溶液接触，因此后处理改性过程广泛应用于提高膜的渗透汽化分离性能和稳定性。目前，交联剂的使用最为常见，因为其可以有效抑制膜的溶胀，从而提高膜的稳定性。而在后处理改性过程中，对膜表面进行接枝官能团等可以改变膜的亲、疏水性，从而提高膜表面对渗透组分的亲和力。另外，多样的后处理过程也可以弥补在制膜过程中分离层出现的某些潜在缺陷。

(6) 辐照接枝法　辐照接枝法是通过紫外线或γ射线对基膜表面进行活化处理，从而在基膜表面产生一定的活性基团，然后将基膜与含有分离层活性材料的试剂接触使其发生化学反应，从而在基膜表面形成活性皮层。实际上，辐照接枝法也可归结为表面反应法一类，所不同的是辐照接枝法是通过辐照技术在基膜表面产生活性基团。

(7) 气相沉积法　气相沉积法制备复合膜是化学气相沉积法在膜领域的典型应用。其具体步骤为：在高真空的条件下使单体蒸发，然后沉积到基膜表面，最后通过单体间的聚合反应在基膜表面形成分离层。这种方法的优点是制备出的分离层很薄，而且可以通过改变操作条件和单体组成方便地改变分离层的性能。这种方法也可归结为表面反应法一类，所不同的是通过蒸气气相沉积的方法将聚合物单体涂覆到基膜表面。

(8) 等离子体聚合法　等离子体聚合法是采用等离子体技术，在高真空的条件下，通过气体放电产生的等离子体对单体蒸气和基膜表面进行处理，从而在基膜表面形成活性分离层。通过改变操作条件可以方便地制备出不同性能的渗透汽化复合膜。这种方法除了适用于含不饱和键的聚合物单体外，也适用于含饱和键的有机化合物。

(9) 同步喷涂组装法　传统制膜方法制备的膜通常较厚，造成通量较低，且会在膜液制备过程中由于高浓度聚合物预交联导致无机粒子发生一次团聚，而在涂膜过程中由于挤压等因素会造成二次团聚。同步喷涂自组装技术是将催化剂、交联剂、聚合物与纳米颗粒分开，同时喷涂于基膜表面，从而实现界面交联，避免纳米颗粒在预交联过程中的一次团聚以及成膜过程中的二次团聚，保证分离层中杂化粒子高负载性和均匀分散性，并通过改变喷涂次数实现分离层厚度在纳微尺度内控制，进一步提高渗透汽化膜的分离性能。

(10) 水热法　水热法主要用于制备分子筛等无机渗透汽化膜，即通过水热反应使得分子筛在多孔基底表面原位结晶，从而形成致密的分离膜，利用分子筛晶体的孔道进行分离。为了避免晶体生长过程中产生的晶间缺陷，也常采用二次生长法进行分子筛渗透汽化膜的制备，即将分子筛纳米颗粒涂层或接种到支撑体上，然后用通常的水热合成反应生长成为连续的薄膜。一般二次生长合成可以制备出具有一定取向性或部分取向性的无机膜。此外，通过微波等辅助技术也可以实现分子筛渗透汽化膜的制备，其主要作用是保持结晶形成过程的方向性，同时缩短结晶时间，进而控制膜的性能。

8.7 渗透汽化的工业应用及发展前景

8.7.1 渗透汽化装置

渗透汽化过程所用的膜组件分为板框式、螺旋卷式、圆管式和中空纤维式等几种。但由于渗透汽化过程的特殊性质，对膜组件的设计有以下特殊要求：①渗透汽化过程膜后侧的组分分压直接影响到过程的推动力，对分离过程有很大的影响，因此组件的结构要保证膜后侧有较大的流动空间，以便渗透物组分能很容易地排出系统，使膜后侧气（汽）体的流动阻力尽量小；②渗透汽化过程通常在较高温度（60～100℃）下操作；对于膜后侧采用真空操作方式，要求的真空度较高；同时渗透汽化过程一般要涉及浓度很高的有机溶剂，如醇类、脂肪烃类、芳香烃类、酮类、酯类和有机硅类等，因此对系统的密封材料有较高的要求；③渗透汽化过程一般通量较小，主体流体的流速基本不变，因此在膜组件的设计上可以不考虑料液流速的变化。

8.7.2 渗透汽化的应用

自1982年在巴西建立了渗透汽化法乙醇脱水制无水乙醇的小型工业生产装置以来，至今已经建立了超过100套的渗透汽化工业装置。其中最大的一套乙醇脱水工业装置所用的膜面积为2100m²，可年产4万吨99.8%的无水乙醇。据统计，这些工业化装置中，大约90%是由原GFT（现属Sulzer Chemtech）及其相关单位提供的膜和技术。

根据不同的体系，渗透汽化技术的应用主要集中在有机溶剂脱水、水中脱除有机物和有机混合物的分离三个方面。渗透汽化过程的分离原理不受热力学平衡的限制，它取决于膜和渗透物组分之间的相互作用，因此特别适合于恒沸物或近沸物体系的分离，例如有机物和水的恒沸或近沸体系中水的脱除。对于组分浓度相近体系的分离，渗透汽化与其他过程的耦合在经济上更有优势。通过渗透汽化过程选择性地除去反应体系中的某一种生成物，促使可逆反应向生成物的方向进行，也是渗透汽化技术很重要的应用。

(1) 无水乙醇和燃料乙醇的生产　恒沸物的分离是渗透汽化最能发挥优势的领域。其中无水乙醇的生产是渗透汽化脱水的典型。世界上第一套工业试验装置和第一个最大的生产装置都是用于无水乙醇的生产。在常压下，乙醇的质量含量为95.6%时，与水发生共沸。制取含醇99.8%以上的无水乙醇，需要采用萃取精馏、恒沸精馏或加盐精馏的方法，这些方法过程复杂、能耗高、污染严重。采用渗透汽化法可比传统方法节能1/2～2/3，而且可以避免产品和环境受污染，因此渗透汽化法比传统的精馏法优越。尽管已经有多种膜材料用来分离乙醇/水溶液[52]，但目前最成熟、应用最广泛的是聚乙烯醇/聚丙烯腈复合膜。近年来，采用分子筛制备的无机膜由于其较高的渗透通量和热稳定性，在渗透汽化领域展现出巨大的潜力。用渗透汽化法从工业乙醇制取无水乙醇的典型工艺流程如图8-11所示。

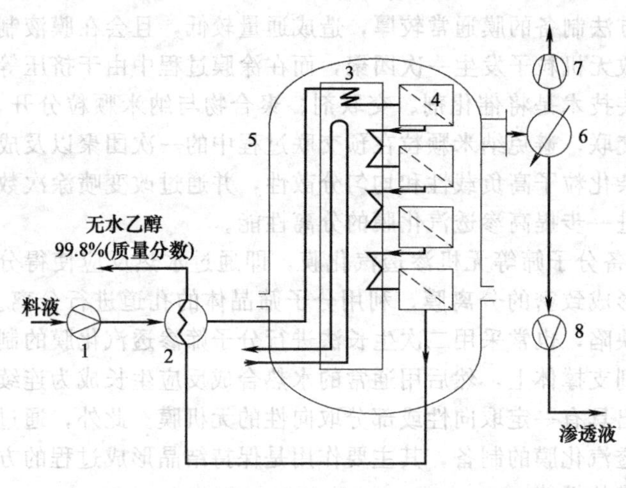

图8-11　渗透汽化法制取无水乙醇的工艺流程

1—料液泵；2—预热器；3—中间加热器；4—膜组件；5—真空容器；6—冷凝器；7—真空泵；8—渗透液泵

(2) 异丙醇脱水　异丙醇也是常用的有机溶剂和原料。目前，异丙醇脱水是除乙醇脱水外渗透汽化过程主要的应用。与乙醇/水溶液类似，异丙醇也可以和水在80.37℃时形成共沸物，共沸物中含异丙醇87.7%、水12.3%。渗透汽化法用于异丙醇脱水也有明显的经济上和技术上的优势。一般地，用于乙醇脱水的膜也可以用于异丙醇脱水，而且由于异丙醇的分子量更大，膜的分离系数将更高，所用膜面积可能会更小。为充分发挥精馏法和渗透汽化法各自的优势，也可以采用精馏法/渗透汽化法集成过程进行异丙醇的脱水。其流程如图8-12所示。

(3) 苯中微量水的脱除　苯酚是一种重要的基本有机化工原料。在异丙苯氧化法生产苯酚、丙酮工艺中，无论是用三氯化铝还是用固体酸为催化剂，都需将原料苯中的微量水从0.05%脱至0.005%以下。目前，工厂使用恒沸精馏法脱除苯中的微量水，缺点是能耗太高，且常常达不到要求。为此，清华大学和中国石化集团北京燕山石化集团公司合作，开展了用渗透汽化技术脱除苯中微量水的工业试验研究，工业试验的流程如图 8-13 所示。

(4) 废水中脱除有机污染物　渗透汽化法已经成功地用于从废水中脱除挥发性有机污染物，如酚、苯、乙酸乙酯、各种有机酸和卤代烃等。美国的 Zenon 环境公司研制成功了渗透汽化错流系统，用于从水中除去挥发性和半挥发性有机物质 (VOC)。系统流程如图 8-14 所示。

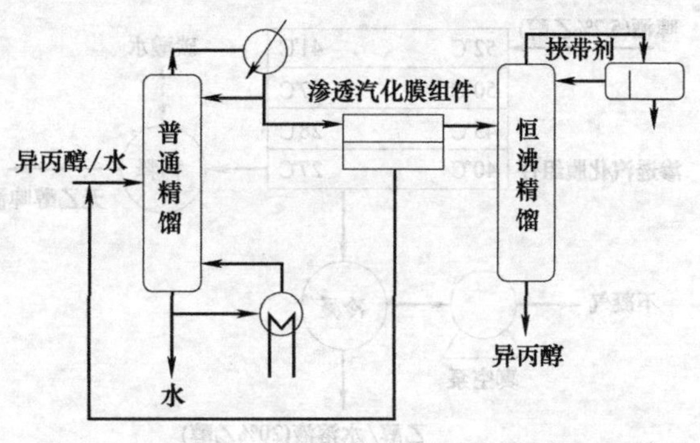

图 8-12　精馏-渗透汽化法进行异丙醇脱水的流程

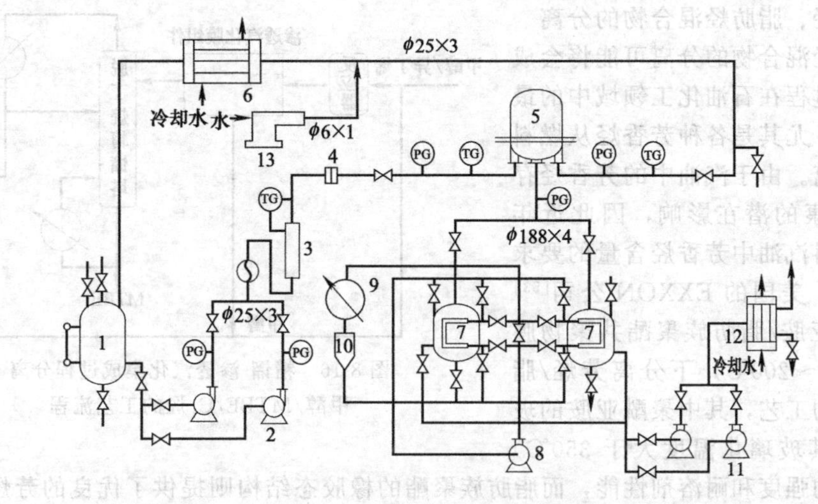

图 8-13　苯脱水中试试验流程

1—料液罐；2—泵；3—加热器；4—过滤器；5—膜分离器；6—冷却器；7,9,12—冷凝器；8—冷冻机；10—储液罐；11—真空泵；13—计量泵

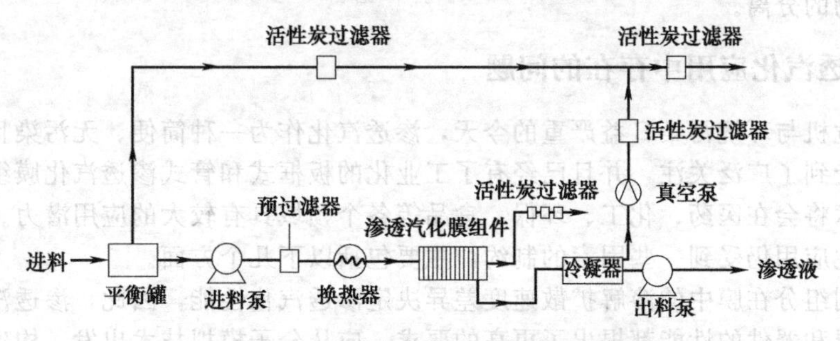

图 8-14　渗透汽化错流系统流程示意

(5) 酒类饮料中除去乙醇　从酒类饮料中除去乙醇是渗透汽化技术在食品工业中最早的应用。使用优先透有机物膜使乙醇优先透过，可以降低啤酒或果酒中的乙醇含量，同时得到乙醇浓度较高的乙醇/水溶液。渗透汽化法从啤酒中脱除乙醇的流程如图 8-15 所示。

(6) 醇、醚混合物的分离　醇、醚混合物的分离主要是甲醇/甲基叔丁基醚（MTBE）和乙醇/乙基叔丁基醚（ETBE）的分离。甲基叔丁基醚（MTBE）和乙基叔丁基醚（ETBE）作为无铅汽油的添加剂，有潜在的对公众健康的影响，但目前仍然是主要的无铅汽油的添加剂。1989 年，美国的空气产品和化学品公司（Air Products and Chemicals Inc.）

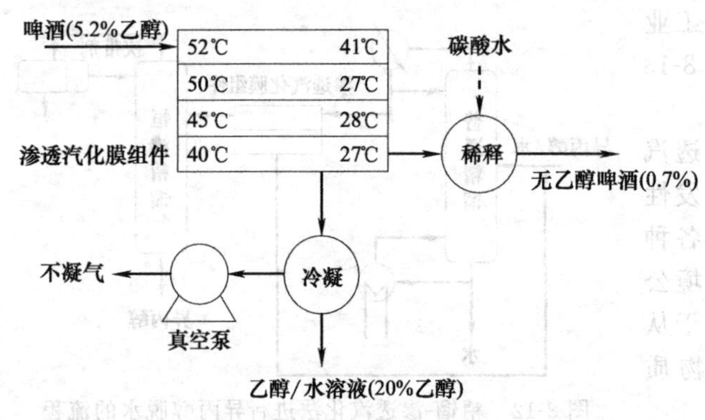

图 8-15　渗透汽化法从啤酒中脱除乙醇的流程示意图

开发了渗透汽化/精馏集成过程用于分离 MTBE 生产中的产物，该流程命名为 TRIM™，该分离工艺流程如图 8-16 所示。该流程采用对甲醇/MTBE 有很高选择性的醋酸纤维素膜卷式组件，从反应产物中分离出大部分的甲醇后，剩余物流进入精馏塔，在塔底分出 MTBE，在塔顶分出甲醇和反应副产物丁烷，这部分甲醇在甲醇回收器中回收后进入反应器使用。

(7) 芳烃、脂肪烃混合物的分离

芳烃、脂肪烃混合物的分离可能将会成为渗透汽化过程在石油化工领域中的最重要的应用，尤其是各种芳香烃从燃料汽油中的分离。由于汽油中的芳香烃存在对公众健康的潜在影响，因此近年来，降低燃料汽油中芳香烃含量的要求越来越迫切。美国的 EXXON 公司[53]开发了聚酰亚胺/脂肪族聚酯共聚物膜在高温（170～200℃）下分离芳烃/脂肪烃混合物的工艺，其中聚酰亚胺的玻璃态结构（其玻璃化温度大于 350℃）提供了良好的强度和耐溶剂性能，而脂肪族聚酯的橡胶态结构则提供了优良的芳烃/脂肪烃分离性能，分离系数超过了 20。EXXON 公司已经用大尺寸的螺旋卷式组件对该流程进行了试验验证。同时，EXXON 公司还开发了聚脲/脲烷共聚物的中空纤维膜组件，用于芳烃/脂肪烃混合物的分离。

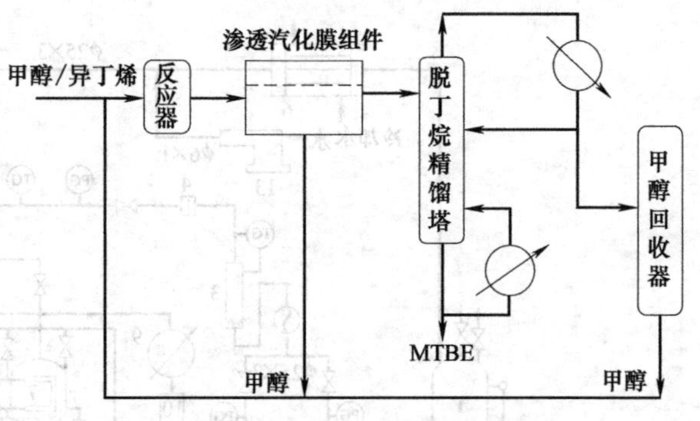

图 8-16　精馏-渗透汽化集成过程分离甲醇/MTBE/C_4烃的工艺流程

8.7.3　渗透汽化应用中存在的问题

在能源危机与环境污染日益严重的今天，渗透汽化作为一种简便、无污染且高效率的分离方式已经受到了广泛关注，并且已经有了工业化的板框式和管式渗透汽化膜组件。渗透汽化膜分离技术将会在医药、化工、环保、食品等各个领域具有较大的应用潜力。然而，渗透汽化的工业化应用仍受到一些因素的制约，主要包括以下几个方面。

(1) 溶剂组分在膜中的溶解扩散速度差异决定渗透汽化性能，因此，渗透汽化过程对膜材料、分离层和器件的性能都提出了更高的要求。应从分子模拟技术出发，构建具有目标导向的分离膜材料设计模式，从纳米和分子层次认识材料与组分间的相互作用，并进一步发展获得超薄无缺陷分离层的新途径。

(2) 膜组件的结构参数对渗透汽化性能有重要影响，对其结构参数进行计算模拟与优化设计是未来获得高性能渗透汽化膜组件的重要方向。要考虑综合抽吸方式、渗透侧压降和温降、膜表面的浓差极化、效率等关键因素。

(3) 由于渗透汽化的分离体系大多为有机溶剂体系，有机溶剂对胶黏剂的溶胀会造成膜组件的短流现象，因此，发展耐溶剂和耐高温的封装材料是未来保证渗透汽化膜组件稳定运行必须考虑的重要因素。

（4）有机/无机杂化膜可以发挥有机和无机材料的协同效应，正成为渗透汽化膜材料研究的重点和热点方向，但其工业化应用受到一些因素的制约。由于物理化学性质和结构形态的不同，杂化粒子与有机聚合物间结合力较弱，导致纳米粒子在聚合物溶液及成膜过程中的分散性和负载量难以提高，且杂化膜在服役过程中易发生粒子流失，无法充分发挥杂化膜的分离性能。因此，发展新型纳米级并与有机聚合物具有高度界面相容性的无机粒子是今后有机/无机杂化膜研究的主要方向。

课后习题

1. 渗透汽化的分离机理和操作模式各有哪些？
2. 渗透汽化过程的基本模型及其主要内容是什么？
3. 常用的渗透汽化膜材料有哪些？
4. 渗透汽化膜的制备方法有哪些？
5. 目前有哪些渗透汽化膜组件？各有什么特点？
6. 渗透汽化技术的主要工业应用有哪些？

参考文献

[1] Semenova S I, Ohya H, Soontarapa K. Hydrophilic membranes for pervaporation: an analytical review [J]. Desalination, 1997, 110: 86-251.

[2] Smitha B, Suhanya D, Sridhar S, Ramakrishna M. Separation of organic-organic mixtures by pervaporation——a review [J]. J Membr Sci, 2004, 241: 1-21.

[3] Mujiburohman M, Feng X. Perm selectivity, solubility and diffusivity of propyl propionate/water mixtures in poly (ether block amide) membranes [J]. J Membr Sci, 2007, 300: 95-103.

[4] Jiang L Y, Wang Y, Chung T S, Qiao X Y, Lai J Y. Polyimides membranes for pervaporation and biofuels separation [J]. Prog Polym Sci, 2009, 34: 60-1135.

[5] Ong Y K, Widjojo N, Chung T S. Fundamentals of semi-crystallinepoly (vinylidene fluoride) membrane formation and its prospects for biofuel (ethanol and acetone) separation via pervaporation [J]. J Membr Sci, 2011, 378: 62-149.

[6] Binning R C. Organic chemical reactions involving liberation of water [P]. US 2956070, 1960.

[7] 祁喜旺. 聚酰亚胺渗透蒸发膜的研究 [D]. 天津：天津大学，1993.

[8] Li J, Chen C, Han B, et al. Laboratory and pilot-scale study on dehydration of benzene by pervaporation [J]. J Membr Sci, 2002, 203 (1-2), 127-136.

[9] 陈翠仙，蒋维钧. 渗透汽化研究进展 [J]. 现代化工，1991，4：14-17.

[10] 陈翠仙，余立新，祁喜旺，等. 渗透汽化膜分离技术的进展及在石油化工中的应用 [J]. 膜科学与技术，1997，17 (3)：14-18.

[11] 祁喜旺，陈洪钫. 渗透蒸发膜及其传质的研究进展 [J]. 膜科学与技术，1995，15 (3)：1-9.

[12] 徐永福. 渗透蒸发的研究和应用Ⅰ.（基础研究）[J]. 膜科学与技术，1987，7 (3)：1-16.

[13] 徐永福. 渗透蒸发的研究和应用Ⅱ.（膜材料的选择）[J]. 膜科学与技术，1987，7 (4)：1-14.

[14] Aptel P, Challard N, Cuny J, et al. Application of the pervaporation process to separate azeotroppic mixtures [J]. J Memb Sci, 1976, 1: 271-287.

[15] Kujawski W. Application of pervaporation and vapor permeation in environmental protection [J]. Polish J Environ Studies, 2000, 9 (1): 13-26.

[16] Wijmans J G, Baker R W. The solution-diffusion model: A review [J]. J Membr Sci, 1995, 107: 1-21.

[17] Okada T, Yoshikawa M, Matsuura T. A study on the pervaporation of ethanol/water mixtures on the basis of pore flow model [J]. J Membr Sci, 1991, 59: 169-181.

[18] Tusel G F, Brüschke H E A. Use of pervaporation systems in the chemical industry [J]. Desalination, 1985, 53: 38-327.

[19] Chapman P D, Oliveira T, Livingston A G, Li K. Membranes for the dehydration of solvents by pervaporation [J].

J Membr Sci, 2008, 318: 5-37.
[20] Bolto B, Tran T, Hoang M, Xie Z. Crosslinked poly (vinyl alcohol) membranes [J]. Prog Polym Sci, 2009, 34: 969-681.
[21] Van Baelen D, Van der Bruggen B, Van den Dungen K, Degreve J, Van-decasteele C. Pervaporation of water-alcohol mixtures and acetic acid water mixtures [J]. Chem Eng Sci, 2005, 60: 1583-1590.
[22] Bolto B, Hoang M, Xie Z. A review of membrane selection for the dehydration of aqueous ethanol by pervaporation [J]. Chem Eng Process: Process Intensification, 2011, 50: 227-235.
[23] Alentiev A Y, Shantarovich V P, Merkel T C, Bondar V I, Freeman B D, Yampolskii Y P. Gas and vapor sorption, permeation and diffusion in glassy amorphous Teflon AF1600 [J]. Macromolecules, 2002, 35: 9513-9522.
[24] Smuleac V, Wu J, Nemser S, Majumdar S, Bhattacharyya D. Novelper fluorinated polymer-based pervaporation membranes for these paration of solvent/water mixtures [J]. J Membr Sci, 2010, 352: 41-49.
[25] Tang J, Sirkar K K. Perfluoro polymer membrane behaves like a zeolite membrane in dehydration of aprotic solvents [J]. J Membr Sci, 2012, 421-422: 211-216.
[26] Roy S, Thongsukmak A, Tang J, Sirkar K K. Concentration of aqueous hydrogen peroxide solution by pervaporation [J]. J Membr Sci, 2012, 389: 17-24.
[27] Huang Y, Baker R W, Wijmans J G. Perfluoro-coated hydrophilic membranes with improved selectivity [J]. Ind Eng Chem Res, 2013, 52: 1141-1149.
[28] Jalal T A, Bettahalli N M S, Le N L, Nunes S P. Hydrophobic HyflonAD/poly (vinylidene fluoride) membranes for butanol dehydration via pervaporation [J]. Ind Eng Chem Res, 2015, 54: 11180-11187.
[29] Pulyalina A, Polotskaya G, Goikhman M, Podeshvo I, Kalyuzhnaya L, Chislov M, Toikka A. Study on polybenzoxazinone membrane in pervaporation processes [J]. J Appl Polym Sci, 2013, 130: 4024-4034.
[30] Xu Y M, Le N L, Zuo J, Chung T S. Aromatic polyimide and crosslinked thermally rearranged poly (benzoxazole-co-imide) membranes for isopropanol dehydration via pervaporation [J]. J Membr Sci, 2016, 499: 317-325.
[31] Shih C Y, Chen S H, Liou R M, Lai J Y, Chang J S. Pervaporation separation of water/ethanol mixture by poly (phenylene oxide) and sulfonated poly (phenylene oxide) membranes [J]. J Appl Polym Sci, 2007, 105: 1566-1574.
[32] Chen J H, Liu Q L, Zhu A M, Fang J, Zhang Q G. Dehydration of acetic acid using sulfonation cardo polyetherketone (SPEK-C) membranes [J]. J Membr Sci, 2008, 308: 171-179.
[33] Tang Y, Widjojo N, Shi G M, Chung T S, Weber M, Maletzko C. Development of flat-sheet membranes for $C_1 \sim C_4$ alcohols dehydration via pervaporation from sulfonated polyphenylsulfone (sPPSU) [J]. J Membr Sci, 2012, 415-416: 686-695.
[34] Le N L, Wang Y, Chung T S. Synthesis, cross-linking modifications of 6FDA NDA/DABA polyimide membranes for ethanol dehydration via pervaporation [J]. J Membr Sci, 2012, 415-416: 109-121.
[35] Vane L M. A review of pervaporation for product recovery from biomass fermentation processes [J]. J Chem Technol Biotechnol, 2005, 80: 603-629.
[36] Peng P, Shi B, Lan Y. A review of membrane materials for ethanol recovery by pervaporation [J]. Sep Sci Technol, 2010, 46: 234-246.
[37] Böddeker K W, Bengtson G, Bode E. Pervaporation of low volatility aromatics from water [J]. J Membr Sci, 1990, 53: 143-158.
[38] Böddeker K W, Bengtson G, Pingel H. Pervaporation of isomeric butanols [J]. J. Membr. Sci, 1990, 54: 1-12.
[39] Böddeker K W, Bengtson G, Pingel H, Dozel S. Pervaporation of high boilers using heated membranes [J]. Desalination, 1993, 90: 249-257.
[40] Peng M, Vane L M, Liu S X. Recent advances in VOCs removal from water by pervaporation [J]. J Hazard Mater, 2003, 98: 69-90.
[41] Sukitpaneenit P, Chung T S. Molecular design of the morphology and pore size of PVDF hollow fiber membranes for ethanol-water separation employing the modified pore-flow concept [J]. J Membr Sci, 2011, 374: 67-82.
[42] Huang H J, Ramaswamy S, Liu Y. Separation and purification of biobutanol during bioconversion of biomass [J]. Sep Purif Technol, 2014, 132: 513-540.
[43] Lin L, Zhang Y, Kong Y. Recent advances in sulfur removal from gasoline by pervaporation [J]. Fuel, 2009, 88: 1799-1809.
[44] Billy M, Costa A R D, Lochon P, Clément R, Dresch M, Jonquières A. Cellulose acetate graft copolymers with nano-structured architectures: application to the purification of biofuels by pervaporation [J]. J Membr Sci, 2010,

348: 389-396.

[45] Kung G, Jiang L Y, Wang Y, Chung T S. Asymmetric hollow fibers by polyimide and polybenzimidazole blends for toluene/isooctane separation [J]. J Membr Sci, 2010, 360: 303-314.

[46] Vankelecom I F J, VandenBroeck S, Merckx E, Geerts H, Grobet P, Uytterhoeven J B. Silylation to improve incorporation of zeolites inpolyimide films [J]. J Phys Chem, 1996, 100: 3753-3758.

[47] Kulkarni S S, Hasse D J, Corbin D R, Patel A N. Gas separation membrane with organosilicon-treated molecular sieve [P]. US 6 508 860, 2003.

[48] Jia M D, Peinemann K V, Behling R D. Preparation and characterization of thin film zeolite pdms composite membranes [J]. J Membr Sci, 1992, 73: 119-128.

[49] Huang Y W, Zhang P, Fu J W, Zhou Y B, Huang X B, Tang X Z. Pervaporation of ethanol aqueous solution by polydimethyl-siloxane/polyphosphazene nanotube nanocomposite membranes [J]. J Membr Sci, 2009, 339: 85-92.

[50] Vane L M, Namboodiri V V, Bowen T C. Hydrophobic zeolite-silicone rubber mixed matrix membranes for ethanol-water separation: effect of zeolite and silicone component selection on pervaporation performance [J]. J Membr Sci, 2008, 308: 230-241.

[51] Zhan X, Lu J, Tan T T, Li J D. Mixed matrix membranes with HF acidetched ZSM-5 for ethanol/water separation: preparation and pervaporation performance [J]. Appl Surf Sci, 2012, 259: 547-556.

[52] Frennesson I, TrägÅrdh G, Hahn-Hägerdal B. Pervaporation and ethanol upgrading: A literature review [J]. Chem Eng Commun, 1986, 45: 277-289.

[53] Ho W S W, Sartori G, Thaler W A, et al. Membrane separation of aromatics from fuels [J]. Presented at the Eng Found Conf on Separation Technology Ⅵ, Snowbird, Utah, 1995.

第9章 气体分离膜

本章内容

本章要求

1. 了解气体分离膜的发展历史及今后发展的方向。
2. 掌握气体分离膜的分离机理。
3. 掌握气体通过多孔膜的传递机理（分子流、黏性流、表面扩散流、分子筛分机理、毛细管凝聚等）和通过非多孔膜的传递机理（溶解-扩散、双吸附-双迁移）。
4. 了解典型的气体分离膜材料。
5. 掌握气体分离膜的制作方法和膜性能的评价方法。
6. 了解气体分离膜分离系统及其特点。
7. 掌握气体分离膜技术典型的工业应用实例。

9.1 气体分离膜概述

1831年，Mitchell研究了天然橡胶的透气性，并进行了氢气和二氧化碳混合气的渗透实验，发现不同气体分子透过膜的速率是不同的，首次揭示膜分离实现气体分离的可能性[1]。1866年，Graham研究了橡胶膜的气体渗透性能，将空气中的氧含量从21%富集到41%，并提出了溶解扩散机理[2]。1950年，Weller和Steiter用厚度为25μm的乙基纤维素膜制备出了含氧32.6%的富氧空气[3]。1954年，P. Mears研究了玻璃态聚合物的透气性，拓宽膜材料的选择范围。同年，Brubaker和Kammermeyer[4]采用聚乙烯、丁酸-纤维素、氯乙烯-乙酸乙烯共聚体和聚三氟氯乙烯等膜，对混合气体进行了分离浓缩，发现硅橡胶膜对气体的渗透速率高出乙基纤维素500倍，具有优越的渗透性。1965年，Stern等利用含氟高分子膜从天然气中分离氦，并进行了工业规模的设计[5]。该阶段气体分离膜通量小或膜组件制造困难，并未实现气体分离膜在工业中的大规模应用。1979年美国Mondtanto公司在聚砜中空纤维膜外表面上涂覆致密的硅橡胶表层，并研制出“prism”气体分离膜装置，得到高渗透率、高选择性的复合膜，成功将其应用在合成氨弛放气中回收氢气。该项技术在全球引起巨大的反响，成为气体膜分离技术发展过程中的里程碑，使得其在气体膜分离市场中占有重要地位[6]。Modtanto公司“prism”膜的成功开发，推进了Dow Chemica、Separex、Envirogenics、W. R. Grace、Ube等公司对气体膜分离器商品化的研究进程，从此气体分离膜的研究和应用进入了快速发展阶段。气体分离膜技术开始应用于合成氨弛放气、炼厂气和其他石油/化工排放气中氢的回收，开创了气体膜分离技术大规模工业应用的时代。除了氢氮分离膜外，富氮、富氧膜分离也得到长足进展和工业应用。气体膜法分离技术广泛用于从气相中制取高浓度组分（如从空气中制取富氧、富氮）、去除有害组分（如从天然气中脱除 CO_2、H_2S 等气体）、回收有益成分（如合成氨弛放气中氢的回收）等，从而达到浓缩、回收、净化等目的[7]。我国的气体分离膜已经在富氧器、气体的脱湿干燥、水果保鲜、煤气脱硫、天然气除酸性气体等方面取得了可喜的成果[8]。

9.2 气体分离膜的分离机理及数学描述

气体在膜内的渗透是指气体分子与膜接触，在两侧压力差驱动下透过膜的现象。由于各组分在膜表面上的吸附能力以及膜内扩散能力的差异，渗透速率快的气体将在渗透侧富集，渗透速率慢的气体在原料侧富集，进而实现分离混合气的目的。气体分离膜技术主要用于混合气中制取高浓度组分（如从空气中制取富氧、富氮）、去除有害组分（如从天然气中脱除 CO_2、H_2S 等气体）、回收有益成分（如合成氨弛放气中氢的回收）等应用。气体通过膜的渗透情况非常复杂，对不同膜的渗透情况以及机理也有所不同。一般来说，可将气体通过膜的流动分为两大类：一类是气体通过多孔膜的流动；另外一类是气体通过非多孔膜的流动。

9.2.1 多孔膜分离机理[9]

气体通过多孔膜的流动，是利用不同气体分子通过膜的渗透速度不同，而使不同气体在膜两侧富集并实现分离。图 9-1 为混合气体透过 Sperex 膜的相对速度的大小[10]。

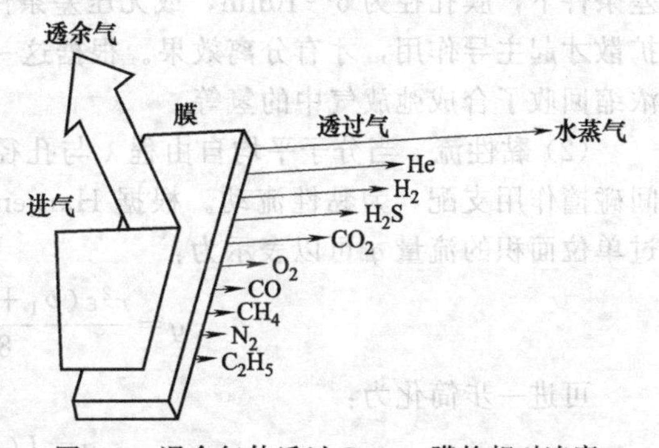

图 9-1 混合气体透过 Sperex 膜的相对速度

膜的分离性能与气体的种类和膜孔径有关，有分离效果的多孔膜必须是微孔膜，孔径一般为 5～30nm。由于多孔介质孔径及内孔表面性质的差异使得气体分子与多孔介质之间的相互作用程度不同，从而表现出不同的传递特征。气体在多孔膜中的渗透机理如图 9-2 所示，依次为：Knudsen 扩散、黏性流、表面扩散、分子筛分、毛细管凝聚[11]。

(1) 分子流/Knudsen 扩散　气体分子在膜孔内移动，受到分子平均自由程 λ 与孔径 γ 的影响。当孔径足够小或者气体压力很低时，$\lambda/\gamma<1$，孔内分子流动受分子与孔壁之间碰撞作用支配，气体通过膜孔流量与其分子量成正比，称为分子流或 Knudsen 扩散。

根据 Knudsen 理论，气体透过单位面积的流量 q 可以表示为：

$$q=\frac{4}{3}r\varepsilon\left(\frac{2RT}{\pi M}\right)^{1/2}\frac{p_1-p_2}{LRT} \tag{9-1}$$

可进一步简化为：

$$q=J(p_1-p_2) \tag{9-2}$$

式中，q 为气体透过单位面积的流量，$m^3/(m^2 \cdot s)$；p_1、p_2 分别为气体在膜高压侧和低压侧的分压，Pa；L 为膜厚，m；R 为气体常数，8.315J/(mol・K)；T 为测试时的室温，K；M 为组分的分子量，g/mol；ε 为孔隙率，m^3/m^3；r 为孔径，m。

从式 (9-1) 可以看出，气体通过膜孔的流量与其分子量成正比，其分离因数为被分离的气体分子量之比的平方根。因此，只对分子量相差大的气体有明显的透过速率差。在有压

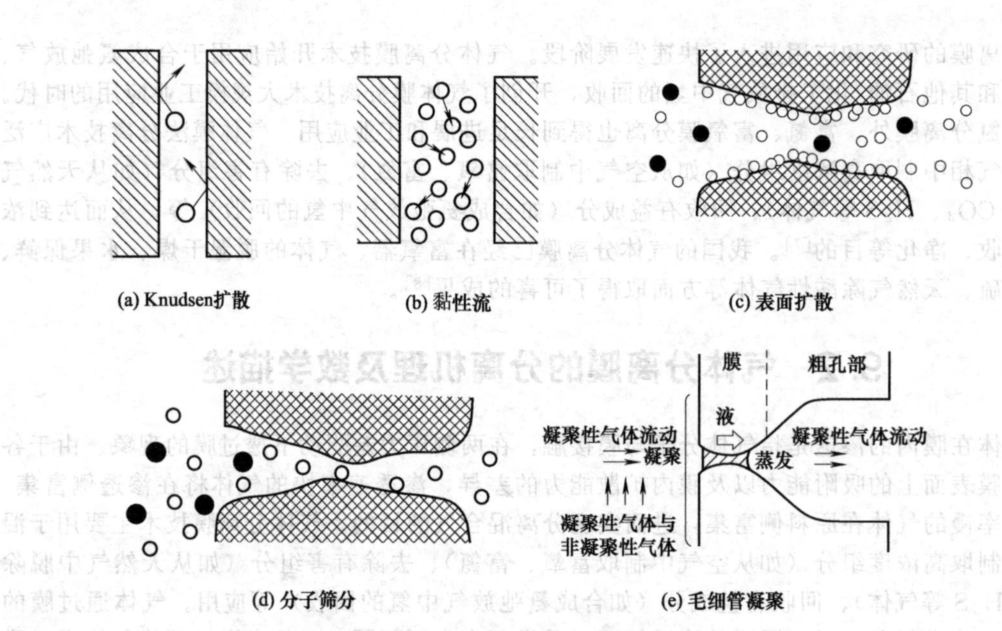

图 9-2　气体在多孔膜中的渗透机理

差条件下，膜孔径为 5～10nm，或无压差条件下，膜孔径为 5～50nm 时，分子流/Knudsen 扩散才起主导作用，才有分离效果。根据这一判断，工业上成功地分离了 $U^{238}F_6$ 和 $U^{235}F_6$，浓缩回收了合成弛放气中的氢等。

(2) 黏性流　当分子平均自由程 λ 与孔径 γ 之比即 $\lambda/\gamma \gg 1$ 时，孔内分子流动受分子之间碰撞作用支配，为黏性流动。根据 Hargen-Poiseuille 定律，在黏性流动存在时，气体透过单位面积的流量 q 可以表示为：

$$q=\frac{r^2\varepsilon(p_1+p_2)(p_1-p_2)}{8\eta LRT} \tag{9-3}$$

可进一步简化为：

$$q=J(p_1-p_2) \tag{9-4}$$

式中，η 为黏度，Pa·s。

通常，由于聚合物膜孔具有孔径分布，在一定压力下，气体平均自由程可能处于最小孔径与最大孔径之间，这时，气体透过大孔的速度和黏度成反比。因此，气体透过整张膜的流量是黏性流和分子流共同贡献的结果。

(3) 表面扩散　表面扩散是指膜孔壁上的吸附分子通过吸附状态的浓度梯度在表面上的扩散历程，这一历程的被吸附状态对膜分离性能有一定的影响，被吸附的组分比不被吸附的组分扩散得快，引起渗透率的差异，从而达到分离的目的。

在表面扩散流存在时气体通过膜的流量公式可表示为：

$$Q\sqrt{MT}=K\left\{\frac{1}{1+\beta\varepsilon'/kT}+\alpha\left[\exp\left(\frac{\varepsilon'}{kT}\right)-1\right]^2\right\} \tag{9-5}$$

式中，K 为 Boltzmann 常数；ε' 为分子间势能，J；α 为气体分离膜的分离系数；Q 为扩散系数。

在膜孔径为 1～10nm 时，表面扩散起主导作用。对于气体分离，表面扩散比 Knudsen 扩散更为有用。

(4) 毛细管凝聚　在温度较低的情况下（如接近 0℃），每一孔道都有可能被冷凝物组分堵塞，而且阻止了非冷凝物组分的渗透。当孔道内的冷凝物组分流出孔道后又蒸发时，就实现了分离。

(5) 分子筛分　这是一个比较理想的分离过程，分子大小不同的气体混合物与膜接触后，大分子截留，而小分子则通过孔道，从而实现了分离，具有很好的筛分效果。

9.2.2　非多孔膜分离机理

虽然非多孔膜往往也存在孔径为 0.5～1nm 的小孔，但其性能仍以非多孔膜来考虑。迄今为止，为描述气体通过高分子膜的渗透传递现象，人们已经提出了几种模型，其中得到普遍认同的是溶解-扩散模型。

(1) 溶解-扩散机理　如图 9-3 所示，溶解-扩散模型[12]将膜看成致密的扩散屏。气体通过膜的过程可以分为以下四步[9]：①气体与分离膜表面接触；②气体在膜的表面溶解（溶解过程）；③气体溶解产生的浓度梯度使得气体在膜中扩散（扩散过程），气体到达膜的另一侧，该过程始终处于非稳定状态；④膜中气体的浓度梯度沿膜厚方向变成常数，达到稳定状态，此时气体由另一膜面脱附出去的速度才变得恒定。

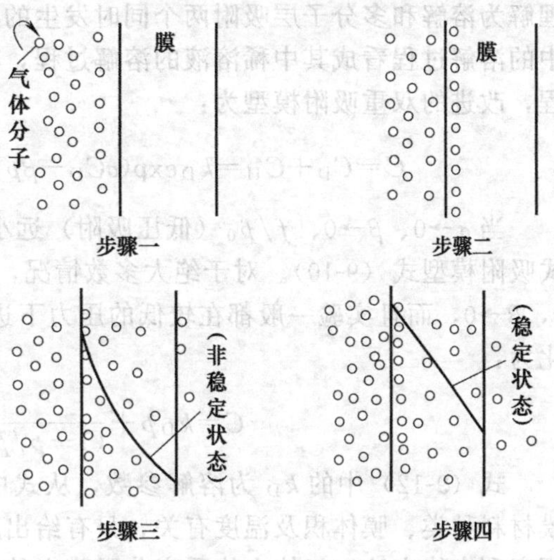

图 9-3　气体在非多孔膜中的扩散机理

开始时，过程的非稳态使气体在膜内呈非线性分布，根据 Fick 第一定律，气体在膜内的通过单位面积单位时间内的扩散流量 q 为：

$$q=-D\frac{\mathrm{d}c}{\mathrm{d}x} \tag{9-6}$$

边界条件：$x\equiv 0$，$c\equiv c_1$；$x\equiv \delta$，$c\equiv c_2$。

当达到稳态时，如图 9-3 所示，膜中气体浓度沿某一方向为直线，积分式（9-6）可写成：

$$q=\frac{D(c_1-c_2)}{\delta} \tag{9-7}$$

假如，气体在膜内的溶解符合亨利定律，即 $c=Sp$，代入上式，得：

$$q=\frac{P(p_1-p_2)}{\delta} \tag{9-8}$$

式中，P 为渗透系数；δ 为膜的厚度。

$$P=SD \tag{9-9}$$

式中，S 为溶解度系数；D 为扩散系数。

式（9-9）表明气体通过非多孔膜渗透是根据溶解-扩散机理进行的。

(2) 双吸附-双迁移机理[13]

① 纯气体在聚合物膜上的渗透。橡胶态聚合物是一种无定形的非多孔聚合材料，根据溶解-扩散机制，气体渗透速率与压力无关，气体在橡胶态膜中的吸附机理基本定论，普遍认为是溶解过程，可用亨利定律或 Flory-Hugging 模型关联。玻璃态聚合物也是一种无定形的非多孔聚合材料，但对玻璃态高分子膜而言，由于微孔（微腔不均匀结构）的存在，使吸附过程复杂起来，气体渗透速率常与压力有关，这是因为此时气体分子在膜内除亨利溶解外还存在 Langmuir 吸附，即存在双吸附现象。对此，学者们提出了多种模型，如 Matter 研究水在纤维素中的吸附时提出多重吸附概念；Barrer 等在多重式吸附的基础上，研究了不凝

性气体和轻烃的吸附行为，提出了双重吸附的概念，后经 Vieth 等的补充得到了如下双重吸附模型：

$$C=C_D+C_M=k_D p+C'_H bp/(1+bp) \tag{9-10}$$

式中，k_D 为亨利系数；b 为亲和参数；C'_H 为饱和参数。

该模型认为气体在玻璃态高分子膜中以两种方式进行吸附：一种是在结构较均匀区域中遵循亨利定律的溶解方式；另一种是在膜微孔区域中遵循 Langmuir 吸附方式。该模型虽在一定范围内较好地描述了玻璃态膜的吸附过程，但只适用部分不易液化的小分子气体。

改进的双重式吸附模型仍基于双重式吸附概念，将气体在玻璃态高分子膜中的吸附过程理解为溶解和多分子层吸附两个同时发生的过程，并将溶解过程理想化，将气体在高分子膜中的溶解过程看成其中稀溶液的溶解过程，将膜视为“液相”，再结合多分子吸附的 BET 方程，改进的双重吸附模型为：

$$C=C_D+C_H=k_D\exp(\sigma C_D-\beta p)f+\frac{C_m k_f/p_0}{(1-f/p_0)(1-f/p_0+k_f/p_0)} \tag{9-11}$$

当 $\sigma\to 0$、$\beta\to 0$、f/p_0（低压吸附）远小于 1 或 $K=1$ 时，式（9-11）即变为一般的双重式吸附模型式（9-10）。对于绝大多数情况，溶解态的浓度很小，压力影响也不显著。$C_D\to 0$，$\beta\to 0$，而且实验一般都在较低的压力下进行，可用压力代替逸度（f），式（9-11）可简化为：

$$C=k_D p+\frac{C_m k_f/p_0}{(1-p/p_0)(1-p/p_0+kp/p_0)} \tag{9-12}$$

式（9-12）中的 k_D 为溶解参数，从式中可以看出，它与无限稀释状态下的亨利常数、膜材料种类、膜体积及温度有关，只有给出膜材料种类和尺寸后，才能判别溶解过程是否可用亨利定律表达。气体在均质高分子膜中的吸附等温线主要有图 9-4 所示的 4 种类型，它们均可由式（9-12）通过适当简化后来描述。

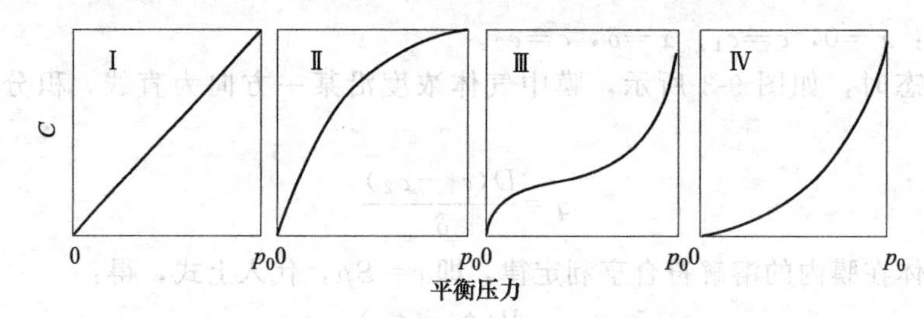

图 9-4　气体在均质高分子膜中吸附等温线的几种类型

a. 当 $C_m k/k_D p_0\to 0$ 时，气体仅以溶解方式吸附在膜中，表达为气体在橡胶态膜中的吸附情况，可用亨利定律（$C=k_0 p$，直线Ⅰ）或 Flory-Huggins 方程（近似直线）描述。

b. 曲线Ⅱ是上凸的曲线，表达为不易液化的气体在玻璃态高分子膜中的吸附情况，该模型可通过适当简化（$\sigma\to 0$，$\beta\to 0$，$f/p_0\ll 1$）来描述，也可用双重吸附模型式（9-12）来描述。

c. 当 $k_D p_0/C_m k\to 0$ 时，气体的吸附主要以 BET 型吸附的方式进行。此时又可分以下两种情况进行讨论：当 $K>2$，即 $\exp[(E_a-E_L)/RT]>2$ 时，气体分子必须在第一层吸附饱和后，才进行第二层或更高层次的吸附，吸附等温线在低压区为上凸型，随压力升高而出现拐点，曲线变为上凹型，与曲线Ⅲ相似；当 $K\leqslant 2$，即 $\exp[(E_a-E_L)/RT]\leqslant 2$ 时，特别是 $E_a<E_L$ 的情况时，吸附等温线呈上凹的曲线（图中曲线Ⅳ）。这两种情况都说明气体与膜之间的相互作用较强，用一般的单分子层吸附模型是不能描述的。

② 混合气在聚合物膜上的渗透。混合气在玻璃态混合物中渗透时，在总压一定时，某

一组分的渗透常常受其他组分存在的影响，有时变大有时变小。考虑到玻璃态聚合物膜中存在 Langmuir 吸附，Korosr 等借用气体分子在催化剂活性中心和分子筛吸附中心发生竞争吸附的概念，结合式（9-11），应用于双组分混合气，得到：

$$C_A = k_{DA}p_A + C'_{HA}b_Ap_A/(1+b_Ap_A+b_Bp_B) \tag{9-13}$$

$$C_B = k_{DB}p_B + C'_{HB}b_Bp_B/(1+b_Ap_A+b_Bp_B) \tag{9-14}$$

该模型揭示了混合气中组分 A 和 B 的相互竞争对渗透的影响，可较好地预测混合气的渗透行为。

总而言之，一般认为气体透过致密高分子薄膜包括溶解和扩散两个过程，即按照溶解-扩散模型。还有人认为，依据气体分子的性质、致密高聚物的物理化学结构、气体渗透物与高聚物之间的相互作用、温度、膜厚度等的不同，气体渗透物通过聚合物膜的扩散可表现为分形扩散、过渡扩散和正常扩散 3 种行为，并且随温度和膜厚度增大，气体分子在致密高聚物膜内的扩散可能发生从分形扩散、过渡扩散向正常扩散转变的分形渡越现象。

9.3 典型的气体分离膜材料

理想气体分离膜材料应同时具备高透气性和良好分离选择性、高机械强度、优良的热和化学稳定性以及良好的成膜加工性能[14]。了解气体分离膜材料的理化结构对预测气体分离膜的性能和适用范围具有非常重要的意义。气体分离膜材料主要分为有机高分子材料、无机材料、金属有机骨架化合物材料、有机/无机杂化材料四大类。

9.3.1 有机高分子材料

9.3.1.1 致密高分子膜材料

早期传统的气体分离膜有机高分子材料主要有聚砜（PS）、聚二甲基硅氧烷（PDMS）、醋酸纤维素（CA）、聚碳酸酯（PC）等。这些材料或具有高渗透性、低选择性，或具有低渗透性、低选择性，因此用这些材料开发制备的气体分离膜在气体分离应用过程中受到限制。此外，在制备高纯气体时，还受到变压吸附和深冷技术的有力挑战。为此，研究开发具有高性能的有机高分子气体分离膜材料成为气体分离膜领域研究的热点问题。聚酰亚胺（PI）、聚三甲基硅-1-丙炔（PTMSP）等是近年开发的新型有机高分子材料。

（1）聚砜（PS）[15]　聚砜在气体分离膜的发展中具有突出贡献，美国 Mondtanto 公司于 1979 年研制的“prism”气体分离膜装置就是以聚砜非对称膜作为底膜的。聚砜是二元酚类和二卤化合物制成的线型高分子。

（2）聚二甲基硅氧烷（PDMS）　PDMS 是目前工业化应用分离膜中透气性最大的气体分离材料之一，该材料是由二甲基硅氧烷的环状四聚体（D_4）、八甲基环四硅氧烷或环状三聚体（D_3）、六甲基环三硅氧烷开环聚合制备得到的，也可由二氯二甲基硅烷直接水解缩聚而得。其中，线型 PDMS 机械强度差，制备分离膜时需将其交联提高其力学性能[16]。最为常用的 PDMS 膜材料是以 $(CH_3)_2SiCl$ 为原料合成，并在一定条件下固化形成弹性体。由于键角可在很大范围内变动，直链聚硅氧烷分子链具有高度螺旋卷曲结构，分子间的作用力相对较弱，使得 PDMS 膜材料的气体扩散系数 Q 值比其他高分子材料大，然而，因其制备超薄膜结构相对困难，透气速率 Q/δ 较低，限制了该材料的应用。为此，许多研究人员对其进行改性研究（主要是通过侧链或主链改性提高聚合物的玻璃化温度 T 和链段堆砌密度[17]）以及成膜技术的改进，如将 PDMS 涂覆至多孔超滤底膜上用于氧氮分离，涂层厚度范围为 1～5μm。

（3）醋酸纤维素（CA）[18]　醋酸纤维素又叫醋酸纤维素酯，它是将棉花纤维或木材纤维乙酰化而成，故又叫乙酰纤维素。醋酸纤维素的分类及制备方法详见第 2 章、第 3 章。

(4) 乙基纤维素[19]　乙基纤维素（EC）和乙基纤维素混合醚类的乙基基团比甲基基团具有更大的疏水性，因此乙基纤维素的工业产品是典型的有机可溶性的，常不溶于水。EC 为白色或微黄色的粉末，是一种热塑性聚合物，有较小的密度（约 $1.14g/cm^3$）和较高的机械强度，对化学药品稳定，耐酸、耐碱、耐盐，吸湿少，有抗热性和耐寒性。

(5) 聚酰亚胺（PI）[20,21]　聚酰亚胺（PI）是一类环链化合物，是由芳香族或脂肪环族二酸酐和二元胺缩聚得到的芳杂环高聚物。根据化学结构可分成两类：①主链中含有脂肪链的聚酰亚胺；②主链中含有芳族的聚酰亚胺。其通式为：

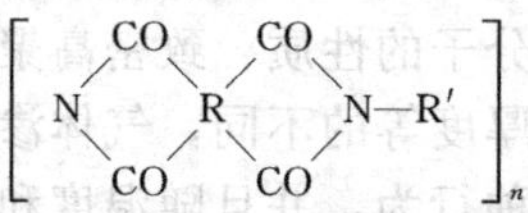

CO
CO
N
R
N—R′
CO
CO
n

对于脂族型聚酰亚胺，$R'=(CH_2)_m$；对于芳族聚酰亚胺，$R'=Ar$。聚酰亚胺的主要品种有均苯型 PI、醚酐型 PI、酮酐型 PI、聚酰胺-酰亚胺、聚酯-酰亚胺等，20 世纪 80 年代不同结构的聚酰亚胺中空纤维气体分离膜相继问世，展示了聚酰亚胺气体分离膜材料的广阔潜力。之后将其分别应用在 H_2/N_2、O_2/N_2、H_2/CH_4、CO_2/N_2 等分离领域，取得了很好的成绩。较早用于气体分离的商品聚酰亚胺（PI）材料是由二联苯四羧酸二酐（BPDA）和芳香族二胺 4,4′-二氨基二苯醚（ODA）反应制得的一种高效氢分离膜材质。它的制备过程包括溶液缩聚和高温亚胺化两步，采用该方法制得的膜结构为非对称型膜，是由一层聚酰亚胺超薄（$<0.1\mu m$）致密皮层固定在聚酰亚胺的多孔支撑体上。然而，该材料的溶解性能以及透气性较差。因此，近年来国内外主要研究集中通过化学改性提高其性能，按照分离体系的要求，在分子水平上设计其单元结构，通过芳香二酐和二胺单体的筛选以及聚合条件的控制，制备出透气性与选择性俱佳的膜材料。部分芳香二酐和芳香二胺单体的化学结构如图 9-5 所示。

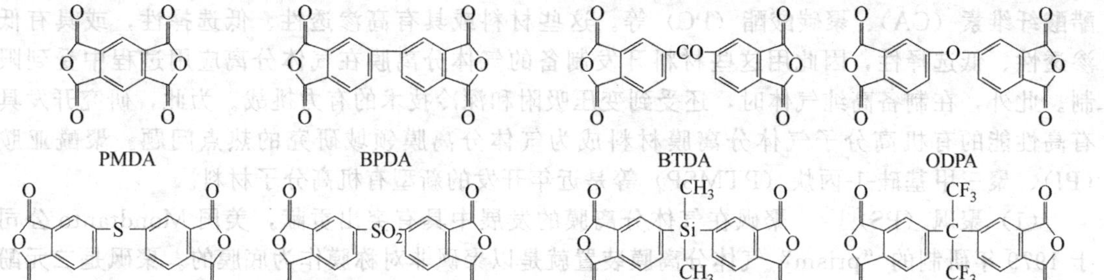

PMDA
BPDA
CO
BTDA
O
ODPA
S
TDPA
SO2
DSDA
CH3
Si
CH3
SiDA
CF3
C
CF3
6FDA
O
HQDPA
CH3
C
CH3
BPADA
CO2
O2C
DEsDA
H2N
O
NH2
ODA
H2N
CH2
NH2
MDA

图 9-5　部分芳香二酐和芳香二胺单体的化学结构

二酸酐单体结构对所对应的聚酰亚胺膜的气体分离性能的影响如表 9-1 所列。由表可以看出，由于构成 PI 的单体不同，其分离性能相差甚远。合成含有某些取代基的 PI 材料，在保持较高气体选择性的同时，可大大提高气体渗透速率。例如，含有—$C(CF_3)_2$—基团的PI，具有较高的气体渗透速率及气体选择性，特别是对CO_2/CH_4的分离。原因是这种大的取代基团的存在阻碍了分子内部链段的运动，继而增强了骨架链段的硬度，有效地限制了高分子链段的密实堆积，使自由体积增大。

表9-1 芳香二酐单体结构对气体分离性能的影响

PI种类	分离物系（组分1/组分2）	温度/℃	透气性		选择性（组分1/组分2）
			组分1	组分2	
BPDA-ODA	H_2/N_2	30	1.330	0.0036	365.0
BPDA-ODA	O_2/N_2	30	0.079	0.0036	22.0
BPDA-MDA	H_2/N_2	30	3.390	0.0124	290.0
BPDA-MDA	O_2/N_2	30	0.170	0.0124	12.0
DSDA-ODA	H_2/N_2	30	3.610	0.0267	210.0
DSDA-ODA	O_2/N_2	30	0.260	0.0267	9.7
6FDA-P-PDA	CO_2/CH_4	25	28.900	0.4630	62.1
6FDA-ODA	CO_2/CH_4	25	13.200	0.2230	39.1
6FDA-MDA	CO_2/CH_4	25	7.310	0.1380	34.4
6FDA-IPDA	CO_2/CH_4	25	2.300	0.0390	42.0
DSDA-BAPS	CO_2/CH_4	25	1.460	0.0210	69.3
PMDA-ODA	CO_2/CH_4	35	2.600	0.0380	44.6
PMDA-ODA	O_2/N_2	35	0.220	0.0490	4.5
PMDA-BDAF	CO_2/CH_4	35	11.800	0.3580	33.0
PMDA-BDAF	H_2/CH_4	35	24.000	0.3690	65.0
6FDA-ODA	O_2/N_2	35	3.030	0.9350	5.4
6FDA-ODA	H_2/CH_4	35	32.300	0.3410	97.0
PMDA-MDA	CO_2/CH_4	35	4.030	0.0940	42.9
PMDA-IPDA	CO_2/CH_4	35	26.800	0.9020	29.7

（6）聚三甲基硅-1-丙炔（PTMSP）[16]　PTMSP是一种玻璃态无定形物质，比PDMS的O_2渗透速率高出10倍，其主要归因于PTMSP主链为单、双键交替结构，侧链为一种较大的球状体，因为庞大侧基的空间障碍，双键不能排列在一个平面上形成共轭效应，而是扭曲成麻花形。在甲苯溶液中，以$TaCl_5$、$NbCl_5$等为催化剂，由三甲基氯硅烷与丙炔钠反应进行阳离子聚合可得到高分子量（$\geqslant 10^6$）无色可溶的PTMSP。此外，PTMSP的高透气性随时间和热历史而衰减，这是由于长时间受热，聚合物发生松弛，大分子排列趋于紧密，自由体积减小，或是由于空隙部分吸附了空气中的有机溶剂，以及主链的双键发生氧化反应或其他反应改变了其原有特性等原因。这些问题阻碍了PTMSP实用化的进程。为推进PTMSP早实用化，采用了诸多方法，如加入低挥发性材料、氟化、溴化、等离子体辐射、紫外线照射、与其他单体共聚、与其他共聚物共混等方法。

（7）聚4-甲基-1-戊烯[22]　聚4-甲基-1-戊烯是由丙烯二聚制得4-甲基-1-戊烯（4-MP-1）单体，再经定向聚合而成的立体等规聚合物。该材料密度小，有粗的结晶结构，透气性好，对氧的透过率为4.0×10^4 mL/(m^2·24h·atm)，对氮的透过率为9.9×10^3 mL/(m^2·24h·atm)，因此，利用它对氧、氮透过率差别大的特点可作富氧膜。其结构式为：

$$-\!\!\left[CH_2-\underset{\displaystyle CH_2CH(CH_3)_2}{\underset{|}{CH}}\right]\!\!-_n$$

9.3.1.2 新型有机微孔高分子材料

微孔有机聚合物（MOPs）因在气体储存、分离、催化等众多领域具有很大的应用潜能，备受广大材料工作者的青睐[23]。MOP由轻质元素（C、N、B、O、H等）共价键连接组成，构建连续贯通的微孔特征结构。研究表明，通过选择合适的拓扑空间网络结构，

MOPs能够像金属配位有机骨架材料一样对其微孔形状、尺寸等特性进行精密裁剪。尽管近期对于该类材料的研究较为深入，但MOPs在膜材料方面的应用研究仍相当局限。主要归因于绝大多数MOPs是一种不溶性的交联网络粉体材料，这对于制备MOPs基的气体分离膜是一个巨大的挑战。就目前而言，被报道的MOPs膜主要包括自具微孔有机聚合物膜、热重排聚合物膜和共价有机骨架膜三类膜。

(1) 自具微孔有机聚合物膜[24]　自具微孔有机聚合物（polymers of intrinsic microporosity，PIMs）因具有永久性的微孔结构、优良的成膜性能及热化学稳定性而成为广大膜工作者的研究热点，也被誉为最具工业应用前景的新型分离膜材料。最早研究是以平面刚性芳香大环基元酞菁替代活性炭拓扑结构中的单层石墨烯结构，选用商业化产品5,5′,6,6′-四腈基-3,3,3′,3′-四甲基-1,1′-螺旋双茚满作为构筑单体，制备了一系列的酞菁基PIM、卟啉基PIM和Hatn-PIM等网状PIMs。因其具有无定形结构、高稳定性及有机微孔特性，PIMs在气体吸附、氢气储存领域具有广泛的应用。但因网络结构的存在，PIMs难溶于普通溶剂，在分离膜中的应用受到限制。

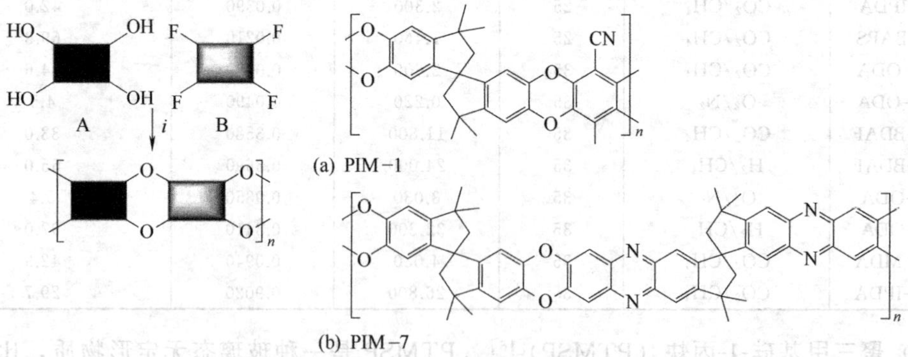

HO OH F F
HO OH F F
A B
i
(a) PIM-1
(b) PIM-7

图9-6　部分PIMs的合成

为拓展PIMs在膜分离领域的应用，依照合成网状PIMs的规则成功合成出可溶的链状PIM-1［图9-6（a）］和PIM-7［图9-6（b）］，并首次将链状PIMs用于分离膜的制备，结果表明该材料具有相比传统高分子膜更加优异的分离性能。这一发现吸引了更多研究者的兴趣，更多可用于制备链状PIMs的单体也因此得到开发。如使用SBF、EA和TB分别取代PIM-1中的螺环结构制备获得了SBF-PIM、PIM-SBI-TB、PIM-EATB。此外，一些研究通过引入不同侧链取代基或者交联改性的方式进行了构-效关系研究。进一步开发刚性强度高、对某些气体具有高溶解性的单体以及寻找更多有效的改性方法，以制备具有优越气体分离性能的PIMs膜，将是今后气体分离膜研究的重要发展方向。

(2) 热重排聚合物膜（TR-Polymer）[25]　受到线性聚合物主链中引入扭曲刚性基元能够获得固有微孔结构的启发，Park H B等通过4,4′-（六氟异亚丙基）-二邻苯二甲酸酐（6FDA）和2,2′-二（3-胺基-4-羟基苯基）六氟丙烷（bisAPAF）聚合后制得的聚酰亚胺在进一步热处理过程中，通过控制适宜的温度，获得了具有窄孔径分布的聚苯并噁唑（TR-α-PBO），比表面积可达$510m^2/g$，研究认为产生微孔的直接原因是亚胺环的热重排使得高分子链构象发生了两种重排构型（图9-7），即随机生成邻位和对位连接的两种相异结构，同时两个相对柔性的平面转变为刚性平面，两种变化有效抑制聚合物链间的相互作用和构象变化，从而阻止孔隙的塌陷。此外，用该材料制备了气体分离膜，并对其进行气体分离测试，结果表明：该膜对动力学直径较小的气体分子（H_2、CO_2）展现出极高的渗透性，CO_2的渗透系数可以高达4000 Barrers，CO_2/N_2、CO_2/CH_4的分离选择性能够达到35和55。

热重排聚合物不仅具有高的热稳定性和化学稳定性以及优异的气体分离性能，而且由于它的前驱体一般是可溶的聚合物，从而赋予其很好的成膜可加工性。Lee 等利用这一前驱体可溶的性质，将溶解的聚酰亚胺直接纺丝成中空纤维膜，然后再进行热处理，首次制备出了实验室规模的TR 型的中空纤维膜（图 9-8）。通过气体分离测试，膜的 CO_2 的渗透系数为 2000 GPU，CO_2/N_2 的分离选择性能够达到 20。热重排聚合物的发现不仅丰富了有机微孔膜的材料种类，而且为制备出具有高气体渗透性能和选择性的气体分离膜开辟了一条道路。

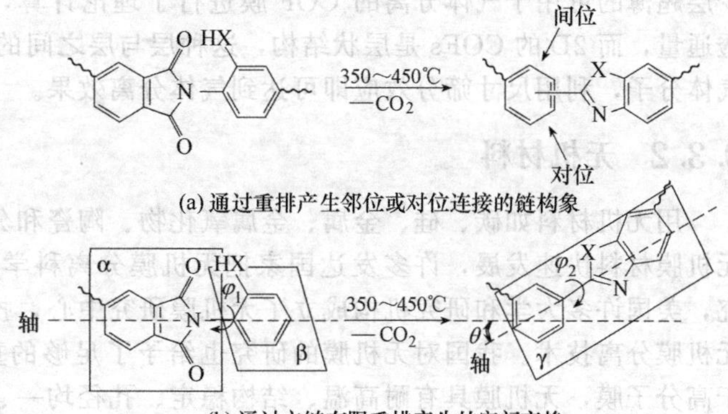

图 9-7 影响邻位带官能基团（X 为 O 或 S）的聚酰亚胺在主链热重排过程中发生结构变化的两个主要因素

(a) 邻羟基的聚酰胺酸

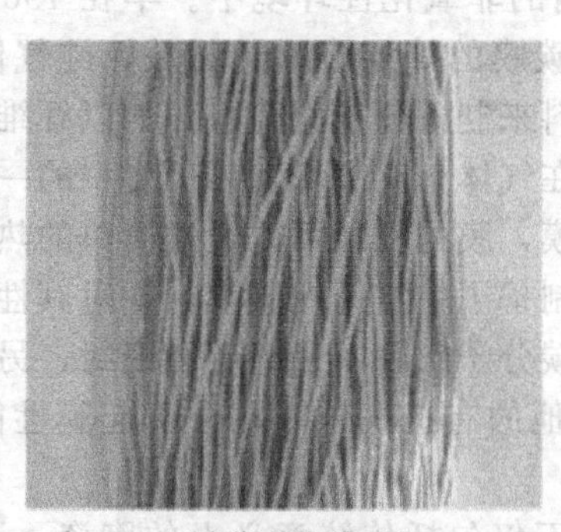

(b) 邻羟基聚酰亚胺

(c) 热重排聚苯并噁唑

图 9-8 TR-PBO 中空纤维膜的制备

(3) 共价有机骨架膜（COFs）[26] 共价骨架材料（COFs）是一类通过共价键结合的具有结晶性的多孔材料，其首次被报道是利用对苯二硼酸自聚制备，将其命名为 COF-1，并在之后通过选用不同的构筑单体相继合成出一系列的 COF-X（X=2、3、4、5、…）。COF-1 是该类材料中最简单的结构，通过粉末 X 光衍射（PXRD）分析发现，晶体特征峰为二维（2D）片状特征；低温氮气吸附等温线为典型Ⅰ型特征，比表面积为 711m^2/g。2007 年，El-Kaderi 小组通过利用三维（3D）结构的四（4-硼酸基苯）甲烷制备出了具有三维晶体结构的 COFs。此后，随着 COFs 材料的不断研究，其化学结构形式也由原来的硼酯类聚合物发展为亚胺类聚合物、三嗪聚合网络结构等。它们的孔隙尺寸和孔径分布非常均匀，能像 MOFs 一样很方便地对孔结构进行控制和设计，但比 MOFs 具有更好的稳定性和更轻的密度。因此，COF 材料能够像 MOF 一样被应用于气体分离膜材料。

2005 年，高等通过溶剂热法在多孔氧化铝基底上制备出了 COF-320 薄膜，厚度约为 4μm，对 H_2/CH_4 和 H_2/N_2 的渗透选择性分别为 2.5 和 3.5。2012 年，Dai 等利用芳香腈三聚反应制备了三嗪基微孔聚合物膜，该材料具有较高的比表面积（738m^2/g），在 273K、1bar 的测试条件下，CO_2 渗透系数为 518 Barrers，CO_2/N_2 分离选择性为 30。最近，钟等就少层超薄的可用于气体分离的 COF 膜进行了理论计算，结果表明 COF 膜具有高的气体渗透通量，而 2D 的 COFs 是层状结构，这种层与层之间的堆叠所形成的空隙会选择性地通过气体分子，利用尺寸筛分效应即可达到气体分离效果。

9.3.2 无机材料

用无机材料如碳、硅、金属、金属氧化物、陶瓷和分子筛等制成的膜为无机膜。近年来无机膜材料快速发展，许多发达国家把无机膜分离科学作为新兴的高技术前沿学科进行研究，美国许多大学和研究机构成立了无机膜研究中心，投入了大量的人力和财力来研究开发无机膜分离技术。我国对无机膜的研究也给予了足够的重视并开展了深入的研究[27]。相对于高分子膜，无机膜具有耐高温、结构稳定、孔径均一、化学稳定性好、抗微生物腐蚀能力强等优点。同时，无机膜也存在制造成本高（大约是有机高分子膜的 10 倍）、质地脆、需要特殊形状和支撑系统、制造大面积且具良好稳定性能的膜相对困难、膜分离器的安装和密封比较困难、表面活性高等缺点。常用的无机材料有以下几种。

（1）碳材料　碳材料是无机分离膜材料的一种新型材料，通常是指由碳素材料所构成的材料。碳分子筛膜（CMS）具有良好的气体选择性、热稳定性和化学稳定性，碳分子筛膜可用于 773～1173K 温度范围内的非氧化性环境中。早在 1966 年就研究了气体通过碳膜的表面过程，并发现渗透速率与碳膜的等温吸附量无关，纯气体与混合气体的结果一致。随后，科研工作者利用不同的材料来制备分子碳筛膜，如以纤维素为原料经过碳化和活化过程制备了分子碳筛膜，这是碳膜在气体分离领域发展历史中的一次重大突破，研究表明该膜的渗透能力远大于传统的聚合物膜，膜的孔径可以通过简单的热化学来调控。Koros 等通过碳化不对称聚酰亚胺中空纤维膜制备了中空纤维碳膜，并对其性能进行研究。尽管如此，当制备面积较大的碳分子筛膜时，碳分子筛膜不易组装和密封，另外碳膜也比较昂贵。当分离气体体系中含有 H_2S、NH_3和其他的有机气体时，会引起膜性能迅速下降，限制了其在气体分离中的应用。

（2）陶瓷材料　陶瓷材料不仅包括传统意义上的陶瓷，还包括硅酸盐材料以及含氧化物、碳化物、氮化物、硼化物等新型陶瓷材料。由陶瓷材料制成的多孔陶瓷膜是目前具有广泛应用前景的无机膜。与有机高分子膜相比，多孔陶瓷膜的优点比较明显：热稳定性好（可在高温下使用）；化学稳定性好，比金属及其合金膜更耐腐蚀，耐有机溶剂、氯化物和强酸强碱溶液，且不被微生物降解；机械稳定性好，在高压下不可压缩，不断裂，不老化，寿命长；净化操作简单、迅速、便宜；易于控制孔径和孔径分布等。由多孔陶瓷制成的超滤膜在气体分离领域已经成为有机高分子膜的有力竞争者，特别在涉及高温和强腐蚀过程中发挥着非常重要的作用。常用的多孔陶瓷膜有 Al_2O_3膜、SiO_2膜、ZrO_2膜、TiO_2膜和玻璃膜等。目前，孔径为 4～5000nm 的多孔 Al_2O_3膜、ZrO_2膜和玻璃膜已经商品化，TiO_2膜和云母膜等也有实验室规模应用的报道。

（3）金属材料　金属材料可以分为致密金属材料和多孔金属材料。致密金属材料是无孔的，通过溶解-扩散或离子传递等机理让气体通过，对某种气体具有很高的选择性。致密金属材料主要分为两类。一类是以 Pd 及 Pd 合金为代表的能通过氢气的金属及其合金膜。Pd 在常温下可溶解大量的氢，可以达到自身体积的 700 倍，在真空条件下，当加热到 100℃时，Pd 又把溶解的氢释放出来。在 Pd 膜两侧形成氢分压差，氢就会从压力高的一侧渗透到压力低的一侧。另一类则是以 Ag 为代表的能够通过氧的 Ag 膜，氧在 Ag 表面不同部位发生解离吸附，溶解的氧以原子形式扩散通过 Ag 膜。Ni 膜、Ti 膜、不锈钢膜均是由多孔金属材料制成的。目前，多孔金属膜已经由商品上市，其孔径一般为 200～500nm，厚度为 50～70μm，孔隙率可以达到 60%。但多孔金属膜在工业上常作为微滤膜和动态膜用。

(4) 分子筛[28] 分子筛常称为沸石分子筛，是具有均匀微孔结构的结晶铝硅酸盐。普通化学式为：$M_x/n[(AlO_2)_x(SiO_2)_y] \cdot mH_2O$。分子筛是一种离子型极性吸附剂，孔道表面高度极化，即沸石晶穴内部有强大的库仑场和极性，使其易于吸附极性较强、极化率较大的分子。当沸石分子筛晶体粉末与黏合剂经挤压成型时，晶体微粒间形成大孔，这些大孔与晶粒自身的微孔构成了双分散二级孔结构，使其更加符合工业气体分离方面的应用。影响沸石分子筛气体吸附分离的因素主要是沸石分子筛的孔道（尤其是孔口）的几何因素和沸石分子筛的骨架外阳离子产生的电子因素。气体分子的大小和极性都较为接近，但是，沸石分子筛能将气体有效分离的奥妙在于沸石分子筛通过离子交换等改善其表面电性和调变其孔口尺寸，从而使具有微小极性差异的气体分子分离开。

分子筛孔径与小分子尺寸相近且均匀一致，可耐高温和化学降解。分子筛每个晶胞结构中都有笼，笼的窗口构成分子筛的孔，孔径可以在 0.1nm 以下。另外，分子筛中硅铝比可以调节，硅或铝原子还可被其他原子代替，可以根据不同要求配置不同种类的分子筛膜。加之，它具有优良的催化性能和易被改性，有多种不同的型号与结构可以选择等，除广泛用作吸附剂和催化剂外，还被认为是理想的膜材料，成为膜科学与技术领域近期研究的热点之一。目前，连续无缺陷沸石分子筛膜仅能在实验室制备，还难以实现大规模工业生产。

9.3.3 金属有机骨架化合物[29]

近年来，得益于材料科学的巨大进步，具有微孔特性的金属有机骨架化合物（MOFs）进入了膜领域科学家的视野。MOF 的主要组成总的来说包括两部分，即金属离子和有机配体，而这种材料之所以被广泛关注是因为使用的金属离子和有机配体的连接具有多样选择性，并且通过它们组装的产物可以结晶成晶体。MOF 的气体分离应用从吸附分离延伸到了膜分离，利用 MOF 孔洞尺寸、形状和表面化学性质的可调节或修饰的特点，赋予 MOF 材料对一些轻气体分子（如 H_2、CO_2、CH_4等）更加优异的膜分离性能。

2009 年，Liu 等在 α-Al_2O_3上原位生长制备了无取向、连续致密的 MOF-5 膜材料，并首次进行气体分离测试。如图 9-9 所示，MOF-5 膜互生性很好，膜厚度约 25μm。Guo 等用“双铜源”原位生长法，在处理过的铜网上成功制备了致密连续的 $Cu_3(BTC)_2$膜，用于 H_2、CO_2、CH_4和 N_2的气体分离测试，$Cu_3(BTC)_2$膜对 H_2具有好的选择性和渗透量，在 MOF 膜气体分离应用中具有里程碑的意义。而后，沸石咪唑酯框架材料（ZIFs）作为一类以咪唑或咪唑衍生物为配体的新型 MOFs 材料，由于其热稳定性好，在高温度气体膜分离等方面体现优异的性能。Caro 课题组成功制备了一系列 ZIF 膜用于气体分离，具有较高的气体分离性能。主要是由于，其孔洞尺寸较小，使得其在气体膜分离中分子筛效应成为影响分离性能的关键因

(a) 膜表面视图

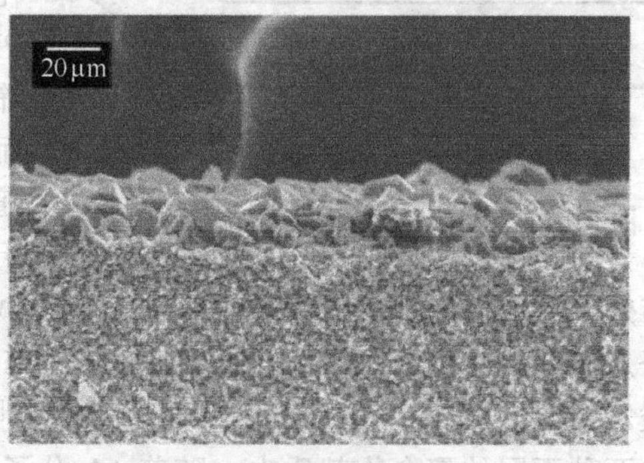

(b) 膜断面视图

图 9-9 MOF-5 膜扫描电镜照片

素，因此，这几种膜对这几种小分子气体的气体分离因子优于以Knudsen扩散为主的膜分离（表9-2）性能。尽管目前已经能够在实验室内制备出致密无缺陷且具有优良气体分离性能的MOF膜，但是想制备出较大面积的工业化产品仍然是一个巨大的挑战。

表9-2 MOF膜及其他分离性能（条件298K，1bar）

MOF膜	孔径/nm	理想选择性				
		H_2/CO_2	H_2/N_2	H_2/CH_4	CO_2/CH_4	CO_2/N_2
HKUST-1	0.90	4.5	4.6	7.8		
HKUST-1		3.5	3.7	2.4		
HKUST-1		5.1	3.7	2.9		
ZIF-22	0.30	8.5①	7.1①	6.7①		
ZIF-69	0.78				2.7	2.2
ZIF-7	0.30	6.7②	7.7②	5.9②		
ZIF-8	0.34				3.5	
ZIF-8					7.0	
ZIF-8		3.9	11.6	13.0		
MMOF	0.32	3.8	3.8			
MOF-5	1.5	KD③	KD③	KD③		
MIF-53	0.70	4.5④	3.8④	2.9④		
IRMOF-3	1.7		KD			
ZIF-90	0.35	7.2②	12.6②	15.9②		

① 测试条件为323K和1bar。

② 测试条件为473K和1bar。

③ KD代表气体分离性质只符合Knudsen扩散行为。

④ 测试条件为298K和0.8MPa。

9.3.4 有机/无机杂化材料

利用具有选择性透过功能的高分子膜来进行气体分离，是目前膜分离技术运用最多的材料。然而，就高分子膜材料而言，在渗透系数或者分离选择性的提高方面受到了trade-off效应的限制，即高分子膜材料只能够通过牺牲一个来实现另一个的增长，很显然单一性质的膜已经不能很好地满足其在工业应用方面的需求。在材料性能提高的方式中，将两种或多种功能材料进行复合、性能互补和优化，是一种制备性能良好的复合膜的有效途径[30]。建立此共混体系，一方面可将无机材料优异的气体分离性能和聚合物材料优异的稳定性结合起来，另一方面还可以避免制备纯无机膜成本过高的缺点。其中最为常见的有机/无机杂化膜多选用高分子聚合物作为连续相，无机粒子作为功能填充相，通过共混的方式来结合两种材料的优点，从而提高膜的分离性能，膜结构如图9-10所示。

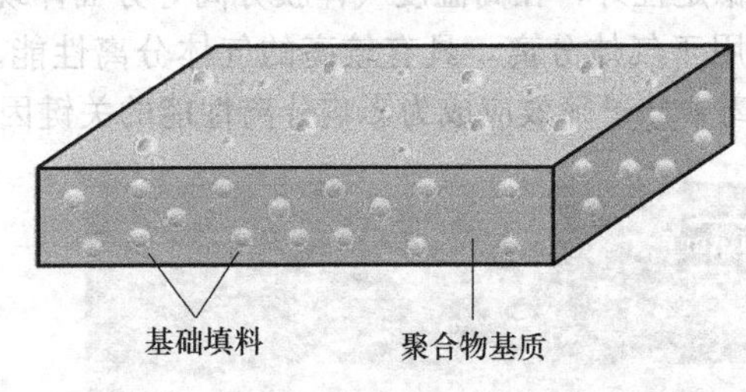

图9-10 有机/无机杂化膜的组成示意图

正是由于有机/无机杂化膜具有一系列的优势，其在气体分离膜中的研究也十分普遍。早在20世纪70年代，便有将5A分子筛共混入PDMS膜中的相关研究，研究表明随着5A分子筛的引入，可以大大提升扩散时间的滞后效应，而稳定状态下的气体渗透性能并没有受到影响。随后，UOP公司的研究者在研究中发现，相比于纯聚合物膜，有机/无机杂化膜表现出更好的分离效果。他们发现，随着醋酸纤维素（CA）基质中全硅沸石含量的增加，O_2/N_2的分离因子从3.0提高到了4.3。此外，Mahajan等制备了掺杂4A分子筛的混合基质膜，如：聚醋酸乙烯酯（PVAc）/4A分子筛混合基质膜[5]、聚醚酰胺（PEI）/4A分子筛混合基质膜。在这两种不同的聚合物基质中，随着4A分子筛含量的增加，混合基质膜对O_2/N_2的选择性几乎是纯聚合物膜的两倍。随着近些年大量新型无机材料的出现，相关的有机/无机杂化膜的研究也不断增加。除了传统的无机材料，比如硅土、碳分子筛及沸石分子筛等，碳纳米管

(CNT)、石墨烯、MOFs 等新材料也被用来制备混合基质膜，并且当选择了合适的聚合物和无机材料时，混合基质膜的气体分离性能也得到了一定的提升。从这些研究者的研究中可以发现，有机/无机杂化膜的性能远远超过了纯聚合物膜的性能，表明其具有优良的分离性能和发展潜力。

9.4 气体分离膜的制备

用于气体分离膜的制造工艺主要有：烧结法、拉伸法、熔融-凝胶法、水上展开法、包覆法和相转化法等。在气体分离膜的实际制备过程中，特别在复合气体分离膜制备过程中，为了得到性能更加优越的膜，以上方法经常组合应用。

(1) 烧结法　烧结法常用来制造膜孔径大于 $1\mu m$ 的多孔膜，还可以用来制备微孔陶瓷膜、陶瓷膜载体或者微孔金属膜。具体方法详见第 2 章、第 3 章。

(2) 溶胶-凝胶法　溶胶-凝胶法是合成无机膜的一种非常重要的制备方法。20 世纪 80 年代中期，荷兰 Twente 大学的 Leenaars 等首先应用该技术成功地制备了 Al_2O_3 膜，并在其发表的系列论文中详细描述了由一水氧化铝溶胶制备超滤膜的过程。随后，各国家也相继开展了此项技术的研究。该工艺可制得孔径小（1.0～5.0nm）、分布狭窄的陶瓷膜，而且许多单组分和多组分金属氧化物陶瓷膜也可以用这种工艺制得，比如 Al_2O_3、TiO_2、SiO_2、ZrO_2、Al_2O_3-CeO_2、TiO_2-SiO_2、SiO_2-ZrO_2 等，充分显示出溶胶-凝胶法的应用前景。

溶胶-凝胶法根据原料和得到溶胶方法的不同可分为胶体凝胶法和聚合凝胶法两种。胶体凝胶法是通过金属盐或醇盐完全水解后产生无机水合金属氧化物，水解产物与电解质进行胶溶形成溶胶，这种溶胶转化成凝胶时胶粒聚集在一起形成网络，胶粒间的相互作用力是静电力（包括氢键）和范德华力。而聚合凝胶法则是通过金属醇盐控制水解，在金属上引入—OH，这些带有—OH 的金属醇化物相互缩合，形成有机-无机聚合物分子溶胶，这种溶胶转化成凝胶时，在液体中继续缩合，靠化学键形成氧化物网络。常用的金属醇盐有三丙醇铝 [$Al(OC_3H_7)_3$]、三丁醇铝 [$Al(OC_4H_9)_3$]、四异丙醇钛 [$Ti(I\text{-}OC_3H_7)_4$]、四异丙醇锆 [$Zr(I\text{-}OC_3H_7)_4$]、四乙醇硅 [$Si(OC_2H_5)_4$]、四甲醇硅 [$Si(OCH_3)_4$] 等[31,32]。

(3) 拉伸法　拉伸法用于用结晶聚合物制造孔径一般在 0.02～0.15μm 之间的微孔膜。该方法主要用来制备底膜，详见第 2 章、第 3 章。

(4) 熔融法　熔融法用来制造均质膜，它是把聚合物加热到熔融态，挤压成平板膜或由喷丝头挤出，冷却后可得到均质无孔膜。熔融挤压法纺丝效率高，可以高速纺丝，且多孔喷丝头制造工艺也很成熟。通过熔融纺丝制备的聚酰亚胺非对称中空纤维膜对 CO_2/CH_4 混合气的分离选择性为 1.2～9[33]。

(5) 蚀刻法　蚀刻法主要分为照射和化学蚀刻两步，常用于制备膜孔径在 0.02～10μm 的不同规格的膜。该方法主要用来制备底膜，详见第 2 章、第 3 章。

(6) 水上展开法　气体的渗透量与膜厚度成反比，对各种膜材料来说，若不能做成超薄的膜，仍将缺乏实用性，而高分子膜的超薄化极限是高分子的单分子膜的厚度。美国通用电气公司（GE）首先开发出聚硅氧烷-聚碳酸酯共聚体溶液在水面上展开制超薄膜的方法，即水上展开法。其成膜原理是：把少量聚合物溶液倒在水面上，由于表面张力作用，铺展成薄膜层，待溶剂蒸发后就可以得到固体薄膜。这层膜非常薄，只有数十纳米，机械强度差，不能直接使用，通常把多层膜覆盖到多孔支撑膜上，制成累积膜。具体工艺可以分为垂直累积法、水平累积法和回转法。

(7) 相转化法　20 世纪 90 年代，采用干/湿相转化法成功制备致密皮层非对称气体分离膜。理想的非对称气体分离膜在结构上应满足：①非对称膜的表皮层必须致密无缺陷，以保证气体的传质特性由溶解扩散机理控制，实现最高的分离选择性；②非对称膜的表皮层必须尽可能地薄，以取得最大的气体透过速率。如，用干/湿相转化法制备的致密皮层醋酸纤维素膜[34]，对 CO_2/CH_4 的分离系数为 30，CO_2 透气速率可达 $1.8\times10^{-8}cm^3$（STP）/($cm^2\cdot s\cdot Pa$)。用乙基纤维素-二亚水杨基邻苯二胺钴共混制备的富氧膜[35]，在 0.5MPa、30～60℃下，氧气含量达到 40%。

（8）包覆法　包覆法是复合膜的一种制造方法。其具体过程为：把均匀的、选择性较高或渗透性特大的聚合物溶液用涂布、喷涂、浸渍或者轮涂等手段包覆到气体渗透性好但选择性不好的多孔底膜上，然后再进行界面聚合或等离子聚合，使其形成薄膜层，得到复合膜。包覆法可制造两类结构相似但性能不同的复合膜：一类是底膜起分离作用，用包覆的薄膜层填塞底膜皮层上的微孔缺陷，如"Prism"氢回收装置中使用的聚砜-硅橡胶复合膜，其构造是在聚砜中空丝多孔质支撑体的外表面用硅橡胶包覆，见图 9-11；另外一类是包覆的薄膜层起分离作用，底膜作为支撑层承受一定的机械压力。采用包覆法制备的有机硅-聚砜复合膜[36]，其 H_2/N_2 渗透系数比为 20～40，氢气渗透速率为 $(80\sim150)\times16^{-6}cm^3/(cm^2\cdot s\cdot cmHg)$（1mmHg＝133.322Pa）；用它从合成氨厂吹出气中回氢气，可把氢气浓度从 46%～80%浓缩到 80%～96%，渗透速率为 $(1.0\sim5.4)\times16^{-6}cm^3/(cm^2\cdot s\cdot cmHg)$。包覆法制备的聚砜-糠醇复合膜[37]对 H_2 具有高的选择性和透过速度，对 H_2 的渗透系数为 7.73×10^{-4} 克分子/($cm^2\cdot s\cdot atm$)，H_2/N_2 渗透系数比为 14.60，适合 H_2 与 O_2、N_2、CO_2 混合气的分离。

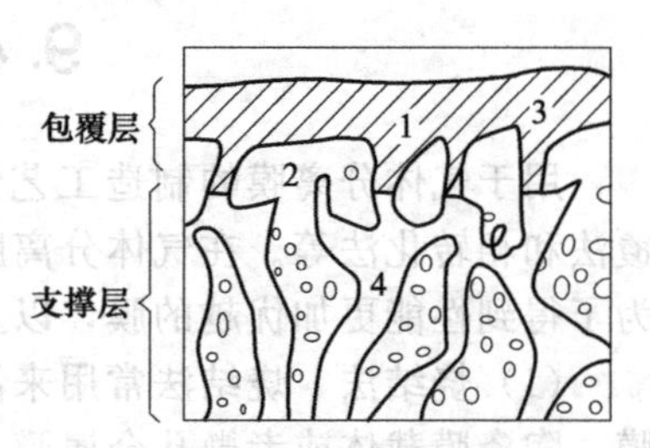

图 9-11　Prism 膜的构造

1—聚硅氧烷包覆层；2—支撑体；3—聚硅氧烷流入口；4—支撑体孔

（9）共混法　有机高分子膜在气体分离中占有非常重要的地位，但在高温、强腐蚀等苛刻环境下无法长期正常运行。无机膜具有很好的耐温、耐溶剂性能，但无机膜成本高，大面积制备比较困难，限制了其广泛应用。因此，无机-有机混合基质膜可兼顾二者的优点。例如，Willian J. Koros 等研究开发的一种分子筛填充聚合物膜，利用分子筛、沸石等对 O_2、N_2 的吸附选择性差异，在保持一定 O_2 渗透速率（如 20Barrers）条件下得到较高分离系数（12.5），分子筛填充聚合物膜的结构与一般聚合物复合膜的结构相似，存在有一个多孔支撑层，上面涂敷有一层薄的高性能选择分离层，只是其选择分离层含有大于 40%紧密填充的分子筛或沸石等无机材料的高性能聚合物薄层[38]。随后一系列无机纳米粒子被引入高分子基质膜内，如过渡金属有机络合物、金属微粒（如 W、Nb、Zn、Cr、Fe、Cu 等）[39]、多孔碳材料、MOFs 和 COFs 等。

（10）聚合物裂解法制备无机膜[40]　在惰性气体的气氛中有控制地热裂解具有特定结构的有机高分子聚合物，可得到无机多孔膜。例如通过控制聚合物（例如纤维素、酚醛树脂、聚偏氯乙烯、硅树脂等）的热裂解，可得到与聚合物具有相似骨架结构的多孔膜。为了避免高分子聚合物在热裂解的过程中被熔融，一般要求这种聚合物具有热固性。A. S. Damle 等热裂解了酚醛树脂、聚丙烯腈、纤维素、聚丙烯和糠醇酚醛塑料等，同时又将得到的裂解膜做了测试和比较。也有学者对聚合物/陶瓷复合膜进行了研究。以耐高温聚合物材料为分离层、陶瓷膜为支撑层，既发挥高分子膜高选择性的优势，又解决支撑层膜材料耐高温、抗腐蚀的问题。采用"聚合-热分解"法修饰大孔径陶瓷基膜，采用"浸涂"方法制备硅橡胶/陶瓷复合膜，在 250℃高温下，氧氮分离因子达到 1.5，且 O_2 渗透速率大于 $2.0\times10^{-4}cm^3/(cm^2\cdot s\cdot cmHg)$；聚醚砜酮/陶瓷复合膜在高于 200℃时，氧氮分离因子达到 2.0，O_2 渗透速率大于 $3.0\times10^{-4}cm^3/(cm^2\cdot s\cdot cmHg)$。实验室制备成功的聚合物/陶瓷复合膜将聚合物优良的分离性能与陶瓷膜优良的热、化学、机械稳定性优化集成，为实现高温、腐蚀条件下的气体分离提供了可能。用裂解法制备的硅基分子筛富氧膜在 0.3MPa 的压力下，富氧空气中氧含量可达 41%，即将空气中的氧浓缩了 2 倍左右，而且通量达到了 18.62L/(m^2 · d)[41]。

9.5 气体分离膜的评价

对于气体分离而言，使用较多的是非多孔聚合物和复合膜，因此，其主要特征参数包括溶解度系数、渗透系数、扩散系数和分离系数[42]。

9.5.1 溶解度系数

溶解度系数 (S) 表示聚合物对气体的溶解能力，常用单位为 cm^3 (STP)/(cm^3 · atm) (1atm＝0.1MPa)。溶解度系数与被溶解的气体及高分子的种类有关。高沸点、容易液化的气体在膜中容易溶解，具有较大的溶解度系数。部分气体在聚合物中的溶解度系数见表 9-3。溶解度系数随温度的变化遵循 Arrhenius 关系：

$$S=S_0\exp\left(\frac{-\Delta H}{RT}\right) \tag{9-15}$$

式中，S 为溶解度系数；S_0 为指前因子；ΔH 为溶解热，其值较小，约为 ±2kcal/mol (1kcal＝4.2kJ)。

表 9-3 部分气体在聚合物中的溶解度系数 (298K)

单位：cm^3 (STP)/(cm^3 · bar)

聚合物	N_2	O_2	CO_2	H_2
弹性体				
聚丁二烯	0.045	0.097	1.00	0.033
天然橡胶	0.055	0.112	0.90	0.037
氯丁橡胶	0.036	0.075	0.83	0.026
丁苯橡胶	0.048	0.094	0.92	0.031
丁腈橡胶 80/20	0.038	0.078	1.13	0.030
丁腈橡胶 73/27	0.032	0.068	1.24	0.027
丁腈橡胶 68/32	0.031	0.065	1.30	0.023
丁腈橡胶 61/39	0.028	0.054	1.49	0.022
聚二甲基丁二烯	0.046	0.114	0.91	0.033
丁基橡胶	0.055	0.122	0.68	0.036
聚氨酯橡胶	0.025	0.048	1.50	0.018
聚硅氧烷橡胶	0.081	0.126	0.43	0.047
半晶状聚合物				
聚乙烯(高密度)	0.025	0.047	0.35	—
聚乙烯(低密度)	0.025	0.055	0.46	—
反式-1,4-聚异戊二烯	0.056	0.102	0.97	0.38
聚四氟乙烯	—	—	0.19	—
聚甲醛	0.025	0.054	0.42	—
聚-2,6-二苯基-1,4-苯醚	0.043	0.1	1.34	—
聚对苯二甲酸乙二醇酯	0.039	0.069	1.3	—
玻璃态聚合物				
聚苯乙烯	—	0.055	0.55	—
聚氯乙烯	0.024	0.029	0.48	0.026
聚乙酸乙烯酯	0.02	0.04	—	0.023
聚双酚 A-碳酸酯	0.028	0.095	1.78	0.022

注：1bar＝10^5Pa。

9.5.2 渗透系数

渗透系数表示气体通过膜的难易程度，是体现膜性能的重要指标。它是指单位时间、单位压力下气体透过单位膜面积的量与膜厚的乘积。渗透系数的计算公式为：

$$P=\frac{qL}{At\Delta p} \tag{9-16}$$

式中，P 为渗透系数，cm^3 (STP)·cm/(cm^2·s·Pa)，P 的值随气体种类不同差别很大，一般是在 10^{-14}～10^{-8}的数量级；q 为气体透过量，cm^3；L 为膜厚度，cm（对一些非对称膜来说，由于无法准确估算它的致密皮层厚度，通常不予考虑）；A 为膜的面积，cm^2；t 为时间，s；Δp 为膜两侧的压力差，Pa。同一种气体透过不同的气体分离膜时，渗透系数主要取决于气体在膜中的扩散系数，而同一种气体分离膜对不同气体进行透过时，渗透系数的大小主要取决于气体对膜的溶解系数。部分气体在聚合物中的渗透系数见表 9-4。

表 9-4 部分气体在聚合物中的渗透系数

单位：$10^{-10}cm^3$ (STP) ·cm/(cm^2·s·cmHg)

聚合物	N_2	O_2	CO_2	H_2	H_2/N_2
弹性体					
聚丁二烯	6.42	19.0	138	41.9	6
天然橡胶	6.43	23.3	153	—	—
氯丁橡胶	1.20	4.0	25.8	13.6	11.3
丁苯橡胶	6.90	17.0	161	40.3	5.8
丁腈橡胶 80/20	2.52	8.16	33.1	25.2	10
丁腈橡胶 73/27	1.06	3.85	10.8	15.9	15
丁腈橡胶 68/32	0.603	2.33	8.5	11.8	19.6
丁腈橡胶 61/39	0.234	0.901	7.43	7.1	30
聚二甲基丁二烯	0.472	2.10	7.47	17.0	36
丁基橡胶	0.324	1.3	5.16	7.2	22
聚氨酯橡胶	0.46	1.51	17.7	6.15	13
聚硅氧烷橡胶	281	605	3240	649	2.3
半晶状聚合物					
聚乙烯(高密度)	0.143	0.403	0.36	—	—
聚乙烯(低密度)	0.969	2.88	12.6	—	—
反式-1,4-聚异戊二烯	2.17	6.16	35.4	14.4	6.6
聚四氟乙烯	—	4.9	12.7	—	—
聚偏氟乙烯	0.001	0.005	0.029	0.08	—
聚甲醛	1.4	4.2	11.7	9.8	7
聚 2,6-二苯基-1,4-苯醚	—	—	—	—	—
聚对苯二甲酸乙二醇酯	0.0065	0.03	0.17	—	
玻璃态聚合物					
聚苯乙烯	0.788	2.63	10.5	23.3	30
聚氯乙烯	0.0118	0.0453	0.157	1.7	144
聚乙酸乙烯酯	—	0.50	—	8.9	—
聚甲基丙烯酸乙酯	0.22	1.15	5.0	—	—
聚双酚 A-碳酸酯	0.052	0.25	1.17	1.85	34

渗透系数随温度升高而增大，遵循 Arrhenius 关系：

$$P=P_0\exp\left(\frac{-\Delta E_p}{RT}\right) \tag{9-17}$$

由于无法准确估算出非对称膜致密皮层的厚度，所以在这种情况下，通常是不考虑它的厚度，而多采用如式 (9-18) 所示的气体的渗透速率 J_i 的形式：

$$J_i=\frac{q}{At\Delta p} \tag{9-18}$$

式中，J_i 为渗透速率，cm^3 (STP)/(cm^2·s·cmHg)。

9.5.3 扩散系数

扩散系数表示由于分子链热运动，分子在膜中传递能力的大小。由于气体分子在膜中传递需要能量来排开链与链之间一定体积，而能量大小与分子直径有关，因此，扩散系数随分子增大而减小。扩散系数表示渗透气体在单位时间内透过膜的扩散能力的大小，它与渗透系数 P 之间的关系为：

$$P=\frac{DL}{A\Delta p}=\frac{DL}{A(p_1-p_2)} \tag{9-19}$$

式中，D 为气体分离膜的扩散系数，cm^2(STP)/s；p_1、p_2 分别为气体在膜的高压侧和低压侧的分压，Pa。

部分气体在聚合物中的扩散系数和扩散活化能见表 9-5。扩散系数随温度升高而增大，遵循 Arrhenius 关系：

$$D=D_0\exp\left(\frac{-\Delta E_D}{RT}\right) \tag{9-20}$$

式中，ΔE_D为扩散活化能。

表 9-5　部分气体在聚合物中的扩散系数和扩散活化能

聚合物	N_2			O_2			CO_2			H_2		
	D (298K)	D_0	E_D/R	D (298K)	D_0	E_D/R	D (298K)	D_0	E_D/R	D (298K)	D_0	E_D/R
弹性体												
聚丁二烯	1.1	0.22	3.6	1.5	0.15	3.4	1.05	0.24	3.65	9.6	0.053	2.55
天然橡胶	1.1	2.6	4.35	1.6	1.94	4.15	1.1	3.7	4.45	10.2	0.26	3.0
氯丁橡胶	0.29	9.3	5.15	0.43	3.1	4.7	0.27	20	5.4	4.3	0.28	3.3
丁苯橡胶	1.1	0.55	3.9	1.4	0.23	3.55	1.0	0.90	4.05	9.9	0.056	2.55
丁腈橡胶 80/20	0.50	0.88	4.25	0.79	0.69	4.05	0.43	2.4	4.6	6.4	0.23	3.1
丁腈橡胶 73/27	0.25	10.7	5.2	0.48	2.4	4.6	0.19	13.5	5.35	4.5	0.52	3.45
丁腈橡胶 68/32	0.15	56	5.85	0.28	9.9	5.15	0.11	67	6.0	3.85	0.52	3.5
丁腈橡胶 61/39	0.07	1.31	6.35	0.14	13.6	5.45	0.038	260	6.7	2.45	0.92	3.8
聚二甲基丁二烯	0.08	105	6.2	0.14	20	5.55	0.063	160	6.4	3.0	1.3	3.75
丁基橡胶	0.05	34	6.05	0.08	43	5.59	0.06	36	6.0	1.5	1.36	4.05
聚氨酯橡胶	0.14	55	5.35	0.24	7	5.1	0.09	42	5.9	2.6	0.98	3.8
聚硅氧烷橡胶	15	0.0012	1.35	25	0.0007	1.1	15	0.0012	1.35	75	0.0028	1.1
半晶状聚合物												
聚乙烯(高密度)	0.10	0.33	4.5	0.17	0.43	4.4	0.12	0.19	4.25	—	—	—
聚乙烯(低密度)	0.35	5.15	4.95	0.46	4.8	4.8	0.37	1.85	4.6	—	—	—
反式-1,4-聚异戊二烯	0.50	8	4.9	0.70	4.0	4.6	0.47	7.8	4.9	5.0	1.9	3.8
聚四氟乙烯	0.10	0.015	3.55	0.15	0.0017	3.15	0.10	0.00091	3.4	—	—	—
聚甲醛	0.021	1.34	5.35	0.037	0.22	4.65	0.024	0.20	4.75	—	—	—
聚2,6-二苯基-1,4-苯醚	0.43	11.2×10^{-4}	1.0	0.72	6.75×10^{-4}	1.15	0.39	9×10^{-4}	0.9	—	—	—
聚对苯二甲酸乙二醇酯	0.0014	0.058	5.25	0.0036	0.38	5.5	0.0015	0.75	5.95	—	—	—
玻璃态聚合物												
聚苯乙烯	0.06	0.125	4.25	0.11	0.0125	4.15	0.06	0.128	4.35	4.4	0.0036	2.0
聚氯乙烯	0.004	295	7.45	0.012	42.5	6.55	0.0025	500	7.75	0.50	5.9	4.15
聚乙酸乙烯酯	0.03	30	6.15	0.05	6.31	5.55	—	—	3.95	2.1	0.013	2.6
聚甲基丙烯酸乙酯	0.025	0.68	5.1	0.11	0.039	3.8	0.030	0.021	3.95	—	—	—
聚双酚 A-碳酸酯	0.015	0.3335	4.35	0.021	0.0087	3.85	0.005	0.018	4.5	0.64	0.0028	2.5

注：D (298K) 单位为 $10^{-6}cm^2/s$；D_0 单位为 cm^2/s；E_D/R 单位为 10^3K。

9.5.4 分离系数

各种膜对混合气体的分离效能一般可以用分离系数 α 来表示，它代表膜的分离选择性能，是评价气体分离膜性能的另一重要指标。部分气体在高分子膜中的渗透性和分离系数见表 9-6。分离系数一般用下式表示：

$$\alpha_{a/b}=\frac{[\text{a 组分的量/b 组分的量}]_{\text{透过气}}}{[\text{a 组分的量/b 组分的量}]_{\text{原料气}}}=\frac{p_a}{p_b}=\frac{(1-p_a'/p_a)}{(1-p_b'/p_b)} \tag{9-21}$$

式中，$\alpha_{a/b}$ 为气体分离膜的分离系数；p_a'、p_b' 分别为 a、b 组分在透过气中的分压，Pa；p_a、p_b 分别为 a、b 组分在原料气中的分压，Pa。

一般情况下，当原料气（高压侧）的压力高于渗透气（低压侧）的压力时，两组的渗透系数之比将等于分离系数，即 $\alpha=\frac{p_a}{p_b}$，所以分离系数可通过各组分气体的渗透系数求得。

表 9-6 部分气体在高分子膜中的渗透性和分离系数

聚合物	T/℃	He	H_2	CO_2	O_2	He/CH_4	H_2/CH_4	CO_2/CH_4	O_2/N_2	N_2/CH_4
橡胶态聚合物										
天然橡胶	25	30.3	49	134	24	1.05	1.63	4.7	2.76	0.30
聚 4-甲基-1-戊烷	35	114	97.8	83	27.3	7.5	8.7	6.3	4.2	0.50
硅橡胶(PDMS)	35	561	—	4553	933	0.41	—	3.37	2.12	0.33
玻璃态聚合物,其他										
TMSP	25	6510	16200	33100	10000	0.41	1.01	2.07	1.48	0.42
TMSP	35	—	—	28000	7730	—	—	2.15	1.56	0.38
聚砜	35	13.0	14.0	5.6	1.4	49	53	22	5.6	1.0
聚碳酸酯	35	14.0	—	6.5	1.48	50	—	23.2	5.12	0.93
PPO	35	105	—	61	16.8	24.4	—	14.2	4.41	0.95
PEI(Uitem)	35	9.4	—	1.33	0.41	261	—	36.9	8.04	1.42
醋酸纤维素(约 2.5DS)	35	13.6	5.0	5.5	0.68	68	48	27.5	3.4	0.73
醋酸纤维素(2.45DS)	35	16.0	12.0	4.75	0.82	107	80	32	5.5	1.0
乙基纤维素	30	35.6	4.9	47.5	11.2	4.75	0.66	6.34	3.4	0.44
聚碳酸酯										
TBBA-PC	30	—	—	3.6	0.85	—	—	35	7.4	1.1
TBBA:BA(70:30)-PC	30	—	—	—	0.93	—	—	—	6.7	1.1
TBBA:BA(50:50)-PC	30	—	—	6.4	0.98	—	—	29	6.4	—
TBBA:BA(30:70)-PC	30	—	—	3.6	0.80	—	—	32	6.4	1.1
TBBA:TMBA(1:1)-PC	30	—	—	7.0	1.87	—	—	30	6.9	1.17
TCPA-PC	30	—	—	2.6	1.45	—	—	25	6.3	2.2
TCBA:BA(70:30)-PC	30	—	—	—	1.34	—	—	—	6.1	—
TCBA:BA(50:50)-PC	30	—	—	5.5	1.24	—	—	25	5.4	1.05
TBBA:BA(30:70)-PC	30	—	—	3.6	0.80	—	—	32	6.1	1.15
TCPA-PC	30	—	—	16.3	3.9	—	—	27	5.1	1.3
TMBA:BA(50:50)-PC	30	—	—	5.7	1.40	—	—	24	6.0	—
TCBA:BA(30:70)-PC	30	—	—	5.7	1.30	—	—	29	5.8	1.08
聚酯碳酸酯										
TBPEC(20%酯)(T∶1=1∶1)	30	10.8	—	3.55	0.97	121	—	40	7.2	1.6
TBPEC(50%酯)(T∶1=1∶9)	30	11.8	—	3.73	0.96	114	—	39	7.2	1.4
TBPEC(67%酯)(T∶1=8∶2)	30	10.3	—	4.75	1.08	108	—	33	7.7	1.14
TBPEC(80%酯)(T∶1=8∶2)	30	11.4	—	5.26	1.23	81	—	39	7.2	1.2
聚吡咯烷酮										
6FDA-TADPO(PYRR)	35	89	—	27.6	7.9	165	—	51.1	6.5	2.4
聚酰亚胺										
6FDA-6FpDA	35	—	—	63.9	16.3	—	—	39.9	4.7	2.17

续表

聚合物	T/℃	He	H_2	CO_2	O_2	He/CH_4	H_2/CH_4	CO_2/CH_4	O_2/N_2	N_2/CH_4
6FDA-6FmDA	35	—	—	5.1	1.8	—	—	63.8	6.9	3.26
3,3′-ODA-PMDA	35	—	3.6	0.5	0.13	—	450	62	7.2	2.5
4,4′-ODA-PMDA	35	—	3.0	1.14	0.22	—	115	43	4.5	1.8
3,3′-ODA-PMDA	35	—	14.0	2.10	0.68	—	437	64	6.8	3.0
4,4′-ODA-PMDA	35	—	52.5	22.0	5.05	—	97	41	5.4	1.7
MPD-6FDA	35	—	20.3	8.23	2.61	—	145	58	7.2	2.6
PPD-6FDA	35	—	23	11.8	2.10	—	128	65	5.5	1.9
2,4-DAT-6FDA	35	—	87.2	28.6	7.44	—	124	41	5.7	1.9
2,6-DAT-6FDA	35	—	107	42.5	11.0	—	115	46	5.2	2.3
4,4′-ODA-BPDA	50	—	5.2	0.87	—	—	173	29	—	—
DDS-BPDA	50	—	11.3	2.57	—	—	133	30.2	—	—
DDBT-BDA	50	—	31.2	8.20	—	—	130	34.2	—	—
DAD-6FDA	25	530	—	381	73	23	—	25	3.2	—
DAD：DAM(1：1)-6FDA	25	—	—	320	54	—	—	24	3.6	—
DAM-6FDM	35	—	433	691	—	—	12	14.2	—	—
DAM-6FDM	25	—	—	—	120	—	—	—	3.6	—
DAD-BTDA：6FDM(1：19)	25	396	340	—	141	11	6.8	—	3.4	—
DAD-BTDA：6FDM(1：19)	25	293	—	846	120	13	—	—	3.5	—
DAD-BTDA：6FDA(1：3)	25	265	221	903	59	10	15	—	4.0	1.8
DAD-BTDA：6FDM(1：1)	25	179	106	467	58	25	20	—	4.2	1.34
DAM：MPD(4：1)-6FDA	25	223	146	670	43	21	23	—	4.1	1.7
DAM：PPD(1：1)-6FDA	25	83	178	250	42	—	—	—	3.9	—
DAM-1,5-ND(9：1)-6FDA	25	340	—	1250	100	14	—	—	3.6	—

注：聚合物：

PDMS—聚二甲基硅氧烷；

PEI—聚醚酰亚胺；

PEC—聚酯碳酸酯；

PC—聚碳酸酯；

PPO—聚苯醚；

PYRR—聚吡咯烷酮；

TMSP—聚-1-三甲基甲硅烷基-1-丙炔。

二胺：

DAD：2,3,5,6-四甲基-1,3-苯二胺（二氨基均四甲苯）；

DAM：2,4,6-三甲基-1,3-苯二胺（或叫 2,4-二氨基-1,3,5-三甲基苯）；

2,4-DAT：2,4-二氨基甲苯；

2,6-DAT：2,6-二氨基甲苯；

DDBT：二甲基-3,7-二氨基苯硫芴-5,5′-二氧化物（甲基异构体混合物）；

DDS：4-4′-二氨基二苯砜；

6FmDA：4,4′-(9-亚芴基)双(2-异丙基苯胺)；

6FpDA：4,4′-(9-亚芴基)双(2-甲基-6-异丙基苯胺)；

MDA：4,4′-亚甲基二苯胺；

MPD：1,3-苯二胺，间苯二胺；

PPD：1,4-苯二胺；对苯二胺；

1,5-ND：1,5-萘二胺；

3,3′-ODA：3,3′-羟基二苯胺；

4,4′-ODA：4,4′-羟基二苯胺；

TADPO：2,2′,3,3′-四氨基二苯醚。

二酐：

BPDA：3,3′,4,4′-联苯四羧酸二酐；

BTDA：3,3′,4,4′-二苯酮四羧酸二酐；

6FDA：4,4′-（六氟异亚丙基）双(邻苯二酸酐)（或叫六氟二酐）；

PMDA：1,2,4,5-苯四羧酸二酐，苯均四酸酐。

双酚 A：

TBBA：3,3′,5,5′-四溴双酚 A；

TCBA：3,3′,5,5′-四氯双酚 A；

TMBA：3,3′,5,5′-四甲基双酚 A。

用渗透仪可以测定渗透系数、溶解度系数以及扩散系数[12]。具体测定过程参见相关文献。

9.6 气体分离膜系统及其应用

9.6.1 气体分离膜系统[43]

工业应用气体分离高分子膜分离系统一般由以下几部分组成。

(1) 前处理　在膜分离过程中，必须除去原料气中可能对膜产生损害的物质，在进入膜分离器之前必须将游离的液体（润滑油等重烃类）、烃类（芳烃、卤代烃、酮类物质是醋酸纤维素膜的良溶剂）等都除去。同样，必须保证在膜分离过程中原料气中任何组分都是不饱和的，以避免在膜上冷凝，它们在膜表面上的积累会引起膜性能的损坏，甚至完全丧失。因此，在膜分离单元上游必须安装用于前处理的分离和过滤设备，以去除游离的液体、固体粒子和有害物质。实际操作时原料气的温度要高于露点 20～40℃。

(2) 膜　高分子气体分离膜应满足的要求有：①较高的气体渗透通量；②较高的选择性，一般大于 20，往往要求大于 40；③能在 13～20MPa 的高压下工作，膜上下游压差大于 13MPa；具有高杨氏模量的膜能承受大的压力差；膜的致密化（压密）效应会使膜的渗透量随时间而下降，选择性常会略微提高；商业膜的渗透量递减速率为每年 1%～10%；④能在各种杂质影响下保持其特性和功能；⑤使用过程中能维持高效，在操作工况变化时仍能稳定有用。

(3) 气体膜分离器　膜做成有效的膜分离器后才具有价值。膜分离器要求在单位体积内有较大的膜的装填面积，并且气体与膜表面有良好的接触。用于气体分离的聚合物膜分离器主要有板框式、螺旋卷式和中空纤维式三大类。气体分离过程中一般情况下应优先考虑装填密度大的中空纤维膜，然后才是平板或螺旋卷式膜，这是因为前者的装填密度是后者的 3～10 倍，同时，在非渗透侧的压力降最大，可充分利用膜的固有传递性能和推动力。

① 板框式[44]。如 Union Carbide 公司早期的氦气回收装置是一种板框式气体膜分离器。外形呈平板状的膜制成板框式膜叶后，被密封固定在圆柱形钢外壳内，组成外径为 0.25m、长度为 1.5m 的板框式分离器。单个分离器的有效膜面积为 $18m^2$，如图 9-12 所示。图 9-13 为德国 GKSS 研究中心开发的板框式分离器，其外径为 0.32m，长度为 1.5m，单个分离器的有效膜面积为 $8～10m^2$，分离器内设有多层挡板以增大气速、改变流动方向，从而增加气流与膜表面的有效接触。

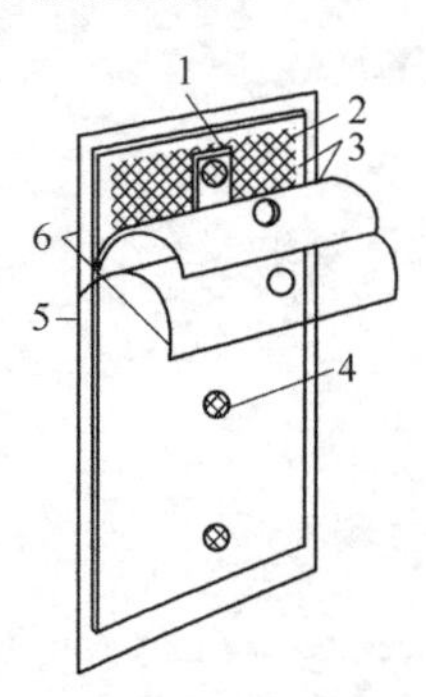

图 9-12　Union Carbide 公司板框式气体膜分离器示意图
1—金属间隔；2—网；3—纸；4—渗透物出口；
5—热密封；6—渗透膜

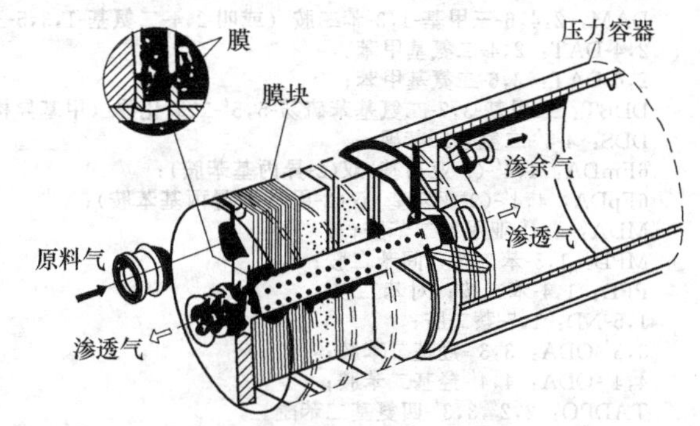

图 9-13　德国 GKSS 板框式分离器示意图

② 螺旋卷式。将制作好的平板膜密封成信封状膜袋，在两个膜袋之间衬以网状间隔材料，然后紧密地卷绕在一根多孔的中心管上面形成膜卷，再将膜卷装入圆柱形压力容器后形成膜组件可用于生产气体分离过程。螺旋卷式膜分离器的装配图见图 9-14。值得注意的是，在卷式膜器件中，原料气与渗透气之间的流动既不是逆流也不是并流，而是在器内的每一点

上，两种流体的流动方向是垂直的。这一结构特点使膜分离器的端面成为气流分布装置。另外，分离器多孔支撑层的厚度、中心管尺寸对器内的流动特性都会产生影响。

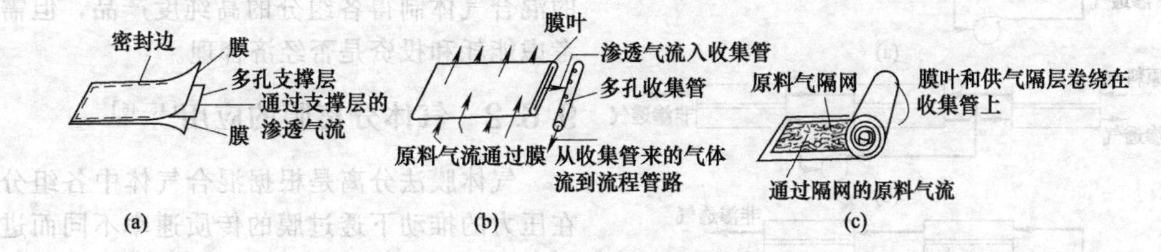

图 9-14 螺旋卷式膜分离器装配图

③ 中空纤维式。即外形像纤维状，具有自支撑作用的膜。它是非对称膜的一种。对气体分离膜来说，致密层可在纤维的外表面，也可位于内表面，它的优点是自支撑结构，装填密度大。膜组件的密封和设计是比较容易的，自支撑结构使得制造过程简单，价格低廉，与平板及螺旋式膜组件设计比较，经济上较为有利。但中空纤维膜的缺点是流体通过中空纤维内腔时有相当的压力降。为了补偿这一点，常常要考虑产品气的压缩或再压缩，这样就增加了过程的费用。一般在高压操作条件下，多选用中空纤维膜组件。

目前，用于气体分离的无机膜分离器有三种类型，即平板型、管型及多通道型（蜂窝型）。平板型主要用于小规模的工业生产和实验室试验，管型和多通道型更适合于组装成可供工业过程使用的分离元件或膜反应器，其中的多通道结构具有单位体积膜面积大的优点。

（4）气体膜分离工艺流程　气体膜分离过程是一种以压力为驱动力的过程。当有高压气源采用膜法进行气体分离时非常有效，因为此时不需外加功率消耗即可得到高的渗透流量。在低压气源时，提供分离所需驱动压力差可有两种方式，如图 9-15 所示。图 9-15（a）为原料气采用加压的方式提供压力差，图 9-15（b）为采用渗透气侧抽空形成负压以提供所需压力差，一般（a）方式可获得较大的渗透流量，而（b）方式能耗较低。两种驱动压力差的方式各自应用于不同情况。

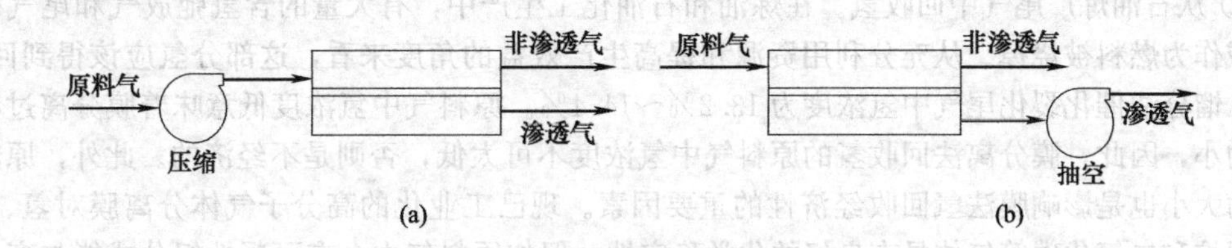

图 9-15 驱动压力差

气体膜分离过程常用单级渗透流程，当采用单级渗透器不能满足所需分离要求时，则采用多级渗透器，或采用各种循环级联流程实现所需分离要求。采用多级串联渗透流程（图 9-16）时可大大提高所需产品纯度。当需要得到高纯度“慢气”组分时可采用图 9-16（a）流程。若需同时得到“慢气”和“快气”组分高纯度产品时，可以采用图 9-16（b）流程来实现。

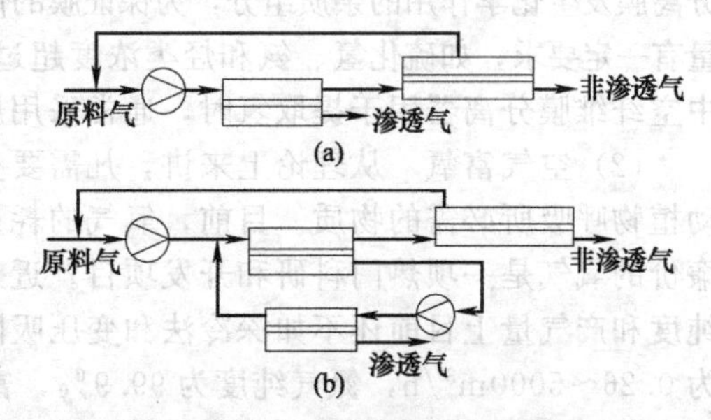

图 9-16 多级串联渗透流程

采用循环气流也可以改善过程分离效率。当存在高压气源时，采用图 9-17（a）流程可得高纯度的渗透组分，而采用图 9-17（b）流程可以得到高纯度的“慢气”组分。在低压操作时，采用图 9-17（c）流程可以得到较高纯度的“慢气”组分。循环气流级联尚可采用多

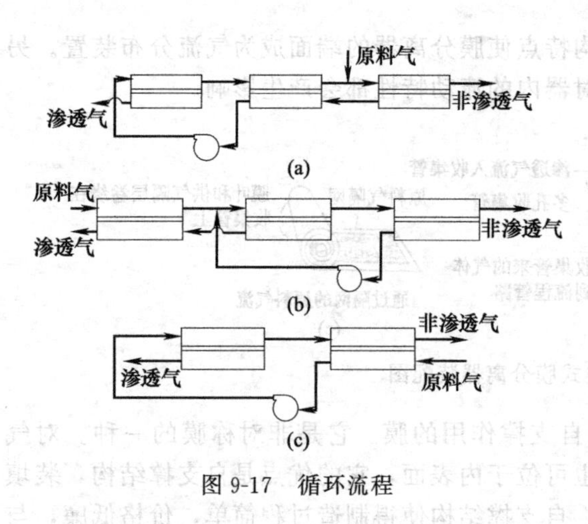

图 9-17 循环流程

种方式，视所需分离要求而定。此外，采用不同膜或更多级，循环级联流程可以用组分的混合气体制得各组分的高纯度产品，但需考虑能耗和投资是否经济合理。

9.6.2 气体分离膜的应用[45,46]

气体膜法分离是根据混合气体中各组分在压力的推动下透过膜的传质速率不同而进行的膜分离过程。自 1979 年 Monsanto 公司的 Prism 膜分离器首先进行工业化以来，气体膜分离技术已有了很大的发展，其研究和应用进入了一个快速发展的阶段，年增长率在 8%～15%之间，在所有的膜分离过程中已占有相当重要的地位，并成为有重要意义的新单元操作过程之一。气体膜法分离主要用来从气相中制取高浓度组分（如从空气中制取富氧、富氮）、去除有害组分（如从天然气中脱除 CO_2、H_2S 等气体）、回收有益成分（如合成氨弛放气中氢的回收）等，从而达到浓缩、回收、净化等目的。目前已广泛应用在以下领域。

（1）氢气的回收和利用

① 合成氨弛放气中氢回收。合成氨厂的弛放气氢的含量高达 50%～57%，直接将其用于燃烧取热，氢的价值没有得到充分利用，很不经济，应当采取有效的措施回收加以利用。美国 Monsanto 公司于 20 世纪 70 年代开发的中空纤维膜 Prism 气体分离器用于合成氨厂弛放气中 H_2 的回收，能增产合成氨 4%，每吨氨的能耗可下降 522～836J。中国科学院大连化学物理研究所研究开发的中空纤维膜分离技术先后在国内生产规模不同的大、中、小型化肥厂推广应用，回收的氢用于增产合成氨或生产双氧水及其他加氢产品，均取得良好的经济效益。

② 从石油炼厂尾气中回收氢。在炼油和石油化工生产中，有大量的含氢弛放气和尾气被排放，或作为燃料被烧掉。从充分利用资源和提高生产效益的角度来看，这部分氢应该得到回收。例如，馏分油催化裂化尾气中氢浓度为 13.2%～14.4%。原料气中氢浓度低意味着膜分离过程的推动力小，因此，膜分离法回收氢的原料气中氢浓度不可太低，否则是不经济的。此外，原料气的压力大小也是影响膜法氢回收经济性的重要因素。现已工业化的高分子气体分离膜对氢、氧、氮、甲烷和二氧化碳等气体具有良好的化学稳定性。但如原料气中含有可凝性组分或能与高分子分离膜发生化学作用的杂质组分，为保证膜的使用寿命，应注意以下两点：①对原料气中杂质含量有一定要求，如硫化氢、氨和烃类浓度超过限度时，须进行预处理；②对操作温度的要求，中空纤维膜分离器用于提取氢时，通常采用原料气走壳程的操作方式。

（2）空气富氧　从理论上来讲，凡需要空气之处均可用富氧来代替，氧气为燃烧过程和动植物呼吸所必需的物质。目前，氧气的耗量仅次于硫酸，为世界第二大化学品，如何获得廉价的氧气是一项热门科研和开发项目。近几年发展起来的膜法富氧空气分离技术，在产品纯度和产气量上目前还不如深冷法和变压吸附法两种技术，如 Prism 氧氮分离器，其产氮量为 0.26～5000m^3/h，氮气纯度为 99.9%，富氧纯度为 30%～42%。然而，膜法空气分离却以节能、快捷、安全、便利等优势而蕴藏着巨大的发展潜力。膜法富氧技术用来制取浓度为 60%的富氧空气是不经济的，但在制取低浓度的富氧空气时具有竞争力。目前，膜法富氧技术被广泛用于不同领域，已实现应用包括：富氧助燃、小型家用膜法富氧器、膜法富氧空调机、膜法富氧空气清新器、催化裂化装置富氧再生技术、富氧制硫酸、化学合成氧化反应、克劳斯硫回收工艺、废水和含油污泥处理等。

（3）从空气中制取富氮　氮气作为惰性气体，广泛应用于油井保护、三次采油、气体置换、电子制造、金属加工、各种易爆物的储存运输及食品保鲜等领域。世界各地以往一般采用传统的深冷法和变压吸附（PSA）技术从空气中制取 N_2，但这种装置复杂，操作麻烦，投资大，能耗多。用膜法分离技术从空气中富集氮气在克服了以上缺点的同时，可得到纯度高于 99.5%的富氮产品，生产成本仅为液氮的 1/3～1/2。

与液氮运输法相比，膜法富氮有以下优点：不需要储罐，不用汽化器，无挥发损失；与变压吸附法相比，膜法富氮设备无运动部件，产品氮气不需后过滤即可使用；与惰性气体发生器相比，膜法富氮装置更安全，产品氮气不含二氧化碳和水蒸气。膜法富氮设备紧凑，可移动，启动和停车方便，生产工人不必倒班。另外，膜分离装置占地小，可随时增减分离器根数以扩大或缩小生产能力。由于膜法富氮具有以上特点，在中小规模应用的场合，膜分离法在与传统制氮方法的竞争中经常处于优势。德国 Messer 工业气体公司、美国 Praxair 公司和 Air Product and Chemicals 等就是膜法制氮的代表性企业。我国膜分离制氮设备过去一直依靠进口，价格昂贵。近年来，国内已开发出中、小型富氮组件，富氮气产量 15～50m^3/h，含 N_2 96%～98%，并开始在一些领域中推广应用。

（4）天然气中二氧化碳的回收和脱除　天然气中二氧化碳含量的变化范围较大，某些地区的天然气中二氧化碳含量很高，可达 20%以上，还有的地区的天然气中同时含有二氧化碳和硫化氢等酸性气体。对于二氧化碳含量较高的天然气，在输送和使用前必须将二氧化碳脱至许可的浓度范围。

膜法用于天然气脱除二氧化碳的经济性与天然气价格、处理量等一系列因素有关。由于各组分的渗透推动力是其分压差，膜分离法更适合二氧化碳含量较高的天然气的净化。经过十多年的发展，膜法从天然气中脱除二氧化碳的技术已趋成熟，设备规模已开始走向大型化。在天然气净化方面，美国 Monsanto、Sepaxex 等公司采用螺旋卷式或中空纤维式膜，采用一级或多级膜分离系统，将膜装置放置在天然气井口，利用天然气中的 CO_2、H_2S 等组分易于透过分离膜的特性，使之与烃类分离，从而能达到天然气净化和二氧化碳脱除回收的目的。美国的 UOP 公司在巴基斯坦的 Kadanwari 建成了天然气量达 $5.1\times10^6 m^3/d$ 的集气站。在这套膜分离装置中，用 Sepaxex 膜不仅可将二氧化碳含量由 12%降至 3%，还同时使天然气脱水。图 9-18 为膜法-胺吸收法联合工艺从天然气中脱除二氧化碳流程[12]。

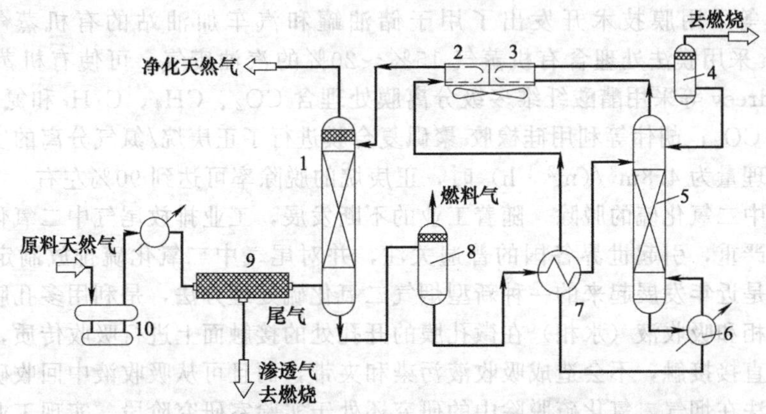

图 9-18　膜法-胺吸收法联合工艺从天然气中脱除二氧化碳流程

1—胺吸收塔；2—胺冷却器；3—回流冷凝器；4—回流分凝器；5—胺再生塔；6—胺再沸器；7—热交换器；8—胺闪蒸罐；9—膜分离器；10—过滤器

（5）工业气体脱湿　天然气中含水量一般为 0.2%（体积分数）左右，为了达到管道输送标准，要求其含水量低于 140mL/m^3，采用膜分离技术对天然气进行脱湿，可保持其原来的压力，且无二次污染。

在 20 世纪 80 年代，国外如 Grace 等几家大公司就已生产出供天然气脱湿用的膜分离装置。据报道，用膜法替代原有的乙二醇脱湿装置，操作费用可减少 85%。1998 年，大连化物所用其研制的膜分离器在陕西长庆气田进行了膜法天然气脱湿的工业试验，处理含 CH_4 等烃类 94%、CO_2 5.9%、H_2S 0.04%、H_2O 饱和的天然气，经数百小时连续运行试验表明，产品天然气露点（4.6MPa 压力下）为 −13～−8℃，甲烷回收率≥98%，膜性能稳定。

(6) 从天然气中提取浓氦气　天然气是氦气生产的主要来源，传统的深冷法提氦能耗大、成本高，与之相比，膜法分离技术即具有能耗低、分离效率高、设备简单等优点，可从贫氦天然气中提取浓氦气，但高纯氦的收率不高。

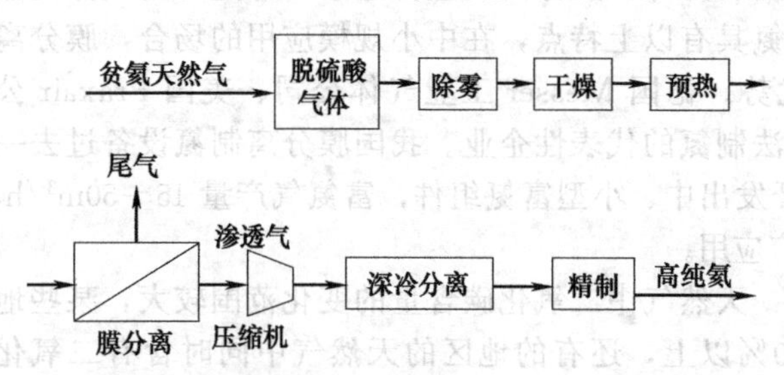

图 9-19　膜法与深冷联合从贫氦天然气中提氦工艺流程

美国 Union Carbide 公司采用聚醋酸纤维平板膜分离器，对氦浓度 5.8%（体积分数）的天然气经二级膜分离，产品气中氦浓度达到 82 %左右。我国中科院大连化物所研究的硅橡胶-聚砜中空纤维膜分离器用于从含氦 0.5%的天然气中浓缩氦，氦的回收率达 30%。近年来又有人提出将深冷技术与膜法有效集合，即先用膜法得到浓缩氦，再进行深冷分离并精制，从而得到高纯氦，其工艺流程见图 9-19[12]。

(7) 空气中易挥发有机物的回收　在化工生产、油罐、油轮及加油站等有机物质的制造、储存、运输和使用过程中，经常要排放一些含有机物质的气体。这些有机蒸气不仅污染大气，而且对人体有害，它们通常由惰性气体（氮气、空气）和烷烃、烯烃等有机气体组成。采用膜技术实现有机混合气体的分离，不仅可以回收附加值高的烷烃、烯烃有机气体和 N_2 等，有可观的经济效益，而且可减少环境污染，保护生态环境，造福人类。与催化燃烧、吸附等传统处理方法比较，膜法具有高效、节能、操作简单和无二次污染等优点。

Ohlrogge 等采用膜技术开发出了用于储油罐和汽车加油站的有机蒸气回收装置。Nippon Kokan 采用膜法处理含有机蒸气 15%～20%的汽油废气，可使有机蒸气含量降至 5%以下。Andreev 等采用醋酸纤维多级分离膜处理含 CO_2、CH_4、C_2H_6 和氮的混合气体，可制得超纯的 CO_2；胡伟等利用硅橡胶-聚砜复合膜进行了正庚烷/氮气分离的实验研究，结果表明，当处理量为 4.8m^3/(m^2·h) 时，正庚烷的脱除率可达到 90%左右。

(8) 烟气中二氧化硫的脱除　随着工业的不断发展，工业排放尾气中二氧化硫对环境造成的污染日益严重，引起世界各国的普遍关注，并对尾气中二氧化硫排放制定了严格的规定。膜吸收法是近年发展起来的一种新型烟气二氧化硫处理方法，是利用多孔膜将气相和吸收液分开，气相和吸收液（水相）在微孔膜的开孔处的接触面上进行吸收传质，因此气体与吸收液不产生直接接触，不会造成吸收液污染和夹带，而且可从吸收液中回收硫资源。应当指出的是，膜法在烟气二氧化硫脱除中的研究还处于实验室研究阶段，实现工业化应用还有很多问题需要解决。

金美芳等采用聚丙烯中空纤维膜（PP 膜）组件为膜吸收器，以 2%的 NaOH 水溶液作吸收液，研究了工业尾气中 SO_2 的脱除，试验表明，SO_2 的脱除率可达到 95%以上。表 9-7 列出了我国较成熟的气体分离膜应用概况[47]。

表 9-7 我国较成熟气体膜分离器应用概况

产品及技术	规格及产量	技术指标	用途	应用厂家	用户投资/用户效益
氮氢膜分离器及其分离技术	ϕ50×3000，ϕ100×3000，ϕ200×3000，年产量相当于 40 台 ϕ50×3000 分离器	中空纤维聚砜复合膜，操作温度低于 50℃，操作压力不低于 11MPa，氢氮分离系数不小于 25	合成氢弛放气及炼油厂干气中氢回收	截至 1997 年，约 90 家化肥厂（替代进口）	1/8
膜法空气富氧技术	ϕ100×3000，ϕ200×3000，年产量相当于 100m³/h 30～50 套富氧装置	卷式聚砜-硅橡胶复合膜，氧浓度 28%～30%，氧氮分离系数 2.0	燃油玻璃窑炉燃烧节能，高原室内增氧	20 家玻璃厂	1/20

9.7 气体分离膜技术未来的发展方向

近年来，随着膜科学技术的不断发展，国内外对膜分离气体方法的研制工作取得了可喜成果。气体分离膜在工业产品气的制取、废气的综合利用及环境保护等方面展示了广阔前景，是 21 世纪的关键分离技术之一，深受人们重视。但是，膜法目前在工业上大规模地推广应用还存在相当多的困难，比如气体膜的渗透系数与分离系数不够高，流程和系统优化研究不够深入等等。人类探索气体分离膜的脚步还没有停止，未来气体分离膜领域的研究将重点在以下几个方面展开。

(1) 开发新的气体分离膜材料　气体分离膜材料的发展方向是开发高渗透量、高选择性、耐高温、抗化学腐蚀的膜材料。只有开发出价格低、性质优、易成膜的新聚合物，才能使气体膜分离过程更具有竞争力。当前，气体分离膜材料的研究热点集中在 O_2/N_2 分离和 CO_2/CH_4 或 CO_2/N_2 分离，如聚三甲基硅-1-丙炔的改性、各种取代基的聚碳酸酯和聚酰亚胺等。如果使氧氮分离系数在 7～10，氧的渗透率为 10^{-4} cm^3 (STP)/(cm^2 · s · cmHg)，则可以在高浓度 N_2（99% N_2）制备中与 PSA 相竞争；如果氧氮分离系数在 12～15，则气体膜技术就可以立刻占领氧浓度 50%～60% 的氧气市场和所有的氮市场。另外，随着二氧化碳、水蒸气及有机蒸气等可凝性气体组分分离应用领域扩大，膜材料的选择和制备也从扩散选择性逐步向溶解选择性方向发展。

(2) 制膜理论及方法研究　进一步研究成膜理论，研究膜的制备条件，利用现有的膜材料制备出高透量、高选择性的膜，如超薄皮层的无缺陷非对称或有超薄皮层的复合膜。超薄无缺陷皮层是制备高性能气体分离膜的一个非常重要的因素。早期采用双浴法制备皮层无缺陷膜，但这种方法制得的膜分离层比较厚（2～3μm），无法实现实际应用。后采用多元溶剂体系制备，一般至少包括一种易挥发性溶剂，一种不易挥发性溶剂。最近的研究发现，从高分子相图入手研究，采用单一溶剂系统也可以制备出超薄无缺陷膜。

水上展开法是制备用于气体分离的超薄无缺陷膜的重要方法。目前研究的热点是聚合物超薄膜和超薄复合膜的制备路线。该方法的优势是可以连续大规模生产超薄膜。

(3) 渗透性能与膜材料的研究　聚合物结构和渗透性能的关系以前只能定性描述，难以定量。自由体积、双迁移双吸附等集中唯象的模型对渗透性能与操作温度、渗透组分压力、浓度等关系能做较好的描述，但模型中没有膜结构参数，无法将聚合物结构与渗透性能关联起来。计算机目标模拟技术期望能够提供一种描述机构与性能关系的手段，目前还处于发展初期。最近，D. R. Paul 等关联了已经发表的 He、H_2、O_2、N_2、CH_4、CO_2 等在大量玻璃态聚合物中的渗透性能，建立了一种基于自由体积方法，更为精确地预测其他玻璃态聚合物结构与气体渗透性能的关系。

（4）流程和系统的优化　有时由于气体分离膜分离系数低，一级分离往往得不到足够高浓度的产品，就要用多级分离。如何组织流程，这将极大地影响分离效果，需要进行优化设计。

联合流程也是更好地发挥膜分离优势的研究方向，根据不同的分离要求、体系和操作条件等，例如将气体膜分离与深冷法、变压吸附法等方法联合起来应用，使得各个分离方法都能够扬长避短，取得比任何单独一种方法都好的分离效果。

9.8 商业气体分离膜

气体分离膜经过一百多年，特别近二十年来的发展，已经有一些性能可靠、技术成熟的商品膜面市，并涌现了许多可提供气体膜分离装置的厂家。商业气体分离膜的主要生产厂家如表 9-8 所列。

表 9-8　气体分离膜的主要生产厂家[48～51]

公司	膜材料	膜结构	膜组件
A/G Technogy	醋基纤维素	非对称膜	中空纤维
Air Products	聚三甲基硅丙炔	复合膜	中空纤维
Air Products	醋酸纤维素	非对称膜	卷式
Air Products	聚烯烃	均质膜	中空纤维
Cynara(Dow)			中空纤维
Dow Chemical	聚烯烃	熔融纺丝致密膜	中空纤维
Dow Chemical	四溴聚碳酸酯	非对称膜	中空纤维
Do Pont	聚芳香胺	非对称膜	中空纤维
Grace Membrane System	醋酸纤维素	非对称膜	卷式
GKSS			板框式
MTR	聚醚酯酰胺	复合膜	卷式
Monsanto			中空纤维
Nippon Kokan			
OECO	聚硅氧烷/聚碳酸酯	复合膜	平板式
Osaka Gas			
Permea	聚硅氧烷/聚砜	复合膜	中空纤维
Union Carbide	乙基纤维素	复合膜	中空纤维
UOP	聚硅氧烷/多孔膜	复合膜	卷式
General Electric	聚硅氧烷/聚硅氧烷聚碳酸酯共聚物	复合膜	平板或卷式
Advanced Membrane Technology Inc.	醋酸纤维素		
Ube Industries	聚酰亚胺	非对称复合膜	中空纤维
宇部	聚酰亚胺	非对称膜	中空纤维
东洋纺	醋酸纤维素	非对称膜	中空纤维
日东电工	聚硅氧烷/聚酰亚胺	复合膜	卷式
天津凯德科学仪器	聚 4-甲基-1-戊烯	非对称膜	中空纤维
大连化物所	聚硅氧烷/聚砜	复合膜	中空纤维

课后习题

1. 气体膜分离的基本原理是什么？

2. 气体膜分离有哪些主要的传递机理？

3. 典型的气体分离膜有哪些？

4. 用哪些方法来制备气体分离膜？

5. 气体分离膜的主要工业应用的领域有哪些？

参考文献

[1] Mitchell J V. On the penetrativeness of fluids [J]. The Journal of the Royal Institute of Great Britain，1831，2，101-118.

[2] Graham T. On the absroption and dialytic separation of gases by colloid septa. Action of a septum of caoutchouc. Phil Mag 1866；32：401-420.

[3] Weller S，Steiner W A. Enginering gas pects of separation of gases：factional permeation through membranes [J]. Chem eng prog，1950，46 (11)：585-590.

[4] Brubaker D W，Kammermeyer K. Correction-“Separation of Gases by Means of Plastic Membranes” [J]. Industrial & Engineering Chemistry，1954，46 (9) 1952-1952.

[5] Stern A S et al，Helium recovery by permeation. Industrial and Engineering Chemistry [M] 1965，57(2)：49-60.

[6] Koros W J，Mahajan R. Pushing the limits on possibilities for large scale gas separation：which strategies? [J]. Journal of Membrane Science，2000，181 (1)：141-141.

[7] 郝继华，王世昌. 气体分离膜成膜技术及成膜机理的研究进展 [J]. 高分子通报，1997 (9)：167-172.

[8] 陈勇，王从厚，吴鸣. 气体膜分离技术与应用 [M]. 北京：化学工业出版社，2004，6.

[9] 中国科学院膜技术应用推广中心技术情报部编. 膜信息荟萃第五集 [M]. 1993. 10.

[10] Kesting R E，Fritzsche A K. Polymelic Gas separation Membranes [M]. New York：Wiley，1993.

[11] 黄仲涛，等. 无机膜技术及其应用 [M]. 北京：中国石化出版社，1999.

[12] 时钧，等. 膜技术手册 [M]. 北京：化学工业出版社，2001.

[13] 肖力光，王福军. 富氧膜富氧机理的研究 [J]. 吉林建筑工程学院学报，2001. 12 (4).

[14] 财团法人日本产业技术振兴协会编. 机能性膜材料技术动向调查. 1979.

[15] 晨光化工院有机硅编写组. 有机硅单体及聚合物 [M]. 北京：化学工业出版社，1986.

[16] 刘茉娥，等. 膜分离技术 [M]. 北京：化学工业出版社，1998.

[17] 李克友，等. 高分子合成原理及工艺学 [M]. 北京：科学出版社，1999.

[18] 梅洁，等. 醋酸纤维素的现状与发展 [J]. 纤维素科学与技术，1999，7 (4)：56-57.

[19] 《化工百科全书》编辑委员会. 乙基纤维素 [M]. 见：化工百科全书. 北京：化学工业出版社，1994.

[20] 李悦生，等. 聚酰亚胺气体分离膜材料的结构与性能 [J]. 高分子通报，1998 (9)：1-8.

[21] 祁喜旺，等. 聚酰亚胺气体分离膜 [J]. 膜科学与技术，1996，16 (2)：1-7.

[22] 化工百科全书编辑委员会. 化工百科全书 [M]. 北京：化学工业出版社，1990.

[23] Du N，Park H B，Robertson G P，et al. Polymer nanosieve membranes for CO_2-capture applications [J]. Nature Materials，2011，10 (5)：372-375.

[24] Wu X，Zhang Q，Zhu A，et al. Advances in Structure Controls and Modifications of PIMs Membranes for Gas Separation [J]. Progress in Chemistry，2014，26 (7)：1214-1222.

[25] Kim S，Lee Y M. Rigid and microporous polymers for gas separation membranes [J]. Progress in Polymer Science，2015，43：1-32.

[26] Côté A P，Benin A I，Ockwig N W，et al. Porous，crystalline，covalent organic frameworks [J]. Science，2005，310 (5751)：1166.

[27] 王金渠. 无机分离膜 [J]. 化工进展，1993 (3)：4-9.

[28] 侯梅芳，崔杏雨，李瑞丰. 沸石分子筛在气体吸附分离方面的应用研究 [J]. 太原理工大学学报，32 (2)：135-139.

[29] Hoskins B F，Robson R，Design and construction of a new class of scaffolding-like materials comprising infinite polymeric frameworks of 3D-linked molecular rods. A reappraisal of the zinc cyanide and cadmium cyanide structures and the synthesis and structure of the diamond-related frameworks [N $(CH_3)_4$] [CuIZnII$(CN)_4$] and CuI [4,4′,4″,4‴-tetracyanotetrapheny-lmethane] BF_4，$xC_6H_5NO_2$ [J]. Journal of American Chemistry Society，1990，112 (4)：1546-1554.

[30] Robeson L M. Correlation of separation factor versus permeability for polymeric membranes [J]. Journal of Membrane Science, 1991, 62 (2): 165-185.
[31] 田茂东，等. 用溶胶凝胶法在烧结多孔金属基体上附载 SiO_2膜 [J]. 大连理工大学学报，1999，39 (1)：49-52.
[32] 林一铮，斯摩特尔. 双浴凝固法纺制不对称中空纤维气体分离膜 [J]. 膜科学与技术，11 (1，2)：24-27.
[33] Ward W J, Browall W R, Salemme R M. Ultrathin silicone/polycarbonate membranes for gas separation processes [J]. Journal of Membrane Science, 1976, 1 (1): 99-108.
[34] 郝继华，王世昌. 致密皮层非对称气体分离膜的制备 [J]. 高分子学报，1997 (10).
[35] 胡灵，等. 乙基纤维素-二亚水杨基邻苯二胺钴共混富氧膜的研究 [J]. 高分子材料科学与工程，1998 (14)：75-78.
[36] 杨绮联，等. 有机硅-聚砜复合膜的研制及其在气体分离中若干特性的研究 [J]. 膜科学与技术，5 (1)：14-18.
[37] 杨绮联. 聚砜-糠醇复合膜气体渗透性能研究 [J]. 膜科学与技术，2 (2)：36-40.
[38] 封丽，李琳. 分子筛填充聚砜膜气体渗透特性研究 [J]. 膜科学与技术，1999，19 (2)：38-41.
[39] 施孝，等. 金属微粒/醋酸纤维素共混膜的形态与渗透性研究 [J]. 膜科学与技术，11 (1，2)：20-24.
[40] 汪锰，王树森. 热裂解法在气体分离用无机膜制备中的研究进展 [J]. 膜科学与技术，20 (4)：38-42.
[41] 汪锰，等. 硅基分子筛富氧膜的研究 [J]. 膜科学与技术，22 (3)：39-42.
[42] 王从厚. 膜法气体分离生产富氧 [J]. 膜信息荟萃第四集，1993，6：7-8.
[43] 李旭祥. 分离膜制备与应用 [M]. 北京：化学工业出版社，2003，1.
[44] 陈勇，王从厚，吴鸣. 气体膜分离技术与应用 [M]. 北京：化学工业出版社，88-89.
[45] 徐仁贤. 气体分离膜的研究与应用近况 [J].《第二届全国膜和膜过程学术报告会论文集》，1996：7-11.
[46] 苏毅，等. 气体膜分离技术及应用 [J]. 石油与天然气化工，30 (3)：113-116.
[47] 王从厚，邓麦村. 分离信息荟萃 [M]. 1998，19：55.
[48] 黄丽主编. 聚合物复合材料 [M]. 北京：中国轻工业出版社，2001.
[49] 中国科学院膜技术应用推广中心技术情报部编. 膜信息荟萃第四集 [M]. 1993，6.
[50] Kondo T. New Delvelopments In Gas Separation Technology [J]. Toray Research Center Inc, 1990, 6.
[51] 岩间昭男. 日东技报，1988，26 (1)：17.

第 10 章 电渗析与离子交换膜

本章内容

本章要求

1. 了解电渗析技术的发展历史和发展前景。
2. 掌握电渗析的基本原理和基本过程。
3. 理解电渗析过程的质量传递现象。
4. 掌握离子交换膜的概念、分类。
5. 了解离子交换膜的主要制备方法。
6. 掌握离子交换膜的性能评价方法。
7. 了解电渗析器的主要组成。
8. 了解电渗析的主要应用。

1952 年，美国 Ionics 公司制成了世界上第一台电渗析装置，并成功应用于苦咸水的淡化。随后，该技术在美、英等发达国家迅速推广，大量电渗析装置得以制造，并应用于苦咸水的淡化以及饮用水与工业用水的制取。20 世纪 60 年代初，日本也将电渗析技术用于苦咸水淡化，并于 1974 年在野岛建造了当时世界上最大的海水淡化装置。由于电渗析技术具有装置设计与系统应用灵活、无污染、寿命长、原水回收率高、工艺过程清洁等特点，从而广泛地应用于食品、医药、化工以及工业和城市废水处理等领域。伴随着压力驱动膜技术（反渗透、纳滤）脱盐率的大幅提高（达 99.6%以上）和能耗的有效降低，电渗析技术在传统的海水淡化领域的发展受到了严重的制约，并逐渐退出海水淡化领域。但是，作为压力驱动，膜技术的反渗透对溶解于溶液中的物质只能全部脱除，而对于一些需要从有机物中选择性地脱除无机盐等实际应用场合则显得无能为力。近年来，随着特种离子交换膜的研制和传统电渗析工艺及设备的不断革新，电渗析技术以特种分离领域为舞台，进入了一个崭新的发展阶段。

10.1 电渗析基本原理

10.1.1 电渗析的工作原理

电渗析过程中带电离子在直流电场的驱动下定向迁移并选择性地透过离子交换膜，从而实现电解质在溶液中的选择性脱除、浓缩和转化，例如含盐溶液的脱盐或浓缩，从非离子态物质中分离离子态物质，协助复分解反应的进行以实现盐的转化等。电渗析器主要包括离子交换膜、隔板、电极以及夹紧装置等部分。实际电渗析器中，隔板与相邻的阴、阳离子交换膜构成隔室，类似的隔室有序地重复排列形成膜堆，最后以一对电极板封端。基于离子交换膜对离子的选择透过性，液流在流经隔室的过程中顺序地发生了离子的浓缩或者脱除。显然，离子交换膜是实现电渗析过程的关键，它往往是一张分布着离子交换基团的具有网状立体结构的高分子膜。当将其置于溶液体系中时，键接在高分子骨架上的离子交换基团发生解离而形成固定电荷和导电链，从而基于唐南效应实现对溶液中阴、阳离子的选择性透过。在电渗析装置中，理论上只允许阳离子通过的称为阳离子交换膜（阳膜），只允许阴离子通过的称为阴离子交换膜（阴膜）。

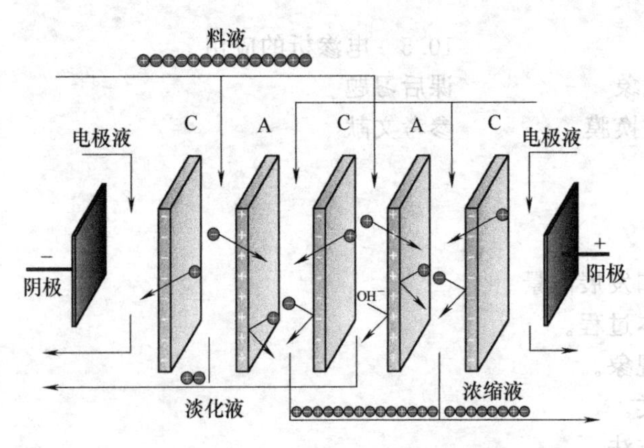

图 10-1　电渗析的工作原理示意图

如图 10-1 所示，起初电渗析器各隔室中充满的电解质溶液在直流电场的作用下，阳离子不断穿过阳膜向阴极迁移，而阴离子则不断穿过阴膜向阳极迁移。同时，离子交换膜对离子的选择透过性使得阳离子不能通过阴膜向阴极迁移，而阴离子也不能通过阳膜向阳极迁移。因此，随着时间的推移，相关隔室中溶液的离子含量越来越少，表现为该隔室的溶液得到淡化。同时，相邻隔室中的离子浓度逐渐升高，表现为该隔室的溶液得到浓缩。不难看出，外加的直流电场和具有选择透过性的离子交换膜是电渗析过程应具备的两个基本条件。

10.1.2　电渗析的基本过程与伴随过程

如图 10-2 所示，电渗析过程以阴、阳离子在直流电场作用下定向迁移为主，同时还有系列伴随过程的发生。

（1）电极反应　电极反应是电渗析过程顺利进行必不可少的条件，它完成了膜堆外电子导电与膜堆内离子导电的相互转变。通常在电极处所发生的电极反应如下：

阳极：
$$2Cl^- - 2e \longrightarrow Cl_2\uparrow$$
$$H_2O - 2e \longrightarrow 0.5O_2\uparrow + 2H^+$$

阴极：
$$2H_2O + 2e \longrightarrow H_2\uparrow + 2OH^-$$

（2）反离子迁移　反离子是指与膜中固定活性基团电性相反的离子。在直流电场的作用下，反离子透过膜进行迁移，它是电渗析过程的唯一目的。

（3）同离子迁移　同离子是指与膜中固定活性基团电性相同的离子。由于阴、阳离子交换膜对阳、阴离子难以实现理论上的完全阻隔，在电渗析过程中总会存在同离子透过膜的现象，即同离子迁移。同离子迁移与浓度梯度方向相同，降低了电渗析过程的效率。

（4）电解质的浓差扩散　伴随着电渗析过程的进行，膜两侧的离子浓度差异逐渐增大，离子在浓度差的驱动下由浓室向淡室扩散的趋势便愈加显著。这也是降低电渗析过程效率的原因之一。

（5）水的浓差扩散　与离子的浓差扩散一样，伴随着电渗析过程中膜两侧水化学位差的逐渐增大，水将自发地从淡水室中向浓水室迁移。这一过程将直接劣化浓室的浓缩程度，并同时降低了淡化水的产量。

（6）水的压差渗漏　由于膜两侧淡水室和浓水室的静压强不同而产生的机械渗漏称为压

差渗漏。渗漏的方向总是由压力高的一侧向压力低的一侧进行。

（7）水的电渗　电渗析过程中离子是以水合离子的形式存在和迁移的。当离子在直流电场作用下发生定向迁移时，水也被携带着发生了跨膜传递。通常将这部分水的迁移称为水的电渗。

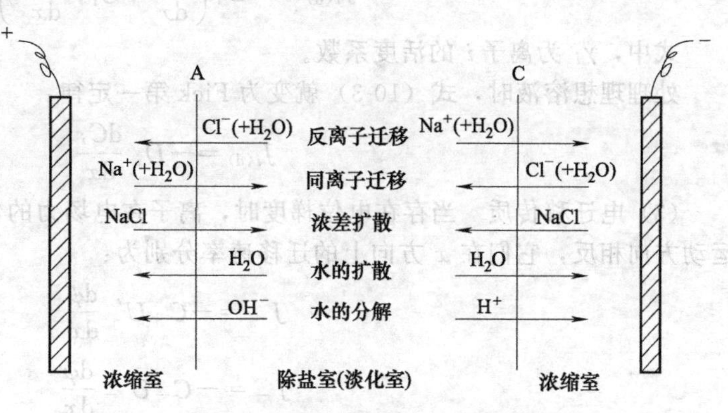

图 10-2　电渗析过程中的传质现象

（8）极化　在电渗析器运行过程中，若遇操作电流过大或膜表面溶液更新不畅等不当的操作条件时，膜-液界面上会发生水解离，产生的 H^+ 和 OH^- 将进一步承载电流。透过膜迁移的 H^+ 和 OH^- 进而引起浓、淡水液流的酸碱性紊乱，并可能导致膜表面结垢。因此，工程中往往避免电渗析装置在极化状态下运行。

综上所述，反离子迁移是电渗析的决定性过程，而其他过程均会影响电渗析的除盐和浓缩效果，降低过程的效率，并增加过程的能耗。因此，电渗析过程期望离子交换膜具有理想的选择分离性能，并能够在优化的操作条件下运行，从而强化主要过程，抑制次要过程，尽量避免非正常过程。

10.2　电渗析过程的质量传递现象

10.2.1　基本传质方程

离子通过离子交换膜的传质过程主要源于对流传质、扩散传质和电迁移传质的贡献。为了强化传质过程，料液在膜两侧隔室中应呈现良好的流动状态。离子在主体溶液中的传递主要依靠流体微团的对流传质来实现。离子在膜两侧扩散边界层中则主要依靠扩散传质来完成。此外，离子通过离子交换膜的传递应源于电迁移传质。值得指出的是，对流传质和扩散传质过程中同样存在着由溶液中离子迁移数所支配的离子的电迁移过程。在稳态传质的状况下，垂直于膜面的离子流率不变，体系维持恒电流状态。

（1）对流传质　对流传质通常包括因浓度差、温度差以及重力场作用引起的自然对流传质和由机械搅拌引起的强制对流传质。若不考虑自然对流传质，离子 i 在垂直于膜面方向（x 方向）上的对流传质速率可表示为：

$$J_{i(c)}=C_i V_x \tag{10-1}$$

式中，$J_{i(c)}$ 为离子 i 在 x 方向上的对流传质速率；C_i 为溶液中离子 i 的浓度；V_x 为流体在 x 方向上的平均流速。

（2）扩散传质　当溶液中存在某一组分的化学位梯度时，离子 i 在 x 方向上的扩散速率为：

$$J_{i(d)}=-\frac{D_i}{RT}C_i\frac{d\mu_i}{dx} \tag{10-2}$$

式中，$J_{i(d)}$ 为离子 i 在 x 方向上的扩散速率；D_i 为溶液中离子 i 的扩散系数；C_i 为离子 i 的浓度；$\frac{d\mu_i}{dx}$ 为离子 i 在 x 方向上的化学位梯度。

根据实际溶液离子 i 的化学位以及能斯特-爱因斯坦方程，有：

$$J_{i(\mathrm{d})}=-D_i\left(\frac{\mathrm{d}C_i}{\mathrm{d}x}+C_i\ \frac{\mathrm{dln}\gamma_i}{\mathrm{d}x}\right) \tag{10-3}$$

式中，γ_i 为离子 i 的活度系数。

处理理想溶液时，式（10-3）就变为 Fick 第一定律：

$$J_{i(\mathrm{d})}=-D_i\ \frac{\mathrm{d}C_i}{\mathrm{d}x}$$

(3) 电迁移传质　当存在电位梯度时，离子在电场力的作用下发生迁移，但正负电荷的运动方向相反，它们在 x 方向上的迁移速率分别为：

$$J_+=-C_+U'_+\frac{\mathrm{d}\psi}{\mathrm{d}x} \tag{10-4}$$

$$J_-=-C_-U'_-\frac{\mathrm{d}\psi}{\mathrm{d}x} \tag{10-5}$$

式中，ψ 为电位；C_+ 和 C_- 分别为正、负离子的浓度；U'_+ 和 U'_- 分别为正、负离子的淌度。

离子在理想溶液中的淌度与扩散系数之间的关系可用能斯特-爱因斯坦方程表示：

$$U'_+=\frac{D_+F}{RT}z_+ \tag{10-6}$$

$$U'_-=\frac{D_-F}{RT}z_- \tag{10-7}$$

式中，D_+ 和 D_- 分别为正、负离子的扩散系数；z_+ 和 z_- 分别为正、负离子的化合价；F 为法拉第常数。

将式（10-6）、式（10-7）代入式（10-4）、式（10-5）可得：

$$J_+=-C_+\frac{D_+F}{RT}z_+\frac{\mathrm{d}\psi}{\mathrm{d}x} \tag{10-8}$$

$$J_-=-C_-\frac{D_+F}{RT}z_-\frac{\mathrm{d}\psi}{\mathrm{d}x} \tag{10-9}$$

若以 z_i 表示正、负离子的代数价，以上两式可以写为：

$$J_{i(\mathrm{e})}=-z_iC_i\frac{D_iF}{RT}\frac{\mathrm{d}\psi}{\mathrm{d}x} \tag{10-10}$$

10.2.2 电解质通过离子交换膜的质量传递

如前所述，离子 i 通过膜的通量 J_i 可由能斯特-普朗克方程表达为：

$$\begin{aligned}J_i&=J_{i(\mathrm{c})}+J_{i(\mathrm{d})}+J_{i(\mathrm{e})}\\&=-D_i\left[\frac{\mathrm{d}C_i}{\mathrm{d}x}+z_iC_i\ \frac{F}{RT}\frac{\mathrm{d}\psi}{\mathrm{d}x}+C_i\ \frac{\mathrm{d}(\ln\gamma_i)}{\mathrm{d}x}\right]\end{aligned} \tag{10-11}$$

因此对阳离子来说有：

$$J_+=-D_+\left[\frac{\mathrm{d}\,\bar{C}_+}{\mathrm{d}x}+z_+\bar{C}_+\frac{F}{RT}\frac{\mathrm{d}\psi}{\mathrm{d}x}+\bar{C}_+\frac{\mathrm{d}(\ln\bar{\gamma}_+)}{\mathrm{d}x}\right] \tag{10-12}$$

对阴离子来说有：

$$J_-=-D_-\left[\frac{\mathrm{d}\,\bar{C}_-}{\mathrm{d}x}+z_-\bar{C}_-\frac{F}{RT}\frac{\mathrm{d}\psi}{\mathrm{d}x}+\bar{C}_-\frac{\mathrm{d}(\ln\bar{\gamma}_-)}{\mathrm{d}x}\right] \tag{10-13}$$

另外，在离子交换膜中，各种离子应满足电中性条件，即：

$$\sum z_iC_i+\tilde{\omega}C=0 \tag{10-14}$$

式中，z_i为离子i的代数价；C_i为离子i在膜内的浓度；C为膜中固定活性基团的浓度；$\bar{\omega}$为膜中固定活性基团的电荷数。而且溶液体系也呈电中性：

$$Z_+J_+ + Z_-J_- = 0 \tag{10-15}$$

10.3 面向电渗析过程的离子交换膜

10.3.1 离子交换膜的基本概念

从当前的生产实际来看，离子交换膜可以狭义地理解为对离子具有选择透过能力的膜状功能高分子电解质。由于在高分子的主链或侧链上引入了具有特殊功能的基团，当该高分子聚合物膜处于溶液中时便会发生电离，从而形成固定的荷电基团，进而表现出促进或阻抑相关离子跨膜传递的能力。当然，仅在这一点上便与常用的醋酸纤维素等系列的中性反渗透膜截然不同。

10.3.2 离子交换膜的分类

离子交换膜可基于膜材料、膜结构以及膜功能等不同的角度来加以认识。例如，根据所实现的功能，离子交换膜可以分为以下几种。

① 阳离子交换膜，带有阳离子交换基团（荷负电），可选择性地透过阳离子。

② 阴离子交换膜，带有阴离子交换基团（荷正电），可选择性地透过阴离子。

③ 两性离子交换膜，同时含有阳离子交换基团和阴离子交换基团，阴离子和阳离子均可透过。

④ 双极膜，由阳离子交换膜层和阴离子交换膜层复合而成（双层膜）。工作时，膜外的离子无法进入膜内，因此膜间的水分子发生解离，产生的H^+透过阳膜趋向阴极，产生的OH^-透过阴膜趋向阳极。

⑤ 镶嵌型离子交换膜，在其断面上分布着阳离子交换区域和阴离子交换区域，且上述荷电区域往往是由绝缘体来分隔的。

阳离子交换基团主要有磺酸基、羧酸基、磷酸基、单硫酸酯基、单磷酸酯基、双磷酸酯基、酚羟基、巯基、全氟叔醇基、磺胺基、N-氧基和其他能够在水溶液或水和有机溶剂的混合溶液中提供负电荷的固定基团。阴离子交换基团主要包括伯胺基团、仲胺基团、叔胺基团、季胺基团、锍阳离子、季鏻基、二茂钴鎓离子基团和其他能够在水溶液或者水和诸如具有碱金属的冠醚复合体等有机溶剂的混合溶液中提供正电荷的固定基团。

此外，根据膜结构，离子交换膜也可以分为以下2种。

① 异相离子交换膜，通常是由离子交换树脂粉分散在起黏合作用的高分子材料中，经溶剂挥发或热压成型等工艺加工而成。其中，黏合剂多为聚氯乙烯、聚乙烯和聚丙烯等非荷电高分子材料，因此离子交换基团在膜中的分布是不连续的。

② 均相离子交换膜，通常是由具有离子交换基团的高分子材料直接成膜，或是在高分子膜基体上键接离子交换基团而成。显然，离子交换基团在这类膜中的分布应是均一的。

均相膜与异相膜性能比较见表10-1。

表10-1 均相膜与异相膜的性能比较

异相膜	均相膜	异相膜	均相膜
各部分性质不同 孔隙率大 膜厚 膜电阻大 耐温性较差	各部分性质类似 孔隙率小 膜薄 膜电阻小 耐温性较好	机械强度更高 制作工艺简单 制造成本低 膜导电分率低，极限电流低	机械强度较好 制作工艺较复杂 制造成本高 膜导电分率高，极限电流高

10.3.3 离子交换膜的制备

一般来说，离子交换膜应满足如下三个基本要求：①成膜性能良好；②在常规待分离的溶液体系中不溶解；③带有一定量的固定电荷。基于此，离子交换膜的制备往往从以下两个途径入手。

(1) 异相离子交换膜　异相离子交换膜是将离子交换树脂细粉（200～400 目）与聚氯乙烯、聚乙烯、聚丙烯等热塑性聚合物或者其他工程塑料均匀混合并加热后，再通过挤压成膜。在一些情况下，也会添加适当的增塑剂，还会垫衬纤维、聚乙烯、尼龙等聚合物网来强化膜的力学性能。此外，异相离子交换膜也可以采用聚合物溶液浇铸法制备，即首先将悬浮有离子交换材料的惰性高分子铸膜液浇铸在平板上，然后再挥发溶剂来制备离子交换膜。异相离子交换膜制备工艺简单，成本低廉，尺寸稳定性好，力学性能优良，目前在我国的电渗析工程应用领域中仍然占据着重要地位。

然而，异相离子交换膜体内组分之间存在着明显的相界面，因此往往表现出较高的电阻、较低的极限电流密度，而且选择分离性能的提升还有较大的空间。鉴于异相离子交换膜所具备的独特优势，提升其电渗析传递性能的研究与实践工作从未停歇。一般地说，膜中离子交换树脂颗粒的含量应至少达到组成的 50%才能表现出离子传导和选择分离的功能[1]。起初，人们尝试通过增加离子交换树脂的含量来提升膜对离子的传导能力，然而结果表明这样会严重劣化膜的力学性能、尺寸稳定性以及选择分离功能。近年来，系列创新性的工作使得在不增加离子交换树脂使用量的同时也可以提高膜的电化学性能，例如 Oren 等[2]在制膜过程中施加交流电场，从而在异相膜内构建了高度有序的离子交换树脂链，使得在减少了离子交换树脂使用量的同时却有效地促进了离子的传递。Xu 等[3]、Vyas 等[4]、Wang 等[5]通过减小离子交换树脂颗粒的粒径来增加导电部分接触的机会，减少了离子交换树脂颗粒“孤岛”的形成，从而畅通了离子传递的通道。Sun 等[6]制备了聚苯乙烯和聚偏氟乙烯合金的离子交换树脂前驱体，由其直接热压成膜而避免了树脂颗粒磨粉的常规步骤，进而通过磺化或胺化制得阳离子交换膜或阴离子交换膜，该法有效地强化了荷电基团在膜中的均匀分布，有效地提高了膜的综合性能。此外，研究人员发现在制膜过程中引入相关添加剂也能够有效改善异相离子交换膜的性能。例如，Schauer 等[7]观察到在制膜体系中加入水溶性组分，并使其在膜形成或使用过程中脱离膜体，从而在膜体内形成系列的空腔结构。实验结果表明，这样也会有效地提高膜的离子传导能力。Hosseini 等调查了碳纳米管[8]、活性炭[9]和氧化石墨烯纳米板[10]等添加剂对异相离子交换膜综合性能的影响，也取得了一些有意义的研究结果。

(2) 均相离子交换膜　均相离子交换膜可看作是离子交换树脂直接薄膜化的结果。均相膜主体组分以分子态均匀分布在膜内，不存在相界面，因此具有更为优良的电化学性能。均相膜的制备主要包括以下两条途径：一是从单体出发，通过交联聚合、切削、功能化等过程制备，最常用的单体是苯乙烯和二乙烯基苯；另一种是从聚合物开始，通过溶解、浸涂、引入活性基团等过程制备，通常的聚合物有聚砜、聚醚砜（酮）、聚苯醚等。根据引入活性基团的先后顺序，均相膜的制备可按如下途径实现：①将带有荷电基团的单体共聚或缩聚并交联成膜；②将含有反应基团的高聚物制成膜的前驱体，然后通过活化接枝或后处理等方法引入离子交换基团。此外，利用惰性聚合物基膜溶胀并浸吸带有功能基团的单体再聚合的方法也可以用来制备离子交换膜。

通过含活性基团的单体聚合后成膜则需要至少有一种单体含有一种自身为或能够成为阳离子或阴离子的基团。例如在碱性催化剂的作用下，磺基苯酚钠、苯酚和甲醛可以通过加热等方法获得缩聚产物。在由单体获得低分子量的黏性聚合物后，可将该预聚物涂覆在玻璃纤维等强化材料上，然后再通过烘干和加热等方法熟化以完成缩聚反应。同样地，苯二胺、苯酚和甲醛也可以用来制备阴离子交换膜，再将所制备的膜浸入盐或酸溶液中以解离离子交换基团。尽管该制膜方法简单，可将硝基（硝基酚）等任意功能基团和水杨酸等螯合物基团引入膜中，但是它们在海水浓缩和含盐水脱盐等电渗析过程中的使用寿命并不尽如人意。当然，离子交换膜也可以通过先在聚合物中导入活性基团然后再成膜的方法来制备。例如聚苯醚的端甲基、苯环、酚基可通过溴代过程、交联过程、磺化过程进行改性，进而获得一系列均相离子交换膜。再如，先用无水硫酸和磷酸三乙胺的配合物对聚砜进行磺化后制成磺化聚砜，然后再将磺化聚砜溶于二甲基甲酰胺中，涂在网布上，待溶剂挥发后便获得阳离子交换膜。

对于成膜后再导入活性基团的制膜方法而言，可先将含有反应基团的高聚物制成基膜，再经活化反应引入离子交换基团，从而获得离子交换膜。如含有多羟基的纤维素和聚乙烯醇基膜等都能进行酰化和酯化反应，使离子基团直接导入膜内。类似的高聚物材料较多，如聚苯乙烯、聚氯乙烯、氯化聚醚、聚乙烯亚胺等都可以按此法制膜。一个典型的烃类离子交换膜实例就是从苯乙烯和二乙烯基苯的共聚物出发来制备的。苯乙烯经加热至部分聚合后，向体系中加入二乙烯基苯、过氧化苯甲酰等聚合反应的引发剂和邻苯二甲酸二辛酯等添加剂。线性聚合物和单体聚合生成块状物后，再将其切片得到薄膜。最后，将磺酸基团、季胺基团等离子交换基团引入片状薄膜中，便制备得到阳离子交换膜或阴离子交换膜。若加入丙烯酸或者乙烯基吡啶等乙烯基单体以取代上述辅加的苯乙烯时，则可以制备其他类型的离子交换膜。

(3) 特种离子交换膜

① 抗污染膜。离子交换膜的孔径很小，具有中等分子量的离子在试图完成跨膜传递的同时很容易堵塞膜孔，从而导致膜电阻在电渗析进行的过程中显著增加[11]。此外，离子交换膜很容易吸附溶液体系中与膜中固定电荷相反电荷的离子型物质，并且由于其较低的迁移率而在跨膜传递过程中速度缓慢，进而导致膜电阻反常地增加。例如，在溶液中含有亚铁氰化物 $K_4Fe(CN)_6$ 的电渗析过程中，阴离子交换膜的膜电阻会反常地增加[12,13]。为了缓解有机污染的问题，制备抗污染的离子交换膜就显得非常必要了。一般地，主要包括增大膜的孔径以便于大尺寸的离子态物质通过[14]和避免目标组分渗透到膜中等两种途径。然而，二者都存在着潜在的问题。例如对于前者而言，膜孔径的增大会降低电渗析过程中的电流效率。尽管后者能够有效地避免膜电阻的增加和电流效率的降低，但是大尺寸的离子型物质却仍然滞留在原料液中。为了防止大尺寸的有机组分渗透进入膜基体，往往可以在膜表面形成一个与膜上离子交换基团电性相反的荷电薄层[15]或者在膜表面形成一个致密薄层。

一般地，有机胶体等污染物荷负电，于是容易附着在荷正电的阴膜上，因此阴膜往往更容易污染。因此，可以尝试在阴膜表面层导入稀疏的磺酸基团，使膜表面荷有带负电的固定基团，从而获得有排斥外界负电荷污染物的能力。该方法的关键是控制膜的磺化条件。例如，将粉末状聚氯乙烯、苯乙烯、二乙烯基苯、邻苯二甲酸二辛酯及过氧化苯甲酰等调成均匀浆液，涂在氯纶布上，覆盖聚乙烯醇膜，通过加热聚合得到底膜。将底膜按照规定条件磺化、稀酸浸渍、水洗及干燥。磺化膜经过氯甲基化、胺化即得表面改性阴膜。磺化条件要求要温和，温度和硫酸的浓度都不能太高或太低。在这样的条件下，磺化时间长，则抗污染能力强。另外，脂肪族阴离子交换膜、咪唑季胺阴膜以及中性膜都具有较好的抗污染能力。

除了孔径和膜表面电荷的影响外，导致离子交换膜有机污染的另一个原因是膜与芳香族化合物（如腐殖酸）等污染物离子之间的 π-π 键相互作用。因此，脂肪族的离子交换膜的开发将有助于降低污染物对膜的污染[16~18]。此外，实验结果表明，在多种离子交换基团中，磷酸基和羧酸基相对于磺酸基而言与多电荷阳离子间的相互作用更加强烈。因此，谨慎选择离子交换基团对于抑制离子交换膜的污染就显得非常重要了。

② 抗极化膜。在海水、苦咸水淡化的过程中，经常遇到沉淀结垢的现象。导致该问题的原因常常与膜的极化有关，因此提出了抗极化膜的设计和制备。抗极化膜的制备初衷就是获得一种能够有效预防或缓解极化的离子交换膜。极化和污染的本质虽然不同，但常常互为因果，伴随而生。抗极化膜的制备方法包括流延法、模压法以及浸胶法等。例如，将线型高聚物电解质和补强用的高分子等共同溶于有机溶剂中制成膜液，在玻璃板上流延，依次经溶剂挥发和辐照交联等步骤成膜。

③ 阻酸阴离子交换膜。众所周知，强碱性阴离子树脂会强烈地吸附酸，以至于可以通过阴离子交换树脂来实现酸与中性盐的分离[19,20]。因此，阴离子交换膜也会选择性地吸附酸，进而在浓度梯度的作用下酸很容易发生跨膜传递[21]。研究表明，质子在水溶液中的传递是通过特殊的 Vehicle 机理和/或 Grotthuss 机理来实现的，其迁移率甚至比其他阳离子高一个数量级[22]。显然，水分子在质子的传递过程中发挥了举足轻重的作用。因此，通过在常规阴离子交换膜中引入弱解离的阴离子交换基团[23]、引入疏水基团[24]、提高膜的交联度[25]等方法来降低阴离子交换膜的含水量后，的确取得了适度降低电渗析酸浓缩过程中酸泄漏的效果。令人沮丧的是，上述方法在减少酸泄漏的同时，阴离子交换膜的离子传导能力也大幅地降低了[26]。此外，实验结果表明，当外界酸浓度增加时，阴离子交换膜的阻酸能力会变得更差[27]。Pourcelly 等[28]对盐酸在阴离子交换膜中的电驱动传递现象中的研究表明，当外界酸浓度增加时，阴离子进入阴离子交换膜中的速率常数会变小，而质子的渗透速率常数几乎保持不变。也就是说，对于理想的阻酸阴离子交换膜来说，应该一方面有效阻碍质子的迁移，另一方面促进阴离子的传递。显然，增大阴离子交换膜的离子交换容量应是为达到上述目的最容易想到的方法。然而，膜的离子交换容量增大，将不可避免地增大膜的含水量，从而不利于膜阻酸功能的实现。最近，Guo 等[29]尝试将叔胺弱碱基团引入聚偏氟乙烯的侧链，制备了具有微观相分离结构的阴离子交换膜，取得了不错的阻酸效果。

④（单价）选择性离子交换膜[30,31]。尽管常规离子交换膜可以实现阳离子与阴离子之间的分离，但是它不能有效地完成同性离子间的分离。在电渗析领域中，离子交换膜通常面向的是包含有多种离子的溶液体系，往往希望膜能将特定离子从混合物中选择分离出来。例如，电渗析法浓缩海水制盐的过程中，为了防止结垢，需要及时去除体系中的硬度离子，而电渗析法由地下水制取饮用水时也需要将其中危害人体健康的 NO_3^- 和 F^- 脱除，显然这些场合都呼唤着具有特定离子选择分离功能的阳离子交换膜或阴离子交换膜的问世。当前大量针对选择性离子交换膜的制备和电渗析法选择性分离特定离子的研究工作已经相继得到开展，相关特种离子交换膜已经商品化。

电渗析过程中离子交换膜对离子的选择分离性能受离子与膜的亲和作用和离子在膜相中的迁移速度所制约。鉴于阳离子间或阴离子间在尺寸、电量以及水合行为等方面存在着差异，所以可以对离子交换膜实施改性，以期改变膜在阳离子间或阴离子间的选择分离性能。例如，利用阳离子间水合离子半径的不同，研究人员最初尝试通过增加膜交联度制备致密膜基体来实现离子间的筛分。另外，膜中阳离子交换基团与阳离子间的相互作用会随着基团种类的不同而发生变化，进而导致阳离子间的迁移率之比和离子交换平衡常数发生了变化。实验表明，由水杨酸、酚和醛缩聚而成的阳离子交换膜就展现出一定的选择分离能力。特别地，若通过膜表面改性在阳离子交换膜表面形成荷正电薄层后，高价态的水合阳离子相比于低价态的水合阳离子会受到来自于膜表面更为强烈的静电排斥作用，更难与具有荷正电薄层的阳离子交换膜在电渗析过程中发生离子交换，从而使膜表现出显著的单价选择分离功能。

同样地，可以将与阳离子交换膜相类似的概念用于阴离子交换膜，以期改变膜对阴离子的选择透过能力。一般来说，对于聚苯乙烯-二乙烯基苯系列的阴离子交换膜来说，当增加二乙烯基苯的含量或在阴离子交换膜上构建致密层后，膜的孔径减小，从而使体积相对较大的硫酸根离子相对氯离子的迁移数有所下降。当实施膜表面改性使阴离子交换膜表面形成荷负电薄层后，多价阴离子相对于单价阴离子来说将与膜间存在着更为强烈的静电排斥作用，从而使阴离子交换膜展现出单价阴离子选择分离能力。特别地，阴离子的水合能与阴离子交换膜的亲水性之间的关系对实现特定阴离子的选择分离也是非常重要的。

10.3.4 离子交换膜的表征[32,33]

尽管离子交换膜已在许多领域获得应用，但多数应用还是集中在电渗析、电解用分隔介质和燃料电池用固体聚合物电解质等电化学过程。对膜性能的要求主要取决于离子交换膜的应用场合，但大体可归纳为：①电阻要低；②反离子的迁移数要高；③盐扩散系数要低；④水的渗透和电渗要低；⑤对具有相同电荷的特定离子要有选择透过性；⑥抗有机物性能；⑦机械强度要高；⑧结构稳定；⑨化学稳定性和耐久性高；⑩成本低。

基于实际应用的需要，对膜还会有一些额外的要求。例如，在氯碱工业中需要膜对强氧化环境有较好的耐受性；在以从废酸和废碱中回收酸和碱为目的的扩散渗析过程中，需要膜具有较高的酸通量或碱通量，而且对金属离子与质子或氢氧根离子有较强的选择分离能力；在以脱水为目的的渗透汽化过程中，需要膜有较高的水通量，而且对水与有机溶剂有较高的分离因子；当用作燃料电池中的固体聚合物电解质时，膜需具有较高的质子传导率、吸水性以及对氧化氛围的耐受性。

离子交换膜含有固定在聚合物膜上的荷电基团（阴离子/阳离子），因此它不同于其他聚合物膜。离子交换膜的特殊性能正是源了这些荷电基团的存在，并且也在根本上决定了这些荷电基团的含量（离子交换容量）、种类以及它们在膜内的分布。当然，还包括由这些荷电基团的存在而引发的水分子在膜上的吸附（含水量）。由于膜的应用领域不同，所以需要评估的膜性能也是不同的。当离子交换膜用于电渗析、电解用分离介质以及固体聚合物电解质时，需要掌握的性能参数主要包括：①离子交换容量；②含水量；③固定离子浓度；④反离子迁移数；⑤电阻（导电性）；⑥电解质扩散系数；⑦非电解质扩散系数；⑧水的渗透；⑨水的电渗；⑩唐南吸附盐；⑪同性离子间的选择透过性；⑫抗污染性；⑬化学稳定性；⑭抗氧化性；⑮热稳定性；⑯溶胀度；⑰尺寸稳定性；⑱机械强度；⑲膜厚度等。其中，膜上离子交换基团的浓度（固定离子浓度）直接或间接地影响着这些性能。一般地，膜电阻和反离子迁移数往往是膜在电渗析过程中最受关注的性能。特别需要指出的是，与其他聚合物膜不同的是，离子交换膜中的极性基团（阳离子基团或阴离子基团）存在于非极性的聚合物基体中，这使得它们有着特殊的微观结构。了解这种微观结构对于有效地使用离子交换膜无疑是必要的。

（1）电阻　离子交换膜的电阻是一项重要的性能。它往往表达为单位膜面积所具有的电阻（$\Omega \cdot cm^2$），由其化学结构、离子状态、温度、pH 值和电解质溶液浓度决定。一般来说，在不影响其他性能的情况下，电阻越小越好，以便降低过程能耗。测量离子交换膜的电阻通常是在装配有铂电极的两室式测试池中进行的。首先，应将离子交换膜与测试用溶液充分平衡。一般地，把特定浓度的盐溶液注入两室式测试池后，在不装膜的情况下于25℃的恒温下用1000～2000Hz的交流电测定测试池的电阻 R_s。然后，在相同条件下对装配有膜的测试池再进行电阻 R_{m+s} 的测量。膜的电阻 R_m 和膜面电阻 R_A 分别为：

$$R_m = R_{m+s} - R_s \tag{10-16}$$

$$R_A = R_m A = \rho L \tag{10-17}$$

（2）迁移数　离子交换膜对反离子和同离子的选择分离能力可通过迁移数来衡量。它与膜中离子交换基团的浓度（固定离子浓度）和外部电解质溶液的浓度之比有关。一般地，迁移数可由膜电势来计算（静态迁移数），也可通过电渗析实验来测量（动态迁移数）。鉴于前者操作简单方便，所以往往使用膜电势法来获取膜产品的迁移数，进而评估膜制备方法和膜生产过程。反离子迁移数为反离子占膜内参与迁移的全部离子的百分率，有时也用离子迁移所带电量之比来表示。由于氯化钠、氯化钾的阳离子和阴离子在溶液中的迁移数几乎相同，所以膜电势的检测通常是使用它们的溶液来进行：

$$t'_{g}=\frac{E_{m}+E_{m}^{0}}{2E_{m}^{0}} \tag{10-18}$$

式中，E_{m}^{0}为25℃膜两侧溶液浓度分别为0.1mol/L KCl和0.2mol/L KCl时理想的膜电位，可由能斯特公式计算得到；E_{m}为以上条件实测膜电位。

理想情况下，稀溶液与浓溶液的浓度之比应该与膜实际面对的电渗析过程相同。当离子交换膜用于海水浓缩时，曾使用0.5mol/L NaCl/膜/1.0mol/L NaCl或0.5mol/L NaCl/膜/2.5mol/L NaCl的测试体系。相反地，当离子交换膜用于苦咸水脱盐时，则可使用0.1mol/L NaCl/膜/0.2mol/L NaCl的测试体系。膜电势可以用电位计或高阻抗电压计（大于2MΩ）来测量。通常，浓侧溶液浓度与淡侧溶液浓度之比较高时所测定的膜电势也较高，而且当使用高浓度的盐溶液时则所测定的膜电势会变低。当使用化合价之比为1：1的电解质溶液，并且忽略参比电极与其周围溶液间的电势差时，迁移数可以根据方程（10-19）计算：

$$E_{m}=(2t_{+}^{-}-1)\frac{RT}{F}\ln\frac{a_{\pm2}}{a_{\pm1}} \tag{10-19}$$

当使用化合价为2：1的电解质溶液时，迁移数可用式（10-20）计算：

$$E_{m}=\left(\frac{3}{2}t_{+}^{-}-1\right)\frac{RT}{F}\ln\frac{a_{\pm2}}{a_{\pm1}} \tag{10-20}$$

式中，$a_{\pm1}$和$a_{\pm2}$分别为稀溶液和浓溶液的平均离子活度；F为法拉第常数；E_{m}为膜电势；R为气体常数；T为温度；t_{+}^{-}为离子在膜中的迁移数（此处以阳离子为例）。

(3) 离子交换容量　离子交换容量是指每克干膜所含离子交换活性基团的毫克当量数(meq/g)，取决于网状结构中活性基团的数目。一般地，离子交换膜容量大的膜，选择性好，导电能力强。阳离子交换膜大都含有磺酸或羧酸基团，而阴离子交换膜经常用到的是叔胺基团或季胺基团。通过测定膜的pH滴定曲线便可确定离子交换基团的解离随溶液pH的变化情况。一般而言，市场上买到的烃型膜的离子交换容量是0.5～3.5meq/g干膜（包括增强织物）。因为其中包含惰性聚合物和增强网布，所以该值一般要小于离子交换树脂的情况。当膜以其他相关离子交换或洗脱后，辅以适宜的指示剂，便可通过滴定的方法来测定膜中特定反离子的数量，进而获得膜的离子交换容量。对于不同的离子交换基团来说，用来测量离子交换容量的方法也有所不同。

例如，对于强酸性阳离子交换膜来说，首先将膜浸于1mol/L的盐酸溶液中充分平衡，再以纯水冲洗去除所吸附的盐酸，从而得到定量的酸型膜（$—SO_3H$）；再将该膜浸于0.5mol/L的氯化钠溶液中充分平衡后，通过酸碱滴定就可以确定钠离子所交换出的氢离子数量。因为离子交换是一种平衡反应，所以滴定应在充分交换后重复进行。当膜同时具有弱酸性和强酸性的阳离子交换基团时，每种交换基团的数量都需要分别测定。当以定量的酸型膜浸于定量的标准氢氧化钠溶液中充分平衡后，弱酸和强酸的阳离子交换基团总量可以通过对剩余氢氧根离子的回滴定来确定。当膜与不使弱酸基团发生离解的溶液充分平衡后便可确定强酸基团的量。弱酸基团的数量则可从总阳离子交换容量中减去强酸基团的量来获得。当膜只有弱酸基团时，则以定量的酸型膜与标准氢氧化钠溶液充分平衡后，确定剩余的标准氢氧化钠的量就可以了。同理，对于强碱性或弱碱性阴离子交换膜来说，离子交换容量的测定也可类似地获得。

（4）含水率　离子交换膜的含水率是指膜内与活性基团结合的内在水占总膜质量的百分率。例如，当膜与 0.5mol/L 的氯化钠等特定浓度的电解质溶液充分平衡后，以滤纸快速而仔细地擦拭，再将膜保存在称量瓶中来测试膜的湿重。干重则是在膜经过标准条件下的干燥后测定的：

$$\text{含水率}(\%)=\frac{\text{湿膜质量}-\text{干膜质量}}{\text{湿膜质量}}\times 100\% \tag{10-21}$$

一般地，增大膜的离子交换容量会提高膜的导电性能，但膜的含水量会增大，溶胀会变得非常显著，进而会劣化膜的选择性和力学性能等。因此，离子交换膜的含水率通常控制为 20%～40%。

（5）对特定离子的选择透过性　当离子交换膜与混合盐溶液平衡后，各种离子在膜中的分配比例也趋于平衡。离子交换膜对两种反离子中某种离子的优先选择性可用分离系数 $\alpha_{\mathrm{B}}^{\mathrm{A}}$ 来表达，即：

$$\alpha_{\mathrm{B}}^{\mathrm{A}}=\frac{\overline{C}_{\mathrm{A}}C_{\mathrm{B}}}{\overline{C}_{\mathrm{B}}C_{\mathrm{A}}} \tag{10-22}$$

式中，$\overline{C}_{\mathrm{A}}$、$\overline{C}_{\mathrm{B}}$ 分别为离子 A、B 在膜相中的浓度；C_{A}、C_{B} 分别为离子 A、B 在溶液中的浓度。分离系数的测量方法与离子交换容量的测定相似。在膜与混合盐溶液平衡后，用酸或盐溶液洗提膜上发生离子交换的离子，并测定洗提液中离子的百分率。与离子交换树脂的情况相同，某种离子的分离因子和选择系数可以表达为基于某种标准离子的相对值。

例如，电渗析过程中离子交换膜对反离子间的选择透过性可使用两室式或四室式的测试池来测定。基本上说，装配有 Ag-AgCl 电极的两室式测试池与用于测量希托夫迁移数的装置非常类似。四室式测试池则往往用于溶液中除 Cl^- 外还含有其他与 Ag-AgCl 电极发生反应的测试体系。将待测膜置于中间两室之间，并向中间隔室填充适当的混合盐溶液，而在极室中填充氯化钠或氯化钾溶液，在恒定的电流密度和温度下进行一定时间的电渗析过程。中间两室的溶液需充分搅拌以消除膜表面处扩散边界层对离子间选择透过性的影响。电渗析过程结束后，分析中间两室溶液中离子的组成变化，进而利用下述方程评估离子间的选择透过性：

$$P_{\mathrm{A}}^{\mathrm{B}}=\frac{t_{\mathrm{A}}/t_{\mathrm{B}}}{C_{\mathrm{A}}/C_{\mathrm{B}}} \tag{10-23}$$

式中，t_{A}和 t_{B}分别为 A 离子和 B 离子在膜中的迁移数；C_{A}和 C_{B}分别为在电渗析过程中 A 离子和 B 离子的平均浓度。

（6）扩散系数　将离子交换膜应用于电渗析时，膜的一侧接触稀溶液，而另一侧为浓溶液。因此，在浓差的驱动下必然有电解质和小分子量的非电解质扩散通过膜。由于扩散通量直接影响着电流效率和产品纯度，所以在实际应用中把握电解质或小分子量非电解质通过膜的扩散行为非常重要。如下方法简单易行，可用于扩散系数的确定。膜的一侧接触浓溶液而另一侧接触稀溶液（在某些情况下为纯水），一段时间后测定通过膜扩散到稀溶液中的溶质质量，便可根据 Fick 方程计算扩散系数，即：

$$\Delta m=D\,\frac{A(C_{\mathrm{C}}-C_{\mathrm{D}})}{\delta}t \tag{10-24}$$

式中，Δm 为溶质的扩散量；D 为扩散系数，m^2/s；A 为有效膜面积；C_{C}和 C_{D}分别为浓侧和淡侧的电解质浓度；δ 为膜的厚度；t 为扩散时间。在某些情况下，测得的是渗透系数 D/δ（m/s），而并非扩散系数。渗透水的跨膜传递以及膜电位（由于跨膜浓度差的存在）对该系数的影响也必须加以考虑。通过上述传统方法测定的扩散系数完全满足离子交换膜的实际应用。需要指出的是，在膜-溶液界面处形成的扩散边界层会显著影响扩散系数的测定，要想获得通过膜的真实扩散系数，测试过程中对膜两侧溶液的充分搅拌就显得非常重要了。

（7）水迁移　通过离子交换膜的水传递是由跨膜浓度差引发的渗透水和由水合离子跨膜传递引发的电渗水组成的。渗透水的跨膜传递与反离子的迁移数有关。一般来说，当膜固定离子浓度较高时，渗透水的传递则较低。D_W相当于水透过膜的扩散系数。渗透水的计算公式如下：

$$\Delta m = D_W A \frac{(C_C - C_D)}{\delta} t \tag{10-25}$$

式中，Δm 为渗透水；A 为有效膜面积；C_C和 C_D分别为膜的浓缩侧和淡化侧的浓度；δ 为膜厚度；t 为时间。

电渗水通量取决于离子种类、溶液浓度、膜种类和温度。例如，电渗水通过类似于测定膜动态迁移数的两室式测试池来测量。两隔室都安装有银-氯化银电极，隔室中充满相同浓度的电解质溶液。将一根有刻度的毛细管安装在有离子迁入的隔室中（最好在两个隔室中同时安装有毛细管），于是在给定电量下通过膜传递的水就可以根据水在毛细管中的液位变化来测定。一般地，若在测量过程中无搅动，则应采用相对低的电流密度以避免膜-溶液界面处的浓差极化现象。离子交换膜也应该充分地与测试溶液平衡，并保持温度恒定。

（8）流动电位　当压力作用于荷电膜上时会产生一个跨膜电位。例如，若膜荷负电，则上游侧（高压端）的电位较低。流动电位（ΔE）可以由 Smoluchowski-Helmholz 方程与 zeta 电位 ζ 相关联：

$$\frac{\Delta E}{\Delta p} = \frac{\varepsilon \zeta}{\eta \lambda} \tag{10-26}$$

式中，Δp 为跨膜压差；ε 为溶液介电常数；η 和 λ 分别为溶液的黏度和电导率。

许多研究中已经成功地测定荷电多孔膜的流动电位，并借此计算得到相应的 ζ 电位。一般地说，流动电位是在压力作用下产生的，而且随着浓差极化等因素的增加会急剧地增加。因为溶液在压力作用下会透过膜，所以流动电位最终会达到一个恒定值。高压侧溶液的浓度会变高，而低浓度侧的浓度进一步降低。流动电位会随溶液浓度的升高而降低，随阳离子水合作用的增强而增加。

（9）溶胀　由于离子交换基团的存在，离子交换膜在溶剂的作用下会发生溶胀，而且在水中的情况会格外显著。溶胀度是指有机离子交换膜在特定溶液中浸泡后，它的面积或体积发生变化的百分率。膜的溶胀度取决于离子交换容量、离子基团的种类、增强织布的种类、交联度、离子类型、膜的预处理、溶剂、溶液的 pH、电解质溶液的温度等。一般地，膜的溶胀情况随着离子交换容量的增加和交联度的降低而变得显著，随着离子化合价的增高和电解质溶液浓度的增大而减弱。如果膜在溶液中仅仅变厚一些，并不会给使用带来太大的麻烦，问题是膜面积的改变将导致膜在已固定的隔板框中绕曲变形，甚至阻塞流水通道，即使拆开设备检修，也没有办法解决膜的变形问题。因此为了防止膜过分溶胀，在制造异相膜时，常常增大黏合剂的比例，或者提高离子交换树脂（粉）的交联度，并控制树脂粒度（不可以太细），以及嵌入网布等。

影响膜的溶胀度的因素很多，应结合使用条件进行测定。测定干膜变成湿膜的溶胀度时，一般可剪裁干膜（10×10）cm^2的尺寸，在水中（约 25℃）充分溶胀，使之达到平衡，测定面积变化后的百分率（%）。计算公式如下：

$$\text{溶胀度}(\%) = \frac{\text{湿态膜面积} - \text{干态膜面积}}{\text{干态膜面积}} \times 100\% \tag{10-27}$$

此外，也可以根据需要，把已经在水中平衡、量好尺寸的膜，移入另一溶液中，计算更换溶液前后尺寸变化的百分率（也可以用体积变化表示溶胀度）。

(10) 化学稳定性　生产实际中往往要求膜能抵抗酸或碱的侵蚀，抵抗氧化还原和生物降解的能力强。而且，膜在操作介质中应该性能稳定，不变形，活性基团不脱落。例如，烃型阴离子交换膜和阳离子交换膜（苯乙烯-二乙烯基苯聚合型）在常规浓度的酸溶液中（大约40%硫酸、10%盐酸、20%硝酸、50%乙酸）和氢氧化钠（5%）、氨（4%）等碱性溶液中一般来说是稳定的。然而，相对苯乙烯-二乙烯基苯型膜而言，以乙二醇二甲基丙烯酸酯、磺乙基甲基丙烯酸酯、其他丙烯酸、甲基丙烯酸酯等制备的离子交换膜的稳定性则较差。

据报道，霍夫曼降解反应会导致阴离子交换树脂的季氨基团在温度升高时发生分解。另外，聚氯乙烯或作为膜的组成部分或支撑织网而用于大量商品阴离子交换膜的生产中。因此，当该膜用于高浓度的碱性溶液中时，膜可能会发生分解（聚合物脱氯化氢使膜变为棕色和黑色），进而降低膜的机械强度。为了增加膜在碱性溶液中的稳定性和机械强度，阴离子交换膜往往利用聚乙烯织布来增强。

(11) 热稳定性　阳离子交换树脂（磺酸型和磺酸钠型）可以保持稳定直至120℃。对于带有季胺基团的阴离子交换树脂来说，以氯离子型存在的可在80℃以下的环境中耐久使用，而以氢氧根离子型存在的则只限于在60℃以下使用。稳定性也与该树脂的交联程度有关（热稳定性随着二乙烯基苯含量的减少而增加）。此外，离子交换膜中含有惰性聚合物和增强织物，所以它们的热稳定性也决定了膜的耐用性。许多商品阳离子交换膜是以聚氯乙烯织物来强化的，所以它们通常要求在60℃以下使用。当以聚乙烯织物或其他热稳定性织物来强化制备的离子交换膜时，膜对较高的温度也是稳定的，膜自然也能够在如此高的温度下使用。

在氯碱工业中，全氟化碳阳离子交换膜的使用温度可以高达80℃之上，在燃料电池中也可达到80℃左右。曾利用热重分析法针对不同离子形式存在的全氟化碳磺酸膜Nafion的热稳定性进行了详细考察。研究结果发现，热稳定性取决于与磺酸基团发生离子交换的反离子种类（Nafion膜的分解取决于所交换的阳离子的尺寸，即随着反阳离子尺寸的减小，膜的热稳定性表现出提高的趋势）。据报道，Nafion干膜（磺酸型）可以保持热稳定直至280℃，当温度继续升高时膜开始分解（磺酸基团的分解）。

(12) 机械强度　实际应用中，往往要求膜具有一定的抗拉强度，即膜在受到平行方向的拉力时所能承受的最大压力，kgf/cm^2；还要具有一定的爆破强度，即膜在受到垂直方向压力时所能承受的最高压力，kgf/cm^2，一般大于$5kgf/cm^2$。烃型离子交换膜的机械强度可用爆破强度（kgf/cm^2）来描述。全氟化碳离子交换膜的强度可用抗拉强度（kgf/cm^2或kgf/cm^2）来衡量。它们往往是以干态或湿态膜沿纵向来测量。

10.4 电渗析器[34,35]

如图10-3所示，电渗析器的整体结构类似于板式换热器，主要由离子交换膜、隔板、电极和夹紧装置组成。电渗析器两端为端框，框上固定有电极，并分布着极水孔道、进料孔道、浓液孔道和淡液孔道等。电极内表面呈凹形，与膜贴紧时即形成电极冲洗室。相邻两膜之间有隔板，隔板边缘有垫片。当膜与隔板夹紧时即形成浓室和淡室。隔板、膜、垫片及端框上的孔对齐贴紧后即形成孔道。料液在电渗析器中的分布如图10-4所示。

一般对电渗析器的要求是：低能耗，高效，低成本，需要较少的维护即可实现简单而稳定的操作等。在保证运行稳定的前提下，往往通过选用低电阻的离子交换膜和减小隔室的厚度等途径来降低能耗。为了降低电渗析器的成本，常常根据待分离的容量来改变标准衬垫膜和其他附件的数量，将电渗析器中的膜有效面积增大至膜总面积等。

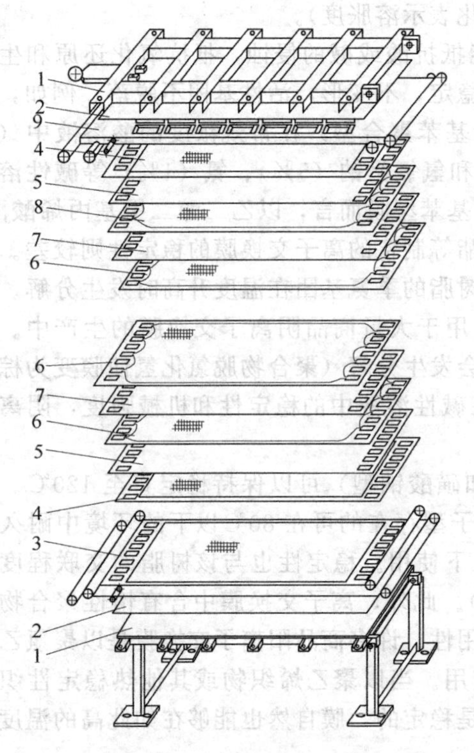

图 10-3 电渗析器的构造

1—夹紧板；2—绝缘橡胶板；3—电极（甲）；4—加网橡胶圈；5—阳离子交换膜；6—浓（淡）水隔板；7—阴离子交换膜；8—淡（浓）水隔板；9—电极（乙）

10.4.1 隔板

与离子交换膜一样，隔板是电渗析器中重要的结构部件，其类型通常决定了电渗析器的设计。在电渗析器中，隔板的作用是支撑和分隔，同时形成水流通道，并以一定的方式调节离子交换膜的间距来引导离子流动。隔板通常由不导电的憎水材料制成，有足够的弹性和刚性，可以充分隔离相邻离子膜，同时在电渗析器压紧时不会受压损坏。常用于制造隔板的材料有聚苯乙烯、聚丙烯、聚氯乙烯和各种人造橡胶等。典型隔板的构型如图 10-5 所示。

在普通的电渗析器中，隔板由不导电材料制成。然而，在生产脱盐程度极高的纯净水时，隔板上有流水通道。依靠这种设计，可以方便离子膜间的液体移动，移动的通道可能是曲折的（有回路隔板），抑或是平行片状的（无回路隔板）。

对于曲折路径的隔板，流体将沿着隔板网条一再改变流动方向，并在网条贴近膜表面时达到极大的速度。为了防止这些网条摆动，用隔板网将其加固，这些隔板网比隔板更薄。这些隔板网的使用也导致流体湍动并降低浓差极化。为了强化流体流动，隔板网线应与液流方向呈 15°～75°放置。曲折隔板由聚合物冲裁的薄片制得，用这些薄片来制成两片有轻微差别的构件，再黏合在一起形成隔板。这些隔板很容易制造，但会对膜表面造成明显的损毁。

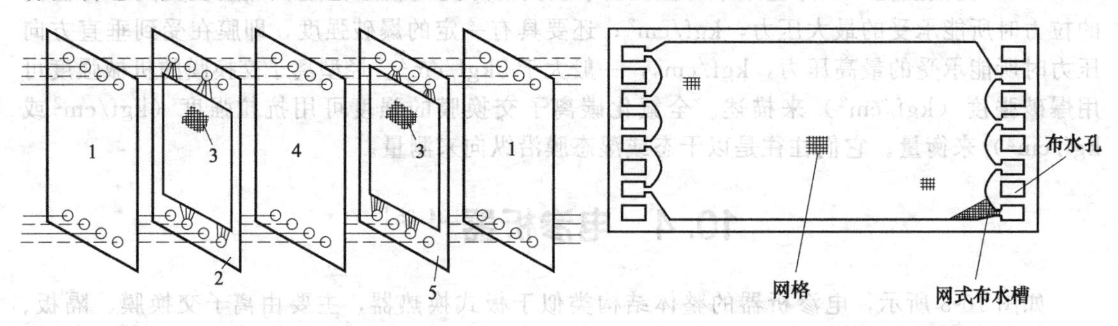

图 10-4 料液在电渗析器中的分布

1—阳离子交换膜；2—隔板甲；3—隔板网；4—阴离子交换膜；5—隔板乙

图 10-5 隔板的典型构型

平行路径隔板通常由两部分组成：外围框和嵌套在内部的隔板。脱盐室和浓缩室的隔板通常是一样的，但这种设计的潜在缺点是流量分配效果不好，电渗析器易变形。为了提高稳定性，可在隔板和离子膜之间加置导流用塑料网。

有些隔板是由具有波纹的薄孔板制成的，且孔板经过折叠拉伸处理便可以改进性能。这些隔板很容易制备，而且有利于流体湍动，但却明显遮挡住了部分膜表面。由 DuPont 公司首先开发的网状隔板是由两层平行的细丝在交叉点熔合制成，有效减少了对膜表面的遮蔽。现在许多企业生产的 Vexar 无编织网是平行路径电渗析器中最普遍的隔板，其可由多种聚合物材料挤出制得。

10.4.2 电极

电渗析过程与电解过程一样，都需要电极。电极分为阳极和阴极。阳极和阴极分别与直流电源的正极和负极相接，在两极间的电解质溶液中形成直流电场。电极实际上是第一类导体和第二类导体的“桥梁”。在电解槽或电渗析的外路上，导电是由电子运动引起的；而在电解质溶液中，导电则是完全由离子的运动引起的。导电从电子型转变为离子型，或从离子型转变为电子型。这些变化的发生正是在电极上进行的。

电极反应随电解质溶液的种类和浓度、电极材料的种类以及电流密度等条件的不同会产生很大的差别。电极材料可分为不溶性、微溶性以及可溶性三种。电渗析装置期望采用不溶性电极材料。不溶性电极的电极反应主要是被电解的电解质溶液中的物质参加电极反应，而电极本身不参加反应或反应速率极小。

常用的电极材料有以下几种。

(1) 二氧化钌 又称钛涂钌，是在钛的表面涂上一层二氧化钌、二氧化铱或二氧化钛制成，适用于酸性和中性溶液，不适用于碱性溶液，可用作阳极和阴极。实践证明，铂族金属氧化物作为电极材料的性能比铂族金属本身更好。这种电极广泛应用于氯碱工业。

(2) 石墨 石墨价格低廉，无毒，在二氧化钌出现前曾广泛应用于氯碱工业。但它较脆，较笨重，易磨损。石墨的磨损由电化学和机械两方面的原因引起，在使用前进行浸渍处理可大大延长其使用寿命。石墨电极一般用作阳极。

(3) 不锈钢 不锈钢一般用作阴极，在重碳酸盐、硝酸盐或硫酸盐溶液中也可用作阳极，而在酸性溶液中只用作阴极。它的价格低，加工方便，是较好的电极材料。

(4) 钛镀铂 钛镀铂可用作阳极和阴极，是目前较好的电极材料，但价格较贵。

(5) 二氧化铅 二氧化铅是很好的阳极材料，但不能用作阴极。

(6) 银-氧化银 银-氧化银适合于在氯化物溶液中使用，可兼作阳极和阴极。

(7) 活性阴极 活性阴极是对释氧的过电位较低的材料，一般为铜基、铁基或镍基材料。

(8) 铅 铅价格低廉，适用于氯化物含量低或碳酸盐含量高的原水，但易导致水的铅污染。

10.5 电渗析的应用

电渗析技术在 20 世纪 50 年代就成功地用于苦咸水和海水的淡化。经过半个多世纪的发展，电渗析技术已成为一种成熟而重要的膜分离技术，广泛地应用于给水处理、废水处理以及特种分离等领域[36,37]。随着新型离子交换膜的出现和填充床电渗析技术、双极膜电渗析等新技术的推出，电渗析技术无疑将具有更广阔的应用前景[38]。

10.5.1 电渗析在给水处理中的应用

饮用水标准中对硝酸盐、硬度、氟化物以及有机污染物含量等都给出了明确而严格的要求。近年来，化肥的过量使用和畜牧业的增长等众多原因致使地下水中的硝酸盐等电解质含量显著增加。研究表明，硝酸盐对人体有害，对于婴幼儿的影响尤为显著。欧共体已建议饮用水中的硝酸根离子含量应该低于25mg/L。日本、美国等则规定饮用水中的硝酸根离子和亚硝酸根离子的总量应低于10mg/L[39,40]。我国在2006年12月29日颁布的生活饮用水标准中也将硝酸盐的含量由原来的不得超过25mg/L修改为不得超过10mg/L。然而，实际情况不容乐观，某些地方地下水中硝酸根离子含量已超过了50mg/L。面对这一问题，研究者提出并尝试了很多方法。其中，鉴于电渗析技术在高效脱硝过程中能更好地保护天然地下水的品质而被广泛认为是最有前景的方法之一。此外，我国等一些国家和地区地下水中也存在着氟含量偏高的问题。长期饮用高氟水会导致人体的氟超标，从而引起氟斑牙和氟骨病等。电渗析法也被认为是较好的降氟技术。

10.5.2 电渗析在废水和废气处理中的应用

电渗析技术往往可以用于工业生产废水的资源化处理，既可提取废水中的目标成分又可实现水的回用，从而有效减少污染物的排放[41~44]。例如，对于电子行业中用于制造印刷电路基板的含铜化学镀浴，当阴离子积聚于其中时，电镀板上的铜镀层就会由于铜离子的沉积而致使其力学性能减弱。这个问题就可以通过电渗析技术来移除电镀液中积聚的阴离子和钠离子来加以解决。目前，电渗析技术已广泛应用于电镀淋洗液中贵金属的回收、氰化物电镀漂洗液的处理以及化学镀浴的再生等。

电渗析还可以用于酸、碱性废水及有机废水的处理[45~47]。例如，电渗析法可以用来处理含有木质素等大量有机物和硅酸盐的造纸黑液[48~50]。通常采用循环式工艺流程，黑液通过阳极室循环，稀碱液通过阴极室循环。Na^+在直流电场作用下通过阳离子交换膜进入阴极室，与电解产生的OH^-结合生成NaOH得以回收碱；阳极室黑液电解产生H^+，酸化到一定程度时，大部分木质素便可以沉淀析出。该法既可以回收烧碱和木质素等物质，还可以从纺织和合成纤维工业的废水中回收钠、锌、铜等的硫酸盐。

工业生产中会产生大量的废气，比如NO_x、CO_x、HF和SO_x等酸性气体。利用双极膜电渗析技术可以使得这些废气的处理变得十分简单、有效[36,51]。

10.5.3 电渗析在化工生产中的应用

化工生产中的Co^{2+}和Ni^{2+}这两种离子，由于二者性质相近而难以分离开来。利用双极膜电渗析和配位化学的知识，采用普通电渗析器和双极膜电渗析器的集成操作便可以成功地实现对二者的分离[52]。此外，双极膜由于具有水解离产生H^+和OH^-的特性，已广泛应用于跨膜的连续离子交换反应中。具体实例包括从葡萄糖酸盐中分离葡萄糖酸，从氨基酸盐中生产氨基酸，从柠檬酸盐中分离柠檬酸，大豆蛋白的离子交换和从乳酸盐到乳酸的转化等[53,54]。

10.5.4 电渗析在生物制品和食品工业中的应用

近些年来由于环境污染的问题，使得针对可生物降解聚合物的生产成了一个研究热点。聚乳酸是一种新型的可降解材料，往往使用可再生的植物资源（如玉米等）所提取的淀粉原料进行生产。淀粉原料经由微生物发酵过程生产乳酸，再通过化学聚合形成聚乳酸。于是涌现出很多利用电渗析方法从发酵液中分离乳酸的研究工作[55]。

利用双极膜配合阴阳离子交换膜的电渗析技术可以有效地将发酵液中的乳酸盐转化为乳酸。也就是说，双极膜产生的H^+和OH^-通过跨阴离子或阳离子交换膜所发生离子交换反应而将乳酸盐转化为乳酸和碱。尽管矿物质和葡萄糖会通过离子交换膜而发生泄漏，但这个问题可以通过针对阴、阳离子交换膜材料的选择从而加以解决。

电渗析技术在食品工业中的应用也非常广泛[56,57]。例如，使用电渗析技术脱除奶酪乳清中的矿物质已经有几十年的工业化应用历史。在这个实例中，因为磷酸盐、钙和镁离子会与蛋白质和胶体盐紧密结合，所以在脱除矿物质的初始阶段中需将钾离子和氯离子从乳清中除去。因为柠檬酸和磷酸根离子在脱除矿物质的最后一步中会透过膜，所以跨膜电压降也会随之增加。这无疑会加速膜的劣化。从经济性的角度考虑，大约60%的无机离子可以通过电渗析除去，余下的40%则可以通过离子交换树脂去除。为了防止膜污染的发生，可以尝试采用向浓水侧添加酸和采用倒极电渗析等技术。显然，改进后的工艺显著降低了乳清脱矿物质的成本。

电渗析技术也可应用于制糖业以提高糖的质量和回收率[58]。然而，糖溶液中的胶状物质和有色物质会吸附在阴离子交换膜表面，从而造成严重的有机污染。为预防这种现象的出现，据报道，糖溶液在进入电渗析器之前必须除去污染离子。而且，在电渗析过程中使用中性膜来代替阴离子交换膜，从而与阳离子交换膜配对使用。离子交换膜在食品工业中的其他应用还包括从发酵液中回收氨基酸、回收苯基丙氨酸和利用等电点法分离氨基酸等。

课后习题

1. 简述电渗析的工作原理。
2. 什么是离子交换膜？主要制备方法有哪些？
3. 阴离子交换膜的质子泄漏原因是什么？如何防治？
4. 离子交换膜的主要性能指标有哪些？如何表征？
5. 电渗析过程伴随着哪些过程？对电渗析工作表现有何影响？

参考文献

[1] Berezina N P，Karpenko L V. Percolation effects in ion exchange materials [J]. Colloid J，2000，62 (6)：676-684.

[2] Oren Y，Freger V，Linder C，Highly conductive ordered heterogeneous ion-exchange membranes [J]. Journal of Membrane Science，2004，239：17-26.

[3] Hu K Y，Xu T W，Yang W H，Fu Y X. Preparation of novel heterogeneous cation permeable membranes from blends of sulfonated poly (phenylene sulfide) and poly (ether sulfone) [J]. Journal of Applied Polymer Science，2004，91：167-174.

[4] Vyas P V，Shah B G，Trivedi G S，Ray P，Adhikary S K，Rangarajan R. Characterization of heterogeneous anion-exchange membrane [J]. Journal of Membrane Science，2001，187：39-46.

[5] Wang B B，Wang M，Wang K K，Jia Y X. Tuning electrodialytic transport properties of heterogeneous cation exchange membrane by the addition of charged microspheres [J]. Desalination，2016，384：43-51.

[6] Sun X C，Chen F，Lei Y L，Luo Y J，Zhao Y X. Preparation and characterization of semi - interpenetrating network polystyrene/PVDF cation exchange alloy membranes [J]. Journal of Applied Polymer Science，2013，130：1220-1227.

[7] Schauer J，Hnát J，BrožováL，Žitka J，Bouzek K，Heterogeneous anion-selective membranes：Influence of a water-soluble component in the membrane on the morphology and ionic conductivity [J]. Journal of Membrane Science，2012. 401-402：83-88.

[8] Hosseini S M，Madaeni S S，Khodabakhshi A R. Preparation and characterization of PC/SBR heterogeneous cation exchange membrane filled with carbon nanotubes [J]. Journal of Membrane Science，2010，362：550-559.

[9] Hosseini S M，Madaeni S S，Khodabakhshi A R. Preparation and characterization of ABS/HIPS heterogeneous anion exchange membrane filled with activated carbon [J]. Journal of Applied Polymer Science，2010，118：3371-3383.

[10] Hosseini S M，Jashni E，Habibi M，Nemati M，Vander Bruggen B. Evaluating the ion transport characteristics of novel graphene oxide nanoplates entrapped mixed matrix cation exchange membranes in water deionization [J]. Journal of Membrane Science，2017，541：641-652.

[11] Onoue Y，Sata T. Application of ion exchange membranes Kobunshi (High Polymer) [J]. Kobunshi. 1972，21：

602-611.

[12] Körösy F de, Zeigerson E. Breakthrough of poisoning multivalent ions across a permselective membrane during electrodialysis [J]. J Phys Chem, 1967, 71: 3706-3709.

[13] Körösy F de. Poisoning and sign reversal of permselective membranes [J]. Nature, 1961, 191: 1363-1365.

[14] Hodgdon R B, Witt E, Alexander S S. Macromolecular anion exchange membranes for electrodialysis in the presence of surface water foulants [J]. Desalination, 1973, 13: 105-127.

[15] Kusumoto K. Organic fouling of ion exchange membrane [J]. Nippon Kaisui Gakkaishi (Bull Soc Sea Water Sci Jpn), 1979, 33: 143-153.

[16] Slough W. Charge-transfer bonding in molecules combined in polymeric structures Part Ⅰ. Spectroscopic investigation of halogen and halide ion interactions [J]. Trans Faraday Soc, 1959, 55: 1030-1035.

[17] Slough W. Charge-transfer bonding in molecules combined in polymeric structures Part Ⅱ. The influence of charge-transfer interaction on the anion exchange properties of resins and membranes [J]. Trans Faraday Soc, 1959, 55: 1036-1041.

[18] Elyanow D, Parent R G, Mahoney J R. Parametric tests of an electrodialysis reversal (EDR) system with aliphatic anion membranes [J]. Desalination, 1981, 38: 549-565.

[19] Kraus K A, Moore G E. Anion exchange studies V Adsorption of hydrochloric acid by a strong base anion exchanger [J]. J Am Chem Soc, 1953, 75: 1457-1460.

[20] Nelson F, Kraus K A. Anion exchange studies ⅩⅩⅢ. Activity coefficient of some electrolytes in the resin phase. [J]. J Am Chem Soc, 1958, 80: 4154.

[21] Lorrain Y, Pourcelly G, Gavach C. Influence of the proton leakage through anion exchange membranes [J]. J Membr Sci, 1996, 110: 181-190.

[22] Ogawa T, Kamiguchi K, Tamaki T, Imai H, Yamaguchi T. Differentiating grotthuss proton conduction mechanisms by nuclear agnetic resonance spectroscopic analysis of frozen samples [J]. Anal. Chem, 2014, 86: 9362.

[23] Simons R. Development of an acid impermeable anion exchange membrane [J]. Desalination, 1990, 78: 297.

[24] Sata T, Yamamoto Y. Modification of properties of ion exchange membranes. Ⅷ. Change in properties of anion exchange membranes on introduction of hydrophobic groups [J]. J Polym Sci, Polym Phys Ed, 1989, 27: 2229.

[25] Nishihara A, Koike S. Preparation method ofpermselective membrane [J]. Jpn Pat JP: 43-10060.

[26] Zheng Y C, Barber J. Acid Block Membrane [P]. US 2012/0165419 A1.

[27] Rohman F S, Othman M R, Aziz N. Modeling of batch electrodialysis for hydrochloric acid recovery [J]. Chem Eng J, 2010, 162: 466.

[28] Pourcelly G, Tugas I, Gavach C. Electrotransport of HCl in anion exchange membranes for the recovery of acids Part Ⅱ. Kinetics of ion transfer at the membrane-solution interface [J]. J Membr Sci, 1993, 85: 195.

[29] Guo R Q, Wang B B, Jia Y X, Wang M. Development of acid block anion exchange membrane by structure design and its possible application in waste acid recovery [J]. Separation and Purification Technology, 2017, 186: 188-196.

[30] Sata T, Sata T, Yang W K. Studies on cation-exchange membranes having permselectivity between cations in electrodialysis [J]. Journal of Membrane Science, 2002, 206: 31-60.

[31] Sata T. Studies on anion exchange membranes having permselectivity for specific anions in electrodialysis-effect of hydrophilicity of anion exchange membranes on permselectivity of anions [J]. Journal of Membrane Science, 2000, 167: 1-31.

[32] 佐田俊胜. 离子交换膜：制备，表征，改性和应用 [M]. 汪锰，等译. 北京：化学工业出版社，2015.

[33] 田中良修. 离子交换膜基本原理及应用 [M]. 葛道才，等译. 北京：化学工业出版社，2010.

[34] 张维润. 电渗析工程学 [M]. 北京：科学出版社，1995.

[35] Strathmann H. Ion-Exchange Membrane Separation Processes [J]. Elsevier Amsterdam Netherlands, 2004.

[36] Strathmann H. Electrodialysis, a mature technology with a multitude of new applications [J]. Desalination, 2010, 264: 268-288.

[37] 李媛，王立国. 电渗析技术的原理及应用 [J]. 城镇供水，2015，5：16-22.

[38] 张淦，王炳春，李正浩. 电渗析应用 [J]. 见：中国-欧盟膜技术研究与应用研讨会论文集，2015.

[39] 涂丛慧，王晓琳. 纳滤与电渗析技术在饮用水制备方面的应用 [J]. 水工业市场，2009，7：10-12.

[40] Silva V, Poiesz E, Heijden P. Industrial wastewater desalination using electrodialysis: evaluation and plant design [J]. Journal of Applied Electrochemistry, 2013, 43: 1057-1067.

[41] Moon S H, Yun S H. Process integration of electrodialysis for a cleaner environment [J]. Current Opinion in Chem-

ical Engineering, 2014, 4: 25-31.

[42] Fu F, Wang Q. Removal of heavy metal ions from wastewaters: a review [J]. Journal of Environmental Management, 2011, 29: 407-418.

[43] Pazouki M, Moheb A. An innovative membrane method for the separation of chromium ions from solutions containing obstructive copper ions [J]. Desalination, 2011, 274: 246-254.

[44] Al-Saydeha S A, El-Naasa M H, Zaidib S J. Copper removal from industrial wastewater: A comprehensive review [J]. Journal of Industrial and Engineering Chemistry, 2017, 56: 35-44.

[45] Ito S, Nakamura I, Kawahara T. Electrodialytic recovery process of metal finishing waste water [J]. Desalination, 1980, 32: 383-389.

[46] Merkel A, Ashrafi A M, Ondrušek M. The use of electrodialysis for recovery of sodium hydroxide from the high alkaline solution as a model of mercerization wastewater [J]. Journal of Water Process Engineering, 2017, 20: 123-129.

[47] Wang Y, Li W, Yan H, Xu T. Removal of heat stable salts (HSS) from spent alkanolamine wastewater using electrodialysis [J]. Journal of Industrial and Engineering Chemistry, 2018, 57, 356-362.

[48] Haddad M, Mikhaylin S, Bazinet L, Savadogo O, Paris J. Electrochemical acidification of Kraft black liquor by electrodialysis with bipolar membrane: Ion exchange membrane fouling identification and mechanisms [J]. Journal of Colloid and Interface Science, 2017, 488: 39-47.

[49] 郭丹丹，廖传华，陈海军，朱跃钊. 制浆黑液资源化处理技术研究进展 [J]. 环境工程，2014，4：36-40.

[50] Haddad M, Bazinet L, Savadogo O, Paris J. A feasibility study of a novel electro-membrane based process to acidify Kraft black liquor and extract lignin [J]. Process Safety and Environmental Protection, 2017, 106: 68-75.

[51] Taniguchi I, Yamada T. Low Energy CO_2 Capture by Electrodialysis [J]. Energy Procedia, 2017, 114: 1615-1620.

[52] Xu T. Development of bipolar membrane-baseds processes [J]. Desalination, 2001, 140: 247-258.

[53] Wang Y, Zhang X, Xu T. Integration of conventional electrodialysis and electrodialysis with bipolar membranes for production of organic acids [J]. Journal of Membrane Science, 2010, 365: 294-301.

[54] Sun X, Lu H, Wang J. Recovery of citric acid from fermented liquid by bipolar membrane electrodialysis [J]. Journal of Cleaner Production, 2017, 143: 250-256.

[55] Wang X, Wang Y, Zhang X, Feng H, Xu T. In-situ combination of fermentation and electrodialysis with bipolar membranes for the production of lactic acid: Continuous operation [J]. Bioresource Technology, 2013, 147: 442-448.

[56] Fidaleo M, Moresi M. Electrodialysis Applications in The Food Industry [J]. Advances in Food and Nutrition Research, 2006, 51: 265-360.

[57] Chen G Q, Eschbach F, Weeks M, Gras S L, Kentish S E. Removal of lactic acid from acid whey using electrodialysis [J]. Separation and Purification Technology, 2016, 158: 230-237.

[58] Elmidaoui A, Chay L, Tahaikt M, Menkouchi Sahli M A, Taky M, Tiyal F, Khalidi A, Alaoui Hafidi M R. Demineralisation for beet sugar solutions using an electrodialysis pilot plant to reduce melassigenic ions [J]. Desalination, 2006, 189: 209-214.

第11章 膜蒸馏

本章内容 >>>

本章要求 >>>

1. 了解膜蒸馏的发展史及发展前景。
2. 掌握膜蒸馏的分离原理。
3. 掌握膜蒸馏的传递机理。
4. 了解膜蒸馏用膜材料的特征。
5. 掌握膜蒸馏用膜的制备方法。
6. 了解膜蒸馏典型的工业应用。

11.1 膜蒸馏的概述

水占据了地球约75%的面积，地球表面大多分布着固体冰川和海水。淡水量占的比例很少，约为总水量的1%，分布也极为不均衡。而且随着社会的不断进步，环境污染愈发严重，以及水资源的浪费，均导致饮用水极度缺乏，因此急需高效的淡水制备技术。海水淡化技术作为水资源的开源增量技术，已经成为解决全球水资源危机方兴未艾的技术。截至2011年，全球应用海水淡化技术的国家和地区已经超过120个。在海水淡化5000万吨左右的日产量中，80%用在饮用水方面，可供一亿多人饮用[1]。

"膜蒸馏法"作为一种新兴的海水淡化方法，结合了反渗透和蒸馏技术的优点，受到了人们的大量关注。膜蒸馏技术（membrane distillation，MD）是一种非等温的新型分离技术，从出现到应用，其发展历史仅短短的几十年。起初，美国人Kober[2]发现在装有硫酸铵水溶液的胶棉袋子外面出现了硫酸铵晶体，而袋子中的溶液体积减小了，由于袋子是密封的，Kober猜测这种胶棉袋子是一种微孔材料，液体分子不能透过，只有蒸汽分子可以透过，Kober首次认识到了膜蒸馏的本质。1959年，Wallach结合膜技术与蒸馏技术，通过调节空气的湿度，实现了膜蒸馏的首次应用[3]。到了20世纪60年代，膜蒸馏技术开始得到人们系统的研究。美国人Bodell等[4]于1963年最早提出MD的概念，并获得了专利，其专利技术涉及一种将不可饮用含水流体转化为可饮用水的装置和技术。装置包括一组平行排列的管状硅胶和一个容器，待处理料液（卤水）在设备中循环流动，空气在管程流动，蒸汽透过膜后冷凝，被外部的冷凝器收集，实现了分离的目的。同年，Bodell在其另一项专利技术中设计了气扫式膜蒸馏的雏形设备，同时提出了真空膜蒸馏的设想[5]。几年后，Wely 为了消除气隙，将热料液和冷料液直接接触膜，提出了直接接触式膜蒸馏工艺。采用的膜是空气填充的多孔疏水膜，通过处理盐水，回收得到高纯水，认识到温差为膜蒸馏传质过程的推动力[6]。Wely 进一步猜测可以通过多效膜蒸馏过程来回收直接接触式膜蒸馏工艺的蒸汽潜热，进而降低过程的能耗。但当时得到的通量仅为 1kg/(m^2·h)，远低于当时反渗透所能达到的通量 5～75kg/(m^2·h)。1971 年，Findley 在《Industrial & Engineering Chemistry Process Design Development》杂志上发表了关于膜蒸馏的首篇学术文章[7]，提出了直接接触膜蒸馏的理论基础，定性地描述了膜厚度、孔隙率、热导率对过程的影响，并确定了膜孔中空气的存在，提出膜蒸馏用膜应该具备的特性：高热阻、高孔隙率、高液体进入压力(LEP)、较小的膜厚、低弯曲因子。Rodgers[8~10]在膜蒸馏的发展初期对膜蒸馏的贡献较多，获得了多项膜蒸馏专利技术。尽管膜蒸馏在 60、70 年代有了一定的发展，但由于其通量低，大多研究者更愿意采用反渗透、超滤、纳滤等这些高通量膜技术来解决相关淡水问题，导致膜蒸馏技术在很长一段时间内都没有引起人们的高度重视。

直到 20 世纪 80 年代，随着高分子材料以及制膜工艺的快速发展，膜蒸馏技术再次引起了人们的关注。当时制备的膜蒸馏用膜的孔隙率高达 80%，膜厚仅为 50μm。相比早期的膜蒸馏用膜，通量增大了 100 倍。美国的 Gore 和 Associacs 公司[11]、瑞士的 Swedish Development Co.[12,13] 以及德国的 Enka A G.[14~16] 从商业应用的角度开发了膜蒸馏系统。Gore[11]设计了一种卷式膜组件，应用在 Gore-Tex 膜蒸馏过程中，但因导热性能差而未实现商品化应用。瑞典的 National Development 公司[17,18]设计了板框式膜组件，用于膜蒸馏过程，同样未进入市场阶段。Enka 设计了中空纤维膜组件[19,20]。到了 80 年代后期，开发了商品化的膜蒸馏系统。90 年代，膜蒸馏技术的研究有了更多的进展，包括对机理的深入研究、组件的设计、膜材料的制备以及应用等方面。Lawson[21]采用统计学分析了蒸汽分子穿过疏水微孔膜的过程，提出了尘-气模型，统一了各种形式膜蒸馏的传质路径。Peng 等将 PVA/PEG（聚乙烯醇/聚乙二醇）共混后刮涂在 PVDF 膜（聚偏氟乙烯）的支撑层上，用于直接接触式膜蒸馏过程，处理含盐料液，在保证通量未受影响的条件下，提高了膜的寿命[22,23]。Felinia Edwie 等将制备的亲水/疏水中空纤维双层膜应用于直接接触式膜蒸馏过程进行脱盐实验，通量高达 83.4kg/(m^2·h)，截留率达到 99.99%，这一处理结果足以同当时的反渗透技术相竞争[24]。

11.1.1 膜蒸馏的原理及特征

膜蒸馏技术融合了膜技术和低温挥发技术的优点，在过程中，疏水微孔膜作为分离屏障，将高温进料液和低温透过液分开。膜蒸馏是热驱动的分离过程，膜两侧因存在温度梯度而产生一定的蒸汽压差，待处理料液中的水蒸气分子以蒸汽压差为推动力，穿过疏水微孔膜，进入膜的另一侧，直接或间接与冷凝液接触，从而实现分离的目的[25]（图 11-1）。

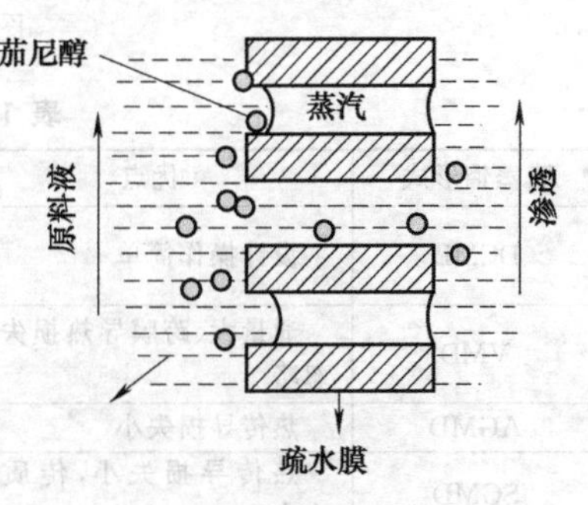

图 11-1　膜蒸馏示意图

1986 年 5 月，关于膜蒸馏的“圆桌会议”[26]在罗马举行，会议上来自日本、荷兰、意大利、德国和澳大利亚等国的膜蒸馏专家对膜蒸馏的基本特征给出了明确的描述。相比反渗透、超滤等技术，膜蒸馏的特别之处是采用了疏水膜，只有气体可以穿过膜孔，具有以下优点[26]：①料液中挥发性溶质的截留率较高，接近 100%；②操作温度低于传统的（蒸）精馏，可利用低位能源如太阳能、地热、工业废热等；③相比反渗透技术，操作压力低，对膜的力学性能要求低；④可处理高浓度溶液，待溶液达到过饱和时析出晶体。可作为液体零排放工艺最后一级的浓缩手段。

11.1.2 膜蒸馏工艺分类[27]

在膜蒸馏工艺中，进料液与膜直接接触，蒸汽分子穿过膜孔后，直接或间接与膜的另一侧接触。依据透过侧蒸汽的收集方式，膜蒸馏工艺分为以下几类：直接接触膜蒸馏(DCMD)、真空膜蒸馏（VMD)、气隙膜蒸馏（AGMD)、吹扫气膜蒸馏（SGMD)。其优缺点见表 11-1。

(1) DCMD 高温进料液直接和热侧膜表面接触，蒸发过程发生在进料侧膜表面处，蒸汽在跨膜压差的驱动下进入透过侧，蒸汽冷凝发生在组件内部［图 11-2 (a)］。由于膜具有疏水性，进料液不能透过膜，只有蒸汽可穿过膜孔。DCMD 是结构最简单的膜蒸馏工艺。缺点是热效率低。

(2) VMD 高温进料液直接接触膜，通过抽真空的方式将透过膜孔的蒸汽带出系统，冷凝发生在系统外［图 11-2 (b)］。相比其他膜蒸馏工艺，VMD 过程中膜两侧的蒸汽压差要大很多，因此推动力大，降低了蒸汽穿过膜孔时的阻力，提高了通量。VMD 过程的另一优点是跨膜导热带来的损失可以忽略。缺点是透过侧需要维持一定的真空度，增加了过程的能耗。在 VMD 过程中，需要综合考虑通量和额外的耗能问题，如何降低耗能是 VMD 着重考虑的问题。

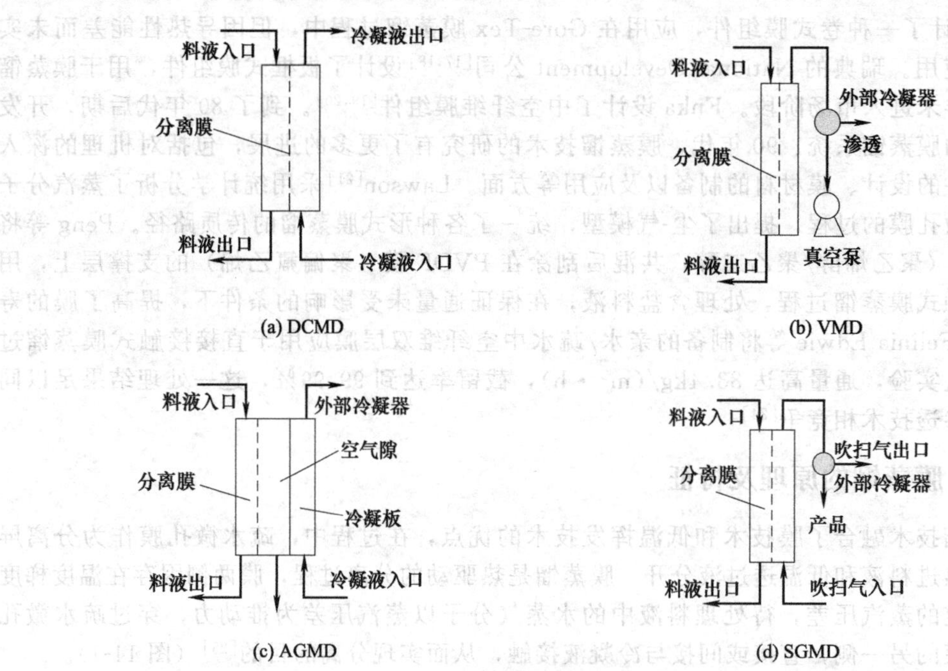

图 11-2 四种常见的膜蒸馏工艺

表 11-1 不同形式膜蒸馏工艺的对比

膜蒸馏形式	优点	缺点	应用
DCMD	设计操作简单	热效率低	海水淡化、脱盐，橘汁、苹果汁的浓缩，硫酸、盐酸、硝酸等的浓缩
VMD	通量大、跨膜导热损失可忽略	附属设备多	多相水溶液中挥发性组分的脱除
AGMD	热传导损失小	传质阻力大	脱盐、醇水分离
SGMD	热传导损失小，传质阻力小	附属设备多	主要用于实验研究

（3）AGMD　只有高温进料液直接接触膜，需要额外的冷凝装置，透过侧附加很薄的空气层间隙装置，穿过膜孔的蒸汽经过空气隙段扩散到达低温的冷凝壁面（如金属板）被收集［图 11-2（c）］。AGMD 的优点是：膜和冷凝板之间存在一段空气隙，增大了热传导的阻力，降低了跨膜导热带来的损失。缺点是：空气隙的存在增大了蒸汽传质的阻力，降低了通量。

（4）SGMD　高温进料液直接接触膜，透过侧增加载气吹扫装置，蒸汽通过载气的吹扫作用离开膜组件，在组件外冷凝［图 11-2（d）］。透过侧因载气的吹扫形成了负压，传质推动力高于 AGMD，热损失低于 DCMD。但因为增加了额外的冷凝器，而且需要鼓风机或者压缩空气来维持操作，投资设备、电能消耗、运行成本也随之增加。结构复杂，操作烦琐，因此研究者较少。

11.2 膜蒸馏传递机理

膜蒸馏是热量和质量同时传递的过程，待处理料液中的易挥发组分在高温侧汽化，蒸汽穿过膜孔到达膜的另一侧，汽化热在质量传递的同时被移除，同时膜两侧因温差的存在发生跨膜热传导。传热、传质过程相互影响，相互制约。

11.2.1 传质过程

膜蒸馏的传质过程包括透过组分在热侧边界层内的传递及蒸汽在膜孔内的传递过程。具体的过程是：料液中的易挥发组分穿过热侧边界层到达膜表面，在膜面处汽化，蒸汽扩散通过膜孔到达膜的另一侧，直接冷凝或借助外力被带出膜组件冷凝。不同形式膜蒸馏的传质过程在热侧边界层及膜孔内的传质路径相同，蒸汽到达膜的另一侧后，不同类型的膜蒸馏传质过程各不相同。

（1）DCMD 的传质过程[28]　DCMD 的传质过程见图 11-3。通常认为传质通量正比于跨膜压差：

$$J=C_m(p_2-p_3) \tag{11-1}$$

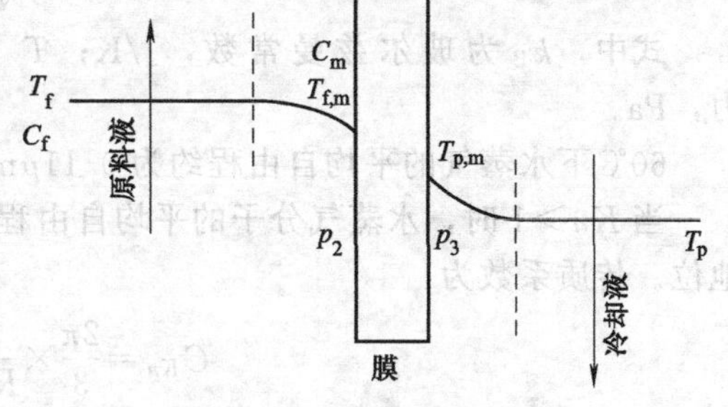

图 11-3　DCMD 的传质过程

式中，J 为膜通量，kg/(m² · h)；C_m 为膜蒸馏系数，kg/(m² · s · Pa)；p_2 为进料侧膜表面的蒸汽压，Pa；p_3 为透过侧膜表面的蒸汽压，Pa。p_2、p_3 基于安托因方程计算：

$$\lg p=8.071-\frac{1730.63}{233.42+T} \tag{11-2}$$

式中，T 为膜表面温度，K。

① 当 DCMD 应用于纯水或稀溶液且跨膜温差不高于 10℃时，通量公式可改写成温差的形式：

$$J=C_m\frac{\mathrm{d}p}{\mathrm{d}T}(T_{f,m}-T_{p,m}) \tag{11-3}$$

式中，$T_{f,m}$ 为进料侧膜表面温度，K；$T_{p,m}$ 为透过侧膜表面温度，K。

蒸汽压和温差的关系：

$$\frac{\mathrm{d}p}{\mathrm{d}T}=\frac{\Delta H_v}{RT^2}p_0(T) \tag{11-4}$$

式中，ΔH_v 为气体的汽化热，kJ/(mol · K)；R 为气体常数，J/(mol · K)。

② DCMD应用于浓溶液的分离时，公式（11-3）更正为：

$$J=C_{\mathrm{m}}\frac{\mathrm{d}p}{\mathrm{d}T}(T_{\mathrm{f,m}}-T_{\mathrm{p,m}}-\Delta T_{\mathrm{th}})(1-\chi_{\mathrm{m}}) \tag{11-5}$$

式中，T_{th}为临界温度，K，按式（11-6）计算：

$$\Delta T_{\mathrm{th}}=\frac{RT^2}{M_{\mathrm{w}}\Delta H_{\mathrm{v}}}\frac{\chi_{\mathrm{f,m}}-\chi_{\mathrm{p,m}}}{1-\chi_{\mathrm{m}}} \tag{11-6}$$

式中，$\chi_{\mathrm{f,m}}$为热侧膜表面的摩尔体积分数；$\chi_{\mathrm{p,m}}$为冷侧膜表面的摩尔体积分数；χ_{m}为膜内的摩尔体积分数。

③ DCMD用于低浓度溶液，按安托因方程计算蒸汽压差，此种情况下，假设蒸汽压差仅仅是温度的函数，也就是蒸汽压差取决于溶液的浓度。引入进料液和透过液水的活度，并考察温度和浓度对蒸汽压的影响：

$$p(T,\chi)=p_0(T)\alpha_{\mathrm{w}}(T,\chi) \tag{11-7}$$

式中，$\alpha_{\mathrm{w}}(T,\chi)$为水的活度，是温度和浓度的函数；$p_0(T)$为已知温度下水的蒸汽压，按照拉乌尔定律计算：

$$p(T,\chi)=p_0(T)(1-\chi) \tag{11-8}$$

传质模型分为三种，由分子间的碰撞以及分子和膜孔的碰撞决定。

努森扩散（Knudsen diffusion model）：气体分子运动自由程远大于膜孔的尺寸时，分子和膜孔内壁的碰撞占据主导地位，分子间的碰撞可忽略，发生努森扩散。努森扩散系数Kn（膜蒸馏系数）定义为分子的平均自由程λ和膜孔半径的比，作为传质机理的判断标准。根据气体的动力学理论，假设分子是具有直径d_{e}的小球，并且只发生二次碰撞。水蒸气分子和空气分子的直径分别是2.64×10^{-10}m、3.66×10^{-10}m。平均自由程λ为：

$$\lambda=\frac{k_{\mathrm{B}}T}{\sqrt{2}\pi p d_{\mathrm{e}}^2} \tag{11-9}$$

式中，k_{B}为玻尔兹曼常数，J/K；T为膜孔内的温度，K；p为膜孔内的平均压力，Pa。

60℃下水蒸气的平均自由程约为0.11μm。

当$Kn>1$时，水蒸气分子的平均自由程大于膜孔径，分子和膜孔壁间的碰撞占据主导地位。传质系数为：

$$C_{Kn}=\frac{2\pi}{3}\times\frac{1}{RT}\left(\frac{8rt}{\pi M_{\mathrm{w}}}\right)^{1/2}\frac{r^3}{\tau\delta} \tag{11-10}$$

式中，τ为膜孔的弯曲因子；r为膜孔的半径，m；δ为膜的厚度，m；t为膜面温度，K；M_{w}为水分子的摩尔质量，g/mol。

如果$Kn<0.01$，发生分子间碰撞，传质系数为：

$$C_{\mathrm{D}}=\frac{\pi}{RT}\times\frac{pD}{p_{\mathrm{air}}}\times\frac{r^2}{\tau\delta} \tag{11-11}$$

式中，p_{air}为膜孔内空气的压力，Pa；D为扩散系数，$\mathrm{m^2/s}$；p为膜孔内的总压，等于空气的压力和水蒸气压的和，Pa。

当$0.01<Kn<1$时，发生分子间碰撞，传质系数为：

$$C_{\mathrm{C}}=\frac{\pi}{RT}\times\frac{1}{\tau\delta}\left\{\left[\frac{2}{3}\left(\frac{8rt}{\pi M_{\mathrm{w}}}\right)^{\frac{1}{2}}r^3\right]^{-1}+\left(\frac{pD}{p_{\mathrm{a}}}r^2\right)^{-1}\right\}^{-1} \tag{11-12}$$

式中，蒸汽穿过膜孔内固定空气层时的扩散系数pD为：

$$pD=1.895\times10^{-5}T^{2.072} \tag{11-13}$$

表 11-2 为不同待处理料液在不同孔径下的 DCMD 过程的传质系数。

表 11-2 不同条件下的膜蒸馏系数[28]

膜的类型	孔径 /μm	膜蒸馏系数 /[kg/(m²·Pa·s)]	待处理料液
PTFE	0.2	14.5×10^{-7}	去离子水
	0.45	21.5×10^{-7}	
PVDF	0.22	3.8×10^{-7}	去离子水
Enka(PP)	0.1	4.5×10^{-7}	去离子水
Enka(PP)	0.2	4.3×10^{-7}	去离子水
PVDF	0.45	4.8×10^{-7}	去离子水
GVHP	0.22	4.919×10^{-7}	去离子水
HVHP	0.45	6.613×10^{-7}	去离子水

(2) AGMD 的传质过程[28] 在 AGMD 传质过程中，蒸汽分子穿过膜孔和空气隙时的传质机理为分子扩散模型。当空气层的厚度是 5mm 时，通量公式为[29]：

$$J=\frac{pM_{\mathrm{w}}}{RTp'}\left(\frac{D}{\dfrac{\delta}{\varepsilon^{3.6}}+l}\right)\Delta p \tag{11-14}$$

式中，Δp 为进料侧和冷凝面间的蒸汽压差，Pa；l 为 AGMD 中空气隙的长度，m；p' 为分压差，Pa。

而当热侧平均温度 T_{α} 在 30～80℃时，通量按如下公式计算：

$$J=\frac{T_{\mathrm{f}}-T_{\mathrm{p}}}{\alpha T_{\alpha}^{-2.1}+\beta} \tag{11-15}$$

式中，α、β 分别为依据实验而定的参数。

在 AGMD 过程中，气隙层的厚度约为膜厚度的 10～100 倍。因此，空气在膜孔内的传质效应可忽略不计。

(3) VMD 传质 在 VMD 过程中，多数研究者给出的传质机理为努森扩散模型、黏性流或者二者的混合模型。当膜孔半径和平均自由程的比值小于 0.05 时，蒸汽分子和孔壁的碰撞占据主导地位，通量为：

$$N=\frac{2\pi}{3}\times\frac{1}{RT}\left(\frac{8RT}{\pi M_{\mathrm{w1}}}\right)^{1/2}\frac{r^3}{\delta\tau}\Delta p_i \tag{11-16}$$

当膜孔半径和平均自由程的比值大于 0.05 而小于 50 时，分子间的碰撞以及分子和孔壁的碰撞均会发生。传质机理为努森扩散、黏性流的混合模型，通量的公式为：

$$N=\frac{\pi}{RT\delta\tau}\left[\frac{2}{3}\left(\frac{8RT}{\pi M_{\mathrm{w}i}}\right)^{\frac{1}{2}}r^3+\frac{r^4}{8\mu_i}p_{\mathrm{ave}}\right]\Delta p_i \tag{11-17}$$

式中，μ_i 为液体黏度，Pa·s；p_{ave} 为膜孔内的平均压力，Pa。

当孔半径和平均自由程的比值大于 50 时，分子间的碰撞占据主导地位，传质机理为黏性流，通量为：

$$N=\frac{\pi r^4}{8\mu_i}\times\frac{p_{\mathrm{ave}}}{RT}\times\frac{1}{\tau\delta}\Delta p_i \tag{11-18}$$

(4) SGMD 传质 SGMD 的传质过程类似于 AGMD。努森扩散和分子扩散机理用来描述 SGMD 的传质过程，引入舍伍德数更正过程的传质系数。经验关系式为：

$$Sh=\frac{kd}{D}=(\text{常数项})Re^{\alpha}Sc^{\beta} \tag{11-19}$$

式中，Re、Sc、D 分别为雷诺数、斯密特数、扩散系数。

斯密特数 Sc 通过公式 (11-20) 计算：

$$Sc=\frac{\mu}{\rho D} \tag{11-20}$$

对于非圆形管径，通过引入水利直径 d_e得到相应的公式：

$$d_{eq}=4r_H=4\frac{S}{L_p} \tag{11-21}$$

式中，r_H为水力直径，m；S 为流动截面积，m^2；L_p为润湿周边长，m。

11.2.2 传热过程

膜蒸馏过程中，热量传递伴随质量传递的进行而发生，同时质量传递反过来影响热量传递，因此使得热量传递过程变得较为复杂。传递的热量主要包括汽化潜热和跨膜导热两部分。直接接触膜蒸馏热量传递方式见图 11-4，其传热过程为：①热量从热侧料液主体以对流的方式穿过热侧边界层到达热侧膜面；②热量从热侧膜面传递到冷侧膜面，其中包括跨膜导热和汽化潜热；③热量从冷侧膜面以对流的方式穿过冷侧边界层到达冷凝液主体。水蒸气接触冷凝液，放出冷凝热。DCMD 中，热量从膜的冷侧表面传递到冷水主体，具体的传热过程见图 11-4。AGMD 中，水蒸气扩散穿过空气隔离层后在冷凝板上冷凝并放出冷凝热；VMD 中，水蒸气被真空泵抽至外置的冷凝器中冷凝并放出冷凝热；SGMD 中，水蒸气被吹扫气挟至外置的冷凝器中冷凝并放出冷凝热。

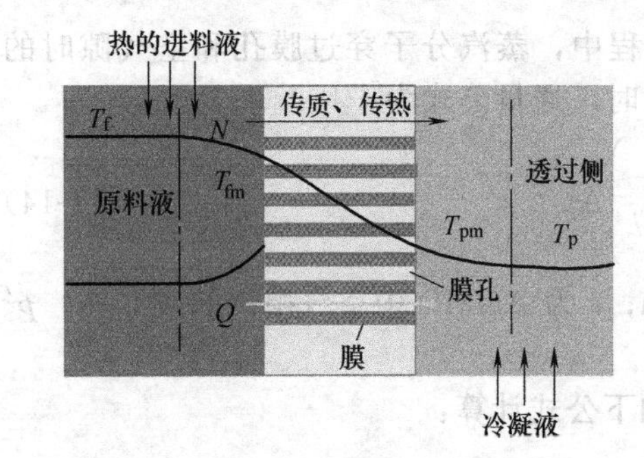

图 11-4　直接接触膜蒸馏热量传递示意图[30]

通常总传热系数通过公式（11-22）计算：

$$H=\frac{1}{h_f}+\frac{1}{h_m+\dfrac{N\Delta H}{\Delta T_m}}+\frac{1}{h_p} \tag{11-22}$$

式中，h_f为料液侧的传热系数，$W/(m^2\cdot K)$；h_p为透过侧的传热系数，$W/(m^2\cdot K)$；h_m为膜的传热系数，$W/(m^2\cdot K)$；N 为通量，$kg/(m^2\cdot h)$；ΔH 为透过组分的蒸发焓，kJ/kg；T_m为膜面平均温度，K。

直接接触式膜蒸馏过程的总传热量通过如下公式计算：

$$Q=h_f(T_f-T_{fm})=N\Delta H+\frac{K_m}{\delta_m}(T_{fm}-T_{pm})=h_p(T_{pm}-T_p) \tag{11-23}$$

式中，T_f为料液主体温度,℃；T_{fm}为热侧膜表面温度，℃；K_m为膜的热导率，$W/(m\cdot K)$；δ 为膜的厚度，m；T_p为冷侧主体的温度，℃；T_{pm}为冷侧膜表面温度，℃。

气隙膜蒸馏过程中，总传热量通过公式（11-24）计算：

$$\begin{aligned}Q=h_f(T_f-T_{fm})&=N\Delta H+\frac{K_m}{\delta_m}(T_{fm}-T_{pm})\\&=N\Delta H_v+\frac{k_g}{l}(T_{pm}-T_m)\end{aligned} \tag{11-24}$$

式中，k_g 为气隙层热导率，$W/(m\cdot K)$；l 为气隙层厚度，m；T_f为气隙层表面温度，℃。

真空膜蒸馏过程中，总传热量通过公式（11-25）计算：

$$Q=h_f(T_f-T_{fm})=N\Delta H \tag{11-25}$$

在膜蒸馏传热过程中，由于冷热两侧边界层的存在，热侧膜面处的温度低于热侧料液主体温度，冷侧膜面处的温度高于冷侧料液主体温度，因此造成温度极化（TPC）现象。温度极化现象的存在使得膜两侧的温差没有全部用于传质，因此降低了传质推动力，减小了过程的通量。通常用温度极化系数 TPC 表征温度极化程度的大小[26]，通常在 0.4～0.6 之间。

$$\mathrm{TPC}=\frac{T_{\mathrm{fm}}-T_{\mathrm{pm}}}{T_{\mathrm{f}}-T_{\mathrm{p}}} \tag{11-26}$$

由于温度极化现象的存在，导致跨膜传质的推动力减小，膜通量下降，热效率减小，所以必须削弱温度极化现象。削弱温度极化现象的方法包括：①强化边界层内的传热过程，提高温度极化系数；②采用导热性能差的膜材料，降低膜的热导率，从而减少因膜的热传导引起的热损失；③选择合适的膜材料、提高料液温度、增大料液流速，均可减少跨膜导热损失。

11.3 膜蒸馏用膜

理想的膜蒸馏用膜应具有高通量、高截留率、高稳定性。因此，膜要同时兼顾高疏水性、高孔隙率、窄孔径分布、低热导率、小弯曲因子[17]。表 11-3 列出了膜蒸馏常用的商品膜及尺寸。

11.3.1 膜特性参数

(1) 膜厚度　膜通量与膜厚度呈反比，膜太厚会增大传质阻力，降低膜通量。而膜太薄又会降低传热过程的热阻，减小界面温差，使得传质推动力减小。因此，膜厚适当才可使传热和传质匹配。膜厚在膜蒸馏过程中扮演着重要的角色，一方面要选取优异的膜厚，提高膜蒸馏通量；另一方面，要选取适宜的膜厚，减小膜蒸馏过程中膜的抗润湿行为。目前，膜蒸馏用膜包括单层膜、双层膜和三层膜。单层膜是常见的类型，由一种疏水材料制得，膜结构中存在支撑层或不存在支撑层。据报道，商业用膜的支撑层占整体膜厚度的 80%[18]。双层膜是将疏水性或疏水性较差的分离层置于亲水支撑层上。不同膜结构中，分离层的厚度尤为重要，尤其是接触待处理料液的一面。当分离层厚度很薄时，降低液体进入膜孔的阻力，进而使得膜的抗润湿性下降。

$$N=\frac{\bar{r}\varepsilon}{\tau\delta} \tag{11-27}$$

式中，$\bar{r}$ 为膜孔的平均孔径。

表 11-3　膜蒸馏常用商品膜及尺寸[31]

制造商	商品名	材料	平均孔径 /μm	孔隙率 /%	厚度 /μm
3M					<100
Enka			0.43	70	150
			0.10	75	140
			0.20	75	100
Gore	Gore-tex	PTFE	0.10		<50
Gelman	TF200	PTFE	0.20	60	60
	TF450	PTFE	0.45	60	60
Lnst. Co	TF1000	PTFE	1.00	60	60
Hoechst	Ceglad2400	PP	0.02	38	25
	Ceglad	PP	0.03	35	25
Milipore	Durapore	PVDF	0.45	75	110
	Durapore	PVDF	0.22	75	140

(2) 孔隙率　高孔隙率的膜呈现较高的蒸发面积和更多的扩散通道，因此传质通量高。根据式 (11-27)，膜通量与 ε 呈正比。除此之外，因为膜孔中存在空气和水蒸气，而气体的热导率低于膜材料本身的热导率，孔隙率增加会降低膜的热导率，进而增大膜的热阻。因此，膜的热效率和通量都会随着孔隙率的增加而增大。但是，增大孔隙率在一定程度上会降低膜的机械强度。通常，膜蒸馏用膜的孔隙率在35%～93%之间[32～33]。孔隙率越高，膜的蒸发面积越大。无论是何种形式的膜蒸馏过程，膜通量均随孔隙率的增大而增大。而且孔隙率较高的膜在过程运行中呈现较低的热传导损失，原因是膜孔中气体的热导率要远小于膜材料本身的热导率。

(3) 弯曲因子　弯曲因子是指膜孔的垂直度，由膜的孔结构与垂直于膜的直筒形孔结构之间的偏差引起。弯曲因子与膜的渗透通量成反比，即弯曲因子越大，膜通量越小。在膜蒸馏过程中，通常用2作为弯曲因子的值来估计膜通量，但这一值也被报道可以高达3.9[17]。弯曲因子通过如下方程定量分析：

$$\tau=\frac{1}{\varepsilon} \tag{11-28}$$

(4) LEP　即液体进入膜孔或透过膜孔的最小压力。在膜蒸馏过程中，待处理料液通常为水溶液。通常LEP指水的最小进入压力 (LEP_w)。静水压力必须小于 LEP_w，才可以避免膜孔被润湿。在运行过工程中，即使是操作压力小于 LEP_w，部分孔依然会发生润湿现象。如当膜表面发生污染或结垢时，孔润湿现象尤为严重。膜孔内盐晶体的存在会加速孔润湿，导致 LEP_w 下降。LEP主要受膜材料疏水性以及最大孔径和孔形状的影响，通过拉普拉斯方程得到[23]：

$$LEP=\frac{-2\tau\gamma_1}{r_{max}}\cos\theta<p_{process}-p_{pore} \tag{11-29}$$

式中，LEP为液体的进入压力；τ 为弯曲因子；γ_1 为液体的表面张力；θ 为液体和膜表面的接触角；$p_{process}$ 为接触膜的料液压力；p_{pore} 为膜孔中气体的压力；r_{max} 为最大膜孔半径。

(5) 孔径及孔径分布　膜通量与 r (孔半径) 成正比。增大平均膜孔径可以提高膜通量，然而较小的孔径可以提高膜的孔润湿阻力。所以，高通量和良好的孔润湿阻力需要最佳的孔径来平衡。膜蒸馏用膜的孔半径在100nm到1μm之间。不同的膜孔径对应着不同的跨膜传质机理。几乎所有膜的孔径呈现不均匀的分布，而非简单的某一个平均值。当孔径分布较宽时，料液中的溶质更容易透过膜，导致截留率下降，较窄的孔径分布则有利于膜性能的提高。

11.3.2 膜材料

表11-4为膜蒸馏用膜常用聚合物材料的特性。PTFE是一种结晶度较高、具有良好的热稳定性和化学稳定性的聚合物材料。PTFE膜通常采用熔融拉伸法制备。在大多膜蒸馏过程中，PTFE膜表现出高抗润湿性、优异的通量和良好的稳定性，因此，通常用于商业和中试阶段的膜蒸馏系统。PP具有较高的结晶度，表面能高于PTFE，可通过拉伸法、TIPS法制备，相比其他膜蒸馏用膜，PP膜的疏水性、抗氧化性、抗污染性等都较差，这也限制了其在膜蒸馏领域的应用。PVDF膜材料的长期使用温度为120℃，具有良好的疏水性、耐热性、可溶性、化学稳定性和优异的机械强度，能溶于多种有机溶剂如二甲基甲酰胺(DMF)、二甲基乙酰胺 (DMAc)、磷酸三乙酯 (TEP) 等，可通过NIPS法、TIPS法或者两种方法结合制备，图11-5为NIPS法和TIPS法结合制备的PVDF膜的微观结构图。TIPS法制备的PVDF膜结构中无大孔结构，而且结构相对整齐。NIPS法制备的PVDF膜呈现非对称结构，断面中存在致密结构和大孔结构。

(a)

(b)

图 11-5 NIPS法和TIPS法制备的PVDF膜的微观结构[34,35]

表 11-4 膜蒸馏用膜常用聚合物材料的特性[40]

聚合物材料	化学结构	表面能 /$10^{-3}m^{-1}$	热导率 /[W/(m·K)]	热稳定性	化学稳定性	制备方法
PTFE	$-[CF_2-CF_2]_n-$	9～20	0.25	良好	良好	烧结法 拉伸法
PP	$-[CH_2-CH(CH_3)]_n-$	30	0.17	中等	良好	拉伸法 TIPS
PE	$-[CH_2-CH_2]_n-$	28～33	0.40	较差	良好	NIPS TIPS 静电纺丝
PVDF	$-[CH_2-CF_2]_n-$	30.3	0.19	中等	良好	NIPS TIPS 静电纺丝
PVDF-HFP	$-[CH_2-CF_2]_x-[CF_2-CF(CF_3)]_y-$	—	—	良好	良好	NIPS 静电纺丝
Hyflons	Hyflons结构式	—	0.20	良好	良好	NIPS

此外，共聚物、亲水性聚合物、碳纳米管和无机材料可用于膜蒸馏的成膜过程中。

采用共聚物制备膜蒸馏用膜可以提高膜的疏水性和耐用性。Gugliuzza 等[36]采用 Hyflons AD［四氟乙烯（TEF）和2,2,4-三氟-5-三氟甲氧基-1,3-二氧杂环戊烯（TTD）的共聚物］制备非对称膜，膜表面接触角大于120°。García-Payo 等[37]采用 PVDF-HFP 制备了一系列的中空膜。

采用亲水性材料制备的膜，经疏水改性后用于膜蒸馏过程。等离子体技术和含氟单体可用于膜的改性过程。例如，亲水性聚醚砜中空纤维超滤膜，以 CF_4 单体为基础，采用等离子体技术改性膜，膜表面由亲水转化为疏水[38]。改性后的膜表面的接触角在120°左右，54小时的 DCMD 实验中，通量和截留率均未发生明显变化。

无机陶瓷膜如氧化锆、氧化钛、氧化铝等，膜呈现亲水性，可经过改性提高膜表面的疏水性。例如，表面改性的氧化锆膜孔径在 50nm 左右，用于 AGMD 过程中，膜呈现较高的截留率。有研究者[39]制备了自组装碳纳米管膜，膜呈现超薄涂层和窄孔径分布。

11.3.3 膜蒸馏用膜的制备方法

膜蒸馏用膜常用的制备方法有烧结法、拉伸法、静电纺丝法、浸没沉淀法（NIPS）和热致相分离法（TIPS）等。拉伸法通常用于制备 PTFE 膜，相转化法通常用于制备 PVDF 膜。表 11-5 为 TIPS 法和 NIPS 法制备 PVDF 膜的对比。Gore、Membrane Solutions 和 GE 公司[23]基于上述方法制备了具有 PET 和 PP 支撑结构的平板膜。Toyobo 和其课题组成员[41]制备了 PTFE 中空纤维膜。

表 11-5　NIPS 和 TIPS 法制备 PVDF 膜的对比[42]

条目	NIPS	TIPS
溶剂	DMAC、DMF、NMP、THF、DMSO 等	三乙酸甘油酯、噻吩烷、邻苯二甲酸二甲酯、邻苯二甲酸二丁酯
膜结构影响参数	多	少
过程的操作温度	低	高
膜的最小孔径	小	大
孔径分布	宽	窄
膜的微观结构		
机械强度	弱	强
抗污染性	好	差
最大优点	溶剂难回收	能耗高

注：DMAC 为 N，N-二甲基乙酰胺；DMF 为 N，N-二甲基甲酰胺；NMP 为 N-甲基吡咯烷酮；THF 为四氢呋喃，DMSO 为二甲基亚砜。

（1）烧结法　适用于有机和无机微孔膜的制备。具体方法是将一定大小的粉末颗粒进行压缩，然后在高温下烧结，在烧结过程中，颗粒间的界面消失，膜的孔径大小取决于粉末颗粒的大小及分布。颗粒越小分布越窄，膜的孔径分布也越窄。这种方法制备的膜孔径大约为 0.1～10 μm，孔隙率较低，一般只有 10%～20%或稍高[43]。PTFE 膜可通过烧结法制备，具体过程是将 PTFE 分散细粉和润滑剂（如烃类）按一定比例混合、搅拌均匀。将得到的糊料通过挤出拉伸、热定型处理得到微孔膜。再经过退火处理。有研究者[44]使用 PTFE 粉末和烷烃流体制备 PTFE 膜，通过干燥除去膜中的挥发性润滑剂，将糊状物在 225℃下轴向拉伸五次，产生高度多孔的结构，370℃下退火 5min，完成膜的制备过程。

【例 11-1】[45]

PTFE 中空纤维膜的制膜工艺如下：

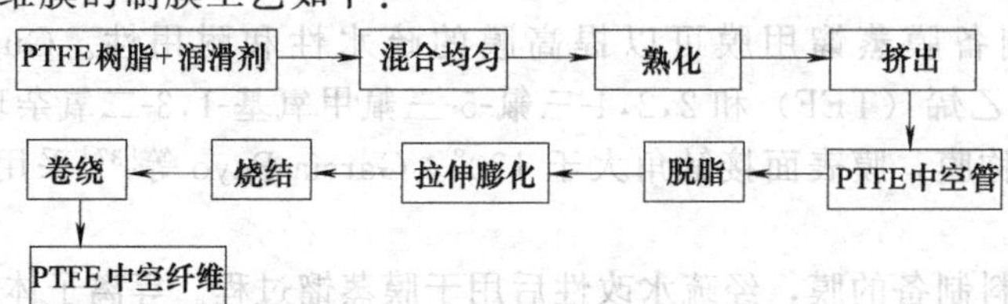

（2）拉伸法　将晶态材料在较低的熔融温度和较高的熔融应力下挤出成膜，无张力条件下退火，使高聚物沿挤出方向形成平行排列的片晶，然后再通过拉伸机在垂直于挤出的方向上进行拉伸，使片晶结构分离，平行于挤出方向的结晶区域先形成裂纹，然后被拉开进而形成一种沿机械方向的具有狭窄缝隙的多孔互联网络[46~49]。请参见第2章。

【例 11-2】[50]

将大分子量、高压缩比、洁净度大于98%的PTFE分散树脂与助油剂混合，成型后，通过糊状挤出设备推压成型得到PTFE中空膜，然后将膜置于200～380℃的高温下处理0.5～180min。对膜进行拉伸处理，拉伸温度为30～330℃，拉伸倍率为0.5～10倍，拉伸速率为0.3～35m/min。最后，将得到的膜在330～370℃下烧结成型。

（3）核径迹法　将荷电子照射到固体材料上，材料的化学键断裂，形成敏感径迹[51]。调控荷电粒子的照射时间，得到不同孔密度的材料。将照射处理过的径迹膜浸泡在化学刻蚀溶液中，此时，结构不稳定的径迹部分被溶解掉，形成规则的垂直于膜表面的圆柱形通孔，通过改变处理温度和时间得到不同大小的通孔。此方法制备的膜具有表面光滑、孔大小均一、耐酸碱等优势。

（4）静电纺丝法　可以制备直径为几十纳米到几微米纤维的一种成膜技术。具体过程是：将高分子溶液在静电力的作用下从喷嘴中喷出，在材料表面直接植入纳米或微米纤维，得到成品膜。可用于合成天然高分子聚合物、聚合物合金和带有载色体、纳米颗粒以及活性基团的聚合物。静电纺丝在聚合物中应用广泛，应用于陶瓷材料可增强其表面的热力学稳定性。静电纺丝法适用于连续性生产，但由于该法需要在比较高的电压下实现，所以使用起来有一定的局限性。

（5）非溶剂致相转化法（NIPS）　常温下将PVDF与高沸点的极性溶剂配置成铸膜液，再将铸膜液浸入非溶剂凝固浴中进行固化。此时聚合物溶液内的溶剂和非溶剂之间互相扩散，当扩散进行到某种程度时，使得铸膜液成为热力学不稳定状态，随之溶液就会发生热力学液-液（L-L）相分离行为。聚合物富相固化形成微孔膜的主要支撑部分，聚合物贫相形成膜孔，从而形成不同形态和结构的PVDF膜。该法的制膜体系一般为聚合物/溶剂/非溶剂体系，而有时往往需要针对不同的制膜要求，在铸膜液中加入添加剂，或者调节制膜工艺。在以浸没沉淀法制膜的过程中，可以通过调节聚合物浓度、稀释剂与凝固浴的组成和配比、冷却温度、蒸发时间和添加剂的种类及含量等因素来调控膜孔的结构与尺寸。

【例 11-3】[52]

配制15%的PVDF铸膜液于锥形瓶中，室温25℃下连续搅拌6～7h，直至膜液混合均匀。将得到的铸膜液置于50℃的烘箱中放置48h，静置，脱泡。室温下，用350mm的刮刀将脱泡过的铸膜液在玻璃板上刮制成一定厚度的膜，将得到的初生态平板膜放在自制的蒸汽沉积装置中停留一段时间，放入凝胶浴中，完全固化，浸泡一段时间，将膜从凝胶浴中取出，浸入纯水中24h，隔一段时间换一次水，使得膜中的溶剂完全被置换掉。最后将得到的平板膜置于烘箱中干燥2～3h，得到PVDF平板膜。

【例 11-4】[53]

将PVDF粉末置于100℃真空烘箱中干燥除湿一天，待用。将无水LiCl加入DMAc中，常温搅拌溶解，随后加入PEG-400，最后将除湿过的PVDF粉末加入到上述混合液中，80℃机械搅拌2h，直至膜液均匀透明。于65℃烘箱中静置脱泡两天，将脱泡后的铸膜液倒入纺丝机的料液罐中，设定料液罐的温度为50℃。在芯液罐中加满去离子水，打开连接料液罐和N_2钢瓶之间的阀门，使铸膜液在N_2压力的作用下从喷丝头流出。打开连接芯液和喷丝头之间的阀门，芯液从喷丝头流出，形成初生态PVDF中空纤维膜，经过8cm长的空气段进入外凝胶浴（自来水）中，固化成型。固化后的中空膜在收丝轮的带动下进入第二凝胶浴（自来水）进一步固化，将得到的PVDF中空膜从收丝轮上取下，置于无水乙醇中浸泡2天除去残留在膜中的溶剂和非溶剂。将膜从无水乙醇中取出，于室温下垂挂晾干，得到PVDF中空纤维膜。

（6）热致相转化法（TIPS） 它是由美国科学家A. J. Castro于20世纪80年代提出的，该法制备微孔膜的过程一般包括以下步骤：首先将聚合物与低分子量、高熔点的稀释剂在较高的温度下混合至均相溶液，将溶液在高温条件下浇铸成所需的形状，然后以一定的速度冷却，诱导相分离。在相分离之后，体系形成以聚合物为连续相，溶剂为分散相的两相结构。最后用合适的萃取剂将稀释剂从膜中萃取出来，再将萃取剂除去，从而获得微孔膜。

【例 11-5】[51]

配制一定配比的PVDF、γ-BL和DOS混合溶液，加入到加热釜中，对加热釜进行5次充放氮气，使加热釜内保持氮气氛围，防止PVDF发生氧化，每次充气时使釜内压力达到0.2MPa，然后排气至常压；调节加热釜温度为180℃，使铸膜液在此温度下搅拌3～4h，形成均相体系；铸膜液保持180℃，脱泡1h；向加热釜充氮气，使釜内压力达到0.1MPa，调节成腔流体的压力为0.1MPa，流速为40mL/min，调节计量泵转速为40r/min，使铸膜液以8 mL/min的速度从喷丝头挤出；中空纤维膜进入凝固浴固化成型，调节收丝滚轮转速为20r/min，使膜丝以0.75m/s的速率卷绕于收丝滚轮上；将中空纤维膜从收丝滚轮上取下，放置于无水乙醇中浸泡24h萃取出稀释剂，之后再浸入另一份无水乙醇中再次萃取24h；将萃取后的中空纤维膜取出晾干。

11.3.4 膜蒸馏用膜的疏水改性

膜蒸馏在长期运行过程中易发生亲水化，对膜表面进行疏水改性，制备出疏水性好，稳定性强的膜蒸馏用膜尤为关键。制备超疏水性膜的方法大致分为两类：一是在膜表面构造粗糙结构；二是用低表面能物质在膜表面进行修饰，降低表面能。常用的超疏水表面的制备方法有：模板法、溶胶-凝胶法、相分离法、刻蚀法、气相沉积法等。

（1）模板法 在印刷、积压、增大模板材料孔洞的过程中，需要将模板移除，同时会留下反向的模式，此模式可以用作模板。模板法的优点是操作简单、重复性好、纳米线径比可控等。常用来进行表面的构筑，通过此方法可制备具有微纳结构的超疏水表面。

（2）溶胶-凝胶法 前驱体在催化剂的作用下，在液相中发生水解，形成稳定的溶胶，胶粒间相互交联，形成三维网络结构的凝胶。该法可以得到不同微纳结构的涂层，当粒径和涂层厚度适当时，可得到透明的超疏水涂层；表面的粗糙度可以通过改变系统条件和反应混合物控制；超疏水溶胶凝胶涂层表现出较好的耐温性；方法工艺比较简单；有利于工业上规模化的生产。

（3）相分离法 即在成膜过程中，控制制备条件使体系中的物质发生相分离，产生两相或多相，制备出具有一定粗糙结构的涂层的方法。相分离法操作简单、条件易调，可制备均匀大面积的超疏水薄膜，在实用方面有较大价值。

（4）刻蚀法 刻蚀法主要包括等离子体刻蚀、模板刻蚀和激光刻蚀等。通过刻蚀处理可以创建微型图像。刻蚀后即可得到超疏水表面，或需要带有疏水剂的后处理，这取决于基底物的性质。相比其他超疏水表面的制备方法，刻蚀法的制备过程简单、易于操控，但存在所用的设备和化学试剂昂贵、实验条件比较苛刻等缺点。

11.3.5 膜蒸馏用膜的发展趋势

纳米技术在MD用膜材料中有着潜在的应用价值。静电纺丝纳米纤维膜受到了研究者的热切关注，相关的研究报道见表11-6。在静电纺丝过程中，纤维在压力和电厂的作用下纺制成型，在旋转集热器中形成无纺纤维材料。制备的材料呈现较高的孔隙率、优异的疏水性、较高的融合度、高比表面积，成为脱盐应用领域的优先备选对象。聚合物溶液或融融状态的物质可通过电纺技术制备，可通过调整过程的参数、变换材料、改变后处理程序来调整无纺布的性能。成膜过程中，熔融状态的聚合物代替溶液，使得静电纺丝技术可制造多种聚合物的膜。在纺丝过程中，将不同功能的纳米材料嵌入到聚合物材料中，得到多功能纳米纤维材料。

石墨烯由于其较高的强度和质量比而成为非常热门的材料。除了应用在生物工程、合成材料和能量存储等领域外，石墨烯还表现出对各种成分优异的选择透过性，见图11-6。例如，亚微米级别的氧化石墨烯只允许水分子透过膜，其他气体分子和液体分子都会被截留。这些膜在分离有机混合物中的水时，呈现出高的性能。当溶液中包含不同的金属离子时，氧化石墨烯可以选择性地让一些金属离子透过。厚度在1nm左右的氧化石墨烯对各类气体呈现出优异的选择性。石墨烯由于其优良的性能为包括MD在内的脱盐技术提供了更多选择。

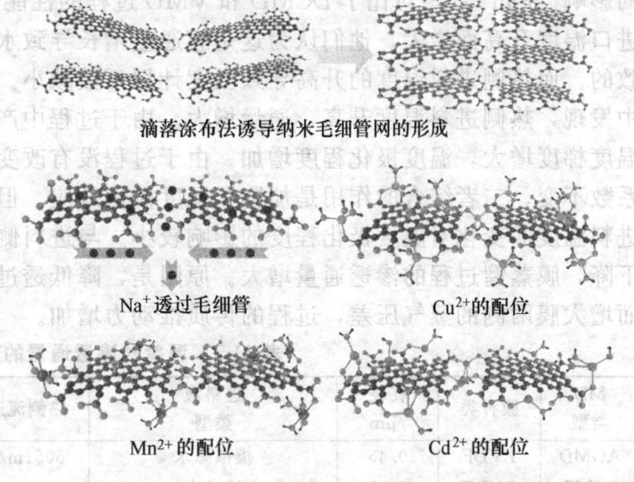

图11-6 各组分的高选择透过性示意图

生物膜如水通道蛋白，由于对水分子具有较高的选择透过性，在脱盐领域呈现出潜在的应用价值。水通道蛋白质允许水分子通过，其他离子不能通过。据推测，水通道蛋白膜的通量可以高达601L/(m^2·h·bar)，高于传统的RO过程的通量[54]。但是因膜的不稳定性，水通道蛋白膜的商业应用历程仍旧遥远。

在实验室研究过程中，碳纳米管应用于脱盐过程是一种新兴的技术。碳纳米管由多层石墨卷曲堆叠在一起组成，具有高机械强度、优异的化学稳定性和热稳定性。水分子在碳纳米管中的迁移率很高，水—膜表面之间较强的作用阻止水分子的透过，蒸汽分子优先通过膜孔。对于MD脱盐，碳纳米管基膜可提供较高的孔隙率和疏水性。碳纳米管在MD中的应用是可极大地提高渗透通量。

表11-6 静电纺丝技术制备的膜性能的对比[55~59]

工艺	膜的特征				操作条件	通量
	材料	孔隙率/%	膜厚/μm	接触角/(°)		
静电纺丝后处理	PVDF	80	0.18±0.01	>150	3.6%NaCl，T_{fin} 333K，T_{pin} 293K	31.6
静电纺丝-热压	PVDF-HFP	58±5	0.26	1256-HFP	10g/L，NaCl，T_{fin} 65℃，T_{pin} 40℃	20～22
静电纺丝-热压	PVDF	53.7～71.4	0.18～0.91	136.1～142	3.5%NaCl，T_{fin} 323～353K，T_{pin} 293K	20.6
静电纺丝-浇筑	PTFE	72～82		136.1～157.3	3.5%，NaCl，T_{fin} 65℃	16
静电纺丝	PVDF-HFP	约63～80	约0.27～0.37	约127	10g/L，NaCl，T_{fin} 60℃，T_{pin} 25℃	约13

11.4 操作参数

（1）进料温度 伴随热侧进料温度升高，膜通量呈指数规律上升。原因是水的蒸气压随温度升高呈指数规律上升，传质推动力增大。关于进料温度对膜蒸馏过程的影响规律，众多研究者均给出了近似的规律。表11-7列出了多种膜蒸馏类型中，热侧进料温度对渗透通量的影响。Fan等[60]对比了DCMD和VMD过程的性能，发现膜蒸馏过程的热效率均随热侧进口温度升高而增大。他们认为这是膜通量增长导致水蒸发的潜热在总能耗中的比例增大导致的。而热侧进料温度的升高导致温度计划系数减小。Fane等[61]在膜蒸馏的数学模拟过程中发现，热侧进料温度升高，通量增大。由于过程中产生了更多的水蒸气，使得边界层内的温度梯度增大，温度极化程度增加。由于过程没有改变热侧流量的大小，因此热侧对流传热系数不变，二者综合的作用是加剧了温度极化效应。但Lawson等[21]在VMD过程中发现，进料温度的变化对温度极化程度的影响较小。与进料侧温度对通量的影响相反，透过侧温度下降，膜蒸馏过程的渗透通量增大。原因是，降低透过侧温度，减小了透过侧的蒸气压，进而增大膜两侧的蒸气压差，过程的传质推动力增加。

表11-7 温度对渗透通量的影响[29]

MD类型	膜种类	孔径/μm	进料液类型	热侧流速	热侧进口温度/℃	通量
AGMD	PVDF	0.45	模拟海水	5051m/s	40～70	约1～7kg/(m^2·h)
DCMD	PVDF	0.22	纯净水	0.1m/s	40～70	约3.6～16.2kg/(m^2·h)
DCMD	PTFE	0.2	NaCl(2mol/L)	16cm^3/s	17.5～31	约2.88～18.7kg/(m^2·h)
DCMG	PTFE	0.2	纯净水	—	40～70	约5.8～18.7kg/(m^2·h)
DCMG	PVDF	0.4	糖水	0.45m/s	61～81	约18～38kg/(m^2·h)
DCMG	PVDF	0.4	纯净水	0.145m/s	36～66	约5.4～36kg/(m^2·h)
			NaCl[26.4%(质量分数)]	0.145m/s	43～68	约6.1～28.8kg/(m^2·h)
VMD	3MC	0.51	纯净水	—	30～75	约0.8～8.8mol/(m^2·s)
DCMD	PVDF	0.22	纯净水	0.23m/s	40～70	约7～33L/(m^2·h)
SGMD	PTFE	0.45	纯净水	0.15m/s	40～70	约4.3～16.2kg/(m^2·h)
DCMD	PVDF	0.11	橘汁	2.5 kg/min	25～45	30×10^3～108×10^3kg/(m^2·h)
DCMD	PTFE	0.2	NaCl(5%)	3.31L/min	5～45	1～42kg/(m^2·h)
AGMD	PTFE	0.2	NaCl(3%)	3.31L/min	5～45	0.5～6kg/(m^2·h)

（2）冷、热侧料液流量 增加冷热侧料液的流量，流体的雷诺数上升，加强了边界层的传热效果，温度极化效应减弱，因此通量增大。在DCMD过程中，增大冷热侧流量，通量均呈现上升趋势，但是随着热侧流量的增大，通量上升幅度更大。原因是流量越大，流体的雷诺数、传热系数、跨膜温差增大，增大了过程的传质推动力，因此通量增大。在AGMD过程中，随着冷热侧流量的增大，通量增大的幅度较小。主要是由于热侧进料液和膜之间的传热系数以及冷侧透过液与冷凝板之间的传热系数高于蒸汽与膜表面之间的传热系数，气体的传热成为主要的控制因素，所以提高液体的流量对提高过程的总传热系数贡献很小。

（3）料液浓度 进料液中浓度增大时，由于引起蒸气压下降，温度极化效应加剧，因此通量减小。主要有三个原因：①水的活度是温度的函数，增加料液中溶质的浓度，活度下降；②温度极化效应的加剧，降低了进料侧边界层的传质系数和；③膜面温度的下降导致传热系数下降。

（4）空气隙宽度（l） 在AGMD中，通量与空气隙宽度呈反相关，并随$1/l$的增大线性减小。有研究者指出，当空气隙的宽度小于1mm时，降低其宽度，通量双倍增大。原因是减小气隙的宽度，增大了气隙内的温度梯度，从而导致通量增大。表11-8总结了气隙宽度对通量的影响。

表 11-8 气隙宽度对通量的影响[29]

膜类型	孔径/μm	溶液	进料温度/℃	气隙宽度/mm	通量
PVDF	0.45	模拟海水	60	1.9～9.9	约 5～2.1kg/(m² · h)
PTFE	0.3	异丙醇	50	0.55～1.62	约 5.1～6.3kg/(m² · h)
PVDF	0.22	蔗糖溶液	25.8	1～4	约 0.8～1.71L/(m² · h)
PTFE	0.2	NaCl(3.8%)	60	0.3～9	约 1.9～1.5kg/(m² · h)
PTFE	0.22	HNO_3(4mol/L)	80	0.5～2	约 5.3～4.25L/(m² · h)
PTFE	0.45	HCl/水	60	4～7	约 3.7～2.4kg/(m² · h)
PTFE	0.2	丙酸/水	60	4～7	约 7.4～4.6kg/(m² · h)

(5) 封装分率　是指中空膜组件，膜丝体积与组件内腔体积之比。相同的膜壳内膜丝数量越多，组件的封装分率越高。封装分率影响膜丝在组件中分布，进而影响流体在壳程的分布，对膜蒸馏过程中的膜通量和热效率有较大影响。封装分率较小的组件膜丝分布不均匀，沟流效应严重，导致组件内部存在大量无效、低效区域，但组件内径向混合剧烈。随着组件封装分率的增加，壳程分布均匀，沟流效应减弱利于膜蒸馏过程传质，但高封装分率会使组件径向混合减弱，对膜通量产生影响。

11.5 膜污染及膜润湿

膜污染是指料液中的微粒、胶体粒子或溶质大分子与膜表面接触，发生物理、化学及机械作用，导致污染物沉积、吸附在膜表面或膜孔内，堵塞膜孔，减小膜孔径，造成通量衰减和膜分离性能下降的现象。常见的膜污染类型见表 11-9。膜污染具有不可逆性。吸附在膜表面的污染物会降低膜面和膜孔的疏水性，使膜部分或全部润湿，即发生膜的亲水化现象，降低膜蒸馏过程的分离性能。

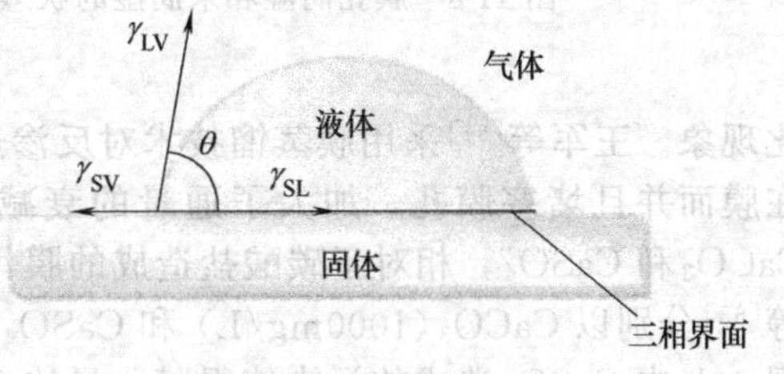

图 11-7　接触角的定义

当膜发生亲水化后，料液中的溶质、溶剂会穿过膜孔进入膜的另一侧，降低膜的分离性能。接触角是衡量表面是否润湿的标准。当液体滴在固体表面后，液体会在固体表面形成不同的堆积状态，当液滴在表面达到热力学平衡后，与固体表面形成一定的夹角，将固-液之间的夹角称为接触角（图 11-7）。从气、液、固三相的交点处向气液界面作切线，切线和固液界面形成的夹角即为接触角。通常，根据液滴在固体表面的静态接触角的大小衡量膜表面的亲疏水程度。

当 θ 等于 0°时，液滴在固体表面完全铺展开，为完全润湿状态；当 $0° < \theta < 90°$ 时，液滴可润湿膜表面，接触角越小，表面亲水化程度越高；当 $90° < \theta < 180°$ 时，液滴不能润湿固体表面，接触角越大，表面疏水性越好。当 $150° < \theta$ 时，称为超疏水表面。

表 11-9　膜蒸馏中常见的膜污染类型[62]

料液类型	膜类型	污染的类型
肝素钠生产废水	PP 毛细管膜	润湿，沉积，结垢，生物污染
NaCl 溶液	PP S6/2 聚丙烯膜	润湿，表面结垢
模拟废水	PVDF 平板膜 MILLIPORE® Durapore GVHP	润湿，生物结垢
污水处理厂的污水、自来水	S6/2 PP 德国	表层沉积层，生物结垢，孔内结晶
脱脂牛奶和乳清溶液	有编织支撑的 PTFE 膜	膜表面沉积
城市用水和流感凝析油	PTFE 平板膜，SCARAB AB	膜表面污染

当膜未发生亲水化现象时，膜孔中充满水蒸气［图 11-8（a）］。一方面，热侧进料液温度较高，传质推动力大，伴随着亲水化现象的发生［图 11-8（b）］，温度极化现象降低了气液界面处的温度，减小了传质推动力。另一方面，膜孔润湿后，蒸汽的传质路径缩短了，传质阻力减小，有利于增大通量。

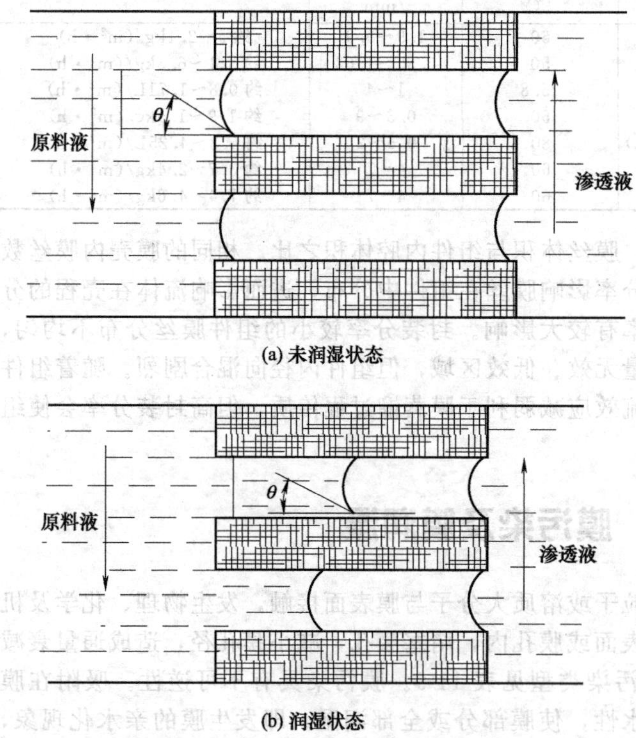

(a) 未润湿状态

(b) 润湿状态

图 11-8 膜孔润湿和未润湿的状态

膜蒸馏中常见的膜污染有胶体和悬浮颗粒污染、无机物沉积、有机污染三大类[54]。

① 胶体和悬浮颗粒。常见的胶体有硫化物、硅酸化合物、助凝剂和絮凝剂等，粒径一般在 1～100nm 之间，多数带有负电，因所带电荷同性而难以发生沉降，所以胶体较稳定。Angela[63]采用膜蒸馏技术浓缩乳制品，发现膜表面吸附了较多的乳制品，使膜表面发生了污染，降低了膜通量。乳清和脱脂牛奶对疏水膜的污染有所不同，而且钙的存在加强了乳清与膜之间的吸附作用，加剧了膜污染。

② 无机物沉积。常见的难溶无机物沉积有 CaF_2、$CaCO_3$、$CaSO_4$、$BaSO_4$ 和 $Ca_3(PO_4)_2$ 等，膜污染主要涉及 $CaSO_4$ 和 $CaCO_3$，可能会结晶析出并沉积在膜表面，严重时会堵塞膜孔，发生膜的亲水化现象。王军等[64]采用膜蒸馏技术对反渗透浓水进行深度浓缩，溶液中的 $CaCO_3$ 沉淀沉积在膜面并且堵塞膜孔，加大了通量的衰减程度。反渗透浓水中主要存在两种难溶盐，即 $CaCO_3$ 和 $CaSO_4$，相对于碳酸盐造成的膜污染，硫酸盐产生的污染更严重且难以清洗。He 等[65]分别以 $CaCO_3$（1000mg/L）和 $CaSO_4$（2000mg/L）溶液作为 DCMD 过程的进料液，发现 40h 内 $CaSO_4$ 造成的污染使得膜通量快速衰减，而 $CaCO_3$ 对膜通量的影响很小。

③ 有机污染。膜蒸馏可用于处理生活及工业废水，废水中通常含有油类、腐植酸、表面活性剂等有机物，这些物质可以加速膜的亲水化及污染程度。

通常，含油废水分为浮油、分散油、乳化油和溶解油四种。油类物质造成的膜污染主要是浓差极化和油滴吸附引起的。前者的影响是可逆的，主要是由于膜面处油的浓度增大，传质推动力下降，膜通量减小；而后者的影响是不可逆的，油滴首先在膜面吸附，接着膜表面缓慢形成污染层，最后膜孔道被油堵塞，从而引起传质阻力增加。

膜蒸馏过程中腐植酸（HA）的污染过程分为以下 4 步：①HA 吸附在膜表面；②HA 分子与水蒸气分子之间形成氢键；③随着水蒸气透过膜，HA 分子随着水蒸气分子迁移进入膜孔，即发生解吸；④HA 与膜表面反复地吸附、解吸，最终迁移透过膜。然而整个膜蒸馏过程中膜孔并未润湿，HA 虽然造成了膜污染，但并未发生膜的亲水化。

表面活性剂可显著地降低溶液的表面张力，主要结构为亲水端和疏水端。根据极性基团的解离性质，表面活性剂可分为四种：①阳离子表面活性剂，主要是以季铵盐为代表的含氮有机物；②阴离子表面活性剂，主要代表物如硬脂酸和十二烷基苯磺酸钠；③两性表面活性剂；④非离子表面活性剂，不电离，主要代表物为聚乙二醇类。

11.6 膜组件

在膜蒸馏过程中，可以采用的组件形式有板框式、卷式、管式或中空纤维式。

11.7 膜组件的优化

合适的组件设计可以降低过程中的温度极化和浓度极化、减少膜污染和降低过程的能耗。通过改变沿着纤维膜的流动状态可以实现这些优点。良好的组件设计可以改善壳程和管程的流体动力学。

膜的外形及其组装形式会影响组件内流体的流动性能，适当优化可改善液体的分布状况，促进过程的传质与传热。从系统的优化角度来看，对生产过程进行优化控制可以有效地分析组件内部条件变化对过程产品的影响。对膜组件及其内部形态的优化设计应该考虑减弱温差极化、装填密度的影响，保证组件排列紧凑、较高的通量、灵活的可操作性。组件优化应需要考虑的几大因素包括：①使用适当的流动方式如逆流、错流、并流以使温度梯度最大化；②使用隔板或垫衬以使流动过程中流体温度分布均匀（图 11-9）；③使用不同形状的膜丝确保组件内热量分布均匀；④使用热回收装置。

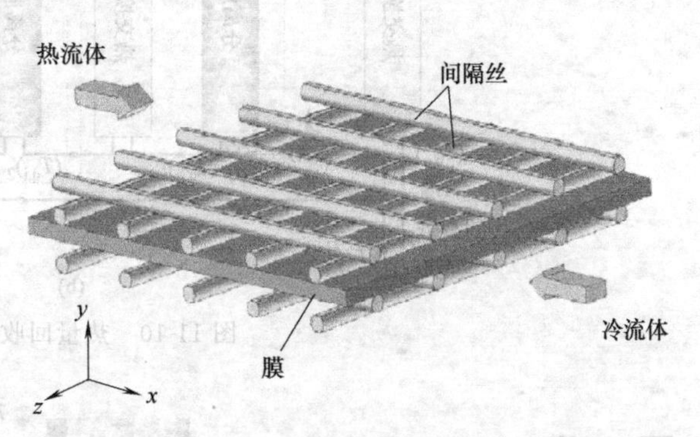

图 11-9　空间填充通道用于改善膜表面的水动力条件

在直接接触式膜蒸馏装置中交错放置中空纤维膜，可以降低温差极化带来的影响，进而提高热质传递效率。而将多个交错的膜组件与热交换器集成，可以更大程度地提高热效率和造水比。He等通过回收上一级组件冷侧的热量提供了一种热回收的装置（图 11-10，见下页）[65]。笔者对直接接触式膜蒸馏过程中逆流条件下的状态进行了分析，这种设计用来改善体系的能耗高的问题，通过设计合适的操作条件和结构使得过程的通量增大了将近 60%。Yang 等[66]从该理论和实验上考察了纤维膜的形状对直接接触式膜蒸馏的影响（图 11-11，见下页），由于降低了热边界层的阻力，通量增大了 300%。

11.8 膜蒸馏集成过程

(1) 热泵-膜蒸馏　高能耗是限制膜蒸馏技术工业化应用的另一关键问题。为了提高膜蒸馏过程的热效率，可以采用外部换热器、内部增加换热器、多效膜蒸馏以及热泵能量回收的方式。热泵是一种以消耗部分能量作为补偿条件使热量从低温物体转移到高温物体的能量利用装置。理论上向高温物体输送的能量为从低温物体吸收能量与热泵自身做功之和。因此，通过热泵获得的热能远远大于热泵消耗的能量，故热泵是一种节能装置。韩怀远等[67]将减压膜蒸馏与热泵耦合，将减压膜蒸馏产生的蒸汽与中空纤维冷凝器换热，并采用热泵蒸发器吸收中空纤维冷凝换热器的低位热能，通过热泵将热能传递给膜蒸馏的原料液，从而实现了能量的回收。陈东等[68]将压缩式热泵和单效真空膜蒸馏耦合，对系统进行了数学模拟，分析了料液温度对膜通量以及膜面积等参数的影响。

(2) 采用塑料换热器　通过制备出壁厚薄、内径小的中空纤维膜，使得塑料中空纤维换

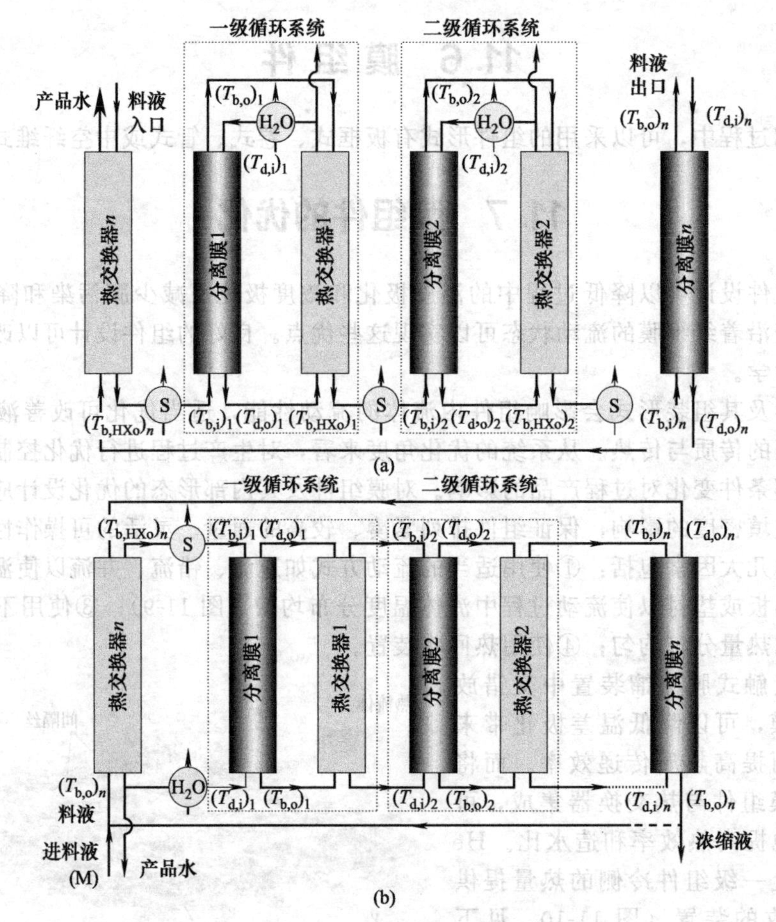

图 11-10　热量回收设计装置

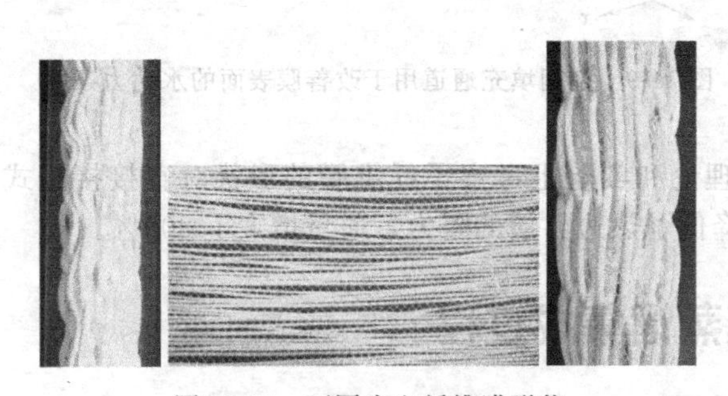
图 11-11　不同中空纤维膜形状

热器在单位体积内具有较大的传热面积，可以抵消高分子材料热导率远低于金属的缺点。高分子材料的耐盐类腐蚀性远高于金属材料。抗结垢性能明显优于金属材料，不易污染，完全可以满足针对膜蒸馏过程低温换热的要求。相对于金属换热器，塑料中空换热器具有造价低、使用寿命长的优点。具体的塑料材料可以使用聚丙烯、聚偏氟乙烯等易于浇注加工的高分子材料。

(3) 膜蒸馏-膜结晶　膜蒸馏相对于其他分离过程的优势是可以处理极高浓度的料液。当溶质是容易结晶的物质时，膜蒸馏可以将溶液浓缩到过饱和状态，从而析出晶体，是目前可以从溶液中分离出结晶产物的膜过程之一。膜蒸馏-结晶将膜蒸馏和结晶两种技术耦合在一起，利用膜蒸馏技术除去溶液中的溶剂，将料液浓缩到过饱和状态，结晶器中收集晶体。在膜蒸馏-结晶过程中，溶剂的蒸发和溶质的结晶分别在膜组件和结晶器中完成。

(4) 可再生能源驱动型膜蒸馏　将膜蒸馏与可再生能源如太阳能、地热能、风能等结合，是优化膜蒸馏常见的方式。随着太阳能集热器技术的成熟，太阳能与膜蒸馏技术的耦合研究也越来越普遍。而且这种集成过程最主要的成本是初始投资，包括设备、选址等，后续操作不需太多的投入。相比提高膜组件内部的效率，提高组件外部的效率对膜蒸馏过程的整体表现贡献更大。多效膜蒸馏技术以其高的渗透通量、能效比以及良好的稳定性，在节能方面有着较强的竞争力和应用前景。理想的膜蒸馏过程应当最大限度地通过潜热的形式转移热量，而非借助于热传导。在AGMD脱盐设备中采用多级膜蒸馏装置，通过汽化潜热的传递实现预加热，可以显著地减少热能消耗（高达55%），提高能量利用率。

11.9 膜蒸馏的应用

膜蒸馏自问世以来，应用领域主要分为两大类：渗透液为目的产物和截留物为目的产物。例如海水、苦咸水的淡化，挥发性有机物的脱除，果汁、液体食品的回收浓缩和共沸物的分离等。膜蒸馏可用来制备电厂锅炉、电子工业和半导体工业所用的超纯水，Scab公司在膜蒸馏原理的基础上制备出了家用纯水机，两种型号的产水率分别是1L/h、2L/h。膜的寿命长达三年，膜被污染后可采用柠檬酸清洗恢复性能。由于膜蒸馏用膜为高分子耐酸材料，在硫酸、盐酸和氢氟酸等非挥发性或挥发性酸的浓缩回收方面的研究也日益增多。另外，膜蒸馏可以处理极高浓度的溶液，是唯一可以从水溶液中直接分离结晶产品的膜分离过程，得到纯水的同时可以得到有用的固体结晶产品。

(1) 海水、苦咸水淡化　随着淡水资源的短缺，海水淡化成为淡水来源的重要途径之一。当前，应用较多的海水苦咸水淡化方法包括电渗析、多效蒸发、反渗透等。近年来，迅速发展起来的膜蒸馏工艺结合了蒸馏法与膜法的优势，具有反渗透、电渗析等所不能比拟的优点，产水水质较高，并且成功地应用于海水、苦咸水的淡化，有望成为低成本、高效制备淡水的新工艺。膜蒸馏可利用低位热能如太阳能、工业废热等加热海水进行海水的淡化，成本低、设备简单、操作容易、能耗低，这些优势使得膜蒸馏在海水淡化领域具备一定的竞争实力。要实现膜蒸馏海水淡化、苦咸水脱盐，高能耗是着重考虑的问题。

(2) 超纯水的制备　在膜蒸馏过程中，在膜未被润湿的时候，只有水蒸气可以穿过膜孔，因此对非挥发性溶质的截留率较高，可达到100%。Scab公司在膜蒸馏原理的基础上制备出了家用纯水机，两种型号的产水率分别是1L/h、2L/h。膜寿命长达3年，膜被污染后可采用柠檬酸清洗恢复性能。

(3) 废水处理　近年来，工业污染越来越严重，随之产生的工业废水也越来越多。而膜蒸馏作为一种新型的工业废水处理工艺，相关的报道逐年增多，可用于处理纺织废水、制药废水、含重金属的工业废水及含低量放射性元素的化学废水等。2008年，研究者采用减压膜蒸馏技术处理含1，2-丙二醇的工业废水，实现了100%截留率，达到了国家颁布的废水排放要求[69]。2001年，波兰核化学与技术学会Zakrzewska发现[70]，膜蒸馏用于处理低放射性废水具有突出的优势，能够将放射性废水浓缩至很小的体积，并具有极高的截留率，很容易达到排放标准。

(4) 重金属物质的回收　冶金、电镀、金属刻蚀等工业均会产生大量含重金属离子的低浓度工业废水，对水体等环境会产生严重的污染，尤其是铅、镉、铬等元素的富集对动植物乃至人体健康都存在潜在的威胁。膜蒸馏可回收这些废水中有价值的重金属元素，可将含重金属的低浓度水溶液浓缩至极高浓度，截留率高，产水回用性好，因此可以确保有价金属资源最小限度地流失。

(5) 果汁、液体食品的浓缩　膜蒸馏工艺操作条件温和，在低温下即可进行，在果汁、食品的浓缩方面具有突出的优点：节能，保持食品原有的色、香和味等。果汁浓缩的研究相对较多，可用超滤结合渗透蒸馏的方法浓缩葡萄汁、减压膜蒸馏浓缩葡萄汁、渗透蒸馏浓缩葡萄汁和橘汁、直接接触式膜蒸馏浓缩苹果汁、集成膜过程浓缩柠檬汁及胡萝卜汁。

(6) 反渗透浓水的处理　在反渗透过程中，大约有30%的水被直接排放掉，使得反渗透的产水率大大降低，加剧了环境污染而且浪费了大量的水资源。而膜蒸馏可用来处理反渗透的浓排水，王军研究员采用膜蒸馏技术处理内蒙古达拉特旗火电厂的反渗透浓水，当膜高温侧RO浓水的pH值为5时，浓缩10倍，连续运行180h，通量在8L/(m^2·h)左右，产水的电导率维持在3μS/cm左右。通过建立RO/MD集成系统，可大幅度降低RO的浓水排放量，提高水资源的利用率，具有良好的经济效益。

11.10　膜蒸馏的发展方向

(1) 制备低价、优质的膜蒸馏用膜　膜蒸馏发展至今竞争力不足的一个原因是制膜成本高。膜蒸馏想要实现工业化应用，需要制备出高分离性能、高通量、低成本、易于工业化生产和应用的膜蒸馏用膜，同时需要设计出传质、传热性能良好的膜组件，以提高过程的热效率和分离性能。当前，应用于膜蒸馏过程的各种高分子膜各有利弊，PTFE膜虽然疏水性较好，但是成本相对较高；PVDF膜疏水性较差；而PP膜在长期的运行过程中易发生膜污染。

(2) 制备抗润湿、抗污染的膜蒸馏用膜　长期运行过程中出现的污染减小了膜蒸馏的通量，同时也加剧了膜润湿，使得盐水进入到透过侧，降低了产水的品质。

(3) 制备低能耗的膜蒸馏用膜　膜蒸馏过程包含液相到气相的相变过程，水汽化所需的热量一般由热侧溶液的显热提供，表现为过程中进料液温度的降低。在热侧水分汽化扩散通过膜孔的同时，热量也以汽化热的形式从热侧通过膜传递到冷侧。在汽化热传递的过程中，由于冷热侧存在温差而存在跨膜导热损失。为了收集透过膜的水蒸气，需要大量的冷却水将其冷凝，从而造成了膜蒸馏系统的高能耗，因此难以实现节能减排的初衷。

(4) 完善膜蒸馏过程的传递机理　尽管已经存在很多关于膜蒸馏传递过程的机理，但是仍存在较多的缺陷，需要进一步完善。

课后习题

1. 膜蒸馏的原理是什么？
2. 膜蒸馏的传递机理有哪几种？
3. 膜蒸馏用膜的制备方法主要有哪几种？
4. 热泵-膜蒸馏的原理是什么？
5. 膜蒸馏的工业应用主要有哪些？

参考文献

[1] Shannon M A, Bohn P W, Elimelech M, et al. Science and technology for water purification in the coming decades [J]. Nature, 2008, 452 (7185): 301-310.

[2] Philip Adolph Kober. Pervaporation, perstillation and percrystallization. [J]. Journal of Membrane Science, 1995, 100 (1): 61-64.

[3] Chin S W, Chung M K. Air conditioner: EP [P]. US 7171823B2, 2007.

[4] Bodell B R. Silicon rubber vapor diffusion in saline water distillation: US[P]. US285032, 1963.

[5] Bodell B R. Distillation of saline water using silicone rubber membrane: US [P]. US 3361645A, 1968.

[6] Weyl P K. Recovery of demineralized water from saline waters: US [P]. US3340186, 1967.

[7] Findley M E. Vaporization through porousmembranes [J]. Industrial & Engineering Chemistry Process Design and

Development, 1967, 6: 226-230.
[8] Rodgers F A. Apparatus for increasing the concentration of a less volatile liquid fraction in a mixture of liquids: US [P]. US3562116, 1971.
[9] Rodger F A. Compact mutistage distillation apparatus having stacked microporous membra nes and impermeable films [P]. US, Patent 3661721, 1972.
[10] Rodgers F A. Distillation system utilizing a microporous stack: US [P]. US 3896004A, 1975.
[11] Guillén-Burrieza E, Zaragoza G, Miralles-Cuevas S, et al. Experimental evaluation of two pilot-scale membrane distillation modules used for solar desalination [J]. Journal of Membrane Science, 2012, 409-410 (8): 264-275.
[12] Carlsson L. The new generation in sea water desalination SU membrane distillationsystem [J]. Desalination, 1983, 45 (1): 221-222.
[13] Andersson S I, Kjellander N, RodesjÖ B. Design and field tests of a new membrane distillationprocess [J]. Desalination, 1985, 56 (85): 345-354.
[14] Schneider K, Van Gassel T J. Membrandestillation [J]. Chemie Ingenieur Technik, 1984, 56 (7): 514-521.
[15] Gassel T J V, Schneider K. An Energy-efficient Membrane DistillationProcess [M] // Membranes and Membrane Processes. Springer US, 1986: 343-348.
[16] Schneider K, Ripperger R W. Membranes and modules for transmembrane distillation [J]. Journal of Membrane Science, 1988, 39 (1): 25-42.
[17] Tijing L D, Choi J S, Lee S, et al. Recent progress of membrane distillation using electrospun nanofibrous membrane [J]. Journal of Membrane Science, 2014, 453 (3): 435-462.
[18] Adnan S, Hoang M, Wang H, et al. Commercial PTFE membranes for membrane distillation application: Effect of microstructure and support material [J]. Desalination, 2012, 284 (2): 297-308.
[19] Laganà F, Barbieri G, Drioli E. Direct contact membrane distillation: modelling and concentration experiments [J]. Journal of Membrane Science, 2000, 166 (1): 1-11.
[20] El-Bourawi M S, Ding Z, Ma R, et al. A framework for better understanding membrane distillation separation process [J]. Journal of Membrane Science, 2006, 285 (1): 4-29.
[21] Lawson K W, Hall M S, Lloyd D R. Compaction of microporous membranes used in membrane distillation. Ⅰ. Effect on gas permeability [J]. Journal of Membrane Science, 1995, 101 (1-2): 99-108.
[22] Essalhi M, Khayet M. Self-sustained webs of polyvinylidene fluoride electrospun nanofibers at different electrospinning times: 1. Desalination by direct contact membrane distillation [J]. Journal of Membrane Science, 2013, 433 (1): 167-179.
[23] Camacho L M, Dumée L, Zhang J, et al. Advances in Membrane Distillation for Water Desalination and Purification-Applications [J]. Water, 2013, 5 (1): 94-196.
[24] Edwie F, Teoh M M, Chung T S. Effects of additives on dual-layer hydrophobic - hydrophilic PVDF hollow fiber membranes for membrane distillation and continuous performance [J]. Chemical Engineering Science, 2012, 68 (1): 567-578.
[25] Chung H W, Swaminathan J, Warsinger D M, et al. Multistage vacuum membrane distillation (MSVMD) systems for high salinity applications [J]. Journal of Membrane Science, 2015, 497: 128-141.
[26] Khayet M. Membranes and theoretical modeling of membrane distillation: A review [J]. Advances in Colloid & Interface Science, 2011, 164 (1): 56-88.
[27] Efrem Curcio, Enrico Drioli. Membrane Distillation and Related Operations: A Review [J]. Separation & Purification Reviews, 2005, 34 (1): 35-86.
[28] Alkhudhiri A, Darwish N, Hilal N. Membrane distillation: A comprehensive review [J]. Desalination, 2012, 287 (8): 2-18.
[29] Kurokawa H, Kuroda O, Takahashi S, et al. Vapor Permeate Characteristics of Membrane Distillation [J]. Separation Science & Technology, 2006, 25 (13-15): 1349-1359.
[30] Zhang Y, Peng Y, Ji S, et al. Review of thermal efficiency and heat recycling in membrane distillation processes [J]. Desalination, 2015, 367: 223-239.
[31] 王子铱. 应用于膜蒸馏过程的 PVDF 中空纤维膜的制备及超疏水改性 [D]. 天津: 天津大学, 2015.
[32] 李蕾. 直接接触式膜蒸馏脱盐过程与热量回收研究 [D]. 天津: 天津大学, 2007.
[33] Essalhi M, Khayet M. Self-sustained webs of polyvinylidene fluoride electrospun nanofibers at different electrospinning times: 1. Desalination by direct contact membrane distillation [J]. Journal of Membrane Science, 2013, 433 (1): 167-179.
[34] Lu J, Xiao T, Qin H, et al. Effects of diluent on pvdf microporous membranes structure via thermally induced phase separation [J]. Technology of Water Treatment, 2013.

[35] Ong Y K, Widjojo N, Chung T S. Fundamentals of semi-crystalline poly (vinylidene fluoride) membrane formation and its prospects for biofuel (ethanol and acetone) separation via pervaporation [J]. Journal of Membrane Science, 2011, 378 (1): 149-162.
[36] Gugliuzza A, Drioli E. PVDF and HYFLON AD membranes: Ideal interfaces for contactor applications [J]. Journal of Membrane Science, 2007, 300 (1): 51-62.
[37] García-Payo M C, Essalhi M, Khayet M. Preparation and characterization of PVDF - HFP copolymer hollow fiber membranes for membrane distillation [J]. Desalination, 2009, 245 (1): 469-473.
[38] Wei X, Zhao B, Li X M, et al. CF_4 plasma surface modification of asymmetric hydrophilic polyethersulfone membranes for direct contact membrane distillation [J]. Journal of Membrane Science, 2012, 407-408 (14): 164-175.
[39] Dumée L F, Sears K, Schütz J, Finn N, Huynh C, Hawkins S, Duke M, Gray S. Characterization and evaluation of carbon nanotube Bucky-Paper membranes for direct contact membrane distillation [J]. Journal of Membrane Science, 2010, 351: 36-43.
[40] Wang P, Chung T S. Recent advances in membrane distillation processes: Membrane development, configuration design and application exploring [J]. Journal of Membrane Science, 2015, 474 (474): 39-56.
[41] Wang H, Ding S, Zhu H, et al. Effect of stretching ratio and heating temperature on structure and performance of PTFE hollow fiber membrane in VMD for RO brine [J]. Separation & Purification Technology, 2014, 126 (15): 82-94.
[42] Kang G D, Cao Y M. Application and modification of poly (vinylidene fluoride) (PVDF) membranes-A review [J]. Journal of Membrane Science, 2014, 463 (1): 145-165.
[43] 郑领英，王学松. 膜技术 [M]. 北京：化学工业出版社，2000.
[44] Gore R W. Porous products and process therefor: US [P]. US 4187390 A, 1980.
[45] 金王勇，张楼，吴益尔，等. 聚四氟乙烯中空纤维膜的制备及性能分析 [J]. 2014.
[46] 王学松. 现代膜技术及其应用指南 [J]. 现代膜技术及其应用指南，2005 (2): 38-41.
[47] Barbari T A. Basic principles of membrane technology [J]. 1992, 72 (3): 304-305.
[48] Wikol M, Hartmann B, Brendle J, et al. Expanded polytetrafluoro ethylene membranes and their applications, in: M W Jornitz, T H Meltzer (Eds) [J]. Filtration and Purification in the Biopharmaceutical Industry, 2008.
[49] Green D L, Mcamish L, Mccormick A V. Three-dimensional pore connectivity in bi-axially stretched microporous composite membranes [J]. Journal of Membrane Science, 2006, 279 (1): 100-110.
[50] 刘国昌，吕经烈，关毅鹏，等. 聚四氟乙烯中空纤维多孔膜及其制备方法 [P]. CN102961976A, 2013.
[51] John Pellegrino. Filtration and ultrafiltration equipment and techniques [J]. Separation & Purification Reviews, 2000, 29 (1): 91-118.
[52] 范红玮. 疏水性PVDF平板膜的制备及膜蒸馏过程研究 [D]. 北京：北京工业大学，2012.
[53] 晋彩兰. PVDF中空膜的制备及热泵-直接接触式膜蒸馏的数学模拟 [D]. 北京：北京工业大学，2017.
[54] Kumar M, Grzelakowski M, Zilles J, Clark M, Meier W. Highly permeable polymeric membranes based on the incorporation of the functional water channel protein aquaporin Z Proc Natl [J]. Acad Sci U S A 104 (52) (Dec 2007): 20719-20724.
[55] Liao Y, Wang R, Fane A G. Engineering superhydrophobic surface on Poly (vinylidene fluoride) nanofiber membranes for direct contact membrane distillation [J]. J Membr Sci, 2013, 440: 77-87.
[56] Singh B, Guillen-burrieza E, Arafat H A, Hashaikeh R. Fabrication and characterization of electrospun membranes for direct contact membrane distillation [J]. J Membr Sci, 2013, 428: 104-115.
[57] Liao Y, Wang R, Tian M, Qiu C, Fane A G. Fabrication of polyvinylidene fluoride (PVDF) nanofiber membranes by electro-spinning for direct contact membrane distillation [J]. J Membr Sci, 2013, 425-426: 30-39.
[58] Zhou T, Yao Y, Xiang R, Wu Y. Formation and characterization of polytetra fluoroethylene nanofiber membranes for vacuum membrane distillation [J]. 2014, 453: 402-408.
[59] Lalia B S, Guillen E, Arafat H A, Hashaikeh R. Nanocrystalline cellulose reinforced PVDFHFP membranes for membrane distillation application [J]. DES, 2014, 332 (1): 134-141.
[60] Fan H, Peng Y. Application of PVDF membranes in desalination and comparison of the VMD and DCMD processes [J]. Chemical Engineering Science, 2012, 79 (37): 94-102.
[61] Fane A G, Schofield R W, Fell C J D. The efficient use of energy in membrane distillation [J]. Desalination, 1987, 64 (87): 231-243.
[62] Banat F A, Al-Rub F A, Jumah R, et al. On the effect of inert gases in breaking the formic acid-water azeotrope by gas-gap membrane distillation [J]. Chemical Engineering Journal, 1999, 73 (1): 37-42.

[63] Angela H, Peter S. Fouling mechanisms of dairy streams during membrane distillation [J]. Jounal of Membrane Science, 2013, 441: 102-111.
[64] 孙项城，王军. 膜蒸馏法浓缩反渗透浓水的试验研究 [J]. 中国给水排水，2011，17 (27).
[65] Fei H, Sirkar K, Gilron J. Studies of scaling of membrane in desalination by direct cantact membrane distillation: $CaCO_3$ and mixed $CaCO_3/CaSO_4$ system [J]. Membrane Science, 2009, 345: 53-58.
[66] Yang X, Wang R, Fane A G. Novel designs for improving the performance of hollow fiber membrane distillation modules [J]. Journal of Membrane Science, 2011, 384 (1): 52-62.
[67] 韩怀远，高启君，吕晓龙. 减压膜蒸馏过程与热泵耦合技术研究 [J]. 天津工业大学学报，2011，30 (1)：1-4.
[68] 于福荣，陈东，彭长章，等. 热泵膜蒸馏系统及其特性分析 [J]. 化工装备技术，2013，34 (6)：1-4.
[69] 李凭力，曹明利，等. 真空膜蒸馏法用于多元醇水溶液分离的研究 [J]. 水处理技术，2008，34 (1)：31-33.
[70] Grażyna Zakrzewska-Trznadel, Marian Harasimowicz, Andrzej G. Chmielewski. Membrane processes in nuclear technology-application for liquid radioactive waste treatment [J]. Separation & Purification Technology, 2001, s 22-23 (1-3): 617-625.

第12章　膜基耦合分离过程及液膜技术

本章内容

本章要求

1. 了解膜接触器的发展历程。
2. 掌握膜接触器的基本原理和传质过程。
3. 理解膜接触器中的膜润湿现象，了解膜材料的选择依据。
4. 掌握膜接触器传质过程的影响因素以及强化手段。
5. 理解阻力串联模型，了解中空纤维膜接触器的传质关联式。
6. 了解膜吸收、膜萃取及液膜技术的主要应用与发展前景。
7. 掌握液膜的基本概念、工作原理；了解液膜的发展历程。
8. 了解液膜的三大传统构型及新型构型的工作特点和优缺点。
9. 了解液膜传质过程的影响因素。

在大型化学工业和石油化工生产过程中，分离装置所占的费用可达总投资的50%～90%。其中，精馏、吸收、萃取等分离操作占有举足轻重的地位。这类传统的分离操作的共性特点是：通过加入能量分离剂（如精馏等）产生第二相，或通过加入质量分离剂（如吸收、萃取等）加入第二相，利用相平衡时两相的化学位相等但不同相态下的浓度不相同这一原理，再将不同相态进行分离，从而多次利用各组分在不同相态下的浓度差别实现分离的目的。在这些传统分离过程中，在重力场存在下利用密度差实现的相分离和相分散是传质设备的主要矛盾。

膜基分离技术采用膜将两相隔开，使得整个传质过程中不发生相的分散和聚合，能够有效解决上述矛盾，强化过程传质，而且能耗低，设备简单，具有很好的应用前景。膜过程与常规分离过程的组合是膜过程发展的一个新动向。其中，膜吸收、膜萃取、膜蒸馏技术是这类新膜过程的主要代表。本章主要概述了前两者及液膜技术的发展历程、技术特点以及传质机理，并对传质过程的影响因素、传质模型以及强化手段进行了总结。此外，综述了这些技术的应用进展。

12.1　均相混合物分离过程中的非均相分离问题

在传统分离过程中，为加快相际间的传质速率，往往需要将两相中的某一相分散为极小的液滴，从而加大传质比表面积；另外，为避免级间返混以影响传质效率，又需要将两相快速分离。由于相际传质比表面积与液滴（气泡、颗粒）的直径的倒数存在正相关关系，而在相分离时液滴（气泡、颗粒）在运动流体中的沉降速度符合斯托克斯终端沉降速度公式，受滴、泡、粒的尺寸、分离空间、流体运动速度等影响。因此，在设备尺寸固定的情况下，这类两相流体接触传质的分离操作通常多受到液泛、漏液、雾沫夹带等条件的限制，使其处理量和分离效率受到很大的制约。针对这一问题发展起来的膜基分离技术通过膜将两相隔开，由直接接触式传质改为间接接触式传质，两相可以独立流动，在整个传质过程中不需考虑相的分散与聚合等问题，可以有效解决传统分离设备中存在的相分散与相分离的矛盾。将膜过程与传统的吸收、萃取、精馏等分离技术耦合，即形成了膜吸收、膜萃取以及膜蒸馏等典型的膜接触器技术，因其表现出传质效率高、能耗低、设备小、操作弹性大等优点，从而受到国内外研究者的普遍重视。

12.2 膜接触器概述

膜接触器是膜技术与传统分离技术耦合的新型分离过程。它利用膜将两相流体分隔在膜的两侧，两相通过膜中存在的大量微孔进行接触传质，其基本原理如图 12-1 所示。传质过程主要有三步：溶质由原料相主体扩散到膜壁；再通过膜微孔扩散到膜另一侧；由另一侧膜壁扩散到接受相主体。由此可见，在膜接触器中传质过程是在膜微孔表面上进行的。根据双膜理论，可以推导出适用于膜接触器的传质模型——三膜理论模型，即阻力串联模型。该模型中认为总传质阻力为两相边界层传质阻力与膜相传质阻力之和。

与其他大多数的膜操作不同，膜接触器用的膜材料不需要对流体具有选择性；其传质推动力是两相的浓度差，只需要很小的压力差就可以使两相流体形成的相际界面维持在膜孔界面处。对于膜接触器来说，若膜一侧的流动相为液体，另一相流体可以为气体、真空或者液体，对应的膜接触器技术分别为膜吸收、膜蒸馏以及膜萃取技术。可见，这三种技术之间在传质行为上存在着很多共性的规律。

与传统接触分离器相比，膜接触器中不存在液滴的分散与聚合现象，具有独特的优势[1~3]：①中空纤维膜组件具有很高的装填密度，可以提供很大的比表面积，一般为 $1500\sim3000m^2/m^3$，最大可高达 $10000m^2/m^3$，而传统气液接触设备所能提供的传质比表面积只有 $100\sim800m^2/m^3$；②两相在膜的两侧独立流动，两相流量可以任意调节，有效地缓解了密度、黏度等物性条件的制约，操作弹性大；③两相不发生相间混合，可以有效地避免传统吸收操作过程中的雾沫夹带、液泛等问题；④膜呈自支撑结构，不需另加支撑体，可大大简化膜组件组装时的复杂性，而且膜组件可做成任意大小和形状，放大简单。

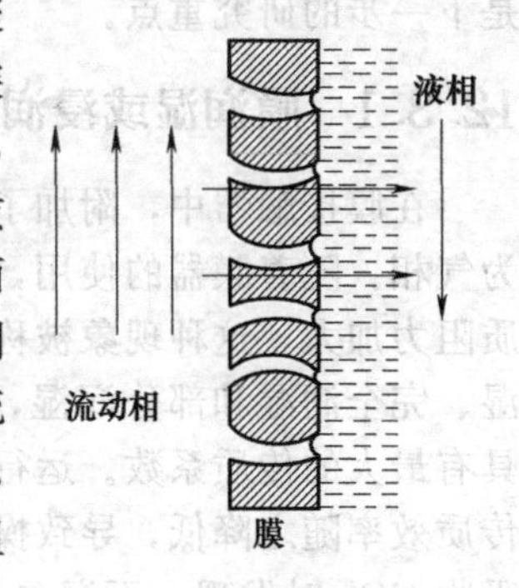

图 12-1 膜接触器基本原理

膜蒸馏技术于 20 世纪 60 年代中期由 M. E. Findley 提出，并在 20 世纪 80 年代初得以发展。1984 年，K. K. Sirkar[4] 和 B. M. Kim[5] 提出了膜萃取概念。1985 年，Zhang & Cussler[6] 将膜分离技术与传统吸收技术相耦合，开发了膜吸收技术。自 20 世纪 80 年代开展以来，膜接触器发展迅速，世界上诸多学者对其展开了广泛而又深入的研究。当前，膜接触器已在不少领域取得可喜的研究成果，在国外很多领域更是取得了工业化应用进展。

膜接触器的研究工作主要围绕以下几个方面进行。

① 膜材料的研制以及浸润性能对传质的影响。除了降低膜材料的生产成本外，还希望膜材料与溶剂具有更好的兼容性和更好的耐热、耐酸碱、耐有机溶剂、抗氧化、抗污染、易清洗

等性能。对膜蒸馏过程来说，具有长效疏水性能的膜材料及制备方法有助于避免膜浸润问题。

② 膜组件的开发与优化。目前已经工业化应用的膜组件主要有中空纤维、卷式、板框式、管式和毛细管。由于膜本身具有较大的传质比表面积，开发具有大传质比表面积和促进流体流动的膜组件具有很积极的意义，开发与对应的膜基分离过程相适应的专有膜器结构对促进传质效率有重要的作用。

③ 膜内传质机理及数学模型研究。对溶质在膜内和膜两侧流体间的传质进行深入研究，对特定分离体系和膜组件的流体流动、传质进行模型化研究。

④ 传质过程的影响因素及传质强化手段研究。

⑤ 膜接触器的应用。开发与待分离体系相适应的膜接触器过程，以及将膜接触器技术与其他化学反应相结合，开发新型的膜基分离-反应耦合过程，是膜接触器应用的关键技术，也是当今的研究前沿。

12.3 膜接触器中膜材料的选择

在膜接触器中，膜的使用增加了膜相传质阻力。研究者试图通过降低膜相传质阻力以获得更高的传质效率。由于膜孔较小，因此物质在膜孔中的扩散一般为分子扩散，当膜孔充满扩散系数或者分配系数大的流体时，膜相传质阻力较小，而这与膜材料的选择密切相关。

膜材料主要包括有机聚合物膜、无机膜以及有机无机复合膜。其中，有机聚合物膜材料是膜接触器中最为常见的膜材料，可分为聚四氟乙烯（PTFE)、聚偏氟乙烯（PVDF)、聚丙烯（PP）等疏水材料和聚砜（PS)、醋酸纤维素（CA）等亲水材料。PP材料价格低廉、化学和热稳定性好、机械强度高，是一种备受青睐的疏水性材料。近年来，随着PTFE微孔膜制备技术的成熟和工业化应用，由于其极低的表面张力和优异的化学稳定性、热稳定性，使得其在膜吸收、膜蒸馏过程中展现出优异的效果，并得到了越来越多的应用。然而其管径较大，传质比表面积相对偏小，开发细管径的高孔隙率、小孔径的PTFE中空纤维膜是下一步的研究重点。

12.3.1 膜润湿或浸润对传质的影响

在膜接触器中，附加了一层膜相阻力，为了降低总传质阻力，需要保持膜孔内的流体相为气相。随着膜器的使用，膜的界面张力会逐渐变化，并可能产生液相逐渐渗入膜孔，使传质阻力加大，这种现象被称为膜浸润或膜润湿。按膜孔的润湿状态，可将其分为三类：非润湿、完全润湿和部分润湿，见图12-2。一般情况下，膜接触器在膜孔非润湿型状态下操作具有最大的传质系数。运行一定时间后，随着膜孔被润湿，膜相的传质阻力开始变得显著，传质效率随之降低，导致操作不经济。Karoor和Sirkar[3]在中空纤维膜接触器中进行纯水吸收CO_2时发现，不润湿型操作比润湿型操作的总传质系数大一个数量级。M. Mavroudi等[7]发现当膜孔被润湿后，膜相传质阻力占总阻力的20%～50%；R Wang等[8]的模拟结果表明，膜孔非润湿状态下的CO_2吸收速率是润湿状态下的6倍；即使膜表面被浸润5%也会造成传质系数下降20%，完全润湿与完全不润湿相比，总传质系数下降了80%。Zarebska等[9]采用膜蒸馏技术回收农业生产废弃物中的氨，发现有机污染物作用于疏水膜表面使得膜的疏水性能减弱，结果导致膜蒸馏过程膜润湿严重，蒸馏渗透通量迅速减小。

除了研究膜润湿对传质过程的影响外，研究者还试图研究该现象的产生机理和影响因素。研究者对于膜润湿产生的原因看法并不统一。Wang等认为膜润湿现象是由吸收剂改变了膜的表面能引起的[8]；Mavroudi等则认为吸收剂与膜表面接触后发生了某些化学变化，溶液发生缩颈现象进而渗入到膜孔内导致了膜润湿现象的发生[10]。Lv等[11]认为吸收剂使

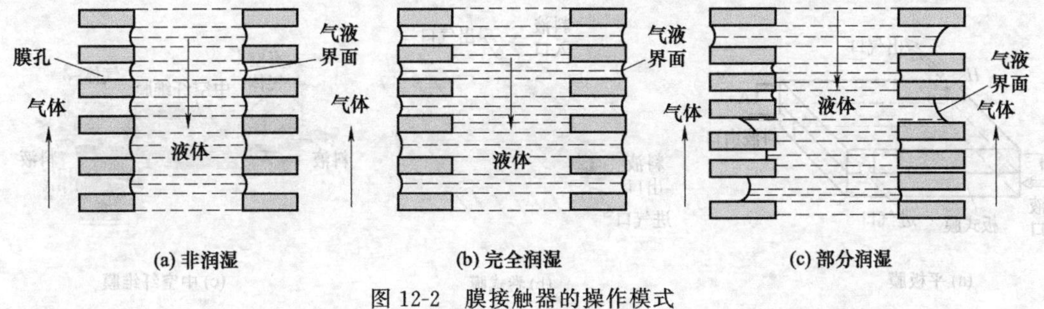

图 12-2 膜接触器的操作模式

微孔膜发生了溶胀，吸收剂与膜相互作用导致膜表面的亲、疏水性发生了改变。

陆建刚[12]、Evren[13]考察了膜润湿率对膜吸收过程传质性能的影响，研究发现膜润湿率与两相压差密切相关。另外，操作条件、膜材料和吸收剂物性等因素均会对膜的润湿程度产生影响。

12.3.2 吸收膜材料的选择

膜吸收技术是典型的气液传质过程。因为分子在气体中的扩散系数比液体中的大 4～5 个数量级，因此，当膜孔充满气体时膜相传质阻力较低。吸收剂与膜材料的兼容性是保证这一条件的关键。如果吸收剂是水溶液，膜材料最好选择疏水膜；若吸收剂为油性溶剂，则选择亲水膜。但绝大多数吸收剂是亲水性的，因此膜吸收中一般采用疏水性膜材料。

12.3.3 萃取膜材料的选择

针对具体的分离体系，选择合适的膜材料，减小膜的传质阻力，提高膜萃取过程的传质效率是十分必要的。

通过膜萃取传质阻力的叠加公式及实验研究发现[14]，对于分配系数 $m \gg 1$ 的体系，若采用疏水膜器，膜阻项可以得到有效的控制，使得总传质系数较大。对于分配系数 $m \ll 1$ 的体系，则更宜选用亲水膜器，从而减小膜阻项的影响。而对于某些分配系数 m 接近于 1 的体系，膜阻在膜萃取过程中所占的比例是不可忽略的。而且，随着两相流速的增大，水相及有机相边界层阻力逐渐减小，膜阻将成为影响传质速率的决定因素。同时，仅利用 m 值的大小来作为判断、选择膜器材料浸润的判据是不够的。此时，在膜材料的各类结构尺寸相当的条件下，还应当考虑溶质在水和有机相中扩散系数的大小。

目前，在膜萃取过程中都存在相当程度的膜溶胀问题，使膜的几何形状、孔隙率、膜孔径、膜孔弯曲因子发生较大变化，机械强度大大下降，膜器的传质阻力也因此有所增大。尤为重要的是，溶胀使中空纤维膜器壳程流体流道发生了很大变化，给膜器壳程流体的流型分布带来了许多不可预知的影响，从而给膜器的设计、选型及放大问题带来了困难。因此，选择一种机械强度好、抗溶胀的膜材料对于膜萃取技术的研究有很大帮助。

12.4 膜组件结构

膜接触器常见的构型有板式膜组件、管（卷）式膜组件和中空纤维式膜组件三种（图 12-3）。

中空纤维膜组件结构紧凑，耐压性好，填充密度高，膜面积远大于前两者，因此应用最为广泛。按照膜组件形式分类，中空纤维膜接触器可分为平行流中空纤维膜接触器以及螺旋形中空纤维膜接触器等类型。平行流中空纤维膜接触器是指中空纤维膜丝平行分布在膜组件的壳程中，如图 12-4（a）所示。螺旋形中空纤维膜接触器是将中空纤维膜丝（或者将膜丝

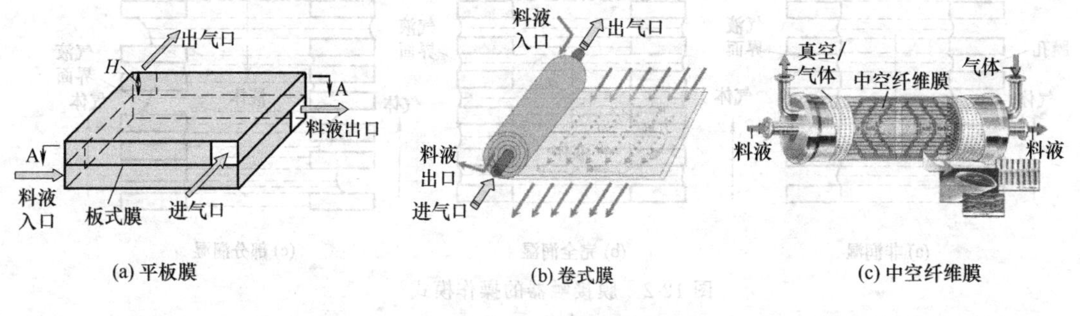

图 12-3　膜组件构型

编织成织物）卷在一端被塞子固定的带孔芯体上。流体进入芯体，并从孔中扩散至膜器的壳程，另一种流体则从中空纤维膜的一侧进入，从另一侧流程流出，其结构见图 12-4（b）。

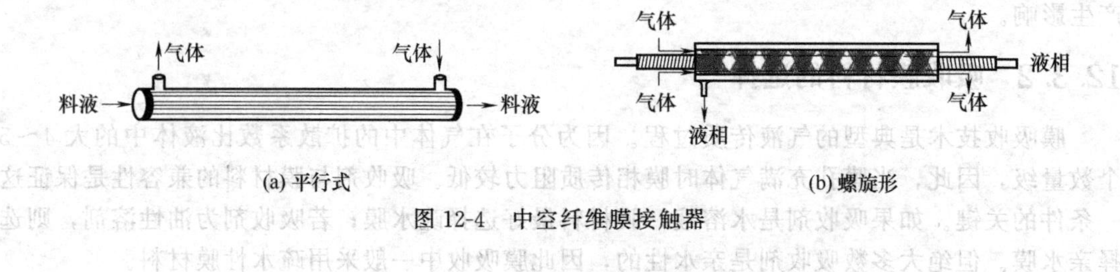

图 12-4　中空纤维膜接触器

12.5　膜接触器传质过程的影响因素

12.5.1　膜吸收技术传质过程的影响因素

（1）两相流速的影响　在膜吸收过程中，总传质阻力包括气相传质阻力、膜相传质阻力和液相传质阻力。以气相为基础的总传质系数的数学表达式为：

$$\frac{1}{K_G}=\frac{1}{k_g}+\frac{1}{k_m}+\frac{1}{k_l H} \tag{12-1}$$

式中，K_G 为总传质系数，m/s；k_g 为气相分传质系数，m/s；k_m 为膜相传质系数，m/s；k_l 为液相分传质系数，m/s；H 为亨利系数。

当被吸收气体为混合气时，气液两相的流速会影响膜吸收过程气、液两相的传质阻力。两相流速对总传质系数的影响主要表现在分离体系传质过程中气相边界层阻力和液相边界层阻力在总传质阻力中所占的比重。对于难溶气体，液相边界层传质阻力在总传质阻力中占有绝对优势，总传质系数方程可以简化为：

$$\frac{1}{K_G}=\frac{1}{H_A k_l} \tag{12-2}$$

式中，H_A 为组分 A 的亨利系数。

这种情况下，改变气相流速不会对总传质系数产生影响，而增大液相流速则会使总传质系数显著增大。

对于易溶气体或有快速化学反应存在的吸收过程来说，气相边界层和膜阻占总传质阻力的绝大部分，总传质系数方程可以写为：

$$\frac{1}{K_G}=\frac{1}{k_g}+\frac{1}{k_m} \tag{12-3}$$

此时，改变液相的流速对总传质系数基本无影响。如果增大气体的流速，就会减小气相传质边界层厚度，降低气相传质阻力，从而使得总传质系数增大。

当气液两相的流速都很大时，气液两相的边界层阻力都可以忽略，于是总传质系数方程可以写为：

$$\frac{1}{K_G}=\frac{1}{k_m} \tag{12-4}$$

此时，气液两相流速的改变不会影响总传质阻力的大小，而选择具有合适膜结构参数的膜器才会获得较高的总传质系数。

(2) 两相压差 Δp 的影响　在膜吸收过程中，传质的推动力是被吸收组分在两相间的化学位差 $\Delta\mu_A$[15,16]，气液两相间压差的目的仅在于形成稳定的传质界面，防止两相间的渗透，对总传质系数没有直接影响，这是与以压差为推动力的气体膜分离过程所不同的。但是两相压差也不是没有限度的，它存在一个临界值 Δp_{cr}，如果超过这个临界值，就会发生两相间的混合（漏液或鼓泡），使膜吸收过程无法正常进行，这个临界值称为穿透压。假设膜微孔孔道与毛细微管类似，则微孔膜的穿透压可以表示为：

$$\Delta p_{cr}=\frac{2\gamma\cos\theta_c}{r_p} \tag{12-5}$$

从式 (12-5) 可以看出，减小表面张力 γ 或增大微孔半径 r_p 均会使穿透压变小，这虽然有利于气体透过，但不利于膜吸收的操作。实际操作中多是通过调整两相压差以防止两相间的渗透，即只需确保两相压差小于穿透压。

在常规的吸收设备中，往往是一相在另一相中分散，实现传质，体系的界面张力是影响传质特性的重要参数。但在膜吸收过程中，不存在常规吸收过程中的相的分散和聚合现象，体系的界面张力对总体积传质系数不产生直接影响。

(3) 流动方式　不同的膜器结构决定不同的流动方式，而气、液两相在膜器内的流动方式又将影响传质效果，比如气相走管程或者壳程，传质效果是不同的。

中空纤维膜接触器的膜面积远远大于其他结构的膜接触器，所以其研究和应用最多。K. L. Wang 和 E. L. Cussler[17] 认为当传质过程由膜或管程边界层阻力控制时，并流模式可提供最大的平均浓度推动力；但若壳程阻力很大时，这种组件的传质系数就会降低，此时错流操作比较好。V. Y. Dindore 等[18] 用错流模式膜接触器对 SO_2 进行吸收发现，错流模式的传质系数一般比并流模式的传质系数高一个数量级，而且壳程压降也相对较低。Sengupta 等[19] 全面地总结了错流操作的优点：①液体垂直纤维流动可增加局部扰动，从而提高壳程液相局部传质系数；②纤维的排列结构规整，加上挡板的作用，使壳层侧沟流的形成降至最小。但在错流式膜接触器中，壳程流体的流动情况比较复杂，这给错流式膜接触器的传质模型研究造成了困难，进而限制了错流式膜接触器的设计和工艺规模放大。

Masaaki Teramoto[20]、A. F. Ismail[21] 等采用中空纤维膜器吸收 CO_2，结果表明，当吸收剂走管程、气体走壳程时，吸收速率比吸收剂在壳程流动时大得多。这主要是由于分子在气相中的扩散系数较大，因此，膜器结构所带来的和壳程流体非理想性所带来的负面影响得以缓解。

(4) 化学反应对传质的影响　当被吸收气体与吸收液间有化学反应发生时，有可能使传质系数增大。在进行有化学反应时的膜吸收过程的分析和处理时，可以结合无化学反应时的分析和传统吸收过程对化学反应的处理方法，使用化学反应增强因子 E：

$$E=\frac{k_l^0}{k_l} \tag{12-6}$$

式中，k_l^0 为无化学反应时的液相传质系数；k_l 为有化学反应时的液相传质系数。相应的液相传递速率方程变为：

$$N_A = k_l^0 (C_{Ai} - C_A) = Ek_l (C_{Ai} - C_A) \tag{12-7}$$

故可得化学吸收的总传质系数方程：

$$\frac{1}{k_G} = \frac{1}{k_g} + \frac{1}{k_m} + \frac{1}{H_A E k_l} \tag{12-8}$$

E 的求取与化学反应有关系，在膜吸收技术的工业应用中，快速反应和瞬间反应较具吸引力[22]。

(5) 膜结构参数　膜微观结构参数包括膜的孔隙率、孔径、厚度、曲折因子等。在阻力串联模型中，膜结构参数对传质的影响仅体现在膜阻这一项中。大部分研究者认为膜的结构参数是通过影响膜相传质阻力进而对总传质系数产生影响的。

膜吸收过程通常采用膜孔非润湿的操作，溶质在膜孔中的扩散是通过气体中的扩散。气体的扩散方式与膜孔的大小有关，在常压下，用于膜吸收过程的微孔膜孔径一般比气体平均自由程大，主要为分子扩散。

膜的厚度及曲折因子越大，膜阻越大。但膜变薄以后，其强度、耐压性能都会降低，膜器的制造成本会大大增加。所以在实际应用中，应该选择具有合适结构参数的膜。

膜孔隙率与膜内微孔大小、微孔分布及微孔曲折程度等微观结构有关。关于膜孔隙率与传质性能的关系，文献中得出的结论并不一致。

D. M. Malone[23] 考察了膜孔隙率对扩散边界层阻力的影响，实验结果表明膜孔隙率对总传质系数有较大的影响。Kreulen 等[24,25] 使用平板膜，考察了以纯水、H_2SO_4 为吸收剂吸收 CO_2 气体的传质性能。结果发现，使用两种孔隙率悬殊的膜进行吸收时，计算出的传质系数与无膜吸收时基本相等，因此认为多孔膜对液相中的传质基本没有影响。张卫东等[26~30] 在不同孔隙率的中空纤维膜接触器中以 NaOH 溶液吸收 CO_2，发现孔隙率对膜吸收过程的传质影响较为复杂，它与吸收剂 pH 值、液相流速、孔隙率大小等均有关系，笔者解释为这是由于孔隙率引起膜壁面附近 CO_2 浓度分布均匀情况不同。详见 12.6.3 节。

12.5.2　膜萃取技术传质过程的影响因素

膜材料浸润性能、溶质的相平衡分配系数、两相压差、体系界面张力和穿透压等因素均会影响膜萃取的传质过程。其中，膜材料的选择是膜萃取的基本问题，膜材料的浸润性能是保证膜萃取过程可以正常进行的关键[31]。膜材料浸润性能及溶质在两液相的平衡行为对膜材料的选择具有重要的指导意义，所选用的膜必须有足够的亲、疏水性和一定的突破压力，以保证两相间不至于相互渗透，具体已在 12.3.3 节有所介绍。

(1) 两相压差　两相压差对膜萃取技术传质的影响与膜吸收技术类似。1986 年，K. K. Sirkar[32]、戴猷元[14] 等分别利用板式膜器和中空纤维膜器研究了两相压差对膜萃取传质特性的影响。研究表明，两相压差对传质系数没有直接影响。这主要是因为在膜萃取过程中，其传质推动力主要是化学位，传质系数受两相压差的影响较小。但是，两相压差的存在防止了两相间通过膜的渗透，从而使膜萃取过程的诸多优势得以表现出来。

(2) 体系界面张力和穿透压　在液液萃取过程中，体系界面张力是影响传质特性的重要参数，其大小会影响分散相液滴的尺寸，大液滴因传质比表面积小而不利于传质，而小液滴因相分离难度大也会给传质带来不利的影响。然而，在膜萃取过程中不存在通常萃取过程中的液滴分散及聚结现象，体系界面张力对于体积总传质系数不产生直接的影响。

穿透压对膜萃取传质过程的影响与膜吸收技术类似，在 12.5.1节已有介绍。

12.6　中空纤维膜接触器的传质模型

由于中空纤维膜接触器具有操作简便、传质比表面积大等优点，研究者多采用中空纤维膜接触器，对其传质特性进行研究并建立了各分传质系数的关联式。其中，管、壳程传质系数关联式通常采用 Leveque 方程关联，膜相传质系数则由 Fick 扩散定律推导得出。

12.6.1 管程传质关联式

由于中空纤维膜丝的内径较小，流体通过中空纤维膜管程时多为层流状态，管程传质关联式可用 Graetz-Leveque 来表示。各关联式大都具有如下形式：

$$Sh = ARe^{\alpha}Sc^{\beta}\left(\frac{d_{\mathrm{i}}}{L}\right)^{1/3} \tag{12-9}$$

式中，d_{i} 为膜丝内径；L 为膜丝有效长度。

比较常用的管程传质关联式为[24,33]：

$$Sh = 1.62\left(\frac{d_i}{L}ReSc\right)^{1/3} \tag{12-10}$$

12.6.2 膜相传质关联式

对于膜萃取和膜润湿情况的气体吸收，溶质在膜微孔内的扩散是通过液相的分子扩散；对于膜非润湿情况的气体吸收，溶质在膜孔中的扩散是通过气体中的扩散。在通常状态下，气体平均自由程在 10^{-9} m 量级。但用于膜吸收过程的膜孔径一般比气体分子的平均自由程要大，因此，此时气体在膜内的传质形式应为 Poiseuille 流（黏性流）及表面扩散[34]。在低压力下，表面扩散可以忽略[35]。

在膜基分离过程中，固体微孔膜主要起分隔两相、固定相界面的作用，所以要求膜的孔隙率大，孔径大。目前，在计算膜孔内的传质系数时，都是采用 Fick 定律来表达。传质系数为溶质在充满膜孔介质中的扩散系数和膜参数的函数，其数学表达式为[3,36]：

$$k_{\mathrm{m}} = \frac{D\varepsilon}{\delta\tau} \tag{12-11}$$

式中，δ 为膜厚度；D 为溶质在膜孔中的扩散系数；ε 为膜孔隙率；τ 为膜孔曲折因子。可以看出，膜阻大小与膜孔隙率等膜结构参数有关。

12.6.3 壳程传质关联式

相对于管程传质来说，壳程传质过程要复杂得多。目前，发展起来的壳程流体传质系数关联式各种各样，形式不尽相同。在壳程传质特性的研究中，很多研究者都仿照管程流体流动的 Leveque 方程（$Sh = ARe^{\alpha}Sc^{\beta}$）得到了各种经验关联式。壳程传质关联式可归纳为如下形式：

$$Sh = f(\phi)Re^{\alpha}Sc^{\beta}\left(\frac{d_{\mathrm{h}}}{L}\right)^{\gamma} \tag{12-12}$$

式中，ϕ 为装填因子；d_{h} 为壳程水力直径；L 为膜丝有效长度。

Sirkar、戴猷元等[3,37]在早期的膜萃取、膜吸收实验研究中得到了许多壳程传质关联式，但这些式子只适用于各自的实验条件下，很难推广到实验条件以外的范围。针对壳程流体的分传质系数关系型的预测值与实验值之间的偏差较大的实际情况，一些研究者对传质关联式进行了修正。

Prasad 和 Sirkar[38]在 1988 年对不同装填因子的中空纤维膜组件进行了壳程流体流动的研究，发现中空纤维膜组件中存在着严重的非理想性流动。Costello 和 Fane[39]提出端效应的概念，并把装填因子 ϕ 作为一个修正因子对壳程传质关联式进行了修正。张卫东等[40]于 1996 年提出了壳程子通道模型。该模型将中空纤维膜组件壳程流体通道分为两个部分：一个是靠近壳壁的环隙通道，该通道内无纤维管存在，不发生传质；另一个是纤维间的多个纤维间通道，所有的传质行为均发生在该通道，在该通道内中空纤维管呈正三角形规整排列。模型预测结果与实验值相比，误差在20%范围内。

另有众多研究者针对中空纤维膜组件装填的随机性及其对壳程流体流动状况的影响进行了实验研究，并利用随机分布理论对壳程传质关联式进行了修正。Chen[41] 利用 Voronoi tessellation 数学理论及随机分布理论修正壳程传质关联式，考察随机装填的中空纤维膜组件壳程流体径向分布的不均匀性对传质性能的影响。Wang 等[42]用正态分布密度函数代替 Chen 的随机分布密度函数，拟合计算了壳程流体的分布状况，并用类似的方法计算了壳程传质系数，其适用范围更宽。J-M Zheng 等[43]考察了中空纤维膜随机装填对壳程传质的影响，基于自由表面模型描述了中空纤维随机装填时壳程流体的流体分布。

综上所述，膜接触器过程中空纤维膜组件壳程的传质关联式无论在形式上还是系数上都存在很大的差异。大部分研究者将其归结为流体流动的非理想性，并建立了包含壳程流体非理想流动的传质模型。在这些模型化的研究中，膜结构参数的影响并未得到重视，大多数传质模型与关联式仅将膜结构参数作为膜相传质阻力的影响因素，而忽视了其对膜两侧流体内传质的影响。在膜微观结构中，膜孔隙率是影响膜吸收过程中真实传质面积的关键因素，但文献关于孔隙率与传质的关系并不统一，这可能是研究者们在理论计算过程中所用的传质面积标准（膜面积或者膜孔面积）不同导致的。

类似的现象在自然界中也同样存在，如植物叶片的气孔在叶面上所占面积百分比一般不到1%，但气孔的蒸腾量却相当于所在叶面积蒸发量的10%～50%，甚至达到100%[44]。

张卫东等[26～30]综合考察了膜结构参数、操作条件和膜器长度等因素之间的相互作用及其对传质的影响。结果发现，孔隙率对膜吸收过程的影响比较复杂。对此笔者认为，孔隙率等膜结构参数对传质过程的影响主要是因为溶质在近膜壁面处的切向传质距离和法向传质距离不同（切向传质距离为膜孔间距，法向传质距离为液相侧浓度边界层的厚度）。溶质通过膜孔扩散进入液相后，在液相侧近膜壁面处同时沿切向和法向两个方向扩散。法向和切向两个方向上传质距离的不同导致了近膜壁面附近溶质浓度分布的差异。当膜孔隙率很小或膜孔间距很大，或者存在强化学反应时，溶质扩散过程如图12-5（a）所示，法向传质距离小于切向传质距离，溶质浓度剖面在未覆盖整个膜表面前即可通过边界层到达液相主体，近膜壁面处的浓度分布不均匀，此时膜的微观结构参数对传质性能有显著影响。反之，当膜孔隙率较大或膜孔间距较小，或者扩散速度较快时，溶质扩散示意图见图12-5（c），此时，溶质扩散通过浓度边界层前即可在切向上覆盖整个膜表面，浓度分布较为均匀，从表观上孔隙率对传质性能无太大的影响。在传质系数较小的化学吸收或一些传质系数较大物理吸收中，溶质扩散示意图如图12-5（b）所示。此时，法向传质距离与切向传质距离相差不大，有效扩散孔隙率仍受到膜表面孔隙率的影响但其程度减小，因此膜表面孔隙率对传质系数没有显著的影响。此传质机理很好地解释了在膜吸收过程中膜微观结构对传质性能有无影响的问题，澄清了膜的微观结构对传质性能影响的本质原因。

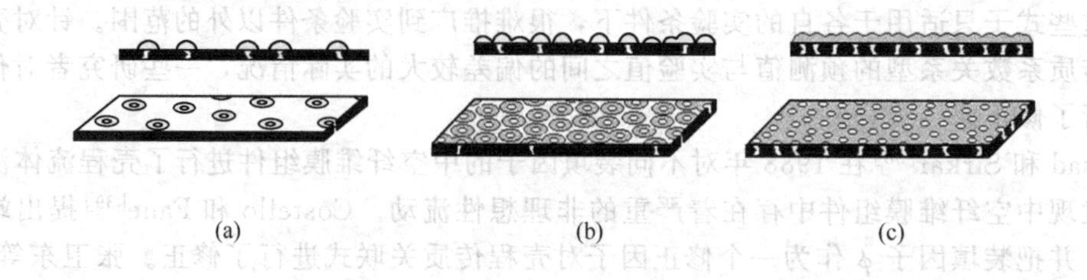

图12-5　溶质扩散示意图

12.7 膜接触器传质过程的强化研究

对于传质过程来说，降低现有设备能耗、提高设备的传质效率一直是国内外众多研究者致力于解决的问题。而通过改进装置的设计制造以及改变操作方式等进行的传质强化研究，可以使膜吸收等传质技术得到较好的推广应用。

12.7.1 通过膜接触器结构优化设计强化传质

通常使用的中空纤维膜组件是平直型的，其制备技术相对简单。但是，这种膜组件制备过程中因局部中空纤维膜排列不紧凑而引起流体短路，产生壳程流体流动的非理想性，严重影响了该技术的大规模工业化。为了提高传质效果，研究者通过改变膜器结构以及改变操作方式等方法对中空纤维膜组件进行传质强化。

(1) 通过错流强化传质　错流操作较之并流操作可以减少壳程沟流的形成，其传质系数一般比并流模式的高，具体已在 12.4 节有所介绍。但是错流式膜接触器的结构及其壳程的流动情况较为复杂，一方面导致设备造价较高；另一方面使得传质模型的研究难度较大，进而限制了膜接触器的设计和规模放大。

(2) 使用编织式膜接触器强化传质　Cussler[17] 发现自制膜器比商业膜器的总传质系数高。他认为这是商业膜器的纤维分布不均一从而引起液体流动不均匀导致的。为了强化传质，Wickramasinghe 等[45] 提出了如图 12-6 所示的膜接触器，这种膜器主要是从提高膜表面的接触面积和改变膜器内部液体流动路线来提高传质系数的。

(3) 添加挡板强化传质　在中空纤维膜接触器壳程的适当位置加上若干挡板，可以有效地提高膜组件的传质效率。已经商业化的 Liqui-Cel® Extra-Flow 中空纤维膜接触器所采用的挡板结构就是一个典型的例子。挡板可使壳程的旁路减至最少，加长壳程流体的流道长度和停留时间，从而提高其传质效率。另外，挡板可使壳程流体改变方向，使其倾向于垂直膜表面流动，从而提供了比一般平行流操作更高的传质系数。

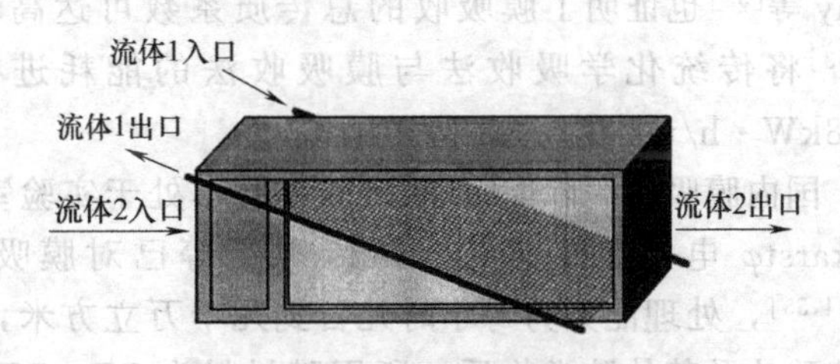

图 12-6　中空纤维编织式膜接触器

12.7.2 加入第三相强化传质

张卫东等[46] 以 TBP/煤油为萃取剂，以 NaOH 水溶液为反萃剂，对中空纤维包容液膜萃取苯酚的传质性能进行了实验研究，并在膜的壳程鼓入第三相流体——空气，以强化过程的传质性能。由于鼓泡搅拌的作用，促进了壳程流体的径相混合，加大了过程的传质速率，使得中空纤维包容液膜达到稳定的时间缩短。

为了改善中空纤维膜接触器壳程流体流动的非理想性，李江等[47] 利用固相粒子在壳程吸收剂中的扰动实现“微搅拌”的作用，改善了近膜壁面处溶质浓度分布的不均性。结果表明，固相粒子的加入使传质系数提高 40%以上，而且当膜孔隙率较小或者吸收剂 pH 值较高时，固相粒子的强化效果更好，这与张卫东等[26～30] 提出的孔隙率对膜吸收过程影响的传质机理相一致。

12.7.3 通过外场作用强化传质

化工过程中常用机械振荡等方法来强化气液间的传质。机械振荡可以增大传质面积，增大液相湍动程度，提高液相内的传质和反应速率。李江[47]通过在膜吸收过程中引入外源振荡，加强了壳程流体的径向混合，改善了壳程流体流动的非理想性，结果表明，振荡可使膜吸收过程的传质系数增加 50%以上。Liu 等[48]将超声用于浸没式中空纤维氧解吸过程，结果表明，超声在一定条件下对膜传质性能起到了强化作用。薛娟琴等[49]研究了超声对膜吸收法脱除 SO_2 的过程，结果表明，超声波可以增大膜吸收通量，对气液传质有促进作用。

12.8 膜接触器的应用研究及发展前景

与传统接触器相比，在理论上，膜接触器存在能耗低、效率高等诸多优点，应用前景十分诱人。自从 20 世纪 70 年代氧合器被使用后，膜接触器的研究取得了巨大的进展。在膜接触器中，氧合器、脱气和充气接触器已广泛应用，膜吸收、膜萃取和膜蒸馏技术也有着越来越广泛的应用。

12.8.1 膜吸收技术的应用

(1) 酸性气体的脱除

① CO_2 的脱除。国外对膜吸收 CO_2 工艺的研究起步较早，国内虽然起步较晚，但发展较快。朱宝库等[50]以 MEA 等作为吸收剂，采用 PP 纤维微孔膜接触器吸收 CO_2，脱碳率高达 95%～99.5%。Yang 等[51]发现膜吸收器的总传质系数约为填料塔的 10 倍。Demontigny 等[52]也证明了膜吸收的总传质系数可达高性能苏尔寿 DX 规整填料的 4 倍。Yeon 等[53]将传统化学吸收法与膜吸收法的能耗进行了对比，能耗（以 CO_2 计）分别为 $0.58kW \cdot h/m^3$ 和 $0.39kW \cdot h/m^3$。

国内膜吸收脱除 CO_2 的研究还基本处于实验室小试阶段，而国外的部分电厂，如挪威的 karstφ 电厂、日本的 Nanko 电厂等已对膜吸收技术进行了放大试验甚至工业化应用[54,55]，处理能力为每小时几百到几千万立方米，所用的吸收剂为 MDEA、MEA、氨水、氨基酸盐及其他胺类物质，所用膜材料为 PP、PTFE、聚醚醚酮（PEEK）等中空纤维膜。karstφ 电厂在 350MW 机组上安装膜吸收工艺，在烟气处理量及 CO_2 回收量相同的情况下，膜吸收系统的吸收液用量及设备尺寸分别是传统吸收塔的 12%和 1/8。

② SO_2、H_2S 的脱除[56]。一些研究者采用 NaOH 作为吸收液，SO_2 的脱除率均在 90%以上[57]。关毅鹏等[58]采用新型错流式中空纤维膜吸收器，以脱盐水、氢氧化钠和亚硫酸铵水溶液作为吸收剂，在模拟烟气 SO_2 浓度为 $1500mg/m^3$ 时，脱硫率达 97.7%以上。国内海水淡化研究所在大港电厂燃煤烟气采用膜吸收法开展脱硫中试实验，在 $1000m^3/h$ 的烟气处理量下，脱硫率大于 90%[59]；2017 年还在内蒙古某发电厂建成了烟气处理规模 $20000m^3/h$ 的"膜法烟气处理超低排放技术装备应用示范"工程，在烟气进口浓度 500～$1800mg/m^3$ 情况下，出口烟气 SO_2 浓度低于 $35mg/m^3$，实现和达到了燃煤烟气超低排放技术指标。Wang 等[60]以 Na_2CO_3 作为吸收剂，以 LiCl 和 H_2O 作为添加剂，采用 PVDF 膜除去气体中的 H_2S，H_2S 脱除率高达 99%以上。

(2) 挥发性有机废气的净化 Sirkar 等采用 PP 膜器，利用硅油进行了甲、乙基酮和乙醇等有机废气净化的中试实验，结果表明 VOCs 去除效率高达 90%以上[61]。吴庸烈等利用 PVDF 中空纤维膜及 2%NaOH 溶液来脱除废水中挥发性的酚，可将酚含量降到 $50\mu g/mL$ 以下[62]。程铮[63]以 300t/d 油脂浸出生产线为例，计算并对比了油脂浸出 4 种尾气回收方式（水吸收、石蜡吸收、冷冻吸收、膜吸收）的溶剂回收量，结果表明膜吸收技术具有显著的优势，有机气体回收率高达98%。

（3）回收氨的应用　EU Craft Agate Project利用PP膜组件对氨的回收进行了工业化实验。在气相流量为695m^3/h的条件下，氨的回收率高达99%以上，且每年回收氨83t[64]。王建黎等[65]采用中空纤维膜接触器进行了从模拟“铜洗再生气”中脱氨的研究，当混合气中氨的浓度为20.0g/m^3、膜组件的处理能力为5.1$m^3/(m^2 \cdot h)$时，脱氨率大于99.9%。秦英杰等[66]使用PTFE中空纤维气态膜处理酸性、中性或偏碱性的氨氮废水，该工艺中使用熟石灰调节pH比使用烧碱可节省2/3的药剂费用，所处理料液的氨氮值可高达35000mg/L，过程中无沉淀、无渗漏，性能稳定。秦英杰等同时使用可逆气态膜技术有效脱除了废水中氨氮并生产出高浓氨水，与常规精馏过程相比，热能消耗减少3/4以上。

12.8.2　膜萃取技术的应用

（1）金属离子的萃取　膜萃取在工业分离中主要运用于金属萃取、原位发酵分离和环境保护等过程。Daiminger等[67]以Me-二（2-乙基-己基）磷酸（D2EHPA）（Me=Cd、Ni、Zn）为实验体系，研究了中空纤维萃取器萃取金属离子的高效性，长54cm、9000根纤维或长25cm、31000根纤维的膜器的处理效果与6m高的脉冲筛板塔一致。

国内方面，戴猷元等做了很多研究工作。他们[68]利用中空纤维膜器研究了Zn^{2+}的分离效果，证明了在萃取相中加入反萃液使萃取相溶质浓度减小，增大了传质推动力，从而说明了同级萃取反萃膜过程的明显优势。王玉军等[69]还以P204和正庚烷为萃取剂，将中空纤维膜萃取技术用于处理水溶液中Cd^{2+}、Zn^{2+}。通过计算，该中空纤维膜萃取单元高度$(HTU)_w$在15～30cm之间，大大低于传统萃取塔。王岩等[70]在PP中空纤维膜器中利用P204-正庚烷溶剂进行了Cd^{2+}的膜萃取研究。结果表明，经一级萃取可将溶液质量浓度由400mg/L降至0.2mg/L以下。

（2）有机物的萃取　Sirkar等[38]以二甲苯-乙酸-水、MIBK-乙酸-水、正丁醇-琥珀酸-水、MIBK-苯酚-水为实验体系，对比了膜萃取与常规萃取的效率，膜萃取传质单元高度（HTU）仅在0.2～1.8m之间。K. K. Sirkar等[71]还利用中空纤维膜萃取器研究了用膜萃取方法从有机废水中脱除苯酚和氯酚等污染物的传质过程，获得了良好的有机物去除率，证明了膜萃取应用于废水处理过程相比于传统过程更易实现。王玉军等[72]使用PP中空纤维膜器，利用煤油萃取水中的氯仿，其去除率达95%以上，HTU值可以低到15cm。张卫东等[73]利用聚砜中空纤维膜器，以三烷基胺+正辛醇+煤油混合溶剂为萃取剂，以清水为反萃取剂，研究了乳酸稀溶液的萃取分离过程，通过采用鼓泡强化技术，乳酸的回收率可达30%左右。Yamini等[74]报道了用膜从水溶液中萃取分离醚类有机物的研究，其萃取效率大于95%。

（3）其他领域的应用　膜萃取可用于生化产物及药物的萃取。Prasad等[75]采用两个膜器串联，研究了苯/甲苯-MT、CNT-水的萃取。结果表明萃取率达到99%以上，而且膜的结构在连续运行64天后未发生改变。Walds等[76]研究了青霉素V的萃取，可利用pH值的摆动实现萃取和反萃。

发酵分离耦合过程可以解决发酵反应中产物抑制作用，提高产物收率。Tong[77]用中空纤维膜萃取乳酸，发现膜萃取对发酵无副作用，此后又利用不同阴阳离子作为反萃剂，研究了乳酸的反萃实验，结果发现NaCl溶液较为合适，证实了反萃和萃取相结合的可行性[78]。Matsumura等[79]把膜萃取运用到葡萄糖发酵制取乙醇的过程中，取得良好的效果。此后，有关发酵-膜萃取耦合过程的研究迅速展开。可以预料膜萃取技术在这一领域的应用前景是十分可观的[80]。

12.9 液膜技术

12.9.1 液膜发展概述

通常在液-液萃取中存在着传质平衡的限制，致使分离设备的体积较大。而且在工业上萃取和反萃在两个不同的设备内进行，也增加了工艺的复杂性和操作的难度。同级萃取-反萃过程能将萃取和反萃同时进行，可以使设备更加紧凑，减少工艺复杂性，降低操作难度，而且极大地提高传质效率。1930 年，生物学家发现细胞壁具有特定的选择性和浓缩效应。1950 年后，液膜作为一项分离技术在化学工程领域受到广泛关注[81]。

1967 年，Bloch 等[82]首先阐述了溶剂萃取与液膜的关系：萃取、反萃分别在两个设备中进行，有机相用量大，倘若将萃取、反萃耦合至同一设备中，且有机相的厚度减薄至具有“膜”的尺寸时，溶剂萃取过程演变成为液膜过程，如图 12-7 所示。基于上述设想，Bloch 提出“溶剂膜”（solvent membrane）的概念。液膜实现了萃取-反萃的内耦合，即同级萃取-反萃，相比于传统的液-液萃取过程，不仅设备更加紧凑，减少了工艺复杂性和操作难度，而且打破了传质平衡的限制，具有传质推动力大、所需分离级数少的优点，极大地提高了传质效率。

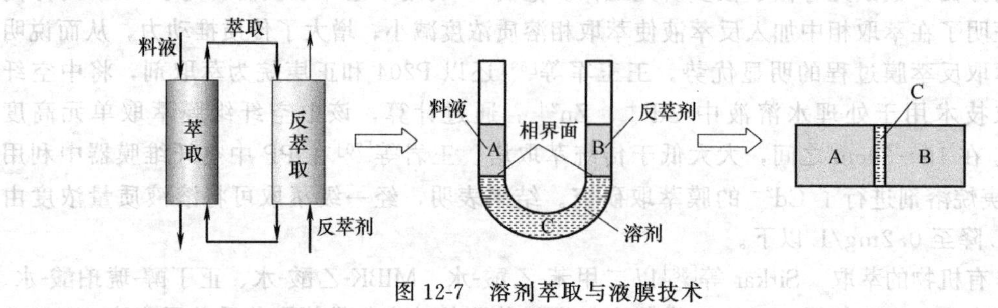

图 12-7　溶剂萃取与液膜技术

1968 年，美国“埃克森研究工程公司”的黎念之（N. N. Li）博士发明了乳化液膜[83]（emulsion liquid membrane）。这一里程碑式的工作使得液膜这一非平衡传质过程的研究蓬勃兴起，在随后的 30 余年中各种新型的液膜技术不断出现。

最初的 ELM 过程利用待分离物质在液膜中溶解度的差异实现分离[84]，仅适用于烃类化合物或弱酸、弱碱的分离，应用领域存在一定的局限性。1971～1974 年间，Cussler 等[83~87]相继在 Science、Nature 等杂志发表文章，成功研究了含流动载体（mobile carrier）的 ELM，报道了其在液膜促进传递方面的研究，使 ELM 技术具备了特定的选择性和浓缩效果，极大地扩展了液膜技术的应用领域，为多种混合物质的大规模分离提供了一种新方法。

从 20 世纪 80 年代开始，液膜作为极具工业化应用前景的新型分离技术，受到各国研究者的广泛关注，如今该领域已成为传质与分离技术的一个研究热点。

12.9.2 同级萃取-反萃膜过程的优势

萃取与反萃相结合是近年来研究较多的过程，由于把萃取和反萃在同一个设备中同时进行，可以使萃取液中的被萃取组分及时被反萃剂取出，加快了萃取过程并简化了设备和流程。同级萃取-反萃膜过程示意如图 12-8 所示，溶质（被萃组分）首先被萃取进入有机相，在有机相中依据浓度梯度扩散进入有机相与反萃液的界面，并被反萃液再萃取。由于溶质不断地从水相进入有机相，又从有机相进入反萃液中，而不在有机相中发生积累。因此，在有机相中，溶质浓度永远达不到与水相平衡的浓度，有机相只相当于一层对溶质进行选择性透过的介质膜，整个同级萃取-反萃过程也因此不可能成为一个稳态过程，只能是一个动态过程。

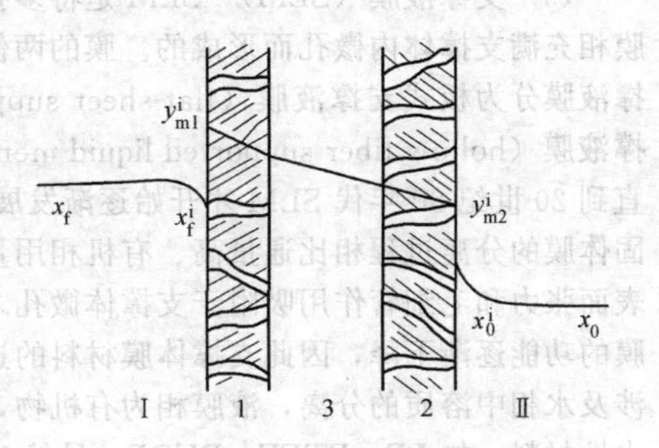

图 12-8 同级萃取-反萃膜过程示意图

Ⅰ—料液水相；Ⅱ—反萃液相；1—萃取膜；2—反萃膜；3—有机相液膜

如果采用平衡级模型分析一个单级的同级萃取-反萃过程和一个单级的萃取过程，且两相平衡关系为直线，可以导出下述关系：

$$\frac{X'_R}{X_f}<\frac{X''_R}{X_f}<\frac{X_R}{X_f} \tag{12-13}$$

式中，X_f 为料液初始浓度；X_R 为一般萃取过程的萃残液浓度；X''_R 为固体支撑液膜操作的萃残液浓度；X'_R 为以膜萃取实现的同级萃取-反萃的残液浓度。

同级萃取-反萃过程的平衡模型计算表明，该过程可以达到比通常萃取过程更高的萃取率，对于易反萃的体系更是如此。尽管同级萃取-反萃过程要比通常的萃取过程增加一层膜阻，但其效果却优于直接萃取的分离效果。

12.9.3 液膜构型

12.9.3.1 传统液膜构型

传统的液膜构型主要有乳化液膜（emulsified liquid membrane，ELM）、支撑液膜（supported liquid membrane，SLM）和大块液膜（bulk liquid membrane，BLM），构型如图 12-9 所示。

（1）大块液膜（BLM） BLM［图 12-9（a）］溶剂用量大，传质面积小，几乎无实际应用价值，因此研究相对较少。但 BLM 设备结构简单、操作简便，因此多被用于评价一些新型载体的传质效果。

（2）乳化液膜（ELM） 乳化液膜［图 12-9（b）］是在一定的外界能量作用下（如机械搅拌），将两个互不相溶的液相制成乳状液，然后将其分散到第三种液相中，形成乳化液膜体系。常见的乳状液膜可看成是“水/油/水”型（$W_1/O/W_2$）或“油/水/油”型（$O_1/W/O_2$）的双重乳状液高分散体系。其中，W_1 和 O_1 分别称为内水相和内油相，W_2 和 O_2 分别称为外水相和外油相。通常内包相和连续相是互溶的，膜相与内包相和连续相均不互溶，起着隔离内包相和连续相的作用。连续相的溶质通过这层液膜传递到内包相，达到浓缩分离的目的。为控制液膜的稳定性、渗透性和选择性，还在膜相中加入表面活性剂、膜增强剂、流动载体等添加剂。待分离物质由连续相（外相）经膜相向内包相传递，传质过程结束后，采用静电凝聚等方法破乳，膜相可以反复使用，内包相经进一步处理后回收浓缩的溶质。

ELM 相界面接触面积大，分离效率高，选择性强，工艺流程简单，成本低，适用性强。但因表面活性剂的引入使操作过程复杂，它必须由制乳、提取和破乳三道工序组成，而制乳和破乳往往是相互矛盾的操作。由于夹带和渗透压引起的液膜溶胀，导致了内包相中已浓缩溶质的稀释、传质推动力的减小以及膜稳定性的下降。乳化液膜是一种热力学不稳定体系，液膜不稳定主要包括夹带溶胀、渗透溶胀和泄漏，这些都成为乳化液膜工业生产应用中亟待解决的问题。1980 年之前，关于液膜的报道绝大部分集中在 ELM 分离体系扩展及其传质模型建立方面。但近年来，由于液膜新构型的不断出现，以及 ELM 固有的缺陷无法解决，关于 ELM 的报道正逐渐减少。

（3）支撑液膜（SLM） SLM是将多孔支撑体浸泡在液膜相内，在表面张力作用下，液膜相充满支撑体内微孔而形成的。膜的两侧分别是料液相与反萃相。根据支撑体的形状，支撑液膜分为板式支撑液膜（flat-sheet supported liquid membrane，FSSLM）和中空纤维支撑液膜（hollow fiber supported liquid membrane，HFSLM）两大类。受支撑体材料的限制，直到20世纪80年代SLM才开始逐渐发展起来。支撑液膜具有选择性高、分离效率高，与固体膜的分离过程相比通量高、有机相用量少、操作费用低等优点。但是，膜相溶液是依据表面张力和毛细管作用吸附于支撑体微孔之中，在使用过程中，液膜会发生流失而使支撑液膜的功能逐渐下降，因此支撑体膜材料的选择往往对工艺过程影响较大。由于SLM过程多涉及水相中溶质的分离，液膜相为有机物，因此，为提高液膜的稳定性，支撑体多采用强疏水性材料，如PP、PTFE、PVDF。虽然FSSLM提供的传质面积有限，但其结构简单、消耗的溶剂量少，特别适用于评价一些昂贵溶剂的分离性能以及液膜过程传递机理等基础性研究。中空纤维膜接触器可提供巨大的传质面积，它的出现使SLM技术具有了商业价值，极大地促进了SLM技术的发展。

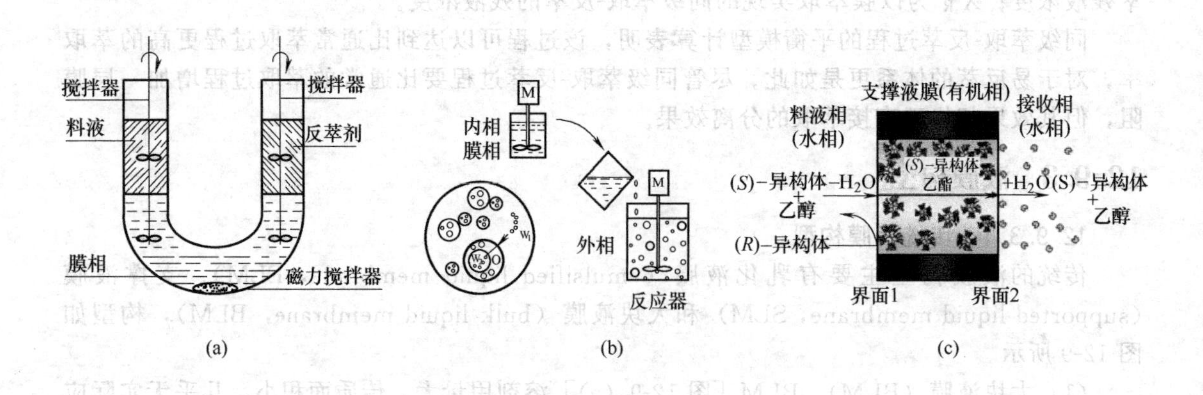

图12-9 传统的液膜构型

12.9.3.2 新型液膜构型

如上所述，早期的液膜技术如乳化液膜存在制乳与破乳困难，以及溶胀和液膜稳定性等问题，支撑液膜存在工艺过程复杂和溶剂流失所导致的缺乏长时间稳定性的问题，极大地制约了液膜技术的发展。因此，1980年以后很多研究者转向了液膜新构型的研究。现有的新液膜构型按照有无支撑体可分为无支撑体液膜构型和有支撑体液膜构型两大类。无支撑体的液膜构型有液体薄膜渗透萃取（liquid film permeation）技术[88]、静电式准液膜（electro static pseudo liquid membrane）[89]、内耦合萃反交替过程（inner coupled extraction stripping）[90]等。有支撑体的液膜构型是将膜液含浸在惰性多孔膜支撑体微孔内，能够承受更大的压力，因具有较高选择性和较高传质通量等优点而得到更广泛的关注。目前所用支撑体形状大致可分为三类，分别是平板型，如平板夹心饼式支撑液膜技术（FSSLM）[91]；卷包型，如螺旋卷式流动液膜技术（FLM）；中空纤维管型，如中空纤维包容（或封闭）液膜技术（HFCLMs）[92]、支撑乳化液膜技术（SELMs）[93]、中空纤维更新液膜等。

（1）夹心型液膜技术 朱国斌等[91]设计出一种中空纤维夹心型支撑液膜，如图12-10所示。这种技术是将内径小的中空纤维膜套进内径大的中空纤维膜内，料液相和反萃相分别在两种中空纤维膜的管内流动，两种膜的间隙内则充满了膜液。这种夹心型液膜为解决膜液的流失问题提供了可能性，但制作难度较大。此外，膜层较厚且静止不动，传质阻力较大。

(2) 流动液膜技术　1989 年，M. Teramoto 提出螺旋卷式流动液膜技术（flowing liquid membranes），这就是所谓的“流动液膜”，如图 12-11 所示。图中的膜液在两张微孔膜之间的薄层通道内流动。料液相与接收相则被这两张微孔膜所隔开。在流动液膜体系中，即使支撑膜微孔中的膜液溶解到料液相或接收相中，膜液可随时被补充到微孔中，所以，这种液膜比支撑液膜具有更好的稳定性。

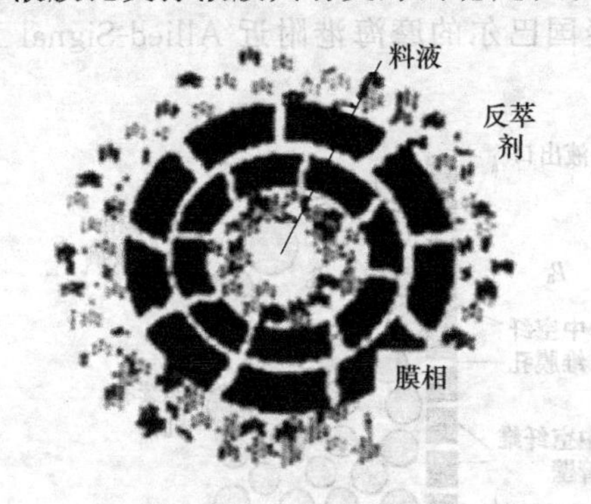

图 12-10　中空纤维夹心型支撑液膜示意图

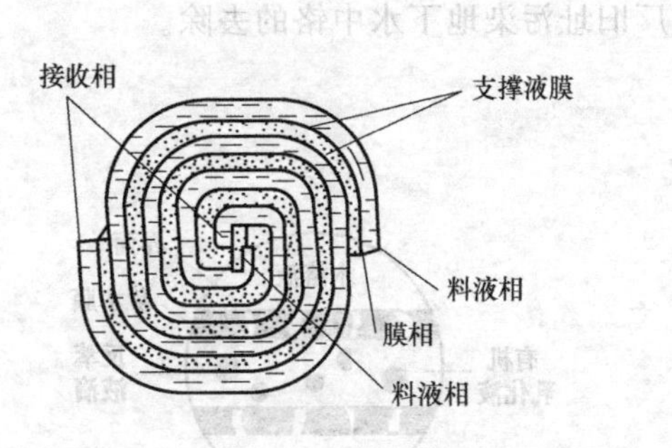

图 12-11　螺旋卷式流动液膜

(3) 液体薄膜渗透萃取技术　液体薄膜渗透萃取技术是 1983 年 L. Boyadzhiev 等[88]提出的。在这一技术中，水-油-水三相液体均处于连续流动之中，如图 12-12 所示。料液水相 F 与接收水相 R 交错地在各自的支撑体表面形成薄层水膜，料液相支撑体介于两个接收相支撑体之间，即偶数支撑体上附着料液相水膜，奇数支撑体上附着接收相水膜，支撑体的亲水性有助于料液与接收液稳定而均匀地沿着支撑体表面向下流动。整个装置内充满了有机膜液。有机膜液用泵循环，并与料液水相和接收水相逆流而行。在这一构型的液膜体系中，三种液体的连续流动导致了溶质的湍流扩散，所以传质通量较高。这种液膜尽管较厚（几毫米），但其膜阻力却低于厚度仅为 20μm 的支撑液膜（膜液不流动）。它的特点是可以长期稳定地实现连续操作。

(4) 支撑乳化液膜技术　1993 年，B. Raghuraman 等[93]为了在体现 ELM 萃取与反萃同时进行的优点的同时克服其搅拌式相分散所导致的膜泄漏与溶胀，将膜萃取技术与乳化液膜技术相结合，采用中空纤维膜接触器，提出了支撑乳化液膜（supported emulsion liquid membranes，SELMs）技术，其示意图如图 12-13 所示。其孔隙预先用有机膜液湿润，使 W/O 乳状液在中空纤维管内流动，水相料液则在管外流动。水相侧维持稍高压力，以防止有机膜液通过微孔流入水相。中空纤维管微孔直径为 0.05μm，而乳状液内相微滴直径为 1～10μm，故乳状液内相微滴不会通过微孔而进入料液水相。微孔中只有有机络合物的扩散，反萃水相只能在管内流动。由于这种构型避免了反萃水相与料液水相的直接接触，从而大大降低了液膜的泄漏与溶胀。对于铜的提取，与 ELM 相比，SELM 的提取率提高了一个数量级，泄漏率则从 8%下降到 0.02%，溶胀率从 16%～33%下降至接近零。

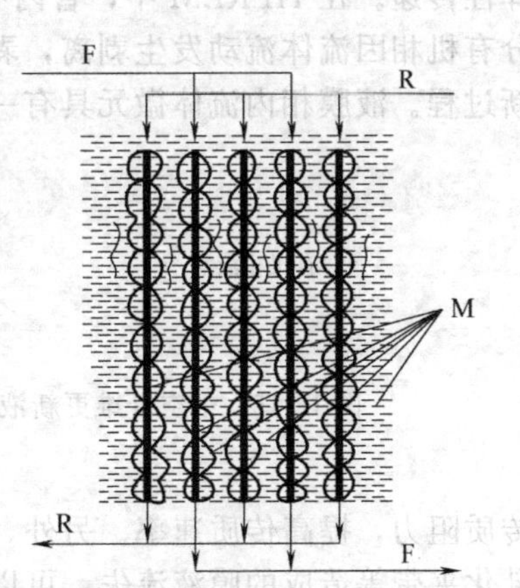

图 12-12　液体薄膜渗透萃取示意图
F—料液相；M—膜相；R—接收相

(5) 反萃相预分散的支撑液膜技术　2001～2002 年间，美国何文寿（WS. W. Ho）博士提出了反萃相预分散的支撑液膜技术（supported liquid membranes with strip disper-

sion)[94]。WS. W. Ho在其获得的美国专利中提出，反萃水相在油膜相中的分散过程可以完全免除表面活性剂的使用，只需在进入膜接触器之前将反萃水相与油膜相搅拌混合即可，见图12-14。这样获得的W/O型乳状液在通过膜接触器之后，只要静置一段时间，便可实现两相分离。该技术不仅保留了SELM的优点，而且免去了制乳与破乳工序，使过程更为简单可靠，更具有实用性，并实现了在青霉素的提取、金属污染物去除以及有机酸提取中的应用。WS. W. Ho发明的SELM技术已成功地应用于美国巴尔的摩海港附近Allied-Signal工厂旧址污染地下水中铬的去除。

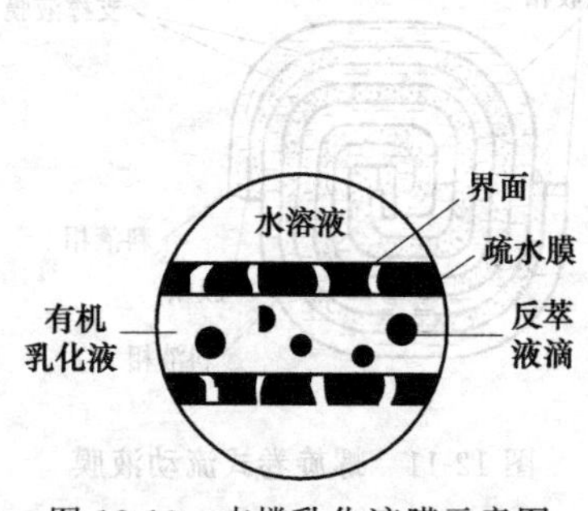

图12-13　支撑乳化液膜示意图

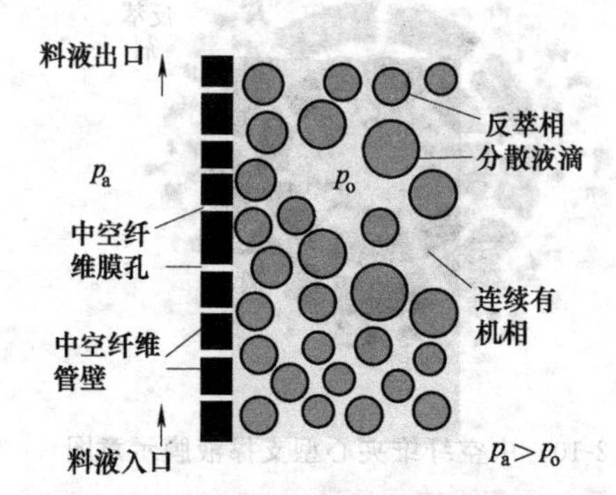

图12-14　反萃相预分散的支撑液膜示意图

(6) 中空纤维更新液膜　上述中空纤维型液膜存在着易流失、制乳和破乳困难、传质阻力大等问题。张卫东等将液体薄膜渗透萃取技术与纤维膜萃取器技术结合起来，提出了一种新型的“中空纤维更新液膜（HFRLM）”技术[95,96]。该技术事先在疏水型中空纤维膜的微孔中用有机萃取相浸润，料液水相与反萃水相分别在中空纤维膜的两侧流动，在管内相流体中加入一定量的有机萃取相，有机相通过搅拌呈小液滴均匀分布在水相中，如图12-15所示。有机相（液膜相）与中空纤维膜壁之间的亲和作用使得纤维内壁形成一薄层液膜，并在流体流动形成的剪切力以及液滴聚并与分散作用下保持不断更新，溶质通过这层液膜实现选择性传递。在HFRLM中，管内有机相微滴趋向壁面进入液膜相主体，同时液膜相主体部分有机相因流体流动发生剥离，剥离的有机相以液滴形式进入连续相中，从而实现液膜的更新过程。液膜相内流体微元具有一定的年龄分布，符合表面更新理论。

图12-15　中空纤维更新液膜原理

一般来说，在中空纤维膜器中进行的HFSLM、HFCLM、SELM、HFME等过程，溶质在管程内侧水相边界层中的扩散速率是整个过程的控制步骤[97]。而在HFRLM过程中，液膜层的更新过程以及有机相小液滴与水相直接接触所形成的巨大的传质比表面积会极大地减小管程内的传质阻力，提高传质速率。另外，管程混合流体内的有机相小液滴可不断地补充由于溶解及乳化夹带等造成的膜液流失，可以保持很高的稳定性。刘君腾采用示踪实验讨论了HFRLM的稳定性问题，结果表明HFRLM稳定性良好，泄漏率基本低于0.01%[98]。

12.9.4　传质的影响因素

SLM技术分离金属离子的研究中，采用较多的支撑材料是PP、PTFE、PVDF等；研究较多的支撑体形状是平板型结构，而中空纤维管型的较少；不同操作条件，如料液pH值、载体浓度、反萃剂浓度等对SLM传质过程的影响研究较多，而支撑材料性能及结构对SLM传质过程的影响研究较少。

从带有支撑体的液膜形成过程可知，液膜相主要是通过毛细管力及吸附作用使液体充满在多孔惰性支撑体的孔隙内形成液体薄膜，溶质通过这一层液膜进行选择性传递。因此，支撑材料的性能以及其结构是整个液膜过程的基础。

(1) 膜材料的影响　以中空纤维膜为支撑体的各种液膜过程中，膜材料及性质对液膜的稳定性有一定的影响。金美芳等[99]在中空纤维支撑液膜的研究中，用 6 种疏水性不同的中空纤维复合膜作为支撑体进行了研究。结果表明，膜材料疏水性的不同导致其所形成的支撑液膜稳定性不同。为提高支撑液膜的稳定性，A. M. Neplenbroek 等[100]提出在支撑膜的料液侧涂覆一薄层致密的 PVC 凝胶，以防止膜液因乳化而流失。但其后的研究表明，PVC 凝胶涂层并没能改进支撑液膜的稳定性。M. C. Vijers 等[101]采用界面聚合技术在支撑膜表面形成一层致密的聚合物膜。研究发现，形成的聚酰胺涂层仅适合于小离子的渗透，而磺化聚二醚酮聚合物薄膜所形成的复合膜适合于大离子的渗透，且液膜稳定性有了一定的改善。Sirkar 采用与液膜类似的原理，利用 PDD-TFE［全氟(2,2-二甲基) -1,3 二氧杂环戊烯与四氟乙烯的共聚物］聚合物膜进行真空渗透汽化实验，用来分离常用的有机溶剂以及它们的混合物[102]。

(2) 膜结构的影响　中空纤维支撑体膜的结构对液膜过程产生较大的影响。微孔孔径、溶胀性等会影响液膜过程的稳定性；纤维壁厚及膜孔的弯曲因子会影响形成的膜相厚度，尤其是当溶质或其络合体在膜相中扩散速率比较慢，甚至是过程的控制步骤时，会对过程的传质速率产生比较大的影响。

B. C. Zhang 等[103]在中空纤维支撑液膜的研究中发现，溶胀会造成液膜相的损失，而影响膜溶胀的主要因素是膜的孔径和膜材料的化学性质。膜孔径越大，溶胀现象就越严重，液膜相损失越大；溶胀性随材料不同而不同：混合醋酸纤维素膜＞醋酸纤维素膜＞PVDF 膜，其液膜相损失则正好相反。A. Sastre[104]和 A. Gherrou[105]等在支撑液膜的研究中提到了中空纤维支撑体膜的厚度、孔隙率、曲率因子、孔径等对传质性能和液膜稳定性的影响。可见中空纤维支撑液膜的稳定性会受到膜结构的影响，因此为了保证液膜的稳定性，需要慎重选择支撑体膜，这限制了中空纤维支撑液膜的应用范围。而中空纤维更新液膜由于在其更新过程中会及时补充因溶解或乳化夹带造成的膜液流失，因此所用支撑体膜微孔孔径可选范围较大。

12.9.5 液膜分离技术的传质机理及传质模型

12.9.5.1 液膜传质机理

传统萃取技术的传质推动力来自溶质在两相间的溶解度差异，而液膜过程是一种非平衡传质过程，打破了溶剂萃取的化学平衡。溶质分子在化学位推动力作用下，从料液相主体扩散迁移到料液相与液膜的界面，进入液膜相；在液膜内经扩散到达液膜与反萃相的界面，进入反萃相，由此实现萃取与反萃取的“内耦合”。

液膜分离技术的传质机理可概括为两大类，如图 12-16 所示。

(1) 单纯迁移　膜中不含流动载体，内外相不含与待分离物质发生化学反应的试剂，依据待分离组分（A，B）在膜中溶解度和扩散系数的不同而实现分离，如图 12-16（a）所示。

(2) 促进迁移　使用单纯迁移液膜进行分离时，当膜两侧被迁移的溶质浓度相等时，传质便自行停止。因此，它不能产生浓缩效应。为了实现高效分离，可以采取在接受相内发生化学反应（Ⅰ型促进迁移）或者添加流动载体（Ⅱ型促进迁移）的方式促进迁移。Ⅰ型促进迁移：在接受相内添加与溶质发生不可逆化学反应的试剂 R，使待迁移的溶质 A 与其生成不能逆扩散透过膜的产物 P，从而保持渗透物在膜相两侧的最大浓度差，以促进溶质迁移，见图 12-16（b）。Ⅱ型促进迁移：在液膜中加入流动载体，载体分子先在外相选择性地与某

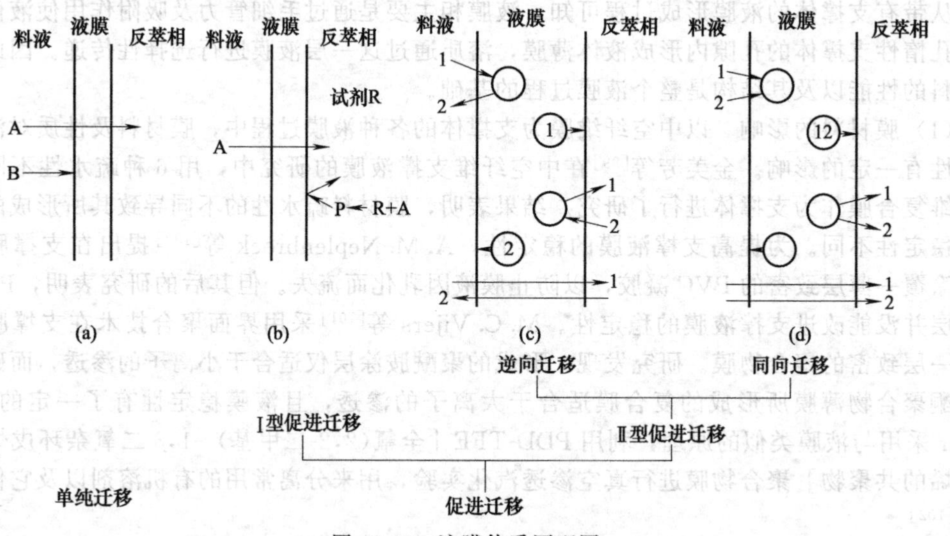

图 12-16　液膜传质原理图

种溶质发生化学反应，生成中间产物，然后这种中间产物扩散到膜的另一侧，与液膜内相中的试剂作用，并把该溶质释放到内相，而流动载体又扩散到外相侧，重复上述过程。

12.9.5.2　液膜传质模型的研究

乳化液膜分离过程的数学模型研究较早，最早见于 Cahn 和 Li 提出的平板模型[106]。其后诸多的研究者又先后提出了空心球模型、渐进前沿模型、多层球壳模型、渐进反应区模型、滴内可逆反应扩散模型、Big Carrousel mechanism 模型等传质模型，进一步丰富了数学模型的研究工作[107]。

在 20 世纪 80 年代末包容液膜问世后，以中空纤维膜为支撑体的液膜技术得到了更多研究者的关注，由此发展了新型液膜构型，如中空纤维封闭液膜、中空纤维支撑乳化液膜等。在以中空纤维膜为支撑体的液膜构型的传质模型研究中，因其装置上与膜萃取有较多类同之处，在传质模型的推导过程中借鉴了膜萃取的阻力串联模型。众多研究者，如 Sirkar[108]、Urtiage[109]、Kumar[110]、Yang [111]等研究中空纤维包容液膜、中空纤维支撑液膜过程传质模型时，分别应用了阻力串联模型。得到的中空纤维膜组件管程和壳程传质系数的准数关联式，详见 12.6。

12.9.6　液膜的应用研究

液膜技术从 20 世纪 60 年代被提出以来，分离体系逐渐扩大。从最初的烃类化合物的分离，到后来的生物体分离、药物分离及金属离子的分离。

(1) 液膜技术在金属分离领域的研究　液膜技术在金属离子提取方面的研究最为广泛、深入，已有几十种金属离子可利用液膜法实现分离。对于金属离子的分离，在载体的选择方面，以下几类萃取剂较为常用。

① 酸类萃取剂。如 D2EHPA 适用于 Mn^{2+}、Fe^{3+}、Co^{2+}、Ni^{2+}、Cu^{2+}、Zn^{2+}、Cd^{+} 等的分离，PC-88A 适用于 Eu^{3+}、La^{3+} 等的分离，Cyanex 系列萃取剂适用于 Am^{3+}、Au^{+}、Au^{3+}、Cd^{+}、Ag^{+}、Pd^{2+}等离子的分离。

② 胺类萃取剂。如 Alamine336 适用于 Cr^{6+}、Mo^{6+}等金属离子的分离，Aliquat336 适用于 UO_2^{2+}、Pt^{4+}、Cd^{+}、Rh^{3+}、Mo^{6+}、Cr^{6+}等离子的分离，TOA 适用于 Hg^{+}、Eu^{3+} 等金属离子的分离。

③ 羟肟类萃取剂。如 LIX 系列适用于 Cu^{2+}、Au^{+}、Au^{3+}等离子的分离。

Raffaele Molinari 等[112]利用支撑液膜去除 Cu（Ⅱ），去除率可达 70%以上。崔春花等[113]利用中空纤维更新液膜技术处理含 Cu（Ⅱ）废水，去除率达 99%，处理后废水 Cu（Ⅱ）含量低于 1.0mg/L，反萃剂中 Cu（Ⅱ）的最终浓度可达到 1700mg/L，比废水中 Cu（Ⅱ）浓度高出近 9000 倍。刘君腾等[114]采用 HFRLM 技术处理含铬废水，具有处理速度快、效果好等优点，去除率高达 99.8%，废水处理后 Cr（Ⅵ）含量低于 0.5mg/L。同时，刘君腾等还采用示踪实验讨论了 HFRLM 的稳定性问题，结果表明 HFRLM 稳定性良好，泄漏率基本为零[98]。

（2）液膜技术在样品预处理及生化分离领域的研究　利用液膜技术非平衡传质的特点，可以从极稀溶液中分离、浓缩特定溶质，因此液膜技术在样品预处理方面具有很强的发展潜力。由于支撑液膜操作中无相分散，两相不直接接触，液膜相对料液相的污染程度可降至最低，特别适用于样品预处理过程。利用支撑液膜技术，已经成功实现从极稀溶液或特殊样品[115]（如血液、牛奶等）中提取、浓缩待分离物质，以满足后续分析设备的进样条件。液膜相中载体的加入，使液膜过程具有极强的选择性。利用这一特点，在生物体分离方面，液膜技术实现了对氨基酸、柠檬酸、有机酸、尿素酶、核苷酸等物质的提取；在药物分离方面的研究成果也不断见诸报道，如青霉素、沙丁胺醇、双氯芬酸等药物的提取。另外，利用液膜法分离手性物质，近年来逐渐成为研究热点。

Hano 等[116]采用乳状液膜连续萃取发酵液中的青霉素 G，萃取率约 85%～90%。沈力人等[117]利用乳状液膜萃取发酵液中的青霉素萃取的青霉素 G，采用二级错流萃取，青霉素 G 的萃取率达到 99%以上，浓缩倍数约 20 倍。W. S. Winston Ho[118]采用支撑液膜提取头孢氨苄，萃取率可达 99%以上。张卫东等[119]利用中空纤维更新液膜在稀溶液中提取柠檬酸，研究结果表明，由于液膜层的更新作用，液膜长时间保持稳定，传质速率较快，提取效果较好，其提取率达 98%以上，大大超过了钙盐法的提取率，反萃相柠檬酸的富集倍数达 9 倍以上。

课后习题

1. 均相混合物分离过程中的非均相分离难题是什么？造成这个难题的主要原因是什么？膜接触器为什么可以解决这个问题？
2. 膜接触器有哪些优缺点？针对其缺点有哪些改进措施？
3. 膜吸收与膜萃取在膜材料的选择依据上有什么联系与区别？
4. 膜吸收技术与膜萃取技术有哪些共同特点及共性的规律？又存在哪些区别？
5. 膜组件结构主要分为哪几种，它们各自的优缺点是什么？
6. 膜接触器的传质过程影响因素有哪些？可以通过哪些手段来强化传质？
7. 什么是串联阻力模型？中空纤维膜接触器管程、膜相、壳程传质系数关联式是怎么得到的？造成壳程传质关联式形式很难一致的原因是什么？
8. 膜的孔隙率是如何影响传质过程的？
9. 液膜技术与膜萃取技术有什么区别和联系？
10. 液膜技术的优缺点分别是什么？研究方向及重点都在哪些方面？
11. 液膜包括哪些构型？
12. 膜接触器及液膜技术主要适合哪些物质的分离？主要应用有哪些？

参考文献

[1] Richard W B. Membrane technology and applications [M]. New York: McGraw-Hill, 2000: 1-25.

[2] 张秀莉，张卫东，张泽廷. 膜吸收用疏水性多孔膜结构参数的确定 [J]. 膜科学与技术，2005，25（02）：25-29.
[3] Karoor S, Sirkar K K. Gas absorption studies in microporous hollow fiber membrane mudules [J]. Industrial and Engineering Chemistry Research, 1993, 32: 674-684.
[4] KianiA, Bhave R R, Sirkar K K. Solvent extraction with immobilized interfaces in a microporous hydrophobic membrane [J]. Journal of Membrane Science, 1984, 20 (2): 125-145.
[5] Kim B M. Membrane-Based Solvent Extraction for Selective Removal and Recovery of Metals [J]. Journal of Membrane Science, 1984, 21: 5-19.
[6] Zhang Qi, Cussler E L. Microporous hollow fibers for gas absorption I. Mass transfer in the liquid [J]. Journal of Membrane Science, 1985, 23: 321-332.
[7] Mavroudi M, Kaldis S P, Sakellaropoulos G P. A study of mass transfer resistance in membrane gas-liquid contacting processes [J]. Journal of Membrane Science, 2006, 272 (1): 103-115.
[8] Wang R, Zhang H Y, Feron P H M, et al. Influence of membrane wetting on CO_2 capture in microporous hollow fiber membrane contactors [J]. Separation and Purification Technology 2005, 46 (1): 33-40.
[9] Zarebska A, Nieto D R, Christensen K V, et al. Ammonia recovery from agricultural wastes by membrane distillation: Fouling characterization and mechanism [J]. Water Research, 2014, 56: 1-10.
[10] Mavroudi M, Kaldis S P, Sakellaroporlos G P. CO_2 emissions membrane contacting process [J]. Fuel, 2003, 82 (15): 2153-2159.
[11] Lv Y X, Yu X H, Tu S T, et al. Wetting of polypropylene hollow fiber membrane contactors [J]. Journal of Membrane Science, 2010, 362: 444-452.
[12] 陆建刚，王连军，刘晓东，等. 湿润率对疏水性膜接触器传质性能的影响 [J]. 高等学校化学学报，2005，26（05）：912-917.
[13] Evren V. A numerical approach to the determination of mass transfer performances through partially wetted microporous membranes: transfer of oxygen to water [J]. Journal of Membrane Science, 2000, 175 (1): 97-110.
[14] 戴猷元. 一种新的膜过程-膜萃取 [J]. 化工进展，1989（2）：24-29.
[15] Wang R, Li D F, Zhoub C, Liua M, Liang D T. Impact of DEA solutions with and without CO_2 loading on porous polypropylene membranes intended for use as contactors [J]. Journal of Membrane Science, 2004, 229: 147-157.
[16] Gawronski R, Wrzesinska B. Kinetics of solvent extraction in hollow-fiber contactors [J]. Journal of Membrane Science, 2000, 168: 213-222.
[17] Wang K L, Cussler E L. Baffled membrane modules made with hollow fiber fabric [J]. Journal of Membrane Science, 1993, 85 (3): 265-278.
[18] Dindore V Y, Brilman D W F, Versteeg G F. Modelling of cross-flow membrane contactors: Mass transfer with chemical reactions [J]. Journal of Membrane Science, 2005, 255 (1-2): 275-289.
[19] Sengupta A, Peterson P A, Miller B D. Large-scale application of membrane contactors for gas transfer from or to ultrapure water [J]. Separation and Purification, 1998, 14: 189-200.
[20] Saeid Rajabzadeh, Masaaki Teramoto. Hideto Matsuyama. CO_2 absorption by using PVDF hollow fiber membrane contactors with various membrane structures processes [J]. Separation and Purification Technology, 2009, 69: 210-220.
[21] Mansourizadeh A, Ismail A F, Matsuura T. Effect of operating conditions on the physical and chemical CO_2 absorption through the PVDF hollow fiber membrane contactor [J]. Journal of Membrane Science, 2010, 353: 192-200.
[22] 袁力，王志，王世昌. 膜吸收技术及其在脱除酸性气体中的应用研究 [J]. 膜科学与技术，2002，22（4）：55-70.
[23] Malone D M, Anderson J L. Diffusionan boundary-layer resistance for membranes with low porosity [J]. AIChE Journal, 1977, 23 (2): 177-184.
[24] Kreulen H, Smolders C A, Versteeg G F, et al. Microporous hollow fibre membrane modules as gas-liquid contactors Part 1. Physical mass transfer processes Aspecific application: Mass transfer in highly viscous liquids [J]. Journal of Membrane Science, 1993, 78: 197-216.
[25] Kreulen H, Versteeg G F, Smolders C A, van Swaaij W P M. Determination of mass transfer rates in wetted and non-wetted microporousmembranes [J]. Chemical Engineering Science, 1993, 48 (11): 2093-2100.
[26] Zhang Weidong, Li Jiang, Chen Geng, et al. Simulations of Solute Concentration Profile and Mass Transfer Behavior near the Membrane Surface with finite Volume Method [J]. Journal of Membrane Science, 2010, 355 (1): 18-27.
[27] Zhang Weidong, Chen Geng, Sun Wei, et al. Effect of Membrane Structure Characteristics on Mass Transfer in Membrane Absorption Process [J]. Separation Science and Technology, 2010, 45 (9): 1216-1227.
[28] Zhang Weidong, Li Jiang, Chen Geng, et al. Experimental Study of Mass Transfer in Membrane Absorption Process

Using Membranes with Different Porosities [J]. Industrial & Engineering Chemistry Research, 2010, 49, 6641-6648.
[29] Gao Jian, Ren Zhong qi, Zhang Weidong, et al. Experimental studies on the influence of porosity on membrane absorption process [J]. Frontiers of Chemical Engineering in China, 2007, 1 (4): 385-389.
[30] Zhang Zeting, Gao Jian, Zhang Weidong, et al. Experimental Study of the Effect of Membrane Porosity on Membrane Absorption Process [J]. Separation Science and Technology, 2006, 41 (14): 3245-3263.
[31] 张卫东，朱慎林，骆广生，等. 膜萃取防止溶剂污染的优势 [J]. 水处理技术，1998，24 (1)：39-42.
[32] Prasad R, Kiani A, Bhave R R, Sirkar K K. Further studies on solvent extraction with immobilized interfaces in a microporous hydrophobic membrane [J]. Journal of Membrane Science, 1986, 26 (1): 79-97.
[33] Zhu Z Z, Hao Z L, Shen Z S, et al. Modified modeling of the effect of pH and viscosity on the mass transfer in hydrophobic hollow fiber membrane contactors [J]. Journal of Membrane Science, 2005, 250 (1-2): 269-276.
[34] Schofield R W, Fane A G, Fell C J D. Gas and vapour transport through microporous membranes. Ⅰ. Knudsen-Poiseuille transition [J]. Journal of Membrane Science, 1990, 53: 159-172.
[35] Zhang Xiuli, Zhang Zeting, Zhang Weidong, Hao Xin. Mathematic Model of Unsteady Penetration Mass transfer in Randomly Packed Hollow Fiber Membrane Module [J]. Chinese Journal of Chemical Engineering, 2004, 12 (2): 185-190.
[36] Wang R, Li D F, Liang D T. Modeling of CO_2 capture by three typical amine solutions in hollow fiber membrane contactors [J]. Chemical Engineering and Processing, 2004, 43 (7): 849-856.
[37] 李云峰，张卫东，杨义燕，戴猷元. 中空纤维膜萃取器串联操作的传质性能研究 [J]. 膜科学与技术，1994，14 (1)：34-40.
[38] Prasad R, Sirkar K K. Dispersion-free solvent extraction with microporous hollow-fiber modules [J]. AIChE Journal, 1988, 34: 177-188.
[39] Costello M J, Fane A G, Hogan P A, et al. The effect of shell side hydrodynamics on the performance of axial flow hollow fiber modules [J]. Journal of Membrane Science, 1993, 80 (1): 1-11.
[40] 张卫东，李云峰，戴猷元. 中空纤维膜萃取器的子通道模型 [J]. 膜科学与技术，1996，16 (1)：56-61.
[41] Chen V, Hlavacek M. Application of Voronoi tessellation for modeling randomly packed hollow fiber bundles [J]. AIChE Journal, 1994, 40: 606-612.
[42] Wang Y, Chen F, Wang Y, Luo G, Dai Y. Effect of random on shell-side flow and mass transfer in hollow fiber module described by normal distribution function [J]. Journal of Membrane Science, 2003, 216: 81-93.
[43] Zheng J M, Xu Z K, Li J K, et al. Influence of random arrangement of hollow fiber membranes on shell side mass transfer performance: a novel model prediction [J]. Journal of Membrane Science, 2004, 236 (1-2): 145-151.
[44] 潘瑞炽. 植物生理学 [M]. 第5版. 北京：高等教育出版社，2004.
[45] Wickramasinghe S R, Semmens M J, Cussler E L. Hollow fiber modules made with hollow fiber fabric [J]. Journal of Membrane Science, 1993, 84: 1-14.
[46] 张卫东，朱慎林，骆广生，等. 中空纤维封闭液膜技术的传质强化研究 [J]. 膜科学与技术，1998，18 (3)：53-57.
[47] Zhang Weidong, Chen Geng, Li Jiang, et al. Intensification of Mass Transfer in Hollow Fiber Modules by Adding Solid Particles [J]. Industrial & Engineering Chemistry Research, 2009, 48, 8655-8662.
[48] Liu L Y, Ding Z W, Chang L J, Ma R Y, Yang Z R. Ultrasonic enhancement of membrane-based deoxygenation and simultaneous influence on polymeric hollow fiber membrane [J]. Separation and Purification Technology, 2007, 56: 133-142.
[49] 薛娟琴，兰新哲，王召启，等. 烟气膜吸收法脱除 SO_2 的超声波强化处理 [J]. 化工学报，2007，58 (3)：750-754.
[50] 朱宝库，陈炜，等. 膜接触器分离混合气中的 CO_2 的研究 [J]. 环境科学，2003，24 (5)：35-38.
[51] Yang M C, Cussler E L. Designing Hollow-fiber Contactors [J]. AIChE Journal, 1986, 32 (11): 1910-1916.
[52] Demontigny D, Tontiwachwuthikul P, Chakma A. Comparing the absorption Performance of Packed Columns and membrane Contactors [J]. Industrial & Engineering Chemistry Research, 2005, 44 (15): 5726-5732.
[53] Yeon S H, Lee K S, Sea B, Park Y I, Lee K H. Application of pilot-scale membrane contactor hybrid system for removal of carbon dioxide from flue gas [J]. Journal of Membrane Science, 2005, 257: 156-160.
[54] Thomas D C, Benson S M. Carbon Dioxide Capture for Storage in Deep Geologic Formations [M]. Amsterdam: Elsevier, 2005: 1317-1321.
[55] Zhou S J, Meyer H, Bikson B, et al. Hybrid membrane absorption process for post combustion CO_2 capture [C]. San Antonio, TX, United states: American institute of Chemical Engineers, 2010.
[56] 金美芳，曹义鸣，等. 膜吸收法脱除 SO_2 [J]. 膜科学与技术，1999，19 (3)：45-47.
[57] 陈迁乔，钟秦，黄金凤. 螺旋状中空纤维膜吸收器脱硫性能的研究 [J]. 环境污染治理技术与设备，2005，6 (11)：

71-74.
[58] 关毅鹏，邢阳阳，刘铮，等. 中空纤维膜吸收器脱硫效率及其评价方法研究 [J]. 膜科学与技术，2016，36 (6)：42-52.
[59] 张秀芝，王静，马宇辉，等. 膜吸收在烟气净化中的应用 [J]. 磷肥与复肥，2016，31 (12)：33-36.
[60] Wang D, Li K, Teo W K. Removal of H_2S from air using asymmetric hollow fiber membrane contactor. International Symposium on Membrane Technology and Environment al Protection [M]. Beijing, China：2000：145.
[61] Majumdar S, Bhaumik D, Sirkar K K, et al. A Pilot-Scale Demonstration of a Membrane-Based Absorption-Stripping Process for Removal and Recovery of Volatile Organic compounds [J]. Environmental Progress, 2001, 20 (1)：27-35.
[62] 张凤君，吴庸烈，等. 膜蒸馏法处理污水中酚的研究 [J]. 水处理技术，1997，23 (5)：271.
[63] 程铮. 膜吸收技术在有机溶剂气体回收中的设计与应用 [J]. 粮食与食品工业，2014，21 (4)：31-33.
[64] Rob Klaassen, Paul Feron, Albert Jansen. Membrane contactor applications [J]. Desalination, 2008, 224：81-87.
[65] 王建黎，徐又一，等. 膜接触从混合气中脱氨性能的研究 [J]. 环境化学，2001，20 (6)：588-594.
[66] 秦英杰，等. 气态膜法脱氨技术的最新进展 [C]. 见：海峡两岸膜法水处理院士高峰论坛暨第六届全国医药行业膜分离技术应用研讨会论文集，2015：67-73.
[67] Daiminger U A, Geist A G, Wlter Nitseh, et al. Efficiency of Hollow Fiber Modules for Nondispersive Chemical Extraction [J]. Industrial&Engineering Chemistry Research, 1996, 35：184-191.
[68] 戴猷元，朱慎林，路慧玲. 固定膜界面萃取的研究 [J]. 清华大学学报（自然科学版），1989，29 (3)：70-77.
[69] 王玉军，骆广生，王岩，等. 膜萃取处理水溶液中镉、锌离子的工艺 [J]. 环境科学，2001，22 (5)：74-78.
[70] 王岩，王玉军，骆广生，等. 中空纤维膜萃取镉离子的研究 [J]. 化学工程，2002，30 (5)：62-65.
[71] Sirkar K K, et al. Membrane solvent extraction removal of priority organic pollutants from aqueous waste streams [J]. Industrial&Engineering Chemistry Research, 1992, 31：1709-1711.
[72] 王玉军，朱慎林，戴猷元. 膜萃取去除水中氯仿的研究 [J]. 膜科学与技术，1999，19 (3)：32-35.
[73] 张卫东，等. 中空纤维封闭液膜用于乳酸分离 [J]. 膜科学与技术，1997，17 (6)：20-24.
[74] Yamini Yadollah , Shamsipur Moj taba. Extraction and determination of crown ethers from water samples using a membrane disk and gas chromatography [J]. Talanta, 1996, 43 (12)：2117- 2122.
[75] Prasad R, Sirkar K K. Hollow fiber solvent extraction：performances and design [J]. Journal of Membrane Science, 1990, 50 (2)：153-175.
[76] Walds S A, Lopez J L, Matson S L. The 3rd Annual Meeting ofthe North American Membrane Society [J]. Austin TX, 1989.
[77] Tong Y P, Hirata M, Takanashi H. Extraction of lactic acid from fermented broth with microporous hollow fiber membranes [J]. Journal of Membrane Science, 1998, 14 (98) 3：81-91.
[78] Tong Y P, Hirata M, Takanashi H, et al. Back extraction of lactic acid with microporous hollow fiber membrane [J]. Journal of Membrane Science, 1999, 157 (2)：189-198.
[79] Matsumura M, H Märkl. Elimination of ethanol inhibition by perstraction [J]. Biotechnology & Bioengineering, 1986, 28 (4)：534.
[80] 张卫东，朱慎林，骆广生，等. 中空纤维封闭液膜用于乳酸分离 [J]. 膜科学与技术，1997 (6)：20-24.
[81] 顾忠茂. 液膜分离技术进展 [J]. 膜科学与技术，2003，23 (4)：214-223.
[82] Bloch R, Finkelstein A, Kedem O. Metal ion separation by dialysis through solvent membranes [J]. Industrial & Engineering Chemistry Process Design & Development, 1967, 6 (2)：231-237.
[83] Li N N. Somerset. Separating hydrocarbons with liquid membrane [P]. U S Pat：3410794, 1968-11-12.
[84] Li N N. Permeation Through Liquid Surfactant Membranes [J]. AIChEJournal, 2010, 17 (2)：459-463.
[85] Cussler E L, Evans D F, Matesich M A. Theoretical and Experimental Basis for a Specific Countertransport System in Membranes [J]. Science, 1971, 172 (3981)：377-379.
[86] Cussler E L. Membranes Which Pump [J]. AIChE Journal, 1971, 17 (6)：1300-1303.
[87] Schiffer D K, Hochlauser A, Cussler, et al. Concentrating solutes with membranes containing carriers [J]. Nature, 1974, 250：484-486.
[88] Boyadzhiev L, Lazerova Z, Bezenshek E. Mass transfer in three liquid phase system [A]. Proceedings of ISEC'83, Denver Colorado, USA, 1983：391-393.
[89] Gu Z M, Wu Q F, Zheng Z X, et al. Laboratory and pilot plant test of yttrium recovery from wastewater by electrostatic pseudo liquid membrane [J]. Journal of Membrane Science, 1994, 93：137-147.
[90] 顾忠茂，汪德熙，等. 液膜分离过程的新发展-内耦合萃反交替分离过程 [J]. 化工进展，1997，2：30-35.

[91] 朱国斌，严纯华，李标国，等. 中空纤维夹心型支撑液膜萃取体系中 Lag^+ 的迁移行为 [J]. 中国稀土学报，1995，13，4：303-307.
[92] Sengupta A，Basu R，Sirlcar K K. Separation of solutes from aqueous solution by contained liquid membrane [J]. AIChE Journal，1988，34：1698.
[93] Raghuraman B，Wiencek J. Extraction with emulsion liquid membranes in a hollow fiber contactor [J]. AIChE Journal，1993，39：1885-1889.
[94] Ho W S. Combined supported liquid membrane/strip dispersion process for the removal and recovery of penicillin and organic acids [P]. US Patent，6433163，2002-4-3.
[95] 张卫东，李爱民，等. 利用中空纤维更新液膜技术实现同级萃取-反萃的方法 [P]. 中国专利，200410077945X，2004-9.
[96] 张卫东，李爱民，任钟旗，等. 液膜技术原理及中空纤维更新液膜 [J]. 现代化工，2005，25 (41)：66-68.
[97] Juang R S，Huang H L. Mechanistic analysis of solvent extraction of heavy metals in membrane contactors [J]. Journal of Membrane Science，2003，213 (1)：125-135.
[98] Liu Junteng，Zhang Weidong，Ren Zhongqi，et al. The separation and concentration of Cr (Ⅵ) from acidic dilute solution using hollow fiber renewal liquid membrane [J]. Industrial & Engineering Chemistry Research，2009，48 (9)：4500-4506.
[99] 金美芳，Strathmann H. 复合支撑液膜 [J]. 水处理技术，2000，26 (1)：18-21.
[100] Neplenbroek A M，Bargeman D，Smolders C A. Supported liquid membranes：stabilization by gelation [J]. Journal of Membrane Science，1992，67：149-165.
[101] Vijers M C，Jin M，Wessling M，et al. Supported liquid membranes modification with sulphonated poly (ether ether ketone)：permeability，selectivity and stability [J]. Journal of Membrane Science，1998，147 (1)：117-130.
[102] John Tang，Kamalesh K Sirkar，Sudipto Majumdar. Permeation and sorption of organic solvents and separation of their mixtures through an amorphous perfluoropolymer membrane in pervaporation [J]. Journal of Membrane Science，2013，447：345-354.
[103] Zhang B C，Gozzelino G，Baldi G. State of art of the research on supported liquid membranes [J]. Membrane Science & Technology，2000，20 (6)：46-53.
[104] Sartre A，Madi A，Corona J L，Miralles N. Modelling of mass transfer in facilitated supported liquid membrane transport of gold (Ⅲ) using phospholene derivatives as carriers [J]. Journal of Membrane Science，1998，139：57-65.
[105] Gherrou A，Kerdjoudj H，Molinari R，Drioli E. Removal of silver and copper ions from acidic thiourea solutions with a supported liquid membrane containing D2EHPA as carrier [J]. Separation and Purification Technology，2002，28：235-244.
[106] Cahn R P，Li N N. Separation of phene from waste water by liquid membrane technique [J]. Journal of Separation Science，1974，9 (6)：50-51.
[107] Yang Q，Kocherginsky N M. Copper removal from ammoniacal wastewater through a hollow fiber supported liquid membrane system：Modeling and experimental verification [J]. Journal of Membrane Science，2007，297 (1-2)：121-129.
[108] Papadopoulos T，Sirkar K K. Separation of a 2-propanol/n-heptane mixture by liquid membrane perstraction [J]. Industrial & Engineering Chemistry Research，1993，32 (4)：663-673.
[109] Urtiage A M，Ortiz M I，salazar E，Irabien J A. Supported liquid membranes for the separation-concentration of phenol. 1. viability and mass-transfer evaluation [J]. Industrial & Engineering Chemistry Research，1992，31 (3)：877-886.
[110] Kumar A，Sartre A M. Hollow fiber supported liquid membrane for the separation/concentration of gold (Ⅰ) from aqueous cyanide media modeling and mass transfer evaluation [J]. Industrial & Engineering Chemistry Research，2000，39 (1)：146-154.
[111] Yang M C，Cussler E L. Designing hollow-fiber contactors [J]. AIChE Journal，1986，32 (11)：1910-1919.
[112] Raffaele Molinari，Teresa Poerio，Pietro Argurio. Selective removal of Cu^{2+} versus Ni^{2+}，Zn^{2+} and Mn^{2+} by using a new carrier in a supported liquid membrane [J]. Journal of Membrane Science，2006，280：470-477.
[113] 崔春花，张卫东，任钟旗，等. 中空纤维更新液膜技术处理模拟含铜电镀废水 [J]. 2009，28 (3)：31-33.
[114] 任钟旗，刘君腾，张卫东，等. 中空纤维更新液膜技术处理含铬废水 [J]. 电镀与涂饰，2006，25 (11)：49-51.
[115] Lindegard B，Bjork H，Jonsson J A，et al. Automated column liquid chromato-graphic determination of a basic drug in blood plasma using the supported liquid membrane technique for sample pretreatment [J]. Analytical Chemistry，

1994, 66: 4490-4497.

[116] Hano T, et al. Continuous extraction of penicillin G withliquid surfactant membrane using Vibro Mixer [J]. Journal of Membrane Science, 1994, 93: 61-68.

[117] 沈力人，杨品钊，吉炜青，等. 液膜法萃取青霉素的研究 [J]. 膜科学与技术，1997，17 (1)：24-28.

[118] Vilt, Michael E, Winston Ho W S. Supported liquid membranes with strip dispersion for the recovery of Cephalexin [J]. Journal of Membrane Science, 2009, 342 (1-2): 80-87.

[119] 李皓淑，任仲旗，张卫东，等. 利用中空纤维更新液膜技术从稀溶液中提取柠檬酸 [J]. 食品科技，2007，32 (10)：141-144.

第 13 章 膜反应器

本章内容 >>>

本章要求 >>>

1. 了解膜反应器的发展历史及今后的发展方向。
2. 掌握膜反应器的定义、特征、功能和分类。
3. 掌握膜生物反应器在水处理过程中的应用。

13.1 膜反应器概述[1,2]

膜反应器是膜和化学反应或生物化学反应相结合的系统或设备。膜反应器的设计利用了膜的各种特有的功能。这些功能单个或组合使用可在反应过程中实现产物的原位分离、反应物的控制输入、反应与反应的耦合、两相反应相间接触的强化以及反应、分离与浓缩的一体化等，从而达到提高反应转化率、改善反应选择性、延长催化剂的使用寿命、缓解反应所需的苛刻条件等目的。

1968 年，Michaels 提出利用半渗透膜连续、选择性地从反应区除去产物，阻止反应达到平衡的思想，这是膜反应器应用膜的分离功能最原始的设想。当时正是高分子分离膜迅速发展的年代，由于多数生物反应又是在常压和常温下进行，而这恰好是高分子膜所能承受的温度和压力范围，因此膜与反应的结合首先在生物技术领域内展开，成为膜生物反应器研究最为活跃的年代。

膜与化学反应相结合的研究发展较慢。这是因为化学反应尤其是多相催化反应多在高温、高压、腐蚀性的介质中进行，而适应这些苛刻条件的无机膜制备技术在 20 世纪 80 年代初才得到快速发展。无机膜反应器的研究起源于前苏联的 Gryaznov。Gryaznov 主要从事金属膜反应器和超薄金属复合支撑膜的研究。

目前，膜生物反应和膜催化反应的研究都未达到广泛应用于产业的目标。有些学者认为膜反应器的应用可能只限于生产高值的生物技术产品，但无机膜制备技术的快速发展又为膜反应器的应用带来了希望。

13.1.1 膜反应器的定义和特征

膜反应器可定义为依靠膜的功能和特点来改变反应进程、提高反应效率的系统或设备。膜反应器的特征表现在反应器设计或构思时膜功能的充分利用上，其优点为：①有效的相间接触；②有利平衡的移动；③快反应中扩散阻力的消除；④反应、分离与浓缩的一体化；⑤热交换与催化反应的组合；⑥不相容反应物的控制接触；⑦副反应的消除；⑧复杂反应体系反应进程的调控；⑨串联或平行多步反应的耦合；⑩催化剂中毒的缓解。

13.1.2 膜反应器中膜的功能

(1) 分离功能　膜的分离功能即膜有选择性透过不同物质的能力。这种能力来自于膜与待分离物质间的物理化学作用和膜的多孔性。膜的选择渗透性表现为不同物质渗透速率的不同。在极端情况 下，一些物质可完全渗透，另一些物质则完全截留。

(2) 载体功能　膜的载体功能是指膜可以作为催化剂或生物催化剂的载体，用于制备具有催化活性的功能膜。有些膜材料本身就具有催化活性，惰性材料的膜可通过吸附、浸渍、复合包埋、化学键合等技术制成催化膜。催化膜可兼有分离功能，也可不具备分离功能，但必须具备渗透能力。

(3) 分隔功能和复合功能　膜的分隔功能是指膜具有两个表面，并可将系统分隔为独立的依靠膜相关联的两部分。膜的复合功能是指利用复合技术制备出具有不同功能的功能型复合层膜系统。

本章将着重介绍用于水处理的膜生物反应器及其数学描述的发展。

13.2 用于水处理的膜生物反应器

13.2.1 膜生物反应器概述

20 世纪 60 年代中后期，开始了膜生物反应器（MBR）在废水处理方面的研究。1966 年，美国 Dorr-Oliver 公司在美国化学会议上发表了将膜生物反应器应用于废水研究的成果。1969 年美国 Dorr-Oliver 公司将活性污泥法和超滤工艺结合起来处理城市污水，这标志着膜生物反应器水处理技术的诞生。1971 年，P. L. Staverger 对膜生物反应器在处理城市污水方面的优势做了详细的论证。1972 年，Shelf 等开始了厌氧膜生物反应器的研究工作，从而使得膜生物反应器的应用范围进一步扩大。从此，膜生物反应器技术开始得到普遍关注。但是，由于受当时膜生产技术的限制，直到 20 世纪 70 年代末，在北美大规模好氧膜生物反应器才刚开始有了应用。20 世纪 80 年代后，随着膜技术的迅速发展，膜生物反应器的研究也有了较大进展。20 世纪 70 年代以来，由于一些地区干旱的不断发生，促使日本的研究者对膜生物反应器产生了浓厚的兴趣。1983～1987 年间，在日本就有 13 家公司使用以活性污泥与超滤膜相组合的膜生物反应器进行大楼废水的处理，经处理后的水作为中水回用。特别是日本 1985 年开始的“水综合再生利用系统 90 年计划”，使得膜生物反应器的研究在污水处理对象和处理规模上都向前大大推进了一步[3,4]。到了 20 世纪 90 年代中后期，膜生物反应器技术在国外进入大规模实际应用阶段，美国、日本、荷兰、德国、法国、加拿大等国的水处理应用实例不断增多，处理规模不断扩大[3]，处理对象也从对生活污水和工业废水进行处理扩展到填埋场渗滤液、食品工业废水、制药废水、纺织废水、造纸废水、染料废水及石油化工废水的处理等方面。根据 2008～2018 年的预测，全世界膜生物反应器市场的复合年均增长率高达 22.4%。在 2014 年，预测全球膜生物反应器市场在 2014～2019 年的复合年均增长率调整为 12.8%[5]。尽管有所下调，但是全球膜生物反应器市场的增长还是显著的。到 2018 年，瑞典斯德哥尔摩的 Henriksdal 污水处理厂将升级到每日 864000m^3 的废水处理量，成为世界上最大的膜生物反应器水处理工厂[6]。预计到 2019 年，全世界范围内膜生物反应器将每天处理多达 500 万立方米的生活污水[7]。

我国对膜生物反应器技术的应用研究开始于 20 世纪 90 年代。1991 年 10 月，岑运华首次介绍了膜生物反应器在日本的研究状况。1993 年前后，清华大学、同济大学等许多高校与研究所就加入了膜生物反应器的开发研究工作，极大地推动了这一新技术在我国的迅速发展。进入21世纪第二个十年，我国在膜生物反应器水处理方面的研究进展广泛。动态膜生物反应器[8]、用于沼液处理的膜生物反应器[9]、耦合微生物电解池的厌氧膜生物反应器[10]、复合型膜生物反应器[11]、生态式膜生物反应器[12]、萃取式膜生物反应器[13]、针对矿区污水的一体化膜生物反应器[14]以及用于处理煤制油废水的铁碳微电解/膜生物反应器[15]等众多类型的新型膜生物反应器层出不穷。在我国，膜生物反应器技术正逐步从实验室研究阶段过渡到实际的工程应用阶段，而且膜生物反应器已经有了一些成功的应用实例。

随着工业化的发展，水资源日益短缺，节约用水以及将水回用势在必行。随着膜技术的进步、膜质量的提高和膜制造成本的降低，MBR的投资也会随之大幅度降低。另外，在低压下运行的重力淹没式MBR、厌氧MBR等各种新型膜生物反应器的开发将会使其运行费用大幅下降。因此，膜生物反应器作为中水回用技术将会越来越具有经济、技术上的竞争优势。今后MBR工艺研究的主要方向将集中在以下几个方面：①研制开发低成本、高性能、耐污染的膜，尤其是耐生物污染的膜；②采用能耗低、膜面污染较少的浸没式MBR；③展开对复合型膜生物反应器的深入研究；④加强MBR动力学方面的研究；⑤加强膜污染预防和消除方面的研究；⑥加强有关剩余污泥的性质及其处理方法方面的研究；⑦开发新的生物技术组合（或结构）与新的膜分离技术的结合，并发展新型的膜生物反应器；⑧完善膜生物反应器处理工艺的设计规范及设计参数，优化操作参数及运行条件。

13.2.2 膜生物反应器的数学描述[16~19]

有很多数学模型可用来描述膜生物反应器中的膜通量变化，下面做简单介绍。

(1) 关联跨膜压力的模型　表征膜过滤过程中污染阻力的经典模型为达西方程：

$$J_v=\frac{\Delta p}{\mu(R_t)}=\frac{\Delta p}{\mu(R_m+R_g+R_c)} \tag{13-1}$$

式中，J_v为膜通量，$m^3/(m^2\cdot s)$；Δp为跨膜压力，Pa；μ为滤液的黏度，$Pa\cdot s$；R_t为总阻力，m^{-1}；R_m为膜阻力，m^{-1}；R_c为膜面的滤饼层阻力，m^{-1}；R_g为凝胶层阻力，m^{-1}。

国内外学者基于达西方程建立了大量的数学模型，从不同的侧面揭示了膜污染机理。早期的数学模型主要是将微生物絮体作为颗粒物考虑，物理堵塞的研究较多，如强化曝气、提高过滤错流速度等。但随着研究的深入，微生物对MBR膜污染的作用越来越引起人们注意，数学模型表征中考虑了生物因素的贡献，如Choo等[20]研究了微生物有机负荷对膜污染的影响，建立了压力、通量与过滤阻力之间的数学模型。

Lee等[21]将膜通量、操作压力与过滤阻力进行关联，建立了“动态”因素对膜污染影响的数学模型，对膜通量变化的描述更为详细，同时也说明了膜生物反应器中膜污染的特性。公式如下：

$$J_v=\frac{\Delta p}{\mu(\alpha m+R_m)}=\frac{\Delta p}{\mu\left(\alpha k_m\dfrac{V_p X_{TSS}}{A}+R_m\right)} \tag{13-2}$$

式中，J_v为膜通量，$m^3/(m^2\cdot s)$；Δp为跨膜压力，Pa；α为EPS比阻力，m/kg；m为膜面EPS累积密度，kg/m^2；k_m为交叉流动影响系数；V_p为累积渗透液体积，m^3；X_{TSS}为MBR中污泥浓度，kg/m^3；A为膜面积，m^2。

式(13-2)中αm关联了单位膜面积的累积处理水量、反应器混合液悬浮固体浓度、重要的操作条件（交叉流动）影响和EPS的阻力特性。交叉流动影响系数k_m随混合液流动形态从层流到湍流在1～0内变化，且当$k_m=1$时，膜过滤阻力达到最大值，膜通量最小。由模型可知，减缓膜污染的途径包括降低反应器混合液悬浮固体浓度、强化交叉流动和改善混合液生物相的性状。

I. S. Chang 等[22]将滤饼层阻力表示为：

$$R_c = \alpha VX \tag{13-3}$$

式中，R_c 为滤饼层阻力，m^{-1}；α 为滤饼层比阻，m/kg；V 为单位面积膜通量，m^3/m^2；X 为污泥浓度，kg/m^3。

许多学者还认为泥饼层阻力和颗粒尺寸之间存在重要关系。B. J. Baker 等[23]将 Kozeny-Carman 方程应用于常规过滤过程并代入式（13-3）后得：

$$R_c = 180(1-\varepsilon)VX/(\rho d_p^2 \varepsilon^3) \tag{13-4}$$

式中，ε 为泥饼层孔隙率，%；ρ 为颗粒密度，kg/m^3；d_p 为颗粒直径，m；V 为单位面积膜通量，m^3/m^2；X 为污泥浓度，kg/m^3。

由式（13-4）可以看出，膜阻力与 d_p 的关系很大，颗粒越小，阻力越大。

M. F. R. Zuthi 等[24]通过对好氧一体式膜生物反应器的研究，确定孔堵塞和滤饼形成是产生膜污染的主要因素，并建立了相应的数学模型。其中，溶解性微生物产物是孔堵塞的主要影响因素，而滤饼的形成则主要受混合液悬浮固体颗粒的影响。H. Kaneko 等进行了一系列工作[25~27]，预测过膜压力升跃点，并基于此升跃点优化膜生物反应器的操作条件。

（2）关联温度的模型　在相同的污水和相同的污泥浓度条件下，透水量与温度的关系可用下式表达[28,29]：

$$Q_{VT} = Q_{V25} \times 1.0215^{T-25} \tag{13-5}$$

式中，Q_{VT} 为 T℃时的透水量，m^3/d；Q_{V25} 为 25℃时的透水量，m^3/d；T 为水温，℃。

由式（13-5）可知，透水量随着温度升高呈指数增加。由此可见，当升高混合液温度时，有助于减小膜阻力，增加透水量。

（3）关联运行时间的模型　运行时间很小时，即在 MBR 的启动阶段，膜通量随时间的变化关系可用下列模型表示[30]：

$$J_v = J_{vmin} + u_1/t + u_2/t^2 + u_3/t^3 \quad (t = 0 \sim 40d) \tag{13-6}$$

反应一段时间后，随着时间的延长，膜通量随时间有如下变化规律：

$$J_v = J_{vmin} + u/t \quad (t > 180d) \tag{13-7}$$

式中，J_v 为膜通量，$L/(m^2 \cdot d)$；J_{vmin} 为膜通量的最小值，$L/(m^2 \cdot d)$；t 为运行时间，d；u、u_1、u_2、u_3 为反映了膜堵塞快慢的膜污染反映系数，L/m^2，L/m^2，$L \cdot d/m^2$，$L \cdot d^2/m^2$。

式（13-6）与式（13-7）说明在 MBR 的运行初期或工况变更期，反应器内部处于不稳定状态，微生物代谢能力较弱，降解中间产物增多，使凝胶层上迅速积累污染物，从而使膜通量随时间的变化很不稳定，呈负三次方关系。一段时间后，微生物恢复正常的生化反应能力，降解中间产物减少，凝胶层上的污染物趋于一种动态平衡，而呈负一次方关系[31]。

（4）关联污泥浓度的模型　污泥浓度在 10000～12000mg/L 时，MBR 膜通量与污泥浓度的对数成正比关系[31~35]：

$$J_v = -A\lg X + B \tag{13-8}$$

式中，J_v 为膜通量，$m^3/(m^2 \cdot d)$；X 为污泥浓度，mg/L；A、B 分别为常数，且 $A>0$，$B>0$。随着膜材质、处理水质及操作条件的不同，A、B 取不同的值。

T. Sato 等[36]采用超滤膜处理粪便污水，得出下面的经验过滤阻力公式：

$$R = 842.7pX^{0.926}D^{1.368}\mu^{0.326} \tag{13-9}$$

式中，μ 为黏度，Pa·s；R 为过滤阻力，m^{-1}；p 为操作压力，Pa；D 为化学需氧量，mg/L；X 为污泥浓度，mg/L。

式（13-9）说明 COD 在过滤阻力中起主要作用，其次是污泥浓度和黏度的影响。

一体式 MBR 处理生活污水时，Y. Shimizu 等[37]确定了稳态膜通量与曝气速度和污泥浓度之间的关系式：

$$J = K'\Phi u X^{-0.5} \tag{13-10}$$

式中，K'为过滤常数；J 为稳态膜通量，m/s；Φ 为膜组件的几何阻力系数；u 为曝气时产生的表观气体流速，m/s；X 为污泥浓度，kg/m^3。

K. Ishiguro 等[38]对于超滤膜处理污水的试验研究发现，膜通量 J 与溶解性有机碳的质量浓度之间存在下面的关系：

$$J = a + b\lg c \tag{13-11}$$

式中，a、b 分别为经验常数；c 为溶解有机碳的质量浓度，mg/L。

J. Wu 等[39]将膜生物反应器中的活性污泥中不可溶物质、胶体物质以及可溶物质对膜污染的影响进行了分别的描述。滤饼层的形成主要是由于不可溶物质以及絮团粒度，当曝气强度增加时，滤饼的孔隙率有所下降；胶体物质使过滤过程中的过滤阻力增加，并且造成了过膜压力的升跃。

总之，有很多有关膜污染的数学模型，虽然各数学模型都是在特定条件下获得的，不具有普适性，但是这些数学模型从不同的角度描述了膜污染及其影响因素。

13.2.3 膜生物反应器的种类

13.2.3.1 膜分离生物反应器

膜分离生物反应器（biomass separation membrane bioreactor，MBR）通常简称为膜生物反应器，其中的膜组件相当于传统生物处理系统中的二沉池，进行固液分离，截留的浓缩液回流到生物反应器中，使生物反应器具有较高的微生物浓度和很长的污泥停留时间，因此使 MBR 具有很高的出水水质，而透过水向外排出。根据生物反应器和膜组件结合的方式可分为分置式（外置式）[40～42]、一体式（内置式）[43～46]和隔离式[47]。

分置式生物反应器与膜单元经泵与管线连接，生物反应器的混合液由泵增压后进入膜组件，在压力作用下膜过滤液成为系统处理出水，活性污泥、大分子等物质则被膜截留，并回流到生物反应器内，如图 13-1（a）所示。分置式膜生物反应器通过料液循环错流运行，其特点是运行稳定可靠，操作管理容易，易于膜的清洗、更换以及增设。但为了减少污染物在膜表面的沉积，由循环泵提供的料液流速很高，因此动力消耗较高。膜单元多采用管式膜。一体式膜生物反应器是将膜单元浸在生物反应器中，曝气器就放在膜组件下面，通过真空泵抽吸得到过滤液，如图 13-1（b）所示。由于曝气形成的剪切力和紊流使固体难以积累在膜表面，从而减少膜的堵塞和能耗，同时通过曝气形成剪动力和紊流来控制膜表面的固体厚度。其最大特点是运行费用低，但在运行稳定性、操作管理方面和膜的清洗更换上不如分置式。膜单元多采用中空纤维膜和板式膜。

隔离式膜生物反应器是用选择性膜将污水与反应器隔开，透过膜的物质可进入反应器，对生物有毒性的物质则被膜截留。

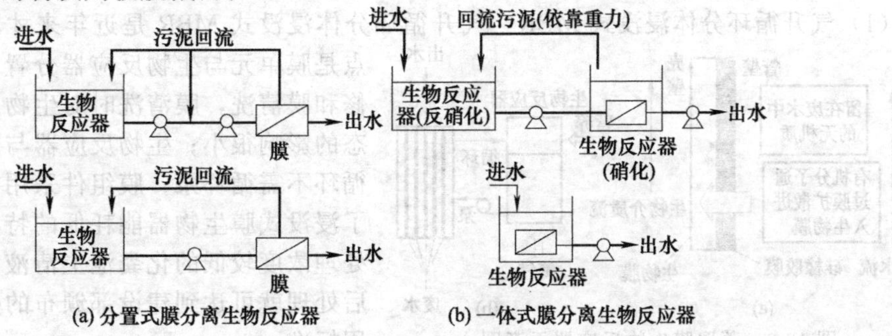

图 13-1 膜分离生物反应器

根据膜组件的类型不同，可分为管式、板框式、中空纤维式膜生物反应器；根据膜材料不同，可分为有机膜和无机膜膜生物反应器；根据膜生物反应器的需氧性不同，可分为好氧和厌氧膜生物反应器；根据生物反应器的受压情况不同，可分为常压和加压膜生物反应器；根据压力驱动形式不同，可分为外压式和抽吸式膜生物反应器。

13.2.3.2 膜-曝气生物反应器[48~52]

膜-曝气生物反应器（membrane aeration bioreactor，EABR）又称无泡膜生物反应器，采用透气性致密膜或微孔膜，以板式或中空纤维式组件，在保持气体分压低于泡点的情况下，可实现向生物反应器的无泡曝气，可避免水中某些挥发性的有机污染物挥发到大气中。当空气或氧气进入传质阻力很小的透气性膜后，在浓度差推动力的作用下向膜外的活性污泥扩散，由于氧气停留在膜组件中的时间很长，氧气的传质效率高（可达100%），而且因氧气的分压被控制在起泡临界压力之下，故没有气泡进入大气。气液用膜隔开，膜为氧传递和生物膜增长提供了较大的表面积，氧通过膜进入生物膜而不是进入液相，可避免低沸点有机物的挥发，也不会产生泡沫。此外，它还具有占地面积小、模块化及升级改造容易等优点；它的不足之处是膜组件易污染且需要每天清洗，基建投资大，工艺复杂，目前还没有实际工程实例。膜-曝气生物反应器示意图如图 13-2 所示。

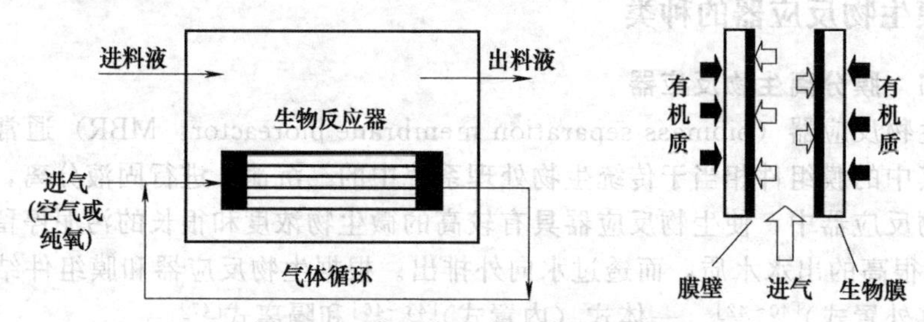

图 13-2 膜-曝气生物反应器示意图

13.2.3.3 萃取膜生物反应器[53~55]

当废水中酸度、碱度、盐浓度高或含有有毒、生物难降解有机物时，就应尽量避免废水与微生物直接接触。萃取膜生物反应器（extractive membrane bioreactor，EMBR）由内装纤维束的硅管组成，这些纤维束的选择性将有毒工业废水中有毒的、溶解性差的有限污染物从废水中萃取出来，然后用专门的细菌对其进行单独的生化降解，从而使专性细菌不受废水中离子强度和 pH 值的影响，生物反应器的功能得到优化。而污染物透过膜后在生物反应器中被微生物吸附降解，浓度不断下降，在废水和反应器间形成一个浓度差，这是污染物进入生物反应器的根本传质推动力。此外，萃取膜生物反应器还具有模块化及升级改造容易的优点；它的不足之处也是基建投资大、工艺复杂，目前还没有实际工程实例。萃取膜生物反应器示意图如图 13-3 所示。

13.2.3.4 其他类型的 MBR[56]

（1）气升循环分体浸没式 MBR　气升循环分体浸没式 MBR 是近年来才出现的，其特点是膜单元与生物反应器分置，便于系统维修和膜清洗，膜清洗时对生物反应器工作状态的影响很小；生物反应器与膜单元之间的循环不需循环泵；膜组件采用浸没式，保留了浸没式膜生物器能耗低的特点。该工艺可处理浓度较低的化粪池上清液，出水经简单后处理就可达到建设部颁布的生活杂用水回用标准。

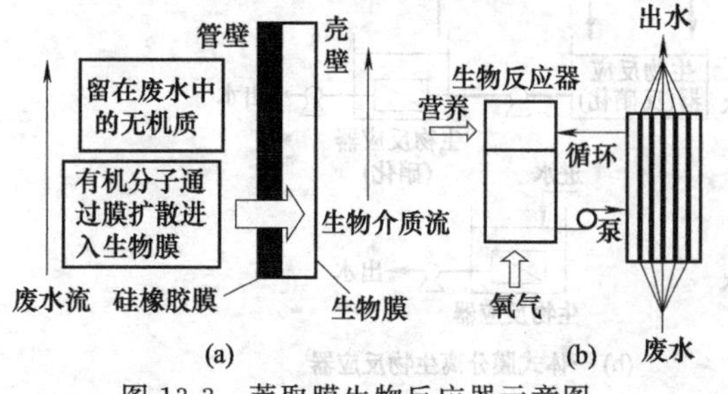

图 13-3 萃取膜生物反应器示意图

（2）新型的复合动态生物 MBR　新型的复合动态生物 MBR 是通过投加生物载体，使反应器内同时存在附着相的生物膜和悬浮相的活性污泥，从而提高了生物反应器内的微生物总浓度。新型的复合动态生物 MBR 的构造如图 13-4 所示。

（3）气液固三相旋转流 MBR　根据三相旋转流的传质特性建立了气液固三相旋转流 MBR。通过与普通一体式 MBR 进行比较发现，两种反应器的运行工况基本一致，但由于旋转三相流反应器中污泥被打碎，致使比表面积增大，出水水质较普通一体式好。另外，三相旋流的渗透通量是普通的 1.4 倍左右，可见三相旋转流 MBR 在降低膜污染和提高渗透通量方面有着明显的优势。反应器的膜组件如图 13-5 所示。

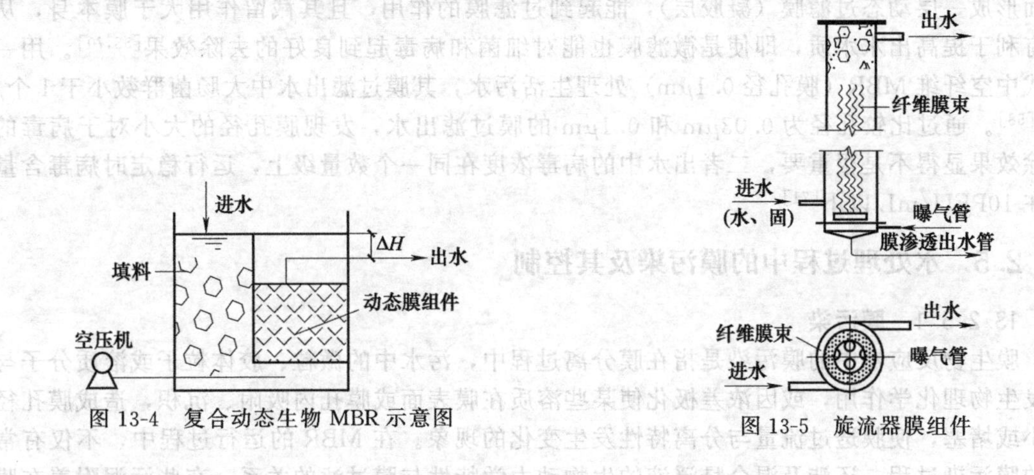

图 13-4　复合动态生物 MBR 示意图

图 13-5　旋流器膜组件

13.2.4　膜生物反应器对各种污染物的去除效果

膜生物反应器中的污染物主要为无机物、有机物和微生物三类。无机物是指钙、铁、硅、镁等的硫酸盐和硅酸盐的结垢物，最常见的是 $CaCO_3$ 和 $CaSO_4$；有机物是指蛋白质、絮凝剂、天然高分子等有机胶体和容易在膜面附着的溶解性有机物（SMP）、胞外聚合物(EPS)；微生物是指对水中污染物起降解作用的各种生物细胞和菌类。

从 20 世纪 60 年代美国的 Dorr-oliver 公司首先将 MBR 用于废水处理的研究开始，许多研究者对其在污水处理中污染物的去除效果及操作条件对去除效果的影响等方面做了大量的研究[57]。下面介绍膜生物反应器对 COD、BOD_5、氮磷、细菌和病毒的去除效果。

（1）有机物　MBR 在处理生活污水、工业污水、粪便废水、食品废水和其他一些工业废水时对有机物有良好的去除效果，见表 13-1。

表 13-1　MBR 对有机物的去除效果[58～65]

污水种类	反应器类型	COD 去除率/%	BOD_5 去除率/%	文献
乡村生活污水	抽吸式 MBR	80～98	99	[58]
城市生活污水	MBR	97		[59]
合成废水	厌氧 MBR	98		[60]
小麦淀粉废水	MBR	75.5		[61]
造纸及纸浆工业废水		96		
啤酒废水	厌氧 MBR	96～99		[62]
酸菜罐头加工废水	MBR	98		[63]
粪便污水	MBR	97	99.8	[64]
大楼生活污水			99	
石油化工污水	好氧分离式 MBR	96～99	78～98	[65]

（2）氮、磷　20世纪90年代初，MBR开始应用于废水的脱氮除磷研究，膜的高效固液分离作用防止了硝化细菌的流失，给生物反应器内高浓度硝化菌的保持创造了有利条件，从而大大提高了生物反应器的硝化效率。污泥浓度和进水有机负荷越高，脱氮效果越好[66]。将MBR应用于微污染饮用水脱氮的研究时，出水的氮浓度在0.1～0.2mg/L[67]。用MBR进行饮用水生产的中试研究，用以去除饮用水中微量的氮、有机物与杀虫剂，取得良好效果[68]。Davies等对一体式MBR中的硝化特性进行了考察，结果都表明反应器有非常高的硝化效率，分别高达97%和88%[69]。

（3）细菌和病毒　MBR在运行一小段时间后，一些大分子的微生物产物会附着于膜的表面形成一层动态过滤膜（凝胶层），能起到过滤膜的作用，且其截留作用大于膜本身，从而有利于提高出水水质，即使是微滤膜也能对细菌和病毒起到良好的去除效果[58,70]。用一体式中空纤维MBR（膜孔径0.1μm）处理生活污水，其膜过滤出水中大肠菌群数小于1个/mL[58]。通过比较孔径为0.03μm和0.1μm的膜过滤出水，发现膜孔径的大小对于病毒的去除效果显得不是很重要，二者出水中的病毒浓度在同一个数量级上，运行稳定时病毒含量都在10PFU/mL以下[71]。

13.2.5　水处理过程中的膜污染及其控制

13.2.5.1　膜污染

膜生物反应器中的膜污染是指在膜分离过程中，污水中的微粒、胶体粒子或溶质分子与膜发生物理化学作用，或因浓差极化使某些溶质在膜表面或膜孔内吸附、沉积，造成膜孔径变小或堵塞，使膜透过流量与分离特性发生变化的现象。在MBR的运行过程中，不仅有常规的膜污染过程，还涉及混合悬浮液的生物动力学特性与膜过滤的关系。有些污泥附着在膜表面或进入膜孔道成为膜表面凝胶层的重要组成物质。同时微生物还会在膜内表面滋生，成为膜污染的一个重要原因。因此，MBR中的膜污染机理更复杂，人们对MBR中的膜污染机理的认识还不是十分清楚。

膜通量下降和系统处理效率降低是膜污染的具体表现，其危害的实质是渗透压的增大、有效传质推动力的减小、膜表面沉积或凝胶层的形成及膜阻力的增加。当溶质在膜表面达到一定的浓度后，还有可能引发膜的溶胀或溶解并造成膜性能的恶化。

13.2.5.2　膜污染的控制方法

影响膜生物反应器中膜污染的因素很多，主要包括反应器的污水性质、膜的性质和膜生物反应器的操作条件等[72～74]，可通过对MBR设计，从工艺流程到设备操作运行等各个环节加以优化来减少或降低膜污染的程度。下面介绍膜污染的控制方法。

（1）进水的预处理　采用预过滤、预絮凝或改变溶液pH值等方法对进水进行预处理，来改善膜组件进水的水质，以脱除一些能与膜相互作用的溶质。预过滤一般采用格栅截阻大块的悬浮或漂浮的固体污染物，并在其后设沉淀池以去除砂砾类无机固体颗粒，在沉淀池后设调节池以降低对后续生物处理的冲击负荷。常用的絮凝剂有聚合氯化铝、氯化铁、硫酸铁等。膜生物反应器设计时要考虑pH值的调整。如果原水成分随时间变化，就需要用pH监测系统控制加酸量。

（2）污泥浓度的控制　膜生物反应器的一个重要特征是大大提高了微生物浓度。然而，污泥浓度过高或过低对膜通量均有不利影响。当污泥浓度很高时，污泥会沉积在膜的表面，形成较厚的污泥层，导致过滤的阻力增大，膜通量下降；而当污泥浓度很低时，污泥对溶解性有机物的吸附和降解能力减弱，使污水中溶解性的有机物浓度增加，从而容易被膜表面吸附，导致过滤的阻力增大，膜通量下降。因此，维持适当的污泥浓度，使膜表面的污泥沉积量和有机物的吸附量均维持在较低水平时，总阻力降低，可使系统的膜通量得到提高。

（3）膜的选择　为了降低膜生物反应器中的膜污染，首先要选择合适的膜。膜的性质是指膜的物理性质，包括膜的孔径、化学稳定性、孔隙率、表面粗糙度、荷电性、抗微生物侵蚀性、亲疏水性、机械稳定性、热稳定性等[75]。膜生物反应器中膜的选择一般遵循下面的原则[76~79]：孔径应针对具体的水质来确定，一般膜的切割分子量应比要分离的污染物小一个数量级；应选用外表面较光滑的膜；选择与混合液中溶质荷电相同的膜材料；含有亲水基团的膜较好。

（4）操作条件的优化　当膜材料选定后，其物化性质也就基本确定了，操作条件就成为影响膜污染的主要因素。膜生物反应器中的操作条件主要包括操作压力、膜面流速、运行温度等。

① 操作压力。一般认为膜生物反应器中的最佳操作压力为0.1MPa左右[72]。在膜生物反应器中存在着一个临界压力。当操作压力低于此临界压力时，膜通量会随着操作压力的增高而增大，同时，膜的污染情况不会有明显的变化；当操作压力高于临界压力时，膜通量随操作压力的变化不大，而膜表面的污染情况会较正常使用有明显的加剧，且这种污染后的膜不会因减压而恢复到原有的通量。临界压力随膜孔径的增大而减小。微滤膜的临界压力一般在120kPa左右，超滤膜在160kPa左右。为获得较高的膜通量而简单地提高操作压力的做法是不切实际的。一方面，为获得高压力必须耗费更多的动力，增加运行成本；另一方面，更重要的是较高的操作压力会显著导致膜浓差极化现象，加快浓差极化厚度层的形成，引起透膜阻力的增大，从而最终造成膜的不可逆污染，缩短膜的使用寿命。

② 膜面流速。对于任何形式的膜，增加膜面流速都可以提高膜通量和运行稳定性。加大膜面流速可以增大膜表面水流的扰动程度，同时也增加了水流的剪切力，减少污染物在膜面的沉积，使膜的过滤阻力减小。合适的膜面流速与两个因素有关：一方面，为使膜组件保持较高的通量，应在防止膜面形成凝胶极化层的流速下操作；另一方面，膜面流速还应能保持浓缩污泥的流动性。适当的膜面流速应该是两者中的大值。在污泥浓度较低时，应重点考虑前者的作用，膜通量和膜面流速呈线性增加关系；在污泥浓度较高时，膜面流速对沉积层影响减弱，重点应注意对污泥流动性的考察。但是，膜面流速也并非可以无限增加，因为增大膜面流速会显著增加外部设备的动力消耗。另外，当膜面流速增大到一定的程度后，膜表面的交换层会形成一个很薄的流动液层，阻碍滤液通过膜，从而造成通量的大幅下降，同时这个很薄的液层极易沉着在膜表面，形成不可逆的污染。一般在生活污水处理过程中，最佳的膜面流速为1.9～2.5m/s[72]。

③ 运行温度。通常，随进水温度升高，进水黏度降低，膜通量增大。温度升高1℃可以使膜的通水量增加2%（体积分数）[80]，但过度提升温度会直接影响膜本身的寿命，同时对微生物的生长也不利。一般认为，膜生物反应器运行的适宜温度为15～35℃。在北方寒冷地区，冬季地面水和井水的温度都较低，常在10℃以下。因此，如果情况允许，膜生物反应器应尽量在常温下运行。

④ 其他条件。间歇式抽吸方式可有效减缓抽吸淹没式MBR的膜污染。缩短抽吸时间或延长停吸时间和增加曝气量均有利于减缓膜污染，抽吸时间对膜阻力的上升影响最大，曝气量其次[28]。另外，污泥浓度、混合液黏度及混合液本身的过滤性能，如活性污泥性状、生物相等都会影响膜通量的衰减[81]。通过加入粉末活性炭与絮凝剂可以改善泥水分离性能，形成体积更大、黏性更小的污泥絮体，减少膜堵塞的机会。但是絮凝剂的过量加入会使污泥活性受到抑制，影响反应器的处理能力和处理效果[82]。

（5）水力学特性的改善　如果改善膜面附近料液一侧的流体力学条件，比如对于分置式MBR可以采用错流过滤的方式，一体式MBR可以采用提高膜间液体上升流速的方式，来减少浓差极化，使被截流的溶质及时地被水流带走，就能够有效降低膜的污染，保持较高的膜通量。在同样的曝气强度下，反应器越高，上升流通道越窄，下降流通道与底部通道越宽，则越能获得较大的膜间错流流速。研究表明，MLSS（混合液悬浮固体浓度）对膜通量的影响程度与膜面循环流速有关[83,84]。

(6) 膜的清洗[85,86]　即便采取了上述防止膜污染的措施，膜污染还是不同程度地客观存在。因此，必须及时对膜污染进行清洗，常用的膜清洗方法有物理方法和化学方法。

① 物理清洗方法。膜污染的物理清洗方法有：清水或气、水混合液正向冲洗、反向冲洗、水力输送海绵球去除软质堵塞物和超声波清洗。需要强调的是，反冲洗过于频繁会使膜出水量过分下降；反冲洗间隔过长，反冲洗后膜通量衰减较快，无法长时间保持稳定的反冲洗效果。所以，在 MBR 系统中找到最佳反冲洗周期，使用最小反冲洗水量来达到最佳反冲洗效果是十分重要的。

② 化学清洗方法。常用的化学试剂有稀酸（硫酸、硝酸、盐酸等）、稀碱（氢氧化钠等）、酯、表面活性剂、络合剂和氧化剂（如次氯酸钠）等。用柠檬酸加氨水清洗液可去除碳酸盐垢及金属胶体。EDTA 加 NaOH 清洗液可去除二氧化硅、有机物及微生物污染物。有机物及生物污染是导致盥洗废水处理中膜通量下降的主要原因，清洗盥洗废水用膜时，碱洗比酸洗更有效[87]。

在实际的操作过程中，通常是将物理清洗与化学清洗结合在一起使用，这样不但可以使膜恢复其通量，而且可以节省化学清洗剂，节省运营费用。将物理和化学方法相结合，一般可使膜的通透能力恢复到新膜的 90%以上[88]。但针对不同材质和形式的膜组件、不同的分离对象，应当选择不同的清洗剂和清洗程序[87]。特别是在选择清洗剂时，还必须考虑整个管路及循环泵各部件的耐受能力。

(7) 其他控制方法　还可以通过其他方面控制膜污染：①在膜生物反应器的设计中，注意减少设备结构中的死角，以防止滞留物变质，扩大膜污染；②为防止微生物、细菌及有机物的污染，通常可以使用消毒剂，如氯试剂等；③如果膜长期（5 天以上）停止使用，在保养时需用 0.5%甲醛溶液浸泡，膜的清洗保养原则是保持膜的湿润，并针对膜的种类采取不同的方法。例如：聚砜中空纤维膜需要在湿态下保存，并以防腐剂浸泡[89]。

(8) 运行工艺　通过以上介绍可以发现，膜生物反应器的运行工艺除对膜污染有重要影响之外，还影响污水处理的效果，因此选择合适的运行工艺很重要。膜法中水回用处理技术常与传统活性污泥法相结合使用。因此，在传统活性污泥法设计和运行工艺条件的设计中，如水力负荷、污泥浓度、曝气时间、pH 值、水力停留时间（HRT）、固体停留时间（SRT）等在膜生物反应器工艺条件的设计中同样重要[63]。

不同形式膜生物反应器的技术参数及污水处理效果见表 13-2。从表 13-2 中可以看出，污泥浓度高、固体停留时间长、有机物去除率高、硝化效果好是不同形式膜生物反应器的共同特点。

表 13-2　不同形式膜生物反应器的技术参数及污水处理效果

生物反应器	好氧加压分置式 MBR[63]	好氧抽吸分置式 MBR[90]	好氧分置式 MBR[91]	好氧转盘一体式 MBR[92]	好氧浸没一体式 MBR[93]	好氧浸没一体式 MBR[94]	厌氧分置式 MBR[95]
HRT/h	5.8	74.4～148.8	7.5		24	4	48～120
SRT/d	6	41.7～175	5～20		24	4	65
MLSS/(g/L)	10.9	14.8～24.7 (MLVSS)	4.3	9.0			22.4
负荷/[kg/(m³·d)]	5.4(BOD_5)	0.79～1.55 (BOD_5)	1.16 (COD)			1.5(COD)	1.0～2.5 (COD)
膜类型	UF	MF	UF	UF	UF	MF	UF

续表

生物反应器	好氧加压分置式MBR[63]	好氧抽吸分置式MBR[90]	好氧分置式MBR[91]	好氧转盘一体式MBR[92]	好氧浸没一体式MBR[93]	好氧浸没一体式MBR[94]	厌氧分置式MBR[95]
膜孔径或切割分子量	0.04	0.1	0.02	600000～1200000	0.03	0.1	3000000
膜结构	管式		管式	圆盘	中空纤维	中空纤维	平板
膜材料	PSF	PS	陶瓷	PS	聚乙烯	聚乙烯	PS
膜面流速/(m/s)	2.53		3～4	2.6			0.8
稳定通量/[$m^3/(m^2\cdot h)$]	0.066	0.005～0.01	0.075	0.07	0.0046	0.0000336	0.04
工作压力/MPa	0.275	<0.1		<0.1	0.026	0.013	0.05
硝化率/%	90.7	75.4～99.4	99.0	出水<5mg/L	90	>95	
有机物去除率/%	99.8(COD)	99.0～99.6(TOC)	96.0(COD)	出水<5mg/L	80～98	>60	98
SS去除率/%	100	100	>99.0	100	100		

13.2.6 膜生物反应器在水处理中的应用

13.2.6.1 MBR在国外的应用情况

目前，膜生物反应器在国外进入大规模实际应用阶段，美国、荷兰、日本、德国、法国、加拿大等国家的水处理应用实例不断增多，处理规模不断增大。

在欧洲，大部分国家的国土面积小，地面水体径流距离较短，从而导致其自净能力差，生态系统脆弱，易受污染。MBR由于其占地面积小和出水水质优良，因此在欧洲受到了相当程度的重视，有许多污水处理厂都运用MBR工艺进行了中试规模的污水处理研究，并计划进行工业规模的应用。荷兰Xflow公司开发的MBR在生活污水和食品、林业、造纸等工业废水中得到了广泛的应用，工业废水累计处理流量为245m^3/d。德国的Kaarst污水处理厂计划建设一个服务人口为8万人、使用膜面积总计为88000m^2的MBR，其预算为46000万德国马克，建成后将是世界上最大的使用MBR的污水处理厂[96]。

在日本运行（包括在建）的膜生物反应器占全球的60%以上。膜生物反应器主要是用于处理人粪尿、小区生活污水及工业（如食品、钢铁、饮料制造业）废水。自1998年以来，日本着重推广了中水道系统的开发利用。其目的主要是将以厨房排水、洗脸及洗澡后的排水为主体的楼房排水进行处理，然后作为厕所冲洗水再利用。表13-3为日本一个活性污泥法-平板膜组合工艺的设计参数，表13-4列出了其处理效果[97]。

表13-3 活性污泥法-平板膜组合工艺设计参数

膜		曝气池				膜分离	
材质	切割分子量	污泥浓度/(mg/L)	HRT/h	BOD负荷/[kg/(kg·d)]	BOD去除率/%	压力/MPa	膜面流速/(m/s)
聚丙烯腈	20000	6000～10000	1.5	0.2～0.3	98～99	1.96～2.94	2～2.5

表13-4 活性污泥法-平板膜组合工艺污水处理效果

项目	pH	BOD/(mg/L)	COD_{Mn}/(mg/L)	TN/(mg/L)	TP/(mg/L)	SS/(mg/L)	色度/度	MBAS/(mg/L)	大肠杆菌数/(个/mL)
原水	5.3	330～710	130～250	43.2	3.3	81～310	24～48	5.1～9.1	—
处理水	7.5	1～5	10～14	6.9	0.6	未检出	3～8	0.6～0.8	未检出

此外，以膜分离技术为中心的粪便污水处理工艺已在日本等国得到了广泛应用。膜生物反应器可以使有机含量很高的粪便污水经稀释后直接进行处理。日本开发了各种应用膜分离技术的粪便污水处理工艺，其核心是超滤膜组件与高浓度的活性污泥法相结合的部分。如某一粪便污水处理厂采用的主要处理流程为：活性污泥-膜分离组合工艺→混凝-膜分离组合工艺→活性炭吸附→出水，其实际运行效果如表 13-5 所列。

表 13-5 粪便污水的处理效果

处理流程	pH 值	BOD /(mg/L)	COD_{Mn} /(mg/L)	SS /(mg/L)	TN /(mg/L)	TP /(mg/L)	Cl^- /(mg/L)	色度/度
粪便污水	7.7	5300	4700	6700	2500	220	1900	—
活性污泥-膜分离处理水	7.1	2.6	330	<2	29	—	1400	—
混凝-膜分离处理水	4.6	<1	67	<2	13	<0.1	2000	—
活性炭处理水	5.0	<2	<1	<1	3.8	<0.1	1800	<0.1

13.2.6.2 MBR 在国内的应用情况

目前，膜生物反应器在国内也已进入了实用化阶段。截至 2014 年年底，我国已有将近 100 个日处理水量 1 万立方米以上的膜生物处理器工程在运营中，其中，又有近 20 个日处理水量超过 10 万立方米[98]。随着 MBR 技术在我国的逐步成熟，MBR 系统的处理对象从生活污水扩展到高浓度有机废水和难降解工业废水，如制药废水、化工废水、食品废水、屠宰废水、烟草废水、粪便污水、黄泔污水等。表 13-6 列举了在我国用 MBR 处理不同废水的实例及处理效果。这些应用实例表明，MBR 对高浓度有机废水与难降解工业废水的处理效果良好。

表 13-6 MBR 在我国的部分应用实例及处理效果[99~101]

污废水种类	处理能力 /(m^3/d)	COD/(mg/L) 进水	COD/(mg/L) 出水	BOD/(mg/L) 进水	BOD/(mg/L) 出水	NH_3-N/(mg/L) 进水	NH_3-N/(mg/L) 出水	SS/(mg/L) 进水	SS/(mg/L) 出水
洗浴污水	10	130～322	<40	99～212	<5	0.59～1	0.2～0.4	15～50	0
印染废水	11	100～1500	180	500	40				
黄泔废水	17	900～12000	<100	6805	<10	130～180	<5	4750～5470	<10
医院污水	25	48～278	<25	20	0.4	10～24	1		
制药废水	50	1500～4900	<180	500～1633	<10	297～354	<15	430～1033	<10
大楼污水	200	92～108	23	27～32	<8			39～47	3.5
丙烯腈废水		750	189	318	62				
食品废水	500	754	<80						

从目前的趋势看，中水回用工程将是 MBR 在我国推广应用的主要方向。下面介绍几个膜生物反应器在中水回用工程中的具体应用实例。

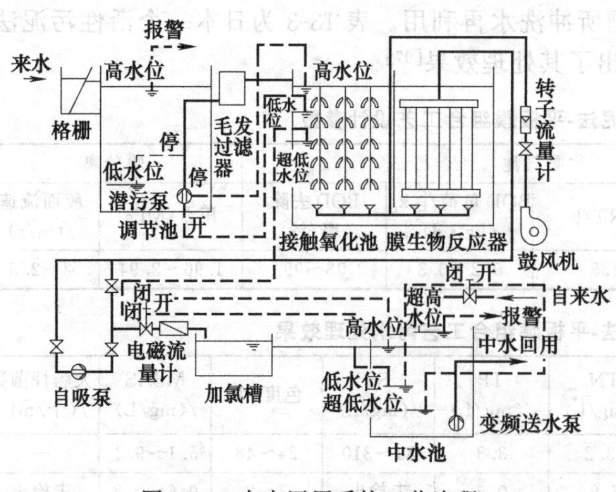

图 13-6 中水回用系统工艺流程

天津大学在学生公寓内安装了一套生产规模的生物接触氧化与膜生物反应器相结合的处理系统，将洗浴废水处理后回用于冲厕，此工程为中水回用示范项目。膜生物反应器对大 SS 的去除非常有效，出水接近 0mg/L，只有当废水 SS 较高时才有少量微小的颗粒透过膜；出水 COD_{Cr}<50mg/L，出水氨氮为 5～7mg/L，都达到城市杂

用水水质标准。生物接触氧化与膜生物反应器相结合的中水处理工艺流程见图 13-6[102]。

北京二七机车厂的中水回用工程建成后，工厂总口污水排放量从 3000m^3/d 减少至 1500m^3/d，年污水排放量减少近 50 万立方米，年自来水用量下降到约 100 万立方米，内燃机车台车制造用水量低于 1 万立方米，在北京水资源紧缺的情况下，具有重要的社会和环境效益。废水来自全厂的机械杂质清洗水、冷却水、含油废水、润滑切削液、冲洗扫除水和厂区的办公、食堂等单位的生活污水，从水质特点看该废水属于含油生产废水。综合污水水质为：pH 值 6.5～8.5；悬浮物浓度 200～300mg/L；COD_{Cr} 150～200mg/L；石油类 20～30mg/L。

首先，该厂用原有工艺处理废水，工艺流程为隔油沉淀—两级溶气气浮—砂滤池过滤—消毒，该工艺出水可达到"杂用中水"水质要求，可用于厂区绿化、景观、车间扫除、车辆冲洗、办公楼厕所冲洗、动力锅炉房除尘和冲炉渣、堆煤场洒水等。此时"杂用中水"中的石油类污染物基本为乳化油，因此，然后，采用超滤工艺系统处理该"杂用中水"，最终出水水质达到"锅炉用中水"水质要求。超滤系统工艺流程见图 13-7[103]。

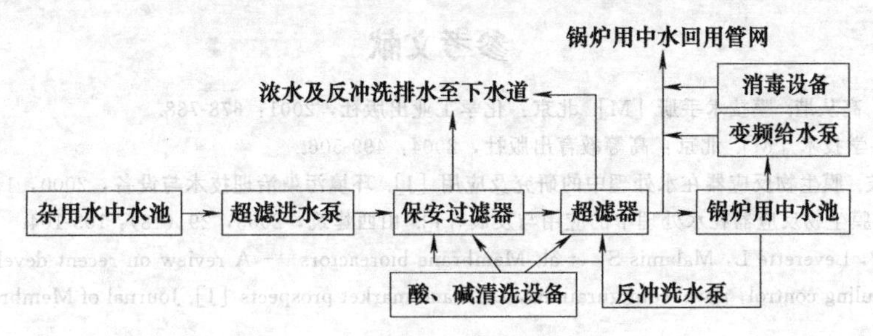

图 13-7 超滤系统工艺流程

广州市某医院采用 MBR 工艺，主要处理门诊大楼所排出的医疗废水，排放量为 200m^3/d[104]。该污水处理工程自 2002 年初投入运行以来十分稳定、处理效果良好。经过对该出水水质 6 个月的测量，BOD_5、COD、SS 的总去除效率 6 个月的平均值分别为 97.3%、92.8%、99.3%，其出水的总平均值分别为 4mg/L、18mg/L、1mg/L，而检测细菌和病毒的主要指标大肠杆菌数也非常低，总均值只有 22 个/L，远远优于要求的出水水质标准。其工艺流程见图 13-8。

13.2.6.3 膜生物反应器应用中存在的问题及改进措施

虽然 MBR 有着无可比拟的优点，但是并没有迅速完全地取代传统水处理技术在水处理中的市场地位。因为它存在的问题也是很突出的，如在长期运行中，MBR 内的微生物的生物活性降低和反应器内不可降解性物质的积累；氧的传质效率低；剩余污泥难以处置；化学清洗的废液会造成二次污染；水处理能耗和设备费用太高；膜材料和膜组件没有实现标准化；膜污染、膜的物化稳定性、工业化可行性和造价问题有待解决。

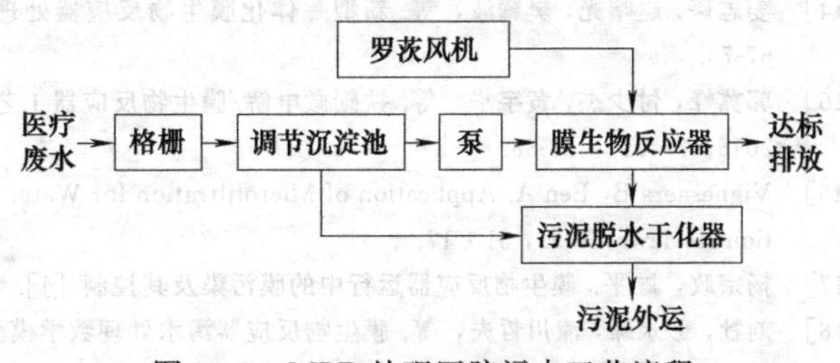

图 13-8 MBR 处理医院污水工艺流程

关于这些问题存在的原因，首先是经济技术问题不过关，科学技术的发展水平决定了膜的性能和价格。需要研究与开发抗污染性强、通量大、强度高、耐酸碱与微生物腐蚀、耐污染、使用寿命长、价格低的膜材料。在这方面，国内技术远远不如国外，而且由能耗造成的运行费用较高也是制约膜生物反应器废水处理工艺进一步发展的因素之一。其次是膜污染造成的失效，膜污染在膜生物反应器的使用过程中会越来越严重，从而最终导致系统瘫痪。膜污染严重时，膜的分离功能被破坏，不得不依靠更换膜组件来恢复反应器的运行，这势必会增加处理成本。因此，在保证出水水质的前提下，膜通量应尽可能大，这样可减少膜的使用面积，降低基建费用与运行费用。也要对新的化学清洗方法和物理清洗方法进行研究，增强膜清洗的效率，降低清洗带来的污染，从总体上提高膜的使用效率[105]。

课后习题

1. 膜反应器的定义和优点分别是什么？膜反应器中膜的功能是什么？
2. 用于水处理的膜生物反应器的组成及作用各是什么？膜生物反应器的种类有哪些？
3. 用于水处理的膜生物反应器中的污染物有哪些？
4. 水处理过程中膜污染的控制方法有哪些？

参考文献

[1] 时钧，袁权，高从堦. 膜技术手册 [M]. 北京：化学工业出版社，2001：678-738.
[2] 朱长乐. 膜科学技术 [M]. 北京：高等教育出版社，2004：499-506.
[3] 郑祥，樊耀波. 膜生物反应器在水处理中的研究及应用 [J]. 环境污染治理技术与设备，2000，1 (5)：12-19.
[4] 崔丽英，等. 膜生物反应器在水处理中的应用与发展 [J]. 山西建筑，2003，29 (18)：103-104.
[5] Krzeminski P，Leverette L，Malamis S，et al. Membrane bioreactors——A review on recent developments in energy reduction，fouling control，novel configurations，LCA and market prospects [J]. Journal of Membrane Science，2016，527：207-227.
[6] Drews A. Membrane fouling in membrane bioreactors——Characterisation，contradictions，cause and cures [J]. Journal of Membrane Science，2010，363 (1-2)：1-28.
[7] Zhang K，Abass O，et al. Membrane Bioreactor in China：A Critical Review [J]. International of Membrane Science and Technology，2015，2：29-47.
[8] 洪俊明，尹娟，李伟博. 动态膜生物反应器用于污水处理的研究进展 [J]. 水处理技术，2012，38 (2)：1-5.
[9] 隋倩雯，董红敏，朱志平，等. 膜生物反应器用于沼液处理及膜污染控制研究进展 [J]. 中国沼气，2011，29 (2)：7-12.
[10] 孙国栋. 新型微生物电解池-厌氧膜生物反应器水处理工艺研究 [D]. 杭州：浙江大学，2016.
[11] 刘会应，冯志江，吴曼，等. 复合式膜生物反应器废水处理技术研究进展 [J]. 工业水处理，2016，36 (1)：7-11.
[12] 刘强，徐德兰，张学杨. 生态式膜生物反应器处理生活污水的中试研究 [J]. 工业水处理，2015，35 (12)：30-33.
[13] 任鸿梅，任龙飞. 萃取式膜生物反应器在水处理中的应用 [J]. 净水技术，2017，36 (S2)：90-92，141.
[14] 姜志琛，赵曙光，樊耀波，等. 新型一体化膜生物反应器处理矿区污水的中试研究 [J]. 水处理技术，2015 (2)：67-70.
[15] 郭冀峰，付少杰，黄宇华，等. 铁碳微电解/膜生物反应器工艺在煤制油废水处理中的应用 [J]. 工业用水与废水，2016，47 (1)：36-38.
[16] Vignesaera B，Ben A. Application of Microfiltration for Water and Wastewater treatment [J]. Environmental Sanitation Reviews，1991，31：17.
[17] 杨宗政，顾平. 膜生物反应器运行中的膜污染及其控制 [J]. 膜科学与技术，2005，25 (2)：80-84.
[18] 刘牡，彭永臻，潼川哲夫，等. 膜生物反应器污水处理数学模型研究及其应用现状 [J]. 环境污染与防治，2010，32 (4)：78-83.
[19] 鞠治洲. 膜生物反应器处理生活污水试验及其简化数学模型研究 [D]. 哈尔滨：东北农业大学，2013.
[20] Choo K H，Kangj，Yoonsh，et al. Approaches to membrane fouling control in anaerobic membrane bioreactors [J]. Wat Sci Tech，2000，41 (10-11)：363-371.
[21] Lee Y H，Cho J W，Sea Y W，et al. Modeling of submerged membrane bioreactor process for wastewater treatment [J]. Desalination，2002，146 (1-3)：451-457.
[22] Chang I S，Bag S O，Lee C H. Effects of membrane fouling on solute rejection during membrane filtration of activated sludge [J]. Process Biochem，2001，36 (8-9)：855-860.

[23] Baker B J, et al. Factors affecting flux in crossflow filtration [J]. Desalination, 1985, 53: 81-93.
[24] Zuthi M F R, Guo W, Ngo H H, et al. New and practical mathematical model of membrane fouling in an aerobic submerged membrane bioreactor [J]. Bioresour Technol, 2017, 238: 86-94.
[25] Kaneko H, Funatsu K. Physical and statistical model for predicting a transmembrane pressure jump for a membrane bioreactor [J]. Chemometrics & Intelligent Laboratory Systems, 2013, 121 (4): 66-74.
[26] Kaneko H, Funatsu K. Visualization of Models Predicting Transmembrane Pressure Jump for Membrane Bioreactor [J]. Industrial & Engineering Chemistry Research, 2012, 51 (28): 9679-9686.
[27] Kaneko H, Funatsu K. A chemometric approach to prediction of transmembrane pressure in membrane bioreactors [J]. Chemometrics & Intelligent Laboratory Systems, 2013, 126 (8): 30-37.
[28] Sato T, Ishii Y. Effects of activated sludge properties on water flux of ultrafiltration membrane used for human excrement treatment [J]. Wat Sci Tech, 1991, 23 (7-9): 1601-1608.
[29] 徐慧芳，等. 膜生物反应器在粪便污水处理中的研究与应用 [J]. 环境污染防治技术与设备，2002，3 (6)：75-81.
[30] 任南琪，等. SMBR 中不同膜组件形式的通量变化数学模型分析 [J]. 高技术通讯，2001，9：100-103.
[31] 韩怀芬，等. 膜生物反应器处理难降解有机废水研究 [J]. 中国给水排水，2002，16 (2)：55-57.
[32] Magara Y, Itoh M. The effect of operational factors on solid/liquid separation by ultramembrane filtration in a biological denitrification system for collected human excreta treatment plants [J]. Wat Sci Tech, 1991, 23 (7-9): 1583-1590.
[33] 何义亮，等. 膜生物反应器生物降解与膜分离共作用特性研究 [J]. 环境污染与防治，1998，20 (6)：18-20.
[34] 何义亮，顾国维. 膜生物反应器工艺参数控制研究 [J]. 上海环境科学，1999，27 (4)：83-84.
[35] Nagaoka H, Yamanishi S, Miya A. Modeling of biofouling by extracellular polymers in a membrane separation activated sludge system [J]. Wat Sci Tech, 1998, 38 (4-5): 497-504.
[36] Sato T, Ishii Y. Effects of activated sludge properties on water flux of ultrafiltration membrane used for human excrement treatment [J]. Wat Sci Tech, 1991, 23 (7-9): 1601-1608.
[37] Shimizu Y, et al. Filtration characteristics of hollow fiber microfiltration membranes used in membrane bioreactor for domestic wastewater treatment [J]. Wat Res, 1996, 30 (10): 2385-2392.
[38] Ishiguro K, Imai K, Sawada S. Effects of biological treatment condition on permeate flux of UF membrane in a membrane/activated sludge wastewater treatment system [J]. Desalination, 1994, 98 (3): 119-126.
[39] Wu J, He C, Zhang Y. Modeling membrane fouling in a submerged membrane bioreactor by considering the role of solid, colloidal and soluble components [J]. Journal of Membrane Science, 2012, 397-398 (16): 102-111.
[40] 原晓玉，郭新超，田昕茹. 温度对分置式厌氧膜生物反应器处理效果及膜污染的影响 [J]. 环境工程，2017，35 (12)：45-50.
[41] 慕银银. 水力停留时间对分置式厌氧膜生物反应器污泥混合液性质和膜污染的影响研究 [D]. 西安：西安建筑科技大学，2015.
[42] 井晓东. 外置式膜生物反应器污泥絮体破碎行为对膜污染影响 [D]. 武汉：华中科技大学，2016.
[43] 刘芳芳. 一体式膜生物反应器处理效能和膜污染研究 [D]. 哈尔滨：哈尔滨工业大学，2015.
[44] 李学彦，魏明岩，李麟，等. 一体式膜生物反应器 (MBR) 处理生活污水的研究 [J]. 环境科学与管理，2016，41 (4).
[45] Ma D, Gao B, Hou D, et al. Evaluation of a submerged membrane bioreactor (SMBR) coupled with chlorine disinfection for municipal wastewater treatment and reuse [J]. Desalination, 2013, 313 (7): 134-139.
[46] Bani-Melhem K, Al-Qodah Z, Al-Shannag M, et al. On the performance of real grey water treatment using a submerged membrane bioreactor system [J]. Journal of Membrane Science, 2015, 476: 40-49.
[47] 樊耀波，王菊思. 水与废水处理中的膜生物反应器技术 [J]. 环境科学，1995 (5)：79-81.
[48] 张杨，李庭刚，强志民，等. 膜曝气生物膜反应器研究进展 [J]. 环境科学学报，2011，31 (6)：1133-1143.
[49] 焦玉佩，李意，刘启明，等. 膜曝气生物反应器对受污染地表水的处理效果 [J]. 环境工程学报，2017，11 (1)：85-92.
[50] 张慧敏，李鹏，孙临泉，等. 膜曝气膜生物反应器耦合系统处理化工废水 [J]. 化学工业与工程，2017，34 (3)：58-64.
[51] 刘自富，于驰，邢军，等. 膜曝气生物反应器处理模拟啤酒废水的研究 [J]. 环境科学与技术，2014 (s2)：409-412.
[52] 李文杰. 膜曝气生物反应器 (MABR) 单级自养脱氮性能及其组件优化研究 [D]. 天津：天津工业大学，2013.
[53] Chuichulcherm S, Nagpal S, Peeva L, et al. Treatment of metal-containing wastewaters with a novel extractive membrane reactor using sulfate-reducing bacteria [J]. Journal of Chemical Technology & Biotechnology, 2015, 76 (1): 61-68.

[54] Jorge R M F, Livingston A G. Biological treatment of an alternating source of organic compounds in a single tube extractive membrane bioreactor [J]. Journal of Chemical Technology & Biotechnology, 2015, 75 (12): 1174-1182.
[55] Yeo B J L, Goh S, Livingston A G, et al. Controlling biofilm development in the extractive membrane bioreactor [J]. Separation Science, 2017, 52 (1): 113-121.
[56] 吴俊奇，于莉，曹健. 膜生物反应器的研究现状 [J]. 北京建筑工程学院学报，2004，20 (3)：11-15.
[57] 卢进登，李海波. 膜生物反应器对污染物的去除效果及运行条件的研究现状 [J]. 湖北大学学报（自然科学版），2003，25 (1)：77-80.
[58] Ueda T, Hata K, Kiknoka Y. Treatment of Domestic Sewage from Rural Settlements by a Membrance Bioreactor for Domestic Wastewater Treatmen [J]. Wat Sci Tech, 1996, 34 (9): 189-196.
[59] Baileya D, Hansford G S, Dold P L. The Enhancement of Upflow Anaerobic Sludge Bed Reactor Performance Using Crossflow Microfiltration [J]. Wat Res, 1994, 28: 291-295.
[60] Hrada H, Momonori K, Yamazaki S. Application of Anaerobic-UF Membrane Reactor for Treatment of a Wastewater Containing High Strength Particulate Organic [J]. Wat Sci Tech, 1994, 28 (12): 307-319.
[61] Kimura S. Japan's Aqua Renassance 90'Project [J]. Wat Sci Tech, 1991, 25 (10): 95-105.
[62] Ross W R, Bamard J P, Strohwald N K H, et al. Practical application of the ADUF process to the full-scale treatment of a maize processing effluent [J]. Wat Sci Tech, 1992, 25 (10): 27-39.
[63] Krauth K, Staab K F. Pressurized bioreactor with membrane filtration for wastewater treatment [J]. Wat Res, 1993, 27 (3): 405-411.
[64] 桂萍. 一体式膜-生物反应器污水处理特性及膜污染机理研究 [D]. 北京：清华大学环境工程系，1999.
[65] 樊耀波. 膜-生物反应器净化石油化工污水的研究 [J]. 环境科学学报，1997，17 (1)：68.
[66] Ueda T, Hata K, Kiknoka Y, et al. Effects of aeration on suction pressure in a submerged membrane bioreactor [J]. Wat Res, 1997, 31 (9): 489-494.
[67] Chang J. Membrane bioprocesses for the denitrification of drinking water supplies [J]. Journal of Membrane Science, 1993, 80: 233-239.
[68] Urbain V, Block J C, Manem J. Membrane bioreactor: a new treatment tool [J]. Journal/American Water Works Association, 1996, 88 (55): 75-86.
[69] Davies W J, Le M S, Hesth C R. Intensified activated sludge process with submerged membrane microfiltration [J]. Wat Sci Tech, 1998, 38: 421-428.
[70] Magara Y, Itoh M. The effect of operational factors on solid/liquid separation by ultra-membrane in a biological denitrification system for collected human excreta treatment plants [J]. Wat Sci Tech, 1991, 23: 1583- 1590.
[71] Chiemchaisri C, Wang Y K, et al. Organic stabilization and nitrogen removal in membrane separation bioreactor for domestic wastewater treatment [J]. Wat Sci Tech, 1992, 25: 231-240.
[72] 杨元晖. 影响膜生物反应器膜过滤过程的因素 [J]. 机电设备，2003 (3)：35-37.
[73] 丁杭军，李党生，邱永宽. 污水处理中膜生物反应器应用效果与特性研究综述 [J]. 黄河水利职业技术学院学报，2003，15 (2)：34-36.
[74] 何义亮，顾国维. 膜生物反应器技术的研究和应用展望 [J]. 上海环境科学，1998，17 (7)：7-19，30.
[75] Chang S, Fane A G. The effect of fibre diameter on filtration and flux distribution relevance to submerged hollow fibre modules [J]. J Membr Sci, 2001, 184 (2): 221-231.
[76] Chua H C, et al. Controlling fouling in membrane bioreactors operated with a variable throughput [J]. Desalination, 2002, 149: 225-229.
[77] 万金保，伍海辉. 降低膜生物反应器中膜污染的研究 [J]. 工业用水与废水，2003，34 (4)：5-8.
[78] 任建新. 膜分离技术及其应用 [M]. 北京：化学工业出版社，2003：276-285，297，319-320，312.
[79] 武江津，何星梅，刘桂中. 膜生物反应器处理生活污水试验研究-膜材料及其选型. 跨世纪的环境保护科学技术 [M]. 北京：中国环境科学出版社，2000：142-148.
[80] 陈俊平，等. 膜生物反应器在污水处理过程中的膜污染控制 [J]. 净水技术，2005，24 (3)：38-44.
[81] 罗虹. 膜生物反应器内泥水混合液可过滤性的研究 [J]. 城市环境和城市生态，2000，13 (1)：51-54.
[82] 张洪宇. 陶瓷膜-生物反应器处理生活污水的研究 [J]. 南京化工大学学报，2000，22 (2)：39-42.
[83] 黄霞. 膜-活性污泥法组合工艺的污水处理特性研究 [J]. 资源、发展与环境保护（第三届海峡两岸环境保护学术研讨论文集），1995，95-102.
[84] 王亚娥. 膜-生物反应器特性影响因素研究 [J]. 上海环境科学，1999，18 (7)：318-320.
[85] 杨红群，周艳玲. MBR膜污染机理及其控制 [J]. 江西化工，2005，1：5-12.
[86] 刘建文，冯海军. 膜生物反应器的污染与防治 [J]. 科技情报开发与经济，2005，15 (8)：138-139.

[87] 付婉霞，李蕾. 膜生物反应器中膜的清洗方法和机理研究 [J]. 环境污染治理技术与设备，2004，5 (8)：43-46.
[88] 李军，夏定国，等. 淹没复合式膜生物反应器技术 [J]. 城市环境与城市生态，2001，14 (4)：5～7.
[89] 郭微，武福平. 膜生物反应器在污水处理中的研究进展 [J]. 甘肃科技，2003，19 (11)：81-82.
[90] Yuichi Suwa, et al. Singl-stage single-sludge nitrogen removal by an activated sludge process with cross-flow filtration [J]. Water Research, 1992, 26 (9): 1149.
[91] 黄卓林. 酸洗废液中回收铁红和硫铵的方法 [P]. 中国专利公开号 CN87103373A，1988.
[92] Seppanen H T. Experiences of biological iron and manganese removal in Finland [J]. J IWEM, 1992, 6 (6): 333-341.
[93] Vachon D T. Removal of iron cyanide from gold mill effluent by ion exchange [J]. Wat Sci Tech, 1985, 17 (2/3): 313-324.
[94] Santoro L. Limestone neutralization of acid waters in the presence of surface precipitates [J]. Water Research, 1987, 21 (6): 641-647.
[95] Boran Zhang, et al. Seasonal change fo microbial population and activities in a building wastewater reuse system using a membrane separation activated sludge process [J]. Wat Sci Tech, 1996, 34 (5-6): 95.
[96] 张颖，顾平，邓晓钦. 膜生物反应器在污水处理中的应用进展 [J]. 中国给水排水，2002，18 (4)：90-92.
[97] 黄霞，等. 膜生物反应器废水处理工艺的研究进展 [J]. 环境科学研究，1998，11 (1)：40-44.
[98] 蒋岚岚，张万里，冯成军. 膜生物反应器工艺应用争议问题分析及改进建议 [J]. 环境污染与防治，2015，37 (12)：96-100.
[99] 刘锐. 处理洗浴污水的中试研究 [J]. 中国给水排水，2001，17 (1)：5-8.
[100] 张振成. PW 膜技术在印刷废水处理中的应用 [J]. 水处理技术，2000，26 (3)：172-174.
[101] 程焕龙. PW-W 膜分离活性污泥法处理中小规模高浓度有机废水 [J]. 环境导报，2000，6：18-19.
[102] 张云霞，等. 膜生物反应器技术处理洗浴废水的工程应用 [J]. 工业水处理，2003，23 (10)：60-61.
[103] 王彦，陈为民，王连俊. 超滤在中水回用中的应用 [J]. 科技纵横，2002，6：30-31.
[104] 满运华. MBR 在医疗污水处理中的工程实例分析 [J]. 广州环境科，2004，19 (2)：8-11，17.
[105] 林珊. 膜生物反应器在水处理中的应用与发展 [J]. 科技创新与应用，2015 (16)：156-156.